教育部高等学校电子信息类专业教学指导委员会规划教材

高等学校电子信息类专业系列教材

Computer Composition and Interface Technology
Based on MIPS Architecture, Second Edition

计算机组成原理与接口技术

——基于MIPS架构

（第2版）

左冬红　编著
Zuo Donghong

清华大学出版社

北京

内 容 简 介

华中科技大学电子信息与通信学院基于 FPGA 平台的"微机原理与接口技术"课程教学改革已进行数载,作者在总结教学经验基础上,对《计算机组成原理与接口技术》进行了修订,以 MIPS 微处理器为背景,全面阐述了计算机组成原理与接口技术。

本书同时配有丰富的教学资源,适合作为"计算机组成原理""微机原理与接口技术"等课程的教材,并可作为从事计算机应用技术的工程技术人员的参考用书。

图书在版编目(CIP)数据

计算机组成原理与接口技术:基于 MIPS 架构/左冬红编著. —2 版. —北京:清华大学出版社,2020.1
高等学校电子信息类专业系列教材
ISBN 978-7-302-54656-6

Ⅰ. ①计…　Ⅱ. ①左…　Ⅲ. ①计算机组成原理－高等学校－教材 ②微处理器－接口设备－高等学校－教材　Ⅳ. ①TP301 ②TP332

中国版本图书馆 CIP 数据核字(2020)第 005712 号

责任编辑:曾　珊
封面设计:李召霞
责任校对:梁　毅
责任印制:杨　艳

出版发行:清华大学出版社
　　　　网　　　址:http://www.tup.com.cn,http://www.wqbook.com
　　　　地　　　址:北京清华大学学研大厦 A 座　　　　　邮　　编:100084
　　　　社 总 机:010-62770175　　　　　　　　　　　邮　　购:010-62786544
　　　　投稿与读者服务:010-62776969,c-service@tup.tsinghua.edu.cn
　　　　质量反馈:010-62772015,zhiliang@tup.tsinghua.edu.cn
　　　　课件下载:http://www.tup.com.cn,010-82470236
印 装 者:三河市铭诚印务有限公司
经　　销:全国新华书店
开　　本:185mm×260mm　　　印　张:28.5　　　字　数:691 千字
版　　次:2014 年 7 月第 1 版　2020 年 6 月第 2 版　　　印　次:2020 年 6 月第 1 次印刷
印　　数:1~1500
定　　价:69.80 元

产品编号:071530-01

第2版前言

FOREWORD

华中科技大学电子信息与通信学院基于 FPGA 平台的"微机原理与接口技术"课程教学改革已进行数载,在总结教学经验基础上,编者对《计算机组成原理与接口技术》(第 1 版)进行了修订。第 2 版除梳理第 1 版教学内容之外,同时做了以下改进:

(1) 与纸质教材配套,提供大量课外阅读资料,如 IP 核数据手册、集成芯片数据手册、补充读物等。

(2) 各章节部分重点、难点内容通过二维码形式提供实践教学演示视频在线资源,以期通过多媒体的方式帮助读者理解所学知识,掌握实践手段。

(3) 各章节例题及练习题涉及的硬件工程、程序代码提供在线资源,以便学习实践。

(4) 增加了大量的思考与练习题,并且大部分思考与练习题提供参考答案在线资源,以便检验所学知识。

(5) 调整了第 4 章存储器管理教学内容的组织方式,将内存分页、分段及段页式管理并入第 4.3 节,内存组织结构并入第 6 章,使得逻辑更加清晰。

(6) 新增第 6 章,增加常用并行半导体存储芯片接口的介绍。限于篇幅,教材中文字仅做简要介绍,读者可通过在线课外阅读资料获取部分典型并行半导体存储芯片接口控制的具体介绍。另外增加了大量的例题,阐述存储器接口的设计原理,同时还增加了 DDR SDRAM 存储器接口控制器 MIG 及其应用示例的介绍。

(7) 接口技术所涉章节(第 7~10 章)的接口控制程序统一采用端口读写函数编写,有利于读者理解接口控制的基本原理。接口驱动 API 函数及基于接口驱动 API 函数编写的控制程序可通过扫描教材中的二维码获取,这样有利于学有余力的读者掌握基于 API 函数编写控制程序的技术。

(8) 第 8 章介绍了中断控制器 INTC 的两种工作模式,即普通中断模式和快速中断模式,以便读者进一步理解不同中断处理方式的特点和流程。其中 INTC 快速中断对应硬件向量中断处理方式,普通中断对应软件中断处理方式。

(9) 第 9 章介绍了集中式 DMA 控制器 CDMA 的两种 DMA 处理方式:简单 DMA 和分散/聚集 DMA 传输。简单 DMA 是指一次 DMA 传输仅针对一个 I/O 设备;分散/聚集 DMA 是指一次 DMA 传输可以针对多个 I/O 设备,类似通道处理方式。

(10) 第 10 章增加了液晶显示屏及液晶显示器接口标准的介绍,同时也增加了基于硬件描述语言的 VGA 接口 IP 核及 PS2 接口 IP 核的设计。

(11) 增加了大量的例题,通过例题的讲解使读者进一步理解基本原理。

(12) 所有章节增加小结,通过小结再次串联本章所涉知识点,以求融会贯通。

本教材部分章节教学内容涉及知识面广、深,适合有一定基础的读者学习。编者根据

48 课内教学学时,提出如表 1 所示的教学建议。

表 1　教学建议

章	必 修 内 容	必修学时	选 修 内 容	选修学时	自 学 内 容	自学学时
1	1.2 节～1.4 节,1.5.3 节,1.6.1 节,1.6.2 节,1.7 节,1.8 节	4	1.6.3 节	1	1.1 节,1.5.1 节, 1.5.2 节,1.5.4 节	2
2	2.2 节～2.6 节,2.7.1 节,2.7.2 节,2.7.4 节,2.8 节,2.9 节,2.11.1 节～2.11.3 节,2.13 节	8	2.7.3 节	1	2.1 节,2.10 节, 2.11.4 节,2.12 节	6
3	3.1 节,3.2 节,3.6 节,3.7 节	4	3.4 节	1	3.3 节,3.5 节	2
4	4.2 节,4.3.2 节,4.3.4 节,4.4 节, 4.5 节	6	4.3.1 节,4.3.3 节	1	4.1 节	1
5	5.2 节,5.3 节,5.5.3 节～5.5.5 节,5.6 节	2	5.4 节,5.5.1 节, 5.5.2 节	2	5.1 节	1
6	6.3 节,6.4.1 节,6.6 节	4	6.2.2 节～6.2.6 节, 6.4.2 节,6.5 节	2	6.1 节,6.2.1 节	1
7	7.1.4 节～7.7 节,7.9 节	6	7.8 节	2	7.1.1 节～7.1.3 节	2
8	8.1 节～8.6 节	8				
9	9.2 节～9.3.1 节,9.4 节	4	9.3.2 节	2	9.1 节	2
10	10.1.4 节,10.2.1 节,10.2.2 节, 10.2.4 节,10.2.5 节	2	10.2.3 节,10.3 节～ 10.5 节	4	10.1.1 节～10.1.3 节	4

本课程实践性较强,读者在学习过程中,可充分利用本教材提供的在线资源及与本教材配套的《计算机组成原理与接口技术实验教程——基于 MIPS 架构》(第 2 版)进行实践,这样能更好地掌握本教材所涉及知识。

本教材编写过程中得到了课程组组长罗杰老师及课程组杨明老师的大力支持,他们给教材的编写提供了很多宝贵的建议,在此表示感谢! 同时也感谢清华大学出版社各位编辑为本教材的再版做出的努力!

鉴于编者水平及时间限制,教材内容难免存在不妥之处,欢迎读者来信探讨或提出宝贵意见:sixizuo@163.com。

编者

2019 年 8 月于武汉

第1版前言
FOREWORD

随着计算机技术的发展,各类嵌入式微处理器层出不穷,而且功能越来越强大,这动摇了以 Intel x86 微处理器为背景的"计算机组成原理与接口技术"作为信息学科基础课的根基。这是由于"计算机组成原理与接口技术"以 Intel x86 体系架构中 8086 为主要教学内容,已经滞后于时代需求。一方面,随着计算机技术的发展,仅介绍 8086 及基于扩展 ISA 总线的 825x 系列简单接口设计已经非常落后;另一方面,以往教学内容注重介绍芯片使用,且内容的组织方式与课程体系中相关课程的联系不够紧密,不符合专业基础课教学要求。因此,课程改革势在必行,近年来国内很多高校都在对这门课程进行改革。

在调研国内外计算机组成原理和接口技术相关课程教学内容组织及教材建设的基础上,结合目前教育部计算机教学指导委员会提出的增强学生系统能力培养的目标,并根据目前国内大学计算机类课程教学改革需要,编写了此书。本书力求帮助读者建立从数字电路到计算机系统软、硬件协同工作的知识体系。本书以 MIPS 微处理器为背景,采用 FPGA 作为试验基础平台,一方面通过增加 C 语言典型数据类型以及常用语句在汇编语言级别的实现,增强计算机原理课程与高级程序设计语言课程之间的联系,更好地培养学生理解计算机软件工作原理的能力;另一方面通过增加简单指令集微处理器设计的相关内容,增强计算机原理课程与数字逻辑电路设计课程之间的联系,以便学生更好地理解计算机硬件的基本工作原理,并在此基础上以 Xilinx FPGA MicroBlaze 软核微处理器为核心,辅以各类 IP 软核,帮助读者学会构建功能复杂的计算机系统。

本书共分为 9 章。

第 1 章介绍计算机原理基础知识,包括计算机系统的发展历史、计算机系统的基本结构、计算机系统的基本工作原理、不同计算机系统结构模型,以及计算机系统中数据、信息的表示、存储、运算基础等,帮助读者建立对计算机系统构成、工作原理的初步认识。

第 2 章以 MIPS 微处理器汇编指令为原型介绍汇编指令结构、常用 MIPS 汇编指令应用、寻址方式、汇编程序设计、子程序实现原理和程序的编译、链接、装载、运行的过程。汇编语言是与硬件连接最紧密的程序设计语言,能够帮助读者透彻理解软件控制硬件工作的原理。

第 3 章介绍微处理器的基本构成,并以 MIPS 微处理器为例,介绍一个基于给定指令集的简单的类 MIPS 微处理器数据通路以及控制器的设计,同时介绍微处理器流水线技术、超标量技术和异常处理机制,最后介绍微处理器的外部接口及一个具体的微处理器——MicroBlaze 软核微处理器的结构。

第 4 章介绍计算机系统中的存储系统构成及存储系统管理策略,包括内部存储器的组织结构、数据访问方式及管理策略,Cache 存储器的基本原理及读写、替换策略,虚拟存储器技术的基本原理等。

第5章介绍总线技术的基本原理,包括计算机系统内的各级总线——片内总线、局部总线、外部总线等。

第6章介绍接口技术的基本原理,包括接口结构模型、寻址方式、通信方式、译码原理以及常用接口的设计——存储器接口设计、简单并行 I/O 接口设计等,帮助读者掌握基于总线技术的接口设计原理。

第7章介绍接口技术中的中断技术,包括中断系统的构成原理、中断控制器构成、中断的一般响应过程、不同类型微处理器中断处理系统的差别以及中断方式接口设计和中断服务程序设计原理。

第8章介绍接口技术中的 DMA 技术,包括具有 DMA 的计算机系统构成、DMA 控制器的构成及如何利用 DMA 控制器实现接口数据交换,以及典型 DMA 控制器的使用,并在此基础上简单介绍通道技术的原理。

第9章介绍计算机系统常用的人机接口设备,包括显示器和鼠标、键盘的工作原理,以及这些设备与计算机系统交互信息常用的接口原理——VGA 接口原理、PS/2 接口原理。同时,也介绍显示器如何将计算机处理的结果以图形或文字的方式显示给用户;用户如何通过鼠标和键盘输入计算机要处理的数据和控制命令等。

全书内容可以分为三部分:第一部分为计算机基础知识部分,即第1章;第二部分为计算机基本原理部分,包括第2~5章,通过学习这部分知识,可以自行构建一个简单的计算机原型系统,并且能够深刻理解计算机软件控制硬件工作的原理,同时也将具备一定的高级语言程序优化基础;第三部分为计算机接口技术部分,包括第6~9章,通过学习这部分内容,可以基于计算机系统的各个硬件功能模块自行设计一个功能相对复杂的实际计算机硬件系统,并且可以采用 C 语言编写驱动程序以实现硬件系统的数据处理和输入/输出功能,达到从原型到现实的飞跃。

本教材是在华中科技大学电信系电路类课程改革的大潮下开始编写的,参与该类课程改革的教师对本书的编写工作提供了大量的宝贵意见,在此表示诚挚的谢意! 为了本书的编写,编者曾多次参与国内相关的教学研讨会,在这些教学研讨会上吸取了部分高校相关课程改革的优秀经验,这为本书的编写提供了有益的帮助,在此感谢这些无私奉献课程改革经验的教师! 本书还得到了赛灵思大学计划、依元素大学计划、德致伦公司多位工程师在实验验证上的帮助,在此一并表示感谢。

对所有审阅本书并提出改进意见及在编写出版过程中给予帮助和支持的专家学者,一并表示衷心的感谢!

限于编者水平和教材体系的改革创新,书中不妥之处在所难免,殷切希望使用本教材的广大读者给予批评指正。

编者

2014 年 4 月

于华中科技大学

目 录
CONTENTS

计算机基础

　　计算机是一种能够按照程序运行,自动、高速、精确处理大量数据的现代化智能电子设备,由硬件和软件组成。本章主要介绍计算机基础知识,包括计算机发展简史、计算机系统构成、计算机工作原理、计算机系统结构模型,以及计算机系统中的信息表示、数据的运算基础、数据的存储方式等,帮助读者对计算机系统基本构成、工作原理等有初步认识。

　　学完本章内容,要求掌握以下知识:

- 计算机系统的基本构成;
- 计算机的基本工作原理;
- 不同结构模型计算机系统的特点;
- 不同数制的转换、数据在计算机系统的表示方式、数据的存储方式,包括大字节序和小字节序的区别;
- 计算机数据运算的基础知识,包括符号数、无符号数、定点数、浮点数的加减运算规则。

1.1 计算机发展简史

　　组成计算机的元器件从电子管到晶体管,再从分立元件到集成电路以至微处理器,这些变化促使计算机的发展经历了四个时期。

　　第一代为电子管计算机时期(1946—1958 年)。这个时期的计算机采用电子管作为基本电子元器件,用机器语言和汇编语言编程。特点是体积大、功耗大、寿命短、可靠性低、成本高。在这个时期,计算机只能在少数尖端领域中得到运用,一般用于科学、军事和财务等方面的计算。

　　第二代为晶体管计算机时期(1959—1964 年)。这个时期的计算机采用晶体管逻辑元件,主存储器采用磁芯存储器、磁鼓和磁盘开始用作主要的辅助存储器。晶体管不仅能实现电子管的功能,还具有尺寸小、重量轻、寿命长、效率高、发热少、功耗低等优点。不仅科学计算用计算机继续发展,而且中、小型计算机,特别是廉价的小型数据处理用计算机开始大量生产。

　　第三代为中小规模集成电路计算机时期(1965—1970 年)。在集成电路发展的同时,计算机也进入了产品系列化的发展时期。半导体存储器逐步取代了磁芯存储器的主存储器地位,磁盘成了不可缺少的辅助存储器,并且开始普遍采用虚拟存储技术。随着各种半导体只读存储器和可改写只读存储器的迅速发展,以及微程序技术的发展和应用,计算机系统中开始出现固件子系统。

第四代为微处理器时期(1971年至今)。计算机用集成电路的集成度迅速从中小规模发展到大规模、超大规模水平,微处理器和微型计算机应运而生,各类计算机性能迅速提高。字长4位、8位、16位、32位和64位的微型计算机相继问世并得到广泛应用,图1-1所示为Intel微处理器不同发展阶段的典型代表。这一时期对小型计算机、通用计算机和专用计算机的需求量也有了显著增长。图1-2列举了几种常见的计算机系统。

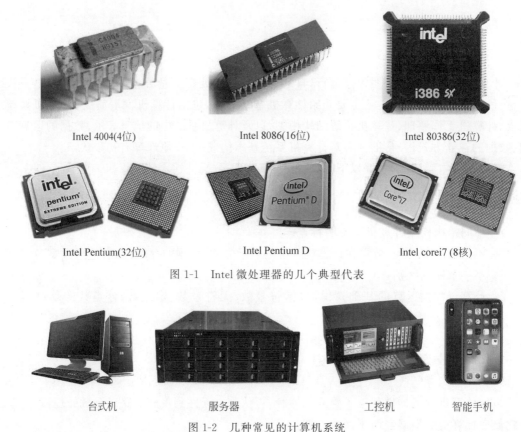

Intel 4004(4位)　　　　Intel 8086(16位)　　　　Intel 80386(32位)

Intel Pentium(32位)　　　Intel Pentium D　　　Intel corei7 (8核)

图 1-1　Intel 微处理器的几个典型代表

台式机　　　　　　服务器　　　　　　工控机　　　　智能手机

图 1-2　几种常见的计算机系统

微处理器和微计算机已嵌入机电设备、电子设备、通信设备、仪器仪表和家用电器中,使这些产品向智能化方向发展。图1-3列举了几种常见嵌入微处理器的电子通信设备主板。

数字电视机主板　　　　　　手机主板　　　　　　数字电视机顶盒主板

图 1-3　几种常见嵌入微处理器的电子通信设备主板

随着计算机功能扩展和性能提高,计算机包含的功能部件也日益增多,其间互联结构日趋复杂。已有三类互联方式,分别以中央处理器、存储器和通信子系统为中心,与其他部件互联。以通信子系统为中心的组织方式,使计算机技术与通信技术紧密结合,形成了计算机网络(图1-4)、分布式计算机系统等重要的计算机研究与应用领域。微型计算机的大量应用进一步推动了计算机应用系统从集中式系统向分布式系统的发展。

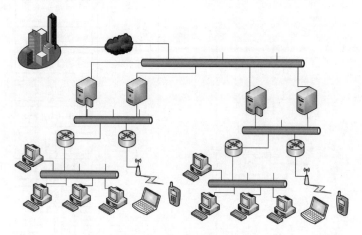

图1-4 计算机网络

1.2 计算机系统构成

计算机系统表现形式多样,但是所有计算机系统都是由硬件和软件组成。硬件是组成计算机系统的物理设备,软件则是在计算机硬件中执行的各类程序。图1-5描述了通用计算机系统的基本组成部件。

由于应用需求不同,不同计算机系统组成部件存在一定程度的区别。如某些嵌入式计算机系统没有系统软件,也没有外部存储器。本章以通用计算机系统为例阐述计算机系统硬件构成及其协同工作机制。

计算机硬件系统采用总线结构模型,如图1-6所示。各个功能部件都通过三态门挂到总线上,当某些功能部件之间暂不交换信息时就使三态门处于高阻状态。总线结构使各个功能部件之间复杂的关系变为面向总线的单一关系,使计算机硬件系统结构简洁、易于交换信息与扩展功能。

下面简要介绍计算机硬件系统各个部件的构成和功能。

1.2.1 中央处理器 CPU

中央处理器(Central Processor Unit,CPU)或称微处理器(Microprocessor Unit)具有算术运算、逻辑运算和控制操作的功能,是计算机的核心。它主要由三部分组成:

1)算术逻辑单元

算术逻辑单元(Arithmetic Logic Unit,ALU)用来进行算术运算、逻辑运算、移位等各种数据操作,参加操作的数据由寄存器提供,运算结果经内部总线回送寄存器,运算结果

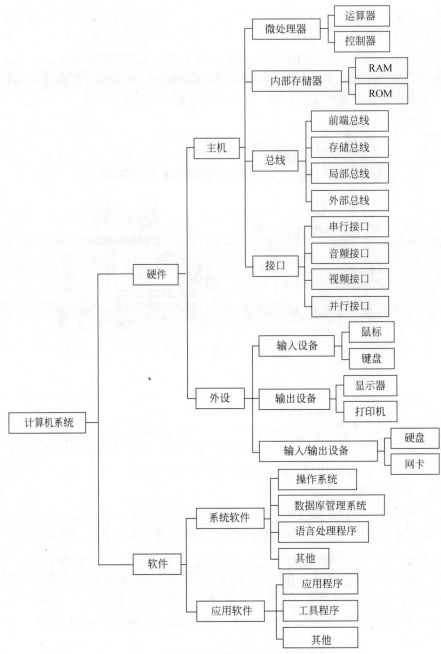

图 1-5　通用计算机系统的基本组成部件

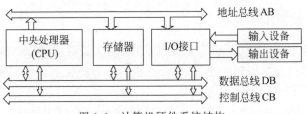

图 1-6　计算机硬件系统结构

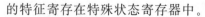

的特征寄存在特殊状态寄存器中。

2）控制器

控制器（Control Unit）由指令寄存器、指令译码器以及时序部件组成，具有指挥整个系统操作的功能。它按一定的顺序从存储器中读取指令，对指令译码，在时钟信号控制下，发出一系列操作命令，控制整个系统有条不紊地工作。

3）寄存器

CPU 中一般有较多寄存器（Register），用来存放操作数、中间结果以及反映运算结果状态标志等。

1.2.2 总线

总线（Bus）是把计算机各个部分有机地连接起来的信号线，是各个部分之间进行信息交换的公共通道。在计算机系统中，连接 CPU、存储器和各种 I/O 接口并使它们之间能够相互传送信息的信号线及其控制信号线称为总线。一个功能部件只要符合总线标准，就可以连接到采用这种总线标准的计算机系统，使计算机系统功能得到扩展。根据所处计算机系统结构的不同层次，总线分为 CPU 片内总线、系统总线、局部总线和外部总线。根据传输信息的类型，总线通常可以分为 3 类，分别是地址总线（Address Bus，AB）、数据总线（Data Bus，DB）和控制总线（Control Bus，CB）。

1）地址总线

负责传输数据存储位置的一组信号线称为地址总线。它传送 CPU 发出的地址，以便选中 CPU 所寻址的存储单元或 I/O 端口（一个接口有 1 个或几个端口）。通常采用 A_i 表示第 i 位地址总线。

2）数据总线

负责传输数据的一组信号线称为数据总线。数据在 CPU 与存储器、CPU 与 I/O 接口之间的传送是双向的，故数据总线为双向总线。数据的含义是广义的，主要是指存储在存储单元或 I/O 接口中的值，有可能是从存储器取出的指令代码，还可能是 I/O 设备的状态量或控制量。通常采用 D_i 表示第 i 位数据总线。

3）控制总线

传输与交换数据时起管理控制作用的一组信号线称为控制总线。它传送各种信息，有的是 CPU 到存储器或 I/O 接口的控制信号，如读 $\overline{\text{RD}}$、写 $\overline{\text{WR}}$ 等；有的是 I/O 接口或存储器到 CPU 的信号，如准备就绪 READY、中断请求 INT 等。控制信号线有的是高电平有效，如 READY；有的是低电平有效，如 $\overline{\text{RD}}$、$\overline{\text{WR}}$。

1.2.3 存储器

存储器（Memory）的功能是存储程序、数据和各种信号、命令等信息，并在需要时提供这些信息。

程序是计算机操作的依据，数据是计算机操作的对象。不管是程序还是数据，存储器中都是用二进制"1"或"0"表示，统称为信息。为实现自动计算，这些信息必须预先存储在存储器中。存储器被划分成许多小单元，称为存储单元。为了便于存入和取出，每个存储单元必须有一个地址，称为单元地址。单元地址用二进制编码表示，每个存储器内各个存储单元地址唯一不变,而存储在其中的信息可以更换。存储器包含的存储单元非常多,为了减少存储器向外引出的地址线,存储器内部都自带有地址译码器。存储器结构如图 1-7 所示。

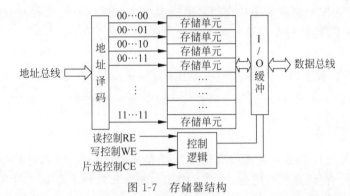

图 1-7　存储器结构

CPU 对存储器的操作有读、写两种:读操作是 CPU 将存储单元的信息取到 CPU 内部,而写操作是 CPU 将其内部的信息传送到存储单元保存。写操作改变被写存储单元的内容,而读操作不改变被读存储单元的内容。向存储单元存放或取出信息,都称为访问存储器。访问存储器时,先由地址译码器将送来的单元地址进行译码,找到相应的存储单元;再由控制逻辑电路根据送来的读或写命令确定访问存储器的方式,完成读出(读)或写入(写)操作。

1.2.4　输入/输出接口

外部设备与 CPU 之间通过输入/输出(I/O)接口连接。设置接口主要有以下几个方面的原因:一是外部设备大多是机电设备,传送数据的速率低,因而需要接口作为数据缓存。二是外部设备表示信息的格式与计算机不同。例如,由键盘输入的数字、字母,先由键盘接口将串行数据转换成 8 位并行数据,然后再送入计算机,因此需用接口进行信息格式的转换。三是接口还可以向计算机报告设备运行的状态、传达计算机的命令等。

1.2.5　输入/输出设备

输入/输出(I/O)设备又称为外部设备,它通过 I/O 接口与计算机连接。

输入设备是变换输入信息形式的部件。它将人们熟悉的信息形式变换成计算机能接收并识别的信息形式。输入的信息有数字、字母、文字、图形、图像等多种形式,送入计算机的只有一种形式,就是二进制数据。一般的输入设备只用于原始数据和程序的输入。常用的输入设备有键盘、模/数转换器、扫描仪等。

输出设备是变换计算机的输出信息形式的部件。它将计算机处理结果的二进制信息转换成人们或其他设备能接收和识别的形式,如字符、文字、图形等。常用的输出设备有显示器、打印机、绘图仪等。

磁盘和光盘等大容量存储器也是计算机重要的外部设备,它们既是输入设备,也是输出设备。它们有存储信息的功能,因此,常常作为辅助存储器使用。

实践视频

1.3 计算机工作原理

CPU、总线、存储器、I/O 接口、外部设备构成了计算机的硬件基础,但计算机正常运行还必须要有软件支撑。当计算机完成某项任务时,需要先将任务分解成计算机能识别并能执行的基本操作命令,这些基本操作命令按一定顺序排列起来组成程序,预先存储到存储器中。其中每一条基本操作命令就是一条**指令**(Instruction),指令对计算机发出工作命令,命令计算机执行规定的操作。计算机所能执行的全部指令称为**指令集**(Instruction Set)或指令系统。程序是实现既定任务的指令序列。

为自动连续地执行程序,必须先将程序和数据送到具有记忆功能的存储器中保存起来,然后由 CPU 依据程序中指令执行的顺序取出指令、分析指令、执行指令,直到将全部指令执行完为止。

在"程序存储、程序控制"的计算机系统中,采用一个专门的寄存器指示 CPU 要执行的下一条指令在存储器中的存放地址,这个寄存器在 MIPS 微处理器中称为程序计数器(Program Counter,PC),也有些计算机系统(如 x86 系列的 CPU)把它叫做指令指针(Instruction Pointer,IP),本教材统一称为程序计数器(PC)。

下面举一个两个数据交换的简单 C 语言程序例子,解释程序控制计算机执行任务的过程。

某 C 语言数组元素数据交换语句如图 1-8 所示。

这些语句经过编译器编译为 MIPS 汇编语言指令,如图 1-9 所示。

```
temp = v[k];
v[k] = v[k + 1];
v[k + 1] = temp;
```

图 1-8 C 语言数据交换语句

```
lw $ 15, 0( $ 2)
lw $ 16, 4( $ 2)
sw $ 16, 0( $ 2)
sw $ 15, 4( $ 2)
```

图 1-9 MIPS 汇编语言指令

其中,$ 15、$ 16、$ 2 表示 MIPS CPU 内部寄存器,0($ 2)、4($ 2)分别表示由 CPU 内部寄存器的值与 0 或 4 的和所指示的存储器,lw 表示从存储器读数据,sw 表示写数据到存储器。

图 1-9 所示汇编语言指令进一步经过汇编程序汇编之后变为 MIPS32 机器指令——二进制数字编码的指令(图 1-10)(MIPS 每条机器指令长度都为 32 位)。

```
100011 00010 01111 0000 0000 0000 0000
100011 00010 10000 0000 0000 0000 0100
101011 00010 10000 0000 0000 0000 0000
101011 00010 01111 0000 0000 0000 0100
```

图 1-10 MIPS32 机器指令

CPU 执行如图 1-10 所示指令,需首先将这些指令保存在存储器中,并将程序计数器指向第一条指令在存储器中的地址,然后再由 CPU 根据程序计数器所指示的地址,从存储器中读取第一条指令 100011 00010 01111 0000 0000 0000 0000。对该指令第一个域(100011)译码得知:CPU 需将寄存器 \$2(00010)的值加 0(0000 0000 0000 0000)所指示的存储器数据读取出来并存放到寄存器 \$15(01111),并将程序计数器加 4。CPU 执行完第一条指令时,程序计数器指向了第二条指令。按照同样的规则,CPU 执行完该指令序列,就交换了存储器中地址为寄存器 \$2 的值加 0 和地址为寄存器 \$2 的值加 4 的数据。

由以上过程可知,计算机的工作原理就是从存储器中读取指令,然后译码、获取要操作的数据、执行运算,最后再将结果存储到寄存器或存储器,并修改程序计数器的值使之指向下一条指令地址,并周而复始地循环执行这一过程,如图 1-11 所示。

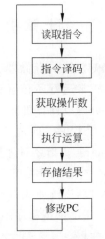

图 1-11 计算机工作原理

1.4 计算机系统结构模型

程序存储和程序控制体现了计算机的基本特性及其工作原理。这一基本原理由冯·诺依曼于 1945 年提出。后来,人们把利用这种概念和原理设计的电子计算机系统统称为"冯·诺依曼结构"计算机。冯·诺依曼结构计算机使用同一个存储器存储指令和数据,并且指令和数据经由同一总线传输,如图 1-6 所示。

冯·诺依曼结构计算机基本构成如下:

- 一个存储器;
- 一个控制器;
- 一个运算器,用于完成算术运算和逻辑运算;
- 输入和输出设备,用于人机通信;
- 微处理器使用同一个存储器存储指令和数据,经由同一总线传输。

冯·诺依曼的主要贡献是提出并实现了"程序存储"的概念。由于指令和数据都是二进制码,指令和操作的数据地址又密切相关,因此,当初选择这种结构是自然的。但是指令和数据共享同一总线的结构,使得信息流的传输成为限制计算机性能的瓶颈,影响了数据处理速度的提高。在典型情况下,完成一条指令需要 5 个步骤:取指令、指令译码、取数据、执行指令和存储结果。一个实现存储器读、写操作的简单程序中,指令 1~指令 3 均为存、取数据指令。根据冯·诺依曼结构计算机特点,取指令和存、取数据要对同一个存储器操作,且经由同一总线传输,因而这些指令无法同时执行,只有完成前一条指令后才能再执行下一条指令。

为解决这个问题,出现了程序和数据空间独立的体系结构——哈佛结构计算机。哈佛结构计算机将指令存储和数据存储分开,如图 1-12 所示。CPU 首先到指令存储器读取指令,译码后得到数据地址,再到相应数据存储器中读取数据,并进行下一步操作(通常是执行)。由于指令存储和数据存储分开,执行时可以预先读取下一条指令,因此解决了程序运行

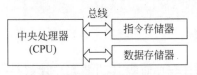

图 1-12 哈佛结构计算机模型

时的访存瓶颈问题。哈佛结构计算机处理连续存、取数据的 3 条指令,由于取指令和存、取数据分别经由不同存储器和不同总线,因此 3 条指令可以同时执行。这样就克服了数据流传输的瓶颈,提高了运算速度。

冯·诺依曼结构计算机实现简单,成本低,早期微处理器大多采用冯·诺依曼结构,典型代表是 Intel 公司的 x86 微处理器。取指令和取操作数都在同一存储器和同一总线上,通过分时复用的方式进行。其缺点是在高速运行时,不能同时取指令和取数据,从而形成了存储器访问和总线数据传输瓶颈。

哈佛结构计算机的指令空间和数据空间是分开的,这就允许同时取指令和取数据,从而大大提高了计算机的运算能力。哈佛结构计算机以 DSP 和 ARM 为代表。哈佛结构计算机对外围设备的连接与处理要求高,不适合外围存储器扩展。所以早期通用 CPU 难以采用这种结构,单片机由于内部集成了所需存储器,因而常采用哈佛结构。

现代微处理器依托高速缓存(Cache)的存在,微处理器内部将高速缓存区分为指令高速缓存和数据高速缓存,微处理器之外的存储器仍然采用冯·诺依曼结构,即现代微处理器很好地将二者统一起来了。

1.5　计算机系统中的信息表示

计算机是用来进行各种信息处理的工具,尽管这些被处理的信息千差万别,但它们都是以数据的形式由计算机来操作,且都是二进制形式。

1.5.1　不同数制及其相互转换

为了适应书写及日常习惯用法,人们在书写时常采用十六进制和十进制。不同数制都采用 0、1 等表示数字,因此为区分不同数制,书写时需明确指出采用的数制。不同计算机语言数制的标识方式不同,如 C 语言采用前缀标识数制:二进制为 0b,十六进制为 0x,八进制为 0,十进制不需要任何前缀。如 C 语言中的数据 0b10、0x10、010、10 分别代表十进制数 2、16、8、10。x86 微处理器汇编语言采用后缀区分数制:二进制为 B,十六进制为 F,十进制不需要后缀;MIPS 汇编语言采用与 C 语言相同的方式区分十六进制和十进制数。因此在不涉及计算机编程语言时,本教材用下标( )$_2$,( )$_{16}$ 分别表示二进制数和十六进制数,十进制数没有任何下标。

表 1-1 给出了二进制、十进制以及十六进制数据(0~15)之间的转换关系。

表 1-1　二进制、十进制和十六进制数据对应关系

二进制	十进制	十六进制	二进制	十进制	十六进制
0000	0	0	1000	8	8
0001	1	1	1001	9	9
0010	2	2	1010	10	A
0011	3	3	1011	11	B
0100	4	4	1100	12	C
0101	5	5	1101	13	D
0110	6	6	1110	14	E
0111	7	7	1111	15	F

b 进制数据 $\cdots a_{n-1} \cdots a_0 a_{-1} \cdots$ 与其表示的数值 n 之间的关系如式 1-1 所示。

$$n = \sum_i a_i b^i \qquad (1-1)$$

其中,i 表示数位,小数点以左的各位以小数点为起点从 0 开始计数,往左依次加 1;小数点以右的各位以小数点为起点从 -1 开始计数,往右依次减 1。b 表示进制,a 表示该位的数字。

如:$(11.01)_2 = 1 \times 2^1 + 1 \times 2^0 + 0 \times 2^{-1} + 1 \times 2^{-2} = 3.25$

又如:$(23.4)_{16} = 2 \times 16^1 + 3 \times 16^0 + 4 \times 16^{-1} = 35.25$

十进制数转换为其他进制时,可以采用如下方法。

(1) 整数部分:十进制数转换为 b 进制数,采用除 b 取余法,即将十进制整数除以 b,得到一个商和余数,再将商除以 b 又得到一个商和余数,如此继续除下去,直至商为 0 为止。以最后所得的余数作为最高位,将各次所得的余数按"后得先排"的顺序写下来,即得整数部分 b 进制转换结果。

(2) 小数部分:将十进制数小数部分转换成 b 进制小数,采用乘 b 取整法,即将十进制纯小数乘以 b,摘取乘积中的整数后,保留小数部分再乘 b,如此继续乘下去,直至乘积小数部分为零,或者得到要求的精度为止。将各次摘取的整数依先后顺序写出来,即为小数部分转换的 b 进制纯小数结果。

(3) 最后将整数部分和小数部分合并,即得到 b 进制结果。

例 1.1 将 10.5 转换为二进制数。

解答:首先取整数部分 10,采用图 1-13 所示方式执行短除法,依次得到的余数分别为 0、1、0、1,因此整数部分转换为 $(1010)_2$。

然后再取小数部分 0.5,采用图 1-14 所示方式执行乘法,得到整数部分为 1,剩余小数部分为 0,不需要继续进行乘法运算。因此小数部分转换为 $(0.1)_2$。

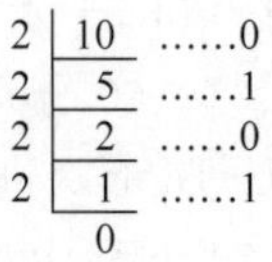

图 1-13 整数部分 10 除 2 取余过程 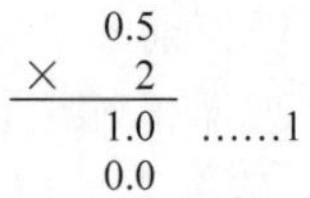 　　图 1-14 小数部分 0.5 乘 2 取整过程

把整数部分和小数部分合并得到完整的转换结果,即 $10.5 = (1010.1)_2$。

例 1.2 将 105.25 转换为十六进制数。

解答:首先取整数部分 105,采用如图 1-15 所示方式执行短除法,依次得到的余数分别是 9、6,将余数倒序排列得到十六进制数 $(69)_{16}$。

然后再取小数部分 0.25,采用如图 1-16 所示方式执行乘法,得到整数部分为 4,剩余小数部分 0,因此不需要继续进行乘法运算了。由此可知,小数部分转换为 $(0.4)_{16}$。

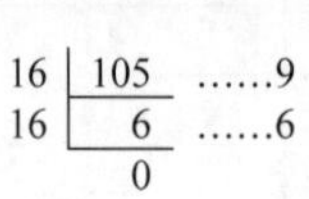

图 1-15 十进制整数 105 转换为十六进制 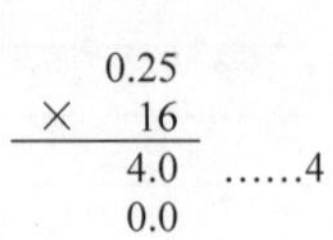 　　图 1-16 十进制小数 0.25 转换为十六进制

最后将整数部分和小数部分合并,得到完整的转换结果$(69.4)_{16}$。

由于 4 位二进制数与 1 位十六进制数之间有如表 1-1 所示的一对一关系,因此将二进制转换为十六进制时,先将二进制数按每 4 位为 1 组进行分组,然后再直接查表得到十六进制数。分组时从小数点开始,整数部分往左,小数部分往右,每 4 位为 1 组。当二进制数位不足四位时,整数部分在左边补 0,小数部分在右边补 0。十六进制转换为二进制数,则直接根据表 1-1 将每一个十六进制数位按顺序写成 4 个二进制数位。最后得到的二进制数,若整数部分最高位不为 1,则可以将整数部分最左边的第一个 1 以左的所有零全部去除;若小数部分最低位不为 1,则可以将小数部分最右边的第一个 1 以右的所有零全部去除,这样就得到了最简的二进制表示形式。

例 1.3 将$(101.01)_2$转换为十六进制数。

解答:先将二进制数$(101.01)_2$从小数点开始,分别往左、往右 4 位分组。不足 4 位的,整数部分在左边补零,小数部分在右边补零,如图 1-17 所示,变为二进制数$(0101.0100)_2$,然后再各组分别查表,可得到十六进制数$(5.4)_{16}$。

例 1.4 将十六进制数$(7F.8)_{16}$转换为二进制数。

解答:将各个十六进制数位,对应为 1 组 4 位二进制数,且二进制数位排列顺序不变,然后再去除整数部分高位的 0 和小数部分低位的 0,如图 1-18 所示,得到二进制数$(1111111.1)_2$。

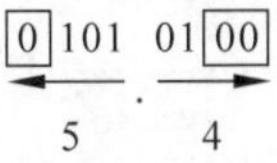

图 1-17 二进制数转换为十六进制数 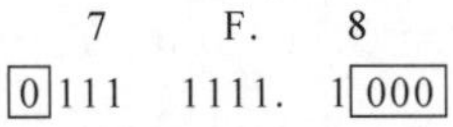 图 1-18 十六进制数转换为二进制数

1.5.2 整数在计算机中的表示

计算机中的数据具有特定的位宽,且不同位宽二进制数具有不同的名称。

字是计算机内部进行数据处理的基本单位,它与微处理器内部寄存器、算术逻辑单元、数据总线宽度一致。字所包含的二进制位数称为字长。计算机中常用数据宽度为 8 位(bit,简写为 b)、16 位、32 位或 64 位。32 位计算机系统字长是 32 位,常把 8 位二进制数称为**字节**(Byte,简写为 B)、16 位二进制数称为**半字**(Half Word),32 位二进制数称为**字**(Word),64 位二进制数称为**双字**(Double Word)。32 位计算机系统不同类型数据的有效数据位及有效字节编号如图 1-19 所示。

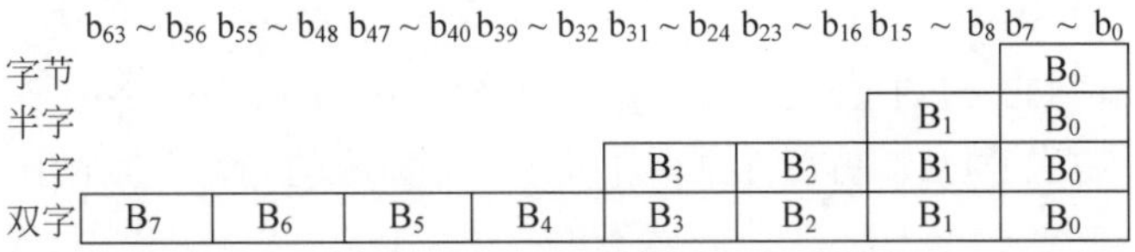

	$b_{63} \sim b_{56}$	$b_{55} \sim b_{48}$	$b_{47} \sim b_{40}$	$b_{39} \sim b_{32}$	$b_{31} \sim b_{24}$	$b_{23} \sim b_{16}$	$b_{15} \sim b_8$	$b_7 \sim b_0$
字节								B_0
半字							B_1	B_0
字					B_3	B_2	B_1	B_0
双字	B_7	B_6	B_5	B_4	B_3	B_2	B_1	B_0

图 1-19 32 位计算机系统不同类型数据的有效数据位以及有效字节编号

计算机中整数区分为符号数和无符号数。无符号数所有二进制位都表示数值,无符号数数值 m 的计算式如式(1-2)所示。

$$m = \sum_{i=0}^{n-1} a_i 2^i \tag{1-2}$$

其中,a_i 表示数位 i 上的数字,为 0 或 1。

如无符号数$(10010011)_2 = 1 \times 2^7 + 1 \times 2^4 + 1 \times 2 + 1 = 128 + 16 + 2 + 1 = 147$。

在计算机中,符号数采用数的符号和数值一起编码的方式表示,且最高位表示符号,正号用"0"表示,负号用"1"表示。**机器数**(计算机中的数)只有字节、半字、字或双字类型,所以只有 8 位、16 位、32 位、64 位机器数的最高位才是符号位。

常用符号数编码方法有原码、反码和补码。正数的原码、反码和补码都是最高位为符号位,其余位为数值位,即原码的表示方式。负数的反码为将原码所有数值位取反,符号位不变获得;负数的补码为反码最低位加 1 获得。

符号数在现代计算机中统一采用补码表示。补码表示的 n 位数数值 m 采用式(1-3)计算。

$$m = -a_{n-1}2^{n-1} + \sum_{i=0}^{n-2} a_i 2^i \tag{1-3}$$

如补码数$(10010011)_2 = -1 \times 2^7 + 1 \times 2^4 + 1 \times 2^1 + 1 = -128 + 19 = -109$。

例 1.5 计算 -105 在计算机中采用 8 位、16 位、32 位不同类型数据表示的补码数。

解答: 首先计算 105 的二进制数,先转换为十六进制数,然后再转换为二进制数。
105 转换为十六进制数的方法如图 1-15 所示,这里直接写出结果。

$$105 = (69)_{16}$$
$$= (0110\ 1001)_2 \cdots\cdots\cdots\cdots\cdots\cdots\cdots\cdots 8\ 位$$
$$= (0000\ 0000\ 0110\ 1001)_2 \cdots\cdots\cdots\cdots\cdots 16\ 位$$
$$= (0000\ 0000\ 0000\ 0000\ 0000\ 0000\ 0110\ 1001)_2 \cdots 32\ 位$$

由此可知 -105 的原码为

$$(-105)_{原码} = (1110\ 1001)_2 \cdots\cdots\cdots\cdots\cdots\cdots\cdots 8\ 位$$
$$= (1000\ 0000\ 0110\ 1001)_2 \cdots\cdots\cdots\cdots 16\ 位$$
$$= (1000\ 0000\ 0000\ 0000\ 0000\ 0000\ 0110\ 1001)_2 \cdots\cdots 32\ 位$$

根据负数反码定义,将 -105 的原码各个数值位取反,可以得到 -105 的反码为

$$(-105)_{反码} = (1001\ 0110)_2 \cdots\cdots\cdots\cdots\cdots\cdots\cdots 8\ 位$$
$$= (1111\ 1111\ 1001\ 0110)_2 \cdots\cdots\cdots\cdots 16\ 位$$
$$= (1111\ 1111\ 1111\ 1111\ 1111\ 1111\ 1001\ 0110)_2 \cdots\cdots 32\ 位$$

最后再根据负数补码定义,在反码最低位加 1,得到 -105 各种不同位宽的补码:

$$(-105)_{补码} = (1001\ 0111)_2 = (97)_{16} \cdots\cdots\cdots\cdots\cdots\cdots 8\ 位$$
$$(-105)_{补码} = (1111\ 1111\ 1001\ 0111)_2 = (ff97)_{16} \cdots\cdots\cdots 16\ 位$$
$$(-105)_{补码} = (1111\ 1111\ 1111\ 1111\ 1111\ 1111\ 1001\ 0111)_2 = (ffffff97)_{16} \cdots 32\ 位$$

1.5.3　小数在计算机中的表示

计算机处理的数值数据除了整数以外,还存在大量小数。为节省存储空间,计算机中数值型数据小数点的位置是隐含的。小数点的位置在计算机中通常有两种表示方法:一种是约定小数点隐含在某一个固定位置上,称为定点表示法,简称**定点数**(Fixed Point);另一种是小数点位置可以浮动,称为浮点表示法,简称**浮点数**(Floating Point)。

常见定点数表示方法有两种：定点整数，小数点在最低有效位的后面；定点小数，小数点在最高有效位的前面。例如，用 2 字节存放一个定点数，则以定点整数方式表示的十进制整数 195 如图 1-20 所示。

0	0	0	0	0	0	0	0	0	1	1	0	0	0	0	1	1	.
符号位							整数数值部分										小数点

图 1-20　十进制整数 195 的定点整数表示

以定点小数方式表示的十进制纯小数－0.6876 如图 1-21 所示。

1	.	1	0	1	1	0	0	0	0	0	0	0	0	0	0	1	1
符号位	小数点								小数数值部分								

图 1-21　十进制纯小数－0.6876 的定点小数表示

$(-0.6876)_{10} = (-0.10110000000001101\cdots)_2$，二进制表示时为无限循环小数，存储时多余位被截断。

定点数也可以将小数点固定在某特定位，但是如果一个定点数小数点位置和占用的存储空间大小固定，那么定点数表示的数据精度以及数据范围是固定的，不利于同时表示特别大的数或者特别小的数。

浮点数表示法来源于数学中的指数表示形式：实数采用一个尾数（Mantissa，尾数有时也称为有效数字 Significans）、一个基数（Base）、一个指数（Exponent）以及一个正、负符号表示。例如，123.45 用十进制科学计数法可以表示为 1.2345×10^2，其中 1.2345 为尾数，10 为基数，2 为指数。浮点数利用指数达到了浮动小数点的效果，从而可以灵活地表示更大范围的实数。同样，数值可以有多种浮点数表示方式，例如上面例子中的 123.45 可以表示为 12.345×10^1，0.12345×10^3 或者 1.2345×10^2。由于这种多样性，有必要对其加以规范化以达到统一表示。规范的浮点数形式如式(1-4)所示。

$$\pm 1.b_{-1}b_{-2}\cdots b_{-n} \times \beta^{\pm e} \quad (0 \leqslant d_i < \beta) \tag{1-4}$$

其中，$1.b_{-1}b_{-2}\cdots b_{-n}$ 为尾数，β 为基数，e 为指数。尾数中数字的个数称为精度。每个数字 b_i 介于 0～基数 β，包括 0。计算机内部数值是二进制，此时 β 等于 2，而每个数字 b_i 只能在 0 或 1 之间取值。例如二进制数 1001.101 的规范浮点数表示为 $(1.001101)_2 \times 2^3$。

计算机用有限的连续字节保存浮点数。一个浮点数所占用的存储空间分为两部分，分别存放尾数和指数。尾数部分使用定点小数，指数部分则采用定点整数。尾数的长度影响该数的精度，指数决定该数的表示范围。通过尾数和指数，同样大小的空间可以存放远比定点数取值范围大得多的浮点数。IEEE754 标准定义单精度 32 位浮点数和双精度 64 位浮点数的格式如图 1-22 所示。

	b_{63}	b_{62}	～	b_{52}	b_{51}	～	b_{32}	b_{31}	b_{30}	～	b_{23}	b_{22}	～	b_0
单精度浮点数								符号	指数			尾数		
双精度浮点数	符号	指数						尾数						

图 1-22　IEEE754 标准定义的浮点数格式

第一个域为符号域（1 位）。0 表示正数，1 表示负数。

第二个域为指数域，对应于二进制科学计数法中的指数部分。单精度数为 8 位，双精度数为 11 位。以单精度数为例,8 位指数可以表示 0~255 之间的 256 个指数值。但是指数可以为正数,也可以为负数。为了处理负指数的情况,实际的指数值按要求加上一个偏差值(Bias)保存在指数域。单精度数偏差值为 127,双精度数偏差值为 1023。例如,单精度实际指数 0 在指数域中保存为 127;保存在指数域中的 64 则表示实际的指数 -63。引入偏差使得单精度数可以表示的指数范围变成 -127~$+128$(包含两端)。实际指数值 -127(保存为全 0)及 $+128$(保存为全 1)用作特殊值的处理,分别表示两个特殊的数:0 和 ∞。这样,实际可以表示的有效指数范围就在 -126~127。

第三个域为尾数域。单精度数为 23 位,双精度数为 52 位。除了某些特殊值外,IEEE标准要求浮点数必须是规范的。这意味着尾数的小数点左侧必须为 1,因此在保存尾数时,可以省略小数点前面这个 1,从而空出一个二进制位来保存更多的尾数。这样实际上用 23 位长的尾数域表示了 24 位的尾数。例如,对于单精度数而言,二进制的 $(1001.101)_2$ 可以表示为 $(1.001101)_2 \times 2^3$,所以实际保存在尾数域中的值为 $(00110100000000000000000)_2$,即去掉小数点左侧的 1,并用 0 在右侧补齐。

一个规范化单精度浮点数能够表示的数据范围如图 1-23 所示。

负数:$-(2-2^{-23}) \times 2^{127} \sim -2^{-126}$;

正数:$2^{-126} \sim (2-2^{-23}) \times 2^{127}$。

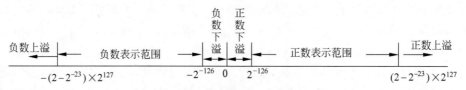

图 1-23 单精度数表示范围

其中,上溢表示超出计算机所能表示数的绝对值的最大值,下溢表示超出计算机所能表示数的绝对值的最小值。

例 1.6 将实数 -9.625 转换为计算机中的单精度浮点数形式,结果采用十六进制表示。

解答:首先将 9.625 用二进制表示,然后变换为相应的浮点数。

9.625 小数点左侧的整数部分 9 变换为二进制形式 $(1001)_2$。

小数部分 0.625 转换为二进制过程如图 1-24 所示,结果为 $(0.101)_2$。

```
0.625  ×  2  =  1.25  ......1
0.25   ×  2  =  0.5   ......0
0.5    ×  2  =  1.0   ......1
0.0
```

图 1-24 0.625 转换为二进制形式过程

把整数部分和小数部分合成,得到 9.625 的完整二进制 $(1001.101)_2$。规范浮点数表示为 $(1.001101)_2 \times 2^3$。

由于 -9.625 是负数,所以符号域为 1。

规范浮点数的指数为 3,加上偏差 127,所以指数域为 $3+127=130$,即二进制数 $(10000010)_2$。

尾数省略掉小数点左侧的 1 之后为 $(001101)_2$,右侧用 0 补齐得到 $(001\ 1010\ 0000\ 0000\ 0000\ 0000)_2$。

三个部分合成之后,最终结果为

$$(1\ 10000010\ 001\ 1010\ 0000\ 0000\ 0000\ 0000)_2$$

最后将二进制浮点数写为十六进制如下：

$$(1100\ 0001\ 0001\ 1010\ 0000\ 0000\ 0000\ 0000)_2 = (C\ 1\ 1\ A\ 0\ 0\ 0\ 0)_{16}$$

即十六进制表示为$(C11A0000)_{16}$。

在上面这个示例中，不断将产生的小数部分乘以 2 的过程掩盖了一个事实：很多小数不能经过有限次这样的过程，得到结果（例如最简单的 0.1）。由于浮点数尾数域的位数是有限的，因此处理办法是：持续该过程直到由此得到的尾数足以填满尾数域，之后对多余的位进行舍入。换句话说，十进制小数到二进制浮点数的转换并不能保证总是精确的，可能是近似值。事实上，只有很少一部分十进制小数具有精确的二进制浮点数表示。

1.5.4 字符在计算机中的表示

计算机除了能处理各种数之外，还能处理各种不同类型文字符号、图片、视频、音频等，这些不同类型的信息都需要经过某种编码转换成为计算机能够识别的二进制信息。不同类型信息编码方式不同，本教材不再一一论述，这里仅简要介绍 ASCII 编码。

ASCII(American Standard Code for Information Interchange)码，即美国标准信息交换码，这是一种 7 位二进制编码，可表示 128 个字符，包括英文大小写字母与数字 0～9。表 1-2 列出了全部 ASCII 码及其表示方法。

表 1-2 ASCII 字符编码表

$b_3 b_2 b_1 b_0$ \ $b_6 b_5 b_4$		0	1	2	3	4	5	6	7
		000	001	010	011	100	101	110	111
0	0000	NUL	DLE	SP	0	@	P	`	p
1	0001	SOH	DC1	!	1	A	Q	a	q
2	0010	STX	DC2	"	2	B	R	b	r
3	0011	ETX	DC3	#	3	C	S	c	s
4	0100	EOT	DC4	$	4	D	T	d	t
5	0101	ENQ	NAK	%	5	E	U	e	u
6	0110	ACK	SYN	&	6	F	V	f	v
7	0111	BEL	ETB	'	7	G	W	g	w
8	1000	BS	CAN	(	8	H	X	h	x
9	1001	HT	EM	)	9	I	Y	i	y
A	1010	LF	SUB	*	:	J	Z	j	z
B	1011	VT	ESC	+	;	K	[	k	{
C	1100	FF	FS	,	<	L	\	l	|
D	1101	CR	GS	—	=	M	]	m	}
E	1110	SO	RS	.	>	N	^	n	~
F	1111	SI	US	/	?	O	-	o	DEL

由于存储器基本存储单元为 1 字节(8 位)，故通常用 1 字节表示 ASCII 码，并认为最高位 b_7 恒为零，于是 0～9 的 ASCII 码为$(30)_{16}$～$(39)_{16}$，大写英文字母 A～Z 的 ASCII 码为$(41)_{16}$～$(5a)_{16}$，小写英文字母 a～z 的 ASCII 码为$(61)_{16}$～$(7a)_{16}$ 等。

ASCII 码是计算机与人进行信息交互的一种基本信息类型(ASCII 字符)，也就是说人通过键盘输入的信息类型为 ASCII 字符,计算机通过显示器显示给人的结果也是 ASCII 字符。那么当人给计算机输入数时,实质输入的是这些数字的 ASCII 码,计算机需要经过进一步处理才能变成数值;同样,显示计算结果时,需先将数值结果变换成 ASCII 码,才能在显示器上正确地显示出来。

如从键盘输入十进制数据 1234,计算机获得的是 $(31323334)_{16}$。

如果计算机处理了计算式 1234+2345,需要给用户显示 3579 这个结果,则需首先把 3579 转化为 $(33353739)_{16}$ 之后才能供显示器显示。具体原因读者可结合第 10 章学习。

1.6 计算机运算基础

计算机把机器数均当作无符号数进行运算,即符号位也参与运算。运算结果是否正确,需要根据运算结果的符号、运算有无进(借)位和溢出等来判别。微处理器内特殊功能寄存器某些专门的位表示运算结果的特征,这些位通常称为标志位。标志位的值由 CPU 根据运算结果自动设定,软件可以根据这些标志位对运算结果进行进一步处理。

1.6.1 无符号数运算

无符号数实际上是指参加运算的数均为正数,且所有数位全部用于表示数值。n 位无符号二进制数的范围为 $0 \sim (2^n - 1)$。

(1) 两个无符号数相加,由于两个加数均为正数,因此和也是正数。当和超过位数所允许的范围时,就向更高位进位。两个无符号数加法运算过程示例如图 1-25 所示。

(2) 两个无符号数相减,被减数大于或等于减数,无借位,结果为正。被减数大于减数运算过程示例如图 1-26 所示。被减数小于减数,有借位,结果为负。此时得到的结果为补码,借位表示符号位,其余为数值位。被减数小于减数运算过程示例如图 1-27 所示。

```
127+160=(7f)₁₆+(a0)₁₆=(11f)₁₆          192-10=(c0)₁₆-(0a)₁₆=(b6)₁₆
    0 1 1 1 1 1 1 1                        1 1 0 0 0 0 0 0
  + 1 0 1 0 0 0 0 0                      - 0 0 0 0 1 0 1 0
  1 0 0 0 1 1 1 1 1  =287                  1 0 1 1 0 1 1 0  =182
  进位
```

图 1-25 两个无符号数加法运算过程示例   图 1-26 被减数大于减数运算过程示例

```
          10-192=(0a)₁₆-(c0)₁₆=(14a)₁₆
              0 0 0 0 1 0 1 0
            - 1 1 0 0 0 0 0 0
          1 0 1 0 0 1 0 1 0  =-(10110110)₂=-182
        借位(符号位)          补码
```

图 1-27 被减数小于减数运算过程示例

1.6.2 符号数运算

n 位二进制补码数,除去一位符号位,还有 $n-1$ 位表示数值,所能表示的数值范围为 $-2^{n-1} \sim (2^{n-1} - 1)$。如果运算结果超过此范围就会产生溢出,若产生了溢出,则结果出错。

两正数相加运算结果产生溢出的示例如图 1-28 所示。若将结果视为无符号数,则和 155 是正确的。若将结果视为符号数,则符号位为 1,结果为 -101,这显然是错误的。原因是和 155 大于 8 位数所能表示的符号数最大值 127,数值部分占据了符号位的位置,产生了溢出,从而导致结果错误。

两负数相加运算结果产生溢出的示例如图 1-29 所示。两个负数相加,和应为负数,而结果$(01100101)_2$却为正数,这显然是错误的。原因是和 -155 小于 8 位数所能表示的符号数最小值 -128,也产生了溢出。若不将第 7 位(b_7)的 0 看作符号,也看作数值,而将进位看作数的符号,则结果为$-(10011011)_2 = -155$,是正确的。

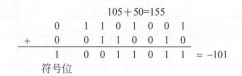
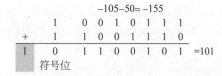

图 1-28 两正数相加运算结果产生溢出的示例　　图 1-29 两负数相加运算结果产生溢出的示例

因此,应当注意补码运算中的溢出、进位与无符号数运算中的进位或借位丢失之间的区别。

(1) 进位或借位是指无符号数运算结果的最高位向更高位进位或借位。通常多位二进制数将其拆成两部分或三部分或更多部分进行运算时,数的低位部分均无符号位,只有最高部分才有符号位。运算时,低位部分向高位部分进位或借位。由此可知,进位主要用于无符号数的运算,这与溢出主要用于符号数的运算是有区别的。

(2) 补码运算中的溢出与进位丢失也应加以区别。两负数相加运算结果进位丢失的示例如图 1-30 所示,两个负数相加,结果为负数是正确的。这里虽然出现了补码运算中产生的进位,但由于和并未超出 8 位二进制补码数的范围 -128～127,因此无溢出。

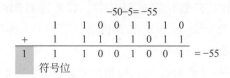

图 1-30 两负数相加运算结果产生进位丢失的示例

那么如何判别符号数运算有无溢出呢?表 1-3 列出了符号数加、减法运算结果产生溢出时各数据的符号关系。因此微处理器可以根据参与运算的数据及结果的符号位判断是否产生溢出,此判断为三输入逻辑。由于符号数减法都可以转换为加法,因此表 1-3 中第三行与第一行等效,第四行与第二行等效。

表 1-3 符号数加、减法运算结果产生溢出时各数据的符号关系

运 算 式	A 符号位	B 符号位	结果符号位
A＋B	0	0	1
A＋B	1	1	0
A－B	0	1	1
A－B	1	0	0

为简化电路设计,进一步分析符号数运算结果产生溢出时的特点,可以得到表 1-4 所列真值表。其中 M_S 和 N_S 为两个加数的符号位,R_S 为结果的符号位;运算时符号位产生的进位为 C_Y,数值部分向符号位产生的进位为 C_S;溢出标志为 OF,1 表示真,0 表示假。

表 1-4　符号、进位、溢出的真值表

M_S	N_S	R_S	C_S	C_Y	OF
0	0	0	0	0	0
0	0	1	1	0	1
0	1	0	1	1	0
0	1	1	0	0	0
1	0	0	1	0	0
1	0	1	0	0	0
1	1	0	0	1	1
1	1	1	1	1	0

由真值表可得溢出标志的逻辑表示式为 $OF = C_Y \oplus C_S$。因此微处理器只需要记录 C_Y 和 C_S,就可以通过逻辑异或电路获得 OF 的值。

1.6.3　浮点数运算

实践视频

设有两个浮点数 x 和 y,它们分别为 $x = M_x \times 2^{E_x}$,$y = M_y \times 2^{E_y}$,其中 E_x 和 E_y 分别为数 x 和 y 的指数,M_x 和 M_y 为数 x 和 y 的尾数。两浮点数加、减运算规则为 $x \pm y = (M_x \times 2^{E_x - E_y} \pm M_y) \times 2^{E_y}$ $(E_x \leqslant E_y)$。

因此,浮点数加、减运算操作过程大体可以描述为以下几步。

1) 0 操作数检查

浮点数加减运算过程比定点数运算过程复杂。如果能判知两个操作数 x 或 y 中有一个数为 0,就可直接得到运算结果,而没有必要再进行后续的一系列操作,节省了运算时间。

2) 比较指数大小,并完成指数对齐

两浮点数进行加减运算,首先要看两数的指数是否相同,即小数点位置是否对齐。若两数指数相同,表示小数点是对齐的,就可以进行尾数的加减运算。反之,若两数指数不同,表示小数点位置没有对齐,此时必须使两数指数相同,这个过程叫做指数对齐(也叫对阶)。

对齐指数,首先应求出两数指数 E_x 和 E_y 之差,即 $\Delta E = E_x - E_y$

$\Delta E = 0$,表示两数指数相等,即 $E_x = E_y$;

$\Delta E > 0$,表示 $E_x > E_y$;

$\Delta E < 0$,表示 $E_x < E_y$。

当 $E_x \neq E_y$ 时,通过尾数的移动改变 E_x 或 E_y,使之相等。原则上,既可以通过 M_x 移位以改变 E_x 来达到 $E_x = E_y$,也可以通过 M_y 移位以改变 E_y 来实现 $E_x = E_y$。但是,由于浮点数是规范化的,尾数左移引起最高有效位丢失,造成很大误差。尾数右移虽引起最低有效位丢失,但误差较小。因此,指数对齐操作规定尾数右移,尾数右移后指数相应增加,数值保持不变。显然,增加后的指数与另一个指数相等,增加指数的一定是小的指数。因此在指数对齐时,总是使小的指数向大的指数看齐,即指数小的数据的尾数向右移位(相当于小数点左移)。每右移一位,指数加 1,直到两数指数相等为止,右移位数等于指数差 ΔE。

3) 尾数求和运算

指数对齐结束后,即可进行尾数的求和运算。不论是加法运算还是减法运算,都按加法进行操作,运算规则与定点整数符号数加法运算规则完全一样,连同符号一起参与运算。若参与运算的数据符号位为 1,则运算时尾数需采用补码表示。

4) 结果规范化

浮点数加减运算时,尾数求和的结果可能溢出,它表明尾数求和结果的绝对值大于2,向左破坏了规范化。此时需将运算结果右移实现规范化表示,称为向右规范化。规则是:尾数右移 1 位,指数加 1。同样,当尾数数值部分不是 $1b_{-1}b_{-2}\cdots b_{-n}$ 时需向左规范化。

5) 舍入处理

在指数对齐或向右规范化时,尾数要向右移位,这样,被右移的尾数低位部分会被丢掉,从而造成一定误差,因此要进行舍入处理。

简单的舍入方法有两种。一种是"0 舍 1 入"法,即如果右移时被丢掉数位的最高位为0,则舍去;为 1,则将尾数的末位加 1。另一种是"恒置 1"法,即只要数位被移掉,就在尾数的末尾恒置 1。

6) 溢出处理

浮点数运算的溢出是指指数溢出。加减运算过程中要检查是否产生了溢出:若指数正常,加(减)运算正常结束;若指数溢出,则要进行相应处理。处理规则为:

(1) 指数上溢即指数超过了最大值的正指数值,一般将其认为是 $+\infty$ 和 $-\infty$。

(2) 指数下溢即指数超过了最小值的负指数值,一般将其认为是 0。

尾数溢出也需要处理,处理规则为:

(1) 尾数上溢即两个同符号尾数相加产生了最高位向上的进位,需将尾数右移,指数增1 重新规范化。

(2) 尾数下溢即将尾数右移时,尾数的最低有效位从尾数域右端流出,需进行舍入处理。

例 1.7 试描述计算机采用单精度浮点数计算以下表达式的计算过程:

(1) $1.5+27.5$,(2) $1.5-27.5$,(3) $-27.5+26.5$,(4) $-27.5-26.5$,(5) $27.5+26.5$

解答:1.5 的二进制规范化表示为 1.1×2^0,单精度浮点数表示为 $(3fc00000)_{16}$。

27.5 的二进制规范化表示为 1.10111×2^4,单精度浮点数表示为 $(41dc0000)_{16}$。

-27.5 的单精度浮点数表示为 $(c1dc0000)_{16}$。

26.5 的二进制规范化表示为 1.10101×2^4,单精度浮点数表示为 $(41d40000)_{16}$。

-26.5 的单精度浮点数表示为 $(c1d40000)_{16}$。

1.5＋27.5 的计算过程如下:

(1) 两数都不为 0。

(2) 1.5 的指数为 $(01111111)_2$;27.5 的指数域为 $(10000011)_2$。1.5 的指数比 27.5 的指数小 4。

因此 1.5 的尾数右移 4 位,由 $(1.100\ 0000\ 0000\ 0000\ 0000\ 0000)_2$ 变为 $(0.0001\ 100\ 0000\ 0000\ 0000\ 0000)_2$。

(3) 27.5的尾数$(1.101\ 1100\ 0000\ 0000\ 0000\ 0000)_2$与1.5右移4位的尾数连同符号位一起求和运算,如图1-31所示。

(4) 尾数求和没有溢出,尾数无须右移。结果为正数(符号位为0),且结果是规范化的。即和的符号域为0,指数域为$(10000011)_2$,尾数域为$(110\ 1000\ 0000\ 0000\ 0000\ 0000)_2$,由此得到和的单精度浮点数二进制结果为$(0100\ 0001\ 1110\ 1000\ 0000\ 0000\ 0000\ 0000)_2$,即十六进制为$(41e80000)_{16}$。

单精度浮点数$(41e80000)_{16}$转换为十进制数即为29。

1.5－27.5 的计算过程如下:

(1) 两数都不为0。

(2) 1.5的指数为$(01111111)_2$;－27.5的指数域为$(10000011)_2$。1.5的指数比－27.5的指数小4。

因此1.5的尾数右移4位,由$(1.100\ 0000\ 0000\ 0000\ 0000\ 0000)_2$变为$(0.0001\ 100\ 0000\ 0000\ 0000\ 0000)_2$。

(3) 尾数求和:－27.5的尾数为$(-1.101\ 1100\ 0000\ 0000\ 0000\ 0000)_2$,将减法运算转换为加法运算,因此－27.5的尾数转换为补码形式即$(10.010\ 0100\ 0000\ 0000\ 0000\ 0000)_2$。两数尾数连同符号位一起求和运算,如图1-32所示。

```
  0   0.00011000000000000000000         0   0.00011000000000000000000
 +0   1.10111000000000000000000        +1   0.01001000000000000000000
  0   1.11010000000000000000000         1   0.01100000000000000000000
```

图1-31 算式1.5+27.5尾数求和   图1-32 算式1.5－27.5尾数求和

(4) 尾数求和没有溢出,尾数无须右移。结果为补码,符号位为1表示结果为负数,转换为带符号的二进制数数值为$(-1.101\ 0000\ 0000\ 0000\ 0000\ 0000)_2$,结果是规范化的。因此和的符号域为1,指数域为$(10000011)_2$,尾数域为$(101\ 0000\ 0000\ 0000\ 0000\ 0000)_2$,由此得到结果的单精度浮点数二进制表示为$(1100\ 0001\ 1101\ 0000\ 0000\ 0000\ 0000\ 0000)_2$,十六进制表示为$(c1d00000)_{16}$。

单精度浮点数$(c1d00000)_{16}$转换为十进制数即为－26。

－27.5＋26.5 的计算过程如下:

(1) 两数都不为0。

(2) 26.5的指数为$(10000011)_2$;－27.5的指数域为$(10000011)_2$,两数指数一致。

(3) 尾数求和:－27.5的尾数为$(-1.101\ 1100\ 0000\ 0000\ 0000\ 0000)_2$,将减法运算转换为加法运算,因此－27.5的尾数转换为补码形式即$(10.010\ 0100\ 0000\ 0000\ 0000\ 0000)_2$。两数尾数连同符号位一起求和运算,如图1-33所示。

(4) 尾数求和溢出标志位为0,尾数无须右移。结果为补码,符号位为1表示结果为负数,转换为带符号的二进制数数值为$(-0.000\ 1000\ 0000\ 0000\ 0000\ 0000)_2$。此结果为非规范形式,尾数需左移4位,变为$(-1.000\ 0000\ 0000\ 0000\ 0000\ 0000)_2$,指数减4。得到和的符号域为1,指数域为$(01111111)_2$,尾数域为$(000\ 0000\ 0000\ 0000\ 0000\ 0000)_2$,由此得到结果的单精度浮点数二进制表示为$(1011\ 1111\ 1000\ 0000\ 0000\ 0000\ 0000\ 0000)_2$,即十六进制为$(bf800000)_{16}$。

单精度浮点数$(bf800000)_{16}$转换为十进制数即为－1。

−27.5−26.5 的计算过程如下：

(1) 两数都不为 0。

(2) −26.5 的指数为 $(10000011)_2$；−27.5 的指数域为 $(10000011)_2$。两数指数一致。

(3) 尾数求和：−27.5 的尾数转换为补码形式即 $(10.010\ 0100\ 0000\ 0000\ 0000\ 0000)_2$，−26.5 的尾数转换为补码形式即 $(10.010\ 1100\ 0000\ 0000\ 0000\ 0000)_2$。两数尾数连同符号位一起求和运算，如图 1-34 所示。

```
  1  0.0100100000000000000000        1  0.0100100000000000000000
+0  1.1010100000000000000000      +1  0.0101100000000000000000
  1  1.1110000000000000000000       10  0.1010000000000000000000
```

图 1-33　算式−27.5+26.5 尾数求和　　　　　图 1-34　算式−27.5−26.5 尾数求和

(4) 尾数求和溢出标志为 1，尾数需右移一位，得到 $(10.010\ 1000\ 0000\ 0000\ 0000\ 0000)_2$，此为补码，转换为带符号的二进制数数值为 $(−1.101\ 1000\ 0000\ 0000\ 0000\ 0000)_2$。指数加 1，为 $(10000100)_2$。和的符号域为 1，指数域为 $(10000100)_2$，尾数域为 $(101\ 1000\ 0000\ 0000\ 0000\ 0000)_2$，由此得到结果的单精度浮点数二进制表示为 $(1100\ 0010\ 0101\ 1000\ 0000\ 0000\ 0000\ 0000)_2$，即十六进制为 $(c2580000)_{16}$。

单精度浮点数 $(c2580000)_{16}$ 转换为十进制数即为−54。

27.5+26.5 的计算过程如下：

(1) 两数都不为 0。

(2) 26.5 的指数为 $(10000011)_2$；27.5 的指数域为 $(10000011)_2$。两数指数一致。

(3) 尾数求和：两数尾数连同符号位一起求和运算，如图 1-35 所示。

```
  0  1.1011100000000000000000
+0  1.1010100000000000000000
  1  1.0110000000000000000000
```

图 1-35　27.5+26.5 尾数求和

(4) 尾数求和溢出标志为 1，尾数右移一位，得到 $(01.101\ 1000\ 0000\ 0000\ 0000\ 0000)_2$，指数加 1，变为 $(10000100)_2$。和的符号域为 0，指数域为 $(10000100)_2$，尾数域为 $(001\ 1000\ 0000\ 0000\ 0000\ 0000)_2$，由此得到结果的单精度浮点数二进制表示为 $(0100\ 0010\ 0101\ 1000\ 0000\ 0000\ 0000\ 0000)_2$，即十六进制为 $(42580000)_{16}$。

单精度浮点数 $(42580000)_{16}$ 转换为十进制数即为 54。

该示例所有浮点数运算指数对齐时都没有移除尾数的有效数据位，因此计算结果无误差。

例 1.8　已知十六进制数 A、B、C 为单精度浮点数，其中 A＝$(3f800000)_{16}$，B＝$(79be371e)_{16}$，C＝$(f9be371e)_{16}$。试描述计算机计算表达式(1)、(2)的过程以及运算结果(十六进制表示)。

(1) (A+B)+C；　　　　　(2) A+(B+C)

解答：单精度浮点数 A＝$(3f800000)_{16}$ 的二进制规范化表示为

$$1.0 \times 2^0$$

单精度浮点数 B＝$(79be371e)_{16}$ 的二进制规范化表示为

$$1.011\ 1110\ 0011\ 0111\ 0001\ 1110 \times 2^{116}$$

单精度浮点数 C＝$(f9be371e)_{16}$ 的二进制规范化表示为

$$−1.011\ 1110\ 0011\ 0111\ 0001\ 1110 \times 2^{116}$$

其中，B、C 为绝对值相等，符号相反的两数。

（A＋B)＋C 的计算过程为:

(1) 首先计算 A＋B,两数指数不相同,相差 116,需将 A 的尾数 1.0 右移 116 位后仅保留 23 个有效数位,以致 A 的尾数移位后为 0,因此(A＋B)的计算结果即为 B。

(2) 紧接着计算 B＋C,两数指数和尾数都相同,仅符号位不同,因此不需要指数对齐,直接运算得到结果 0。

A＋(B＋C)的计算过程为:

(1) 首先计算(B＋C),两数指数和尾数都相同,仅符号位不同,因此不需要指数对齐,直接运算得到结果 0。

(2) 紧接着计算 A＋0,由于有一个操作数为 0,直接得到运算结果 A。

算式(A＋B)＋C 与算式 A＋(B＋C)理论上无论 A、B、C 取何值,结果都应该一致。但是在计算机中由于浮点数 A 与浮点数 B、C 的绝对值相差过大,在运算过程中由于指数对齐,尾数移位导致运算结果可能产生较大误差。因此,程序设计时,应该尽量先将绝对值偏差不太大的浮点数进行运算,这样才能提高运算结果的准确性。

1.7 计算机系统中数据的存储

计算机处理的数据通常存储在存储器中,存储器以字节为单位存储数据。因此计算机存储多字节数据时,需要使用连续多个存储单元,且以这多个存储单元的最低地址作为多字节数据的地址。

1.7.1 存储字节序

计算机系统存在两种不同数据存储管理方式:大字节序(Big Endian)和小字节序(Little Endian)。

大字节序:数据的最高字节存储在最低地址的存储单元,而最低字节存储在最高地址的存储单元。采用这种机制的处理器有 PowerPC、SPARC、Motorola 微处理器系列和绝大多数 RISC 处理器。

小字节序:数据的最高字节存储在最高地址的存储单元,而最低字节存储在最低地址的存储单元。采用这种机制的处理器有 Intel 架构的 CPU (Intel、AMD)。

计算机采用不同字节序存储不同类型数据到首地址为 A 的存储空间时,存储映像如图 1-36 所示。

大字节序		A+0	A+1	A+2	A+3	A+4	A+5	A+6	A+7
	字节	B_0							
	半字	B_1	B_0						
	字	B_3	B_2	B_1	B_0				
	双字	B_7	B_6	B_5	B_4	B_3	B_2	B_1	B_0

小字节序		A+0	A+1	A+2	A+3	A+4	A+5	A+6	A+7
	字节	B_0							
	半字	B_0	B_1						
	字	B_0	B_1	B_2	B_3				
	双字	B_0	B_1	B_2	B_3	B_4	B_5	B_6	B_7

图 1-36 不同字节序不同类型数据的存储映像

例 1.9 写出在两种不同字节序计算机中半字数据 $(1234)_{16}$ 存放到地址为 $(1200)_{16}$ 的存储空间时的存储映像。

解答：半字数据具有 2 字节，需占用两个存储单元，且地址连续，并往高地址方向发展。由此可知，数据 $(1234)_{16}$ 需存储在 $(1200)_{16}$、$(1201)_{16}$ 两个存储单元。根据大字节序及小字节序数据存储规则，不同字节序存储映像如图 1-37 所示。

	$(1200)_{16}$	$(1201)_{16}$
大字节序	$(12)_{16}$	$(34)_{16}$
小字节序	$(34)_{16}$	$(12)_{16}$

图 1-37 同一数据在不同字节序计算机中的存储映像

数据存储于不同微处理器可能采用不同字节序，因此两个计算机之间互相传送数据，需要转换为同一种字节序——网络字节序（大字节序），这样才不会出错。但是如果数据不需要传输，则无论微处理器采用哪种字节序存取数据，都不影响数据的处理结果。

1.7.2 C 语言数据

实践视频

C 语言有多种数据类型，如符号整数、无符号整数、长整数、短整数、单精度浮点数、双精度浮点数、字符等。不同类型数据在计算机中的区别实质表现为不同的数据位宽以及二进制数值位的不同含义。

计算机中数据的位宽可分别为 8 位、16 位、32 位、64 位等。C 语言中不同类型数据与计算机中不同位宽数据的对应关系与编译器以及计算机系统相关。表 1-5 列出了 C 语言基本数据类型对应 32 位机的数据位宽。

表 1-5　C 语言基本数据类型对应 32 位机的数据位宽

数 据 类 型	字节数/B	二进制位数
char，unsigned char	1	8
short，unsigned short	2	16
int，unsigned int	4	32
long，unsigned long	4	32
void *	4	32
float	4	32
double	8	64

不论是符号数还是无符号数，相同类型数据位宽相同，仅最高位含义不同。同一存储地址存储的数据若为不同类型数据，则表示的值不同。

例 1.10 已知某计算机采用小字节序管理存储器中的数据，且存储器中地址 A 开始的连续 8 个存储单元存放数据如表 1-6 所示。试分别指出以 A 为存储地址的 char、unsigned char、short、unsigned short、int、unsigned int 以及 float、double 型数据的十进制值分别为多少。

表 1-6　地址 A 开始的连续 8 个存储单元存放的数据

地址	A	A+1	A+2	A+3	A+4	A+5	A+6	A+7
数据	$(e1)_{16}$	$(7a)_{16}$	$(14)_{16}$	$(ae)_{16}$	$(47)_{16}$	$(01)_{16}$	$(25)_{16}$	$(c0)_{16}$

解答：char、unsigned char 都为 1 字节，十六进制值都为 $(e1)_{16}$，二进制值为 $(1110 0001)_2$。

char 为符号数，因此十进制值为 $-2^7+2^6+2^5+2^0=-31$。

unsigned char 为无符号数，因此十进制值为 $2^7+2^6+2^5+2^0=225$。

short、unsigned short 都为 2 字节，由于是小字节序，因此十六进制值为 $(7ae1)_{16}$，二进制值为 $(0111\ 1010\ 1110\ 0001)_2$。

由于二进制数的最高位为 0，因此 short、unsigned short 型数据的十进制值一致，都为
$$((7\times16+10)\times16+14)\times16+1=31457$$

int、unsigned int 都为 4 字节，由于是小字节序，因此十六进制值为 $(ae147ae1)_{16}$，二进制值为 $(1010\ 1110\ 0001\ 0100\ 0111\ 1010\ 1110\ 0001)_2$。

int 为符号数，因此十进制值为
$$-2^{31}+2\times16^7+14\times16^6+1\times16^5+4\times16^4+7\times16^3+10\times16^2+14\times16^1+1$$
$$=-1374389535$$

unsigned int 为无符号数，因此十进制值为
$$10\times16^7+14\times16^6+1\times16^5+4\times16^4+7\times16^3+10\times16^2+14\times16^1+1$$
$$=2920577761$$

float 为 4 字节，由于是小字节序，因此十六进制值为 $(ae147ae1)_{16}$，二进制值为 $(1010\ 1110\ 0001\ 0100\ 0111\ 1010\ 1110\ 0001)_2$。对应到 float 型数据各个域的二进制值如图 1-38 所示。

符号域	指数域	尾数域
1	0101 1100	001 0100 0111 1010 1110 0001

图 1-38 float 型数据各个域的二进制值

其中，符号域为 1，表示为负数。

指数域为 $(0101\ 1100)_2$，对应指数为 $5\times16+12-127=-35$。

尾数域为 $(001\ 0100\ 0111\ 1010\ 1110\ 0001)_2$，因此二进制规范化表示形式为
$$-1.00101000111101011100001\times2^{-35}$$

这是一个绝对值很小的负数，十进制结果为 $-0.00000000003376044235836595$。

double 为 8 字节，由于是小字节序，因此十六进制值为 $(c0250147ae147ae1)_{16}$。二进制值为 $(1\ 100\ 0000\ 0010\ 0101\ 0000\ 0001\ 0100\ 0111\ 1010\ 1110\ 0001\ 0100\ 0111\ 1010\ 1110\ 0001)_2$。对应到 double 型数据各个域的二进制值如图 1-39 所示。

符号域	指数域	尾数域
1	100 0000 0010	0101 0000 0001 0100 0111 1010 1110 0001 0100 0111 1010 1110 0001

图 1-39 double 型数据各个域的二进制值

其中，符号域为 1，表示为负数。

指数域为 $(100\ 0000\ 0010)_2$，对应指数为 $4\times256+2-1023=3$。

尾数域为$(0101\ 0000\ 0001\ 0100\ 0111\ 1010\ 1110\ 0001\ 0100\ 0111\ 1010\ 1110\ 0001)_2$。

二进制规范化表示形式为

$-1.0101\ 0000\ 0001\ 0100\ 0111\ 1010\ 1110\ 0001\ 0100\ 0111\ 1010\ 1110\ 0001 \times 2^3$

它表示的十进制值为-10.5025。

由此可知同一存储地址,若为不同类型数据,则数据的值差别较大。

本章小结

电子计算机发展经历了4个主要阶段:电子管计算机、晶体管计算机、半导体计算机及微处理器计算机。前三个阶段计算机发展速度较慢,进入微处理器阶段之后,计算机发展迅速,遵循摩尔定律。近年来,微处理器进入多核时代——一个物理集成芯片内包含多个逻辑CPU。

计算机种类繁多,按照逻辑结构都可以分为5个部分:微处理器(CPU)、存储器、总线、I/O接口、I/O设备。微处理器是计算机的核心,完成运算、控制等功能,它一般由运算器、控制器和寄存器构成。存储器存储计算机执行的程序和处理的数据及结果,现代计算机系统存储器采用分层结构。计算机系统各个部件采用总线结构互联,且采用多级总线,总线按照传输信息的类型一般可分为控制总线、地址总线和数据总线。某些情况下,不同类型总线也会复用,如地址、数据线。I/O接口是连接计算机系统与I/O设备的桥梁,负责完成信号类型、协议等的转换和协调处理速度。I/O设备是计算机与外界环境及计算机与人交互的部件,如键盘、鼠标、显示器是典型的人机交互I/O设备。

计算机作为一类特殊的数字系统,必须具有软件才能正常工作。软件存储在计算机的存储器中,控制计算机工作的部件为微处理器。因此计算机工作的基本原理就是从存储器中读取程序(指令),然后在微处理器内部对指令译码,并指导各个部件协调工作,即执行指令。如此不停地周而复始,直到所有指令执行完毕。由此可知,计算机具备的功能由控制软件决定,运行不同的程序即具有不同的功能。

随着计算机技术的发展,计算机系统衍生出两种不同的结构模型——冯·诺依曼结构模型和哈佛结构模型。这两种结构模型的主要区别在于:①是否采用不同的存储器存储指令和数据;②是否采用不同的总线传输指令和数据。哈佛结构模型解决了计算机系统总线及存储器访问速度瓶颈问题,而冯·诺依曼结构模型的微处理器总线接口部件设计较简单。因此现代计算机系统大都在微处理器内部采用哈佛结构,外部采用冯·诺依曼结构。

计算机中的信息包括数、文字、图片、视频、音频等,不同的信息在计算机中都统一采用二进制表示。二进制表示不同的信息时必须采用某种规范(编码)才能被计算机理解。计算机中的数分为整数和小数,整数又区分为符号数和无符号数。无符号数即所有二进制位都表示数值,符号数在计算机中采用补码表示。小数在计算机中分为单精度浮点数和双精度浮点数两种,并且需要注意很多小数无法在计算机中精确表示。英文字符在计算机中采用ASCII码表示,每个字符保存为1字节。

计算机中的数只能为 8 位、16 位、32 位、64 位等位宽,32 位 MIPS 微处理器分别称它们为字节、半字、字、双字。计算机存取数据时具有两种不同的字节序:小字节序和大字节序。小字节序存储多字节数据时:高字节存储在高地址,低字节存储在低地址。大字节序则正好相反。无论哪种字节序,数据的地址统一采用最低地址表示。

计算机运算都基于二进制数,整数运算分为符号数运算和无符号数运算。无符号数加、减运算关注进、借位,若存在进、借位则需要进一步处理。符号数运算关注运算结果是否溢出,若溢出,表示运算结果出错。小数运算需指数对齐,且指数对齐时向指数大的对齐,尾数移位以及运算时需注意添加规范化保存时丢弃的整数 1。

C 语言基本数据类型包含 char、short、int、long、float、double 及指针,它们在 32 位计算机系统中数据位宽分别为 8 位、16 位、32 位、32 位、32 位、64 位、32 位。不同类型指针即使指向同一地址,由于使用的存储空间大小不一致,因此不同类型指针指示的值不同。

思考与练习

1. 电子计算机的发展经历了哪几个阶段?各个阶段分别具有什么特点?

2. 计算机硬件系统由哪 5 个部分构成?简述各部分的主要作用。

3. 微处理器一般由哪几部分构成?各部分分别起什么作用?

4. 总线根据承载的信号类型分为哪几类?根据在计算机系统中所处的层次又分为哪几类?

5. 存储器存取数据的最小单位是什么?存储器的一般结构包含哪几部分?向存储器存、取数据分别叫什么操作?

6. I/O 接口的主要功能是什么?举例说明计算机系统中具有哪些常见 I/O 接口。

7. 分别举例说明计算机系统具有哪些常见的输入设备、输出设备、I/O 设备。

8. 什么是指令?什么是指令集?什么是程序?

9. 程序的执行过程一般分为哪几步?结合图 1-11 举例说明计算机执行加法运算时的工作过程。

10. 冯·诺依曼结构计算机与哈佛结构计算机的区别是什么?各有什么优缺点?

11. 计算机系统中的数据位宽有哪几种?32 位 MIPS 微处理器中不同位宽数据分别叫做什么?

12. 完成题表 1-1 无符号字节数据在不同数制之间的转换。

题表 1-1 无符号字节数据在不同数制之间的转换

二 进 制	十 进 制	十 六 进 制
	10	
	255	
$(1010\ 0101)_2$		
	127	
		$(80)_{16}$
$(0100\ 1011)_2$		

13. 完成题表 1-2 无符号半字数据在不同数制之间的转换。

题表 1-2 无符号半字数据在不同数制之间的转换

二进制	十进制	十六进制
(1111 1011 0111 0001)₂		
		(3f)₁₆
		(134a)₁₆
	345	
	7868	
(0101 1011 1100 1110)₂		

14. 完成题表 1-3 符号数与补码字节数之间的转换。

题表 1-3 符号数与补码字节数之间的转换

十进制符号数	补码字节数(十六进制)
−12	
+12	
−128	
	(89)₁₆
	(78)₁₆
127	
	(ff)₁₆

15. 完成题表 1-4 符号数与半字补码数之间的转换。

题表 1-4 符号数与半字补码数之间的转换

十进制符号数	半字补码数(十六进制)
256	
−256	
	(8001)₁₆
	(4025)₁₆
7832	
−128	

16. 分别指出小字节序和大字节序计算机系统将字数据 (12345678)₁₆ 存储到存储器中地址 (00000004)₁₆ 的存储映像。

17. 已知某计算机系统存储区间(A~A+1)的存储映像如题表 1-5 所示,存储的数据为 short int 型数据−495,试指出该计算机系统是采用大字节序还是小字节序。

题表 1-5 存储区间(A~A+1)的存储映像

存储地址	A	A+1
存储数据	(fe)₁₆	(11)₁₆

18. 写出下列字符串类型数据的 ASCII 码："12""34""0123""2012"。

19. 采用二进制完成下列无符号数的运算,结果采用十六进制表示,并指出是否产生了进位或借位。

52+152(8 位),52-152(8 位),4933+65535(16 位),4933-65535(16 位)

20. 采用补码完成下列符号数的运算,结果采用十六进制表示,并指出是否产生了溢出。

52-104(8 位),52+104(8 位),4933+1(16 位),4933-1(16 位)

21. 请将下列实数采用单精度浮点数表示(十六进制):1.625,34.5,并写出计算机采用单精度浮点数计算下列算式的计算过程及运算结果(十六进制表示)。

1.625+34.5,1.625-34.5

22. 已知某小字节序计算机系统从地址 A 开始的存储区间存储数据如题表 1-6 所示。

题表 1-6　从地址 A 开始的存储区间存储数据

存储地址	A	A+1	A+2	A+3	A+4	A+5	A+6	A+7
存储数据	$(cd)_{16}$	$(cc)_{16}$	$(cc)_{16}$	$(cc)_{16}$	$(cc)_{16}$	$(cc)_{16}$	$(f4)_{16}$	$(bf)_{16}$

若在 C 程序中定义以下类型指针:

```
short int * sint;
unsigned short * usint;
char * ct;
unsigned char * uct;
int * cint;
unsigned int * ucint;
float * fint;
double * dint;
```

试说明执行以下语句之后 * sint,* usint,* ct,* uct,* cint,* ucint,* fint,* dint 的十进制值各是多少:

```
sint = A;
usint = A;
cint = A;
ucint = A;
ct = A;
uct = A;
fint = A;
dint = A;
```

23. 写出计算机计算下列表达式的结果(十六进制),并说明原因。

① unsigned char 型数据:1+255= ;1-255=

② char 型数据:127+1= ;-128-1=

第 2 章

CHAPTER 2

汇 编 语 言

本章以 32 位 MIPS 微处理器整数汇编指令为例讲述汇编指令的构成、常用 MIPS 汇编指令的功能及其应用、MIPS 汇编指令的寻址方式、MIPS 汇编程序设计及子程序原理,并初步了解程序编译、链接、装载直至运行的过程。汇编语言是与计算机硬件紧密相关的程序设计语言,能够帮助读者理解软件控制硬件工作的原理。

学习完本章之后,应掌握以下内容:

- 汇编指令的构成以及不同指令集架构的特点;
- MIPS 指令集不同指令的编码;
- 常用 MIPS 汇编指令的功能和应用,常用 C 语言语句的汇编指令实现;
- 子程序原理以及程序运行过程中动态存储空间的变化;
- 不同寻址方式原理;
- 程序编译、链接、装载过程;
- MIPS 汇编语言程序编写。

2.1 计算机语言

计算机语言是面向计算机的人工语言,它是程序设计的工具,又称为程序设计语言。计算机完成某个具体任务,人们首先必须将这些任务分解成一个个功能模块,设计实现这些功能模块的算法,然后利用高级程序设计语言实现这些算法,最后利用高级语言编译器将这些程序编译、汇编、链接为计算机能执行的、按照某种顺序组织的一条条指令,由指令指导计算机微处理器去完成计算或控制任务,如图 2-1 所示。微处理器由一个个微电路构成,实现各种算术运算、逻辑运算及控制等。

本章结合高级语言程序中的具体任务,解释计算机指令如何指导计算机完成具体任务。首先了解图 2-1 中几种计算机语言的特点。

(1) 高级语言:是一类面向问题的程序设计语言,独立于计算机硬件,对具体算法进行描述,所以又称为"算法语言"。它的特点是独立性、通用性和可移植性好。例如,BASIC、FORTRAN、

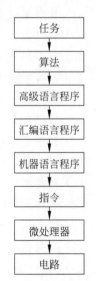

图 2-1 计算机解决某个任务的过程

PASCAL、C、C++等语言都是高级语言。

（2）汇编语言：是指使用助记符号和地址符号来表示指令的计算机语言,也称为"符号语言"。每条指令都有明显的标识,易于理解和记忆。

（3）机器语言：是最初级的计算机语言,它依赖于硬件,是由1、0组成的二进制编码形式的指令,不易被人识别,但可以被计算机直接执行。

学习计算机指令如何指导计算机工作的原理通常采用汇编语言,下面阐述汇编语言程序设计中碰到的几个基本概念。

（1）汇编：把汇编语言翻译为机器语言的过程。

（2）汇编程序：实现汇编过程的软件。

（3）汇编语言源程序：用户采用汇编语言编写的程序。

2.2　计算机指令架构

计算机的指令通常由两个部分构成：操作码和操作数。操作码指明计算机执行什么样的操作,而操作数则指出该操作处理的数据或数据存放的地址。操作码和操作数在计算机中都采用二进制编码表示。

计算机系统能执行的所有指令构成了该计算机系统的指令集。指令集中的指令到底支持哪些类型的操作,这就是指令集结构、功能设计问题。当前在这一问题的处理上,有两种截然不同的方向：一个方向是强化指令功能,实现软件功能向硬件功能转移,基于这种思想设计实现的计算机系统称为复杂指令集计算机（Complex Instruction Set Computer, CISC）；另一个方向是20世纪80年代发展起来的精简指令集计算机（Reduced Instruction Set Computer,RISC）,目的是尽可能降低指令集的复杂性,以达到简化实现、提高性能的目的。

CISC架构指令集的特点：

（1）指令系统复杂庞大,指令数目一般多达二三百条;

（2）寻址方式多;

（3）指令格式多;

（4）指令长度不固定;

（5）访问存储器指令不加限制;

（6）各种指令使用频率相差很大;

（7）各种指令执行时间相差很大。

RISC架构指令集的特点：

（1）精简了指令系统,流水线以及常用指令均可用硬件执行;

（2）采用大量的寄存器,使大部分操作都在寄存器之间进行,提高了处理速度;

（3）每条指令的功能尽可能简单,并在一个机器周期内完成;

（4）所有指令长度均相同;

（5）只有装载(load)和存储(store)操作指令能访问存储器,其他操作均在寄存器之间进行。

RISC和CISC是目前设计制造微处理器的两种典型技术,虽然它们都是试图在体系结构、操作运行、软件/硬件、编译时间和运行时间等诸多因素中做出某种平衡,以求达到高效的目的,但采用的方法不同,因此,很多方面差异很大。RISC 指令系统的确定与特定的应用领域有关,故 RISC 机器更适合于专用机;而 CISC 机器则更适合于通用机。Intel 公司的 x86 系列 CPU 是典型的 CISC 体系的结构;而 MIPS R3000、HP-PA8000 系列、Motorola M88000 等微处理器是 RISC 体系的典型范例。RISC 微处理器结构简单,指令规整,性能容易把握,易学易用;CISC 微处理器结构复杂,功能强大,实现特殊功能容易。为便于初学者理解,本书采用 RISC 体系中的 MIPS 微处理器指令集,学习计算机指令的构成及指令如何控制计算机工作。

2.3 MIPS 汇编指令一般格式

汇编指令是机器指令的符号表示,包括操作数和操作码。不同的微处理器系列,具有不同的汇编指令表示形式,本书重点讲解 MIPS 汇编指令。

MIPS 汇编指令的一般格式为:

[标号:] 操作码 [操作数 1, 操作数 2, 操作数 3] [# 注释]

(1) 标号:表示指令在存储器中的存储地址,为可选项。

(2) 操作码:表示执行什么操作,任何指令都必须具有操作码。

(3) 操作数:表示操作的对象(数据或地址),不同的指令要求的操作数个数不同,可能为 0~3。

(4) 注释:解释指令的功能,为方便读者读懂程序的功能而添加,为可选项。汇编程序忽略这部分内容。

如加法运算,MIPS 汇编指令形式为"add a,b,c",该指令的功能为计算机将操作数 b 与操作数 c 相加,并把运算结果保存到操作数 a 中。其中 add 为加法运算操作码的符号表示,a、b、c 为操作数的符号表示(图 2-2)。

MIPS 汇编指令通常都采用图 2-2 所示结构,一般包含三个操作数。有的微处理器采用两操作数指令形式,如 Intel 微处理器实现 b 加 c 的运算,可以采用指令"add b,c",结果存储在 b 中。MIPS 三操作数指令,若需实现 b、c、d、e 四个数相加并把结果保存到 a 中,则要采用如图 2-3 所示的 3 条指令。

```
add a,b,c  # a = b + c
add a,a,d  # a = b + c + d
add a,a,e  # a = b + c + d + e
```

add a、b、c
操作码 操作数

图 2-2 MIPS 三操作数指令构成

图 2-3 a＝b＋c＋d＋e 对应的指令序列

其中,符号"#"表示注释,类似 C 语言中的符号"//",同一行中其后的语句汇编程序忽略。汇编语言源程序一行只能写一条汇编指令。

图 2-4 所示两条 C 语言语句,经过编译器编译之后将得到图 2-5 所示两条汇编指令。

如果 C 语言语句中含有更复杂的算术运算式,如"a＝(c＋b)－(d＋e);",编译器将此语句分解为:首先计算 c＋b 的值,结果保存在某个临时变量如 t0 中;然后再计算 d＋e 的值,结果保存在另一个临时变量如 t1 中;最后再将 t0−t1 的值保存到 a 中。这样,编译之后得到的汇编语言程序段如图 2-6 所示。

```
a = b + c;
d = a − e;
```

```
add a,b,c
sub d,a,e
```

```
add t0,c,b
add t1,d,e
sub a,t0,t1
```

图 2-4 C 语言运算语句　　　图 2-5 MIPS 汇编语言　　　图 2-6 C 语句"a=(c+b)−(d+e);"
　　　　　　　　　　　　　　　　　运算语句　　　　　　　　　对应的汇编指令序列

由此可知,一条 C 语言语句往往由多条汇编语言指令实现。

不同微处理器表示算术运算操作如 add、sub 等的符号不同,操作数 a、b、c、d、e、t0、t1 等的存取方式也不同。

2.4 MIPS 指令操作数

MIPS 微处理器,算术逻辑运算类指令的操作数都必须在 CPU 内部寄存器中,只有数据传送类指令才能包含存储器操作数。MIPS 微处理器中所有寄存器都是 32 位操作数,存储器操作数可以是不同的数据类型,如字节、半字、字等。

2.4.1 寄存器操作数

MIPS 微处理器提供了 32 个通用寄存器(General Purpose Register)。这 32 个寄存器的名称和用法大致如表 2-1 所示。汇编语言程序既可以使用寄存器编号,也可以使用寄存器名称。

表 2-1 MIPS 微处理器通用寄存器

编　　号	名　　称	使用规则或特殊用途
$0	$zero	常数 0(constant value 0)
$1	$at	汇编程序临时存储超出 16 位的数据
$2,$3	$v0,$v1	函数返回值(values for results and expression evaluation)
$4−$7	$a0−$a3	函数输入参数(arguments)
$8−$15	$t0−$t7	临时寄存器(temporary)
$16−$23	$s0−$s7	存储寄存器(saved),C 语言中定义的变量可以保存在这些寄存器中。同时这些寄存器也可以保存存储单元的起始地址(基地址)
$24−$25	$t8−$t9	临时寄存器(temporary)
$28	$gp	全局指针(global pointer)
$29	$sp	栈指针(stack pointer)
$30	$fp	帧指针(frame pointer)
$31	$ra	返回地址(return address)

如 C 语言语句:"f=(a+b)−(c+d);"

如果寄存器 $s0、$s1、$s2、$s3、$s4 分别存放变量 a、b、c、d、f 的值,那么对应以上 C

语言语句的 MIPS 汇编指令段如图 2-7 所示。

```
add $ t1, $ s0, $ s1
add $ t2, $ s2, $ s3
sub $ s4, $ t1, $ t2
```

图 2-7　C 语言语句"f=(a+b)-(c+d);"对应的 MIPS 汇编语言指令序列

2.4.2　存储器操作数

高级语言常定义由多种基本数据类型构成的复杂数据类型,如数组、结构体等。这些复杂类型的数据,单一寄存器无法保存,因此计算机采用存储器保存这些数据。另外,微处理器中寄存器数量有限,当程序定义较多变量时,部分变量也必须采用存储器保存。下面以数组为例讲解存储器操作数的访问。

数组由多个相同类型数据构成,它们在存储器中连续存放。假设存在某 4 元素数组,值分别为 0、1、12、127,且从地址为 A 的存储单元开始存放。若该数组为字节类型,那么该数组的存储映像如图 2-8 所示。每个数组元素仅占一个存储单元,因此 2 号元素 12 的存放地址为 A+2。

若该数组为字类型,那么该数组的存储映像则如图 2-9 所示,此时每个数组元素占 4 个存储单元,因此 2 号元素的存放地址为 A+8。每个存储单元中存放的具体数据,由计算机采用的字节序确定。

存储地址	存储数据
A+0	0
A+1	1
A+2	12
A+3	127

图 2-8　字节数组的存储映像

存储地址	存储数据
A+0	0
A+4	1
A+8	12
A+12	127

图 2-9　字数组的存储映像

由此可知,若已知数组存储的起始地址 A,数组每个元素包含的字节数 m,那么数组元素 A[n]的存储地址为 A+$n×m$,n 从 0 开始计算。

MIPS 汇编语言表示 A[n]的地址时,将起始地址 A 保存在某个寄存器(RF)中,该寄存器称为基址寄存器;然后将 $n×m$ 的结果计算出来之后作为常数(Imm),采用形如 Imm($Rs)的方式表示 A[$n$]的地址。若字型数组的起始地址 A 保存在寄存器 $s0 中,那么 A[1]的地址表示为 4($ s0)。需要注意的是:任何存储器操作数,MIPS 汇编语言都采用 Imm($Rs)的方式表示,即使 Imm 为 0,也必须写。

当一个数据占用多个连续存储单元时,通常为提高微处理器执行效率,采取字节边界对齐存储数据,即半字数据从偶地址(A_0=0)开始存储,字数据从 4 的整数倍地址(A_1A_0=(00)$_2$)开始存储。这样微处理器从存储器中存取一个数据都只需要一个总线周期,否则需要多个总线周期才能完成一个数据的存取,降低了微处理器的执行效率。MIPS 微处理器要求数据必须边界对齐存取。

若对存储在存储器中的数据进行算术逻辑运算,则 MIPS 微处理器要求:数据需先从存储器中读入 CPU,然后才能进行运算,运算之后再保存到存储器中。MIPS 微处理器字型数据的读取采用汇编指令 lw,字型数据的存储采用汇编指令 sw。下面看一个具体的例子,了解 MIPS 汇编语言如何实现数组类型操作数的运算。

例 2.1　设数组 A 是一个具有 100 个数据的字型数组,该数组存放在存储器中的起始地址(基地址)保存在寄存器 $s2 中,变量 g 和 h 的值分别保存在寄存器 $s0 和 $s1 中,要求采用 MIPS 汇编指令实现以下 C 语言语句功能:

(1) g=h+A[8];

(2) A[12]=h+A[8]。

解答:A[8]的地址为 $s2+8*4、A[12]的地址为 $s2+12*4。

由 MIPS 汇编指令存储地址表示方式可知,A[8]、A[12]的地址分别表示为 32($s2)、48($s2)。

C 语言语句(1)对应的 MIPS 汇编指令段如图 2-10 所示。

```
lw $t0,32($s2)        #从存储器中将 A[8]读入 CPU 中的临时寄存器 $t0 中
add $s0,$s1,$t0
```

图 2-10　语句 g=h+A[8];对应的 MIPS 汇编语言指令段

C 语言语句(2)对应的 MIPS 汇编指令段如图 2-11 所示。

```
lw $t0,32($s2)        #从存储器中将 A[8]读入 CPU 中的临时寄存器 $t0 中
add $t0,$s1,$t0       #实现 h+A[8]运算,结果保存在临时寄存器 $t0 中
sw $t0,48($s2)        #将临时寄存器 $t0 中的值保存到 A[12]中
```

图 2-11　语句 A[12]=h+A[8];对应的 MIPS 汇编语言指令段

从以上例子可知,由于需要执行额外的数据存取指令,对存储器中的数据执行算术逻辑运算比对寄存器中的数据执行算术逻辑运算速度要慢。因此编译器通常将常用变量保存在寄存器中,而不常用变量保存在存储器中,以优化程序执行效率。

2.4.3　立即数

汇编指令中,还存在另外一种类型的操作数:立即数或常数。在微处理器设计中,通常将立即数和指令绑定在一起编码,成为指令的一部分,这样可以加快立即数操作指令的执行效率。如指令 lw $t0,32($s2)中的 32 为一个立即数,指令 addi $s1,$s2,40 中的 40 也是一个立即数。lw $t0,32($s2)中的 32 是操作数地址偏移量,addi $s1,$s2,40 中的 40 是操作数本身。

2.5　MIPS 指令编码

指令在计算机中采用 0、1 序列表示,不同指令具有不同的操作码。操作数包含寄存器、存储器、立即数等不同类型,而且每种类型的操作数都具有不同的表现形式。那么如何用二进制编码来体现这些特点,这就是指令的编码。用二进制编码表示的指令称为**机器指令**。MIPS 机器指令全部采用 32 位二进制数编码表示,高位到低位依次表示为 b_{31} 到 b_0。

2.5.1 R 型指令

R 型指令,即操作数仅为寄存器的指令。R 型指令可为三操作数、两操作数,甚至一操作数等不同类型。它们都具有如表 2-2 所示编码格式,共 6 个域。

表 2-2 典型 MIPS 三操作数 R 型指令编码

b_{31} ~ b_{26}	b_{25} ~ b_{21}	b_{20} ~ b_{16}	b_{15} ~ b_{11}	b_{10} ~ b_6	b_5 ~ b_0
Op	Rs	Rt	Rd	Shamt	Funct

各域含义如下。

Op 域:操作码,表明该指令的基本功能,所有 R 型指令此域都为 $(000000)_2$。

Funct 域:功能码,确定 Op 域范围内指令的具体功能。

Shamt 域:移位指令移位次数立即数的二进制编码。

Rd、Rs、Rt 域:分别为各个寄存器编号的二进制编码。

三操作数 R 型指令的符号指令格式为:

Op Rd, Rs, Rt ♯Op 为操作码的符号表示。

R 型指令,若仅具有两个操作数或一个操作数,那么符号指令中不存在的寄存器域直接编码为 $(00000)_2$。且两操作数或一操作数指令中,各寄存器编码所处域根据指令功能的不同而不同。读者需结合具体汇编指令学习,详细编码规范可查看本教材附录——MIPS 整数指令编码表。

下面看一个三操作数 R 型 MIPS 汇编指令的机器指令编码示例。

例 2.2 指出汇编指令 add ＄t0,＄s1,＄s2 的机器指令编码。

解答:add ＄t0,＄s1,＄s2 为典型的三操作数 R 型指令,机器指令分为 6 个域。查 MIPS 整数指令编码表可知 Op 域 6 位以及 Funct 域 6 位分别为 $(000000)_2$ 和 $(100000)_2$,表示该指令的功能为加法运算;Rs 域 5 位为寄存器 ＄s1(＄17)的二进制编码 $(10001)_2$;Rt 域 5 位为寄存器 ＄s2(＄18)的二进制编码 $(10010)_2$;Rd 域 5 位为寄存器 ＄t0(＄8)的二进制编码 $(01000)_2$;Shamt 域在这条指令中没有意义,直接填充 $(00000)_2$。

因此 add ＄t0,＄s1,＄s2 的机器指令为:

Op	Rs	Rt	Rd	Shamt	Funct
$(000000)_2$	$(10001)_2$	$(10010)_2$	$(01000)_2$	$(00000)_2$	$(100000)_2$

2.5.2 I 型指令

MIPS 指令集中的数据传送类指令,操作数不仅包含寄存器也包含立即数,如果仍然采用 R 型指令格式编码,只能利用剩余的 5 位表示立即数,那么立即数范围只能为 0~31,不能满足常用计算需求。如定义 100 个元素的数组,无法采用基地址加立即数索引数组中第 32 个及之后的元素。因此,MIPS 微处理器设计了另一种类型的指令格式——含有立即数操作数的指令,也称为 I 型指令。I 型指令的编码如表 2-3 所示,共 4 个域。

表 2-3 I 型指令编码

b$_{31}$ ～ b$_{26}$	b$_{25}$ ～ b$_{21}$	b$_{20}$ ～ b$_{16}$	b$_{15}$ ～ b$_0$
Op	Rs	Rt	Imm(常数地址,constant address)

各域含义如下。

Op 域：操作码编码,表明该指令的基本功能。

Rs、Rt 域：寄存器编号的二进制编码。

Imm 域：常数或存储单元地址偏移量立即数的二进制编码。

由于 Imm 为 16 位数据,因此可以表示的符号数范围为 $-2^{15} \sim 2^{15}-1$,无符号数范围为 $0 \sim 2^{16}-1$,能够满足常用需求。

Rs、Rt 在符号指令中所处位置,由指令操作码确定。如：

数据传送指令的符号指令格式为：Op Rt, Imm(Rs)

条件跳转指令的符号指令格式为：Op Rs, Rt, Imm

立即数参与运算指令的符号指令格式为：Op Rt, Rs, Imm

例 2.3 试指出 MIPS 汇编指令：lw ＄t0,32(＄s3)和 addi ＄t0,＄s3,32 的机器指令编码。

解答：lw ＄t0,32(＄s3) I 型指令编码中,Rs 为 ＄s3(＄19)的二进制编码$(10011)_2$,Rt 为 ＄t0(＄8)的二进制编码$(01000)_2$,Imm 为 32 的二进制编码$(0000\ 0000\ 0010\ 0000)_2$。

因此指令 lw ＄t0,32(＄s3)的机器指令为：$(100011\ 10011\ 01000\ 0000\ 0000\ 0010\ 0000)_2$。

addi ＄t0,＄s3,32 I 型指令编码中,Rs 为 ＄s3(＄19)的二进制编码$(10011)_2$,Rt 为 ＄t0(＄8)的二进制编码$(01000)_2$,Imm 为 32 的二进制编码$(0000\ 0000\ 0010\ 0000)_2$。

因此指令 addi ＄t0,＄s3,32 的机器指令为：$(001000\ 10011\ 01000\ 0000\ 0000\ 0010\ 0000)_2$。

由以上两条指令的机器指令编码可知,不同指令编码存在差别。由于不同指令具有不同的操作码,因此解码时,微处理器首先译码 6 位操作码,可知指令的具体类型,然后再根据指令的类型可知指令其余部分的构成,这样就可以对指令的其余部分进行正确的解码。表 2-4 列举了 5 条常用指令的编码。

表 2-4 5 条常用指令的编码

符 号 指 令	指令类型	Op	Rs	Rt	Rd	Shamt	Funct
add ＄t0,＄s1,＄s2	R	$(000000)_2$	$(10001)_2$	$(10010)_2$	$(01000)_2$	$(00000)_2$	$(100000)_2$
sub ＄t0,＄s1,＄s2	R	$(000000)_2$	$(10001)_2$	$(10010)_2$	$(01000)_2$	$(00000)_2$	$(100010)_2$
addi ＄t0,＄s3,32	I	$(001000)_2$	$(10011)_2$	$(01000)_2$	$(0000\ 0000\ 0010\ 0000)_2$		
lw ＄t0,32(＄s3)	I	$(100011)_2$	$(10011)_2$	$(01000)_2$	$(0000\ 0000\ 0010\ 0000)_2$		
sw ＄t0,32(＄s3)	I	$(101011)_2$	$(10011)_2$	$(01000)_2$	$(0000\ 0000\ 0010\ 0000)_2$		

例 2.4 若寄存器 ＄t1 存储整型数组 A 的首地址,寄存器 ＄s1 存储整型变量 h。试将 C 语言语句"A[300]＝h＋A[300]"翻译为 MIPS 汇编指令,并指出各条指令对应的机器指令编码。

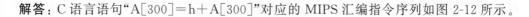

解答：C 语言语句"A[300]＝h＋A[300]"对应的 MIPS 汇编指令序列如图 2-12 所示。

```
lw $t0,1200($t1)
add $t0,$s1,$t0
sw $t0,1200($t1)
```

图 2-12 "A[300]＝h＋A[300]"对应的汇编指令序列

这三条汇编指令对应的机器指令如表 2-5 所示。

表 2-5 指令编码

Op	Rs	Rt	Rd	Shamt	Funct
			常 数 地 址		
$(100011)_2$	$(01001)_2$	$(01000)_2$	$(0000\ 0100\ 1011\ 0000)_2$		
$(000000)_2$	$(10001)_2$	$(01000)_2$	$(01000)_2$	$(00000)_2$	$(100000)_2$
$(101011)_2$	$(01001)_2$	$(01000)_2$	$(0000\ 0100\ 1011\ 0000)_2$		

由以上机器指令编码可知，lw $t0,1200($t1)指令和 sw $t0,1200($t1)指令的机器指令仅第 3 位不同，这种指令编码简化了微处理器硬件设计。

2.5.3 J 型指令

程序运行时，并不一定都按照指令的编写顺序执行，因此必定存在控制程序跳转的指令。MIPS 微处理器为实现远距离跳转，设计了一类伪直接跳转指令，这类指令为无条件跳转指令，如指令 j label、jal label 等都属于此类。该类指令 32 位二进制数编码中只有高 6 位为操作码，其余 26 位表示跳转地址。这种指令也是 MIPS 指令集中最后一种指令格式即 J 型指令，符号指令格式：

Op Label   ＃Label 为跳转目标地址的符号表示

J 型指令机器指令编码格式如表 2-6 所示，共两个域。

表 2-6 J 型指令编码

b_{31}	～	b_{26}	b_{25}	～	b_0
Op			伪直接跳转地址		

各域含义如下。

Op 域：指令的功能编码。

伪直接跳转地址域：标号所指示存储单元地址的中间 26 位，即 $A_{27}\cdots A_2$。

MIPS 指令的存储地址为 32 位，26 位数据并不能完整表示标号所指示的存储单元地址。但是 MIPS 每条指令存储时都占用 4 个存储单元，且存储器以字节为单位编址，所以 MIPS 指令的存储地址都是 4 的整数倍，即指令地址的最低两位都是 0，这两位地址可以不保存。另外，MIPS 所有指令都为 32 位，操作码占用 6 位，标号所指示地址的最高 4 位保存不下来。因此 MIPS 微处理器要求伪直接跳转控制指令中标号所指示的存储地址最高 4 位与 J 型跳转指令的下一条指令地址(程序计数器 PC 的值)的最高 4 位一致,这样标号所指示的 32 位地址可以通过 PC 的高 4 位、伪直接跳转指令的低 26 位、最低 2 位补充$(00)_2$ 形成,如表 2-7 所示。

表 2-7　伪直接跳转指令标号所指示存储地址的构成

A_{31}	$\sim$	A_{28}	A_{27}	$\sim$	A_2	A_1	A_0
PC 的高 4 位($PC_{31\sim28}$)			伪直接跳转控制指令低 26 位($b_{25\sim0}$)			0	0

由此可知,伪直接跳转指令并不能跳转到任意地址,跳转目标地址的高 4 位与 PC 的高 4 位必须一致,否则为非法指令。

例 2.5　若指令 ag:j ag 的存储地址为 0x0000 0008,试指出该指令的机器码。

解答:伪直接跳转地址即标号所指示存储单元地址的中间 26 位为 0x0000 0008 的 $b_{27}\cdots b_2$,即$(00\ 0000\ 0000\ 0000\ 0000\ 0000\ 0010)_2$。

j ag 指令的操作码:$(0000\ 10)_2$。

因此 ag:j ag 指令的机器码:$(0000\ 1000\ 0000\ 0000\ 0000\ 0000\ 0000\ 0010)_2$。

ag:j ag 执行时 PC 的值为 0x0000 0008+4=0x0000 000c,即高 4 位为$(0000)_2$,合并机器指令低 26 位$(00\ 0000\ 0000\ 0000\ 0000\ 0000\ 0010)_2$,并在最低两位补$(00)_2$,得到目标地址为$(0000\ 00\ 0000\ 0000\ 0000\ 0000\ 0010\ 00)_2=0x0000\ 0008$,即跳转到 ag 指示地址。

2.6　常用 MIPS 汇编指令

已知实现 sum_pow2 $= 2^{b+c}$ 功能的 C 语言代码如图 2-13 所示。

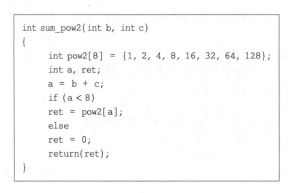

```c
int sum_pow2(int b, int c)
{
    int pow2[8] = {1, 2, 4, 8, 16, 32, 64, 128};
    int a, ret;
    a = b + c;
    if (a < 8)
    ret = pow2[a];
    else
    ret = 0;
    return(ret);
}
```

图 2-13　sum_pow2 代码

实践视频

实践视频

实践视频

该函数执行的操作包括:

(1) 执行 b+c 的算术运算。

(2) 比较 a 是否小于 8,并且根据比较结果跳转到不同语句执行。

(3) 从数组中获取数据。

由此可知,这个函数需要执行算术运算、数据存取以及程序控制等操作。为理解该 C 语言函数在 MIPS 计算机中的执行过程,需先了解 MIPS 汇编指令的功能和使用方法。

2.6.1 数据传送指令

MIPS 指令集提供的常用数据传送指令包括存储器到通用寄存器、通用寄存器到存储器、通用寄存器到特殊寄存器、特殊寄存器到通用寄存器及立即数到通用寄存器的数据传送指令。

1. 存储器到通用寄存器

数据从存储器传送到通用寄存器称为装载(load),数据传送方向如图 2-14 所示。

根据传送的数据类型,装载指令可以分为以下几种:

```
lb  $ Rt, Imm( $ Rs)        # RF[ $ Rt] = mem[RF[ $ Rs] + Imm]
lbu $ Rt, Imm( $ Rs)        # RF[ $ Rt] = mem[RF[ $ Rs] + Imm]
lh  $ Rt, Imm( $ Rs)        # RF[ $ Rt] = mem[RF[ $ Rs] + Imm]
lhu $ Rt, Imm( $ Rs)        # RF[ $ Rt] = mem[RF[ $ Rs] + Imm]
lw  $ Rt, Imm( $ Rs)        # RF[ $ Rt] = mem[RF[ $ Rs] + Imm]
lwl $ Rt, Imm( $ Rs)        # RF[ $ Rt] = mem[RF[ $ Rs] + Imm]
lwr $ Rt, Imm( $ Rs)        # RF[ $ Rt] = mem[RF[ $ Rs] + Imm]
```

其中,操作码中的"b"表示字节(byte)传送,"h"表示半字(half word)传送,"w"表示字(word)传送;"u"表示无符号(unsigned)扩展,不带"u"表示符号扩展。Imm 为 16 位地址偏移符号立即数(Immediate)。RF[ ]表示寄存器的值,[ ]内表示寄存器编号;mem[ ]表示存储的数据,[ ]内表示存储单元地址。

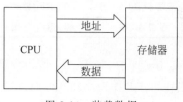

图 2-14 装载数据

MIPS 微处理器访问存储器要求边界对齐,因此访问半字数据时,要求 RF[$ Rs] + Imm 是 2 的整数倍;访问字数据时,要求 RF[$ Rs] + Imm 是 4 的整数倍。

装载指令的执行过程如图 2-15 所示。

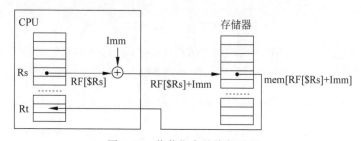

图 2-15 装载指令的执行过程

下面通过一个具体例子解释以上指令的功能。

例 2.6 若寄存器 $ s0、$ s1 的初始值都为 0x0,从地址 0x0 开始的存储空间存储的数据如图 2-16 所示,试说明图 2-17 所示各指令执行之后寄存器 $ s1 的值分别是多少。

地址	0x0	0x1	0x2	0x3	0x4	0x5	0x6	0x7
数据	0x80	0x81	0x82	0x83	0x84	0x85	0x86	0x87

图 2-16 存储空间数据映像

```
lb $ s1,0( $ s0)
lbu $ s1,0( $ s0)
lh $ s1,0( $ s0)
lhu $ s1,0( $ s0)
lw $ s1,0( $ s0)
lwr $ s1,6( $ s0)
lwl $ s1,3( $ s0)
```

图 2-17　数据装载指令序列

解答：前 5 条指令的执行情况如表 2-8 所示。

表 2-8　前 5 条指令的执行情况

指　令	存 储 地 址	存储数据类型	扩 展 方 式	执行后 $ s1 的值
lb $ s1,0($ s0)	0x0 (RF[$ s0]+0)	字节数据 0x80	符号扩展	0xffffff80
lbu $ s1,0($ s0)	0x0 (RF[$ s0]+0)	字节数据 0x80	无符号扩展	0x00000080
lh $ s1,0($ s0)	0x0 (RF[$ s0]+0)	半字数据 0x8081	符号扩展	0xffff8081
lhu $ s1,0($ s0)	0x0 (RF[$ s0]+0)	半字数据 0x8081	无符号扩展	0x00008081
lw $ s1,0($ s0)	0x0 (RF[$ s0]+0)	字数据 0x80818283		0x80818283

lwr $ s1,6($ s0)：该指令将存储地址为 0x6 (RF[$ s0]+6)的字节作为最低字节,从地址 0x6 开始往左到 0x6 所处字的字边界 0x4 为止,所有字节采取左对齐(从左到右)方式装载到 $ s1 各字节中,且 $ s1 没有被操作的字节值不变。若 $ s1 的初始值为 0x00000000,那么该指令执行完之后, $ s1=0x86858400。lwr $ s1,6($ s0)指令执行时存储器和寄存器各个字节的对应关系如图 2-18 所示。

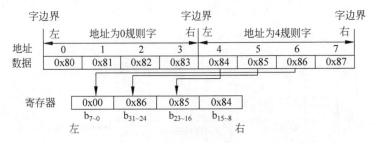

图 2-18　lwl $ s1,6($ s0)指令执行时存储器和寄存器的字节对应关系

lwl $ s1,3($ s0)：该指令将存储地址为 0x3 (RF[$ s0]+3)的字节作为最高字节,从地址 0x3 开始往右到 0x3 所处字的右边界 0x3 为止,所有字节采取右对齐(从右到左)方式存放到 $ s1 的对应字节中。0x3 所处字的右边界就是 0x3,因此仅装载一个字节到 $ s1 的最低字节中,寄存器 $ s1 中没有操作到的字节值不变。若 $ s1 的初始值为 0x0000 0000,那么该指令执行完之后, $ s1=0x00000083。lwr $ s1,3($ s0)指令执行时存储器和寄存器各个字节对应关系如图 2-19 所示。

若顺序执行指令 lwl $ s1,6($ s0),lwr $ s1,3($ s0),则将存储器中非边界对齐地址(0x3)存储的字数据传送到寄存器 $ s1。由此可知 lwl 和 lwr 两条指令组合可以装载任意非边界对齐字。

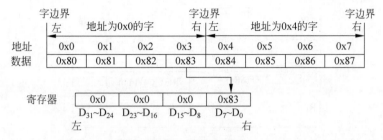

图 2-19 lwr $s1,3($s0)指令执行时存储器和寄存器各个字节对应关系

若顺序执行图 2-17 所示执行序列,则各条指令执行前后 $s1 的值变化如表 2-9 所示。

表 2-9 顺序执行图 2-17 所示各条指令前后 $s1 的值变化

汇 编 指 令	装载字节数	操作存储空间	执行前 $s1	执行后 $s1
lb $s1,0($s0)	1	0x0	0x0	0xffffff80
lbu $s1,0($s0)	1	0x0	0xffffff80	0x00000080
lh $s1,0($s0)	2	0x0～0x1	0x00000080	0xffff8081
lhu $s1,0($s0)	2	0x0～0x1	0xffff8081	0x00008081
lw $s1,0($s0)	4	0x0～0x3	0x00008081	0x80818283
lwl $s1,6($s0)	3	0x4～0x6	0x80818283	0x86858483
lwr $s1,3($s0)	1	0x3	0x86858483	0x86858483

2. 通用寄存器到存储器

数据从通用寄存器传送到存储器称为存储(store),数据传送方向如图 2-20 所示。

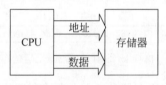

图 2-20 存储数据

根据传送的数据类型,存储指令可以分为以下几种:

```
sb $Rt, Imm($Rs)        # mem[RF[$Rs] + Imm] = RF[$Rt]
sh $Rt, Imm($Rs)        # mem[RF[$Rs] + Imm] = RF[$Rt]
sw $Rt, Imm($Rs)        # mem[RF[$Rs] + Imm] = RF[$Rt]
swl $Rt, Imm($Rs)       # mem[RF[$Rs] + Imm] = RF[$Rt]
swr $Rt, Imm($Rs)       # mem[RF[$Rs] + Imm] = RF[$Rt]
```

其中,b、h、w 表示的含义分别为字节、半字、字,32 位寄存器存储字节和存储半字时,都直接截取寄存器的低位部分存储到存储器中。sw 及 sh 要求访问的存储地址必须边界对齐,否则出错。存储指令的执行过程如图 2-21 所示。

下面同样通过一个具体例子来说明这些指令的功能。

例 2.7 假设寄存器 $s0＝0x00000000,$s1＝0x81828384,从地址 0x00000000 开始的存储空间存储映像如图 2-22 所示,试求图 2-23 所示各指令顺序执行之后被操作存储单元的值。

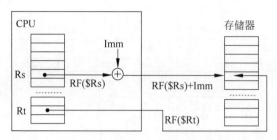

图 2-21　存储指令的执行过程

地址	0x0	0x1	0x2	0x3	0x4	0x5	0x6	0x7
数据	0x80	0x81	0x82	0x83	0x84	0x85	0x86	0x87

图 2-22　存储空间原始存储映像

```
sb  $s1,0($s0)
sh  $s1,2($s0)
sw  $s1,4($s0)
swr $s1,6($s0)
swl $s1,3($s0)
```

图 2-23　数据存储指令序列

解答:

sb $s1,0($s0):该指令将寄存器$s1的最低有效字节存储到地址为0x0（RF[$s0]＋0)的存储单元中(图 2-24),此时 mem[0x0]＝0x84。

地址	0x0	0x1	0x2	0x3	0x4	0x5	0x6	0x7
数据	0x84	0x81	0x82	0x83	0x84	0x85	0x86	0x87

图 2-24　执行 sb $s1,0($s0)之后的存储映像

sh $s1,2($s0):该指令将寄存器$s1的最低有效半字存储到地址为0x2（RF[$s0]＋2)的存储单元中(图 2-25),此时 mem[0x2]＝0x8384。

地址	0x0	0x1	0x2	0x3	0x4	0x5	0x6	0x7
数据	0x84	0x81	0x83	0x84	0x84	0x85	0x86	0x87

图 2-25　执行 sh $s1,2($s0)之后的存储映像

sw $s1,4($s0):该指令将寄存器$s1的字存储到地址为0x4（RF[$s0]＋4)的存储单元中(图 2-26),此时 mem[0x4]＝0x81828384。

地址	0x0	0x1	0x2	0x3	0x4	0x5	0x6	0x7
数据	0x84	0x81	0x83	0x84	0x81	0x82	0x83	0x84

图 2-26　执行 sw $s1,4($s0)之后的存储映像

swl $s1,6($s0):该指令将$s1寄存器的各字节以左对齐方式(从左到右)依次存入从字节地址0x6（RF[$s0]＋6)开始到0x6所处字的左边界0x4为止的各个存储单元。具体执行过程如图 2-27 所示。该指令存储的字节数取决于这段存储空间存储单元的个数,此

例存入 3 字节。该指令执行完后存储映像如图 2-28 所示。

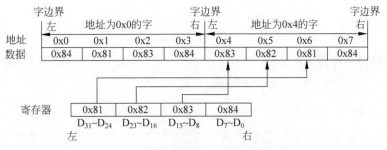

图 2-27　swl $s1,6($s0)执行过程

地址　0x0　0x1　0x2　0x3　0x4　0x5　0x6　0x7
数据　0x84　0x81　0x83　0x84　0x83　0x82　0x81　0x84

图 2-28　执行 swl $s1,6($s0)之后的存储映像

　　swr $s1,3($s0)：该指令将 $s1 寄存器的各字节以右对齐方式(从右到左)依次存入从字节地址 0x3 (RF($s0)+3)开始到 0x3 所处字的右边界 0x3 为止的各个存储单元,执行过程如图 2-29 所示。该指令存储的字节数同样取决于这段存储空间的存储单元个数,此例存入 1 字节。指令执行完后存储映像如图 2-30 所示。

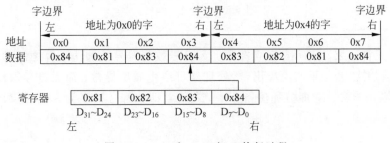

图 2-29　swr $s1,3($s0)执行过程

地址　0x0　0x1　0x2　0x3　0x4　0x5　0x6　0x7
数据　0x84　0x81　0x83　0x84　0x83　0x82　0x81　0x84

图 2-30　执行 swr $s1,3($s0)之后的存储映像

由此可知,swl 和 swr 组合实现了非边界对齐字的存储。

3. 通用寄存器与特殊寄存器

MIPS 指令集没有提供存储器到存储器的数据传送指令,也没有提供通用寄存器到通用寄存器的数据传送指令,仅提供了部分特殊功能寄存器 lo、hi 与通用寄存器之间的数据传送指令。特殊功能寄存器 lo、hi 分别保存乘法运算积的低 32 位和高 32 位或者除法运算的商和余数。

将数据移出 lo 或 hi 寄存器的汇编指令格式:

```
mfhi $Rd                    ♯ RF[$Rd] = hi
mflo $Rd                    ♯ RF[$Rd] = lo
```

将数据移入 lo 或 hi 寄存器的汇编指令格式：

```
mthi $ Rs                        # hi = RF[ $ Rs]
mtlo $ Rs                        # lo = RF[ $ Rs]
```

4. 立即数到寄存器

立即数初始化寄存器的汇编指令格式：

```
lui $ Rt, Imm                    # RF[ $ Rt] = Imm << 16 | 0x0000
```

该指令将 16 位立即数复制到寄存器 Rt 的高 16 位，Rt 的低 16 位自动补 0。通常与"逻辑或"(ori)指令一起使用，实现将 32 位立即数赋值给寄存器。

2.6.2 算术运算指令

算术运算指令主要包括加、减、乘、除运算指令。所有的运算都针对 32 位数据，且区分符号数和无符号数。

1. 加法

加法运算汇编指令格式如下：

```
add $ Rd, $ Rs, $ Rt             # RF[ $ Rd] = RF[ $ Rs] + RF[ $ Rt]
addu $ Rd, $ Rs, $ Rt            # RF[ $ Rd] = RF[ $ Rs] + RF[ $ Rt]
addi $ Rt, $ Rs, Imm             # RF[ $ Rt] = RF[ $ Rs] + Imm
addiu $ Rt, $ Rs, Imm            # RF[ $ Rt] = RF[ $ Rs] + Imm
```

其中，u 表示无符号数，i 表示含有立即数。无符号数与符号数加法运算之间的差别主要表现在：符号数加法，若结果产生溢出，微处理器可产生溢出异常；而无符号数加法，微处理器不会产生溢出异常。立即数加法指令中，16 位立即数符号扩展为 32 位之后再进行加法运算。

2. 减法

减法运算主要包含 2 条指令，汇编指令格式：

```
sub $ Rd, $ Rs, $ Rt             # RF[ $ Rd] = RF[ $ Rs] - RF[ $ Rt]
subu $ Rd, $ Rs, $ Rt            # RF[ $ Rd] = RF[ $ Rs] - RF[ $ Rt]
```

无符号数与符号数减法运算之间的差别主要表现在：符号数减法若结果产生溢出，微处理器可产生溢出异常；而无符号数减法不会产生溢出异常。由于立即数减法运算可以变为立即数加法运算，因此没有立即数减法运算指令。

3. 乘法

乘法运算指令包含 3 条指令，汇编指令格式为：

```
mult $ Rs, $ Rt                  # hi |lo = RF[ $ Rs] * RF[ $ Rt]
multu $ Rs, $ Rt                 # hi |lo = RF[ $ Rs] * RF[ $ Rt]
mul $ Rd, $ Rs, $ Rt             # hi |lo = RF[ $ Rs] * RF[ $ Rt], RF[ $ Rd] = lo
```

乘法运算结果积的位数一般超出 32 位数所能表示的范围，因此采用两个特殊功能寄存器 lo 和 hi 分别表示乘积的低 32 位和高 32 位。符号数乘法将两个因子都当作 2 进制补码所表示的符号数,无符号数乘法则将两个因子都当作无符号数进行运算。

4. 除法

除法运算指令包含 2 条指令,汇编指令格式为:

```
div $Rs, $Rt              # lo = 商(RF[$Rs] / RF[$Rt])
                          # hi = 余数(RF[$Rs] / RF[$Rt])
divu $Rs, $Rt             # lo = 商(RF[$Rs] / RF[$Rt])
                          # hi = 余数(RF[$Rs] / RF[$Rt])
```

符号数除法与无符号数除法之间的差别同符号数乘法与无符号数乘法之间的差别一样。除法运算结果也是保存在两个特殊的寄存器 lo 和 hi 中。lo 存储商,hi 存储余数。符号数除法中余数的符号与被除数的符号一致。

例 2.8 试采用 MIPS 汇编指令实现以下四则运算:

(1) $32 \times 24 - 45$

(2) $(66 + 12) \div 2$

(3) $(-12) \times 3 + (-18)$

假定运算结果保存到寄存器 $s0,且数据 32、24、45、66、12、2、−12、3、−18 分别保存在寄存器 $t0、$t1、$t2、$t3、$t4、$t5、$t6、$t7、$t8 中。

解答: 算式(1)先执行乘法运算,然后再执行减法运算,由于乘法运算的积保存在寄存器 hi 和 lo 中,需要先取出来,然后再进行减法运算。数据 32、24、45 都是正数,且运算结果也是正数,因此可以采用无符号数运算指令实现,程序段如图 2-31 所示。

```
addiu $t0, $0, 32
addiu $t1, $0, 24
addiu $t2, $0, 45
multu $t0, $t1        #32 * 24 结果存放在 lo 中,此时 hi = 0
mflo $s0             # 从 lo 中取出积存入 $s0
subu $s0, $s0, $t2
```

图 2-31 算式(1)对应汇编语言程序段

算式(2)先执行加法运算,然后再执行除法运算,由于除法运算的商保存在寄存器 lo 中,因此需要从寄存器 lo 取出商存入 $s0 中。数据 66、12、2 都是正数,且结果也为正数,因此也可以采用无符号数运算指令实现,程序段如图 2-32 所示。

算式(3)先执行乘法运算,再执行加法运算,但是参与运算的数据中包含负数,因此需要采用符号数运算指令实现,程序段如图 2-33 所示。

```
addiu $t3, $0, 66
addiu $t4, $0, 12
addiu $t5, $0, 2
addiu $t3, $t3, $t4
divu $t3, $t5
mflo $s0
```

图 2-32 算式(2)对应汇编程语言序段

```
addi $t6, $0, −12
addi $t7, $0, 3
addi $t8, $0, −18
mult $t6, $t7
mflo $s0
add $s0, $s0, $t8
```

图 2-33 算式(3)对应汇编语言程序段

算式(1)和(2)也可以采用符号数运算指令实现,不改变运算结果。是采用符号数运算指令还是采用无符号数运算指令,需要根据具体应用场景判断参与运算的数的性质决定。

2.6.3 位运算指令

1. 移位运算

MIPS 常用移位运算指令格式和功能如表 2-10 所示。

表 2-10 MIPS 常用移位运算指令格式和功能

移位操作	C 运算符	汇编指令格式	功　能	备　注
逻辑左移	<<	sll $Rd, $Rt, Imm	RF[$Rd]=RF[$Rt]<< Imm	高位移除,低位补充 0
		sllv $Rd, $Rt, $Rs	RF[$Rd]=RF[$Rt]<< RF[$Rs]	
逻辑右移	>>	srl $Rd, $Rt, Imm	RF[$Rd]=RF[$Rt]>> Imm	低位移除,高位补充 0
		srlv $Rd, $Rs, $Rt	RF[$Rd]=RF[$Rs]>> RF[$Rt]	
算术右移		sra $Rd, $Rt, Imm	RF[$Rd]=RF[$Rt]>> Imm	低位移除,高位补充符号位
		srav $Rd, $Rt, $Rs	RF[$Rd]=RF[$Rt]>> RF[$Rs]	

算术移位指令不改变数据的符号位。

含有立即数的移位指令虽然第三个操作数是立即数,但仍然为 R 型指令,编码如表 2-11 所示。

表 2-11 含有立即数的移位指令编码

b_{31} ～ b_{26}	b_{25} ～ b_{21}	b_{20} ～ b_{16}	b_{15} ～ b_{11}	b_{10} ～ b_6	b_5 ～ b_0
Op	$(00000)_2$	Rt	Rd	Imm	Funct

如指令 sll $s1, $s2, 10 的机器指令编码为:

b_{31} ～ b_{26}	b_{25} ～ b_{21}	b_{20} ～ b_{16}	b_{15} ～ b_{11}	b_{10} ～ b_6	b_5 ～ b_0
$(000000)_2$	$(00000)_2$	$(10010)_2$	$(10001)_2$	$(01010)_2$	$(000000)_2$

2. 逻辑运算

MIPS 指令集提供的逻辑运算指令如表 2-12 所示。

表 2-12 逻辑运算指令

逻辑操作	C 运算符	汇编指令格式	功　能
寄存器位与	&	and $Rd, $Rs, $Rt	RF[$Rd]=RF[$Rs]&RF[$Rt]
立即数位与	&	andi $Rt, $Rs, Imm	RF[$Rt]=RF[$Rs]&{16'h0000,Imm}
寄存器位或	|	or $Rd, $Rs, $Rt	RF[$Rd]=RF[$Rs]|RF[$Rt]
立即数位或	|	ori $Rt, $Rs, Imm	RF[$Rt]=RF[$Rs]|{16'h0000,Imm}
位或非	~|	nor $Rd, $Rs, $Rt	RF[$Rd]=~(RF[$Rs]|RF[$Rt])
异或	^	xor $Rd, $Rs, $Rt	$RF[$Rd]=RF[$Rs]^RF[$Rt]
立即数异或	^	xori $Rt, $Rs, Imm	RF[$Rt]=RF[$Rs]^{16'h0000,Imm}

例 2.9 假设 $s2 的值为 0x00088080, $s3 的值为 0x34567890, 说明分别执行以下各条指令后 $s1 的值为多少。

(1) sll $s1, $s2,10   (2) srl $s1, $s2,10   (3) and $s1, $s2, $s3

(4) andi $s1, $s2,0xfe40   (5) or $s1, $s2, $s3   (6) ori $s1, $s2,0xfe40

(7) nor $s1, $s2, $s3   (8) xor $s1, $s2, $s3

解答：

(1) sll $s1, $s2,10：执行 sll $s1, $s2,10 前, $s2 的值为 $(0000\ 0000\ 0000\ 1000\ 1000\ 0000\ 1000\ 0000)_2 = 557\ 184$。

指令 sll $s1, $s2,10 将 $s2 左移 10 位, 相当于删除 $s2 左边 10 位二进制数 $(0000\ 0000\ 00)_2$, 同时在右边补充 10 个 0, 结果为：$(0010\ 0010\ 0000\ 0010\ 0000\ 0000\ 0000\ 0000)_2$。

此时 $s1 的值为 $0x22020000 = 570\ 555\ 416 = 557\ 184 \times 1024 = 557\ 184 \times 2^{10} = \$s2 \times 2^{10}$。由此可知, 逻辑左移 n 位相当于乘以 2^n。

(2) srl $s1, $s2,10：执行 srl $s1, $s2,10 前, $s2 的值为 $(0000\ 0000\ 0000\ 1000\ 1000\ 0000\ 1000\ 0000)_2$。

指令 srl $s1, $s2,10 将 $s2 右移 10 位, 相当于删除 $s2 右边 10 位二进制数 $(00\ 1000\ 0000)_2$, 同时在左边补充 10 个 0, 结果为：$(0000\ 0000\ 0000\ 0000\ 0010\ 0010\ 0000)_2$。

指令执行之后 $s1 的值为 $0x00000220 = 554 = 557\ 184 \div 1024 = 557\ 184 \div 2^{10} = \$s2 \div 2^{10}$。由此可知, 逻辑右移 n 位相当于除以 2^n。

(3) and $s1, $s2, $s3：执行 and $s1, $s2, $s3 前 $s2, $s3 的值分别为 $\$s2 = (0000\ 0000\ 0000\ 1000\ 1000\ 0000\ 1000\ 0000)_2$, $\$s3 = (0011\ 0100\ 0101\ 0110\ 0111\ 1000\ 1001\ 0000)_2$。

执行 and $s1, $s2, $s3 后 $s1 的值为 $(0000\ 0000\ 0000\ 0000\ 0000\ 0000\ 1000\ 0000)_2$。

由此可知, 凡是和 0 相与的位都被清 0, 和 1 相与的位不变。

(4) andi $s1, $s2,0xfe40：执行 andi $s1, $s2,0xfe40 前 $s2 的值为 $(0000\ 0000\ 0000\ 1000\ 1000\ 0000\ 1000\ 0000)_2$。

16 位立即数 0xfe40 在逻辑运算指令中无符号扩展为 32 位二进制数：

$$(0000\ 0000\ 0000\ 00001111\ 1110\ 0100\ 0000)_2$$

执行 andi $s1, $s2,0xfe40 后 $s1 的值变为 0x00008000。

(5) or $s1, $s2, $s3：执行 or $s1, $s2, $s3 前 $s2, $s3 的值分别为 $\$s2 = (0000\ 0000\ 0000\ 1000\ 1000\ 0000\ 1000\ 0000)_2$, $\$s3 = (0011\ 0100\ 0101\ 0110\ 0111\ 1000\ 1001\ 0000)_2$。

执行 or $s1, $s2, $s3 后 $s1 的值为 $(0011\ 0100\ 0101\ 1110\ 1111\ 1000\ 1001\ 0000)_2$, 即 0x345ef890。

由此可知, 凡是和 1 相或的位都被置 1, 和 0 相或的位不变。

(6) ori $s1, $s2,0xfe40：执行 ori $s1, $s2,0xfe40 前 $s2 的值为 $(0000\ 0000\ 0000\ 1000\ 1000\ 0000\ 1000\ 0000)_2$。

16 位立即数 0xfe40 在逻辑运算指令中无符号扩展为 32 位二进制数：

(0000 0000 0000 00001111 1110 0100 0000)$_2$

该指令执行后 $ s1 的值变为（0000 0000 0000 1000 1111 1110 1100 0000）$_2$，即 0x0008fec0。

（7）nor $ s1，$ s2，$ s3：执行 nor $ s1，$ s2，$ s3 前 $ s2，$ s3 的值分别为 $ s2＝（0000 0000 0000 1000 1000 0000 1000 0000）$_2$，$ s3＝（0011 0100 0101 0110 0111 1000 1001 0000）$_2$。

执行后 $ s1 的值为(1100 1011 1010 0001 0000 0111 0110 1111)$_2$，即 0xcba1076f。

MIPS 指令集没有提供 NOT 取反指令，因为任何数与 0 相或非相当于取反运算。

（8）xor $ s1，$ s2，$ s3：执行 xor $ s1，$ s2，$ s3 前 $ s2，$ s3 的值分别为 $ s2＝（0000 0000 0000 1000 1000 0000 1000 0000）$_2$，$ s3＝（0011 0100 0101 0110 0111 1000 1001 0000）$_2$。

执行后 $ s1 的值为(0011 0100 0101 1110 1111 1000 0001 0000)$_2$，即 0x345ef810。

由此可知，相同位异或清 0，不同位异或置 1。

例 2.10 采用 MIPS 汇编指令实现以下功能：将 $ s0 初始化为 0x00200010。

解答：MIPS 微处理器没有专门提供寄存器赋值指令，可通过如图 2-34 所示指令序列实现。

```
lui $ t0,32        ♯32 为 0x0020(立即数 0x00200010 的高 16 位)
ori $ s0, $ t0,16   ♯16 为 0x0010(立即数 0x00200010 的低 16 位)
```

图 2-34　将 32 位立即数赋值给寄存器的指令序列

执行第一条指令时，将立即数 0x00200010 的高 16 位 0x0020 赋值到寄存器 $ t0 的高 16 位，$ t0 的低 16 位补 0，此时 $ t0 = 0x00200000；执行第二条指令时，将立即数 0x00200010 的低 16 位 0x0010 通过逻辑或运算填充到 $ s0 的低 16 位上，此时 $ s0 = 0x00200010。由此可知，以上两条指令可实现将两个 16 位数合并为一个 32 位数赋值给寄存器。

为方便将大于 16 位的立即数赋值给寄存器，MIPS 微处理器提供了一个专供编译器使用的寄存器 $ at。这样高级语言以及宏汇编语言可以直接将 32 位立即数赋值给寄存器。

例如，宏汇编指令 li $ s0，0x00200010 对应的 MIPS 汇编指令序列如图 2-35 所示。

```
lui $ at, 0x0020
ori $ s0, $ at, 0x0010
```

图 2-35　宏汇编指令 li $ s0，0x00200010 对应的 MIPS 汇编指令序列

2.6.4　程序控制类指令

程序控制类指令根据运算结果以及输入数据的不同实现程序跳转控制，执行不同指令序列。程序控制在高级语言中通常采用 if 类语句实现。MIPS 汇编语言提供了两条常用条件跳转指令 beq、bne 和一条无条件跳转指令 j，它们的格式分别为：

```
beq $ Rs, $ Rt,L1          #若 RF[ $ Rs] == RF[ $ Rt],跳转到 L1 处执行指令
bne $ Rs, $ Rt,L1          #若 RF[ $ Rs]!= RF[ $ Rt],跳转到 L1 处执行指令
j L1                       #无条件跳转到 L1 处执行指令
```

其中,标号 L1 代表 L1 处指令在存储器中的地址。

下面结合 C 语言结构化程序控制语句解释 MIPS 程序控制类指令的使用方法。

1. if 控制

例 2.11 将如图 2-36 所示 C 语言语句翻译为 MIPS 汇编语言程序段。

解答:若在图 2-36 所示语句之后添加一个标号 exit,则图 2-36 中 if 语句的执行流程如图 2-37 所示。

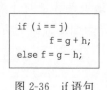

```
if ( i == j )
        f = g + h;
else f = g – h;
```

图 2-36 if 语句

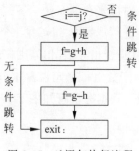

图 2-37 if 语句执行流程

此执行流程,首先判断条件,根据条件执行不同分支。条件成立,顺序执行;条件不成立则跳转,此跳转称为条件跳转。条件成立分支执行完之后,必须跳过条件不成立分支,跳转到共同出口,该跳转称为无条件跳转。

若变量 i、j、f、g、h 分别对应寄存器 $ s0、$ s1、$ s2、$ s3、$ s4,那么编译器可将图 2-36 所示的 C 语言语句编译为图 2-38 所示的 MIPS 汇编语言程序段。

```
        bne $ s0, $ s1,else    # i!= j,跳转到 else 处,相等则顺序执行
        add $ s2, $ s3, $ s4
        j exit                 #处理完相等的情况后跳转到退出处
else:   sub $ s2, $ s3, $ s4
exit:
```

图 2-38 if 语句对应的汇编程序段示例

2. for/while 控制

C 语言存在另一类常见的程序结构——循环,如 for、while、do…while 等。

例 2.12 将图 2-39 所示 C 语言语句翻译为 MIPS 汇编语言指令段,save 为 int 型数组。

```
while (save[ i ] == k)
        i += 1;
```

图 2-39 while 语句

解答：while 语句的执行流程如图 2-40 所示。

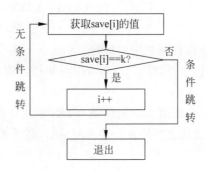

图 2-40 while 语句执行流程

若 i、k 对应寄存器 ＄s0、＄s2，字型数组 save 首地址保存在寄存器 ＄s3 中，则语句执行过程为：首先读取数组 save 第 i 个数据的值，保存到某个暂存寄存器如 ＄t0，然后比较 ＄t0 和 ＄s2 的值是否相等，若相等则修改数组元素索引 i 指向下一个元素，并循环这个过程；否则退出。由于数组每个元素占 4 个存储单元，因此数组元素地址偏移量的计算为索引 ＄s0 的值乘以 4。根据分析可知图 2-39 所示的 C 语言语句可编译为如图 2-41 所示的汇编语言程序段。

```
loop:
        sll ＄t1,＄s0,2      # 数组元素 i 的偏移地址 RF[＄t1] = 数组元素索引 RF[＄s0]<< 2
        add ＄t1,＄t1,＄s3    # 数组元素 i 的存储地址 RF[＄t1] = 数组元素 i 的偏移地址 RF[＄t1] +
                            # 数组首地址 RF[＄s3]
        lw ＄t0,0(＄t1)      # RF[＄t0] = 数组元素 i 的值 mem[RF[＄t1] + 0]
        bne ＄t0,＄s2,exit   # 如果 save[i]不等于 k 则跳转到出口处,否则顺序执行
        addi ＄s0,＄s0,1     # 数组元素索引 i 加 1 得到下一个元素的索引
        j loop              # 重复以上过程
exit:
```

图 2-41 while 语句对应的汇编指令段

例 2.11、例 2.12 仅利用了两种条件控制：相等或不等。但是事实上还有一些其他情况，如大于、小于、小于等于、大于等于等条件控制。MIPS 指令集并没有提供这类大小比较跳转指令，因此需通过多条指令来实现此类功能。MIPS 指令集提供了一类比较设置指令——小于设置指令，汇编指令格式如下：

slt ＄Rd,＄Rs,＄Rt   # RF[＄Rd] = (RF[＄Rs]< RF[＄Rt])
sltu ＄Rd,＄Rs,＄Rt   # RF[＄Rd] = (RF[＄Rs]< RF[＄Rt])
slti ＄Rt,＄Rs,Imm   # RF[＄Rt] = (RF[＄Rs]< Imm)
sltiu ＄Rt,＄Rs,Imm   # RF[＄Rt] = (RF[＄Rs]< Imm)

前两条指令的功能为：如果 RF[＄Rs]< RF[＄Rt]，设置 RF[＄Rd]为 1；否则设置 RF[＄Rd]为 0。

后两条指令的功能为：如果 RF[＄Rs]< RF[Imm]，设置 RF[＄Rt]为 1；否则设置 RF[＄Rt]为 0。

其中 slt、slti 为符号数大小比较设置,而 sltu、sltiu 为无符号数大小比较设置。如:

slt $s0,$s1,$s2 ♯若 $s1 小于 $s2,$s0＝1,否则 $s0＝0。

slti $s0,$s1,40 ♯若 $s1 小于 40,$s0＝1,否则 $s0＝0。

通过这些指令与 beq、bne 指令以及 $zero 寄存器的配合,MIPS 微处理器就可以实现所有条件转移,如小于、小于等于、大于、大于等于、相等、不等等。大小关系条件控制指令段与功能描述如图 2-42 所示。

指 令 段	功 能
slt $t0,$s1,$s2 bne $t0,$zero,L1	若 $s1<$s2 或 $s2>$s1,跳转到 L1 处
slt $t0,$s1,$s2 beq $t0,$zero,L1	若 $s1>=$s2 或 $s2<=$s1,跳转到 L1 处

图 2-42 大小关系条件控制指令段及功能描述

例 2.13 将如图 2-43 所示 C 语言语句翻译为 MIPS 汇编语言指令段。

解答:该 C 语言语句可理解为 i 大于等于 j 时,跳转到 else 处执行,否则顺序执行。因此对应图 2-42 中第二种大小关系条件控制指令段。

```
if(i<j)
    f = g + h;
else f = g - h;
```

图 2-43 if 语句——小于

若变量 i、j、f、g、h 分别对应寄存器 $s0、$s1、$s2、$s3、$s4,则编译器可将上述 C 语言语句编译为图 2-44 所示汇编语言指令段。

```
    slt $t0,$s0,$s1     ♯若 $s0(i)小于 $s1(j),$t0 = 1;否则 $t0 = 0
    beq $t0,$zero,else
    add $s2,$s3,$s4
    j exit              ♯处理完小于的情况后跳转到退出处
else:
    sub $s2,$s3,$s4
exit:
```

图 2-44 if 语句——小于对应的汇编语言程序段

C 语言 for 循环中处理数组元素时,通常需要判断数组是否处理完毕,也需要采用类似方式判断数组访问是否越界。值得注意的是:数组访问是否越界应该采用无符号数比较设置指令。

```
for(i = 0;i<10;i++)
    save[i] = i;
```

图 2-45 C 语言 for 循环语句

例 2.14 将图 2-45 所示 C 语言语句翻译为 MIPS 汇编语言程序段。

解答:该 for 循环语句的执行流程可描述为图 2-46(a)或图 2-46(b)所示。

若 i 对应寄存器 $a0,save 的首地址存储在寄存器 $s0,那么针对图 2-46(a)、(b)的 MIPS 汇编语言程序段分别如图 2-47(a)、(b)所示。

对比分析图 2-47 程序段(a)、(b)不难发现:它们实现的功能一样,总的指令条数也一样,但是程序段(a)循环体中包含的指令条数 7 比程序段(b)循环体中包含的指令条数 6 多一条,也就是说当数据 i 较大时,程序段(b)的执行效率更高。

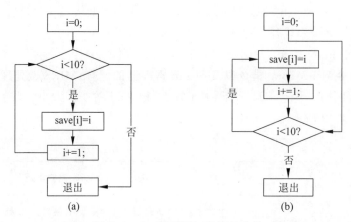

图 2-46 for 循环语句的执行流程

```
      add $ a0, $ 0, $ 0    # 初始化 i = 0

loop:
      sltiu $ t0, $ a0,10    # i < 10?
      beq $ t0, $ 0,exit    # 否退出
      sll $ t0, $ a0,2
      add $ t0, $ t0, $ s0
      sw $ a0,0( $ t0)      # save[ i] = i
      addi $ a0, $ a0,1     # i = i + 1
      j loop
exit:
```

(a)

```
      add $ a0, $ 0, $ 0    # 初始化 i = 0
      j check              # 跳转到条件判断
loop:
      sll $ t0, $ a0,2
      add $ t0, $ t0, $ s0
      sw $ a0,0( $ t0)      # save[ i] = i
      addi $ a0, $ a0,1     # i = i + 1
check:
      sltiu $ t0, $ a0,10    # i < 10?
      bne $ t0, $ 0,loop    # 是循环
exit:
```

(b)

图 2-47 for 循环 MIPS 汇编语言程序段

3. case/switch 控制

前面提到的 C 语言程序段都只有两个分支,但是 C 语言中的 case/switch 语句往往不只两个分支,那么 MIPS 汇编语言又是如何支持此类分支程序的呢? 一种方式是利用一连串条件跳转指令来实现分支,另一种方式是采用跳转表。跳转表即在存储器中建立一个跳转地址表,然后在程序中建立索引,根据索引获取跳转地址。MIPS 指令集提供了一条 jr 指令,其含义为跳转到寄存器所指示的地址处执行指令。jr 指令的格式如下:

jr $ Rs   # PC = RF[$ Rs]

该指令的功能为将寄存器 $ Rs 的值赋给 PC 寄存器,从而实现程序跳转控制,该类跳转也称为寄存器间接跳转。

下例解释了 case/switch 语句的两种实现方法。

例 2.15 将如图 2-48 所示 C 语言程序段翻译为 MIPS 汇编语言程序段。

解答:若变量 i、j 保存在寄存器 $ s0、$ s1,常数 0、1、2、3、4 分别保存在寄存器 $ t0、$ t1、$ t2、$ t3、$ t4 中,每个 case 对应的标

```
switch (i)
{
case 0:j = j + 1;
break;
case 1:j = j + 2;
break;
case 2:j = j + 3;
break;
case 3:j = j + 4;
break;
case 4: j = j + 5;
break;
};
```

图 2-48 switch 语句

号分别为 ca0、ca1、ca2、ca3、ca4。

如果采用比较条件跳转指令,可编译为如图 2-49 所示汇编语言程序段。

```
        beq $ s0, $ t0,ca0      # 比较 i = 0,则跳转到 ca0
        beq $ s0, t1,ca1        # 比较 i = 1,则跳转到 ca1
        beq $ s0, t2,ca2        # 比较 i = 2,则跳转到 ca2
        beq $ s0, t3,ca3        # 比较 i = 3,则跳转到 ca3
        beq $ s0, t4,ca4        # 比较 i = 4,则跳转到 ca0
        j exit
ca0:
        addi $ s1, $ s1,1
        j exit
ca1:
        addi $ s1, $ s1,2
        j exit
ca2:
        addi $ s1, $ s1,3
        j exit
ca3:
        addi $ s1, $ s1,4
        j exit
ca4:
        addi $ s1, $ s1,5
exit:
```

图 2-49 比较跳转法实现 switch 语句的汇编程序段

如果采用跳转表,则需将所有标号表示的地址在如图 2-50 所示存储器中事先保存起来。由于指令存储单元地址为 32 位,因此每个标号所表示的地址保存时占 4 个存储单元,即所有标号所表示的地址建立起来的跳转表为字型数组。

偏移地址	0	4	8	12	16
跳转目标	ca0	ca1	ca2	ca3	ca4

图 2-50 跳转表存储映像

若数组基地址保存在寄存器 $ s3 中,那么可以采用图 2-51 所示汇编语言指令程序段实现多分支跳转控制。

```
    slt $ t0, $ s0, $ zero     # 判断 i 是否小于 0
    bne $ t0, $ zero,exit      # i 小于 0 退出
    slti $ t0, $ s0,5          # 判断 i 是否小于 5
    beq $ to, $ zero,exit      # i 不小于 5 退出
    sll $ t0, $ s0,2           # 将 i * 4 得到标号在存储器中的偏移地址
    add $ s3, $ s3, $ t0       # 偏移地址与基地址相加得到标号在存储器中的存放地址
    lw $ s4,( $ s3)            # 从存储单元中取出标号表示的指令地址存放到寄存器 $ s4 中
    jr $ s4                    # 跳转到 $ s4 所指示的标号处
ca0:
    addi $ s1, $ s1,1
    j exit
ca1:
    addi $ s1, $ s1,2
    j exit
```

图 2-51 跳转表法实现 switch 语句的汇编语言程序段

```
ca2:
    addi $ s1, $ s1,3
    j exit
ca3:
    addi $ s1, $ s1,4
    j exit
ca4:
    addi $ s1, $ s1,5
exit:
```

图 2-51 （续）

从图 2-51 所示汇编语言程序段可知：使用跳转表,无论具有多少个 case,程序结构都一样,不需要多次比较,程序结构简短。但是需从存储器中获取目标指令地址,这样会增加跳转执行时间。因此当分支不太多时,采用比较跳转法效率更高；而分支较多时,采用跳转表法效率更高。编译器根据分支的数量自动选择不同实现方案。

2.7 子程序原理

为避免编写程序的重复劳动,节省存储空间,往往把功能完全相同的程序段独立出来,附加少量额外的指令,将其编写成可供反复调用的公用独立程序段,并通过适当的方法把它与其他程序段连接起来。这种程序设计方法称为子程序设计,被独立出来的程序段称为子程序。调用子程序的程序称为主程序或调用程序。主程序与子程序是相对的,如程序 X 调用程序 Y,程序 Y 又调用程序 Z,那么程序 Y 对于程序 X 来说是子程序,而对于程序 Z 来说则是主程序。进入子程序的操作称为**程序调用**。每次调用后,就进入子程序运行,运行结束后回到主程序的调用处继续执行。子程序返回到主程序的操作称为**子程序的返回**。上述 X、Y、Z 3 个程序之间的调用和返回关系如图 2-52 所示。

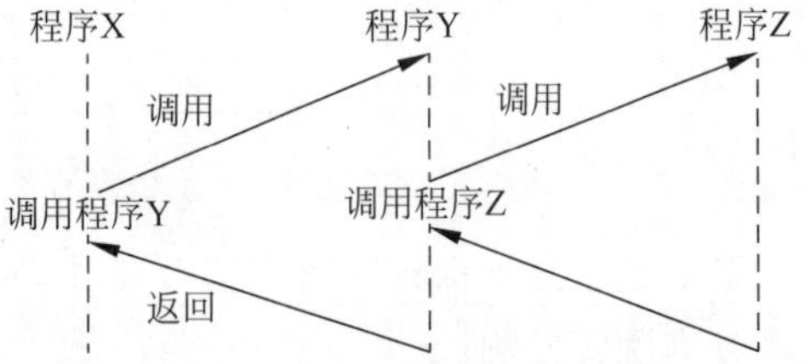

设计包含子程序的程序时,需解决如下问题：

图 2-52 子程序的调用和返回

1. 主程序与子程序之间的转返

子程序的调用和返回实质上就是程序控制的转移,原则上用一般转移指令即可完成,可事实上并不那么简单。主程序在什么时刻,应从什么位置进入哪个子程序,事先很清楚,因此主程序调用子程序是可以预先安排的。但子程序每次执行完,应返回到哪个调用程序及调用程序的什么位置,子程序是无法预先知道的。由于子程序不能预先知道哪个主程序什么时候在什么位置调用它,因此也就无法知道执行完后,返回到哪个主程序的什么位置。该位置与主程序的调用位置有关。

2. 主程序与子程序间的信息传递

主程序与子程序之间需要相互传递信息。主程序提供给子程序以便加工处理的信息称为入口**参数**,经子程序加工处理后回送给主程序的信息称为**返回结果**。每个子程序的功能虽然是确定的,但每次调用它所完成的具体工作和传递的结果一般是不同的,即主程序与子程序间传递的信息对每一次调用来说一般是不一样的。为了实现主程序与子程序间信息的传递,就要约定一种主程序和子程序双方都能接受的信息存取方法。

3. 主程序和子程序公用寄存器保存问题

子程序不可避免地要使用一些寄存器,因此子程序执行后,某些寄存器的内容会发生变化,如果主程序在这些寄存器中已经存放了有用的信息,则从子程序返回主程序后,主程序的运行势必因原存信息被破坏而出错。解决这个问题的方法是在使用这些寄存器之前,将其内容保存起来,使用之后再还原。

寄存器是计算机中信息传递最快的地方,所以在程序设计过程中,一般尽可能使用寄存器。MIPS C 语言编译器采用以下寄存器解决子程序设计中的部分信息存储问题。

$a0～$a3:存放由主程序传递给子程序的入口参数;

$v0、$v1:存放由子程序传递给主程序的返回结果;

$ra:保存子程序返回到主程序的地址。

2.7.1 子程序相关指令

除了信息的存储,还要实现程序的转返,MIPS 微处理器提供了一条专门的指令 jal,该指令实现子程序的调用,并保存返回地址到 $ra 中,指令格式如下:

```
jal ProcedureAddress
```

执行 jal ProcedureAddress 指令时,寄存器 PC 指向紧邻该指令的下一条指令的存储地址,微处理器首先将 PC 的值保存到寄存器 $ra 中,然后再修改 PC 使其指向 ProcedureAddress,从而转到 ProcedureAddress 处执行子程序指令。子程序执行完之后,返回到主程序时,只需要执行指令:

```
jr $ra
```

就可以返回到调用子程序处紧接着的下一条指令执行。

2.7.2 栈

当主程序传递给子程序的参数少于 5 个时,可以直接采用寄存器 $a0～$a3 传递,但是需要传递更多参数时,这些寄存器就不够用了。在这种情况下,计算机采用栈来传递参数。栈是在存储器中开辟的一片数据存储区,这片存储区的一端固定,另一端活动,且只允许数据从活动端进出。这同在货栈中从下至上堆放货物的方式一样,最先堆放进去的货物总是压在最底层,而取出货物时,它将最后取出,即"先进后出"。栈中数据的存取也遵循"先进后出"原则。栈的活动端称为**栈顶**,固定端称为**栈底**。

存储器的任何可用部分(只读存储器除外)均可被用来作为栈。因为栈顶是活动端,所以需要有一个指示栈顶位置即栈顶地址的指示器,这个指示器就是栈指示器(stack point, sp)。它总是指向栈的栈顶,MIPS 微处理器中为寄存器 $sp。往栈存入或从栈取出数据,都通过 $sp 从栈顶存取。

栈的伸展方向既可以从大地址向小地址,也可以从小地址向大地址,不同计算机系统可能采取不同方法。MIPS 微处理器及 Intel x86 微处理器都采用从大地址向小地址方向伸展。也就是说往栈中存储数据,$sp 的值递减;从栈中读取数据,$sp 的值递增。不同微处理器栈操作支持的数据类型不同,MIPS微处理器栈操作的数据类型为字类型(32位),因此每次栈操作都使栈顶地址变化4。

主程序和子程序公用寄存器问题的解决方法为:子程序事先保存要使用的寄存器的值,再使用该寄存器;使用完之后,先恢复该寄存器的原始值,再返回主程序。保存寄存器值的方法是采用栈。如子程序要使用 $ s0、$ t0、$ t1 这3个寄存器,那么子程序应该首先通过栈保存这3个寄存器的原始值,具体实现方法如图2-53所示。

```
addi $ sp, $ sp, - 12        # 修改 $ sp 使栈预留 3 个字的存储空间
sw $ s0,8( $ sp)             # 保存 $ s0 的值到栈中
sw $ t0,4( $ sp)             # 保存 $ t0 的值到栈中
sw $ t1,0( $ sp)             # 保存 $ t1 的值到栈中
```

图 2-53   3 个寄存器压栈保存过程

以上各条指令执行完后,栈的存储映像如图 2-54 所示。

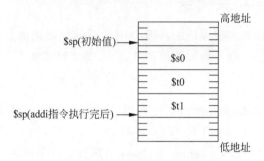

图 2-54   3 个寄存器压栈保存后栈的存储映像

使用完之后,先恢复 $ s0、$ t0、$ t1 这3个寄存器的值,然后恢复栈顶指针,再返回,如图 2-55 所示。

```
lw $ t1,0( $ sp)       # 恢复 $ t1 的值
lw $ t0,4( $ sp)       # 恢复 $ t0 的值
lw $ s0,8( $ sp)       # 恢复 $ s0 的值,以上 3 条指令以相反的顺序从栈中恢复寄存器的值
addi $ sp, $ sp,12     # 恢复 $ sp 的值
```

图 2-55   3 个寄存器出栈并恢复栈顶指针

下面看一个 MIPS 汇编语言实现子程序的具体例子。

例 2.16 将如图 2-56 所示 C 语言函数翻译为 MIPS 汇编语言程序段。

解答:根据 MIPS C 语言编译器寄存器使用规则,参数 g、h、i、j 分别对应寄存器 $ a0、$ a1、$ a2、$ a3,返回值保存在寄存器 $ v0,子程序内申明的变量 f 对应寄存器 $ s0。函数体采用两个临时寄存器 $ t0、$ t1 分别保存 g+h、i+j 的值。由此可知子程序用到 3 个公用寄存器 $ s0、$ t0、$ t1。子程序使用这 3 个公用寄存器之前,一般需将它们的原始值保存到栈中。实现图 2-56 所示 C 语言子程序的 MIPS 汇编语言程序段示例如图 2-57 所示。当子程序执行结束之后,图 2-54 中的栈又恢复到初始状态。

```
int leaf_example (int g, int h, int i, int j)
{
    int f;
    f = (g + h) - (i + j);
    return f;
}
```

图 2-56　C 语言子程序示例

```
leaf_example:                # 定义子程序标号
    addi $ sp, $ sp, - 12    # 修改 $ sp 使其预留 3 个字的存储空间
    sw $ s0,8( $ sp)         # 保存 $ s0 的值到栈中
    sw $ t0,4( $ sp)         # 保存 $ t0 的值到栈中
    sw $ t1,0( $ sp)         # 保存 $ t1 的值到栈中
    add $ t0, $ a0, $ a1     # $ t0 = g + h
    add $ t1, $ a2, $ a3     # $ t1 = i + j
    sub $ s0, $ t0, $ t1     # $ s0 = (g + h) - (i + j),以上 3 条指令实现函数体的运算
    add $ v0, $ s0, $ zero   # $ v0 = $ s0 + 0,此指令将函数返回值保存到寄存器 $ v0 中
    lw $ t1,0( $ sp)         # 恢复 $ t1 的值
    lw $ t0,4( $ sp)         # 恢复 $ t0 的值
    lw $ s0,8( $ sp)         # 恢复 $ s0 的值,以上 3 条指令以相反的顺序从栈中恢复寄存器的值
    addi $ sp, $ sp,12       # 恢复 $ sp 的值
    jr $ ra                  # 返回到主程序处
```

图 2-57　实现 C 语言子程序的 MIPS 汇编语言程序段示例

主程序若调用图 2-57 所示子程序,需首先将各个参数的值保存到入口参数寄存器 $ a0～$ a3 中,然后再执行指令 jal leaf_example,之后就可以在寄存器 $ v0 中得到返回值。

例 2.16 将所有使用到的公用寄存器都压入了栈,但是如果某些公用寄存器在主程序中没有用,就没有必要压入栈,这样可以提高子程序的执行效率。MIPS C 语言编译器将 MIPS 微处理器的部分通用寄存器分为两类:

$ t0～$ t9:10 个临时寄存器在子程序调用时,子程序可以不保存就直接使用;

$ s0～$ s7:8 个存储寄存器在子程序调用时,子程序必须保存其原始值之后才能使用。

也就是说,例 2.16 中的 $ t0、$ t1 可以不必入栈、出栈保护,而 $ s0 必须保护。因此,图 2-57 所示程序段可修改为图 2-58 所示程序段。

```
leaf_example:                # 定义子程序标号
    addi $ sp, $ sp, - 4     # 修改 $ sp 使其预留 1 个字的存储空间
    sw $ s0,0( $ sp)         # 保存 $ s0 的值到栈中
    add $ t0, $ a0, $ a1     # $ t0 = g + h
    add $ t1, $ a2, $ a3     # $ t1 = i + j
    sub $ s0, $ t0, $ t1     # $ s0 = (g + h) - (i + j),以上 3 条指令实现函数体的运算
    add $ v0, $ s0, $ zero   # $ v0 = $ s0 + 0,此指令将函数返回值保存到寄存器 $ v0 中
    lw $ s0,0( $ sp)         # 从栈中恢复寄存器 $ s0 的值
    addi $ sp, $ sp,4        # 恢复 $ sp 的值
    jr $ ra                  # 返回到主程序处
```

图 2-58　仅保存 $ s0 的汇编语言子程序段

2.7.3 子程序嵌套调用

例 2.16 中子程序没有调用其他子程序,然而事实上程序设计时,往往子程序还会调用其他子程序,如图 2-52 所示,形成子程序嵌套调用。嵌套调用时,每一级调用都有一个返回地址,如果微处理器仅仅采用寄存器 $ra 保存返回地址,那么进入下一级调用时,上一级的返回地址就被覆盖了,从而无法返回到上一级。参数传递也会发生同样的问题,因为每一级调用时,传递的参数都存放在寄存器 $a0～$a3 中,那么在没有返回之前,这些寄存器的值已经发生改变,从而影响当前子程序的执行结果。

为解决子程序嵌套调用参数传递以及返回地址保存问题,计算机采用栈保存当前子程序的参数以及返回地址,就像保存公用寄存器一样。下面看一个具体的例子。

例 2.17 将如图 2-59 所示 C 语言嵌套调用阶乘子程序翻译为 MIPS 汇编语言程序段。

```
int fact(int n)
{
    if(n < 1) return (1);
        else return (n * fact(n − 1));
}
```

图 2-59　C 语言嵌套调用子程序示例

解答:该 C 语言函数的执行流程如图 2-60 所示。

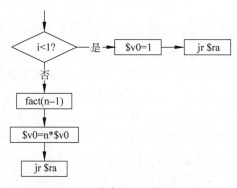

图 2-60　fact 嵌套调用函数执行流程

这个嵌套调用程序有一个入口参数 n,子程序首次被调用时入口参数 n 保存在 $a0 中,返回地址保存在 $ra 中。当嵌套调用 fact(n−1) 时,$a0 以及 $ra 的值都发生了改变,并且两个寄存器在 fact(n−1) 返回后都需要再次用到,因此必须先将这两个寄存器的值保存到栈中,然后才能嵌套调用。并在执行乘法算术运算前恢复 $a0 的值,返回之前恢复 $ra 的值,因此需要将这两个寄存器的值从栈中取出来,并恢复栈顶指针 $sp 的值,然后才能返回。

MIPS 汇编语言程序实现示例如图 2-61 所示。

嵌套调用的参数、返回地址保存原理与主、子程序使用公用寄存器的原理一样,即当子程序使用公用寄存器时,需先将原值保存到栈再使用,并在返回之前恢复原值。

实践视频

图 2-62 展示了调用 fact(3)时图 2-61 所示 fact 子程序嵌套调用时栈空间的变化过程。

```
fact:
      addi $ sp, $ sp, - 8          #修改栈顶指针,预留8个存储空间用来保存 $ a0, $ ra 的值
      sw $ ra,4( $ sp)              #保存 $ ra 的值到栈中
      sw $ a0,0( $ sp)             #保存 $ a0 的值到栈中
      slti $ t0, $ a0,1             #比较保存在 $ a0 中的参数是否小于1,小于1则设置 $ t0 为1
      beq $ t0, $ zero,L1         #检测 $ t0 是否为0,不为0则转移到标号 L1 处
      addi $ v0, $ zero,1         # 若 $ a0 小于1,返回1到出口参数寄存器 $ v0 中
      addi $ sp, $ sp,8           #恢复栈指针
      jr $ ra                     #直接返回
L1:
      addi $ a0, $ a0, - 1        #若 $ a0 大于1,计算 n-1 的值
      jal fact                    #嵌套调用,结果保存在 $ v0 中
      lw $ a0,0( $ sp)           #从栈中获取当前子程序入口参数
      lw $ ra,4( $ sp)           #从栈中获取当前子程序返回地址
      mul $ v0, $ v0, $ a0       #计算返回结果实现 n * fact(n-1)
      addi $ sp, $ sp,8          #恢复栈指针
      jr $ ra                    #嵌套返回
```

图 2-61 实现 C 语言嵌套调用子程序的 MIPS 汇编语言程序段示例

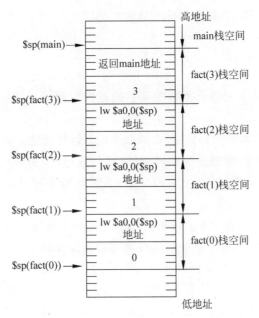

图 2-62 调用 fact(3)栈的变化过程

不同编译器子程序嵌套调用的参数保存方式不尽相同,GCC 编译器将嵌套调用子程序的参数保存在调用程序的栈中,栈中数据保存规则如图 2-63 所示。栈操作指令采用 $ sp 作为基址寄存器,子程序内部变量访问采用 $ fp 作为基址寄存器。

2.7.4 程序的存储映像

图 2-64 显示了程序调入存储器后在存储器中的分区组织方式。栈从大地址开始分配存储空间,最小地址区域为系统保留部分(程序前缀段),然

实践视频

后是程序的指令区域(指令段),紧接着是静态数据区域(数据段),最后是动态自由数据区(堆)。堆中数据动态分配存储空间,并且从小地址向大地址方向发展,堆中存储空间分配由程序在运行过程中决定,而且存储空间释放也由程序决定。由于程序运行过程中不停地分配和释放存储空间,因此堆中的数据并不一定连续占据存储空间。堆和栈分别由不同方向向动态数据区的中心扩展,共同利用程序的高端存储空间,它们的大小由编译器或系统软件决定。如果程序动态空间分配超越大小限制,则运行时报错。

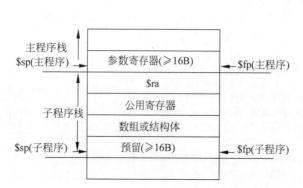

图 2-63 GCC 编译器子程序嵌套调用时栈中数据保存规则

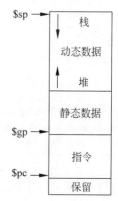

图 2-64 程序的存储映像

　　C 语言程序中的变量实质是指计算机某部分存储空间。存储空间的大小和分配方式决定于变量的类型。C 语言源程序中,变量分为全局变量和局部变量。全局变量在程序的任何地方都可以使用,而局部变量只能在定义它的范围内使用。局部变量又分为两种类型:自动变量(auto)和静态变量(static)。自动变量是指在函数内采用 auto 或默认方式定义的变量,只允许在定义它的函数内部使用,在函数外的其他任何地方都不能使用。这种变量只在定义它们的时候才创建,动态分配存储空间,函数返回时,系统回收变量所占存储空间。静态变量是指在函数内采用 static 定义的变量,系统为其分配固定的存储空间。程序整个运行过程中,静态变量都被保持,不会被销毁。

　　全局变量、常量及静态变量都存储在图 2-64 中的静态数据区,而局部自动变量、链表等数据类型则存储在动态数据区。其中局部自动变量存储在栈中,链表等需要在运行过程中分配存储空间的变量存储在堆中。程序嵌套调用过程中,栈保存了公用寄存器、参数寄存器、返回地址寄存器以及局部自动变量等内容。图 2-65 列出了各种不同类型信息在栈中的存储组织方式示例。栈中是否存储这些信息依具体情况而定:若存在子程序嵌套调用,则子程序需在子程序栈中保存返回到主程序的返回地址寄存器,在主程序栈中保存主程序传过来的参数寄存器,并在子程序栈中为下一级子程序存储参数寄存器预留存储空间(16B);否则栈中可以不保存这些信息。其余信息在栈中存储与否也根据需求而定。

　　每调用一次子程序都会在栈中形成一个新的数据区域,如图 2-65 所示。栈操作指令改变栈顶指针 $sp 的值,因此子程序不采用 $sp 寻址局部变量。MIPS 编译器采用程序帧指针 $fp 指示当前子程序被调用时所产生数据区域的顶,即子程序帧地址,这一块存储区域也称为子程序帧或活动记录区域。$fp 的值在子程序运行过程中不允许发生改变,因此子程序可以利用这个指针 $fp 寻址局部自动变量。

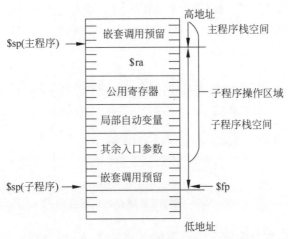

图 2-65 子程序被调用时栈的存储映像

到底采用哪个寄存器保持这一相对固定的地址，不同编译器处理方式不同，但基本原则是一样的：必须采用某种方式保存一个相对不变的地址，以便寻址子程序的局部变量。而采用某个特殊且不常使用的寄存器是一种最简单的方法。前面还提及当程序之间传递的入口参数个数大于 4 时，需要将其余入口参数保存到栈中进行传递，保存方式为先将其余参数保存到栈，然后再调用子程序。也就是说编译器将其余参数保存在参数寄存器保存地址之上的大地址处，子程序获取这些参数时，可以采取类似寻址局部自动变量的方式，即 $fp 寄存器加偏移量。每一个子程序被调用时都产生自身的程序帧，而且此区域不能被其他程序使用，返回时自动释放此存储区域，这就是为什么局部自动变量不能被其他程序访问的原因。

2.8 字符数据处理

1.6 节提到计算机与人进行交互的基本数据类型为 ASCII 码字符，存储器也支持 8 位数据存取，因此计算机需支持字符类型（8 位）数据处理。但是 MIPS 微处理器没有 8 位寄存器，因此处理 8 位数据时，MIPS 微处理器必须先将 8 位数据扩展为 32 位数据之后才能处理。字符数据扩展方式分为符号扩展和无符号扩展两种类型。符号扩展将字符数的符号位扩展到高 24 位，而无符号扩展将 0 填充到高 24 位。半字（16 位）数据的处理方式与字符数据相同。而将字型数据（32 位）存储为字符（8 位）或半字（16 位）时，则直接舍弃高位。MIPS 微处理器提供 3 条字符存取指令：lb、lbu 分别实现符号和无符号字符类型数据读取；sb 实现字符类型数据存储。

通常将 ASCII 码字符当作无符号数据，因此采用 lbu、sb 指令操作。

字符是 8 位数据，占用计算机存储器中一个存储单元，即可以把计算机中任何仅占用一个存储单元的数据当作字符类型数据。多个字符类型数据组合起来就构成了字符串。字符串在计算机中采用连续存储单元存储，C 语言采用值为 0 的字符"null"表示字符串的结束，x86 汇编语言采用字符"＄"表示字符串的结束，MIPS 汇编语言采用与 C 语言相同的方式表示字符串的结束。

32 位 MIPS 微处理器只能对 32 位数据进行运算，那么它如何实现字符数据处理呢？

下面通过一个具体的字符串复制例子讲解 MIPS 微处理器处理字符的原理。

例 2.18 已知 C 语言某字符串复制函数如图 2-66 所示。试将该函数采用 MIPS 汇编指令序列实现。

```
void mystrcpy(char X[ ], char Y[ ])
{
int i;
i = 0;
while((X[i] = Y[i])!= '\0')
    i += 1;
}
```

图 2-66 字符串复制 C 语言子程序

解答：该函数入口参数为两个字符串的首地址 X、Y，可分别通过 $s0、$a1 传递。函数定义了一个局部自动变量 i，若编译器采用寄存器 $s0 保存该变量，那么使用 $s0 之前需将 $s0 的值存储在栈中，因此需要修改栈指针，然后再存储。字符串复制函数对应的 MIPS 汇编代码示例如图 2-67 所示。

```
strcpy:
        add $sp, $sp, - 4
        sw $s0,0($sp)
        add $s0, $zero, $zero        #初始化 i 的值为 0
L1:     add $t1, $s0, $a1            #将 Y 字符串中的字符地址保存在 $t1 中
        lbu $t2,0($t1)               #获取 Y 字符串中的字符保存到 $t2 中
        add $t3, $s0, $a0            #将 X 字符串中的字符地址保存在 $t3 中
        sb $t2,0($t3)                #将 $t2 中的字符保存到 X 中,实现将 Y 字符串中的
                                     #一个字符复制到 X 中,紧接着判断循环条件是否成立
        beq $t2, $zero,L2            #如果字符的值为 0 则转移到 L2 标号处
        addi $s0, $s0,1             #否则修改索引指向下一个字符
        j L1                         #返回到循环处
L2:     lw $s0,0($sp)               #恢复 $s0 的值
        addi $sp, $sp,4             #恢复 $sp 的值
        jr $ra                       #返回
```

图 2-67 字符串复制函数对应的 MIPS 汇编代码示例

从该示例可以看出,MIPS 汇编程序操作字符数据时,需先将字符数据读入 32 位寄存器,即扩展为 32 位之后再操作,如示例中判断字符串是否结束的指令 beq $t2,$zero,L2,是将读入的字符扩展为 32 位之后再进行比较判断。当需对字符进行其他操作时,也遵循同样方式。

例 2.19 试采用 MIPS 汇编指令序列将由 $s0 指示首地址的连续 16 个存储单元中的所有小写字母转换为大写字母。

解答：功能要求为首先判断存储单元中的数据是否为小写字母,若是则转换为大写字母。

小写字母 ASCII 码取值范围为 $0x61 \sim 0x7a$；大写字母 ASCII 码取值范围为 $0x41 \sim 0x5a$。因此程序执行流程为：首先判断各个存储单元的值是否属于小写字母即 $0x61 \sim 0x7a$ 的范围内,若是则将小写字母转换为大写字母,即将相应存储单元存储的 ASCII 码减去 $0x20$,并依次处理这 16 个存储单元的数据。

小写字母转换为大写字母的 MIPS 汇编程序段示例如图 2-68 所示。

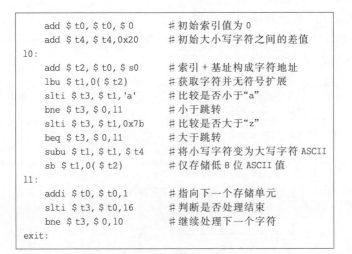

```
        add  $ t0, $ t0, $ 0        # 初始索引值为 0
        add  $ t4, $ t4,0x20        # 初始大小写字符之间的差值
l0:
        add  $ t2, $ t0, $ s0       # 索引 + 基址构成字符地址
        lbu  $ t1,0( $ t2)          # 获取字符并无符号扩展
        slti $ t3, $ t1,'a'         # 比较是否小于"a"
        bne  $ t3, $ 0,l1           # 小于跳转
        slti $ t3, $ t1,0x7b        # 比较是否大于"z"
        beq  $ t3, $ 0,l1           # 大于跳转
        subu $ t1, $ t1, $ t4       # 将小写字符变为大写字符 ASCII
        sb   $ t1,0( $ t2)          # 仅存储低 8 位 ASCII 值
l1:
        addi $ t0, $ t0,1           # 指向下一个存储单元
        slti $ t3, $ t0,16          # 判断是否处理结束
        bne  $ t3, $ 0,l0           # 继续处理下一个字符
exit:
```

图 2-68 小写字母转换为大写字母的 MIPS 汇编程序段示例

2.9 寻址原理

寻址是指微处理器获取操作对象包括数据和指令的存储地址。数据要能被计算机处理,必须首先存储在计算机内具有存储功能的部件,然后再由微处理器获取。微处理器从计算机存储部件中获取数据存储地址的方式就是操作数寻址方式。现代计算机系统指令也是事先存储起来的,因此计算机执行指令前,必须首先获取指令,获取指令存储地址的方式就是指令寻址方式。下面分别解释 MIPS 微处理器操作数寻址、指令寻址原理。

2.9.1 操作数寻址

操作数分为立即数、寄存器和存储器。因此操作数寻址方式也可以分为这三大类:立即寻址、寄存器寻址及存储器(基址)寻址。下面介绍不同寻址方式的汇编符号指令表现形式和具体寻址原理。

1. 立即寻址

立即数是指指令中的常数操作数,它既不表示寄存器编号也不表示存储单元地址偏移量,如指令"addi $ sp, $ sp,−4"中的−4 就是一个立即数操作数。立即数直接编码在机器指令中,因此与指令存储在一起。

MIPS 微处理器为简化硬件设计,只实现了 16 位立即数寻址。

2. 寄存器寻址

指令中的操作数为寄存器时,称为寄存器寻址,此时操作的数据对象存储在寄存器中。如指令"add $ s0, $ t0, $ zero"中所有操作数都是寄存器。

3. 基址寻址

指令中的操作数在存储器中时,MIPS 微处理器要求由某个寄存器加上一个立即数指示数据的存储地址,这种方式称为基址寻址。如指令"lw $ t0,4($ sp)"中的寄存器 $ sp 称为基址寄存器,4 为存储单元地址偏移量。4($ sp)所指示的操作数存放在栈中,不与指令存放在一起。通过指令的机器码只能获得操作数的存储地址,而不是操作数。操作数还可

以存放在静态数据区或动态数据区的堆中,它们的地址分别由不同的寄存器加立即数偏移量表示。MIPS 微处理器对存储器操作数仅支持基址寻址这一种方式,但是其他微处理器可能支持更多的存储器寻址方式。

MIPS 微处理器三种操作数寻址原理如图 2-69 所示。

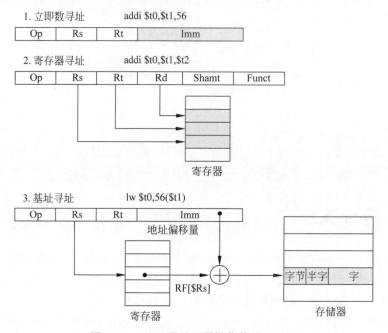

图 2-69 MIPS 微处理器操作数寻址原理

任何微处理器对操作数的寻址方式都可以分为立即寻址、寄存器寻址、存储器寻址。它们的根本区别是操作数的存储位置:立即寻址操作数与指令存储在一起;寄存器寻址操作数在寄存器中;存储器寻址操作数在存储器中,而且不与指令同步读入微处理器,必须通过专门的存储器读写才能对它进行操作。存储器是计算机中除了微处理器内部寄存器之外的一个非常重要的存储部件,大部分数据都存储在此。由于微处理器访问存储器中的存储单元必须首先提供存储单元地址,因此微处理器需要通过某种机制产生存储单元地址。不同微处理器实现方式不同,MIPS 微处理器采用一种单一的方式,即一个寄存器加上一个常数构成存储单元地址。而 Intel 微处理器提供了多种方式指示存储单元地址:①常数;②一个寄存器;③两个寄存器的和;④常数与一个寄存器的和;⑤常数与两个寄存器的和等等。寻址方式越多,微处理器设计越复杂。

2.9.2 指令寻址

指令在被执行之前存储在存储器中,计算机的工作原理就是先从存储器中读取指令,然后再解释执行。指令寻址就是指微处理器如何知道从存储器的什么地址去读取指令。通常情况下,即将要执行的指令地址保存在寄存器 PC 中,而且每执行一条指令,PC 的值自动增加 4,从而指向下一条指令在存储器中的地址。这种情况仅针对顺序执行的程序,实际上程序往往并不一定顺序执行,而是会出现跳转。那么当出现跳转时,微处理器如何寻找下一条指令的存储地址呢? 这就是指令寻址的内容。MIPS 微处理器中存在的指令寻址方式有

PC 相对寻址、伪直接寻址和寄存器间接寻址。这些寻址方式都出现在程序控制类指令中。下面具体介绍这些寻址方式的原理。

1. PC 相对寻址

PC 相对寻址指的是要寻找的下一条指令地址由 PC 寄存器的值和一个相对偏移量构成。如指令"beq ＄t2,＄zero,L2",其中 L2 为跳转目标指令的存储地址标号。

该指令在计算机中如何表示呢? 已知 MIPS 微处理器所有指令都是固定长度 32 位,其中 6 位 Op 表示指令操作码,Rs、Rt 各 5 位分别表示两个不同寄存器的编码,因此只剩余 16 位可以表示跳转目标指令的地址。而存储地址在 32 位 MIPS 微处理器中是 32 位,16 位无法直接表示 L2 标号所代表的地址,因此计算机采用了一种间接方式表示 L2 标号的地址,即用 16 位数据表示当前指令的下一条指令到 L2 标号的相对偏移量。一个 16 位的相对偏移量通常可以解决大部分程序跳转问题,因为实际应用中程序的跳转距离都不会太远。

条件跳转指令格式为:

beq(bne) ＄Rs, ＄Rt,Label

机器指令编码如表 2-13 所示。

表 2-13　beq(bne)指令的机器指令编码

b_{31}　～　b_{26}	b_{25}　～　b_{21}	b_{20}　～　b_{16}	b_{15}　～　b_0
Op	Rs	Rt	Imm(16 位偏移量)

其中,Imm(16 位偏移量)为 Label 减去 PC 右移两位之后的低 16 位。因此指令执行时,若条件成立,则获取 Label 地址取值的方式为 PC＋Imm ≪ 2。

例 2.20　试指出图 2-70 所示 MIPS 汇编语言程序段中指令"beq ＄t2,＄zero,L2"的机器码。

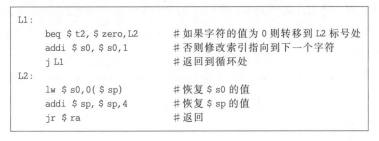

```
L1:
        beq ＄t2, ＄zero,L2        # 如果字符的值为 0 则转移到 L2 标号处
        addi ＄s0, ＄s0,1          # 否则修改索引指向到下一个字符
        j L1                     # 返回到循环处
L2:
        lw ＄s0,0(＄sp)            # 恢复 ＄s0 的值
        addi ＄sp, ＄sp,4          # 恢复 ＄sp 的值
        jr ＄ra                   # 返回
```

图 2-70　PC 相对寻址示例程序段

解答: beq 指令的操作码 Op 编码为 $(000100)_2$,Rs 为 ＄t2 的编码 $(01010)_2$,Rt 为 ＄zero 的编码 $(00000)_2$。16 位偏移量为 L2 标号所指存储单元地址到紧跟 beq 指令的下一条指令存储地址之差右移 2 位之后的数值。本例中 beq 指令的下一条指令为"addi ＄s0,＄s0,1",L2 标号表示的指令为"lw ＄s0,0(＄sp)",它们之间间隔 2 条指令,MIPS 每条机器指令占据 4 个存储单元,因此地址偏移量为 8。由于 MIPS 微处理器每条指令都是 4 字节,非常有规律,因此只需记录间隔的指令条数就可以获得存储地址的实际偏移量。由此可知,该例中 16 位偏移量为 8 右移两位之后的取值,即 2,编码为 $(0000\ 0000\ 0000\ 0010)_2$。

因此,指令"beq ＄t2,＄zero,L2"的机器指令如下:

$(000100)_2$	$(01010)_2$	$(00000)_2$	$(0000\ 0000\ 0000\ 0010)_2$

也就是说,当微处理器获得了上述机器指令,并且 PC 值也已知(此时 PC 指向程序顺序执行时的下一条指令),就可以在该指令执行时计算出 L2 标号处的地址。计算方法如下:

L2 标号的地址＝原 PC 的值＋指令中 Imm 域 16 位立即数×4

因此,若＄t2 等于 0,下一条指令的地址就是 L2 标号的地址,也即

新 PC 的值＝原 PC 的值＋指令中 Imm 域 16 位立即数×4

从而跳转到 L2 标号处执行指令。

若＄t2 不等于 0,则不修改 PC 的值,从而顺序执行程序。

2. 伪直接寻址

PC 相对寻址实现的跳转,跳转范围只能为 16 位符号数所能表示的范围×4,即$[-2^{15}\sim(2^{15}-1)]\times4$,跳转范围非常有限,只能满足程序内条件跳转要求。当程序需要调用某个子程序,跳转距离往往并非 16 位符号数所能表示,因此 MIPS 微处理器设计了 J 型指令。J 型指令机器指令格式如表 2-6 所示。标号指示的存储地址构成如表 2-7 所示。

由于标号指示的存储地址并不完全直接来自指令中 26 位跳转地址,因此叫做伪直接寻址。

下面看一个具体的例子。

例 2.21 已知图 2-71 所示代码在存储器中存储的起始地址为 0x80000,试指出 j loop 指令的机器码。

```
loop: sll ＄s1,＄s2,3
      addi ＄s1,＄s2,4
      beq ＄s1,＄t1,exit
      j loop
exit:
```

图 2-71 伪直接寻址示例代码

解答: j loop 指令的操作码为$(000010)_2$,已知 loop 指示的存储地址为

$$(0000\ 0000\ 0000\ 1000\ 0000\ 0000\ 0000\ 0000)_2$$

去掉高四位和低 2 位,取中间 26 位,为$(0000\ 0000\ 1000\ 0000\ 0000\ 0000\ 00)_2$,因此 j loop 指令的机器码如下:

$(0000\ 10)_2$	$(00\ 0000\ 0010\ 0000\ 0000\ 0000\ 0000)_2$

伪直接寻址跳转目标地址高 4 位受限于 PC 高 4 位。

3. 寄存器间接寻址

为实现任意范围跳转,MIPS 微处理器提供了寄存器间接寻址的指令寻址方式,即利用寄存器保存指令的存储地址,如指令"jr ＄ra",就属于这一类。

这类指令的符号指令格式为

jr ＄Rs   ♯PC＝＄Rs

当执行此类指令时,将指令中＄Rs 寄存器的值赋给 PC,即由通用寄存器间接指示下一条指令的地址。

MIPS 指令寻址原理如图 2-72 所示。

不同微处理器支持的指令寻址方式有所不同。但指令都是预先存储在存储器中,因此

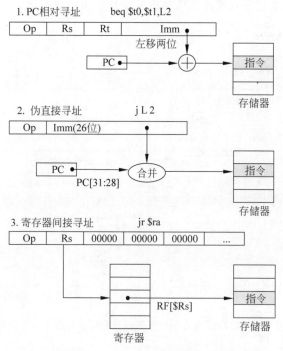

图 2-72　MIPS 指令寻址原理

实际上指令寻址也属于存储器寻址范畴。微处理器采用寄存器 PC 表示程序顺序执行时下一条指令在存储器中的地址,因此指令寻址中的相对寻址采用寄存器 PC。指令寻址归纳为以下几种方式:

(1) PC 相对寻址。也就是下一条要执行指令的地址与当前 PC 的值相关,微处理器通过当前 PC 的值加上一个偏移量来获取下一条指令的地址。

(2) 直接寻址(伪直接寻址)。直接(伪直接)利用某个常数指示下一条指令在存储器中的地址。由于不同微处理器指令长度以及存储器管理方式的不同,因此具体实现方式稍有不同。

(3) 间接寻址。在这类指令寻址方式中,指令地址既不与 PC 寄存器相关也不由某个常数表示,而是把下一条指令的地址保存在计算机中具有存储功能的部件如寄存器或存储单元中。MIPS 微处理器仅支持将下一条指令的地址保存在寄存器中,因此仅有寄存器间接寻址这种方式,而 Intel x86 微处理器两种方式都支持。

2.10　编译、汇编、链接、装载过程

计算机程序或者软件程序(通常简称程序)是一组指示计算机每一步动作的指令,通常用某种程序设计语言编写,运行于某种目标体系结构上。由于机器指令不易被人们阅读和记忆,因此计算机程序通常都是采用计算机语言编写的语句序列,这些语句并不能直接被计算机微处理器译码执行。

实践视频

实践视频

一个 C 高级语言源程序到被计算机执行所需要经历的过程如图 2-73 所示。

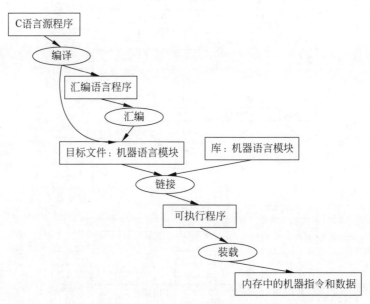

图 2-73　一个 C 高级语言源程序到被计算机执行所需要经历的过程

图 2-73 中几个术语解释如下。

目标文件：经汇编程序翻译而获得的机器指令序列的程序。此程序仍然不能被计算机执行。

链接：将各个相互关联的目标文件(包括库文件)连接起来组成可被计算机直接执行的程序的过程。

可执行程序：可以被系统软件调用并被计算机直接执行的程序。

程序装载：将可执行程序装载到存储器,实现相关存储器、寄存器等初始化工作,并使微处理器跳转到可执行程序入口地址的过程。

2.10.1　编译

编译是将 C 语言源程序翻译成汇编语言程序或机器语言程序的过程。这个过程通常由高级语言编译器完成。从本章解释的很多 C 语言语句可以看出,高级语言语句通常都由多条汇编指令实现。编译程序将这些高级语言语句翻译成对应微处理器的汇编指令序列,才能进一步翻译为机器指令。不同编译器将高级语言语句翻译成汇编指令的实现方式并不完全一致。

2.10.2　汇编

汇编语言指令通常认为是机器指令的符号表示,但是并不是所有的汇编语言指令都直接对应某一条机器指令。汇编语言程序还存在宏汇编指令,这类指令往往是由多条汇编指令实现。不同汇编程序支持的宏汇编指令不尽相同,但是同一微处理器的汇编指令是一致的。宏汇编指令可以简化汇编程序设计人员的工作。

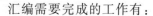

汇编需要完成的工作有：

（1）将汇编程序中不同进制的数转换为二进制数。

（2）将汇编程序中的标号转换为存储地址，同时保存一个标号与存储地址对应表，以便程序调试人员使用。

（3）将宏汇编指令转换为汇编指令。

（4）将汇编指令转换为机器指令。

（5）形成目标文件。

目标文件通常包含以下部分。

（1）目标文件头：描述目标文件中各个段的大小。

（2）代码段：按一定规律组织的机器指令序列。

（3）静态数据段：程序中按一定规律组织的所有静态数据。

（4）重定位信息：程序装载时根据某个指令或数据进行重定位的信息。

（5）符号表：标号与地址对应表。

（6）调试信息：描述程序是如何编译的，以便调试。

2.10.3 链接

链接所要完成的工作是根据目标文件中的重定位信息和符号表将多个目标文件模块重新组合，形成非本模块定义的指令和数据的地址。由于模块化程序设计中，一个模块可以将另一个模块的公共变量或子程序作为本模块的外部变量或子程序来使用，但是在汇编过程中并不能确切地知道另一模块公共变量或子程序的地址，因此需要由链接器来完成重新组合过程，从而形成可执行程序。可执行程序的构成与目标文件的区别在于不再存在未定位指令或数据。

下例阐述了由目标文件经过链接形成可执行程序的过程。

例 2.22 已知程序 1 引用了程序 2 的公共变量 x，程序 2 引用了程序 1 的公共变量 y，同时程序 1 调用了程序 2 的公共子程序 B，程序 2 调用了程序 1 的公共子程序 A，汇编之后两个目标文件结构分别如表 2-14、表 2-15 所示。

表 2-14 目标文件 1 的构成

目标文件头			
	名称	子程序 A	
	代码段大小	0x100	
	数据段大小	0x20	
代码段	地址	机器指令	
	0	lw $a0,0($gp)	
	4	jal 0	
	…	…	
数据段	0	(x)	
	…	…	
重定位信息	地址	指令类型	依赖关系
	0	lw	x

续表

	4	jal	B
符号表	符号	地址	
	x	—	
	B	—	

表 2-15　目标文件 2 的构成

目标文件头			
	名称	子程序 B	
	代码段大小	0x200	
	数据段大小	0x30	
代码段	地址	机器指令	
	0	sw $a1,0($gp)	
	4	jal 0	
	…	…	
数据段	0	(y)	
	…	…	
重定位信息	地址	指令类型	依赖关系
	0	sw	y
	4	jal	A
符号表	符号	地址	
	y	—	
	A	—	

　　汇编时,程序 1 不知道变量 x 及子程序 B 在程序 2 中的地址,同样,程序 2 也不知道变量 y 及子程序 A 在程序 1 中的地址,因此与这些地址相关的指令在链接时都需要重定位。

　　若可执行程序代码段的起始地址为 0x0040 0000,数据段的起始地址为 0x1000 0000,$gp 的初始值为 0x1000 8000。那么链接之后可执行文件的构成如表 2-16 所示。

表 2-16　可执行文件构成

可执行文件头部			
	代码大小	0x300	
	数据大小	0x50	
代码段	地址	指令	
	0x 0040 0000	lw $a0,0x8000($gp)	
	0x 0040 0004	jal 0x10 0040	
	…	…	
	0x 0040 0100	sw $a0,0x8020($gp)	
	0x 0040 0104	jal 0x10 0000	
	…	…	
数据段	**0x 1000 0000**	x	
	…	…	
	0x 1000 0020	y	
	…	…	

由于 MIPS 指令采用伪直接寻址,因此 jal 0x10 0040 中的 0x 10 0040 为子程序 B 的首地址 0x 0040 0100 低 28 位右移 2 位获得;jal 0x 10 0000 也是同样原理获得。指令 lw \$a0,0x8000(\$gp)的立即数 0x8000 为 x 的地址减去 \$gp 初始值之后得到的 16 位符号数差值,即 0x8000=0x1000 0000−0x1000 8000;同理,sw \$a0,0x8020(\$gp)的立即数 0x8020=0x1000 0020−0x1000 8000。

2.10.4 装载

可执行程序被执行之前,通常需要经操作系统装入存储器,并将程序指针 PC 指向程序入口地址才能被执行。这个过程由装载程序完成,装载程序完成的功能包括:

(1) 读取可执行文件头部,获取该程序的代码段以及数据段大小。

(2) 在存储器中寻找可以匹配代码段和数据段大小的存储区域。

(3) 将可执行文件中的代码段指令序列和数据写入存储器。

(4) 将主程序的入口参数压入栈。

(5) 初始化寄存器的值,并将 \$sp 指向动态数据区顶端。

(6) 运行启动过程将主程序的入口参数赋给参数寄存器,并调用该执行程序的主程序。

当主程序返回时通过系统调用退出。也就是说,一个可执行程序实际上可看作装载程序的子程序,调用过程与子程序调用类似。

2.11 汇编程序设计

汇编语言的一个特点是用助记符表示指令所执行的操作,另一个特点是在操作数中使用符号,因此汇编指令也称为符号指令。源程序使用符号给编程带来了极大的方便,但却给汇编带来困难,因为汇编程序无法区分源程序中的符号是数据还是地址,也无法识别数据的类型,还搞不清源程序的分段情况等。汇编语言为了解决这些问题,专门设置了伪指令和算符。伪指令和算符只为汇编程序将符号指令翻译成机器指令提供信息,没有与它们对应的机器指令。汇编时,它们不生成代码,汇编工作结束后它们就不存在了。

汇编程序除了将汇编语言源程序翻译成机器指令之外,还具有其他一些功能,如按用户要求分配存储区域(包括指令段、数据段等);把各种不同进制的数转换成二进制数;计算表达式的值;对源程序进行语法检查并给出错误信息(如非法指令、未定义符号)等。具有这些功能的汇编程序称为基本汇编。在基本汇编基础上,允许在源程序中把一个指令序列定义为一条宏指令的汇编称为宏汇编。

宏汇编语言有 3 类基本指令:符号指令、伪指令和宏指令。本章前面介绍的汇编指令都为符号指令。

汇编伪指令和算符较多,本书不作全面介绍,仅介绍其中一部分。读者若要全面了解宏汇编伪指令,可查阅"宏汇编语言程序设计"类书籍。

2.11.1 伪指令

伪指令只为汇编程序将符号指令翻译成机器指令提供信息,因此不同汇编程序支持的伪指令有所不同。本书针对 SPIM MIPS 模拟器讲解汇编伪指令。SPIM 支持的常用 MIPS

汇编伪指令如表 2-17 所示。

表 2-17　常用 MIPS 汇编伪指令

伪　指　令	功　　　能
.align n	从 2^n 的整数倍地址开始分配存储空间
.ascii str	从当前地址开始存储 str 字符串,不包含字符串结束符 null
.asciiz str	从当前地址开始存储 str 字符串,且在字符串末尾添加字符串结束符 null
.byte $b_1,\cdots,b_n$	从当前地址开始的连续 n 个存储空间依次存储字节数据 $b_1,b_2,\cdots,b_n$
.word $w_1,\cdots,w_n$	从 4 的整数倍地址开始连续 $4n$ 个存储空间存放 n 个字数据 $w_1,w_2,\cdots,w_n$
.half $h_1,\cdots,h_n$	从 2 的整数倍地址开始连续 $2n$ 个存储空间存放 n 个半字数据 $h_1,h_2,\cdots,h_n$
.float $f_1,\cdots,f_n$	从 4 的整数倍地址开始连续 $4n$ 个存储空间存放 n 个单精度浮点数 $f_1,f_2,\cdots,f_n$
.double $d_1,\cdots,d_n$	从 8 的整数倍地址开始连续 $8n$ 个存储空间存放 n 个双精度浮点数 $d_1,d_2,\cdots,d_n$
.space n	分配 n 个连续存储空间
.data <地址>	定义用户数据段,紧接着定义的内容存放在用户数据段。地址为可选参数,指示用户数据段的起始地址
.text <地址>	定义用户代码段,紧接着定义的内容存放在用户代码段。地址为可选参数,指示用户代码段起始地址
.globl sym	声明变量 sym 为全局变量,全局变量可被外部文件使用

例如:

(1) align 2 表示下一个存储地址需字边界对齐;

(2) align 0 关闭 .half、.word、.float 以及 .double 等伪指令定义的自动边界对齐,直到碰到下一个 .data 或 .kdata。

MIPS 汇编语言字符串采用双引号(" ")括起来,且字符串中特殊字符定义与 C 语言规范基本一致,如:换行符用"\n"表示,Tab 用"\t"表示,引号用"\""表示。

MIPS 汇编语言数值数据的进制表示方法与 C 语言也一致,没有任何前缀的数为十进制数,十六进制数以 0x 开头。

数据在存储器中的地址由变量表示,变量在汇编语言中的定义方式与标号类似,即在定义数据的伪指令前写上变量名,并且用冒号隔开。变量与标号的区别在于:变量表示数据在存储器中的地址,标号表示指令在存储器中的地址。

例 2.23　已知一个数据段定义如图 2-74 所示,试画出该数据段在 MIPS 大字节序计算机中的存储映像。

解答:图 2-74 所示数据段定义,要求数据段从 0x1001 4000 开始分配存储空间,而且第一个数据必须字边界对齐存储。然后定义了两个字符串,第一个字符串没有定义字符串结束符,第二个字符串定义了字符串结束符,因此 str 仅占用 4 个存储单元(每个字符一个存储单元),而 strn 则占用 8 个存储单元。下面紧接着定义了字节类型数据 b0,每个数据占用一个存储单元,因此共 5 个存储单元。h0 为半字类型数据,每个数据占用 2 个存储单元,共 8 个存储单元。w0 为字类型数据,每个数据占用 4 个存储单元,共 16 个存储单元。

```
.data 0x10014000
.align 2
str: .ascii "abcd"
strn: .asciiz "abcdefg"
b0: .byte 1,2,3,4,5
h0: .half 1,2,3,4
w0: .word 1,2,3,4
```

图 2-74　数据段定义示例

实践视频

下面再计算各个变量指示的存储单元地址：str 的地址字边界对齐，数据段起始地址 0x1001 4000 是字边界对齐地址，因此 str 的地址即为 0x1001 4000；strn 的地址是在 str 之后 4 个存储单元，因此为 0x1001 4000 加 4，即 0x1001 4004；b0 的地址是在 strn 之后 8 个存储单元，即为 0x1001 400c；h0 的地址是在 b0 之后 5 个存储单元，但是要求半字边界对齐，即地址的最低位必须为 0。0x1001 400c 加 5 为 0x1001 4011，由于 0x1001 4011 的最低位为 1，没有半字边界对齐，需跳过一个存储单元，所以 h0 的存储地址为 0x1001 4012；h0 为半字类型数据，每个数据占据 2 个存储单元，所以共占据 8 个存储单元。w0 的地址是在 h0 之后 8 个存储单元，w0 要求字对齐，即地址的最低两位必须为 $(00)_2$。0x1001 4012 加 8 为 0x1001 401a，由于 0x1001 401a 的最低两位为 $(10)_2$，没有字边界对齐，因此空两个存储单元之后才给 w0 分配存储单元，即 w0 的起始地址为 0x1001 401c。图 2-75 表示了图 2-74 所示数据段在大字节序计算机系统中的存储映像，图中所有数据都是十六进制数。

	0	1	2	3	4	5	6	7	8	9	a	b	c	d	e	f
1001 4000	61	62	63	64	61	62	63	64	65	66	67	00	01	02	03	04
1001 4010	05		00	01	00	02	00	03	00	04			00	00	00	01
1001 4020	00	00	00	02	00	00	00	03	00	00	04					

图 2-75　图 2-74 所示数据段在大字节序计算机系统中的存储映像

若计算机系统为小字节序，则存储映像如图 2-76 所示。

	0	1	2	3	4	5	6	7	8	9	a	b	c	d	e	f
1001 4000	61	62	63	64	61	62	63	64	65	66	67	00	01	02	03	04
1001 4010	05		01	00	02	00	03	00	04	00			01	00	00	00
1001 4020	02	00	00	00	03	00	00	00	04	00	00	00				

图 2-76　图 2-74 所示数据段在小字节序计算机系统中的存储映像

数据段定义的变量既可以采用数值表达式初始化，也可以采用地址表达式初始化。所谓地址表达式，就是指含有表示地址如变量或标号的表达式。例如：

w1: .word str, strn, b0, h0, w0

这条伪指令中的 str、strn、b0、h0、w0 都是含有变量的地址表达式，由于地址在 MIPS 微处理器中都是 32 位，因此必须采用 .word 定义 w1 变量。这条伪指令的含义：采用 str、strn、b0、h0、w0 的地址初始化连续 5 字存储空间（20 字节）。

若在图 2-74 所示数据段末尾加上该语句，那么新的数据段存储映像变为如图 2-77 所示。

	0	1	2	3	4	5	6	7	8	9	a	b	c	d	e	f
1001 4000	61	62	63	64	61	62	63	64	65	66	67	00	01	02	03	04
1001 4010	05		00	01	00	02	00	03	00	04			00	00	00	01
1001 4020	00	00	00	02	00	00	00	03	00	00	04		10	01	40	00
1001 4030	10	01	40	04	10	01	40	0c	10	01	40	12	10	01	40	1c

图 2-77　新的数据段存储映像

2.11.2　宏指令

宏指令是将一段汇编符号指令序列定义为一条宏指令。宏指令简化了编程人员编写程序的工作，往往更容易被程序员接受。若源程序中具有宏指令，需由宏汇编程序将各条宏汇编指令翻译为对应的汇编指令序列。宏指令可由宏汇编程序定义，也可由用户定义，所有宏指令构成宏指令库。不同宏汇编程序根据自身宏指令库的不同,支持的宏汇编指令有所不同。本节仅讲解 SPIM 支持的几条宏汇编指令,读者若需了解更多宏指令,请自行参考宏汇编程序设计方面的参考书。

1. 取变量或标号的地址

取地址指令格式为

```
la $ Rd, Label
```

对应的汇编符号指令序列为

```
lui $ at, Label(地址的高 16 位)
ori $ Rd, $ at, Label(地址的低 16 位)
```

这条指令通常用来初始化基址寻址中的基址寄存器。

若数据段变量定义如下:

```
str: .ascii "abcd"
```

可采用以下 MIPS 宏汇编指令将 str 的地址存储到寄存器 $ s0:

```
la $ s0,str
```

2. 立即数初始化寄存器

立即数初始化寄存器宏指令格式为

```
li $ Rd, Imm
```

当 Imm 为位宽大于 16 位时,对应的汇编符号指令序列为

```
lui $ at, Imm 高 16 位;
ori $ Rd, $ at, Imm 低 16 位。
```

当 Imm 为位宽小于 16 位时,对应的汇编符号指令序列为

```
ori $ Rd, $ 0, Imm
```

例 2.24 试指出以下两条宏指令对应的汇编符号指令:

```
li $ s0,0x8787          ♯宏指令 1
li $ s0,0x38787         ♯宏指令 2
```

解答:宏指令 1 对应的汇编符号指令为

```
ori $ s0, $ 0,0x8787
```

宏指令 2 对应的汇编符号指令序列为

```
lui $ at,0x3
ori $ s0, $ at,0x8787
```

2.11.3 系统功能调用

系统软件通过提供系统功能调用屏蔽不同特定硬件的具体操作,降低

实践视频

用户程序编写难度,也便于管理硬件资源。用户程序若运行在某个具有系统软件的计算机环境中,可以通过系统功能调用这种统一的接口访问不同硬件。不同系统软件提供的系统功能调用不同,这些具体内容不在本书范畴之内。本节仅讲解 MIPS 模拟器 SPIM 提供的部分系统功能调用,以便用户设计汇编程序时实现人机接口基本功能。

表 2-18 列举了几个常用 SPIM 系统功能调用。

表 2-18　常用 SPIM 系统功能调用

功能号($v0)	入口参数	出口参数	功能描述	备　注
1	$a0＝输出的数据	无	输出十进制整数	
4	$a0＝字符串首地址	无	输出字符串	输出字符串直到碰到字符串结束符
5	无	$v0＝输入的整数	从键盘缓冲区读入十进制整数	回车表示输入结束
8	$a0＝保存字符串的首地址 $a1＝预留的存储空间的大小	输入字符的 ASCII 码顺序存放在以 $a0 开始的连续存储单元中	从键盘缓冲区读入字符串	回车表示输入结束,实际能输入的字符个数为 $a1-1,当实际输入字符个数达到最大值时,存放在存储空间的字符串为用户输入的字符串＋结束符 0x0;否则为用户输入的字符串＋回车符 0x0a
10	无	无	退出	

系统功能调用步骤如下:

① 将功能号赋给 $v0;

② 设置入口参数;

③ syscall;

④ 处理出口参数。

例 2.25 采用 SPIM 系统功能调用输出整数 256。

解答:根据系统功能调用步骤以及整数输出参数设置要求,输出整数的系统功能调用示例如图 2-78 所示。

```
li $v0,1        ＃功能号 1 赋给 $v0
li $a0,256      ＃数据 256 赋给入口参数 $a0
syscall
```

图 2-78　输出整数的系统功能调用示例

下面再通过一个具体的例子了解各个系统功能调用的具体含义。

例 2.26 分析如图 2-79 所示汇编程序功能。

解答:当程序运行完①处指令时,由于是输出十进制数系统功能调用,因此 console 屏幕上显示 0x200 对应的十进制数 512。

当程序运行完②处指令时,由于是输出字符串系统功能调用,console 屏幕上紧接着显示 abcdabcdefg。这是由于定义的 str 字符串没有字符串结束符,所以连续显示了两个字符串,直到碰到 strn 中包含的字符串结束符为止。

当程序运行完③处指令时,由于是输出字符串系统功能调用,且 strn 具有字符串结束符,因此 console 屏幕上紧接着显示 abcdefg。

当程序运行④处指令时,由于是输入十进制数系统功能调用,因此程序等待用户输入。若用户在 console 屏幕上输入 100 并回车,则 $ v0=0x64。需要注意的是:SPIM 这个系统功能调用不对用户输入的数据进行合法性检查,所以要求用户输入合法的数据,即 32 位数所能表示的符号十进制数。

当程序运行到⑤处指令时,由于是输入字符串系统功能调用,因此程序等待用户输入。若用户在 console 屏幕上输入"ABCD",则用户数据段的存储映像由图 2-80 变为图 2-81,即 b0(0x1001 400c)开始的连续 5 个存储单元分别存放"ABCD"的 ASCII 码和字符串结束符 0x0。

```
.data 0x10014000
.align 2
str: .ascii "abcd"
strn: .asciiz "abcdefg"
b0: .byte 1,2,3,4,5
     .text
main: li $ v0,1
     li $ a0,0x200
     syscall    #输出十进制数据512①
     li $ v0,4
     la $ a0,str
     syscall    #输出字符串 str②
     la $ a0,strn
     syscall    #输出字符串 strn③
     li $ v0,5
     syscall    #输入十进制整数④
     li $ v0,8
     la $ a0,b0
     li $ a1,5
     syscall    #输入字符串⑤
     li $ v0,10
     syscall    #程序结束退出
```

图 2-79　系统功能调用示例程序

	0	1	2	3	4	5	6	7	8	9	a	b	c	d	e	f
1001 4000	61	62	63	64	61	62	63	64	65	66	67	00	01	02	03	04
1001 4010	05															

图 2-80　字符串输入前数据段存储映像

	0	1	2	3	4	5	6	7	8	9	a	b	c	d	e	f
1001 4000	61	62	63	64	61	62	63	64	65	66	67	00	41	42	43	44
1001 4010	00															

图 2-81　字符串输入后数据段存储映像

2.11.4　汇编程序设计举例

为方便读者熟练地掌握汇编语言程序设计技术,本书选取部分典型问题作为例子,讲解汇编语言程序设计。

1. 十六进制数显示

SPIM 提供了十进制数和字符串显示的系统功能调用。如果用户希望显示十六进制数,那么首先需要将十六进制数对应的各个数字转换为 ASCII 字符,然后再显示由各个数字构成的字符串。若以十六进制显示一个 32 位二进制数,需要 8 个十六进制数字即 8 个 ASCII 字符才能表示,每个 ASCII 字符占用一个存储单元。

获取二进制数的十六进制数字,可以采用"移位"以及"与运算"实现,也可以采用除以 16 取余数的方法实现。十六进制数字转换为 ASCII 字符分为两种情况:大于 9 的数字 (0xA～0xF)需要加 0x37 才能得到相应的 ASCII 码("A"～"F");小于等于 9 的数字(0～

9)仅需加 0x30 就可以得到对应的 ASCII 码("0"~"9")。若考虑显示格式的规范化,需要在十六进制数据的头部添加"0x",尾部再添加字符串结束符"0x0",共需要分配 11 个存储单元保存表示十六进制数据的字符串。如十六进制数 0x12AF5678 转换为字符串的存储映像如图 2-82 所示。

十六进制数	0	x	1	2	A	F	5	6	7	8	
字符串	0x30	0x78	0x31	0x32	0x41	0x46	0x35	0x36	0x37	0x38	0x0

图 2-82　十六进制数 0x12AF5678 转换为字符串的存储映像

下面通过一个具体例子讲解 MIPS 汇编语言程序显示十六进制数的原理。

例 2.27　以十六进制形式显示寄存器 \$a0 中的 32 位二进制数。

解答:根据前面的分析可知,数据段需分配 11 个存储单元的存储空间存储字符串转换结果,并采用一个寄存器(\$s0)保存该存储空间起始地址,即字符串首地址指针。

二进制数转换为十六进制数需循环处理 8 次,可采用一个寄存器(\$s1)计数循环次数。暂存 ASCII 码转换结果也需要一个寄存器(\$s2)。采用"移位"及"与运算"实现转换的程序算法流程如图 2-83 所示。

完整程序如图 2-84 所示。

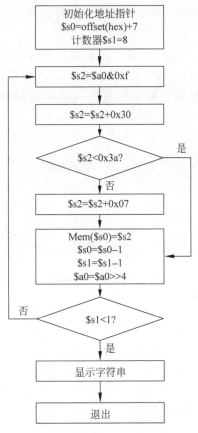

图 2-83　显示十六进制数程序流程图

图 2-84　显示十六进制数 MIPS 汇编源程序示例

2. 十六进制数输入

SPIM 系统功能调用仅支持从键盘缓冲区读入 ASCII 码字符串或十进制数,那么输入十六进制数就只有通过把输入的 ASCII 码字符串当作十六进制数的各位数字,然后将各位数字赋以所在位置对应的权值之后,再合并为十六进制形式的数值数据。

已知任何 b 进制正整数都可以表示为

$$N = \sum_{i=0}^{n} a_i b^i = b * (b * (\cdots(b * a_n + a_{n-1}) + \cdots) + a_1) + a_0$$

十六进制数对应的 b 为 16,a_i 为数字 0~9 或 a~f(A~F)。由于是十六进制数,因此乘、加运算可以分别采用"移位"和"或运算"代替。键盘输入的字符 a_i 可能是 0~9、a~f 或 A~F。字符 0~9 的 ASCII 码(0x30~0x39)转换为数字 0~9(0x0~0x9),需减去 0x30;字符 a~f 的 ASCII 码(0x61~0x66)转换为数字 a~f(0xa~0xf),需减去 0x57;字符 A~F 的 ASCII 码(0x41~0x46)转换为数字 A~F(0xa~0xf),需减去 0x37。因此将字符转换为数字时,需要根据数字字符的不同范围实行转换,还需要判断各个输入字符是否为合法字符,即是否处于以上三段区域。再加上十六进制数输入时,并不一定固定输入 8 位十六进制数,因此在循环转换时,需要判断是否碰到字符串结束符。下面看一个具体的例子。

例 2.28 编写 MIPS 汇编程序实现以下功能:将键盘输入的十六进制数保存到寄存器 $ v0 中。

解答:表示十六进制数的字符串需首先保存到存储器中。32 位二进制数最多可以输入 8 位十六进制数,再加上十六进制数前导符"0x"以及字符串结束符,最多输入 11 个字符,因此需要在存储器中预先分配 11 个存储单元的存储空间。如从键盘输入十六进制数 0x1256AFcd 时,对应字符串的存储映像以及转换过程如图 2-85 所示。

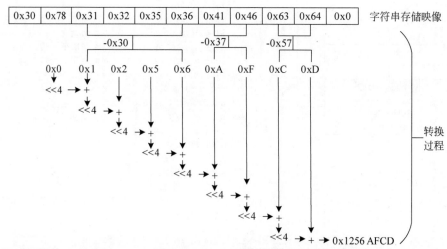

图 2-85 十六进制数输入的字符串存储映像及转换过程

若采用寄存器 $ a0 指示字符串首地址,则程序流程图如图 2-86 所示。

完整 MIPS 汇编程序如图 2-87 所示。

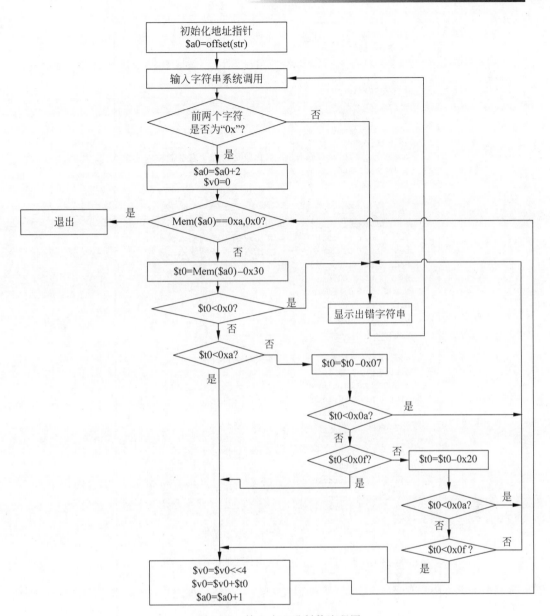

图 2-86 输入十六进制数流程图

```
        .data
str: .space 11
hint: .asciiz "\n input the hex number:"
err: .asciiz "\n input error"
w0: .word 0
        .text
main:
    li  $ v0,4                ♯输入提示
    la  $ a0,hint
    syscall
```

图 2-87 十六进制数输入 MIPS 汇编源程序示例

```
        li $ v0,8
        la $ a0,str
        li $ a1,11
        syscall                           #输入字符串
        lbu $ t1,0( $ a0)
        li $ t0,0x30
        bne $ t1, $ t0,printerr
        lbu $ t1,1( $ a0)
        li $ t0,0x78
        bne $ t1, $ t0,printerr           #比较是否为十六进制输入前缀
        addi $ a0, $ a0,2
        li $ v0,0
rep:
        lb $ t0,0( $ a0)
        li $ t1,0xa
        beq $ t0, $ t1,exit               #比较是否碰到输入回车符
        beq $ t0, $ 0,exit                #比较是否碰到输入结束符
        addi $ t0, $ t0, - 48             #0～9 字符转换
        slti $ t1, $ t0,0
        bne $ t1, $ 0,printerr
        slti $ t1, $ t0,10
        beq $ t1, $ 0,upper
        j convert
upper:
        addi $ t0, $ t0, - 7              #大写字符转换
        slti $ t1, $ t0,10
        bne $ t1, $ 0,printerr
        slti $ t1, $ t0,16
        beq $ t1, $ 0,loer
        j convert
loer:
        addi $ t0, $ t0, - 32             #小写字符转换
        slti $ t1, $ t0,10
        bne $ t1, $ 0,printerr
        slti $ t1, $ t0,16
        beq $ t1, $ 0,printerr
convert:
        sll $ v0, $ v0,4                  #合并数字结果
        add $ v0, $ v0, $ t0
        addi $ a0, $ a0,1                 #调整地址指针
        j rep
printerr:
        li $ v0,4                         #输入出错提示
        la $ a0,err
        syscall
        j main
exit:
        la $ a0,w0
        sw $ v0,0( $ a0)                  #保存转换结果
        li $ v0,10                        #程序结束
        syscall
```

图 2-87 (续)

3. 子程序设计示例

子程序设计必须清楚地定义本程序与其他程序之间的接口,包括输入参数和输出参数的存储位置,以及明确地说明该子程序的功能。

　　由子程序实现原理可知,子程序的输入参数和输出参数都可以通过寄存器或栈传递。主程序调用子程序之前先准备好输入参数,然后再调用子程序;而子程序则在返回之前,将输出参数准备好。所谓准备好参数就是事先把相关的输入/输出参数存储在约定的存储位置。下面通过一个具体的例子加以说明。

　　例 2.29　编写 MIPS 汇编语言程序计算某整型数组中所有正数的和及所有负数的和,并显示结果。要求采用子程序计算数组中所有正数的和及所有负数的和。

　　解答:子程序要能计算任意数组中所有正数和及所有负数的和,那么必须知道该数组存储的地址和数组元素的个数,因此必须有两个输入参数:数组首地址指针和数组元素个数计数器。要能够分别得到所有正数的和及所有负数的和,那么也需要两个出口参数:正数的和和负数的和。由此可知子程序要传递的参数并不多,可直接采用寄存器传递:两个寄存器传递入口参数,两个寄存器传递出口参数。采用编译器对寄存器的使用原则,即 $a0、$a1 分别传递数组首地址指针和数组元素个数计数器,$v0、$v1 分别传递正数的和及负数的和。

　　求和子程序的基本流程如图 2-88 所示。$t0 存储从存储器中获取的数组元素数据,以便进行加法运算。地址指针修改步长取决于处理的数组数据类型:字节类型数据仅需加 1;半字类型数据需加 2;字类型数据需加 4。

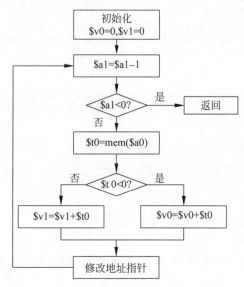

图 2-88　求和子程序流程图

若数组为字类型数据,对应的 MIPS 汇编程序如图 2-89 所示。

```
    .data
array: .word −1,3,4,−5
posi: .asciiz "\nthe sum of positive numbers are: "
nega: .asciiz "\nthe sum of negative numbers are: "
    .text
main:
    li $v0,4
    la $a0,posi
```

图 2-89　数组元素正、负数求和 MIPS 汇编源程序示例

```
        syscall                    # 显示字符串 posi
        la $ a0,array              # 准备好入口参数
        li $ a1,4
        jal sum                    # 调用求和子程序
        add $ a0, $ v0, $ 0
        li $ v0,1
        syscall                    # 显示正数的和
        li $ v0,4
        la $ a0,nega
        syscall                    # 显示字符串 nega
        add $ a0, $ v1, $ 0
        li $ v0,1
        syscall                    # 显示负数的和
        li $ v0,10
        syscall                    # 退出
sum:
        li $ v0,0
        li $ v1,0
loop:
        slt $ s0, $ 0, $ a1
        beq $ s0, $ 0,retzz        # 如果(a1≤0) 则返回
        addi $ a1, $ a1, -1       # 计数器减 1
        lw $ t0, 0( $ a0)          # 从数组中获取一个元素
        addi $ a0, $ a0, 4         # 修改地址指针指向下一个元素
        slt $ s0, $ t0, $ 0
        bne $ s0, $ 0,negg         # 如果是负数则跳转到 negg
        add $ v0, $ v0, $ t0       # 加到正数的和 $ v0
        j loop                     # 重复处理下一个元素
negg:
        add $ v1, $ v1, $ t0       # 加到负数的和 $ v0
        j loop                     # 重复处理下一个元素
retzz:
        jr $ ra                    # 返回
```

图 2-89　(续)

2.12　Intel x86 微处理器指令集简介

Intel x86 微处理器是现代大多数 PC 兼容的微处理器,它属于 CISC 指令架构计算机系统,它的指令格式比 RISC MIPS 指令结构复杂,为变长指令,8086～Pentium 4 的机器语言指令长度为 1～13 字节。指令格式分为 16 位指令格式和 32 位指令格式,如图 2-90 所示。

操作码	MOD-REG-R/M	位移量	立即数
(1～2B)	(0～1B)	(0～1B)	(0～2B)

16 位指令格式

地址长度	操作数长度	操作码	MOD-REG-R/M	比例变址	位移量	立即数
(0～1B)	(0～1B)	(1～2B)	(0～1B)	(0～1B)	(0～1B)	(0～2B)

32 位指令格式

图 2-90　8086～Pentium 4 的指令格式

Intel x86 微处理器内部寄存器数量较少,如图 2-91 所示,前 8 个为通用寄存器,后面的为特殊功能寄存器。

EAX		AH A	X	AL	累加器(Accumulator)
EBX		BH B	X	BL	基址寄存器(Base Register)
ECX		CH C	X	CL	计数寄存器(Count Register)
EDX		DH D	X	DL	数据寄存器(Data Register)
ESP		SP			堆栈指示器(Stack Point)
EBP		BP			基址指示器(Base Point)
ESI		SI			源变址寄存器(Source Index)
EDI		DI			目的变址寄存器(Destination Index)
EIP		IP			指令指示器(Instruction Point)
EFLAGS		F			状态标志寄存器(StatusFlag)
		CS			代码段寄存器(Code Segment)
		DS			数据段寄存器(Data Segment)
		SS			堆栈段寄存器(Stack Segment)
		ES			附加段寄存器(Extra Segment)
		FS			段寄存器
		GS			段寄存器

图 2-91　Intel x86 32 位微处理器内部寄存器

Intel x86 微处理器指令可以直接操作存储器数据,不像 MIPS 微处理器必须把数据读入 CPU 之后才能进行相关操作,而且 x86 微处理器的指令一般仅具有两个操作数:源操作数和目的操作数。目的操作数可以直接参与运算,并保存操作结果。指令支持的数据寻址方式灵活多变,具有如表 2-19 所示的 8 种不同寻址方式。

表 2-19　Intel x86 微处理器操作数寻址方式

寻 址 类 型	指 令 示 例	源	目　　　的
寄存器寻址	MOV AX，BX	BX	AX
立即寻址	MOV CH，3AH	3AH	CH
直接寻址	MOV [1234H]，AX	AX	DS：[1234H]
寄存器间接寻址	MQV [BX]，CL	CL	DS：[BX]
基址加变址寻址	MOV [BX+SI]，BP	BP	DS：[BX+SI]
寄存器相对寻址	MOV CL，[BX+4]	DS：[BX+4]	CL
基址加变址寻址	MOV ARRAY[BX+51]，DX	DX	DS：[ARRAY+BX+51]
比例变址寻址	MOV [EBX+2 * ESI]，AX	AX	DS：[EBX+2 * ESI]

Intel x86 微处理器支持的指令类型较多,表 2-20 仅列举部分典型的常用指令,以便读者对比学习。

表 2-20　Intel x86 微处理器常用指令

指　　　令		含　　　义
程序控制指令	jz、jnz	条件跳转,判断 z 标志位是否为 0 再决定跳转
	jmp	无条件跳转
	call	调用子程序
	ret	子程序返回
	loop	根据 ECX 的值循环执行一段指令
数据传输	mov	寄存器之间、寄存器与存储器之间数据传输
	push、pop	栈操作,数据在栈与寄存器之间传输
	les	装载存储器数据到通用寄存器和 ES 段寄存器

续表

指　令		含　义
算术逻辑运算	add、sub	加减运算,不区分符号数和无符号数
	cmp	比较两操作数的大小,不回送结果,仅改变标志位
	shl、shr、rcr	逻辑左移,逻辑右移,带进位循环右移
	cbw	字节(8位)符号数扩展为字(16位)符号数
	test	位与运算,但不回送结果,仅改变标志位
	inc、dec	加1、减1
	or、xor	位或、位异或
字符串操作	movs	字符串从一块存储器区域传送到另一块存储器区域
	lods	字符串中的字符从存储器复制到 EAX 寄存器

本章小结

指令是控制微处理器工作的基本命令,由操作数和操作码组成,具有两种常见的指令架构 CISC 和 RISC。

MIPS 汇编指令的操作数类型有立即数、寄存器和存储器,MIPS 指令的编码格式有 R 型、I 型和 J 型,MIPS 指令操作数寻址方式有立即寻址、寄存器寻址和基址寻址,指令寻址方式有 PC 相对寻址、伪直接寻址和寄存器间接寻址。

MIPS 汇编指令主要分为三类: 数据传送类指令(存储器与寄存器之间的数据互传、寄存器与特殊寄存器 hi、lo 之间的互传、立即数初始化寄存器高 16 位)、算术逻辑运算类指令(加、减、乘、除、与、或、非、异或、左移、右移)、程序控制类指令(条件相等、条件不等、小于设置、无条件跳转)。学习汇编指令需要掌握指令的功能、格式、对应机器指令的编码。不同的操作数类型,汇编指令操作码的助记符通常也不同,使用都需要注意。

子程序是模块化程序设计采用的一种常用方法。子程序设计时涉及主、子程序的调用、返回、参数互传机制(寄存器、栈)、公用寄存器保存等问题。尤其是存在子程序嵌套调用时,栈操作不能出错,这就要求掌握子程序嵌套调用过程中栈存储映像的变化过程。

高级语言程序如 C 语言程序需经过编译、汇编、链接、装载等过程才能被微处理器执行。高级语言程序装载到计算机存储系统中通常分为多个段,从小地址到大地址依次为程序前缀段、指令段、数据段、堆、栈。程序前缀段、指令段、数据段都在程序装载时静态分配存储空间。堆和栈在程序运行过程中动态分配存储空间,且在同一区域内从两个不同方向开始分配:堆从小地址向大地址发展,栈从大地址向小地址发展。这就要求程序设计人员合理管理动态数据。

MIPS 汇编程序设计这部分内容基于 SPIM MIPS 模拟器讲解 MIPS 汇编语言程序中的部分伪指令(段定义、数据定义)、宏指令(立即数装载、变量地址装载)、SPIM 系统功能调用(十进制数输入/输出、字符串输入/输出、返回系统)及几个典型的汇编语言程序示例(十六进制数输入/输出、十进制数输入/输出、求和子程序)。

Intel x86 微处理器是典型的 CISC 指令架构微处理器,它的特点表现在指令编码长度可变,且各个域含义可变,算术逻辑运算类指令可以直接操作存储器操作数,操作数寻址方式灵活多变、指令繁多。

思考与练习

　　1. 什么是汇编语言？汇编语言与机器语言之间存在什么关系？

　　2. 计算机指令由哪两部分构成？它们分别表示什么含义？

　　3. 现代计算机系统存在哪两种架构的指令集？它们分别有什么特点？哪种指令架构的指令支持直接对存储器操作数进行运算？

　　4. MIPS 汇编语言指令的一般格式是什么？MIPS 指令一般含有几个操作数？哪个部分必然存在于任何指令中？

　　5. MIPS 微处理器中哪个寄存器的值恒为 0？

　　6. MIPS 微处理器计算机系统支持哪些类型操作数？MIPS 指令中立即数操作数的位宽最多为多少位？

　　7. 已知半字类型数组 A[4]的首地址为 A,那么 A[3]的地址应该如何表示？若 A[4]= {0,1,2,3},试画出该数组在 MIPS 计算机系统中的存储映像,并说明采用边界对齐方式存储数组 A[4]时,数组首地址 A 具有什么特点。

　　8. MIPS 指令具有哪几种编码格式？这几种指令编码的各个域分别是什么含义？

　　9. 若题图 2-1 所示汇编指令段首地址为 0x1001 0000,试指出题图 2-1 中各条汇编指令的机器指令格式类型以及对应的机器指令编码。

```
again:
    add $3, $2, $5
    addi $3, $2,5
    srl $3, $2,5
    beq $3, $2,exit
    j again
exit:
```

题图 2-1　汇编指令段

　　10. 已知寄存器 $s0＝0x1000 0040,采用汇编指令(指令序列)分别实现以下各功能。

　　(1) 将地址为 0x1000 0040 的字数据读入寄存器 $t0；

　　(2) 将地址为 0x1000 0041 的无符号字节数据读入寄存器 $t0；

　　(3) 将地址为 0x1000 0042 的符号字节数据读入寄存器 $t0；

　　(4) 将地址为 0x1000 0042 的半字数据读入寄存器 $t0；

　　(5) 将 0x1000 0043～0x1000 0046 非规则字数据读入寄存器 $t0；

　　(6) 将 $t1 完整存入地址为 0x1000 0048 的字存储空间；

　　(7) 将 $t1 低半字存入地址为 0x1000 004c 的半字存储空间；

　　(8) 将 $t1 低字节存入地址为 0x1000 004c 的存储空间；

　　(9) 将 $t1 完整存入地址为 0x1000 004b 的非规则字存储空间。

　　11. 已知寄存器 $s0＝0x1001 0000, $t0＝0x12345678, $t1＝0x23456789,试说明题表 2-1 各条指令操作的存储空间首地址以及指令执行完之后各个存储单元的值(MIPS 微处理器采用大字节序存取数据,值不变的存储单元不需填写)。

题表 2-1　指令操作的存储空间首地址以及指令执行完之后各个存储单元的值

汇 编 指 令	存储器操作数地址	各偏移地址存储单元的值			
		值(+0)	值(+1)	值(+2)	值(+3)
sw $t0,4($s0)					
sh $t0,6($s0)					
sb $t0,9($s0)					
swl $t1,10($s0)					
swr $t1,7($s0)					

12. 已知寄存器 $s0=0x1001\ 0000$,其余通用寄存器的值都为 0,且存储空间 0x1001 0000～0x1001 0007 的存储映像如题图 2-2 所示。试指出题表 2-2 各条 MIPS 汇编指令写入数据的寄存器名称以及指令顺序执行完之后被写入寄存器的值(十六进制)。

0x1001 0000	0xf6
0x1001 0001	0x8
0x1001 0002	0xe3
0x1001 0003	0x67
0x1001 0004	0x34
0x1001 0005	0x96
0x1001 0006	0x86
0x1001 0007	0xf

题图 2-2

题表 2-2　MIPS 汇编指令写入数据的寄存器名称及值

MIPS 汇编指令	写入寄存器的名称	写入寄存器的值
lb $t0,0($s0)		
lhu $t1,2($s0)		
lw $t2,4($s0)		
lwl $t3,5($s0)		
lwr $t3,2($s0)		

13. 采用 MIPS 汇编指令(指令序列)实现题表 2-3 各个运算式,要求不改变计算方式以及计算顺序。

题表 2-3　MIPS 汇编指令实现各个运算式

MIPS 汇编指令(指令序列)	伪 指 令
	$v0=$a0+$a1+$a2+$a3;
	$v0=$a0+($a1+5);
	$v0=$a0+$a0−$a1;
	$v0=$a0+($a1−5);
	($v0,$v1)=$a0*$a1;
	$v0=$a0/$a1;$v1=$a0%$a1;

14. 写出题表 2-4MIPS 汇编指令(指令序列)对应的 C 语言语句;假定寄存器 $a0、$a1、$a2 分别对应 C 语言中的变量 f、g、h。

题表 2-4 MIPS 汇编指令对应的 C 语言语句

汇编指令（指令序列）	C 语言语句
add ＄a0，＄a1，＄a2	
add ＄a0，＄a0，＄a2	
addi ＄a0，＄a0，1	
add ＄a0，＄a0，＄a1	
sub ＄a0，＄0，＄a0	
addi ＄a0，＄a0，1	

15. 假定变量 f、g、h、i、j 分别对应寄存器 ＄s0、＄s1、＄s2、＄s3、＄s4，并且整型数组 A 和 B 的起始地址分别存放在寄存器 ＄s6、＄s7 中，请采用 MIPS 汇编指令（指令序列）分别实现题表 2-5 所示 C 语言语句功能。

题表 2-5 MIPS 汇编指令（指令序列）分别实现 C 语言语句

汇编指令（指令序列）	C 语言语句
	f＝g＋h＋B[4]；
	f＝g＋A[2]＋B[1]；
	f＝A[B[g]＋i]；
	f＝g－A[B[j]]；

16. 假定变量 f、g、h、i、j 分别对应寄存器 ＄s0、＄s1、＄s2、＄s3、＄s4，并且整型数组 A 和 B 的起始地址分别存放在寄存器 ＄s6、＄s7 中，采用 C 语言语句分别实现题表 2-6 所示 MIPS 汇编指令（指令序列）的功能。

题表 2-6 C 语言语句分别实现 MIPS 汇编指令功能

汇编指令（指令序列）	C 语言语句
add ＄s0，＄s0，＄s1 add ＄s0，＄s0，＄s2 add ＄s0，＄s0，＄s3 add ＄s0，＄s0，＄s4	
add ＄s0，＄s0，＄s1 add ＄s4，＄s3，＄s2 sub ＄s0，＄s4，＄s0	
lw ＄s0，4(＄s6) sw ＄s0，32(＄s7)	
addi ＄s6，＄s6，－20 sll ＄s1，＄s1，2 add ＄s6，＄s6，＄s1 lw ＄s0，8(＄s6)	
sll ＄s3，＄s3，2 add ＄t1，＄s3，＄s6 lw ＄t1，0(＄t1) sll ＄s4，＄s4，2 add ＄t2，＄s4，＄s7 lw ＄t2，0(＄t2) sub ＄s0，＄t1，＄t2	

17. 已知 $t0 = 0x55555555$，$t1 = 0x12345678$，指出题表 2-7 中各指令序列执行后 $t2 的值。

题表 2-7　移位及逻辑运算结果

汇编指令序列	$t2
sll $t2,$t0,4 and $t2,$t2,$t1	
sll $t2,$t0,4 andi $t2,$t2,−1	
srl $t2,$t0,3 andi $t2,$t2,0xffef	
sll $t2,$t0,1 or $t2,$t2,$t1	
sll $t2,$t0,2 andi $t2,$t2,0x00f0	
sll $t2,$t0,2 ori $t2,$t2,0x00f0	
srl $t2,$t1,3 xor $t2,$t0,$t2	

18. $t0 的构成如题图 2-3 所示。

31	i+1	i	j+1	j	0
...		field		...	

题图 2-3　$t0 的构成

$t1 的构成分别如题图 2-4、题图 2-5 所示。

31	15+i−j	14+i−j	15	14	0
0000···000		field		00 0000 0000 0000	

题图 2-4　$t1 的(a)种构成

31	i−j	i−j−1	0
00···00		field	

题图 2-5　$t1 的(b)种构成

采用汇编指令(指令序列)分别针对题表 2-8 所示不同的 i、j 值组合将 $t0 中的 field 域填充到 $t1 两种不同构成方式中对应的 field 域，且 $t1 的其余位清 0。

题表 2-8　移位及逻辑运算指令功能

i、j 值组合	针对 $t1(a)种构成的汇编指令序列	针对 $t1(b)种构成的汇编指令序列
i=7、j=2		
i=20、j=5		

19. 将题表 2-9 所示 C 语言语句转换为 MIPS 汇编指令序列，假设变量 a、b、i 分别对应寄存器 $s0、$s1、$t0，$s2 保存着整型数组 D 的起始地址。

题表 2-9 C 语言语句转换为 MIPS 汇编指令序列

汇编指令（指令序列）	C 语言语句

	for(i = 0;i < 10;i++)
	    a += b;
	while(a < 10)
	{
	    D[a] = b + a;
	    a += 1;
	}

20. 采用 MIPS 汇编指令（指令序列）实现题表 2-10 中各 C 语言语句功能。假定变量 i、j 分别对应寄存器 \$a0、\$a1，整型数组 a、b 的首地址分别存储在寄存器 \$s0、\$s1 中。

题表 2-10

汇编指令（指令序列）	C 语言语句
	if(i == j) a[i] = 0;
	for(i = 0;i < j;i++) a[i] = b[i];

	for(i = 0;i < j;i++)
	  if(a[i] == b[i])
	    a[i] = 0;

	for(i = 0;i < j;i++)
	  while(a[i]!= b[i])
	    break;

	switch(i)
	{
	case 0: {
	     if(a[i]> b[i])
	     j = 0;
	     break;
	     }
	case 1: {
	     if(a[i]< b[i])
	     j = b[i];
	     break;
	     }
	default: j = a[i];
	}

21. 分别针对题图 2-6 中的两段汇编指令回答以下问题。

问题：

(1) 若指令执行前 \$t1＝10、\$s2＝0，那么分别执行以上两段指令序列后 \$s2 的值各为多少？

(2) 假设 \$s2、\$t1、\$t2 分别对应整型变量 B、i 和 temp，那么题图 2-6 两段汇编指令序列对应的 C 语言语句分别是什么？

```
loop :
    slt $ t2, $ 0, $ t1
    bne $ t2, $ 0,else
    j done
else :
    addi $ s2, $ s2,2
    addi, $ t1, $ t1, - 1
    j loop
done:
```

```
loop :
    addi $ t2, $ 0,0xa
    Loop2:
addi $ s2, $ s2,2
    addi $ t2, $ t2, - 1
    bne $ t2, $ 0,loop2
    addi $ t1, $ t1, - 1
    bne $ t1, $ 0,loop
done:
```

指令段(a)   指令段(b)

题图 2-6 两段汇编指令

(3) 如果 $t1 初始化为 $n(n>0)$,则以上两段指令序列分别需要执行多少条指令? 请采用含 n 的表达式表示。

22. 若 PC=0x00000000,试分析是否可以仅采用条件跳转指令或无条件跳转指令跳转到题表 2-11 所示地址。若能,分别至少需要采用多少条跳转指令?

题表 2-11 跳转控制指令跳转距离

跳转目标地址	条件跳转次数	无条件跳转次数
a. 0x00001000		
b. 0xFFFC0000		

23. 子程序调用和返回指令分别是什么? 分别指出这两条指令执行时寄存器 PC 及寄存器 $ra 会发生什么变化。

24. 什么是栈? 栈中数据存取一般应遵循什么原则? 采用栈操作指令存入数据时,操作的栈地址具有什么变化规律? 采用栈操作指令读出数据时,操作的栈地址具有什么变化规律?

25. 子程序设计时,主程序、子程序之间的参数可以通过哪些方式传递?

26. MIPS 汇编语言哪条指令可给子程序分配 8 字节的栈空间? 哪些指令可将公用寄存器 $s0、$s1 依次存储到新分配的 8 字节子程序栈中? 哪些指令可在子程序返回之前恢复寄存器 $s0、$s1 的值,并释放子程序的栈空间?

27. 题图 2-7 所示汇编语言子程序为计算斐波那契(Fibonacci)数 fib(0)=0、fib(1)=1、fib(n)= fib(n−1)+ fib(n−2) (如题图 2-8 所示)的嵌套调用子程序,输入参数保存在 $a0 中,输出参数保存在 $v0 中。该子程序存在一些错误,请对其进行修正。若 fib 的地址为 0x10014000, $sp 的初始值为 0x40001100,试指出调用 fib(4)时,子程序执行过程中 $sp 的最小值以及此时栈中存储的数据。

28. MIPS 指令操作数寻址有哪些类型? 分别具有什么特点?

29. 指出题表 2-12 所示指令中下划线标注操作数的寻址名称以及存储器操作数的地址表达式。

实践视频

30. 指出题表 2-13 所示程序控制类指令的指令寻址名称以及跳转目标地址计算表达式。假定题表 2-13 所有指令顺序存放,且第一条指令的存储地址为 0x1000 0000。

```
fib:
        addi $ sp, $ sp, - 12
        sw $ ra,0( $ sp)
        sw $ s1,4( $ sp)
        sw $ a0,8( $ sp)
        slti $ t0, $ a0,1
        beq $ t0, $ 0,L1
        addi $ v0, $ a0, $ 0
        j exit
L1:
        addi $ a0, $ a0, - 1
        jal fib
        addi $ s1, $ v0, $ 0
        addi $ a0, $ a0, - 1
        jal fib
        add $ v0, $ v0, $ s1
exit:
        lw $ ra,0( $ sp)
        lw $ s1,4( $ sp)
        lw $ a0,8( $ sp)
        addi $ sp, $ sp,12
        jr $ ra
```

题图 2-7 计算斐波那契数子程序

n	n 的斐波那契数
0	0
1	1
2	1
3	2
4	3
5	5
6	8
7	13
8	21

题图 2-8 斐波那契数

题表 2-12 操作数的寻址名称以及存储器操作数地址

汇 编 指 令	操作数寻址名称	操作数存储地址表达式
add $ t1, $ t1, $ s0		
add $ t1, $ t1,5		
lw $ t1,8($ t1)		
sw $ t1,12($ s1)		

题表 2-13 令寻址名称以及跳转目标地址

汇 编 指 令	指令寻址名称	目标地址表达式或值
ag：beq $ t1, $ t1,exit		
j ag		
exit: jr $ ra		
jal ag		

31. C 语言程序经过编译、链接之后,装载到存储器时,一般具有哪几个段? 各个段分别存储哪些信息? 函数内部定义的自动变量存储在哪个区域? 函数外部定义的变量又存储在哪个区域?

32. 汇编语言源程序一般包含哪几类指令? 其中哪类指令没有对应的机器指令?

33. 哪条指令可将汇编语言源程序的数据段首地址设定在 0x1001 0000?

34. 如何在汇编语言中定义题图 2-9 所示静态变量,若该静态变量区首地址为 0x1001 0040,请画出此静态变量区的存储映像。假设所有变量边界对齐存储。

```
static char var_char[5] = "hello";
static short var_short[5] = {0x23, 0x34,0x1234,0x5,0x6};
static int var_word[3] = {0, 1, 2};
static short vars[100];
```

题图　2-9

35. 已知一子程序如题图 2-10 所示,若编译器在栈中分配子程序内部自动变量从低地址往高地址方向发展,即首先从栈中低地址开始分配数组 a[2]的存储空间,然后再往高地址分配数组 d[1]的存储空间。试指出分别调用 fun(0)、fun(1)、fun(2)、fun(3)的返回结果,并说明原因。

```
int fun( int i)
{
        volatile short a[2];
        volatile int d[1] = {3};
        a[i] = 0x4000;
        return d[0];
}
```

题图　2-10

36. 采用 MIPS 汇编语言分别实现题图 2-11、题图 2-12 所示 C 语言程序功能。

```
# include "stdio. h"
int main()
{
    int a,b;
    printf("\nplease input decimal number a:");
    scanf(" % d",&a);
    printf("\nplease input decimal number b:");
    scanf(" % d",&b);
    printf("\nthe sum of a and b is % d",a + b);
    printf("\nthe diff of a and b is % d",a - b);
    return 0;
}
```

题图　2-11

```
# include "stdio. h"
int main()
{
    int a,b;
    printf("\nplease input hexadecimal number a:");
    scanf(" % x",&a);
    printf("\nplease input hexadecimal number b:");
    scanf(" % x",&b);
    printf("\nthe sum of a and b is 0x % x",a + b);
    printf("\nthe diff of a and b is 0x % x",a - b);
    return 0;
}
```

题图　2-12

37. 采用 MIPS 汇编语言编程实现题图 2-13 所示 C 语言程序功能。要求程序结构不变，子程序输入参数个数不变。

```
int sub_proc(int * a, int b);
int main()
{
    int p[8];
    int i;
    for(i = 0; i < 8; i++)
    sub_proc(p, i);
    return 0;
}
int sub_proc(int * a, int b)
{
    a[b] = 1 << b;
    return 0;
}
```

题图　2-13

## 第 3 章

微 处 理 器

　　本章主要讲述微处理器的基本构成,并以 MIPS 微处理器为例,介绍一个基于给定简单指令集的类 MIPS 微处理器数据通路及控制器的设计,同时介绍现代微处理器流水线技术、超标量技术、多核技术和异常处理机制,最后介绍微处理器的外部接口及软核微处理器——MicroBlaze 微处理器及其构成的嵌入式计算机硬件最小系统。

　　学完本章内容,要求掌握以下知识:

- 微处理器的基本构成;
- 单周期简单指令集 MIPS 微处理器设计;
- 流水线技术、超标量技术、多核技术基本原理;
- 微处理器异常处理机制;
- MicroBlaze 微处理器结构;
- 嵌入式计算机硬件最小系统构成。

3.1　微处理器基本结构

　　微处理器是计算机系统的核心部件,完成计算机的运算和控制功能。随着计算机技术的不断发展,微处理器的设计也越来越复杂。

　　微处理器执行一组机器指令,这组指令可向微处理器告知应执行哪些操作。微处理器通常执行三种基本工作:

　　(1) 使用 ALU(算术逻辑单元),执行算术、逻辑运算,如加、减、乘、除和逻辑运算。

　　(2) 将数据从一个存储位置移动到另一个位置。

　　(3) 做出决定,并根据这些决定跳转到一组新指令。

　　微处理器能够执行许多非常复杂的工作,但是所有工作都属于上述三种基本操作范畴。

　　图 3-1 显示了一个能够执行上述三种基本操作的简单微处理器基本结构,包括:

　　(1) 算术逻辑运算单元 ALU,实现各种算术、逻辑运算。

　　(2) 指令译码器,实现指令译码,并根据译码结果控制 CPU 完成相关操作。

　　(3) 寄存器,包括通用寄存器、指令寄存器、程序计数器等。通用寄存器用来暂存参与ALU 单元运算的数据和中间结果,指令寄存器用来暂存从存储器读入的指令,程序计数器用来指示下一条要执行的指令在存储器中的存放地址。

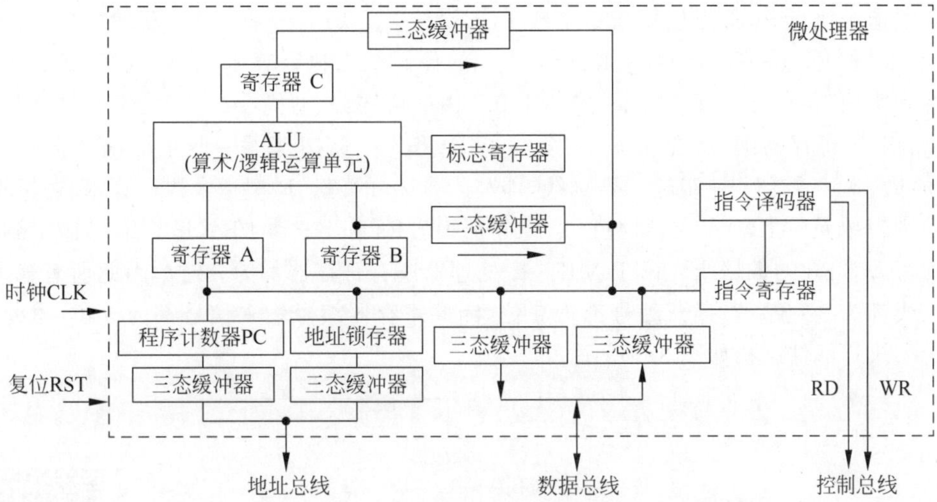

图 3-1　简单微处理器基本结构

微处理器与计算机中其他组件之间的基本接口包括：

（1）一组地址总线，用于向存储器发送地址。

（2）一组数据总线，用于将数据发送到存储器或从存储器取得数据。

（3）一条 RD（读）和 WR（写）控制信号，告诉存储器希望将数据写入某个地址还是从某个地址获得数据。

（4）时钟信号，将时钟脉冲序列发送到微处理器，控制微处理器进行工作。

（5）复位信号，用于将程序计数器、通用寄存器重置为某个值并重新开始执行。

3.2　单周期简单指令集 MIPS 微处理器设计

假定单周期简单指令集 MIPS 微处理器支持的指令集如下。

（1）算术、逻辑运算指令：add、sub、and、or、slt；

（2）数据传送指令：lw、sw；

（3）程序控制指令：beq、j。

3.2.1　简单指令集 MIPS 微处理器数据通路

数据通路是指指令执行过程中实现指令获取以及数据处理的电路模块和传输路径。

实践视频

本节首先分析简单指令集不同类型指令的执行部件构成，然后再将各个部件综合形成简单指令集 MIPS 微处理器的完整数据通路。

1. R 型指令执行部件

简单指令集 R 型指令包括 add、sub、and、or、slt。为便于阅读，这里将指令的机器码采用 Instr 表示，以区分数据。由此得到 R 型指令的编码如图 3-2 所示。

Instr[31..26]	Instr[25..21]	Instr[20..16]	Instr[15..11]	Instr[10..6]	Instr[5..0]
Op[5..0]	Rs	Rt	Rd	Shamt	Funct[5..0]

图 3-2　R 型机器指令编码

R型指令执行时,首先根据指令字段 Instr[25..21]、Instr[20..16]获取＄Rs、＄Rt 的值,然后根据字段 Instr[31..26]、Instr[5..0]的译码结果执行算术、逻辑运算,最后再将结果保存到字段 Instr[15..11]指示的＄Rd 中。由此可知,R型指令执行时,寄存器文件需同时提供:三组寄存器编号,包括＄Rs 编号、＄Rt 编号、＄Rd 编号;两组输出数据线,包括＄Rs 的值、＄Rt 的值;一组输入数据线,即写入＄Rd 的值。R型指令执行算术、逻辑运算,由算术逻辑单元(ALU)完成,且数据来源分别为＄Rs 和＄Rt 的值;运算结果输出到寄存器文件写入＄Rd 的数据线。由于 MIPS 微处理器所有寄存器都为 32 位,因此所有输入/输出数据线都为 32 位;寄存器编号都为 5 位,因此寄存器编号输入信号都为 5 位,由此得到R型指令执行部件结构如图 3-3 所示。

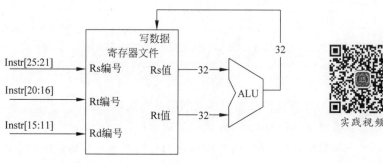

图 3-3　R型指令执行部件结构

2. 数据传送指令执行部件

简单指令集中数据传输指令包括 lw、sw 指令,都为 I 型指令,I 型指令编码如表 2-3 所示,采用 Instr 改写之后指令编码如图 3-4 所示。

实践视频

数据传输指令中存储器地址由 RF[＄Rs]与指令中立即数(Imm)之和构成,因此需要 ALU 运算单元计算存储单元地址。由于 ALU 单元仅支持 32 位数据运算,指令中立即数为 16 位,需先符号扩展为 32 位,再参与运算。数据在数据存储器与寄存器文件之间双向传输,因此数据传送指令执行部件包含寄存器文件、ALU、数据存储器及符号扩展部件。它们之间的连接关系如图 3-5 所示。

Instr[31..26]	Instr[25..21]	Instr[20..16]	Instr[15..0]
Op[5..0]	Rs	Rt	Imm

图 3-4　数据传输机器指令编码

当执行 lw 指令时,首先从＄Rs 中获取基地址,并通过 ALU 运算单元形成存储单元地址,再由存储器输出读数据到寄存器文件的写数据,寄存器文件在寄存器写信号的控制下将数据保存到＄Rt 中;当执行 sw 指令时,同样首先从＄Rs 中获取基地址,并通过 ALU 运算单元形成存储单元地址,同时将＄Rt 中的数据输出到存储器写数据,再在存储器写控制信号的作用下将数据写入数据存储器中。

3. 顺序程序指令获取部件

微处理器采用特殊寄存器——程序计数器 PC 保存下一条指令地址。MIPS 微处理器所有指令等长,都为 4 字节,且存储器以字节为单位编址,因此程序顺序执行时,PC 的值自动

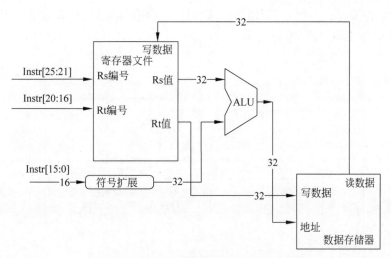

图 3-5　数据传输指令执行部件连接关系

加 4 指向下一条指令。由此可知,MIPS 微处理器顺序程序指令获取部件构成如图 3-6 所示。

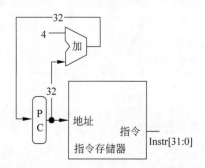

图 3-6　MIPS 微处理器顺序执行程序指令获取部件构成

4. 条件跳转指令执行部件

简单指令集中的条件跳转指令 beq 为 I 型指令,I 型指令编码如表 2-3 所示,采用 Instr 改写之后指令编码如图 3-7 所示。

Instr[31..26]	Instr[25..21]	Instr[20..16]	Instr[15..0]
Op[5..0]	Rs	Rt	Imm

图 3-7　beq 编码格式

条件跳转指令首先比较＄Rs、＄Rt 的值,然后根据比较结果 Zero 决定是否跳转。因此该指令需要比较两个寄存器的值,同时还需要计算目标跳转地址,这是两种不同的运算。为简化电路设计,设计时采用 ALU 单元比较两个寄存器的值,另外再采用一个加法器专门计算跳转目标地址。MIPS 条件跳转控制指令跳转目标地址由下一条指令 PC 的值与指令中立即数(Imm)的和构成。由于立即数在指令中仅 16 位,因此需通过符号扩展部件扩展为 32 位。指令编码中存储的立即数为跳过的指令条数(每条指令 4 字节),因此立即数(Imm)符号扩展之后需要进一步左移 2 位形成跳转距离,即跳转距离的形成需要用到符号扩展以及移位部件。根据以上分析可知,条件跳转指令执行部件构成如图 3-8 所示。当执行 beq

指令且条件成立(Zero=1)时,与门输出 1 从而控制复用器将跳转目标地址输出到 PC 寄存器;否则将 PC 加 4 输出到 PC 寄存器。

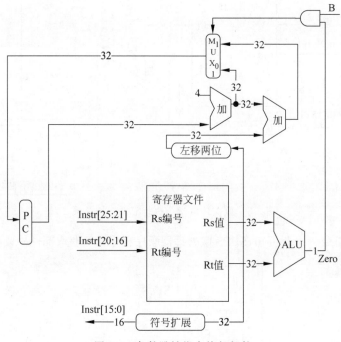

图 3-8　条件跳转指令执行部件

5. 无条件伪直接跳转指令执行部件

简单指令集中的无条件伪直接跳转 j 指令为 J 型指令,指令编码如表 2-6 所示,采用 Instr 改写之后指令编码如图 3-9 所示。

Instr[31:26]	Instr[25:0]
Op[5..0]	Imm

图 3-9　伪直接跳转 j 指令编码

该指令中除了 6 位操作码之外,其余位为伪直接跳转地址立即数(Imm)。实际跳转目标地址由 PC 的高 4 位及指令低 26 位立即数(Imm)左移 2 位后合并而成。由此得到无条件伪直接跳转指令执行部件构成如图 3-10 所示。

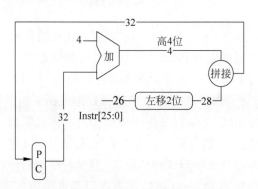

图 3-10　无条件伪直接跳转指令执行部件

6. 完整数据通路

为简化电路,各指令执行部件的公共部分复用,寄存器 PC 的值有 3 种来源:伪直接跳转目标地址、条件跳转目标地址及顺序执行地址。由于条件跳转控制指令执行部件可实现条件跳转目标地址及顺序执行地址的二选一,因此只需再增加一个复用器,通过两级二选一即可实现三选一复用。寄存器文件写入寄存器编码有两种来源,即 R 型指令中的 ＄Rd 及 I 型指令中的 ＄Rt,它们在指令中处于不同的域,因此需通过一个二选一复用器实现控制。寄存器文件写入寄存器数据也有两种来源,即 R 型指令 ALU 的运算结果及 I 型指令数据存储器的读数据,此处需通过一个二选一复用器实现控制。ALU 运算单元的第二个数据来源也有两种情况,即 R 型指令和 beq 指令的 RF[＄Rt]及数据传送指令中的 Imm 符号扩展结果,此处也需通过一个二选一复用器实现控制。

复用之后简单指令集 MIPS 微处理器完整数据通路如图 3-11 所示。该数据通路统一采用二选一复用器实现多路信号复用。复用器 MUX1 复用伪直接跳转目标地址和其他目标地址作为下一条指令地址写入 PC;复用器 MUX2 复用分支跳转目标地址和顺序执行时的下一条指令地址作为 MUX1 的其他目标地址;复用器 MUX3 复用 ALU 运算结果和数据存储器的读数据作为寄存器文件写数据;复用器 MUX4 复用 ＄Rt 的值和指令中立即数符号扩展结果作为 ALU 的第二个源;复用器 MUX5 复用指令中的 ＄Rt 编号和 ＄Rd 编号作为写寄存器编号。

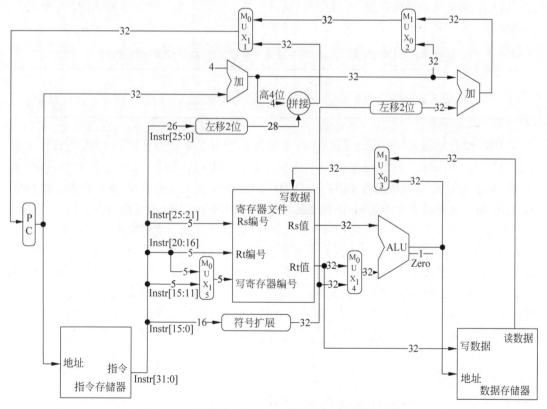

图 3-11 简单指令集 MIPS 微处理器完整数据通路

实践视频

3.2.2 简单指令集MIPS微处理器控制器

由第2章MIPS指令编码可知,简单指令集中指令功能决定因素有两种:①仅操作码Op(I型、J型指令);②操作码Op及功能码Funct的联合(R型指令)。不同指令的不同功能需通过控制图3-11所示数据通路各个部分协调动作实现。简单指令集中R型指令功能的不同主要体现在ALU执行不同的运算;其他指令功能的不同主要体现在复用器通道选择信号、寄存器文件写信号、数据存储器写信号取值不同。由此可知,控制器仅需产生ALU、复用器、寄存器文件、数据存储器等的控制信号。

1. ALU控制信号

首先分析ALU单元执行的运算类型。简单指令集MIPS微处理器仅支持add、sub、and、or、slt等R型运算指令;数据传输指令sw、lw通过ALU单元执行加运算计算存储器地址;条件跳转控制指令beq利用ALU单元执行减运算比较两个寄存器的值是否相等。所有这些指令包含的运算有加、减、与、或、小于设置5种。5种不同运算理论上仅需采用3位二进制编码即可表示,为方便指令集扩展,本书直接采用MIPS微处理器ALU控制信号编码。

MIPS微处理器ALU单元具有4位控制信号($ALUCtr[3:0]$),ALU单元通过对4位控制信号译码决定执行何种操作,对应加、减、与、或、小于设置5种运算的ALU控制信号编码如表3-1所示。

表3-1　对应加、减、与、或、小于设置5种运算的ALU控制信号编码

$ALUCtr[3:0]$	0000	0001	0010	0110	0111
操作类型	与	或	加	减	小于设置

MIPS微处理器R型指令6位操作码全部为0,由6位功能码指示R型指令的具体功能。简单指令集MIPS微处理器支持的R型指令全部为运算指令,若仅考虑R型指令,可以直接对R型指令6位功能码译码产生$ALUCtr[3:0]$。但是sw、lw以及beq指令也需使用ALU执行运算且没有功能码,因此还需根据操作码区分ALU的运算类型。

对指令的操作码译码,可将简单指令集需利用ALU单元执行运算的指令分为3类:R型(add、sub、and、or、slt)、I型加法(lw、sw)、I型减法(beq)。因此2位编码($ALUOp[1:0]$)即可表示这些不同指令的类型。I型指令可直接根据$ALUOp[1:0]$产生$ALUCtr[3:0]$;R型指令需根据$ALUOp[1:0]$以及6位功能码$Funct[5:0]$产生$ALUCtr[3:0]$。由此可知,根据指令操作码以及功能码形成$ALUCtr[3:0]$信号的译码电路可采用两级译码电路,如图3-12所示。

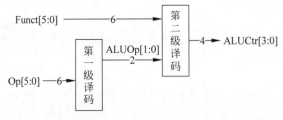

图3-12　形成$ALUCtr[3:0]$信号的两级译码电路

若定义 I 型加法的 ALUOp[1:0]为(00)₂、I 型减法的 ALUOp[1:0]为(01)₂、R 型指令的 ALUOp[1:0]为(10)₂,可得到指令操作码、功能码与 ALUOp[1:0]、ALUCtr[3:0]之间的关系如表 3-2 所示。

表 3-2 指令操作码、功能码与 ALUOp[1:0]、ALUCtr[3:0]之间关系

Op[5:0]	ALUOp[1:0]	指令功能	Funct[5:0]	ALU 运算类型	ALUCtr[3:0]
100011(lw)	00	取字	xxxxxx	加	0010
101011(sw)	00	存字	xxxxxx	加	0010
000100(beq)	01	相等跳转	xxxxxx	减	0110
000000(R 型 add)	10	加	100000	加	0010
000000(R 型 sub)	10	减	100010	减	0110
000000(R 型 and)	10	与	100100	与	0000
000000(R 型 or)	10	或	100101	或	0001
000000(R 型 slt)	10	小于设置	101010	小于设置	0111

由表 3-2 可以发现,R 型指令 6 位功能码的前 2 位完全相同,因此在译码时可以不予考虑,这样就得到如表 3-3、表 3-4 所示针对图 3-12 中第一级译码电路和第二级译码电路的真值表。

表 3-3 ALUOp 译码电路真值表

输入(Op[5:0])	100011	101011	000100	000000
输出(ALUOp[1:0])	00	00	01	10

表 3-4 ALUCtr 译码电路真值表

输入	ALUOp[1:0]	00	01	10	10	10	10	10
	Funct[5:0]	xxxxxx	xxxxxx	xx0000	xx0010	xx0100	xx0101	xx1010
输出	ALUCtr[3:0]	0010	0110	0010	0110	0000	0001	0111

2. 主控制器

MIPS 微处理器主控制器除了产生 ALU 控制信号之外,还需根据指令操作码 Op 产生各个复用器的通道选择信号以及寄存器文件、数据存储器写信号。

图 3-11 所示数据通路上有 5 个复用器,所有复用器都需 1 位通道选择控制信号,因此需 5 个复用器通道选择信号,再加上存储器写、寄存器写控制信号以及 ALUOp[1:0]共 9 个控制信号。各控制信号在数据通路上所处位置及名称定义如图 3-13 所示。

图 3-13 中复用器结构框图如图 3-14 所示,复用器功能如表 3-5 所示。

若图 3-13 中寄存器文件及数据存储器写控制信号(RegWr、MemWr)都为高电平有效,则图 3-13 中各个控制信号的含义如表 3-6 所示。

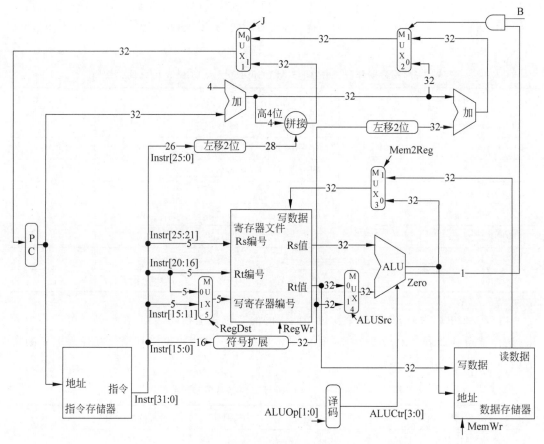

图 3-13　各控制信号在数据通路上所处位置及名称定义

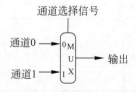

图 3-14　复用器结构框图

表 3-5　复用器功能

通道选择信号	输出数据来源	通道选择信号	输出数据来源
0	通道 0	1	通道 1

表 3-6　控制信号含义

信号名称	取 值 含 义	
	1	0
RegDst	写寄存器编号来自 Instr[15:11]($Rd)	写寄存器编号来自 Instr[20:16]($Rt)
J	PC 来自伪直接跳转地址	PC 来自复用器 MUX2 的输出
B	条件跳转指令	非条件跳转指令

续表

信号名称	取 值 含 义	
	1	0
Mem2Reg	寄存器文件写数据来自数据存储器读数据	寄存器文件写数据来自 ALU 运算结果
ALUSrc	ALU 第二个数据源自 Instr [15:0](Imm)的 32 位符号数据扩展	ALU 的第二个数据源自 RF[＄Rt]
RegWr	寄存器文件写数据写入写寄存器编号的寄存器中	无意义
MemWr	数据存储器写数据写入地址对应的存储单元中	无意义

简单指令集 R 型指令执行时,首先从指令存储器中取出指令,并且将 RF[＄Rs]、RF[＄Rt]输出到 ALU,经过 ALU 运算之后,将结果保存到＄Rd。同时,PC 修改为 PC＋4 的值,以便顺序执行下一条指令。R 型指令执行时数据通路有效传输路径如图 3-15 中深黑色线路所示,MUX1~MUX5 选择的通道分别为通道 0、通道 0、通道 0、通道 0、通道 1,由此可知简单指令集 R 型指令执行时各个控制信号取值如表 3-7 所示。

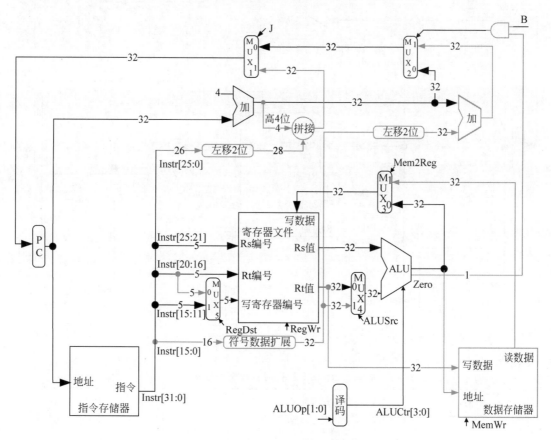

图 3-15 R 型指令执行时的有效数据通路

表 3-7 R 型指令执行时各控制信号取值

指令	RegDst	J	B	Mem2Reg	ALUSrc	RegWr	MemWr	ALUOp[1:0]
R 型	1	0	0	0	0	1	0	10

简单指令集装载指令(lw)执行时,首先从指令存储器中取出指令,并且将 RF[$ Rs]、Instr[15:0](Imm)符号扩展后输出到 ALU,经过 ALU 加运算将结果输出到数据存储器地址输入端,最后将数据存储器输出的读数据保存到 $ Rt。同时,PC 修改为 PC+4 的值,以便顺序执行下一条指令。lw 指令执行时数据通路有效传输路径如图 3-16 中深黑色线路所示,MUX1~MUX5 选择的通道分别为通道 0、通道 0、通道 1、通道 1、通道 0,由此可知装载指令(lw)执行时各个控制信号取值如表 3-8 所示。

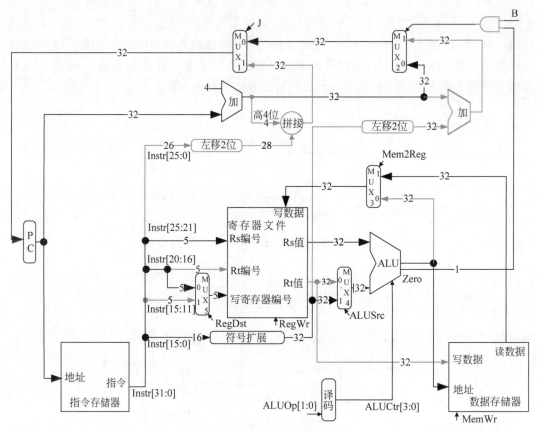

图 3-16 lw 指令执行时的有效数据通路

表 3-8 lw 指令执行时各控制信号取值

指令	RegDst	J	B	Mem2Reg	ALUSrc	RegWr	MemWr	ALUOp[1:0]
lw	0	0	0	1	1	1	0	00

简单指令集存储指令(sw)执行时,首先从指令存储器中取出指令,并且将 RF[$ Rs]、Instr[15:0](Imm)符号扩展后输出到 ALU,经过 ALU 加运算将结果输出到数据存储器的

地址输入端,RF[＄Rt]输出到数据存储器的写数据,最后 RF[＄Rt]保存到数据存储器相应存储单元。同时,PC 修改为 PC＋4 的值,以便顺序执行下一条指令。sw 指令执行时数据通路有效传输路径如图 3-17 中深黑色线路所示,MUX1～MUX5 选择的通道分别为通道0、通道 0、任意、通道 1、任意,由此可知存储指令(sw)执行时各个控制信号取值如表 3-9所示。

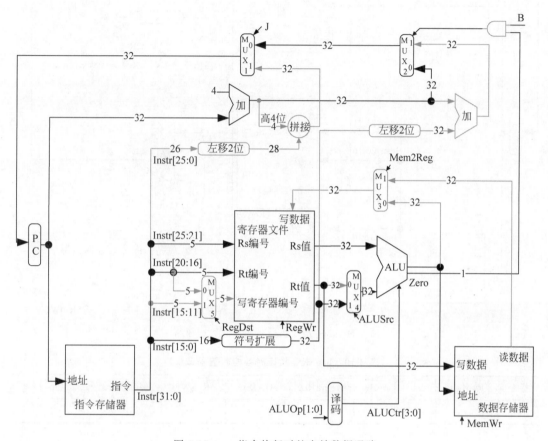

图 3-17 sw 指令执行时的有效数据通路

表 3-9 sw 指令执行时各控制信号取值

指令	RegDst	J	B	Mem2Reg	ALUSrc	RegWr	MemWr	ALUOp[1:0]
sw	x	0	0	x	1	0	1	00

　　简单指令集条件跳转控制指令(beq)执行时,首先从指令存储器中取出指令,并且将Rs、Rt 数据输出到 ALU,经过 ALU 减运算之后,判断结果是否为零,并且将 Zero 标志输出以判断条件是否成立。当条件成立时,PC 修改为 PC＋4 与指令中立即数(Imm)符号扩展并左移 2 位的和,跳转到目标指令;否则 PC 修改为 PC＋4 的值,顺序执行下一条指令。数据通路有效传输路径如图 3-18 中深黑色线路所示,MUX1～MUX5 选择的通道分别为通道0、通道 0 或 1(由 Zero 决定)、任意、通道 0、任意,由此可知 beq 指令执行时各个控制信号的取值如表 3-10 所示。

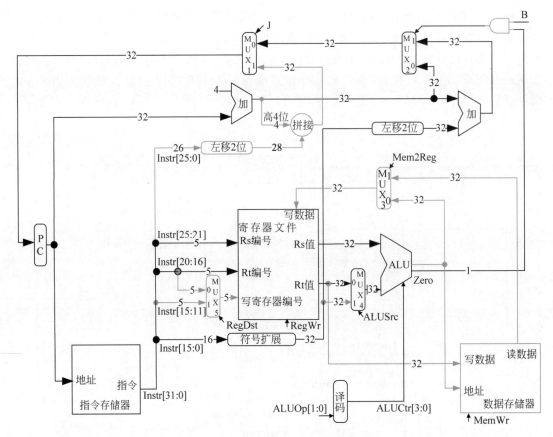

图 3-18   beq 指令执行时的有效数据通路

表 3-10   beq 指令执行时各控制信号取值

指令	RegDst	J	B	Mem2Reg	ALUSrc	RegWr	MemWr	ALUOp[1:0]
beq	x	0	1	x	0	0	0	01

简单指令集伪直接跳转控制指令(j)执行时,从指令存储器中取出指令,直接将 PC 修改为 PC+4 的高 4 位与 Instr[25:0](Imm)左移 2 位合并之后的值,从而跳转到目标地址。j 指令执行时数据通路有效传输路径如图 3-19 中深黑色线路所示,MUX1~MUX5 中仅 MUX1 有意义,且选择的通道为通道 1,其余复用器都无意义,由此可知 j 指令执行时各个控制信号的值如表 3-11 所示。

根据以上分析,得到简单指令集各指令执行时各个控制信号的值如表 3-12 所示。

根据 MIPS 汇编指令编码可知,表 3-12 中各控制信号产生的依据为指令 Op 字段 (Instr[31:26])。若在数据通路中加入一个控制器,对指令 Op 字段译码产生这些控制信号,就形成了如图 3-20 所示简单 MIPS 微处理器。指令 Op 字段为主控制器的输入,各个控制信号为主控制器的输出,主控制器功能如表 3-13 所示。

若微处理器各个部件在同一时钟作用下工作,并在一个时钟周期内执行一条指令,就构成了单周期简单指令集 MIPS 微处理器,其中 PC 寄存器、指令存储器、寄存器文件、数据存储器都可采用同一时钟控制。

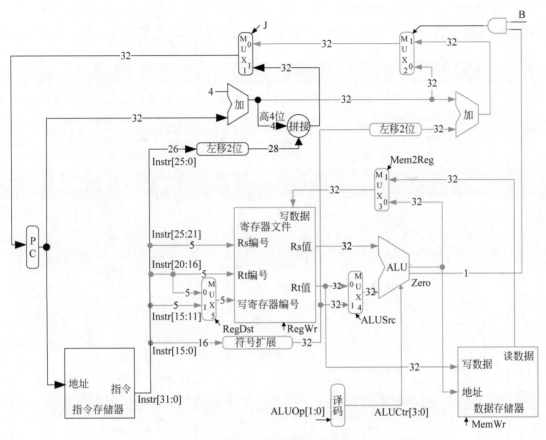

图 3-19 j 指令执行时的有效数据通路

表 3-11　j 指令执行时各控制信号取值

指令	RegDst	J	B	Mem2Reg	ALUSrc	RegWr	MemWr	ALUOp[1:0]
j	x	1	x	x	x	0	0	xx

表 3-12　简单指令集中各指令执行时各个控制信号的值

指令	RegDst	J	B	Mem2Reg	ALUSrc	RegWr	MemWr	ALUOp[1:0]
R 型	1	0	0	0	0	1	0	10
lw	0	0	0	1	1	1	0	00
sw	x	0	0	x	1	0	1	00
beq	x	0	1	x	0	0	0	01
j	x	1	x	x	x	0	0	xx

表 3-13　主控制器功能

输　入	输　出							
Op[5:0](Instr[31:26])	RegDst	J	B	Mem2Reg	ALUSrc	RegWr	MemWr	ALUOp[1:0]
000000(R 型)	1	0	0	0	0	1	0	10
100011(lw)	0	0	0	1	1	1	0	00
101011(sw)	x	0	0	x	1	0	1	00
000100(beq)	x	0	1	x	0	0	0	01
000010(j)	x	1	x	x	x	0	0	xx

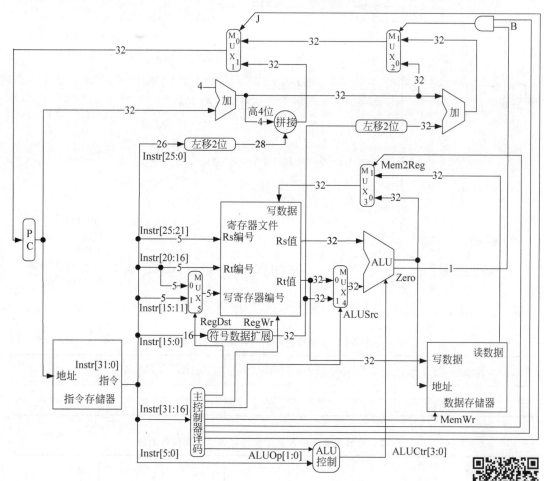

图 3-20　加上控制器的简单指令集 MIPS 微处理器完整框图

3.2.3　简单指令集 MIPS 微处理器典型指令执行过程

本节结合图 3-20 所示简单指令集 MIPS 微处理器完整框图解释典型指令的执行过程。

简单 MIPS 微处理器执行指令前,要求指令预先存储在指令存储器中。假定指令存储器中从地址 0 开始预先存储了如图 3-21 所示汇编指令序列的机器码,且所有通用寄存器初始值与其编号一致,寄存器 PC 的初始值为 0x0,

实践视频

实践视频

数据存储器各个存储单元的初始值都为0。

```
L1: add $ t1, $ t2, $ t3
    sw $ t1, 2( $ t2)
    beq $ t1, $ t2, L1
    j L1
```

图 3-21　指令存储器中预存储机器码对应的汇编指令序列

　　根据以上设定,MIPS 微处理器上电前的初始状态如图 3-22 所示。上电之后,由于 PC 的初始值为 0,首先取出第一条指令 add $ t1, $ t2, $ t3 执行,然后顺序取出第二条指令 sw $ t1, 2($ t2)执行,再次顺序取出第三条指令 beq $ t1, $ t2, L1 执行,该指令为条件跳转指令,因此根据执行时的条件确定是否跳转,若跳转则回到第一条指令;若不跳转则继续取出第四条指令 j L1 执行,该指令为无条件跳转,因此无论如何都跳回到第一条指令,依此周而复始。

　　下面根据简单 MIPS 微处理器的电路框图结构,逐条分析各指令执行时微处理器内部模块及连接线的状态。

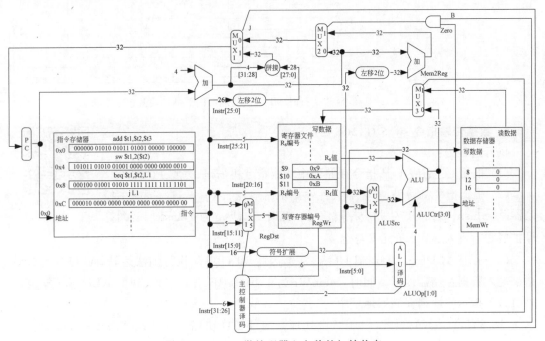

图 3-22　MIPS 微处理器上电前的初始状态

1. R 型指令 add $ t1, $ t2, $ t3

执行过程为:

　　(1) 根据 PC 的初始值 0,从指令存储器中获得指令机器码,并将 PC 加 4。

　　(2) 根据指令机器码,寄存器文件输出 RF[$ t2($ 10)]和 RF[$ t3($ 11)],同时主控制器译码 Instr[31:26]产生相应控制信号。此时 ALUSrc 为 0,RF[$ t3]进入 ALU 参与运算。

　　(3) R 型指令主控制器译码后 ALUOp$_1$ 为 1,ALUOp$_0$ 为 0,ALU 译码单元进一步对指令功能码译码,控制 ALU 单元执行加法运算。此时 Mem2Reg 为 0,且 RegWr 为 1,ALU 运算结果(0x15)保存到 $ t1($ 9)。

add $t1,$t2,$t3 执行时,MIPS 微处理器内部各模块以及连接线状态如图 3-23 所示。下一时钟到来后,PC 为 4,因此顺序执行下一条指令"sw $t1,2($t2)"。

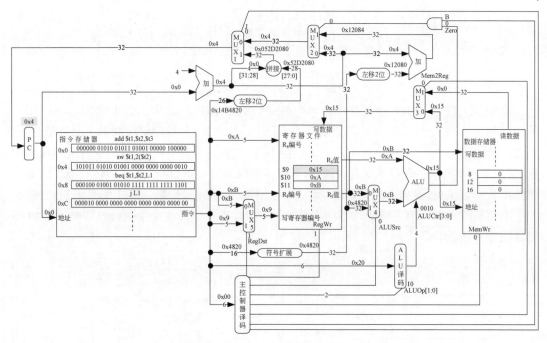

图 3-23　add $t1,$t2,$t3 执行时 MIPS 微处理器内部各模块及连接线状态

2. 数据传输指令 sw $t1,2($t2)

执行过程为:

(1) 根据 PC 的值 4,从指令存储器中获取指令机器码,并将 PC 加 4。

(2) 根据指令机器码,寄存器文件输出 RF[$t2]、RF[$t1],同时主控制器译码 Instr[31:26]产生相应控制信号。此时 ALUSrc 为 1,Instr[15:0]符号扩展之后进入 ALU 单元参与运算。

实践视频

(3) 由于 ALUOp$_1$ 为 0,ALUOp$_0$ 为 0,因此 ALU 单元执行加法运算,ALU 单元计算结果送入数据存储器地址。同时,MemWr 为 1,因此 RF[$t1]写入到由 ALU 单元运算结果(12)所指示的数据存储器地址中。

sw $t1,2($t2)执行时,MIPS 微处理器内部各模块以及连接线状态如图 3-24 所示。下一时钟到来时,PC 为 8,因此顺序执行下一条指令"beq $t1,$t2,L1"。

3. 条件跳转控制指令 beq $t1,$t2,L1

执行过程为:

(1) 根据 PC 的值 8,从指令存储器中获取指令机器码,并将 PC 加 4,同时也将 Instr[15:0]符号扩展并左移 2 位之后与 PC+4 的值相加得到跳转目标地址。

(2) 根据指令机器码,寄存器文件输出 RF[$t1]、RF[$t2],同时主控制器译码 Instr[31:26]产生相应控制信号。此时 ALUSrc 为 0,RF[$t2]送入到 ALU 单元参与运算。

(3) 由于 ALUOp$_1$ 为 0,ALUOp$_0$ 为 1,因此 ALU 单元执行减法运算,并判断结果是否为 0。若为 0 则使 Zero 输出 1,否则输出 0。

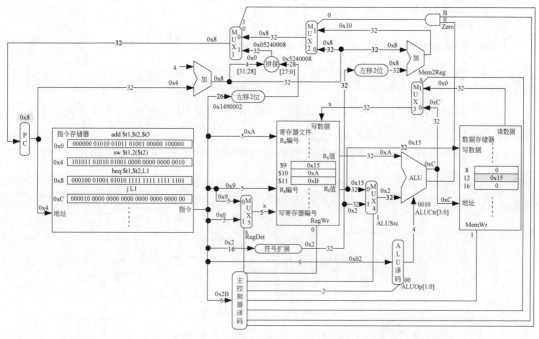

图 3-24 sw ＄t1,2(＄t2)执行时 MIPS 微处理器内部各模块及连接线状态

（4）若 Zero 为 1,则经过与门之后控制复用器(MUX2)选择跳转目标地址赋给 PC,从而实现跳转；若 Zero 为 0,则选择 PC＋4 的值赋给 PC,从而顺序执行程序。

beq ＄t1,＄t2,L1 执行时,MIPS 微处理器内部各模块以及连接线状态如图 3-25 所示。下一时钟到来后,PC 为 0xc,因此顺序执行下一条指令"j L1"。

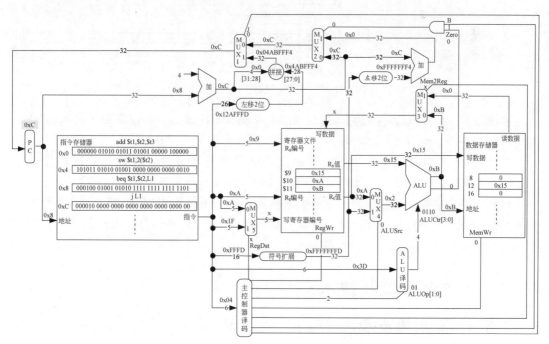

图 3-25 beq ＄t1,＄t2,L1 执行时 MIPS 微处理器内部各模块以及连接线状态

实践视频

4. J 型指令 j L1

执行过程为：

（1）根据 PC 的值 0xc，从指令存储器中获取指令机器码，并将 PC 加 4，同时也将 Instr[25:0] 左移 2 位之后再与 PC+4 的高 4 位合并，形成伪直接跳转目标地址 0x0。

（2）根据指令机器码，主控制器译码指令操作码使得 J 为 1，此时将伪直接跳转目标地址赋给 PC，即直接跳转到 L1 处。

j L1 执行时，MIPS 微处理器内部各模块以及连接线状态如图 3-26 所示。下一时钟到来后，从头开始执行指令。

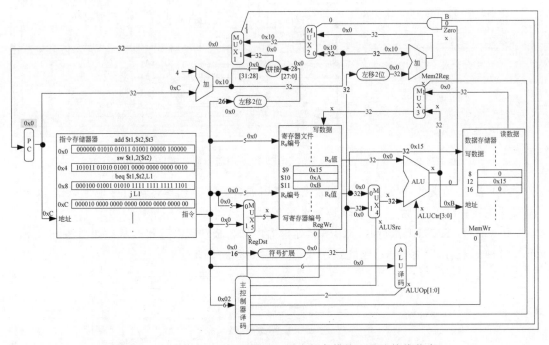

图 3-26　j L1 执行时 MIPS 微处理器内部各模块以及连接线状态

必须注意：不管执行什么指令，数据通路上不受控制的部件一直处于工作状态，如各个地址加法器。指令执行时，有些部件的输出结果没有意义。

至此，阐述了简单指令集 MIPS 微处理器设计的基本原理。现代微处理器比简单 MIPS 微处理器要复杂得多。简单 MIPS 微处理器，指令一条一条地执行，且任何指令都在一个时钟周期内完成。虽然不同指令执行时所需有效数据通路不同，简单 MIPS 微处理器将耗时最长指令的执行时间作为微处理器的最短时钟周期，这种设计方案降低了微处理器的执行效率。

3.3　微处理器新技术

3.3.1　流水线技术

流水线的基本原理是把一个重复的过程分解为若干子过程，前一子过程为下一子过程创造执行条件,每一个子过程可以与其他子过程同时进行。简而言之,就是"功能分解,空间上顺序依次进行,时间上重叠并行"。流水线微处理器就是把一条指令的操作分为若干级,每一级在一个时钟周期完成,微处理器在每个周期发出一条指令。这样,多条指令就可以由微处理器并行执行,每条指令处在不同级。

下面以 MIPS 微处理器为例,简要阐述微处理器流水线技术的实现原理。

从 MIPS 微处理器执行指令的过程可知,指令执行通常可以分为以下 5 个部分:

(1) 从指令存储器中取指令(取指令);

(2) 从寄存器中读取数据的同时,对指令进行译码(指令译码);

(3) 执行指令对应的操作或计算数据存储器地址(运算);

(4) 从数据存储器中存、取数据(存储器操作);

(5) 将结果写入寄存器中(回写结果)。

微处理器指令的执行通常都由这 5 个部分构成,分别把这 5 个部分命名为取指令(IF)、指令译码(DEC)、运算(EXEC)、存储器操作(MEM)、回写结果(WB)。如果将微处理器时钟周期缩短,每个部分利用一个时钟周期完成,那么微处理器执行指令的过程可描述为如图 3-27 所示。

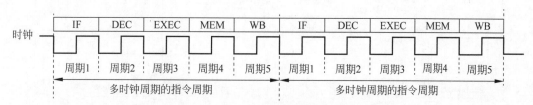

图 3-27　多时钟周期微处理器指令的执行过程

如果微处理器把这 5 个部分设计为相对独立的部件,那么它们可以同时执行对应的工作。即在同一条指令中顺序执行,在不同的指令中并行执行,这就是流水线的基本原理,如图 3-28 所示。流水线具有多少个不同的执行部件,则称这条流水线具有多少级。

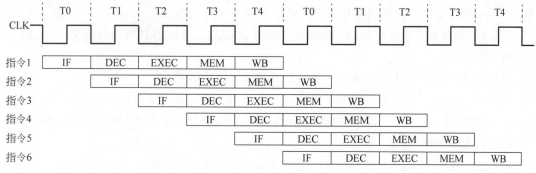

图 3-28　指令流水线执行过程

对比图 3-27 和图 3-28 可以看出,不采用流水线的微处理器在 10 个时钟周期内仅完成 2 条指令,而采用流水线则可以在 10 个时钟周期内完成 6 条指令。

如果流水线的每个部件执行时间相同,那么在流水线结构中,每条指令执行的时间间隔可以表示为

$$指令执行的时间间隔 = \frac{每条指令占有的时钟周期个数}{流水线级数}$$

简单 MIPS 微处理器数据通路若按 5 级流水线重新组织,结构变为如图 3-29 所示。

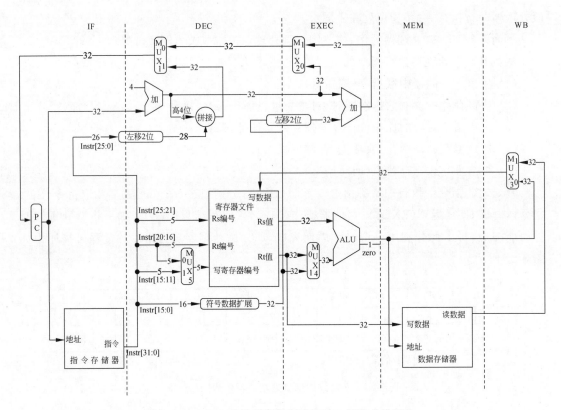

图 3-29　MIPS 微处理器数据通路的 5 级流水线划分

由指令执行过程可知,指令的机器码由流水线的 IF 部件取出来、DEC 部件译码、EXEC 部件计算。因此当 IF 部件取下一条指令时,必须保存上一次取得的指令以供后面的部件使用,也就是说在每两个流水线部件之间必须增加器件实现流水线不同部件之间的接口。虽然在流水线处理器中增加少量的器件就较大幅度地提高了微处理器的执行效率,但是它要处理以下问题。

(1) 结构相关:由于硬件资源不充足而导致流水线不畅通。

(2) 数据相关:由于指令的源操作数依赖其他指令的计算结果而导致读数据不正确。

(3) 转移相关:由于流水线操作导致在转移发生之前,若干条转移指令的后续指令已被取到流水线处理器中。

由于这些问题的存在,流水线并不能从根本上解决微处理器的执行效率问题。

3.3.2　超标量技术

超标量技术是指微处理器内部集成多个 ALU、多个译码器和多条流水线,以并行处理的方式提高性能。采用超标量技术可以提高指令级并行度。这种指令执行的重叠性(使一条流水线畅通)和同时性(多条流水线同时工作)就称为指令级并行。

流水线处理器在每个时钟周期最多发出 1 条指令,而超标量微处理器可以在每个时钟周期发出 1~8 条指令。同时发出的指令必须是不相关的并且不能出现资源冲突。假设微处理器有一个整数部件和一个浮点部件,微处理器至多能发出 2 条指令:一条是整数类型的指令,包括整数运算、存储器访问和转移指令;另一条必须是浮点类型的指令。如果微处理器执行部件足够,则资源冲突可能性会减小。这样的微处理器指令的调度策略是一个需要考虑的问题。为实现指令的调度,通常微处理器中会设计一个指令缓冲区,用来存放等待调度的指令。

3.3.3 多核处理器

多核处理器是一个芯片上集成两个或多个完整的计算引擎(逻辑 CPU 核),片内总线上的多个逻辑处理器核由总线控制器提供所有总线控制信号和命令信号。每个微处理器核实质上都是一个相对简单的单线程微处理器或者比较简单的多线程微处理器,这样多个微处理器就可以并行地执行程序代码,因而具有了较高的线程级并行性。通过在多个执行内核之间划分任务,多核处理器可在特定的时钟周期内执行更多任务。

由于多核处理器采用了相对简单的微处理器作为处理器核心,多核处理器具有高主频、设计和验证周期短、控制逻辑简单、扩展性好、易于实现、功耗低、通信延迟低等优点。此外,多核处理器还能充分利用不同应用的指令级并行和线程级并行,具有较高线程级并行性的应用如商业应用等可以很好地利用这种结构来提高性能。单芯片多处理器已经成为处理器体系结构发展的一种必然趋势。

3.4 微处理器异常处理机制

计算机除了正常执行程序中的指令之外,往往还有一些特殊的情况需要处理,如计算结果产生了溢出、碰到了非正确的机器指令以及外部设备需要进行数据输入、输出等。微处理器往往不能预测这些事件发生的时间,它们不受程序控制。计算机系统把这些事件称为异常(exception)或中断(interrupt)。MIPS 微处理器中的中断特指微处理器外部事件,而 Intel 微处理器将内部异常事件和外部异常事件统称为中断。计算机系统常见异常事件如表 3-14 所示。

表 3-14 计算机系统常见异常事件

异 常 种 类	来源	MIPS 处理器命名
I/O 设备	外部	中断
用户程序唤醒操作系统	内部	异常
计算结果溢出	内部	异常
未定义的指令(非法指令)	内部	异常
硬件出错	两者	异常或中断

微处理器必须提供某种机制处理这类事件,即需具备异常处理机制。异常处理是指计算机在正常执行程序的过程中,由于种种原因,CPU 暂时停止当前程序的执行,而转去处理临时发生的异常事件,并当异常事件处理完毕后,再返回去继续执行暂停程序的过程。也就是说,程序正常执行过程中,意外插入另外一段程序处理异常事件。

微处理器完成异常处理需实现以下功能:

(1) 记录异常事件的类型。

(2) 记录被暂停程序暂停处指令在存储器中的地址,即断点。只有这样,异常事件处理完之后才能继续执行被暂停的程序。

(3) 记录不同异常事件处理程序入口在存储器中的地址。

(4) 建立异常事件与异常处理程序入口地址之间的对应关系。只有建立了这种对应关系,微处理器才能在遇到某个特定异常事件时执行相对应的异常处理程序。

3.4.1　异常事件识别

计算机系统中异常事件种类较多,且不同异常事件处理方式不同。因此微处理器为处理异常事件,首先需要知道异常事件的类型。计算机系统识别异常事件有两种方式:①状态位法,微处理器利用一个特殊功能寄存器对每种异常事件设立一个标志位,当有异常事件发生时,该寄存器中相应的位被置1,因此一个 32 位的寄存器可以表示 32 种不同类型的异常事件;②向量法,不同异常事件具有一个唯一的编码,这个编码称为**中断类型码或异常类型码**。若产生了异常事件,则微处理器可以接收到该异常事件的异常类型码,解码就可以获知异常事件的类型。一个 8 位的寄存器可以表示 256 种不同类型的异常事件。

3.4.2　断点保存和返回

异常事件发生后,CPU 转去处理临时发生的异常事件,处理完毕后,再返回去继续执行暂停的程序。要能够继续执行暂停的程序,需要保存断点。只有这样,才能处理完异常事件之后恢复到被暂停程序的断点处继续执行。

计算机保存断点的方式有两种:①微处理器设置一个特殊寄存器 EPC,当出现异常事件时,将 PC 的值保存到 EPC 中。异常事件处理完之后,再把 EPC 的值赋给 PC,这样就实现了断点的保存和返回。但是如果计算机正在处理异常事件还没有返回,就不能处理再次发生的异常事件,如同仅采用 $ra 保存主程序的返回地址一样。因此为实现异常事件处理的嵌套,微处理器在进入异常处理程序之前需要首先将 EPC 压入栈,然后再保存 PC 到 EPC。②当出现异常事件时,微处理器直接将 PC 压入栈,异常事件处理结束之后,再从栈顶恢复 PC,同样可以实现断点保存和返回,且不用担心异常事件处理的嵌套问题。这种方式断点保存和返回都需要访问栈。

3.4.3　异常处理程序进入方式

不同异常事件具有不同的异常处理程序,这些异常处理程序都必须在异常事件发生之前保存在存储器中,以便异常事件发生时执行相应的处理。异常处理程序的入口地址,称为

异常向量(中断向量)。异常处理程序保存在存储器的位置与微处理器根据异常事件类型码获取异常处理程序的机制相关。

微处理器获取异常处理程序入口地址有以下几种方式:

(1) 微处理器分配一块专门的存储区域保存异常处理程序。每个异常处理程序在这块存储区域分配固定长度的存储空间(如 8 字节或 2 条指令),由于这段存储空间存储的指令不能完成异常事件处理,因此通常在这里设置一条跳转指令跳转到真正的异常处理程序。

当异常事件发生时,硬件电路获取异常类型码 N,微处理器根据异常类型码 N 计算出中断向量。如异常处理程序特定存储区域起始地址为某个常数 Imm,那么根据异常事件类型码 N 获取中断向量的计算式为 $PC=Imm+N×8$,其中 8 为每个异常处理程序分配的固定存储空间大小。

(2) 微处理器仅提供一个异常事件处理程序存放地址,且为某个固定值 Imm,发生异常事件时,都首先转移到该地址执行异常事件处理,该异常处理程序为总异常处理程序。总异常处理程序识别异常事件类型,然后再调用子程序执行异常事件处理。在这种方式下,要求总异常处理程序软件维护一个中断向量表。

当异常事件产生时,微处理器硬件电路只需将 Imm 赋值给 PC,即 $PC=Imm$,进入总异常处理程序,之后的处理流程由软件实现。这种转入总异常处理程序的硬件电路实现简单,但是由于采用软件查询方式识别异常事件,因此进入真正异常处理程序的效率较低。

(3) 微处理器分配一块专门的存储区域保存异常向量(中断向量)。这块保存中断向量的存储区域称为**中断向量表**。由于每个中断向量都是固定长度的(如 4 字节),因此存储中断向量的存储空间大小也是固定的。异常处理程序可以存放在存储器的任意位置,只需把中断向量保存到中断向量表中正确的地址。当异常事件发生时,微处理器查找中断向量表直接进入异常处理程序。

当异常事件发生时,硬件电路获取异常类型码 N,微处理器首先根据异常类型码 N 计算出中断向量在中断向量表中的存储地址,然后再获取中断向量。若中断向量表的起始地址为 Imm,当异常事件发生时,硬件电路获取异常类型码 N,计算出中断向量存储地址 $Addr=Imm+N×4$,然后再将该存储空间中的中断向量赋给 PC,即 $PC=mem[Imm+N×4]$。这种方式硬件电路较复杂,但是进入真正异常处理程序的速度最快。

假设计算机系统产生了 2 号异常事件,3 种不同方式下微处理器进入异常处理程序的过程如图 3-30 所示。方式 1、2 微处理器内部硬件电路直接修改 PC,然后再由软件跳转到特定异常处理程序;方式 3 微处理器内部硬件电路计算出中断向量在中断向量表中的存储地址,然后再将存储在该地址的中断向量赋给 PC,即由微处理器硬件电路直接控制进入特定异常处理程序。方式 3 微处理器内部硬件电路实现复杂,但软件简单,因此 PC 微处理器(如 Intel x86 系列)采用此方式;而嵌入式微处理器(如 MicroBlaze、PIC32MX 系列)通常将方式 1、2 混合使用,即微处理器将异常事件进行两级分类,即大类和子类,各大类异常处理程序进入方式采用方式 1,每个大类下的子异常处理程序进入方式采用方式 2,即由大类异常处理程序识别各个子异常事件,然后再调用相应的异常处理子程序。

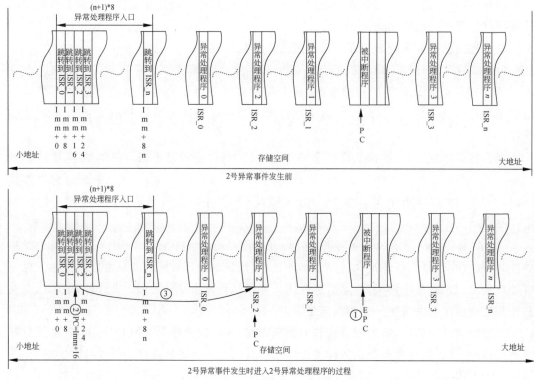

方式1

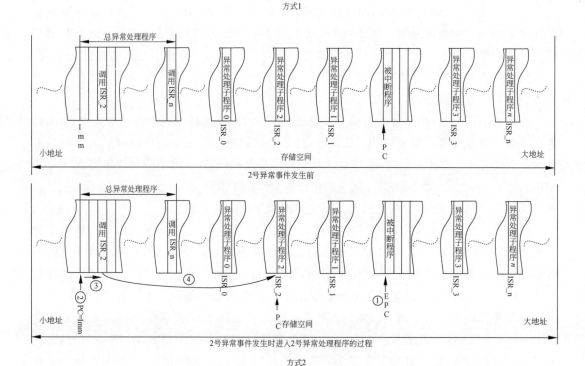

方式2

图 3-30 2号异常事件发生时微处理器 3 种不同方式进入异常处理程序的过程

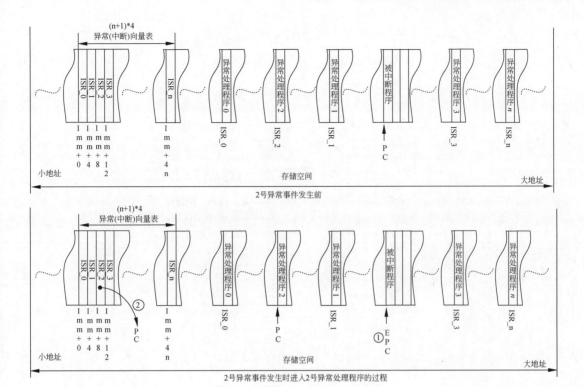

图 3-30 （续）

3.5 微处理器外部接口

3.2 节设计的简单 MIPS 微处理器包含了指令存储器和数据存储器,这样设计只是为了简化微处理器设计。实际上,微处理器内部仅含有少量存储单元,如通用计算机微处理器的片内 cache,嵌入式微处理器的部分指令存储器和数据存储器。也就是说,计算机系统大量的存储单元位于微处理器外部。微处理器与存储器之间的数据交互,必须通过微处理器外部总线。另外,微处理器作为计算核心,处理的数据除了来源于存储器外,还有大量的数据来自计算机外围各种数据采集设备,如鼠标、键盘、麦克风、摄像头等。微处理器也必须通过总线与这些外围设备之间交互数据。即微处理器必须提供总线接口,才能访问外部器件。

3.5.1 Intel x86 微处理器外部接口示例

Intel x86 微处理器的外部接口采用系统总线接口方式,图 3-31 展示了 8088 微处理器的外部引脚。其中,$AD_0 \sim AD_7$ 为 8 位地址、数据复用总线接口,$A_8 \sim A_{19}$ 为高 12 位地址总线,其余引脚除了电源、时钟引脚之外就是控制总线。

图 3-32 是针对 8088 微处理器引脚特点设计的最小组态下系统总线接口电路。ALE 为 CPU 提供的地址锁存信号,当该信号有效时,$AD_0 \sim AD_7$ 及 $A_{16} \sim A_{19}$ 输出地址信号,因此可以利用 3 组锁存器 74xx373 在 ALE 地址锁存使能信号的控制下锁存 CPU 输出的地址

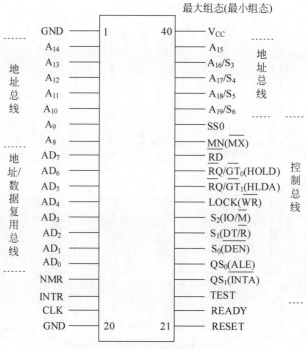

图 3-31　8088 微处理器外部引脚

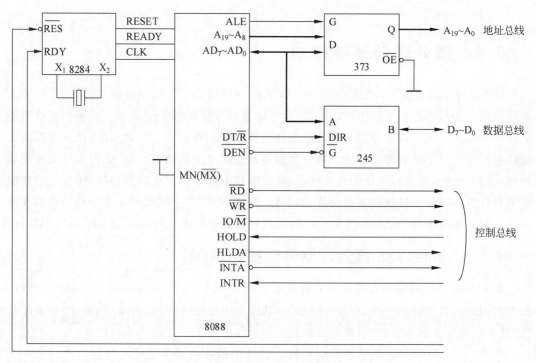

图 3-32　8088 微处理器最小组态系统总线接口电路

信号,从而提供分离的地址总线。DEN 为数据有效信号,当该信号有效时,$AD_0 \sim AD_7$ 传输数据信号,数据的传输方向由 DT/R 引脚指示,可以通过 1 个双向缓冲器 74xx245 在 DEN 以及 DT/R 的控制下分离出数据总线。控制引脚没有复用,直接由 CPU 引脚提供。从图 3-32 可以看出,8088 微处理器工作时,必须外加时钟产生电路 8284 以产生时钟和复位信号。

微型计算机的微处理器外部接口基本上都采用这种总线方式。不同类型的存储芯片或 I/O 设备与微处理器相连时,都可以通过特有的接口电路连接到总线上,一方面为用户设计各种计算机接口电路提供了较大的自由度,另一方面也给用户的接口电路设计增加了难度。

3.5.2 嵌入式微处理器外部接口示例

为降低用户设计接口电路的难度,嵌入式微处理器将大部分常见接口电路都集成到了微控制器内部,因此用户看到的大多数嵌入式微控制器提供的外部接口并非总线方式,而是针对不同输入、输出设备或存储器提供的不同接口。图 3-33 为 32 位 Microchip 嵌入式芯片 PIC32MX5XX/6XX/7XX 系列的内部结构框图。

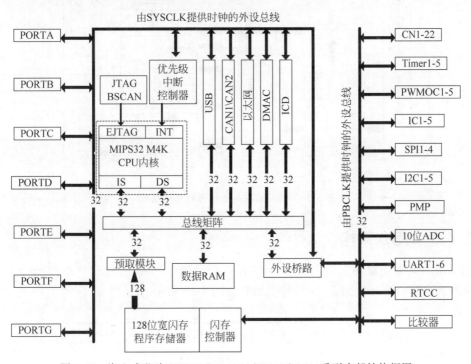

图 3-33 嵌入式芯片 PIC32M×5××/6××/7××系列内部结构框图

从图 3-33 可以看出,这个芯片已经集成了相当多的外部总线或接口,如 USB、CAN、Ethernet、I2C、SPI、UART 等。该芯片已经不再是单纯意义上的微处理器,它是一个微缩的集成计算机硬件系统。微处理器仅是这类嵌入式微控制器的一部分,如图 3-33 虚线框内的 MIPS32 CPU 内核。虽然嵌入式芯片外部引脚结构发生了较大的改变,但是从图 3-33 可以看出,该微控制器的 CPU 仍然是通过统一的总线结构(总线矩阵)与微控制器内各个部件相连。

为便于读者学习计算机工作基本原理,本书中的微处理器指采用统一总线接口方式即三总线方式与外部部件实现数据通信的中央处理器(CPU)。

3.6 MicroBlaze 微处理器简介

MicroBlaze 微处理器是 Xilinx 公司采用硬件描述语言设计的一个软核类 MIPS 指令集微处理器，它支持 32 位数据总线和 32 位地址总线，其基本结构如图 3-34 所示。它包含了简单 MIPS 微处理器的各个部件，并且功能更完善，指令集更复杂。它将指令存储器和数据存储器放在微处理器之外，为实现指令和数据的访问，设计了专门的总线接口部件，由于采用哈佛结构，因此有专门的指令总线接口和数据总线接口。该微处理器可以配置为大字节序或小字节序管理存储器，如采用 PLB 总线为大字节序，采用 AXI 总线为小字节序。支持三级或五级流水线，内部具有可选的指令和数据 cache，同时支持虚拟存储管理。它支持通过 PLB、LMB、AXI 等总线与外围接口或部件相连。

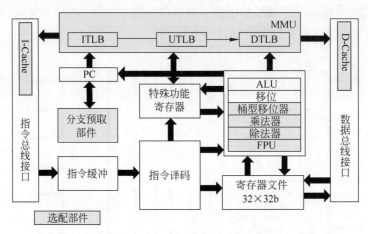

图 3-34 MicroBlaze 微处理器基本结构

3.6.1 指令架构

MicroBlaze 微处理器支持两种指令格式：A 型指令和 B 型指令。A 型指令类似于 MIPS 指令架构中的 R 型指令，A 型指令编码如图 3-35 所示。

0	6	11	16	21………31
操作码	目的寄存器编码	源寄存器 A 编码	源寄存器 B 编码	00000000000

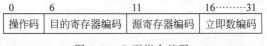

图 3-35 A 型指令编码

B 型指令类似于 MIPS 指令架构中的 I 型指令，B 型指令编码如图 3-36 所示。

0	6	11	16………31
操作码	目的寄存器编码	源寄存器编码	立即数编码

图 3-36 B 型指令编码

MicroBlaze 将 MIPS 指令中的 J 型指令合并到 B 型指令中，此时目的寄存器编码为保存返回地址的寄存器编码，源寄存器编码不再是真正意义的源寄存器编码，各位具体含义如图 3-37 所示。

11	12	13	14	15
D	A	L	0	0

图 3-37　B 型跳转控制指令的源寄存器编码各位含义

其中,D 表示是否延时之后再跳转,1 表示延时数个时钟周期再跳转;0 表示立即跳转。A 表示是否是直接跳转,1 表示指令中的立即数符号扩展后为直接跳转目标地址;0 表示立即数为相对跳转偏移地址,跳转目标地址为 PC+Imm(立即数)。L 表示是否保存返回地址,1 表示保存下一条指令地址到目的寄存器作为返回地址;0 表示不保存返回地址。

3.6.2　寄存器

MicroBlaze 微处理器具有 32 个 32 位通用寄存器,使用规则与 MIPS 微处理器通用寄存器的使用规则基本相同,命名为 R0~R31。其中 R14、R15、R16、R17 又用作异常返回地址寄存器,具体使用规则参考本书中断技术章节相关内容。另外还具有 18 个 32 位特殊功能寄存器,包括 PC、MSR 等。这些特殊功能寄存器根据用户对 MicroBlaze 微处理器的配置决定是否存在。各个特殊功能寄存器的具体含义请读者参考 MicroBlaze 数据手册,本书不再一一介绍。

3.6.3　外部接口

MicroBlaze 微处理器外部接口如图 3-38 所示。它采用哈佛架构,因此具有独立的数据总线接口和指令总线接口。数据总线接口支持高速缓存 AXI 总线主设备接口(M_AXI_DC)、高速缓存 AXI 一致性扩展总线主设备接口(M_ACE_DC)、AXI 外设总线主设备接口(M_AXI_DP)、局部存储器总线接口(DLMB)、16 个 AXI 总线流式主设备接口(M0_AXIS~M15_AXIS)和 16 个 AXI 总线流式从设备接口(S0_AXIS~S15_AXIS);指令总线接口支持高速缓存 AXI 总线主设备接口(M_AXI_IC)、高速缓存 AXI 一致性扩展总线主设备接口(M_ACE_IC)、AXI 外设总线主设备接口(M_AXI_IP)、局部存储器总线接口(ILMB)。MicroBlaze 微处理器具有调试接口(DEBUG)和跟踪接口(TRACE),以便系统开发、调试和测试。同时具备多微处理器同步接口(LOCKSTEP)以便多 CPU 协同工作,以及中断接口(INTERRUPT)以实现与外部设备的中断方式通信。

对比图 3-31、图 3-33 以及图 3-38,不难发现 PC 机的 CPU 与嵌入式微处理器的 CPU 外部引脚接口的差别——嵌入式 CPU 需额外提供调试、测试接口以便程序调试、测试。

3.6.4　最小系统

MicroBlaze 微处理器支持的总线、接口种类众多,构成计算机硬件最小系统时,并不一定需要使用所有总线、接口。MicroBlaze 微处理器构成的嵌入式计算机硬件最小系统结构框图如图 3-39 所示,包括微处理器 (MicroBlaze)、存储器(局部存储器)、总线(AXI 总线)、标准输入/输出接口 UART (Standard Input and Output,STDIO)、调试模块(JTAG BSCAN)以及计算机系统正常工作的时钟、复位模块。

实践视频

由于嵌入式计算机系统常作为其他设备的嵌入模块,因此通常不具备微型计算机系统

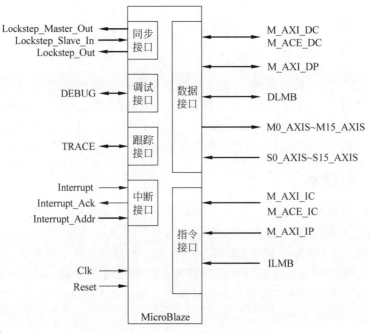

图 3-38　MicroBlaze 微处理器外部接口

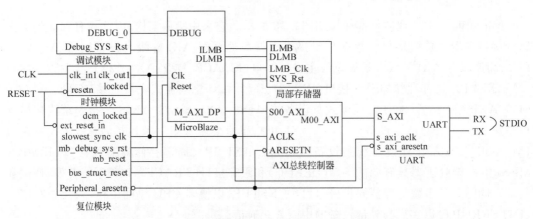

图 3-39　MicroBlaze 微处理器构成的嵌入式最小计算机系统硬件结构框图

所具有的标准 I/O 设备(键盘、鼠标、显示器)。为方便用户调试程序,常将微型计算机的 I/O 设备作为其 I/O 工具。此时由于微型计算机、嵌入式计算机系统分属两个不同的计算机系统,因此必须通过某个接口实现双机通信,嵌入式系统的标准 I/O 通信接口为 UART 串行通信接口。微型计算机系统作为嵌入式计算机系统标准 I/O 设备的连接拓扑如图 3-40 所示。

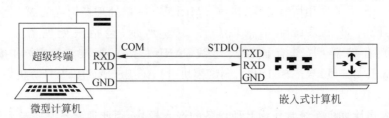

图 3-40　微型计算机系统作为嵌入式计算机系统标准 I/O 设备的连接拓扑

本章小结

微处理器支持的基本操作包括运算、数据传送以及程序控制三类,微处理器通过 ALU、译码器以及寄存器的配合实现以上操作。

简单指令集 MIPS 微处理器数据通路包含寄存器文件、ALU 运算单元、数据存储器、指令存储器、符号数据扩展、移位以及复用器等模块。数据通路上各个部件的控制信号由主控制器以及 ALU 控制器根据指令操作码、功能码译码产生。控制信号产生采用两级译码:第一级根据操作码产生各个模块的写控制信号、复用器的通道选择信号以及 ALU 控制器的编码信号;第二级再根据功能码及 ALU 控制器的编码信号产生 ALU 运算单元的控制信号。

单周期 MIPS 微处理器仅是一个原型微处理器,现代微处理器采用了更复杂的技术,如流水线技术、超标量技术、多核技术等。这些技术可以实现程序的指令级、线程级并行。

微处理器除了在程序的控制下正常执行各类操作之外,还必须支持异常处理。不同微处理采用的异常处理机制不同。无论如何,都必须采取某种方式识别异常事件、保存断点、建立异常事件(中断类型码)与异常处理程序入口地址(中断向量)之间的映射机制。识别异常事件的方法有状态位、中断类型码;保存断点方法有寄存器、栈;进入异常处理程序的方法有分配固定的存储区域保存异常处理程序,为所有异常处理程序提供一个统一的入口,分配固定的存储区域保存异常处理程序入口地址。

微处理器通过总线与计算机系统内其他模块通信,因此微处理器必须具备总线接口。嵌入式微控制器不同于通常意义的微处理器,它集成了微处理器、存储器、接口等。MicroBlaze 微处理器是一个采用硬件描述语言实现的嵌入式类 MIPS 微处理器软核,具有可配置的特点。嵌入式计算机系统通常不支持在系统内编程、调试,因此嵌入式计算机硬件最小系统除了微处理器、存储器之外,还提供调试接口(JTAG BSCAN)以及作为标准 I/O 接口的 UART 接口。

思考与练习

1. 微处理器的三种基本操作分别是什么?
2. 微处理器的基本构成包括哪些部分? 这些部分分别起什么作用?
3. 微处理器的数据通路包括哪些部件? 分别完成什么功能?
4. 试对比分析图 3-1 与图 3-20 微处理器构成的异同。
5. 支持简单指令集 MIPS 微处理器结构如题图 3-1 所示。当该微处理器初始化时,通用寄存器的值与编码一致,数据存储器以字为最小单位且所有存储单元都初始化为 0x5a,PC 寄存器的初始值为 0,指令存储器从地址 0 开始存储如题图 3-2 所示汇编指令段的机器指令。

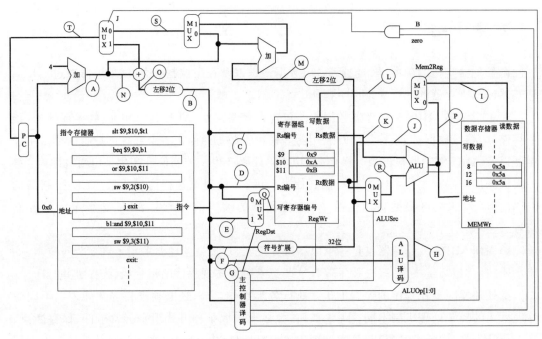

题图 3-1　简单指令集 MIPS 微处理器

```
      slt
$ 9, $ 10, $ 11
      beq $ 9, $ 0,b1
      or
$ 9, $ 10, $ 11
      sw $ 9,2( $ 10)
      j exit
      b1:and
$ 9, $ 10, $ 11
      sw $ 9,3( $ 11)
      exit:
```

题图 3-2　MIPS 汇编程序段

回答以下问题：

（1）完善题图 3-2 中各汇编指令的机器指令（采用二进制表示）。

汇编指令	Op	Rs	Rt	Rd	Shamt	Funct
slt $ 9, $ 10, $ 11	000000				00000	101010
beq $ 9, $ 0,b1	000100					
or $ 9, $ 10, $ 11	000000				00000	100101
sw $ 9,2($ 10)	101011					
j exit	000010					
b1:and $ 9, $ 10, $ 11	000000				00000	100100
sw $ 9,3($ 11)	101011					

（2）指出题图 3-1 中各标注信号线的位宽。

信号线编号	信号线位宽	信号线编号	信号线位宽
A		E	
B		F	
N		G	
O		H	
C		M	
D			

（3）指出题图 3-2 程序段相应指令执行时，题图 3-1 中各标注信号线的值（十六进制表示）。

指　　令	A	B	C	D	E	F	G	R	P	L	K	M	S	T
slt $9,$10,$11														
beq $9,$0,b1														
or $9,$10,$11														
sw $9,2($10)														
j exit														

（4）指出题图 3-2 程序段执行完后，值被修改的寄存器编号及其修改后的值或值被修改的存储单元地址及其修改后的值。

被修改的寄存器编号或存储单元地址	修改后的值

6. 若在简单 MIPS 指令集基础上增加 addiu 指令，图 3-9 所示简单 MIPS 微处理器数据通路构成是否需要修改？若需要修改，如何修改？并基于修改后的数据通路完成 ALU 控制器译码和主控制器译码设计，画出各个译码器的逻辑真值表。

7. 若在简单 MIPS 指令集基础上增加 ori 指令，图 3-9 所示简单 MIPS 微处理器数据通路构成是否需要修改？若需要修改，如何修改？并基于修改后的数据通路完成 ALU 控制器译码和主控制器译码设计，画出各个译码器的逻辑真值表。

8. 简述流水线技术、超标量技术、多核技术的特点。

9. 微处理器识别异常事件的方法有哪些？它们各有什么优缺点？

10. 微处理器保存断点的方法有哪些？它们各有什么优缺点？

11. 微处理器进入异常处理的方法有哪些？它们各有什么优缺点？

12. 阅读 MicroBlaze 数据手册，说明 MSR 寄存器各位的具体含义。

13. 微控制器与微处理器的区别是什么？

14. 嵌入式计算机硬件最小系统包含哪些模块？分别实现什么功能？

15. 嵌入式计算机系统常用的标准输入/输出接口是什么接口？它如何实现嵌入式系统的输入/输出？

## 第 4 章

存 储 系 统

存储器是计算机系统中的记忆装置,用来存放程序和数据。更确切地说,存储器是存放二进制编码信息的硬件装置。本章主要讲解计算机系统中的存储系统构成及存储系统管理策略,包括高速缓存基本原理及读写、替换策略,内存管理策略,以及虚拟存储器技术原理等。

学完本章内容,要求掌握以下知识:

* 计算机系统分级存储系统结构特点;
* 程序访问存储空间的局部性特征;
* 高速缓存管理策略;
* 内存管理策略;
* 虚拟存储器技术原理。

4.1 分级存储系统

计算机系统为解决存储容量与存取速度的矛盾问题,采用了分级结构的存储系统。目前采用较多的是三级存储结构,即高速缓冲存储器(缓存:cache)、内部存储器(内存或主存)和外部存储器。CPU 能直接访问的存储器有缓存和内存。CPU 不能直接访问外部存储器,外部存储器中的信息必须先调入内存才能由 CPU 处理。表 4-1 描述了计算机系统各类存储部件主要性能参数,由此可以看出它们之间大体的层次关系,即随着存储容量的增大访问速度逐一下降。由于存储器的种类与规格型号太多,表中的某些参数无法准确描述,因此只能表示一个大体范围。

表 4-1 各类存储器的层次关系

存储器类型	CPU 寄存器	高速缓存	内部存储器	硬盘等外部存储器
访问速度	ns 级	ns 级	≤50ns	ms 级
	→自左至右速率逐层下降→			
存储容量	→自左至右容量逐层增加→			
	数十数百个	数 KB 至数 MB	数 GB	≥1TB

高速缓存即缓存,是一个高速、小容量的存储器,位于 CPU 和内存之间,速度一般比内存快 5～10 倍。缓存临时存放 CPU 最近在使用的指令和数据,以提高信息的处理速度。缓

存通常采用与 CPU 速度相当的静态随机存储器(SRAM)芯片组成,与内存相比,它存取速度快,但价格高,故容量较小。

内存同微处理器外部总线直接相连,由半导体集成芯片构成,CPU 通过地址总线直接寻址,因此访问速度较高,但存储容量受到限制。内存用来存放计算机运行期间的大量程序和数据,它与缓存交换指令和数据,缓存再和 CPU 打交道。内存多由 MOS 动态随机存储器(DRAM)芯片组成。

外部存储器通过专门的外部设备标准总线与主机连接,同微处理器的外部总线不直接沟通,其数据传输速率较低,能长久保存数据,总的存储容量几乎没有限制。外部存储器主要使用磁盘存储器、光盘存储器以及 Flash 闪存存储器。磁盘存储器包括软盘和硬盘两种类型。光盘存储器有只读光盘、追忆型光盘和可改写型光盘 3 种类型。Flash 闪存存储器主要有 U 盘、SD 卡等。外部存储器是计算机最常用的 I/O 设备,通常用来存放系统程序、大型文件及数据库等。

上述 3 种存储器构成 3 级存储管理,各级职能和要求各不相同。其中缓存主要为获取速度,使存取速度能和微处理器的速度相匹配;外部存储器追求大容量,以满足计算机对存储容量的要求;内存则介于上述两者之间,要求具有适当的容量,能容纳较多的核心软件和用户程序,还要满足系统对速度的要求。

最初的 32 位微型计算机高速缓存在 CPU 片外;目前大多数 CPU 将缓存集成在片内,时钟与 CPU 相同,进一步提高了信息的处理速度,形成速度较片外缓存快、容量较片外缓存小的一级缓存。为更好地管理和改进各项指标,还在 CPU 内建立较多的通用寄存器组,形成速度更快、容量更小的一级;外部存储器也可再分为脱机辅存和联机辅存两级。现代计算机分级存储系统结构如图 4-1 所示。

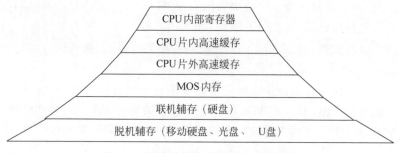

图 4-1　现代计算机分级存储系统结构

4.2　高速缓存

随着 CPU 时钟频率不断提高,CPU 访问低速存储器时不得不等待,这就明显降低了高速 CPU 的效率。为与 CPU 速率相匹配,存储系统需采用高速存储器,但高速存储器成本很高,组成大容量的内存很不经济。而成本较低的存储器虽适宜制作大容量内存,但速度过低。

通过对大量典型程序运行情况分析表明:在一个较短时间间隔内,程序产生的地址往往集中在地址空间很小的范围内。这是因为程序指令连续存储,再加上循环程序段和子程序段重复执行多次。因此,微处理器对内存某些区域地址的访问自然地具有时间上和空间上集中分布的倾向。数据分布的集中倾向虽然不如指令分布明显,但对数组的存储和访问也都可使内存访问地址相对集中。这种对局部范围存储地址频繁访问,而对此范围以外地址较少访问的现象,就形成了程序访问内存的局部性。对同一存储空间重复访问的现象,称为程序访问内存的**时间局部性**;而对相邻存储空间连续访问的现象,则称为程序访问内存的**空间局部性**。

由于程序访问内存空间具有局部性,因此可以在内存和CPU通用寄存器之间设置一种高速且容量相对较小的存储器。当程序执行时,把正在执行指令附近一段连续地址空间的指令或正在存取数据附近的一段连续地址空间的数据从内存调入这个高速存储器,供CPU在一段时间内重复使用,这对提高程序运行速度有很大的作用。这个介于内存和CPU之间的高速小容量存储器称作高速缓存,它在计算机系统中的位置如图4-2所示。高速缓存处于CPU与内存之间,访问速率很高,能够大幅度提高计算机系统的整机性能。

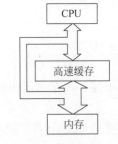

图4-2　高速缓存在计算机系统的位置

高速缓存正是基于程序访问内存的局部性原理,不断地将与当前指令相关联且不太大的指令序列或数据从内存读到缓存并保存,然后再与CPU高速传送,从而达到速度匹配。CPU请求内存数据时,通常先访问缓存。仅当缓存中没有CPU当前所需的指令或数据时才去访问内存。这样CPU大多数存取操作都是访问高速缓存,从而达到既降低成本又提高系统性能的目的。

CPU访问内存时地址总线上输出内存地址,缓存控制器判断该地址是否与缓存中存放数据的地址一致,若一致就称为缓存**命中**(Hit);否则CPU所需的目标数据不在缓存中,这种情况就称为缓存**缺失**(Miss),此时CPU只能到内存中去获取所需的数据。命中时,缓存控制器从缓存中读出数据并传送给CPU,此时不需要等待,能以最高的总线速率传输,内存没有介入其操作。

由于程序的局部性原理不能保证所请求的数据百分之百在缓存中,因此存在命中率的问题。**命中率**定义为CPU任一时刻从缓存中可靠获取数据的概率。命中率越高,快速获取数据的可能性就越大。一般来说,缓存的存储容量比内存的容量小得多,但不能过小,过小会使命中率过低;也没有必要过大,过大不仅会增加成本,而且当容量超过一定值后,命中率随容量的增加不会有明显的增长。只要缓存容量与内存容量在一定范围内保持适当比例的映射关系,缓存的命中率相对较高。一般规定缓存与内存容量比为4∶1000,即128KB缓存可映射32MB内存;256KB缓存可映射64MB内存。这种情况下,缓存命中率都在90%以上。没有命中的数据,CPU直接从内存获取,获取的同时,也把它复制进缓存,以便下次访问。

图4-3所示两个C语言数组访问程序段,由于缓存的存在,当M、N为不同数值时,两个程序段的执行效率有很大的差别。原因在于C语言编译器为数组分配内存空间时采用行优先原则(同一行中元素优先分配存储空间),使得两个程序访问内存的局部性效果不同。程序段A较好地利用了数据访问内存的空间局部性,缓存命中率高,从而执行效率高。

程序段 A

```
sum - array - rows( )
{
int i, j;
short a[M][N];
short sum;
    …
for(i = 0; i < M; i++)
            for(j = 0; j < N; j++)
                    sum = sum + a[i][j];
…
}
```

程序段 B

```
sum - array - cols( )
{
int i, j;
short a[M][N];
short sum;
…
for(j = 0; j < N; j++)
            for(i = 0; i < M; i++)
                    sum = sum + a[i][j];
…
}
```

图 4-3 两个数组访问 C 语言程序段

4.2.1 映射策略

微处理器访问内存数据时给出内存地址,缓存如何判断微处理器要访问的数据是否在缓存中呢? 如果数据存在于缓存中,那么它在缓存中的存放位置如何确定呢? 虽然缓存存储的数据是内存数据的复制,但是缓存存储容量较少,仅能存储部分内存数据,因此需要在缓存存储单元与内存存储单元之间建立某种映射关系,即建立数据在内存中地址与在缓存中地址的对应关系,这样才能准确地确定数据是否在缓存中以及在缓存中的存放地址。

缓存常见地址映射策略有直接映射(Direct Mapped)、全相联(Full Associative)映射与多路组相联(Set Associative)映射。

1. 直接映射

直接映射是一种最简单的映射策略,它通过某种方法将内存中一段连续空间对应映射到缓存一个特定的行中,具体原理如下:

(1) 内存与缓存按照同样大小分行,行大小为 2^n 字节。

(2) 内存容量是缓存容量的整数倍,内存空间按缓存容量分块,内存中每块的行数与缓存的行数相等。

(3) 内存中任意一块中某行的数据存入缓存时只能存入缓存中编号相同的行。

为叙述简便起见,假设一个只有 8 位地址的 CPU,它可以访问 256 字节内存空间,缓存容量为 64 字节,如图 4-4 所示。内存和缓存都以 1 字节为一行,内存容量是缓存的 4 倍,即将内存分为 4 块,因此缓存存入内存数据时,需要记录内存的块号。内存的 0~63 行、64~127 行、128~191 行、192~255 行分别对应到缓存的 0~63 行,也就是说内存每 4 行对应缓存同一行。这样就引出一个问题,即缓存中的内容到底属于内存哪行的复制副本呢? 为此,一个缓存行,除了存储同内存一样的数据外,还要附加存储该数据所属的内存块信息,说明该数据对应内存的哪一块,专业术语称为标志(Tag)。

此时微处理器的 8 位地址分割成为 2 段,低 6 位寻址缓存的 64 行,高 2 位指出该存储单元属于内存的哪块。由于系统上电后存储器的内容是随机的,为了防止误命中,需为每个缓存行配置一个有效位 V。一旦将内存的数据拷入缓存,不仅要将内存块信息写入标志域,还应将有效位置 1,表示该数据确实为内存对应行的副本,一旦命中即可使用。这样每个缓

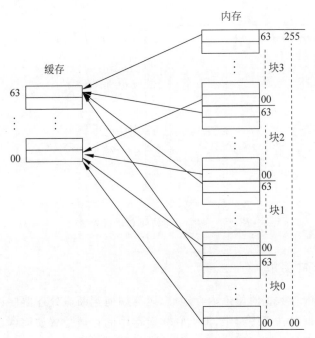

图 4-4   内存与缓存的直接映射关系

存行都有 11 位：1 位有效位、2 位标志、8 位数据。

图 4-5 描述了以上思路设计的缓存。微处理器输出的地址，低 6 位为缓存的行索引值，可以直接找到对应的某个缓存行，读出该行相应的 2 位标志同当前地址高 2 位比较，两者相等时比较器输出 1。若读出的对应有效位也为 1，则与门输出 1，判为缓存命中；与门输出 0，则判为缓存缺失。

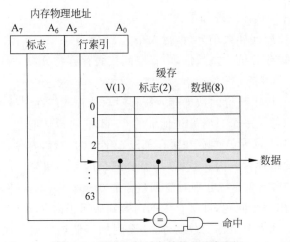

图 4-5   直接映射缓存结构原理框图

计算机系统缓存的一行实际远不只 1 字节，通常为 32 字节或更多。因此需在地址总线中分配一定的位数用来指示缓存行内字节偏移。图 4-6 表示一行具有 4 字节的缓存结构。

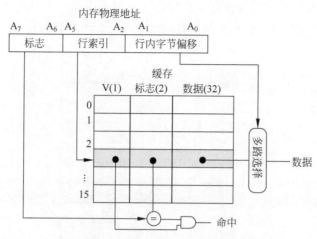

图 4-6 行大小为 4 字节的直接映射缓存结构

例 4.1 已知某计算机系统可访问的物理存储空间大小为 4GB,它具有 2MB 高速缓存,缓存行大小为 128B,采用直接映射策略,试指出该高速缓存行的结构以及缓存控制器如何处理 CPU 给出的物理地址。

解答:物理存储空间大小为 4GB,表明 CPU 给出的物理地址为 32 位。

2MB 高速缓存,缓存行大小为 128B,缓存的行数为 2MB/128B=16K。

物理存储空间按照缓存空间大小分成的块数为 4GB/2MB=2K。

由此可知缓存控制器将物理地址划分为 3 个部分:

行内字节偏移的位数为 $\log_2 128 = 7$,即 $A_6 \sim A_0$;

缓存行索引的位数为 $\log_2 16K = 14$,即 $A_{20} \sim A_7$;

标志的位数为 $\log_2 2K = 11$,即 $A_{31} \sim A_{21}$。

直接映射缓存控制器对物理地址的划分如图 4-7 所示。

缓存行结构如图 4-8 所示,共 16K 行。

标志(块号)	行索引	行内字节偏移

图 4-7 直接映射缓存控制器对物理地址的划分

V(1位)	标志(11位)	数据(128×8位)

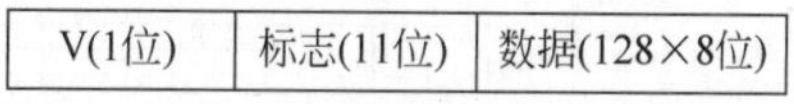

图 4-8 直接映射缓存行结构

由于直接映射策略,内存中某块的一行存入缓存时只能存入缓存中行号相同的位置,因此访问内存时,可直接根据物理地址中的行索引,检查物理地址的块号与缓存行中存储的标志是否相等,访问速度比较快,且硬件电路简单。但当程序频繁访问多个不同块中编号相同的行时,就存在一个问题:需要不停地更换同一缓存行的内容,因此缓存替换操作频繁,命中率比较低。为解决这个问题,设计了另一种地址映射机制——全相联映射。

2. 全相联映射

全相联映射可将内存的一行数据映射到缓存中的任意一行。它具有以下特点:

(1)内存与缓存分成相同大小的行。

(2)内存某一行的数据可以装入缓存中任意一行。

由于内存的行可复制到缓存任意一行(图 4-9),因此内存不再按照缓存容量大小分块,缓存中的标志不再是内存的块号,而是内存按照缓存行大小划分的行号。

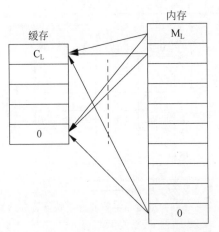

图 4-9 内存与缓存之间的全相联映射关系

全相联映射方式下,缓存控制器如何确认内存的某行数据是否存储到了缓存中的某行呢?由于没有固定的映射关系,因此缓存控制器在获得 CPU 访问内存的物理地址时,必须搜索整个缓存,以确认是否存储了该行数据,基本原理如图 4-10 所示。内存地址分为两个部分:低位为缓存行内字节偏移,高位则对应内存的行编号,即标志。需在缓存中找到缓存行标志与内存地址行编号相同的行,且有效位为 1 时才命中。

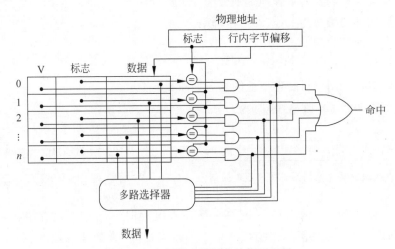

图 4-10 全相联映射缓存结构原理图

例 4.2 已知某计算机系统可访问的物理存储空间大小为 1GB,它具有 1MB 高速缓存,缓存行大小为 256B,采用全相联映射策略,试指出该高速缓存的行结构以及缓存控制器如何处理 CPU 给出的物理地址。

解答:物理存储空间大小为 1GB,表明 CPU 给出的物理地址为 30 位。

1MB 高速缓存,缓存行大小为 256B,缓存的行数为 1MB/256B=4K。

物理内存的行数为 1GB/256B=4M。

可知缓存控制器将物理地址划分为 2 个部分：

行内字节偏移的位数为 $\log_2 256 = 8$，即 $A_7 \sim A_0$；

标志位的位数为 $\log_2 4M = 22$，即 $A_{29} \sim A_8$。

物理地址划分如图 4-11 所示。

缓存行结构如图 4-12 所示，共 4K 行。

A_{29}	A_8 A_7	A_0
标志(行号)	行内字节偏移	

图 4-11　全相联映射缓存控制器对物理地址的划分规则

V(1位)	标志(22位)	数据(256×8位)

图 4-12　全相联映射缓存行结构

这种映射策略由于可以实现内存行到缓存行的任意映射，因此缓存行利用率高，行冲突概率低，命中率高。但 CPU 访问内存时，每次都要比较缓存中所有行标志，使得访问速度低，硬件成本高。因此综合直接映射和全相联映射的优缺点，将全相联与直接映射方式结合，构成多路组相联映射策略。

3. 多路组相联映射

多路组相联映射规则：

（1）内存和缓存按同样大小分行。

（2）内存和缓存按同样大小分块，常为 2^m 行。缓存的块数即为路数。

（3）内存和缓存各块中的行都从 0 开始编号，且缓存各块中编号相同的行构成组，行号即为组号。

（4）当内存数据调入缓存时，数据所处内存块中的行号与缓存的组号应相等，也就是内存各块中的某行只能存入缓存中组号相同的行内，但可以存放到组内任意行。即从内存的行到缓存的组之间采用直接映射方式，在缓存组内采用全相联映射方式。

图 4-13 给出了一个 2 块，每块 4 行的 2 路（way）组相联方式下内存与缓存的映射关系。

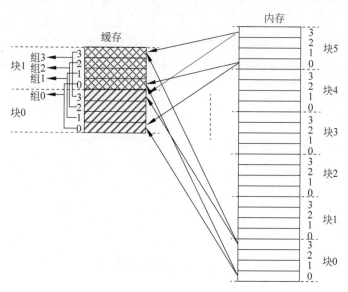

图 4-13　内存与缓存之间的 2 路组相联映像关系

图 4-13 中,缓存共分为 2 路,每路 4 行,因此缓存共 4 组 2 路;内存与缓存同样划分为块,且每块 4 行。内存各块内的行 0 只能映射到缓存的组 0,行 1 只能映像到缓存的组 1,依此类推。由于内存块中的行可以任意映射到缓存中组号相同的各行,因此缓存控制器将内存物理地址划分为以下三部分:内存块号、块内行号及行内字节偏移,如图 4-14 所示。

A_x A_{n+m} A_{n+m-1} A_n A_{n-1} A_0

标志(块号)	组索引(块内行号)	行内字节偏移

图 4-14　组相联映射策略下缓存控制器对物理地址的划分

CPU 在访问内存时,缓存控制器根据块内行号查找缓存中与其行号对应的组,然后再比较该组内各行所保存的标志是否与内存地址中的块号一致,如果有一致的行且该行有效位为 1,则命中。

图 4-15 展示了一个 4 路组相联映射缓存结构,该缓存共分为 4 路,每路 256 行,每行 4 个字节,因此缓存的总容量为 $4 \times 256 \times 4 = 4KB$。CPU 的物理地址为 32 位,物理地址低 2 位寻址缓存行内字节,物理地址中间 8 位作为组索引,剩余高位地址作为缓存行标志。当 CPU 给出内存物理地址时,缓存控制器首先截取物理地址 $A_9 \sim A_2$,找到缓存对应的组,然后将该组中所有 4 路缓存行中的标志输出与物理地址的 $A_{31} \sim A_{10}$ 比较,如果存在相等的行且该行的有效位为 1,则命中;否则缺失。命中时通过多路选择器选择对应路的数据输出。

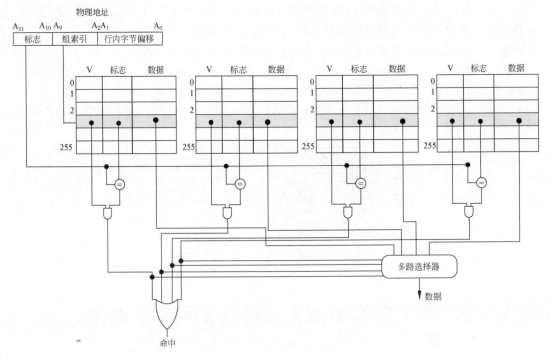

图 4-15　4 路组相联映射缓存结构

组相联映射方式缓存控制器首先采用直接映射——根据内存地址中的组索引直接对应到缓存中的组,再比较组内各行保存的标志是否与物理地址高位一致,从而使得查找仅限定在相应的组内,相比全相联映射方式加快了缓存的访问速度。但是仍然需要查找,因此实现难度比直接映射高,但是行利用率、命中率都比直接映射高。

例 4.3 已知某计算机系统可访问的物理存储空间大小为 4GB,它具有 2MB 高速缓存,缓存行大小为 256B,采用 16 路组相联映射策略,试指出该高速缓存的行结构以及缓存控制器如何处理 CPU 给出的物理地址。

解答:物理存储空间大小为 4GB,表明 CPU 给出的物理地址为 32 位。

2MB 高速缓存,缓存行大小为 256B,缓存的行数为 2MB/256B＝8K。

缓存采用 16 路组相联映射策略,每路的行数(组数)为 8K/16＝512。

物理内存的行数为 4GB/256B＝16M。

物理内存按照缓存每路的行数划分为块,内存的块数为 16M/512＝32K。

可知缓存控制器将物理地址划分为 3 个部分:

用于行内字节偏移的位数为 $\log_2 256＝8$,且为 $A_7 \sim A_0$;

用于组索引的位数为 $\log_2 512＝9$,且为 $A_{16} \sim A_8$;

用于标志位的位数为 $\log_2 32K＝15$,且为 $A_{31} \sim A_{17}$。

物理地址划分如图 4-16 所示。

A_{31}		A_{17}	A_{16}		A_7	A_7		A_0
标志(块号)			组索引(块内行号)			行内字节偏移		

图 4-16　组相联映射缓存控制器对物理地址的划分规则

缓存行结构为图 4-17 所示,共 8K 行。

V(1位)	标志(15位)	数据(256×8位)

图 4-17　组相联映射缓存行结构

下面再分析同样存储容量的缓存,分别采用三种映射策略时,缓存结构构成的变化关系。

例 4.4 已知某 32 位计算机系统可访问的物理内存空间为 4G,具有 256KB 高速缓存,缓存行大小为 128B,试分析该高速缓存分别采用直接映射、全相联以及 16 路组相联映射策略下的行结构、总体结构以及数据存储率。

解答:缓存行大小为 128B,缓存总容量为 256KB,由此可知缓存共有 256KB/128B＝2K 行。

物理地址共 32 位,其中用作行内字节偏移的位数为 $\log_2 128＝7$,即 $A_6 \sim A_0$。

直接映射策略时,用作行索引的位数为 $\log_2 2K＝11$,即 $A_{17} \sim A_7$,标志位为 $A_{31} \sim A_{18}$。

全相联映射策略时,无行索引,所以标志位为 $A_{31} \sim A_7$。

16 路组相联映射策略时,每路的行数(组数)为 2K/16＝128,用作组索引的位数为 $\log_2 128＝7$,即 $A_{13} \sim A_7$,标志位为 $A_{31} \sim A_{14}$。

由此可知直接映射、全相联、16 路组相联映射的缓存行结构如图 4-18 所示。

直接映射、全相联映射、16 路组相联映射的缓存结构分别如图 4-19～图 4-21 所示。

直接映射缓存行结构	V(1 位)	标志(14 位)	数据(128×8位)
全相联缓存行结构	V(1 位)	标志(25 位)	数据(128×8位)
16 路组相联缓存行结构	V(1 位)	标志(18 位)	数据(128×8位)

图 4-18　直接映射、全相联、16 路组相联映射的缓存行结构

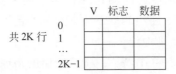

图 4-19　直接映射缓存结构

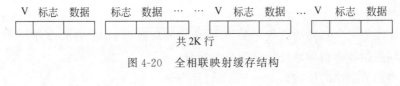

图 4-20　全相联映射缓存结构

图 4-21　16 路组相联映射缓存结构

　　缓存中可存储数据的容量与缓存总容量的比值为缓存的数据存储率。由于缓存每行结构都一样,因此不同映射策略下每一行数据的存储率即为缓存数据存储率。

　　直接映射策略数据存储率: $\dfrac{128\times8}{128\times8+1+14}=\dfrac{1024}{1039}$。

　　全相联映射策略数据存储率: $\dfrac{128\times8}{128\times8+1+25}=\dfrac{1024}{1050}$。

　　组相联映射策略数据存储率: $\dfrac{128\times8}{128\times8+1+18}=\dfrac{1024}{1043}$。

　　由此可知同样总数据容量、同样行大小的缓存,直接映射方式数据存储率最高,全相联映射方式数据存储率最低。

4.2.2　读策略

　　缓存中的数据是内存数据的复制,CPU 没有专门提供读写缓存的指令,因此缓存读/写是 CPU 通过对内存的读/写访问实现的,即缓存读操作实际是 CPU 读内存,缓存写操作实际是 CPU 写内存。但涉及 CPU、缓存与内存三者之间的协调,使得读/写操作复杂化,从而引入了一些新的方法与专业术语。

　　当 CPU 所需的数据或代码不在缓存中(即缺失)时,缓存控制器就必须在内存中读取数据,这段时间较长且需要等待。此时,缓存控制器使"准备好"或类似的信号变为无效,于是 CPU 插入等待时钟周期,缓存控制器访问内存,将所需数据传送给 CPU。

　　每当 CPU 由内存读入数据时,同时还要将该数据复制到缓存。值得注意的是,即使

CPU 仅读一个字节,缓存控制器也总是将内存中包含该字节的一个完整的行复制到缓存中。这种从内存向缓存传送一行数据的操作就称为缓存行填充(Line Fill)。由此可见,缓存的数据是由空到满逐行填充起来的。下面以直接映射缓存策略为例,解释读操作时缓存的变化过程。

例 4.5 某计算机存储系统的高速缓存容量为 64B,采用直接映射缓存策略,按以下方式组织:每行 8 个字节,共 8 行。CPU 具有 32 位地址,可访问 4GB 内存空间。初始时,缓存中没有任何数据,所有行的有效位都为 0。试说明 CPU 按照给定地址 0x13、0x19、0x20、0x24、0x16 顺序读取内存中的字节数据时,缓存的变化过程。

解答:缓存采用直接映射策略,且每行 8 个字节,共 8 行,由此可知物理地址中作为行内字节偏移的位数为 $\log_2 8 = 3$,即物理地址的 $A_2 \sim A_0$ 指示行内偏移;行索引的位数为 $\log_2 8 = 3$,即物理地址的 $A_5 \sim A_3$ 指示映射到的缓存行号;剩余 26 位地址 $A_{31} \sim A_6$ 为内存的块号,作为标志保存在缓存行中。缓存控制器对物理地址的划分以及缓存各行结构分别如图 4-22、图 4-23 所示。

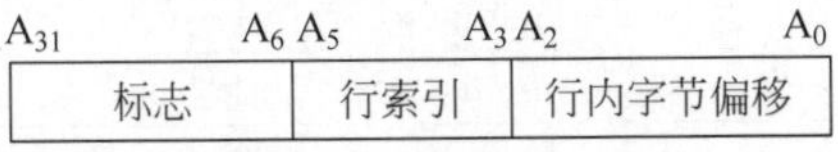

图 4-22 缓存控制器对内存物理地址的划分

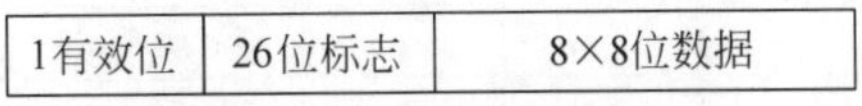

图 4-23 缓存各行的结构

根据缓存控制器物理地址划分规则可知 CPU 访问的各内存地址对应的缓存行如表 4-2 所示。

表 4-2 内存地址对应的缓存行

物理地址	标志($A_{31} \sim A_6$)	缓存行索引($A_5 \sim A_3$)	行内字节偏移($A_2 \sim A_0$)
0x13	0	$(010)_2$	$(011)_2$
0x19	0	$(011)_2$	$(001)_2$
0x20	0	$(100)_2$	$(000)_2$
0x24	0	$(100)_2$	$(100)_2$
0x16	0	$(010)_2$	$(110)_2$

由此可知,CPU 访问的所有内存物理地址都属于内存的同一块,且地址 0x13 与地址 0x16 属于同一行,地址 0x20 与地址 0x24 属于同一行。

当 CPU 读取地址 0x13 的数据时,把属于同一行的所有存储单元数据填充到缓存的 $(010)_2$ 行,即将地址范围为 0x10~0x17 的数据填充入缓存的 $(010)_2$ 行,即第 2 行。

同理,CPU 读取地址为 0x19 的数据时,将内存地址范围为 0x18~0x1F 的数据填充入缓存的 $(011)_2$ 行,即第 3 行。

CPU 读取地址为 0x20 的数据时,将内存地址范围为 0x20~0x27 的数据填充入缓存的 $(100)_2$ 行,即第 4 行。

CPU 按照给定地址顺序读取数据时,缓存操作以及存储映像变化过程如表 4-3 所示。

表 4-3　8 行×8 字节/行的缓存变化过程

读取顺序	缓存操作	缓存各行数据		
		行 2	行 3	行 4
0x13	填充	mem[0x10～0x17]		
0x19	填充	mem[0x10～0x17]	mem[0x18～0x1f]	
0x20	填充	mem[0x10～0x17]	mem[0x18～0x1f]	mem[0x20～0x27]
0x24	命中	mem[0x10～0x17]	mem[0x18～0x1f]	mem[0x20～0x27]
0x16	命中	mem[0x10～0x17]	mem[0x18～0x1f]	mem[0x20～0x27]

缓存最后的存储映像如表 4-4 所示。

表 4-4　8 行×8 字节/行缓存的存储映像

V	标　志	数　据
0		
0		
1	0x0000000	mem[0x10～0x17]
1	0x0000000	mem[0x18～0x1f]
1	0x0000000	mem[0x20～0x27]
0		
0		
0		

若缓存行组织结构变为每行 4 个字节,共 16 行,CPU 读取同一内存地址序列的数据时,缓存变化过程如表 4-5 所示。

表 4-5　16 行×4 字节/行的缓存变化过程

读取顺序	0x13	0x19	0x20	0x24	0x16
缓存操作	填充	填充	填充	填充	填充
缓存各行数据　行 4	mem[0x10～0x13]	mem[0x10～0x13]	mem[0x10～0x13]	mem[0x10～0x13]	mem[0x10～0x13]
行 5					mem[0x14～0x17]
行 6		mem[0x18～0x1b]	mem[0x18～0x1b]	mem[0x18～0x1b]	mem[0x18～0x1b]
行 8			mem[0x20～0x23]	mem[0x20～0x23]	mem[0x20～0x23]
行 9				mem[0x24～0x27]	mem[0x24～0x27]

对比表 4-3 和表 4-5 可知,访问同样的内存地址序列,若缓存行容量过小,导致频繁的行填充操作,整机效率不能明显提高。同样当缓存行容量过大时,填充一行所需的时间较长,而且可能许多数据并不是 CPU 最近所需要的数据,从而造成过大的浪费,也不会使整机效率显著上升。因此必须综合考虑各类因素选择合适的缓存行大小。

4.2.3　写策略

CPU 写数据时,缓存控制器同样会判断内存地址是否在缓存中。如果在,CPU 的数据就会写到缓存中。进一步的内存操作,缓存控制器有以下几种主要策略:透写、回写、配写与不配写。前两种针对缓存命中,后两种针对缓存缺失。

透写(Write Through)是多数缓存采用的一种最简单的办法,CPU 写内存时总是直接向内存中传送数据,相当于 CPU 与内存之间是穿透直通的。在这种策略下,每当缓存命中时,不仅更新相应缓存的内容,而且全部写操作都要切换至内存对其写入。这种方法既写缓存也写内存,自然能保持缓存与内存内容的一致性;但是它的缺点是每次都要写低速的内存而使系统效率降低。也就是说,CPU 写内存时实际上没有发挥缓存的高速缓冲作用,仅当 CPU 读内存时才发挥了缓存的高速缓冲功能。

回写(Write Back)是在缓存命中时只写缓存,而不写内存,仅当缓存数据要被替换时才将数据写到内存。而且只将被修改过的缓存行传给内存,未被修改过的缓存行不必考虑,这才是高效率的方案。因此,缓存行中要增设一个“修改”位标志,若该行被修改则修改位置1,否则为 0。当缓存数据被替换时,若修改位为 0,则直接替换掉;如果修改位为 1,则要先将数据块复制到内存后再替换。这种策略不足之处是:缓存内容与内存内容的一致性短期内可能会受到影响,内存中不一定每时每刻都保存着最新的数据。当其他微处理器或DMA 控制器从这种内存中读取数据时就要考虑这个问题。如果当前数据不是最新的,缓存控制器就要通知对方暂时停止操作,待它将修改过的缓存最新数据拷入内存之后,再启动对方的读操作。这种由缓存向内存传送的复制操作称为缓存刷新(Flush),其本意是用缓存中的最新数据刷新内存,它同行填充的传输方向正好相反。

以上是 CPU 写内存操作时,缓存命中后可采用的两种写策略。下面介绍缓存缺失可采用的写策略,此时有配写与不配写两种策略。

配写(Write Allocate)是 CPU 将数据写到内存后,再由缓存控制器向缓存中复制一个新的缓存行。这里可能引起麻烦,就是写入一行实际上是要替换掉一行,在替换该缓存行之前,如果该行已修改过,则必须先将该缓存行的数据写到对应的内存后,才能被配写复制并替换。这样的来回复制势必使得缓存的操作变得复杂。

不配写(Write No Allocate)策略是在缓存缺失时,CPU 只写内存而不写缓存。

一般情况下,透写策略大多采用不配写法,即命中时既写缓存又写内存,缺失时只写内存而不写缓存;而回写策略大多采用配写法,即命中时只写缓存不写内存,缺失时既写缓存又写内存。

以上是针对 CPU 对本地内存读写操作而言的,当系统中存在其他微处理器或 DMA 控制器时,内存即成为共享存储器。它们之中任何一方对内存都有可能覆盖写入,此时缓存控制器必须通报有关缓存行,它的数据由于内存已被修改而成为无效的了,这种操作就称为缓存失效(Invalidation)。

4.2.4　替换策略

当缓存已经填满后,内存中新的数据还要不断地替换缓存中过时的数据,这就产生了缓存行数据的替换策略。那么应替换哪些缓存行才能提高命中率呢? 理想的替换策略应该使缓存中总是保存着最近将要使用的数据,不用的数据则替换掉,这样才能保证很高的命中率。注意,这里讲的是“将来”,而不是“历史”,因而实现起来就困难了。目前,使用较多的是随机替换、先入先出(FIFO)替换与最近最少使用(LRU)替换 3 种策略。

随机替换是不顾缓存行过去、现在及将来使用的情况而随机地选择某行替换掉,这是一种最简单的办法。FIFO(First In First Out)替换是依据进入缓存行填充的先后次序来替换,先进的被首先替换掉。LRU(Least Recently Used)则替换最近用得不多的行,这是目前最常用的办法。

例 4.6 若 3 个小容量缓存分别采用直接映射、全相联映射、2 路组相联映射缓存方式,每个缓存共有 4 行,每行 8 个字节。初始时缓存为空,所有数据无效。试说明 CPU 顺序访问内存物理地址 0、32、0、48、32 时,每种缓存缺失的次数。

解答: 3 种不同映射策略下的缓存结构分别如图 4-24(a)、(b)、(c)所示。

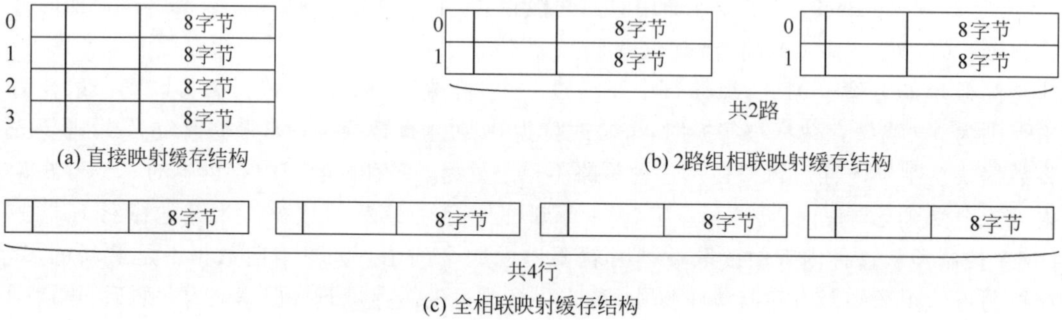

(a) 直接映射缓存结构　　　　　　　　　　　(b) 2路组相联映射缓存结构

(c) 全相联映射缓存结构

图 4-24　三种不同映射策略下的缓存结构

直接映射下 CPU 访问的内存地址与缓存行索引之间的关系为: 行索引 =(内存地址/缓存行大小)%(缓存总行数)。

由此可得到直接映射下各个内存地址对应的行索引如表 4-6 所示。

表 4-6　直接映射下各内存地址对应的缓存行索引

内存地址	缓存行索引	内存地址	缓存行索引
0	(0/8)%4=0	48	(48/8)%4=2
32	(32/8)%4=0		

缓存初始时为空,直接映射下缓存的填充过程为表 4-7 所示。

表 4-7　直接映射下缓存的填充过程

内存地址	缓存操作	缓存各行存储的数据			
		行 0	行 1	行 2	行 3
0	填充	mem[0~7]			
32	替换	mem[32~39]			
0	替换	mem[0~7]			
48	填充	mem[0~7]		mem[48~55]	
32	替换	mem[32~39]			

由此可知,直接映射缓存全部没有命中,共 5 次缺失。

全相联映射缓存 CPU 访问内存时,不需要建立内存地址与缓存行的对应关系。全相联映射缓存的填充过程如表 4-8 所示。

表 4-8　全相联映射缓存的填充过程

内存地址	操作类型	缓存各行存放的数据			
		行 0	行 1	行 2	行 3
0	填充	mem[0～7]			
32	填充	mem[0～7]	mem[32～39]		
0	命中	mem[0～7]	mem[32～39]		
48	填充	mem[0～7]	mem[32～39]	mem[48～55]	
32	命中	mem[0～7]	mem[32～39]	mem[48～55]	

由此可知,全相联映射缓存有 3 次缺失,这是由于采用了 3 个不同的行地址。

2 路组相联映射缓存由于缓存所有行被分为 2 路,因此每一路仅 2 行。由于不同路具有相同的结构,因此每一路的行索引都分别为 0 和 1,索引相同的行构成一组,此缓存共 2 组。

组相联映射缓存下,CPU 访问的内存地址与缓存组索引之间的关系为：组索引＝(内存地址/缓存行大小)％(组数)。

访问的内存地址对应 2 路组相联映射缓存的组索引如表 4-9 所示。

表 4-9　访问的内存地址对应 2 路组相联映射缓存的组索引

内存地址	缓存组索引	内存地址	缓存组索引
0	(0/8)％2＝0	48	(48/8)％2＝0
32	(32/8)％2＝0		

缓存初始化时为空,采用最近最少使用优先替换策略的 2 路组相联映射缓存填充过程如表 4-10 所示。

表 4-10　2 路组相联映射缓存的填充过程

内存地址	缓存操作	缓存各行存放的数据			
		第 1 路		第 2 路	
		行 0	行 1	行 0	行 1
0	填充	mem[0～7]			
32	填充	mem[0～7]		mem[32～39]	
0	命中	mem[0～7]		mem[32～39]	
48	替换	mem[0～7]		mem[48～55]	
32	替换	mem[32～39]		mem[48～55]	

由此可知,2 路组相联映射缓存有 4 次缺失。

由本例可知,不同映射缓存策略,缓存的命中率有很大的差别。

下面再分析一个具体的 C 语言数组访问程序段不同缓存结构对程序访问性能的影响。

例 4.7　已知一容量为 32 字节的缓存,分别采用以下两种结构：①8 行、每行 4 字节;②4 行、每行 8 字节。若图 4-3 所示程序段 A、B,编译器采用行优先内存分配策略为数组 a 分配存储空间,试分析当 M、N 分别为 16、2 时,直接映射缓存策略下两程序段在两种不同缓存结构下的命中率。假设数据 a 的首地址为 32 的整数倍。

解答：缓存结构① 8 行、每行 4 字节。

数组 a[M][N] 为 short 类型，即每个元素 2 个字节，N 为 2，即每行 2 个元素，因此数组 a 一行的元素共 4 个字节，正好对应缓存的一行。因此访问数组任意行 i 的元素时，元素 a[i][0] 缺失，此时缓存控制器将数组行 i 的元素从内存拷入缓存。若下一步访问 a[i][1]，则命中；若下一步访问 a[i+1][0]，则缺失，需再次填充下一行。由于数组有 16 行，而缓存仅 8 行，因此访问 a[8][0] 时，缓存需进行行替换。

由于数据 a 首地址为 32 的整数倍，若设定为 32n，那么 a[i][0] 的地址为 $32n+i\times4$，因此元素 a[i][0~1] 填充到缓存的第 $[(32n+i\times4)/4]\%8=i\%8$ 行。

由此可知程序段 A、B 执行过程中，缓存的填充过程分别如表 4-11、表 4-12 所示。

表 4-11 程序段 A 执行过程中缓存的填充过程

数组元素	操作	缓存数据							
		行 0	行 1	行 2	行 3	行 4	行 5	行 6	行 7
a[0][0]	填充	a[0][0~1]							
a[0][1]	命中	a[0][0~1]							
a[1][0]	填充	a[0][0~1]	a[1][0~1]						
a[1][1]	命中	a[0][0~1]	a[1][0~1]						
…	…	a[0][0~1]	a[1][0~1]						
a[7][0]	填充	a[0][0~1]	a[1][0~1]	…	…	…	…	…	a[7][0~1]
a[7][1]	命中	a[0][0~1]	a[1][0~1]	…	…	…	…	…	a[7][0~1]
a[8][0]	填充	a[8][0~1]	a[1][0~1]	…	…	…	…	…	a[7][0~1]
a[8][1]	命中	a[8][0~1]	a[1][0~1]	…	…	…	…	…	a[7][0~1]
a[9][0]	填充	a[8][0~1]	a[9][0~1]	…	…	…	…	…	a[7][0~1]
a[9][1]	命中	a[8][0~1]	a[9][0~1]	…	…	…	…	…	a[7][0~1]
…	…	a[8][0~1]	a[9][0~1]	…	…	…	…	…	a[7][0~1]
a[14][0]	填充	a[8][0~1]	a[9][0~1]	…	…	…	…	a[14][0~1]	a[7][0~1]
a[14][1]	命中	a[8][0~1]	a[9][0~1]	…	…	…	…	a[14][0~1]	a[7][0~1]
a[15][0]	填充	a[8][0~1]	a[9][0~1]	…	…	…	…	a[14][0~1]	a[15][0~1]
a[15][1]	命中	a[8][0~1]	a[9][0~1]	…	…	…	…	a[14][0~1]	a[15][0~1]

表 4-12 程序段 B 执行过程中缓存的填充过程

数组元素	操作	缓存内容							
		行 0	行 1	行 2	行 3	行 4	行 5	行 6	行 7
a[0][0]	填充	a[0][0~1]							
a[1][0]	填充	a[0][0~1]	a[1][0~1]						
…	填充	a[0][0~1]	a[1][0~1]	…	…	…	…		
a[6][0]	填充	a[0][0~1]	a[1][0~1]	…	…	…	…	a[6][0~1]	
a[7][0]	填充	a[0][0~1]	a[1][0~1]	…	…	…	…	a[6][0~1]	a[7][0~1]
a[8][0]	填充	a[8][0~1]	a[1][0~1]	…	…	…	…	a[6][0~1]	a[7][0~1]
a[9][0]	填充	a[8][0~1]	a[9][0~1]	…	…	…	…	a[6][0~1]	a[7][0~1]
…	填充	a[8][0~1]	a[9][0~1]	…	…	…	…	a[6][0~1]	a[7][0~1]

续表

数组元素	操作	缓存内容							
		行 0	行 1	行 2	行 3	行 4	行 5	行 6	行 7
a[14][0]	填充	a[8][0~1]	a[9][0~1]	…	…	…	…	a[14][0~1]	a[7][0~1]
a[15][0]	填充	a[8][0~1]	a[9][0~1]	…	…	…	…	a[14][0~1]	a[15][0~1]
a[0][1]	填充	a[0][0~1]	a[9][0~1]	…	…	…	…	a[14][0~1]	a[15][0~1]
a[1][1]	填充	a[0][0~1]	a[1][0~1]	…	…	…	…	a[14][0~1]	a[15][0~1]
…	填充	a[0][0~1]	a[1][0~1]	…	…	…	…	a[14][0~1]	a[15][0~1]
a[6][1]	填充	a[0][0~1]	a[1][0~1]	…	…	…	…	a[6][0~1]	a[15][0~1]
a[7][1]	填充	a[0][0~1]	a[1][0~1]	…	…	…	…	a[6][0~1]	a[7][0~1]
a[8][0]	填充	a[8][0~1]	a[1][0~1]	…	…	…	…	a[6][0~1]	a[7][0~1]
a[9][0]	填充	a[8][0~1]	a[9][0~1]	…	…	…	…	a[6][0~1]	a[7][0~1]
…	填充	a[8][0~1]	a[9][0~1]	…	…	…	…	a[6][0~1]	a[7][0~1]
a[14][1]	填充	a[8][0~1]	a[9][0~1]	…	…	…	…	a[14][0~1]	a[7][0~1]
a[15][1]	填充	a[8][0~1]	a[9][0~1]	…	…	…	…	a[14][0~1]	a[15][0~1]

由此得到当 $M=16$、$N=2$ 时程序段 A 的命中率为：50%，程序段 B 的命中率为 0。

缓存结构②4 行、每行 8 字节

缓存每行变为 8 字节，也就说缓存控制器在行填充时一次复制两行元素进入缓存。因此，程序段 A 顺序访问数组中连续两行各列元素时，只有第一个元素缺失，后面三个元素都命中，命中率提高到 75%；而程序段 B 顺序访问数组中连续两行同一列的元素时，第一个元素缺失，但是下一行的元素命中，也就是两行中首行缺失，下一行命中，因此缓存命中率提高到 50%。程序段 A、B 执行过程中缓存的填充过程请读者自行完成。

由以上分析可知，不管是哪种程序访问方式，缓存行增大之后，缓存的命中率都得到了一定程度的提高。但是这种提高是以缓存缺失时行填充时间的增加为代价的。因此，不能笼统地认为增大缓存行的大小，就一定可以提高计算机系统的性能。

4.3 虚拟存储器

内存在计算机中的作用很大，计算机中所有运行的程序都需先保存在内存中，然后才能执行。一方面，如果执行的程序很大或很多，会导致内存消耗殆尽；另一方面，如果多个程序访问内存就很有可能产生内存访问冲突。为解决这个问题，计算机系统采用虚拟存储器技术。虚拟存储器是指利用外部存储器充当内存，保存即将运行的程序。它的基本原理与缓存一致，即将马上要运行的程序或数据保存在内存中，其余部分保存在外存中。如果要访问的指令或数据在内存中，就直接从内存中读取；如果不在内存中，则首先将外存中的指令或数据调入内存，然后再从内存中读取。程序访问的内存地址不再是实际的内存地址，而是一个虚拟地址，由操作系统将这个虚拟地址映射到适当的内存物理地址上。

操作系统将程序的虚拟存储空间和内存物理存储空间划分为相同大小的组，虚拟地址与物理地址都分为两部分：组号和组内偏移地址。

虚拟存储器工作过程包括以下 6 个步骤：

(1) 将程序访问的虚拟地址分为两部分,即虚拟组号 N_V 和组内偏移地址 EA,并对虚拟组号 N_V 进行地址变换,即将虚拟组号 N_V 作为索引,查地址变换表,以确定该组信息是否存储在内存中。

(2) 若该组信息已在内存中,则转而执行步骤(4);如果该组信息不在内存中,则检查内存中是否有空闲组。如果没有,便将某个暂时不用的组调出送往外存。

(3) 从外存读出所要访问的组,并送到内存空闲物理组,然后将那个空闲的物理组号 N_p 根据虚拟组号 N_V 登记在地址变换表中。

(4) 从地址变换表读出与虚拟组号 N_V 对应的物理组号 N_p。

(5) 根据物理组号 N_p 和组内偏移地址 EA 得到物理地址。

(6) 根据物理地址在内存中存取信息。

由此可知,操作系统必须维护一个地址变换表,结构如图 4-25 所示。有效位 V 表示该虚拟组是否已调入内存。

存储空间分组方式取决于内存的管理方式,常见的内存管理方式有分段、分页、段页式 3 种。

图 4-25　虚拟存储器管理地址变换表结构

4.3.1　内存分段管理

内存分段管理的思想是将程序虚拟存储空间中的各个段与内存物理存储空间做一一映射。操作系统保证不同进程的虚拟存储空间被映射到内存物理存储空间中不同区域,这样每个进程最终访问的内存物理存储空间都是彼此分开的。假设有两个进程 A 和 B,进程 A 所需内存大小为 10MB,虚拟存储空间分布在 0x00000000～0x00a00000,进程 B 所需内存为 100MB,虚拟存储空间分布为 0x00000000～0x06400000。按照分段映射方法,进程 A 可映射在物理内存存储空间 0x00100000～0x00b00000,进程 B 可映射物理内存存储空间 0x00c00000～0x07000000。进程 A 和进程 B 分别被映射到了不同的内存存储空间,彼此互不重叠,实现了地址隔离。从应用程序的角度看来,进程 A 的存储空间分布在 0x00000000～0x00a00000,这个地址也称为偏移地址。编程时,程序员只需利用偏移地址访问内存单元即可。应用程序并不关心进程 A 究竟被映射到物理内存的哪块存储空间上。图 4-26 显示了分段方式的内存映射方法。

当程序要访问中某个内存单元时,微处理器将利用该程序映射的内存物理存储空间起始地址(段地址)和程序给出的偏移地址相结合来实现寻址。不同微处理器段的大小以及段地址获取方式不同。如 Intel 微处理器支持两种分段方式:实模式分段和保护模式分段。

Intel 微处理器在实模式下使用 20 位地址寻址 1MB 物理存储空间,8086/8088 仅有 20 位地址 $A_{19} \sim A_0$;80286 使用 24 位地址中的低 20 位 $A_{19} \sim A_0$;80386、80486 和 Pentium 也仅使用 32 位地址中的低 20 位 $A_{19} \sim A_0$。

20 位地址可以寻址 2^{20} 字节(1MB),即内存空间中的低 1MB。1MB 存储空间分为任意数量的段,其中每段最多可寻址 2^{16} 字节(64KB,寄存器为 16 位)。这样,每段就必须开始于一个能被 16 整除的地址(即地址的最低四位为全 0)。段起始地址即段基址高 16 位和偏移地址一样都是 16 位无符号二进制整数,值可为 0x0000～0xffff,故可以将存储空间分为 64K 个段,微处理器通常需设置特殊功能寄存器专门保存段地址。存储空间的分段并不是

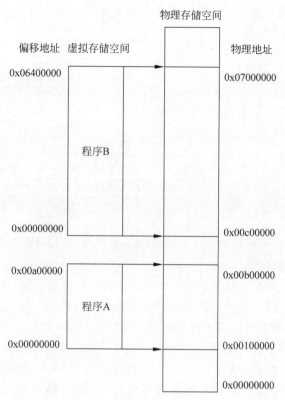

图 4-26　分段方式的内存映射方法

唯一的，它们可以相互重叠。对于一个具体的存储单元来说，它可以属于一个逻辑段，也可以同时属于几个逻辑段。如图 4-27 所示，地址 0x00000～0x0ffff 为一个逻辑段，地址 0x00010～0x1000f 为另一个逻辑段……地址为 0x00020 的存储单元既属于 0x00000～0x0ffff 段，又属于 0x00010～0x1000f 段，同时还属于 0x00020～0x1001f 段。

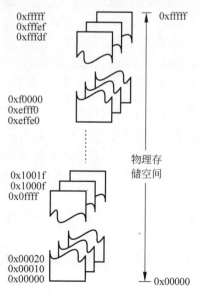

图 4-27　实模式下存储器段的划分

实模式下,内存物理地址采用"段地址×16＋偏移地址"的方式直接获得,如图 4-28 所示。

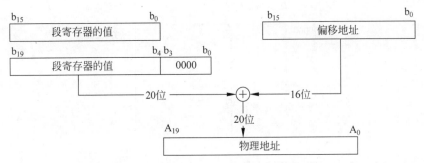

图 4-28　x86 实模式下内存物理地址形成过程

实模式分段管理由于没有规定各个段之间不能重叠,也没有控制段访问权限,因此仍然可能产生访问越界问题。

为解决访问越界问题,计算机系统采用保护模式分段管理。保护模式下,内存段地址不再由段寄存器直接指示,而是通过段描述符指示段的起始地址。段描述符通常还包含段大小限制以及段访问权限说明。图 4-29 列出了 32 位 Intel x86 微处理器段描述符的结构。段描述符由 8 个字节构成,其中字节 7、字节 4、字节 3、字节 2 表示 32 位段地址;字节 6 的低 4 位以及字节 1、字节 0 表示段界限。G 为段界限粒度,当 G＝1 时,段的最大偏移地址需要在 20 位段界限表示的地址范围基础上乘以 4K;当 G＝0,段的最大偏移地址即为 20 位界限表示的地址范围。AV 表示此段是否有效,AV 为 1 有效;AV 为 0 无效。D 表示指令模式,D 为 1 采用 32 位指令模式;D 为 0 采用 16 位指令模式。

字节7	段地址字节3	G	D	0	AV	界限高4位	字节6
字节5	访问权限			段地址字节2			字节4
字节3	段地址字节1			段地址字节0			字节2
字节1	界限字节1			界限字节0			字节0

图 4-29　32 位 Intel x86 微处理器段描述符结构

保护模式下,程序仍然采用偏移地址访问内存单元,但是程序在访问某个具体段时,操作系统将对程序中给出的偏移地址与段界限进行比较,若超过了段界限所表示的范围,则会提示访问越界错误,从而避免一个程序非法访问其他程序的数据区域。

例 4.8　已知某 32 位 Intel x86 微处理器段描述符的值为 0x34d3002312890103,试指出该段描述符对应的段起始地址与结束地址。

解答:Intel x86 微处理器采用小字节序管理存储空间。由此可知该段描述符对应的存储映像如图 4-30 所示。

段基址从高到低的各个字节分别为段描述符的字节 7、字节 4、字节 3、字节 2,因此该段基址为 0x34231289。

字节7	0x34	1	1	0	1	0x3	字节6
字节5	0x00			0x23			字节4
字节3	0x12			0x89			字节2
字节1	0x01			0x03			字节0

图 4-30　0x34d3002312890103 的存储映像

段界限从高位到低位分别为段描述符字节 6 的低 4 位、字节 1、字节 0,因此其值为 0x30103。

段描述符的粒度 G 为 1,因此段界限实际为 0x30103×4K,即 0x30103000。

段结束地址＝起始地址＋段界限－1,因此段的结束地址为:0x34231289＋0x30103000－1＝0x64334289。

保护模式下,操作系统需要在内存中维护段描述符表,段描述符表的起始地址由微处理器的某个特殊功能寄存器或内存中的存储单元保存。程序仍然采用段寄存器和偏移地址寻址内存单元,此时段寄存器的值仅表示段描述符在段描述符表中的索引。微处理器寻址物理内存时,首先利用段寄存器的值读取段描述符表中的段描述符,然后从段描述符中获得段地址,最后利用段地址与偏移地址相加,从而得到内存物理地址,如图 4-31 所示。

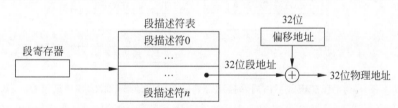

图 4-31　32 位 Intel 微处理器保护模式内存分段管理物理地址形成过程

Intel x86 微处理器支持两种段描述符表:全局描述符表(Global Descriptor Table, GDT)和局部描述符表(Local Descriptor Table,LDT)。GDT 只有一个(一个微处理器对应一个 GDT),GDT 可以被放在内存的任何位置,但 CPU 必须知道 GDT 的基地址。Intel x86 微处理器提供了一个寄存器 GDTR 存放 GDT 的基地址,操作系统将 GDT 设定在内存中某个位置,然后将 GDT 的基地址装入 GDTR。GDTR 中存放 GDT 在内存中的基地址和表界限。GDTR 结构如图 4-32 所示。

保护模式下段寄存器的构成如图 4-33 所示。段寄存器中的 TI 指出段描述符是在 LDT 还是 GDT 中,其他 13 位为 LDT 或 GDT 的表项编号,表示所寻址的段描述符在描述符表的索引,由这个索引再根据存储的描述符表基址就可以找到相应段描述符,然后用段描述符表中的段地址加上偏移地址就可以转换成物理地址。

b_{47}		b_{16} b_{15}	b_0
32位基地址		16位表界限	

b_{15}	b_3	b_2	b_1	b_0
Index		TI		RPL

图 4-32　GDTR 结构　　　　　　　　　图 4-33　段寄存器构成

段寄存器中 TI 只有一位,0 表示段描述符在 GDT 中,1 表示段描述符在 LDT 中。请求特权级(RPL)则代表寻址的特权级,共有 4 个特权级(0 级、1 级、2 级、3 级)。

若段寄存器的 TI 位为 0,表示寻址的段描述符在 GDT 中,此时物理地址的形成过程如图 4-31 所示。

若段寄存器的 TI 位为 1,表示寻址的段描述符在 LDT 中。LDT 的结构与 GDT 类似,但是由于系统中存在多个 LDT,因此 LDT 表基址存放在 GDT 中,由 LDTR 指示 LDT 基址在 GDT 中的表项编号。因此访问 LDT 表之前,操作系统需初始化 LDTR,使其指向正确的 GDT 表项。图 4-34 表示了段寄存器访问 LDT 形成物理地址的过程。

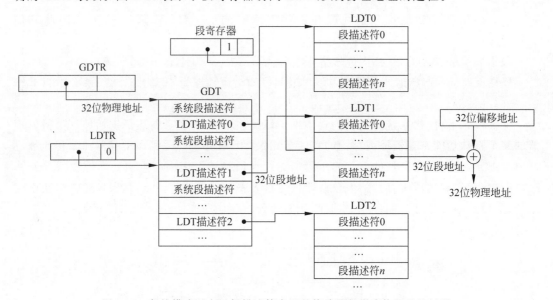

图 4-34　保护模式下由局部描述符表以及偏移地址形成物理地址过程

分段管理,解决了程序地址空间互相重叠以及程序访问地址不确定问题,但并没能解决内存的使用效率问题。分段映射方法中,多个程序需要切换运行时,每次导入/导出内存的都是整个程序段,这种映射方法粒度较粗,会造成大量磁盘访问操作,导致效率低下。实际上,程序运行有局部性特点,在某个时间段内,程序只访问一小部分数据或指令。也就是说,程序的大部分数据或指令在一个时间段内都不会被用到。基于这种情况,人们想到了粒度更小的内存分割和映射方法,即分页。

4.3.2　内存分页管理

分页的基本思想是将地址空间分成许多相同大小的页。页的大小,决定了地址中用于寻址页内存储单元的位数。如页的大小为 4KB,则需要 12 位地址寻址页内存储单元;若页的大小为 1KB,则只需 10 位地址寻址页内存储单元,其余地址位用来寻址页。也就是说,程序给出的地址由两个部分构成:页号和页内偏移。32 位计算机系统若页的大小设置为 4KB,那么用于访问页内偏移的地址为 12 位,剩余的 20 位用来寻址不同的页,这样程序就可以访问 4GB 存储空间(虚拟存储空间),即 1M 个页。实际计算机系统不一定配置 4GB 物理内存,假设仅配置了 1GB 内存空间(物理存储空间),那么需要将 4GB 虚拟存储空间映射到 1GB 物理存储空间。

由于 1GB 物理存储空间仅存在 256K 个物理页（页大小为 4KB），那么虚拟页到物理页的映射就是将虚拟地址的高 20 位映射到物理地址的高 18 位。通常计算机系统通过建立一个页表维护虚拟页到物理页的映射关系，页表中每一项包含物理页号。虚拟页号就是物理页号在页表中的索引，如图 4-35 所示。微处理器专门设置一个保存页表地址的寄存器，利用页表地址寄存器以及虚拟页号就可以在页表中找到对应的物理页号，然后再利用物理页号以及页内偏移就构成了物理地址。不同微处理器以及不同操作系统实现虚拟页号到物理页号的映射方式有所不同。

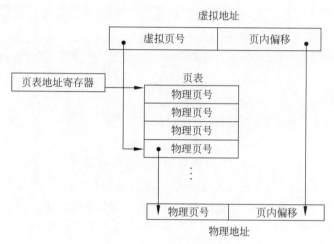

图 4-35　分页管理基本原理

Intel 系列 x86 CPU 支持的页大小可为 4KB 或 4MB，目前 PC 都选择使用 4KB。按这种选择，4GB 虚拟存储空间共分成 1M 个页。为实现整个虚拟存储空间到物理存储空间的映射，程序调入内存时，需由操作系统建立一个含有 1M 个页表项的页表。每个页表项除了保存物理页号之外，还需保存其他信息，通常为 4 个字节。按照这种方式，程序调入内存时，操作系统得分配 4MB 存储空间保存页表，这对于存储容量小的计算机而言，浪费了大量的存储空间。

为节约页表占用的存储空间，计算机系统采用多级页表结构。虚拟存储空间和物理存储空间仍然按照同样大小分页，但是虚拟存储空间将多个页合并为一组实现第一级映射，指明组内各页虚拟地址到物理地址的映射关系由哪个页表管理；第二级再将同一组内各虚拟页通过页表实现虚拟到物理页的映射。这样在计算机系统中需要建立两个表：第一个表实现虚拟存储组到页表的映射，通常称为页目录表；第二个表实现组内虚拟页到物理页的映射，即页表。由于页表保存在内存中，同样分页管理，因此一个页表的容量通常为一个物理页。页表项数与页表项大小之间存在以下关系：

页表项数＝物理页容量/页表项大小

因此，微处理器仅需提供一个特殊功能寄存器保存页目录表基地址，由虚拟地址高位指示页表在页目录表中的索引，虚拟地址中间部分指示物理页在页表中的索引，这样就可以实现虚拟地址到物理地址的映射。由于程序的局部性特征，计算机系统中仅需保存一个页目录表和一个页表，这样大大节约了地址映射表占用的存储空间。

例 4.9　已知计算机系统程序采用 32 位虚拟地址访问存储单元。若该计算机系统实际物理存储空间大小为 1GB,且采用分页管理机制,页大小为 4KB,且每个页表项为 4B。若仅采用一级页表实现虚拟地址到物理地址的映射,试计算页表占用存储空间的大小。若采用两级页表,且将虚拟存储空间中连续 1K 页划分为 1 组,由页目录表存储第二级页表基地址,试计算页目录表和页表占用的存储空间大小。

解答：计算机系统采用分页方式管理内存,虚拟地址分为两个部分,即虚拟页号和页内偏移地址。

程序可访问的虚拟存储空间大小 c_{total_V} 决定虚拟地址的位数 $n_{Addr\_total\_V}$,页大小 c_{Page} 决定页内偏移地址的位数 n_{Addr_Byte},虚拟页的数量 n_{Page_V} 决定寻址虚拟页的地址位数 $n_{Addr\_Page\_V}$,反之亦然。它们之间满足如下关系：

$$c_{total\_V} = c_{Page} \times n_{Page\_V}$$

$$n_{Addr\_total\_V} = \log_2 c_{total\_V}$$

$$n_{Addr\_Byte} = \log_2 c_{Page}$$

$$n_{Addr\_Page\_V} = \log_2 n_{Page\_V}$$

$$n_{Addr\_total\_V} = n_{Addr\_Byte} + n_{Addr\_Page\_V}$$

物理地址同样也由两部分构成：物理页号和页内偏移地址。物理存储空间大小 c_{total_Phy} 决定物理地址位数 $n_{Addr\_total\_Phy}$,页内偏移地址位数与虚拟地址中用作页内偏移地址的位数一致,物理页的数量 n_{Page_Phy} 决定寻址物理页的地址位数 $n_{Addr\_Page\_Phy}$。由于物理存储空间大小 c_{total_Phy} 与虚拟存储空间大小 c_{total_V} 不一定一致,因此寻址物理页号的地址位数 $n_{Addr\_Page\_Phy}$ 与寻址虚拟页号的地址位数 $n_{Addr\_Page\_V}$ 也不一定一致。物理地址的构成与物理存储空间的大小同样存在以下关系：

$$c_{total\_Phy} = c_{Page} \times n_{Page\_Phy}$$

$$n_{Addr\_total\_Phy} = \log_2 c_{total\_Phy}$$

$$n_{Addr\_Page\_Phy} = \log_2 n_{Page\_Phy}$$

$$n_{Addr\_total\_Phy} = n_{Addr\_Byte} + n_{Addr\_Page\_Phy}$$

该计算机系统内存页大小为 4KB,由此可知用于寻址页内偏移地址的位数为：$\log_2 4K = 12$ 位。

虚拟地址为 32 位,因此用于寻址虚拟页号的地址位数为：$32-12=20$ 位,这表明程序可访问的虚拟页数为 1M 页。

物理存储空间为 1GB,由此可知有效物理地址共 $\log_2 1G = 30$ 位,因此用于寻址物理地址页号的地址位数为：$30-12=18$ 位。

由以上分析可知,该计算机系统虚拟地址与物理地址的构成分别如图 4-36、图 4-37 所示。

b_{31}		b_{12} b_{11}		b_0
虚拟页号			页内字节偏移	

图 4-36　分页管理虚拟地址的构成

b_{29}		b_{12} b_{11}		b_0
物理页号			页内字节偏移	

图 4-37　分页管理物理地址的构成

若采用一级页表,程序装入内存时需建立 1M 个页表项,每个页表项为 4B,由此可知采用一级页表,该页表需占用 $1M \times 4B = 4MB$ 存储空间。

若虚拟存储空间不仅分页,同时还将多个连续的虚拟页例如连续 1K 页划分为 1 个虚拟存储组,由此可知该计算机系统的虚拟存储组数为:$1M \div 1K = 1K$。物理存储空间仍然仅采用分页管理,即同一虚拟组中的各个虚拟页独立映射到不同物理页,因此每个虚拟存储组都需要维护一个页表建立虚拟页到物理页的映射。由于存在 1K 个虚拟存储组,因此共 1K 个页表,同时计算机系统还需维护另一个表(页目录表)建立 1K 个虚拟存储组到 1K 个页表的映射。

由此可知,该计算机系统页目录表有 1K 项(虚拟组数),页表也有 1K 项(每组的虚拟页数)。页表在内存中同样是分页管理,因此无论页表还是页目录表,表项结构都一样。页目录表中的表项通常称为**页表描述符**,它指示页表所在的物理页。页表中的表项通常称为**页描述符**,它指示程序的指令或数据所在的物理页。

无论是页目录表还是页表的表项都是 4B。由此得到页目录表、页表占用存储空间的大小都为 $1K \times 4B = 4KB$。操作系统仅需维护一个页目标表(4KB)和一个页表(4KB)。也就是,说采用二级页表时,页目录表和页表共占用 8KB 存储空间,相比一级页表的 4MB 存储空间大大减少了。

采用二级页表虽然明显减少了页表占用的存储空间,但是形成物理地址时需两次查表。

Intel x86 微处理器采用两级分页管理机制,由页目录表地址寄存器保存页目录表所在物理页。操作系统装载程序时在内存中建立页表和页目录表,分别存储程序访问的虚拟页以及页表对应的物理页号。操作系统将虚拟地址分成 3 个部分,如图 4-38 所示。$A_{11} \sim A_0$ 为页内偏移地址,寻址页内存储单元;$A_{21} \sim A_{12}$ 为页表索引,表示所属虚拟存储组内的虚拟页号,寻址页表存储的页描述符;$A_{31} \sim A_{22}$ 为页目录索引,表示所属虚拟存储组,寻址页目录表存储的页表描述符。

页描述符和页表描述符结构如图 4-39 所示,其中高 20 位表示物理页号,其余位表示页属性。属性位的含义与虚拟存储器管理策略相关,本书不作讨论。

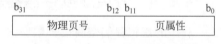

图 4-38　x86 微处理器两级分页管理机制虚拟地址的构成　　图 4-39　页描述符、页表描述符结构

二级分页管理机制下虚拟地址形成物理地址的过程如图 4-40 所示。微处理器根据程序给出的 32 位虚拟地址,首先将虚拟地址的页目录索引 $A_{31} \sim A_{22}$ 左移 2 位构成页目录表所在物理页的 12 位页内偏移地址,与页目录表地址寄存器中保存的页目录表所在物理页基地址(寄存器高 20 位)合并形成页表描述符在页目录表中的物理地址,读取该地址中的页表描述符,从而获得页表所在的物理页基地址(页表描述符高 20 位);然后将虚拟地址的页表索引 $A_{21} \sim A_{12}$ 左移 2 位构成页表所在物理页的 12 位偏移地址,再与所在物理页基地址合并形成页描述符在页表中的物理地址,读取该地址中的页描述符,从而获得虚拟地址对应的物理页基地址(页描述符高 20 位);最后再将虚拟地址的页内偏移地址(低 12 位)与物理页基地址合并,得到虚拟地址对应的物理地址。

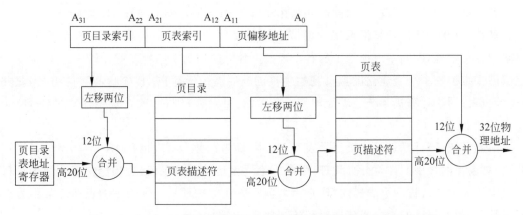

图 4-40　Intel x86 微处理器两级分页管理机制下物理地址的形成过程

4.3.3　内存段页式管理

段页式管理是分段管理和分页管理相结合的产物。每个程序先按程序逻辑结构分段，每段再按照物理页大小分页。程序访问内存时给出的偏移地址(逻辑地址)先经过分段管理部件转换为虚拟地址，然后再经过分页管理部件转换为物理地址。这种管理方式兼备分页和分段的优点，缺点是在映射过程中需多次查表，如图 4-41 所示。

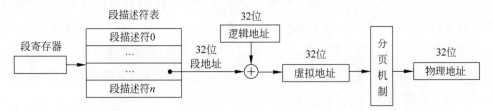

图 4-41　段页式管理方式偏移地址到物理地址的转换过程

4.3.4　分页虚拟存储器管理

程序的虚拟存储空间按页顺序编号，通过调度，外部存储器中程序的各页可独立装入内存中的物理页，并根据页表一一对应检索，如图 4-42 所示，没有装入内存的各个虚拟页，保存在以页为单位的外部存储器中。页表项中的有效位 V 表示该页是否在内存中，有效位 V 为 1 表示该页在内存中；有效位为 0 表示该页在虚拟存储器中。程序给出虚拟地址，微处理器把虚拟地址分为虚拟页号和页内地址两部分，通过虚拟页号作为索引查询页表，从而确定该页是否已调入内存及其对应的物理页。

下面通过一个可执行文件的装载过程说明 32 位计算机系统基于内存分页管理方式的虚拟存储器管理过程。

一个可执行文件就是编译链接好的数据和指令集合，它被分成很多页。文件执行过程中，它往内存中装载的单位是页。当一个可执行文件被执行时，操作系统先为该程序创建一个 4GB 的虚拟存储空间，并利用一种映射机制将虚拟存储空间映射到物理存储空间。所以，创建 4GB 虚拟存储空间其实并不是要真的分配物理存储空间，只是创建映射机制所需要的数据结构，这种数据结构就是页表。

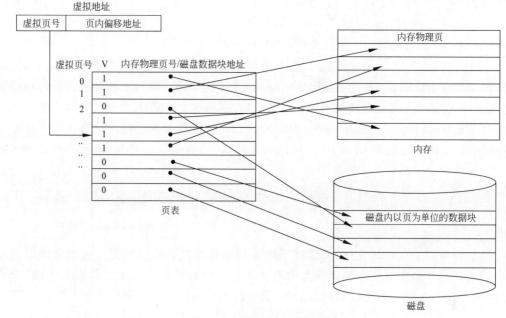

图 4-42　虚拟存储器管理原理

　　当创建完虚拟地址空间所需要的数据结构后，装载程序开始读取可执行文件的第一页。可执行文件的第一页包含了可执行文件头和段表等信息，装载程序根据文件头和段表等信息，将可执行文件所有段一一映射到虚拟地址空间中相应的页（可执行文件中段的长度都是页的整数倍）。这时可执行文件的真正指令和数据还没有装入内存，操作系统只是根据可执行文件的头部等信息建立了可执行文件的页表，且此时页表中的所有表项都无效。当程序访问某个虚拟地址时，若发现页表中该地址对应的虚拟页没有关联的物理页，CPU认为该虚拟地址所在的页是个空页，即页访问异常（Page Fault），这说明操作系统还未给该可执行程序分配内存，CPU产生页访问异常，将控制权交还给操作系统。操作系统于是为该可执行程序在物理空间分配一个页，然后再将这个物理页与虚拟空间中的虚拟页映射起来，最后将控制权再还给可执行程序，可执行程序从刚才发生页访问异常的位置重新开始执行。由于此时已为可执行文件的那个虚拟页分配了物理页，所以就不会发生页错误了。随着程序的执行，不断地产生页访问异常，操作系统不断地为可执行程序分配相应的物理页满足程序执行的需求。

　　也就是说，当可执行文件执行到第 x 页时，操作系统就为第 x 页分配一个物理页 y，然后再将这个物理页号添加到可执行程序虚拟地址空间的映射表中，这个映射表就相当于一个 $y=f(x)$ 的函数。应用程序通过这个映射表就可以访问到 x 页关联的 y 页了。

　　页式调度的优点是页内零头小，页表对程序员来说是透明的，地址变换快，调入操作简单；缺点是各页不是程序的独立模块，不便于实现程序和数据的保护。

　　段式调度按程序的逻辑结构划分地址空间，段的长度随意，并且允许伸长。操作系统装载一个可执行文件时，为这个程序建立段描述符表，利用段描述符表建立逻辑段与物理内存段之间的对应关系，同时也需要一个有效位来表示该段是否在内存中。它的优点是消除了内存零头，易于实现存储保护，便于程序动态装载；缺点是调入操作复杂。将页式调度与段式调度这两种方法结合起来便构成段页式调度。在段页式调度中把物理空间分成页,程序按模块分段,每个段再分成与物理空间页同样大小的页。段页式调度综合了段式调度和页式调度的优点;缺点是增加了硬件成本,软件也较复杂。

采用虚拟存储器技术的计算机系统,微处理器访问内存时,需首先在内存中查找虚拟地址到物理地址的映射表,然后才能形成内存单元的物理地址,最后才能访问实际的内存数据。这种方式降低了微处理器访问内存的效率,为弥补这个缺陷,微处理器在缓存中建立地址映射表缓冲区(Translate Lookaside Buffer,TLB)。TLB 表保存程序最近使用的虚拟地址到物理地址的映射关系,减少 CPU 访问页表的次数,从而提高 CPU 访问内存数据的效率。TLB 的管理策略与高速缓存基本一致,唯一不同之处在于 CPU 访问页表不具有局部性特征,因此 TLB 缓存页表项时逐项缓存。若内存采用分页管理方式,则采用全相联映射策略的 TLB 表行结构如图 4-43 所示。

V	虚拟页号	物理页号

图 4-43 TLB 表行结构

TLB 表相当于页表的缓存,加速虚拟地址到物理地址的转换过程。全相联映射策略 TLB 表查找以及命中时将虚拟转换为物理地址的过程如图 4-44 所示。若缺失,CPU 查找页表,并将相应的页表项填充到 TLB 表中,其替换策略与缓存替换策略完全一致。

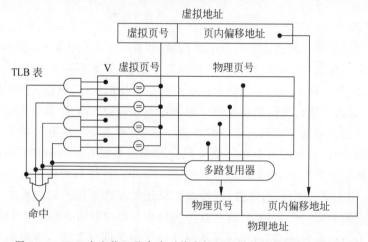

图 4-44 TLB 表查找以及命中时将虚拟地址转换为物理地址的过程

虚拟存储器技术内存充当 CPU 与外存之间中的缓存。它不仅仅需要使用硬件 MMU(Memory Management Unit)存储和管理 TLB,还需操作系统配合,以实现内存与外部虚拟存储器之间数据页的调度。由于篇幅有效,本书不涉及页调度策略。

4.4 存储系统分级协同

计算机分级存储系统各级之间关系如图 4-45 所示,高速缓存存储 TLB 表、程序最近访问的少量数据、指令等;内存存储页表、程序的部分指令、数据等;外部存储器存储程序的所有指令和数据。

程序运行过程中,CPU 获取指令或数据的流程可描述为:

(1) 根据程序指令给出的虚拟地址以及内存分页大小设置,得到虚拟地址对应的虚拟

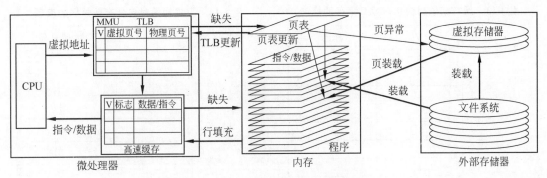

图 4-45 分级存储系统各级之间关系

页号。

(2) 利用虚拟页号查找缓存中的 TLB 表项。若虚拟页号不在 TLB 表中(缺失),进入步骤(3);否则进入步骤(6)。

(3) 根据虚拟页号查找内存中存储的页表。若虚拟页号对应的页表项无效,产生页访问异常,进入步骤(4);否则进入步骤(5)。

(4) CPU 接收到页访问异常,进入操作系统页访问异常处理流程:为程序当前访问的虚拟页分配物理内存页,并将虚拟存储器中对应的信息装载到物理内存页,更新页表。然后退出异常处理,返回到之前执行的程序,继续步骤(1)。

(5) 根据页表返回的物理页号以及虚拟地址中的虚拟页号更新 TLB 表,返回步骤(2)。

(6) 将 TLB 表中的物理页号以及虚拟地址中的页内偏移地址合并形成物理地址。

(7) 根据物理地址查找指令(或数据)高速缓存,若缺失,进入步骤(8);否则进入步骤(9)。

(8) 将物理地址对应的内存行根据映射策略填充(或替换)到高速缓存对应的行。

(9) 从缓存中获取对应的指令(或数据)。

下面通过一个具体的例子,解释分级存储系统在不同情况下 CPU 获取有效数据的过程。

例 4.10 已知某 32 位计算机系统采用分级存储系统,内存容量为 1GB,采用分页管理,每页 4KB;缓存容量 3MB,采用 6 路组相联映射,每行 128B,缓存初始时包含有效数据的行如表 4-13 所示,其余行的有效位 V 都为 0。该计算机系统采用虚拟存储器技术,由一级页表实现虚拟地址到物理地址的映射,页表初始时包含有效数据的表项如表 4-14 所示;系统具有 TLB 表,共 4 行,且 TLB 表初始数据如表 4-15 所示。

(1) 试分别说明缓存、页表、TLB 表各个域的位宽以及缓存控制器、TLB 表控制器分别如何处理接收到的物理地址和虚拟地址。

(2) 程序运行时,操作系统仅可将内存中的第 5、8、10、12 页分配给程序所用,按照物理页号从小到大的顺序依次给程序分配存储空间。若程序顺序访问虚拟地址 8297、1236、32780、32890,试说明 CPU 获取上述地址中数据的过程以及 TLB 表、页表、缓存在 CPU 访问数据过程中的状态和可能发生的变化。

表 4-13　缓存初始时包含有效数据行的标志

行号	V	标志
0	1	0
……	0	0
4	1	1
……	0	0
8	1	4
……	0	0
12	1	2
……	0	0
16	1	3
……	0	0

表 4-14　页表初始时包含有效数据的表项

表项序号	V	物理页号
0	1	2
……	0	0
3	1	4
……	0	0
6	1	3
……	0	0
9	1	1536
……	0	0

表 4-15　TLB 表初始状态

V	虚拟页号	物理页号
1	0	384
1	3	4
1	6	3
0	0	0

解答：(1) 缓存数据容量 3MB，采用 6 路组相联映射，每行 128B，由此可知：

缓存总行数＝缓存数据容量÷行大小＝3MB÷128B＝$3 \times 2^{20} \div 2^7 = 3 \times 2^{13}$ 行＝24K 行

每路的行数＝缓存总行数÷路数＝24K 行÷6 路＝4K 行/路＝4K 组

内存容量为 1GB，按照缓存行的大小划分为行，以及缓存路的大小划分为数据块，由此可知：

物理内存的数据块数＝内存容量÷行大小÷每路的行数＝1GB÷128B÷4K

$$＝2^{30} \div 2^7 \div 2^{12} = 2^{11} = 2\text{K 块}$$

缓存 6 路组相联映射策略下，

标志的位数＝$\log_2$ 物理内存的块数＝$\log_2 2\text{K} = 11$

数据的位数＝$128 \times 8 = 1024$

因此缓存行结构中各个域的位宽如图 4-46 所示。

缓存控制器在 6 路组相联映射策略下将物理地址划分为三部分：标志（内存块号）、组索引（内存块内行号）、行内字节偏移。

标志的位数与缓存中行标志位数一致，为 11 位。

组索引的位数＝$\log_2$ 缓存的组数＝$\log_2 4\text{K} = 12$

行内字节偏移的位数＝$\log_2$ 缓存的行大小＝$\log_2 128 = 7$

由此得到缓存控制器对物理地址的划分方式如图 4-47 所示。

V	标志	数据
1b	11b	1024b

图 4-46　组相联映射策略下缓存各个域的位宽

A_{29}　　　　　A_{19}	A_{18}　　　　A_7	A_6　　　　　　　A_0
标志	组索引	行内字节偏移

图 4-47　缓存控制器对物理地址的划分方式

32位计算机物理内存容量为1GB,内存分页管理,每页4KB,由此可知,分页管理方式下,

$$寻址页内字节偏移的地址位宽＝\log_2 4K＝12$$

$$物理内存页数＝物理内存容量÷页大小＝1GB÷4KB＝256K$$

$$寻址物理内存页的地址位宽＝\log_2 256K＝18$$

$$寻址虚拟内存页的地址位宽＝32-12＝20$$

因此页表各个域的位宽为图4-48所示。

根据以上分析可知,TLB表各个域的位宽如图4-49所示。

TLB表将接收到的虚拟地址分为两部分:虚拟页号和页内字节偏移,如图4-50所示。

V	物理页号
1b	18b

图4-48 页表各个域的位宽

V	虚拟页号	物理页号
1b	20b	18b

图4-49 TLB表各个域的位宽

A_{31}	A_{12}	A_{11}	A_0
虚拟页号		页内字节偏移	

图4-50 TLB表对虚拟地址的划分

(2) 程序访问的虚拟地址与虚拟页号之间的对应关系为

$$虚拟页号＝虚拟地址÷页大小$$

因此虚拟地址序列对应的虚拟页号如图4-51所示。

程序访问虚拟地址8297的情况:

① 虚拟地址8297对应的虚拟页为2,TLB表中不存在虚拟页为2的项,因此没有命中;

② 查找页表第2项,该表项无效,因此产生页访问异常;

③ 操作系统将内存的第5页分配给程序,并且更新页表第2项,使V为1,物理页号为5;

④ 更新TLB表,此时TLB表存在空行,将虚拟页号2以及物理页号5分别填充到该空行,并使V为1。

更新之后的页表以及TLB表分别如图4-52、图4-53所示。

虚拟地址	虚拟页
8297	2
1236	0
32780	8

图4-51 虚拟地址序列对应的虚拟页号

表项序号	V	物理页号
0	1	2
……	0	0
2	1	5
3	1	4
……	0	0
6	1	3
……	0	0
9	1	7
……	0	0

图4-52 程序访问虚拟地址8297后更新的页表

V	虚拟页号	物理页号
1	0	2
1	3	4
1	6	3
1	2	5

图4-53 程序访问虚拟地址8297后更新的TLB表

⑤ 虚拟地址8297对应的物理地址为

$$5×4096＋(8297-2×4096)＝20585$$

⑥ 根据物理地址访问缓存,物理地址20585对应的缓存标志为

$$20585/128/12K＝0$$

物理地址20585对应的缓存组号为

$$20585/128\%12K=158$$

缓存初始时,第 158 组所有行无效,因此缺失,需进行填充,即将物理地址 20585 所在的内存行填充到第 158 组中任意一行。

⑦ 若选取第 158 行,此时该行的行标志需填充为 0,填充的数据为 mem[158×128～159×128−1],即 mem[20224～20351]。

缓存更新为如图 4-54 所示。

程序访问虚拟地址 1236 的情况:

① 虚拟地址对应的虚拟页为 0,TLB 表中存在虚拟页为 0 的项,因此命中,且虚拟页 0 对应的物理页为 384,由此可得虚拟地址 1236 对应的物理地址为

$$4096×384+1236=1574100$$

② 根据物理地址访问缓存,物理地址 1574100 对应的缓存组号为

$$1574100/128\%12K=9$$

物理地址 1574100 对应的缓存标志为

$$1574100/128/12K=1$$

缓存初始时,第 9 组所有行无效,因此缺失,需进行填充,将物理地址 1574100 所在的内存行填充到第 9 组中任意一行。

③ 若选取第 9 行,则该行的行标志需填充 1,且填充的数据为 mem[128×12K+9×128～128×12K+10×128−1],即 mem[1574016～1574143]。

缓存更新为如图 4-55 所示。

行号	V	标志
0	1	0
……	0	0
4	1	1
……	0	0
8	1	4
……	0	0
12	1	2
……	0	0
16	1	3
……	0	0
158	1	0
	0	0

图 4-54 访问物理地址 20585 后更新的缓存

行号	V	标志
0	1	0
……	0	0
4	1	1
……	0	0
8	1	4
9	1	1
……	0	0
12	1	2
……	0	0
16	1	3
……	0	0
158	1	0
	0	0

图 4-55 访问物理地址 1574100 后更新的缓存

程序访问虚拟地址 32780 的情况:

① 虚拟地址 32780 对应的虚拟页为 8,TLB 表中不存在虚拟页为 8 的项,因此缺失。

② 查找页表第 8 项,此时 V 为 1,且虚拟页 8 对应的物理页为 4,由此可得虚拟地址 32780 对应的物理地址为:4096×4+(32780−4096×8)=16396。

③ 将页表第 8 项填充到 TLB 表中,由于 TLB 表采用全相联映射,因此选取其中任意一行替换,TLB 表更新为如图 4-56 所示。

④ 根据物理地址访问缓存,物理地址 16396 对应的缓存标志为

$$16396/128/12K=0$$

物理地址 16396 对应的缓存组号为

$$16396/128\%12K=128$$

V	虚拟页号	物理页号
1	8	4
1	3	4
1	6	3
1	2	5

图 4-56 程序访问虚拟地址 32780 后更新的 TLB 表

缓存初始时,第 128 组所有行无效,因此缺失,需进行填充,将物理地址 16396 所在的内存行填充到第 128 组中任意一行。

⑤ 若选取第 128 行,则该行的行标志填充为 0,且填充的数据为 mem[128×128～129×128－1],即 mem[16384～16511]。

程序访问虚拟地址 32890 的情况:

① 虚拟地址 32890 对应的虚拟页为 8,TLB 表存在虚拟页为 8 的项,因此命中。且虚拟页 8 对应的物理页为 4,由此可得虚拟地址 32890 对应的物理地址为:4096×4＋(32890－4096×8)=16506。

② 根据物理地址访问缓存,物理地址 16506 对应的缓存标志为

$$16506/128/12K=0$$

物理地址 16506 对应的缓存组号为

$$16506/128\%12K=128$$

此时缓存第 128 行,有效位为 1,行标志为 0,因此命中,此时 CPU 直接从缓存获取数据。

图 4-57 展示了程序访问虚拟地址 32890 到 CPU 获取有效数据的过程,这也是 CPU 获取数据的最快途径。

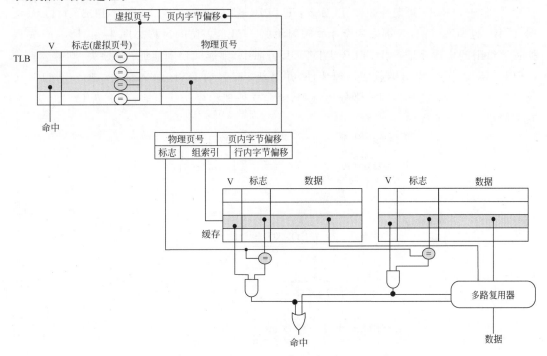

图 4-57 程序访问虚拟地址 32890 到 CPU 获取有效数据的过程

4.5 实例

MicroBlaze 软核微处理器支持片内高速缓存、片外高速缓存以及虚拟存储器管理,存储系统结构如图 4-58 所示。

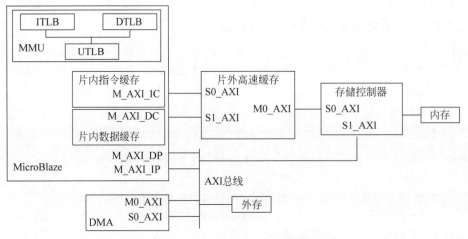

图 4-58　MicroBlaze 微处理器存储系统结构

其中片内指令、数据缓存采用直接映射策略,行大小可配置为 4、8、16 字等不同大小;片外高速缓存可配置为 2 路或 4 路组相联映射策略,行大小固定为 16 个字。内存分页支持 1KB、4KB、16KB、64KB、256KB、1MB、4MB 以及 16MB 等不同大小,微处理器通过 MMU 管理 TLB 表,MMU 共支持 3 种 TLB 表：UTLB(通用 TLB)、ITLB(指令 TLB)、DTLB(数据 TLB),且所有 TLB 表都采用全相联映射策略。TLB 表访问过程如图 4-59 所示,首先根据程序给出的虚拟地址查找 ITLB 或 DTLB,若命中,则返回物理地址；若缺失,则继续查找 UTLB。若命中 UTLB,则返回物理地址,并更新 ITLB 或 DTLB；若缺失,则产生 TLB 访问异常,此时进入 TLB 访问异常处理流程,由异常处理程序访问页表,并更新 UTLB 表,之后返回正在执行的程序。

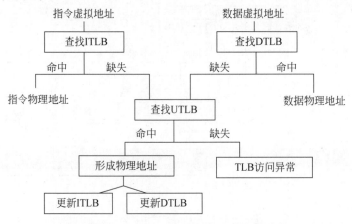

图 4-59　MicroBlaze MMU TLB 表访问过程

本章小结

计算机存储系统为满足容量大、速度快、价格低等需求,采用分级存储架构。一般分为3级:缓存、内存和辅存。现代计算机系统缓存又可分为片内缓存和片外缓存。辅存又可分为联机辅存和脱机辅存。分级存储系统中的各级存储器离 CPU 越近速度越快、容量越低、单位价格也越高。

发挥分级存储系统性能的主要依据是程序访问存储空间的时间局部性和空间局部性。根据这个局部性特点,高速缓存充当内存的缓存区,以行为单位暂存当前访问存储单元所在的内存行;内存充当外部虚拟存储器的缓存区,以页为单位暂存当前访问存储单元所在外部虚拟存储器的虚拟页。这样,必须在高速缓存行与内存行以及物理内存页与外部虚拟存储器页之间建立某种映射关系,CPU 才能根据程序给出的虚拟地址有效地访问到对应的信息。

高速缓存行与内存行的映射机制包括直接映射、全相联映射以及组相联映射 3 种。直接映射机制下,缓存控制器将 CPU 给出的物理地址划分为标志、行索引、行内字节偏移三部分,首先根据行索引查找缓存中对应的行,比较标志是否一致,若一致且有效位为 1,即命中;否则缺失。全相联映射机制下,缓存控制器将 CPU 给出的物理地址划分为标志、行内字节偏移两部分,比较缓存中所有行的标志与物理地址中的标志,判断是否存在一致的行,若存在且有效位为 1,则命中;否则缺失。组相联映射机制下,缓存控制器将 CPU 给出的物理地址划分为标志、组索引、行内字节偏移三部分,首先根据组索引查找缓存中对应的组,比较该组中所有行的标志与物理地址中的标志,判断是否存在一致的行,若存在且有效位为1,则命中;否则缺失。若命中,CPU 直接访问缓存;若缺失,CPU 访问内存的同时填充或替换缓存行。

虚拟存储器是指将外存(如硬盘的某部分存储区间)当作内存使用,也就是说程序执行时,操作系统并不是一次性在内存中为程序分配所需的所有存储空间,而是一部分装载到内存,一部分仍然存储在外存的虚拟存储器中。

为提高内存利用率以及解决内存访问冲突、越界等问题,CPU 采取分段、分页或段页相结合等方式管理内存。分段管理方式下,操作系统以段为单位将程序调入内存,程序执行时,CPU 根据段寄存器保存的段地址以及程序提供的偏移地址形成内存物理地址。Intel x86 微处理器中,分段管理又分为实地址模式和保护模式。实地址模式直接根据段地址寄存器的值获得段地址,而保护模式则需要查找段描述符表才能获得段地址。分页管理方式下,操作系统以页为单位将程序调入内存,程序执行时,CPU 根据程序提供的虚拟地址以及页表保存的物理页号形成内存的物理地址。由于一级页表占用较大存储空间,因此通常采用二级页表。

虚拟存储器常采用分页方式管理程序的虚拟存储空间。操作系统装载程序时,需为程序建立页表以维护程序虚拟页到内存物理页的映射关系。程序执行时,CPU 根据程序提供的虚拟地址查找页表以获取物理地址。若页表中不存在该虚拟页对应的物理页,则产生页访问异常,由操作系统提供页异常处理程序完成虚拟页装载,并更新页表。由于页表保存在内存中,这导致 CPU 多次访问内存。因此根据局部性原理,在高速缓存中建立页表的缓存区(TLB 表),以加快虚拟地址到物理地址的转换速度。

分级存储系统中的各级存储器在计算机系统中分工协作,从而有效提高计算机系统访问存储器的性能。

思考与练习

1. 计算机存储系统由哪几部分构成,各有什么特点?

2. 程序访问存储空间具有哪两种局部性? 试分别举例说明: 何种程序执行时访问指令、数据过程分别表现出这两种局部性。

3. C 语言数组同一行的数组元素优先分配存储空间。试分别说明以下两个程序段访问哪个变量具有时间局部性,访问哪个变量具有空间局部性。

程序段 A	程序段 B

for (i = 0; i < 8; i++)
　for (j = 0; j < 8000; j++)
　　a[i][j] = b[i][0] + a[j][i];
	for (j = 0; j < 8000; j++)
	　for (i = 0; i < 8; i++)
	　　a[i][j] = b[i][0] + a[j][i];

4. 高速缓存有哪几种映射策略,它们分别具有什么优缺点?

5. 已知某计算机系统具有 512MB 内存,2MB 缓存,缓存每行 128B,缓存分别采用直接映射、4 路组相联映射、全相联映射时,试指出三种映射策略下缓存控制器分别如何划分内存物理地址以及各种映射策略的缓存行结构。

6. 已知某 32 位计算机具有 32 位物理地址,缓存采用直接映射策略,缓存容量为 16 行 ×1 字/行。试描述该缓存的行结构以及 CPU 顺序访问物理地址 3、180、43、2、191、88、190 时是否命中缓存。

7. 已知某直接映射缓存控制器将 32 位物理地址划分为以下三部分:

A_{31} ～ A_{12}	A_{11} ～ A_6	A_5 ～ A_0
标志	行索引	行内字节偏移

(1) 试指出该缓存一行可以存储多少个数据(以字节为单位)? 共多少行? 缓存一行包含有效位、标志、数据在内的总容量是多少(以位为单位)?

(2) 若 CPU 顺序访问地址 0、4、16、132、232、160、1024、30、140、180 时,试指出这段数据访问过程中缓存命中率是多少? 所有存储了有效数据的缓存行的最终状态是什么? (写出行索引、行标志以及缓存行中存储数据的物理地址范围。)

8. 已知某计算机系统具有 1GB 内存,2MB 缓存,缓存每行 256B,采用直接映射策略,试指出 CPU 访问物理地址 0x8000 时,缓存控制器比较缓存中哪行的标志以确认是否命中? 该物理地址对应的标志应为多少?

9. 已知某 32 位计算机系统缓存总容量为 24 个字,每行 2 个字,采用 3 路组相联映射策略,试分析该缓存控制器如何划分 CPU 给出的 32 位物理地址? 若缓存初始时为空,CPU 顺序访问物理地址 21、166、201、143、61、166、62、133、111、143、144、61 时是否命中?

10. 已知某计算机系统具有 1GB 内存,2MB 缓存,缓存每行 64B,采用 16 路组映射策略。已知缓存第 1、2、6、17、18、32 行有效位为 1,且对应行标志分别为 80、100、120、140、160、180,其余各行有效位都为 0。试说明 CPU 访问内存地址 10485885、12301068、15729034、16396087、18351186、23595008 时缓存是否命中?

11. 已知某缓存容量为 64KB,每行 32B,采用直接映射策略,初始时没有缓存任何数据。若 CPU 顺序访问地址 0、2、4、6、10、8、12、14、16、…共访问 512KB 数据,试计算该缓存命中率为多少?若缓存每行大小变为 16B、64B、128B 时,缓存命中率又分别为多少?

12. Intel x86 CPU 工作在实地址模式时,CPU 访问内存的有效物理地址是多少位?若程序代码段地址为 0x0234,代码段中某个标号的偏移地址为 0x23,请问实模式下该标号代表的物理地址是多少?

13. Intel x86 32 位 CPU 工作在保护模式时,程序各个段的段地址存储在哪里?系统中段描述符的存储结构包含哪些部分,如何构成?系统中各段大小是否一致?若不一致,如何描述各个段的大小?若已知某段描述符的值为 0x3453002312890103,试指出该段描述符指示的段的首、末地址。若程序访问该段数据时,给出偏移地址 0x34567890,试问访问该地址是否合法?

14. Intel x86 32 位 CPU 工作在保护模式时,分段方式描述一段 0x30000000 ~ 0x5fffffff 的内存区域,试问描述该段内存区域的段描述符段地址、界限以及 G 值是否唯一?若唯一,请给出该段描述符段地址、界限以及 G 的唯一值;若不唯一,请至少给出该段描述符段地址、界限以及 G 的两组不同值。

15. 已知某 32 位计算机系统物理内存容量为 2GB,采用分页管理方式,页大小设置为 4KB,试问程序可访问的虚拟存储空间容量是多大,共多少个虚拟页?物理内存共可划分为多少页?若采用图 4-35 所示机制建立虚拟页到物理页的映射关系,试计算该页表占用多大存储空间?

16. 已知某 32 位计算机系统内存采用分页管理方式,页大小设置为 4KB。程序装载时,操作系统建立了如题表 4-1 所示页表,试问程序访问地址 0x3、0x4100、0x9000、0x13089 对应的物理地址分别是多少?

题表 4-1　页表

	V	物理页号
0	1	4
4	1	8
7	1	2
9	1	3
18	1	7
19	1	9
	……	……

17. Intel x86 32 位 CPU 采用两级页表管理内存时,虚拟地址分为哪几部分?各部分分别是多少位? 若程序给出的虚拟地址为 0x00200000,试问 CPU 将分别访问第几项页目录表、页表以获取页表、存储单元的物理页首地址,该虚拟地址对应物理页的页内偏移地址是多少?

18. Intel x86 32 位 CPU 采用两级页表管理内存时,页目录表中每一个表项可把一个多大的虚拟存储空间映射到物理存储空间?

19. 已知某计算机系统采用分页方式管理内存,内存页容量为 4KB;并且采用虚拟存储器技术,由一级页表保存虚拟页到物理页的映射关系;TLB 表采用全相联映射策略,具有 4 行。已知 TLB 表初始状态如题表 4-2 所示,页表初始状态如题表 4-3 所示。试说明程序顺序访问地址 12948、49419、46814、13975、40004、12707、52236 时,TLB 表以及页表命中与否? 若命中,计算该虚拟地址对应的物理地址;若缺失,写出采用 LRU 替换策略更新的 TLB 表。

题表 4-2 TLB 表

V	标志	物理页号
1	11	12
1	7	4
1	3	6
0	4	9

题表 4-3 页表

	V	物理页号或磁盘
0	1	5
1	0	磁盘
2	0	磁盘
3	0	磁盘
4	1	6
5	1	9
6	1	11
7	0	磁盘
8	1	4
9	0	磁盘
10	0	磁盘
11	1	12
12	1	3
13	1	2

20. 若某计算机系统虚拟地址为 43 位,物理内存 16GB,内存分页管理,每页 4KB,若采用一级页表保存虚拟地址到物理地址的映射关系,且页表每项 4B,试计算程序装载时页表占用的存储空间容量? 若采用多级页表,且每级页表容量为一个物理页,试问需要多少级页表? 程序运行时,每级仅保存一个页表,试问页表共占用多大存储空间?

## 第 5 章

总 线 技 术

计算机系统具有微处理器、存储器、各类 I/O 设备,它们之间如何互联互通? 这是计算机系统结构必须解决的问题。前面已经提及,计算机系统各个模块通过总线方式实现互联,但是比较抽象。本章将详细介绍这方面的内容。

学完本章内容,要求掌握以下知识:

- 计算机系统总线结构特点;
- 总线的基本性能指标和操作方式;
- AXI 片内总线特点、信号类型、基本操作;
- PCI 局部总线特点、信号类型、基本操作;
- 常见外部总线特点以及信号类型。

5.1 计算机总线结构

计算机系统各个模块通过系统总线实现互联互通,如图 5-1 所示,该结构掩盖了计算机系统各个模块之间的差别。

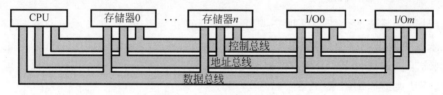

图 5-1 计算机系统结构

随着技术的发展,无论是存储器还是 I/O 接口访问速度都存在较大差别。因此,为提高计算机系统性能,根据各模块结构特点,计算机系统存在多种总线结构,如单总线结构、双总线结构和多总线结构等,且以多总线结构为主。

5.1.1 单总线结构

单总线结构是指计算机系统各个模块均通过系统总线相连,所以又称为面向系统总线的单总线结构。单总线结构中 CPU 与存储器之间、CPU 与 I/O 设备之间、I/O 设备与存储器之间都通过系统总线交换信息。

单总线结构的优点是控制简单,扩充方便。但由于所有设备均挂接在同一总线上,只能分时工作,即同一时刻只能在两个设备之间传送数据。这就使系统总体数据传输效率和速度受到限制,这是单总线结构的主要缺点。

5.1.2　双总线结构

双总线体系结构分为面向 CPU 的双总线结构和面向存储器的双总线结构。

面向 CPU 的双总线结构如图 5-2 所示。其中一组总线是 CPU 与内存之间进行信息交换的公共通路,称为存储器总线。另一组是 CPU 与 I/O 设备之间进行信息交换的公共通路,称为 I/O 总线。I/O 设备通过连接在 I/O 总线上的接口电路与 CPU 交换信息。

由于在 CPU 与存储器之间、CPU 与 I/O 设备之间分别设置了总线,从而提高了计算机系统信息传送的速率和效率。但是由于外部设备与存储器之间没有直接通路,它们之间的信息交换必须通过 CPU 才能进行中转,从而降低了 CPU 的工作效率或增加了 CPU 的占用率,这是面向 CPU 双总线结构的主要缺点。一般来说,外设工作时要求 CPU 干预越少越好。

面向存储器的双总线结构保留了单总线结构的优点,即所有设备和模块均可通过总线交换信息。与单总线结构不同的是,在 CPU 与存储器之间又专门设置了一条高速存储器总线,如图 5-3 所示,CPU 可以通过它直接与存储器交换信息。面向存储器的双总线结构信息传送效率较高,这是它的主要优点。但 CPU 与 I/O 接口都要访问存储器时,仍会产生冲突。

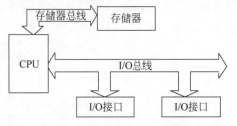
图 5-2　面向 CPU 的双总线结构

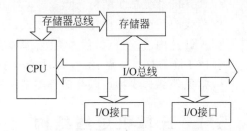
图 5-3　面向存储器的双总线结构

5.1.3　多总线结构

随着计算机系统的性能要求越来越高,现代计算机系统已不再采用单总线或双总线结构,而是采用更复杂的多总线结构,如图 5-4 所示。不同总线分别适应于不同速率的设备或模块互联需求。如现代 PC 主板总线结构如图 5-5 所示,具有多种不同总线,以适配计算机系统不同模块通信速率需求。

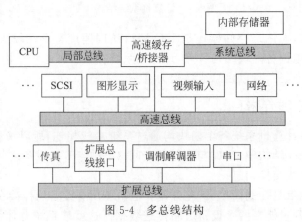
图 5-4　多总线结构

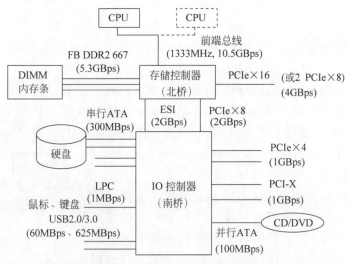

图 5-5 现代 PC 主板总线结构

5.2 总线技术基础

总线的特点在于其公用性，即它可同时挂接多个设备。总线上任何一个设备发出的地址信息，计算机系统内所有连接到该总线上的设备都可以接收到。但在进行信息传输时，每一次只能有一个发送设备可以利用总线给一个接收设备发送信息。

总线把计算机各主要模块连接起来，并使它们组成一个可扩充的计算机系统，因此总线在计算机的发展过程中起着重要的作用。总线不但和 CPU、存储器一样关系到计算机的总体性能，也关系到计算机硬件的扩充能力，特别是扩充和增加各类外部设备的能力。因此，总线随着 CPU 的不断升级和存储器性能的不断提高也在不断地发展与更新。每种总线标准都有详细的规范说明，它们通常有上百页、几十万字。这些标准主要包括以下几个部分：

(1) 机械结构规范：确定总线物理尺寸、总线插头、边沿连接器插座等规格及位置。

(2) 功能规范：确定总线每根线(引脚)信号名称与功能，对它们相互作用的协议(例如定时关系)进行说明。

(3) 电气规范：规定总线每根线工作时的有效电平、动态转换时间、负载能力、各电气性能的额定值及最大值。

5.2.1 分类

计算机内拥有多种总线，它们分布在计算机系统各层次，为各模块之间通信提供通路。总线按所处计算机系统不同层次和位置分为片内总线、系统总线、局部总线和外部总线4类。

1. 片内总线

片内总线处于集成芯片内部，连接集成芯片内部各功能模块。嵌入式微处理器芯片内部集成了存储器和常用 I/O 接口模块，这些模块通过片内总线在集成电路内部实现互联互通。常见的片内总线标准有 ARM 公司的 AMBA 总线标准、IBM 公司的 CoreConnect 总线标准等。

2. 系统总线

系统总线又称板级总线,计算机系统各功能模块通过系统总线连接,构成一个完整的计算机系统,所以称之为系统总线。系统总线是计算机系统中最重要的总线,人们平常所说的计算机总线即是指系统总线。系统总线是多处理器系统及高性能超级计算机系统中连接各插件板的信息通道,用来支持多个CPU并行处理。系统总线在计算机系统中的连接结构如图5-6所示。

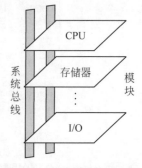

图5-6　系统总线连接结构

3. 局部总线

局部总线是在印制电路板上连接主板各个主要模块的公共通路。计算机系统主板上都有并排的多个插槽,这就是局部总线扩展槽。添加某个外设扩展系统功能时,只要在其中任何一个扩展槽内插上符合该总线标准的适配器(或称接口卡),再连接适配器相应的外设便可。局部总线扩展槽可以连接各种接口卡,例如显卡、声卡、网卡等。因此,局部总线是计算机系统设计人员和应用人员最关心的一类总线。局部总线类型很多,而且不断翻新。1992年推出的外部设备互联PCI(Peripheral Component Interconnect)局部总线得到了几乎所有厂商的支持,成为使用最广泛的局部总线。

4. 外部总线

外部总线又称为通信总线,它用于计算机系统与系统;计算机系统与外部设备,如打印机、磁盘设备;计算机系统与仪器仪表之间的通信。这种总线数据传送方式可以是并行或串行。不同设备所用总线标准不同,常见的有用于连接目前大多数外设的通用串行总线(Universal Serial Bus,USB)、用于连接硬盘和光驱的SATA(Serial Advanced Technology Attachment)总线、用于连接串行外设的SPI(Serial Peripheral Interface)总线、用于连接集成电路的I^2C(Inter-Integrated Circuit)总线等。

总线按线路上传输信号类型的单一性分为专用总线和复用总线。总线信号通常包含地址、数据、控制等信号类型,如果采用不同的总线线路分别传输这些信号,就称为专用总线;如果采用同样的线路传输两种或两种以上类型的总线信号,就称为复用总线。如系统总线属于专用总线,分别有地址总线、数据总线和控制总线。而部分局部总线则将地址与数据信号复用在同一线路上,属于复用总线。专用总线提高了总线的吞吐率,但是增加了系统的成本和体积。

5.2.2 性能指标

总线性能通常采用以下技术指标描述:

(1)总线宽度 w。总线宽度通常指一次总线操作可以传输二进制数据的最大位数。通常计算机系统总线宽度不超过CPU外部数据总线宽度。

(2)总线时钟频率 f。总线通常都有一个基本时钟,这个时钟的频率是总线工作的最高频率。

(3)总线周期 T。通过总线完成一次数据传输所需的总线时钟周期数,称为总线周期,通常是总线时钟周期的整数倍。不同总线传输方式,一次总线操作传输的数据个数 n

不同。

（4）总线带宽 B。每秒传输的二进制位数，通常以比特每秒（bps）为单位。总线带宽与总线宽度、时钟频率以及总线周期之间满足以下关系：

$$B = w \times n \div T \times f$$

PCI 总线传送一个数据为 1 个时钟周期，通过上面 3 个指标，可以计算出 PCI 总线的带宽，如：

PCI＝4（字节数据宽）×33.3（MHz）×1（每时钟周期数据量）＝133MBps＝1064Mbps

PCI-2＝8（字节数据宽）×66.6（MHz）×1（每时钟周期数据量）＝533MBps＝4264Mbps

5.2.3 总线通信流程

计算机系统挂接到总线上的设备通常不止一个，而是多个。这些设备通过总线相互通信，根据通信双方的从属关系将挂接到总线上的设备分为主设备和从设备。主设备指能够获取总线控制权的设备，它可以通过总线寻址从设备，并实现与某个指定从设备的通信，属于通信的主动方。从设备指不能控制总线，只能由总线主设备寻址之后，才能与主设备进行通信的设备，属于通信的被动方。也有部分设备既是主设备，也是从设备。

总线能否保证各模块间通信通畅，是衡量总线性能的关键。兼顾一个以上主设备同时请求总线的信息传输，把总线实现一次信息传输的过程分解为请求总线、总线裁决、寻址、信息传送和错误检测。

当有多个主设备都要使用总线进行信息传送时，由它们向总线仲裁机构提出使用总线请求，经总线仲裁机构仲裁确定，把下一个总线周期的总线使用权分配给其中一个主设备。取得总线使用权的主设备，通过总线发出本次要访问的从设备的地址及有关命令，选中参与本次传送操作的从设备，并开始数据交换。总线周期结束后主设备和从设备的有关信息均从总线上撤除，主设备让出总线，以便其他主设备继续使用。

5.2.4 仲裁策略

总线仲裁方法按照总线占有权的获取方式可分为静态和动态两种。

静态总线仲裁方法是指将总线分时分配给每个主设备，每个主设备占用一个固定的时间片。这种方法造价低，但总线利用率低。因为当某个主设备不需使用分配给该主设备的时间片时，总线的时间片就浪费了。

动态仲裁方法是指主设备有总线请求时，才分配总线时间片。动态仲裁方法按照裁决策略又分为集中式和分布式两种。集中式仲裁方法由总线控制器（总线仲裁器）分配总线时间。计算机系统中总线控制器可以是独立的模块，也可以是 CPU 的一部分。分布式仲裁方法没有集中的总线控制器，而是每个总线主设备都包含了访问控制逻辑，由这些主设备共同作用分享总线。

5.2.5 信息传输与错误检测

主设备占有总线之后，紧接着进行信息传输。信息传输需在主设备与从设备之间协调进行，因此，总线需要规定信息传输协议。总线信息传输过程需遵循一致的传输协议，严格的传输协议需要多个步骤才能实现一次信息传送，图 5-7 是信息传输一般需遵循的协议过程。但是不同总线协议,各类信号的表现形式各不相同。

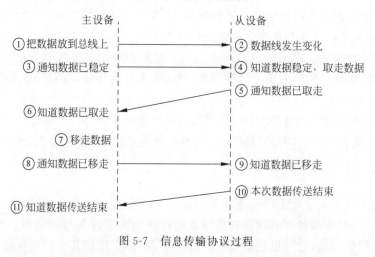

图 5-7　信息传输协议过程

一个总线周期经过这种传输应答过程协同主/从设备之间的信息传输。

随着总线时钟和传输速率的提高,总线上信息因随机出现的干扰而产生的出错概率相应增加。为此速度较高的总线通常需要一定的错误检测电路及总线信号来发现或纠正出现的错误。常见错误检测方法有奇偶校验法、周期冗余检验码等。

5.2.6　定时方式

定时方式是指总线上主设备与从设备之间如何进行信息的传送,包括各类信号之间的协调方式。主要有以下几种方式。

1. 同步定时

同步定时信息传送由公共时钟控制,总线中包含时钟线。时钟信号连接到总线所有模块上,一个典型的同步总线读/写操作时序如图 5-8 所示。所有信号都在确定的时钟周期内出现,而且与时钟同步。如读操作,CPU 在 T1 时钟周期内输出有效的状态信号和地址信号,以及地址使能信号;然后在 T2 时钟周期输出有效的控制信号——读控制信号;从设备在接收到该读控制信号之后,在 T3 时钟周期内输出有效的数据,CPU 在 T3 时钟周期内把数据读入。而写操作,在 T1 时钟周期内 CPU 与读操作一样输出地址、状态等信号;在 T2 时钟周期内由 CPU 输出数据到数据总线之后,再输出写控制信号;从设备在接收到写控制信号后,在 T3 时钟周期内把数据写入。

2. 异步定时

异步定时信息传送的每一个操作都由源或目的特定信号的跳变所确定,总线上每一个事件的发生取决于前一个事件的发生。异步定时方式总线读/写操作时序如图 5-9 所示。CPU 给出有效的地址和状态信号之后,如果是读操作,则首先由 CPU 输出读控制信号。从设备在接收到该信号之后,输出数据,数据稳定之后,从设备输出读响应信号。CPU 在接收到读响应信号之后才读入数据。如果是写操作,CPU 首先输出数据并维持数据线稳定状态,然后输出写控制信号。从设备在接收到写控制信号之后,读入数据,然后再发出写响应信号。CPU 接收到写响应信号之后才能释放总线。总线信息传输过程完全不用公共时钟来同步源和目的,而是依赖各个事件发生的先后关系。

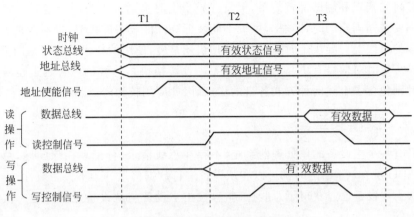

图 5-8 同步定时方式总线读/写操作时序

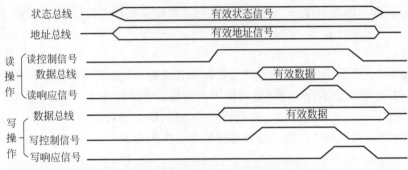

图 5-9 异步定时方式总线读/写操作时序

3. 半同步定时

半同步定时是指总线上各操作之间的时间间隔可以变化,但仅允许为公共时钟周期的整数倍,信号的出现、采样和结束仍以公共时钟为基准。计算机系统内大多数总线都采用此定时方法,如 AXI 总线、PCI 总线等。半同步定时方式读/写操作时序如图 5-10 所示。该定时方式具有时钟信号,但是数据传输并不以总线时钟为唯一的定时信号,同时还必须参考源和目的双方其他事件的发生,地址、读、写控制信号有效等,若这些信号无效,信息传输将延长时钟周期的整数倍。

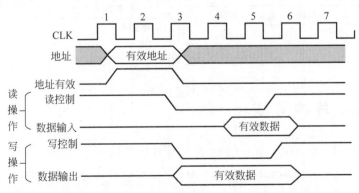

图 5-10 半同步定时方式总线读/写操作时序

同步定时的实现和测试都较简单,但没有异步定时灵活。因为同步定时方式总线上的所有模块都要遵循固定的时钟频率,系统不能发挥高性能设备的优势,也不能把太慢的设备融于较高速的总线上。异步定时,不论设备是快还是慢,使用的技术是新还是旧都可以共享总线。但异步定时对信号有更高的要求(无尖峰且转换快),总线的综合延迟也较长。半同步总线定时则包含了上述两种方式各自的优点,因此应用较为广泛。

5.2.7 操作类型

对于只有一个主设备的单处理器系统,不存在总线请求、分配和撤除问题,总线的控制权始终归 CPU 所有,CPU 随时都可以和从设备进行数据传送。为不失一般性,本书把一次总线操作认为主设备已经获得了总线控制权,仅指主设备与从设备之间传送一次信息所需要进行的操作。

计算机系统中各种读写操作,包括存储器以及 I/O 读写操作,本质上都是通过总线进行信息交换,统称为**总线操作**。不同总线规范对总线操作具有不同设定,常见的总线操作有读(read)、写(write)、读修改写(read-modify-write)、写后读(read-after-write)、突发(burst)等。

所有总线都支持读、写操作,读操作指数据从其他模块传输到 CPU,而写操作指数据从 CPU 传输到其他模块。不管是读还是写操作首先都必须给出有效地址,然后再给出控制信号,最后才是数据传输。从设备接收到控制信号之后,响应通常都会有一定时延,这为地址信号和数据信号复用提供了可能。各种总线操作信息传输方式示例如图 5-11 所示。

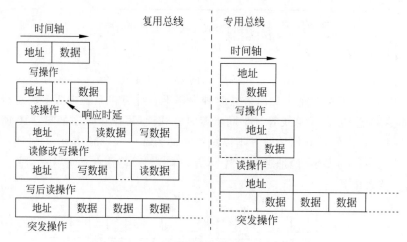

图 5-11　各种总线操作数据传输方式

5.3　AXI 片内总线

AXI(Advanced eXtensible Interface)是一种片内总线协议,该协议是 ARM 公司提出的 AMBA(Advanced Microcontroller Bus Architecture)协议中最重要的部分,它是一种面向高性能、高带宽、低延迟的片内总线。AXI 总线使 SoC 以更小面积、更低功耗,获得更加优异性能的一个主要原因,就是它的单向通道体系结构。单向通道体系结构使得片上信息流仅单方向传输,减少了延时。

AXI 总线是一种多通道传输总线,将读地址、写地址、读数据、写数据、写响应信号在不同通道中传送。且不同通道之间的访问顺序可以打乱,用 BUSID 表示各个访问的归属。主设备在没有得到返回数据的情况下可发出多个读写操作,读回的数据顺序可以被打乱,同时还支持非边界对齐数据访问。AXI 总线支持 32 位、64 位、128 位等不同宽度的数据总线。

5.3.1 AXI 总线结构

AXI 总线拥有对称的主从接口,无论在点对点或在多层系统中,都能十分方便地使用 AXI 技术。

AXI 总线读地址、读数据通道信息流向如图 5-12 所示,AXI 总线写地址、写数据、写响应 3 条通道的信息流向如图 5-13 所示。AXI 总线规定一次读操作或一次写操作分别称为一个读事务(transaction)或一个写事务。

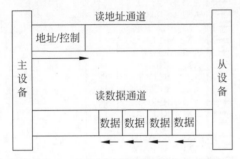
图 5-12 AXI 总线读数据各通道信号流向

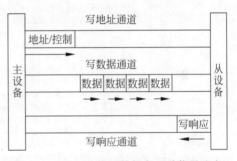
图 5-13 AXI 总线写数据各通道信号流向

由于 AXI 总线各个通道信息都是单向传输,因此设备与总线之间的接口区分为主设备接口(M_AXI)和从设备接口(S_AXI)。AXI 总线多个主、从设备互联拓扑如图 5-14 所示,主设备通过 M_AXI 接口连接到 AXI 总线控制器提供的 S_AXI 接口,从设备通过 S_AXI 接口连接到 AXI 总线控制器提供的 M_AXI 接口。

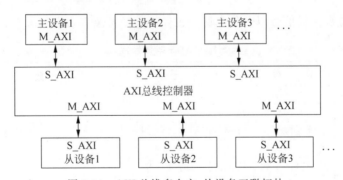
图 5-14 AXI 总线多个主、从设备互联拓扑

5.3.2 AXI 总线信号

AXI 总线控制器可根据主、从设备的数量产生相应数量的 S_AXI、M_AXI 接口。AXI 总线控制器提供的 S_AXI、M_AXI 接口信号如图 5-15 所示。无论是 S_AXI 还是 M_AXI

接口都有5组通道：读地址通道、写地址通道、读数据通道、写数据通道、写响应通道。

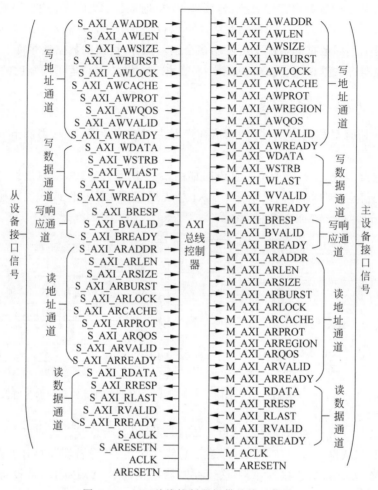

图 5-15 AXI 总线控制器提供的接口信号

32 位 AXI 总线全局信号以及各个通道主要引脚信号及其含义如表 5-1 所示。

表 5-1 AXI 总线信号含义

信　　号	来　　源	含　　义
全局信号		
ACLK	系统时钟模块	总线时钟信号
ARESETN	系统复位模块	总线复位信号,低电平有效
从设备接口信号		
S_ACLK	系统时钟模块	从设备接口时钟信号
S_ARESETN	系统复位模块	从设备接口复位信号,低电平有效
主设备接口信号		
M_ACLK	系统时钟模块	主设备接口时钟信号
M_ARESETN	系统复位模块	主设备接口复位信号,低电平有效
写地址通道		
AWID[3:0]	主设备	写地址通道 BUSID

续表

信　号	来　源	含　义
AWADDR[31:0]	主设备	写地址通道地址
AWLEN[3:0]	主设备	写地址通道突发写长度,共传输 AWLEN[3:0]+1 个数据
AWSIZE[2:0]	主设备	写地址通道突发写数据类型。每个数据 AWSIZE[2:0]+1 个字节
AWBURST[1:0]	主设备	写地址通道突发写类型:固定地址、增量地址、环绕地址
AWLOCK[1:0]	主设备	写地址通道锁类型
AWCACHE[3:0]	主设备	写地址通道 Cache 类型。该信号指明 Cache 写策略
AWPROT[2:0]	主设备	保护类型
AWVALID	主设备	写地址通道地址有效指示,高电平有效
AWREADY	从设备	写地址通道设备准备就绪,高电平有效
写数据通道		
WID[3:0]	主设备	写数据通道 BUSID,必须与 AWID 匹配
WDATA[31:0]	主设备	写数据通道数据
WSTRB[3:0]	主设备	写数据通道字节使能信号
WLAST	主设备	写数据通道最后一个数据指示信号,高电平有效
WVALID	主设备	写数据通道数据有效指示,高电平有效
WREADY	从设备	写数据通道设备准备就绪,高电平有效
写响应通道		
BID[3:0]	从设备	写响应通道 BUSID,这个数值必须与 AWID 匹配
BRESP[1:0]	从设备	写响应通道响应类型。可能的响应:OKAY、EXOKAY、SLVERR、DECERR
BVALID	从设备	写响应通道响应有效指示,高电平有效
BREADY	主设备	写响应通道接受响应就绪,高电平有效
读地址通道		
ARID[3:0]	主设备	读地址通道 BUSID
ARADDR[31:0]	主设备	读地址通道地址
ARLEN[3:0]	主设备	读地址通道突发读长度,共传输 ARLEN[3:0]+1 个数据
ARSIZE[2:0]	主设备	读地址通道突发读数据类型,每个数据 ARSIZE[2:0]+1 个字节
ARBURST[1:0]	主设备	读地址通道突发读类型:固定地址、增量地址、环绕地址
ARLOCK[1:0]	主设备	读地址通道锁类型
ARCACHE[3:0]	主设备	读地址通道 Cache 类型
ARPROT[2:0]	主设备	读地址通道保护类型
ARVALID	主设备	读地址通道读地址有效指示,高电平有效
ARREADY	从设备	读地址通道设备准备就绪,高电平有效
读数据通道		
RID[3:0]	从设备	读数据通道 BUSID。RID 的数值必须与 ARID 匹配
RDATA[31:0]	从设备	读数据通道读数据
RRESP[1:0]	从设备	读数据通道读响应。响应类型:OKAY、EXOKAY、SLVERR、DECERR
RLAST	从设备	读数据通道最后一个数据指示,高电平有效
RVALID	从设备	读数据通道读数据有效,高电平有效
RREADY	主设备	读数据通道设备准备就绪,高电平有效

5.3.3 AXI 总线操作时序

AXI 总线全部 5 个通道使用相同的 VALID/READY 握手机制传输信息。信息发送端产生 VALID 信号指明何时信息有效,信息接收端产生 READY 信号指明何时准备接收信息,信息传输发生在 VALID 和 READY 信号同时有效的时间段。

AXI 突发读时序如图 5-16 所示,从设备从读地址通道接收到有效的读地址后,将数据通过读数据通道发送给主设备,地址的有效传输发生在 ARVALID 与 ARREADY 同时有效的时间段,每个数据的有效传输发生在 RVALID 与 RREADY 同时有效的时间段。突发读操作结束时,从设备用 RLAST 信号表示最后一个有效数据。

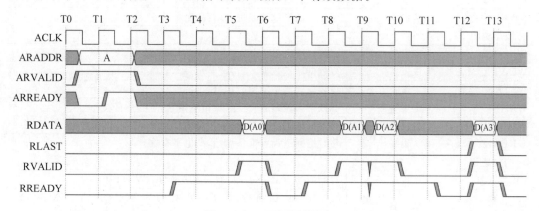

图 5-16 AXI 突发读时序

AXI 重叠突发读时序如图 5-17 所示,主设备通过读地址通道先后传输两次突发读操作地址,从设备在完成第一次突发读数据传输后,继续传输第二次突发读数据。每次突发读数据传输结束时 RLAST 有效。

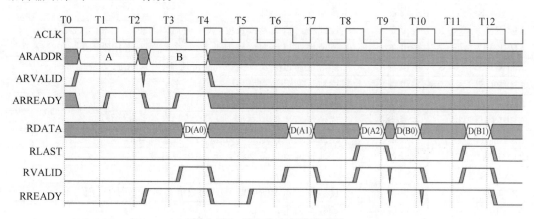

图 5-17 AXI 重叠突发读时序

AXI 突发写时序如图 5-18 所示,主设备首先通过写地址通道发送写地址到从设备,然后再通过写数据通道发送写数据给从设备。地址的有效传输发生在 AWVALID 与 AWREADY 同时有效的时间段,每个数据的有效传输发生在 WVALID 与 WREADY 同时有效的时间段。当主设备发送最后一个数据时,WLAST 信号变为高电平。当从设备接收完所有数据之后它将通过写响应通道发送一个写响应信号给主设备来表明写事务的状态。

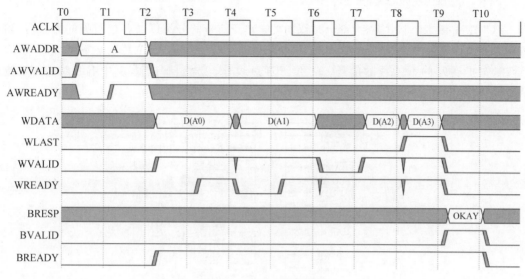

图 5-18   AXI 突发写时序

AXI 协议支持乱序传输,每一个通过接口的事务具有一个 BUSID。相同 BUSID 的事务必须有序完成,而不同 BUSID 的事务可以乱序完成。

AXI 总线规定突发式读写采用信号 AWLEN 或信号 ARLEN 指定每一次突发式读写所传输数据的个数。而 ARSIZE 信号或 AWSIZE 信号指定每一个时钟节拍所传输数据的字节个数,但是任何 SIZE 都不能超过数据总线的宽度。

AXI 协议定义了 3 种突发式读写的类型:固定突发读写、增值突发读写、环绕突发读写。用信号 ARBURST 或 AWBURST 来选择突发式读写的类型。

(1) 固定突发读写是指读写过程中地址固定。这样的突发式读写是指对一个相同位置进行数据存取,例如 FIFO。

(2) 增值突发读写是指每一次读写地址都比上一次数据的地址增加一个固定的值。

(3) 环绕突发读写与增值突发读写类似。环绕突发读写地址达到最大值之后又重新从低地址开始。环绕突发读写有两个限制:①起始地址必须是传输数据类型边界对齐地址;②突发读写长度必须是 2、4、8 或者 16。

5.4   PCI 局部总线

PCI(Peripheral Component Interconnect)总线是当前流行的局部总线之一,它是由 Intel 公司推出的一种局部总线。它定义了 32 位或 64 位数据总线。PCI 总线支持突发读写操作,最大传输速率可达 132MBps,可同时支持多组外围设备。

PCI 总线最突出的特点是实现了外部设备自动配置功能。按 PCI 总线规范设计的设备连入系统后,能自动配置 I/O 端口地址、存储缓存区、中断资源与自动检测诊断等一系列复杂而烦琐的操作,无须用户人工介入,真正做到设备即插即用(Plug & Play)。

5.4.1 PCI 总线信号

PCI 总线有 120 个引脚,大部分是双向的。PCI 信号的分类以及各个引脚的命名、传输方向和有效电平如图 5-19 所示。图 5-19 中左边的总线信号是 32 位总线必不可少的,右边则多数是扩展为 64 位总线的信号。32 位 PCI 总线有 62 对引脚位置,其中有 2 对用作定位缺口,故实际上只有 60 对引脚。

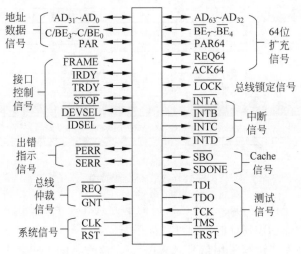

图 5-19　PCI 总线信号及分类

PCI 总线各类信号的含义如表 5-2 所示。

表 5-2　PCI 总线信号名称及含义

名　　称	源	含　　义
32 位地址/数据信号		
$AD_{31} \sim AD_0$	双向	低 32 位地址/数据复信号
$C/\overline{BE_3} \sim C/\overline{BE_0}$	主设备	命令/字节使能复用信号
PAR	双向	对 $AD_{31} \sim AD_0$ 以及 $C/\overline{BE_3} \sim C/\overline{BE_0}$ 的偶校验
总线控制信号		
$\overline{FRAME}$	主设备	数据帧传输使能
$\overline{IRDY}$	主设备	主设备就绪
$\overline{TRDY}$	从设备	从设备就绪
$\overline{STOP}$	从设备	停止数据传输请求
$\overline{DEVSEL}$	从设备	从设备选中指示
$\overline{IDSEL}$	从设备	从设备初始化选中指示
出错指示信号		
$\overline{PERR}$	双向	数据奇偶校验错误
$\overline{SERR}$	从设备	系统地址奇偶校验错误
总线仲裁信号		
$\overline{REQ}$	主设备	请求总线控制权
$\overline{GNT}$	总线控制器	响应总线请求
$\overline{LOCK}$	总线控制器	总线锁定

续表

名　　称	源	含　　义
系统信号		
$\overline{RST}$	系统信号	总线复位信号
CLK	系统信号	总线时钟信号
64 位地址/数据信号		
$AD_{63} \sim AD_{32}$	双向	高 32 位地址/数据复用信号
$\overline{BE_7} \sim \overline{BE_4}$	主设备	命令/字节使能复用信号
PAR64	双向	对 $AD_{63} \sim AD_{32}$ 以及 $C/\overline{BE_7} \sim C/\overline{BE_4}$ 的偶校验
REQ64	主设备	请求 64 位数据传输
ACK64	从设备	响应 64 位数据传输
中断请求信号		
$\overline{INTA} \sim \overline{INTD}$	从设备	4 个不同的中断请求信号
高速缓存测试返回信号		
$\overline{SBO}$	高速缓存控制器	行查询测试命中
$\overline{SDONE}$	高速缓存控制器	查询测试周期结束
测试信号		
TDO	总线控制器	串行输出数据测试
TDI	测试设备	串行输入数据测试
TCK	测试设备	串行时钟测试
TMS	测试设备	测试模式选择
$\overline{TRST}$	测试设备	测试复位信号

5.4.2　PCI 总线时序

1. 读操作时序

PCI 总线读操作时序如图 5-20 所示。通信开始于 $\overline{FRAME}$ 信号有效,一旦 $\overline{FRAME}$ 信号有效,地址期就开始,并在时钟 2 的上升沿处稳定有效。在地址期内,AD 上包含有效地址,$C/\overline{BE}$ 含有一个有效的总线命令。数据期从时钟 3 的上升沿开始,在此期间,AD 上传送的是数据,而 $C/\overline{BE}$ 线上的信息指出数据线上的哪些字节是有效的。要特别指出的是,无论是读操作还是写操作,从数据期的开始一直到传输完成,$C/\overline{BE}$ 必须始终保持有效状态。

图 5-20 所示的设备选择号 $\overline{DEVSEL}$ 信号和 $\overline{TRDY}$ 信号是由被地址期内所发地址选中的设备提供的,但要保证在 $\overline{IRDY}$ 之后出现。而 $\overline{IRDY}$ 信号是发起读操作的设备(主设备)根据总线的占用情况自动发出的。数据的真正传输是在 $\overline{IRDY}$ 和 $\overline{TRDY}$ 同时有效的时钟上升沿进行,这两个信号其中之一无效时,就表示插入等待周期,此时不进行数据传输。这说明,一个数据期可以包含一次数据传输和若干个等待周期。图 5-20 中,时钟 4、6、8 处进行了一次数据传输,而时钟 3、5、7 处插入了等待周期。

读操作中的地址期和数据期之间,AD 线上有一个交换期,由从设备利用 $\overline{TRDY}$ 强制实现。但交换期过后并且有 $\overline{TRDY}$ 信号时,从设备必须驱动 AD 线。

时钟 7 处尽管是一个数据期,但由于 $\overline{IRDY}$ 此时无效不能完成最后一次数据传输,故 $\overline{FRAME}$ 不能撤销,只在时钟 8 处,$\overline{IRDY}$ 变为有效后,$\overline{FRAME}$ 信号才能撤销。

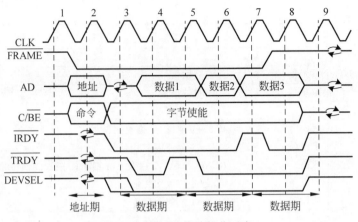

图 5-20　PCI 总线读操作时序

2. 写操作时序

　　PCI 总线写操作时序如图 5-21 所示，与读操作类似，也是 $\overline{\text{FRAME}}$ 信号的有效预示着地址的开始，并且在时钟 2 上升沿达到稳定有效，整个数据期也与读操作基本相同。只是在第三个数据期中由从设备连续插入了 3 个等待周期，时钟 5 处传输双方均插入等待周期。

　　值得注意的是，$\overline{\text{DEVSEL}}$ 撤销必须要有 $\overline{\text{FRAME}}$ 发出为前提，以表明是最后一个数据期。

　　写操作中，地址期与数据期之间没有交换周期，这是因为写操作数据和地址是由同一个设备(主设备)发出的。

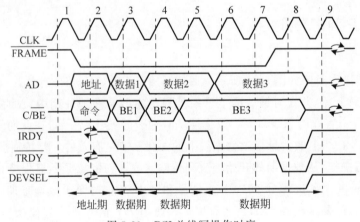

图 5-21　PCI 总线写操作时序

　　上述读/写操作时序均是以多个数据期为例来说明的。如果是一个数据期时，$\overline{\text{FRAME}}$ 信号在没有等待周期的情况下，应在地址期(读操作在交换期)过后即撤销。

5.5　常见外部总线简介

　　外部总线又称通信总线，是连接计算机系统之间或计算机与其他外围设备的通路。外部总线按传输线路的不同，可分为两种方式：并行传输和串行传输。如果一组信息在多条线上同时传递,那么这种传输方式称为并行传输。相反,如果一组信息是通过一根传输电缆逐位传输,则称为串行传输。

并行传输多个数据位同时传送,传输的高效率是串行传输所无法比拟的,多用于实时性好、时间响应好的场合。并行传送的数据宽度可以是 1～128 位,但其所需数据线多,因而成本高;并行传输的距离通常小于 30m,这也是限制其应用的主要因素。

串行比并行传输复杂,通常与串行接口连接的设备需要将串行传输转换成并行数据才能使用。串行总线是按位顺序进行传递的,因此它具有很多并行传输所不具备的优点:

(1) 串行传输只需要一根传输线即可,在成本上可以有一定的节约。

(2) 传输距离长,有的可达到几千米,在长距离内串行数据传输速率会比并行数据传输速率快,同时串行通信的时钟频率很容易提高。

(3) 抗干扰能力极强,同一根电缆线的数据传输可以不受其他线路的干扰,这也是串行总线应用极广的原因之一。

随着 CPU 技术的高速发展,外部总线带宽要求越来越高。提高总线带宽有两种方法:增加数据线的根数或增加时钟频率。增加数据线的根数,势必增加系统硬件的复杂度,使系统可靠性下降。若提高总线的时钟频率,则并行总线的串扰和同步问题表现得越来越突出,使总线不能正常工作。因此,现代计算机系统外部总线大都采用串行传输方式。下面简要介绍几种计算机系统设备互联的异步串行总线和芯片互联的同步串行总线。

5.5.1　SATA 总线

SATA 是 Serial ATA 的缩写,即串行 ATA(Advanced Technology Attachment)。SATA 采用串行连接方式,相比并行 ATA 具备更强的纠错能力,结构简单、支持热插拔,已经成了桌面硬盘的主力接口。主板上标有 SATA1、SATA2 标志的 7 针插座就是 SATA 接口,通过扁平 SATA 数据线,即可与 SATA 硬盘连接,每个 SATA 接口只能连接一块SATA 硬盘。

SATA 接口为 7 针插座,排线也很细,有利于机箱内部空气流动,从而加强散热效果。SATA 接口、线缆外形如图 5-22 所示,其中图(a)为硬盘 SATA 接口,图(b)为 SATA 硬盘电源接口,图(c)为连接硬盘 SATA 接口电缆,图(d)为连接 SATA 硬盘电源接口电缆,图(e)为连接主板 SATA 接口电缆,图(f)为主板 SATA 接口,图(g)为主板上与图(a)、图(b)配套的 SATA 信号及电源接口。SATA 接口共 7 个引脚,引脚依次为 1～7,引脚名称及含义如表 5-3 所示。

SATA 主设备与从设备之间可以采用点对点连接方式,如图 5-23 所示;也可以通过总线适配器(Host Bus Adapter,HBA)以及端口多路器和多个 SATA 从设备通信,如图 5-24 所示;还可以通过端口选择器实现多个主设备与一个 SATA 从设备通信,如图 5-25所示。

SATA 总线协议结构如图 5-26 所示,规定了各个层级之间传输数据的结构以及状态机,本书不再详述,有兴趣的读者请查阅相关协议。

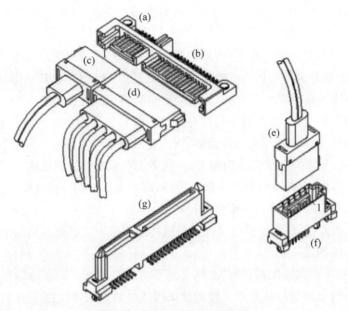

图 5-22　SATA 接口、线缆外形

表 5-3　SATA 接口引脚名称及含义

引脚	名称	含　义	引脚	名称	含　义
1	GND	地，一般和负极相连	5	B−	数据接收负极信号
2	A+	数据发送正极信号	6	B+	数据接收正极信号
3	A−	数据发送负极信号	7	GND	地，一般和负极相连
4	GND	地，一般和负极相连			

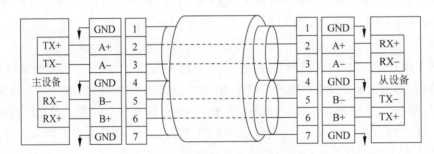

图 5-23　SATA 总线点对点连接方式

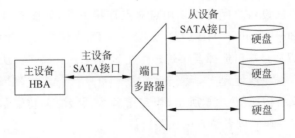

图 5-24　SATA 总线一对多连接方式

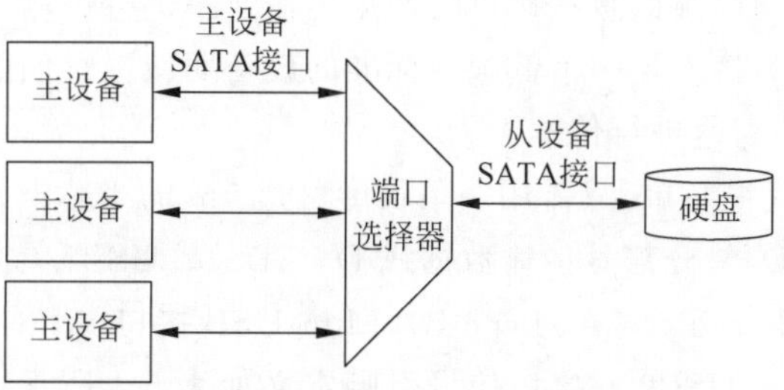

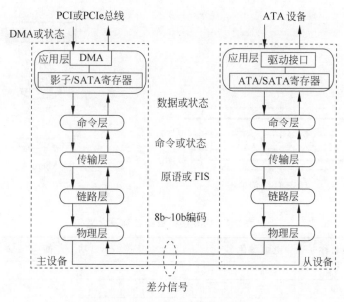

图 5-25　SATA 总线多对一连接方式

图 5-26　SATA 总线协议结构

5.5.2　USB 通用串行总线

USB(Universal Serial Bus)通用串行总线标准,设计初衷是用一个 USB 端口连接所有不带适配卡的外设,而且可以在不开机箱的情况下增减设备,支持即插即用功能。USB 总线既可用于连接低速的外围设备,如键盘、鼠标等,也可用于中速装置,如移动硬盘、光驱、Modem、扫描仪、数码相机和打印机等。USB 可使中速、低速的串行外设很方便地与主设备连接,不需要另加接口卡,并在软件配合下支持即插即用功能。

USB 总线之所以能被广泛接受,主要是其具有以下主要特点:

(1) 速度快。USB2.0 接口支持的数据传输速率最高为 480Mbps;USB3.0 接口支持的数传输速率高达 5.0Gbps。

(2) 连接简单快捷,可进行热插拔。

(3) 无须外接电源。USB 提供内置电源,能向低压设备提供+5V 的电源。

(4) 扩充能力强。USB 支持多设备连接,减少了 PC 的 I/O 口的数量。使用 USB HUB 最多可扩充 127 个外围设备。

(5) 良好的兼容性。USB 接口标准具有良好的向下兼容性。系统在自动监测到低版本的接口类型时,会自动按照低版本接口的数据传输速率进行传输,而其他采用高版本标准接口的设备,并不会因为接入了一个低版本标准的设备而减慢它们的数据传输速率,还是能以高版本标准所规定的高速进行传输。

USB 总线连接方式很简单,只需用一条长度可达 5m 的 4 芯电缆,如图 5-27 所示,包括电源线 V_{BUS},地线 GND,差分信号传输数据线 D+、D−。USB2.0 总线接口外形如图 5-28 所示,分为标准 USB 接口(Type A、Type B)、Mini USB 接口(Mini −A、−B)、Micro USB 接口(Micro −A、−B)。USB2.0 接口信号引脚定义如表 5-4 所示。USB 总线数据流采用差分信号传输,可以有效提高信号的抗干扰能力。

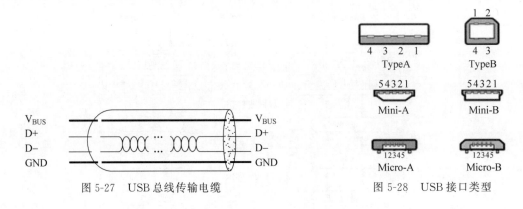

图 5-27 USB 总线传输电缆　　　　图 5-28 USB 接口类型

表 5-4 USB 接口引脚名称及含义

引脚	名称	电缆颜色	功　能
1	V_{BUS}	红	+5V
2	D+	白	数据线+
3	D−	绿	数据线−
4	ID	无	USB 主设备连接到信号地,USB 从设备不连接
5	GND	黑	地

USB 总线采用星形连接拓扑,如图 5-29 所示,通过 USB 集线器(HUB)最多可连接 7级 USB 设备。USB 总线只有一个主设备,其余的都是 USB 设备(集线器或从设备)。

USB 设备初次接入 USB 总线时,主设备就会为 USB 外设分配一个唯一的 USB 地址,并作为该 USB 外设的唯一标识,USB 总线最多可以分配 127 个地址,这个过程称为 USB总线枚举(Bus Enumeration)过程。USB 使用总线枚举方法在计算机系统运行期间动态检测外设的连接和摘除,并动态分配 USB 地址,从而真正实现"即插即用"和"热插拔"。

USB 主设备在 USB 总线中所起的作用是:①检测 USB 设备的加入或去除状态;②管理主设备与 USB 设备之间的控制流;③管理主设备与 USB 设备之间的数据流;④收集USB 设备的状态与活动属性;⑤提供有限的电源,驱动 USB 设备。

USB 协议结构如图 5-30 所示,详细规定了各个层级的功能以及数据传输机制、传输数据的结构等,本书不予详述,有兴趣的读者可参考相关文献。

USB 以包的方式进行数据传输,每一次数据传输通常由 3 个包构成:

(1) 主设备发出令牌(token)包,内含 USB 从设备地址、输入/输出操作方式等。

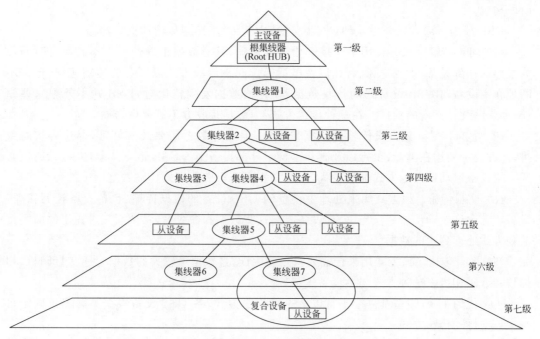

图 5-29　USB 总线拓扑

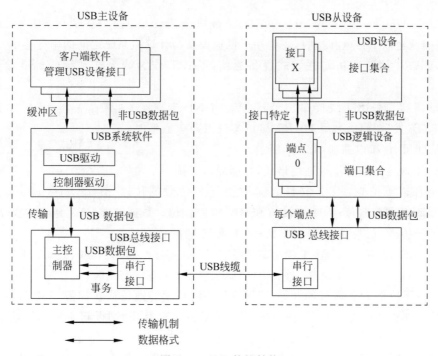

图 5-30　USB 协议结构

（2）从设备通过地址译码，被选中的 USB 从设备接收或发送数据包。

（3）接收数据方发出握手（ACK）包，表示传输正确与否。

USB 事务分为 IN、OUT、SETUP 3 个事务。每个事务由令牌包、数据包、握手包 3 个阶段构成。

USB 数据传输方式分为 4 种：同步传输、中断传输、控制传输和批量传输。

(1) 同步传输。该方式用来连接需要连续传输，且对数据正确性要求不高而对时间极为敏感的外部设备，如麦克风、音箱以及电话等。同步传输方式以固定的传输速率，连续不断地在主设备与 USB 设备之间传输数据，在传输数据发生错误时，USB 并不处理这些错误，而是继续传送新的数据。在这种传送方式下，数据接收方不需要发送握手包。

(2) 中断传输。该方式传输的数据量很小，但这些数据需要及时处理，以达到实时效果，此方式主要用在键盘、鼠标以及游戏手柄等外部设备上。USB 不支持硬件中断，所以必须靠主设备以周期性地方式加以轮询，以便知悉是否有装置需要传输数据给主设备。

(3) 控制传输。该方式用来处理主设备到 USB 设备的数据传输，包括设备控制指令、设备状态查询及确认命令。当 USB 设备收到这些数据和命令后，将依据先进先出的原则按队列方式处理到达的数据。

(4) 批量传输。该方式用来传输要求正确无误，且数据量较大的数据。通常打印机、扫描仪和数码相机以这种方式与主设备连接。

不是任何 USB 设备都需要支持以上 4 种传输方式，各 USB 设备根据不同场景确定自身应该支持的传输方式。

5.5.3　UART 通用异步串行通信总线

UART(Universal Asynchronous Receiver/Transmitter)是一种通用异步串行通信总线，可以实现全双工传输和接收，主要用于低速设备与计算机系统之间的串行通信。嵌入式设计中，UART 用于主机与嵌入式设备通信，UART 作为嵌入式系统的标准输入/输出接口。

UART 接口采用 4 线接口，分别为 V_{CC}、GND、RXD(接收端)、TXD(发送端)。采用 UART 接口实现点对点通信时，连接三线即可，连接电路如图 5-31 所示。

UART 规定了数据串行通信格式，数据通信以帧为单位，每一帧包含以下信息：①1 位起始位；②5～8 位数据位；③0～1 位奇或偶校验位；④1 位、1.5 位或 2 位停止位。数据位低位优先传送，信息位宽度由波特率(每秒传输的信息位

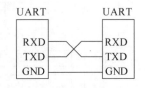

图 5-31　UART 点对点三线通信连接电路

数，以 bps 为单位)决定，UART 支持的波特率为 300、1200、2400、4800、9600、19.2k、38.4k、57.6k、115.2k…。波特率越高，通信距离越短。UART 总线空闲时，信号线维持高电平，若信号线出现下降沿表示通信的开始。UART 一帧数据的通信格式如图 5-32 所示，若采用 7 位数据位、1 位奇校验、1 位停止位传送字符"A"的 ASCII 码，则得到如图 5-33 所示的逻辑波形。

UART 定义的数据通信格式属于链路层协议，UART 接口采用 TTL 电平，信号传输距离较短，为提高信号传输距离以及抗干扰能力，电子工业协会(EIA)提出了针对异步串行通信数据接口的标准 RS-232、RS-422 与 RS-485，这些标准只对接口电气特性做出规定，而不涉及接插件、电缆或协议，在此基础上用户可以定义高层通信协议。

RS-232 标准采用单端通信，收、发端的数据信号都相对于信号地。典型的 RS-232 信号

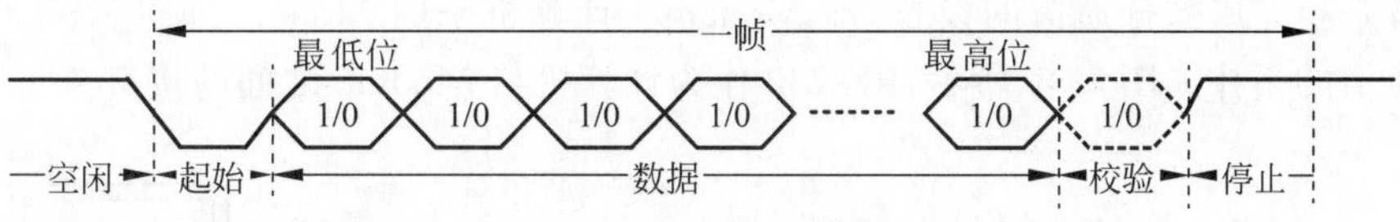

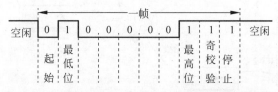

图 5-32　UART 一帧数据的通信格式

图 5-33　UART 传送字符"A"的 ASCII 码的逻辑波形

在正负电平之间摆动,发送数据时,发送端驱动器输出正电平在+5～+15V,负电平在−5～−15V。接收器典型的工作电平在+3～+12V 与−3～−12V。RS-232 标准采用负逻辑,即正电平表示逻辑 0,负电平表示逻辑 1。由于 RS-232 发送电平与接收电平的差仅为 2～3V,所以共模抑制能力差,再加上双绞线上的分布电容,其传送距离最大为约 15m,最高数据传输速率为 20kbps。

EIA 规定 RS-232 标准有 9、25 针的针状连接器,如图 5-34 所示。各引脚功能描述如表 5-5 所示。

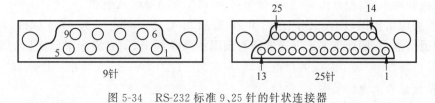

图 5-34　RS-232 标准 9、25 针的针状连接器

表 5-5　RS-232 标准 25 针与 9 针连接插头的引脚名称及功能

插 头 型 号		方向	缩写符号	功　能
9 针	25 针			
1	2	输入	DCD	载波检测
2	3	输入	RXD	数据接收端
3	4	输出	TXD	数据发送端
4	5	输出	DTR	数据终端就绪
5	6	接地	GND	信号地
6	7	输入	DSR	数据设备就绪
7	8	输出	RTS	准备发送
8	20	输入	CTS	发送清零
9	22	输入	RI	振铃指示

RS-232 标准制定之初主要为了通过调制解调器(Modem)实现远距离通信,因此在引脚功能描述中有数据终端、数据设备之称,其中数据终端是指数据的宿主,即计算机系统;

数据设备是指完成数据通信的设备,即 Modem。计算机采用 Modem 通过 RS-232 接口进行数据通信的拓扑如图 5-35 所示,RS-232 作为计算机与 Modem 之间的接口。

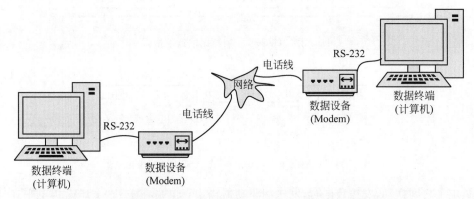

图 5-35　计算机采用 Modem 通过 RS-232 接口进行数据通信的拓扑

为改进 RS-232 标准通信距离短、速率低的缺点,RS-422 标准定义了差分通信接口,数据信号采用差分传输方式,也称作平衡传输,使用一对双绞线,将其中一线定义为 A,另一线定义为 B。发送器 A、B 之间的正电平在＋2～＋6V,负电平在－2V～－6V,另有一个信号地 C。RS-422 标准将数据传输速率提高到10Mbps,传输距离延长到 4000 英尺(速率低于100kbps 时),并允许在一条差分总线上连接最多 10 个接收器。RS-422 标准是一种单机发送、多机接收的单向、差分传输规范,被命名为 TIA/EIA-422-A 标准。

为扩展应用范围,EIA 又于 1983 年在 RS-422 基础上制定了 RS-485 标准,增加了多点、双向通信能力,即允许多个发送器连接到同一条总线上,同时增加了发送器的驱动能力和冲突保护特性,扩展了总线共模范围,后命名为 TIA/EIA-485-A 标准。RS-485 标准支持在一条差分总线上连接最多 32 个节点。

RS-422、RS-485 接口支持 3 种连接方式:链式、总线或点对点。链式连接电路如图 5-36所示,总线连接电路如图 5-37 所示。图中 A、B 分别表示差分信号的阳极和阴极。

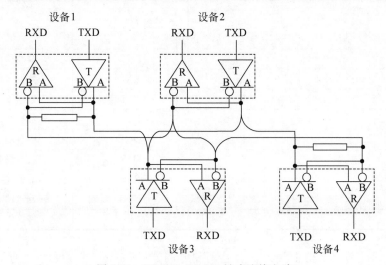

图 5-36　RS-422、RS-485 链式连接电路

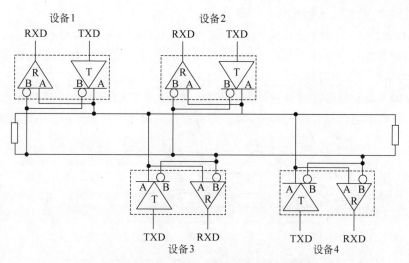

图 5-37 RS-422、RS-485 总线连接电路

RS-422、RS-485 接口构建的链式、总线连接拓扑中各个设备之间属于对等关系,为实现各个设备之间的一对一通信,还必须在 UART 总线基础上定义通信协议,以实现各个设备的地址映射关系,如 Modbus 协议。Modbus 协议、UART 总线、RS-422\RS-485 接口之间的关系如图 5-38 所示。

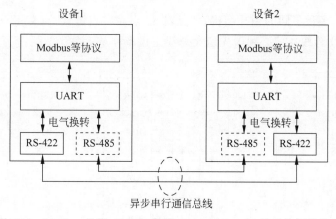

图 5-38 Modbus 协议、UART 总线、RS-422\RS-485 接口之间的关系

以上介绍的几种外部总线可以实现计算机与外设、计算机与计算机之间的通信,它们都采用异步通信方式,为实现远距离传输,通常采用差分方式传输信号。下面再介绍几种在嵌入式系统中广泛应用的同步串行外部总线,它们主要实现芯片与芯片之间的串行通信。

5.5.4 SPI 串行外设总线

SPI(Serial Peripheral Interface,串行外设接口)总线是一种同步串行外设总线,它可以使微控制器与各种外围设备以串行方式进行通信以交换信息。SPI 总线可直接与各个厂家生产的多种标准外围器件相连,包括 Flash 存储器、网络控制器、LCD 显示驱动器、A/D 转换器等。SPI 接口一般使用 4 条线:串行时钟线(SCLK)、主机输入/从机输出数据线

MISO、主机输出/从机输入数据线 MOSI 和低电平有效的从设备选择线 $\overline{\text{SS}}$。

SPI 总线支持 4 种不同的时序,如图 5-39 所示。由 SCLK 时钟极性(Clock Polarity,CPOL)以及时钟相位(Clock Phase,CPHA)决定时序种类。CPOL 为 0 表示空闲时时钟线为低电平,为 1 表示空闲时时钟线为高电平;CPHA 为 0 表示数据在时钟相位为 0°(第一个边沿)采样,为 1 表示数据在时钟相位为 180°(第二个边沿)采样。SPI 数据线串行数据位传输的先后顺序可由通信双方事先约定,数据传送过程中被选中从设备的 $\overline{\text{SS}}$ 必须为低电平。

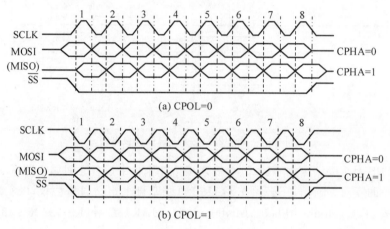

图 5-39　SPI 总线 4 种不同时序

SPI 总线支持多种不同的拓扑结构,如点对点、点对多点链式、点对多点总线方式等,如图 5-40 所示。SPI 总线通信必须事先定义总线主设备和从设备。

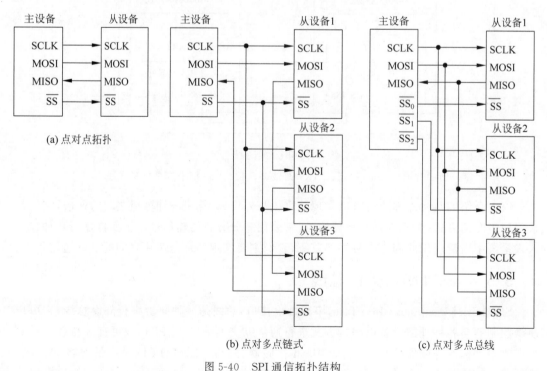

图 5-40　SPI 通信拓扑结构

SPI总线仅提供$\overline{\text{SS}}$从设备片选信号,若与SPI接口的Flash存储芯片通信,如对Flash存储芯片读、编程必须首先发送读、编程命令以及存储单元地址等相关信息,然后才能进行数据通信。读、编程命令以及存储单元地址等信息通过SPI数据线传送,因此,与其他外部串行通信总线一样,在SPI总线基础上,必须定义相关协议规定SPI设备通信事务的传送规则,如SPI接口Flash存储芯片需定义命令、地址、数据传送规则。Flash存储芯片S25FL512S采用SPI接口读数据时序如图5-41所示。

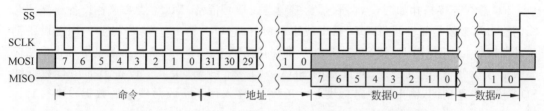

图5-41 Flash存储芯片S25FL512S采用SPI接口读数据时序

SPI总线支持全双工通信,但是大多数设备之间并不需要全双工通信,为提高通信效率,出现了改进的SPI总线: DSPI(Dual SPI)和QSPI(Quad SPI)。

DSPI总线信号线数不变,SPI总线的MOSI、MISO改为双向数据线,分别命名为I/O_0、I/O_1。DSPI仍然遵循SPI的4种时序,且I/O_0、I/O_1在传输命令时功能仍然与SPI总线一样,即I/O_0输出命令信息,但是传输地址、数据时由I/O_0、I/O_1共同完成。如Flash存储芯片S25FL512S采用DSPI接口的读数据时序如图5-42所示。

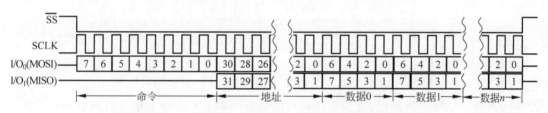

图5-42 Flash存储芯片S25FL512S采用DSPI接口读数据时序

QSPI总线比SPI、DSPI新增2根数据线,且都为双向数据线,分别命名为I/O_0、I/O_1、I/O_2、I/O_3,同样遵循SPI的4种时序,传输命令时仅I/O_0有效,传输地址、数据时4根数据线可同时传输。如Flash存储芯片S25FL512S采用QSPI接口的读数据时序如图5-43所示。

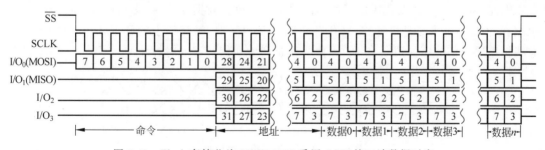

图5-43 Flash存储芯片S25FL512S采用QSPI接口读数据时序

5.5.5　I²C 总线

I²C(Inter-Integrated Circuit)集成电路总线是由飞利浦半导体公司在 20 世纪 80 年代初设计出来的一种简单、双向、二线制、同步串行总线,被广泛用于嵌入式计算机微控制器和I/O 设备之间的串行通信。I²C 总线利用两根信号线实现集成电路之间的信息传递,一根为数据线 SDA,另一根为时钟线 SCL。

I²C 总线连接拓扑如图 5-44 所示,为避免总线信号混乱,I²C 总线要求各设备连接到总线的输出端必须是漏极开路(OD)输出或集电极开路(OC)输出。总线空闲时,因各设备都是开路输出,上拉电阻 R_p 使 SDA 和 SCL 都保持高电平。任一设备输出低电平都将使相应总线信号线变低,也就是说,各设备的 SDA、SCL 是"线与"关系。设备上的串行数据线SDA 接口是双向的,输出用于向总线上发送数据,输入用于接收总线上的数据。串行时钟线也是双向的,作为主设备时,一方面通过 SCL 输出电路发送时钟信号,另一方面还要检测总线上的 SCL 电平,以决定什么时候发送下一个时钟脉冲电平;作为从设备时,一方面按总线上 SCL 信号发出或接收 SDA 上的信号,另一方面也可以向 SCL 线发出低电平以延长总线时钟信号周期。

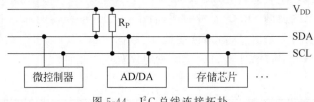

图 5-44　I²C 总线连接拓扑

I²C 多点通信系统中任一确定时刻,只能由一个主设备控制总线启动和结束通信,并由它产生通信所需的时钟脉冲。且同一个系统中通信设备数量可大于 2 个,I²C 总线上每个设备均具有一个唯一的地址,通信软件在访问设备时加上所需地址信息以选中不同设备。这一方法可以避免利用设备的片选线进行寻址,使硬件系统扩展灵活简便。

I²C 总线采用全分布式仲裁策略,当总线空闲时,任何一个设备都可以通过拉低 SDA数据线占用总线。总线上一旦有其他设备占用总线则不能继续占用总线。通信时,主设备产生启动信号,当 SCL 为高电平时,SDA 从高到低地变化表示启动。通信结束后由主设备发出通信结束信号,即在 SCL 高电平时,将 SDA 信号从低变为高。由上述可知,在 SCL 高电平期间,SDA 信号的变化决定了通信的启动和结束。数据传输时,必须保证 SDA 线上的数据在 SCL 高电平时是稳定的,只有当 SCL 为低电平时,数据线上的数据才可以改变,I²C总线链路层通信时序如图 5-45 所示,由主设备产生通信所需的时钟脉冲。

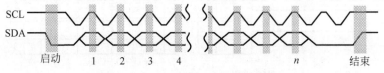

图 5-45　I²C 总线链路层通信时序

I²C 总线启动后即可在 SCL 信号的同步下传输指令、地址或数据。I²C 总线传送的每一帧信息均为一个字节。传送的字节数没有限制,但要求每传送一个字节以后,对方回应一个应答位(ACK 或 $\overline{\text{ACK}}$)。应答所需的时钟脉冲由主设备产生,如从设备处于接收状态,则在收到应答时钟脉冲后,将 SDA 转为发送状态,并将 SDA 置为低电平(ACK);如从设备处于发送状态,则在收到应答时钟脉冲后,释放 SDA,由主设备发回应答信号。I^2C 总线每一帧数据高位优先传送。

I^2C 总线使用 7 位或 10 位地址寻址模式。无论哪种寻址模式传输的第一帧信息都为地址,7 位寻址模式下,只需一帧信息即可实现寻址,第一帧信息格式如表 5-6 所示。10 位寻址模式下,需要两帧信息才能实现寻址,寻址信息格式如表 5-7 所示。

表 5-6　7 位地址寻址模式第一帧信息格式

第一帧信息								ACK
数据位	7	6	5	4	3	2	1	0	
含义	A_6	A_5	A_4	A_3	A_2	A_1	A_0	1=读 0=写	
	7 位地址								

表 5-7　10 位地址寻址模式两帧信息格式

	第一帧信息								ACK	第二帧信息								ACK
数据位	7	6	5	4	3	2	1	0		7	6	5	4	3	2	1	0	
值	1	1	1	1	0	x	x	1=读 0=写		x	x	x	x	x	x	x	x	
含义	10 位地址特征					A_9	A_8			A_7	A_6	A_5	A_4	A_3	A_2	A_1	A_0	

主设备通过 I^2C 总线 7 位地址寻址模式读写从设备的时序分别如表 5-8、表 5-9 所示。如果读写过程中转换读写方式,需要再次发送地址信息帧,如表 5-10 所示。其中阴影部分为主设备产生的信号,其余部分为从设备产生的信号。10 位地址寻址模式时序基本类似,仅地址信息帧格式稍有差别。

表 5-8　I^2C 总线 7 位地址寻址模式读时序

启动	7 位地址	1	ACK	数据	ACK	…	$\overline{\text{ACK}}$	结束

表 5-9　I^2C 总线 7 位地址寻址模式写时序

启动	7 位地址	0	ACK	数据	ACK	…	ACK/$\overline{\text{ACK}}$	结束

表 5-10　I^2C 总线 7 位地址寻址模式写/读转换时序

启动	7 位地址	0	ACK	数据	ACK	7 位地址	1	ACK	数据	ACK	…	$\overline{\text{ACK}}$	结束

本章小结

计算机系统采用总线结构,具有单总线、双总线以及多总线结构等不同结构。随着计算机技术的发展,计算机系统中的总线种类越来越多,但都可根据总线所处计算机系统的不同层次和位置,将它们分为片内总线、系统总线、局部总线以及外部总线等。

总线的性能是影响计算机系统整体性能的一个重要因素,总线性能指标包括位宽、频率、带宽等,带宽是描述总线性能的一个最直接的指标。总线是信息传输的公共通道,总线传输信息通常分为以下几个步骤:①主设备申请总线;②总线仲裁;③寻址从设备;④数据传输;⑤数据校验。总线实现主、从设备之间的通信,可采取同步、异步、半同步等定时机制。根据总线传输的信号类型可将总线分为复用总线和专用总线,根据总线传输数据位的宽度可分为串行总线和并行总线。总线操作根据信息的传输方式分为读操作、写操作、突发操作等。

AXI 总线是 AMBA 片内总线的一个子集,它将读写地址、读写数据都分为不同的通道传输,且写操作时,还需配合一个写响应通道,共 5 个通道。各个通道信息独立传输,每个通道都具有控制信号,通道之间的配合通过 BUSID 实现。

PCI 总线是 PC 机上常见的一种局部总线,可支持 32 位、64 位数据访问,且地址、数据线复用。AXI 总线以及 PCI 总线都采用半同步定时方式,即既具有时钟信号,同时还具有握手控制信号。只有在通信双方都就绪的情况下,通信才能正在进行,且通信时间以时钟周期为最小单位。

随着计算机技术的快速发展,设备间通信速率要求越来越高。由于并行总线存在串扰,不适合长距离传输,因此现代计算机系统外部总线大都为串行总线。本章简要介绍了计算机系统中与存储设备(硬盘、光盘)通信的 SATA 总线、与大多数嵌入式设备通信的 USB 总线、用作嵌入式计算机系统 STDIO 的 UART 接口以及嵌入式计算机系统中芯片间通信的 SPI 总线和 I^2C 总线。SATA 总线以及 USB 总线都属于高速串行总线,UART、SPI、I^2C 都属于低速串行总线。其中 SATA、USB、UART 为异步串行总线,SPI、I^2C 为同步串行总线。为实现设备间通信,串行总线协议通常都可分为 3 层:①物理层描述总线或接口的机械、电气特性;②链路层描述信息的传输格式;③传输层描述总线读写操作实现方式。

限于篇幅,本书没有详细阐述各个总线的协议,有兴趣的读者可参考各总线协议手册。

思考与练习

1. 计算机系统各模块采用什么方式进行连接?计算机系统发展过程中具有哪几种连接方式?各有什么优缺点?

2. 总线按所处计算机系统的不同层次和位置分为哪几类?试分别针对各类总线举一个总线规范实例。

3. 描述总线性能指标有哪些参数?它们之间存在什么关系?总线带宽的单位通常是什么?

4. 挂接到总线上的设备分为哪几类?分别具有什么特点?

5. 总线周期是指什么?

6. 总线操作一般分为哪两类?分别指什么?

7. 总线仲裁是指什么?请列举几个典型的总线仲裁策略。

8. 总线上的信息传输一般经历一个什么样的过程?试举例说明。

9. 总线具有哪些定时方式?各具有什么特点?

10. AXI 总线是什么类型的总线？试举例说明 AXI 总线支持哪些拓扑结构？AXI 总线的定时方式是哪种类型？

11. AXI 总线写操作需通过哪些通道传输信息？各个通道传输的信息类型是什么？一个有效的写地址信号传输要求哪些信号同时有效？一个有效的写数据信号传输要求哪些信号同时有效？

12. AXI 总线读操作需通过哪些通道传输信息？各个通道传输的信息类型是什么？一个有效的读地址信号传输要求哪些信号同时有效？一个有效的读数据信号传输要求哪些信号同时有效？

13. AXI 总线读写操作采用什么方式进行？哪个信号分别标志读写数据的结束？

14. AXI 总线读、写操作传输的数据类型分别通过哪个信号指示？

15. PCI 总线属于哪种总线？总线仲裁信号的名称是什么？分别表示什么含义？

16. PCI 总线采用什么定时方式？哪个信号表示一次通信的开始与结束？一次有效的数据传输要求哪些信号同时有效？哪个信号表示从设备被选中？PCI 总线通过什么信号传输读、写命令？

17. SATA 总线采用几根数据线传输数据，分别表示什么含义，采用哪种信号类型？SATA 总线分别通过什么器件实现一对多或多对一的拓扑连接？

18. USB2.0 总线采用几根数据线传输数据，分别表示什么含义，采用哪种信号类型？USB 总线采用什么器件实现一对多的拓扑连接？

19. USB 数据传输一般包含哪几个阶段？分别实现什么功能？

20. UART 采用几根信号线传输数据，分别表示什么含义，采用哪种信号类型？支持哪几种电气接口？其中哪几种接口支持多个设备之间的通信？

21. UART 一帧数据包含哪几个部分？如何表示数据传输的开始和结束？

22. 若已知某 UART 接口设置的通信格式为 8 位数据、无校验位。试说明 UART 接口 TXD 信号上出现如题图 5-1 所示波形时，表示传输的数据为多少？

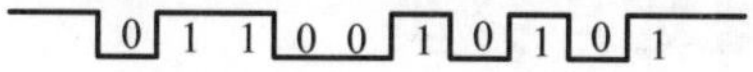

题图 5-1　TXD 信号波形

23. SPI 总线采用几根信号线传输数据，分别表示什么含义，采用哪种信号类型？哪种通信方式？SPI 总线中 SS 信号线的作用是什么？如何表示数据传输的开始和结束？SPI 总线是否需要设计总线仲裁策略？DSPI、QSPI 总线与 SPI 总线存在什么区别？

24. I²C 总线采用几根信号线传输数据，分别表示什么含义，采用哪种信号类型？哪种通信方式？如何表示数据传输的开始和结束？I²C 总线仲裁策略是什么？I²C 总线如何实现从设备寻址？

25. 本书介绍的外部串行通信总线中，哪些采用异步定时策略，哪些采用同步定时策略？

## 第 6 章

半导体存储器接口

内部存储器是计算机系统必不可少的组成部分,它存储计算机系统正在运行的程序,由半导体存储芯片构成。计算机系统各个部件通过总线通信,存储芯片作为总线从设备连接到总线上,必须设计符合总线协议规范的从设备接口电路。半导体存储芯片种类繁多,基于半导体存储芯片设计存储器接口时通常需考虑以下因素:①存储容量;②存储空间范围;③总线操作时序;④存储芯片读写时序等。

学完本章内容,要求掌握以下知识:

- 半导体存储芯片的分类;
- 半导体存储芯片的结构特点;
- 半导体存储芯片读写时序参数;
- 存储器容量、字长扩展接口电路设计;
- 支持不同类型数据访问的存储器接口电路设计;
- 基于存储控制器的接口电路设计。

6.1 半导体存储芯片分类

半导体存储芯片有多种分类方法,根据数据传输方式分为并行存储器、串行存储器;根据读/写操作方式分为 ROM(Read Only Memory)只读型存储器、RAM(Random Access Memory)随机存取存储器以及 Flash 闪存;根据读写操作时序分为异步存储器、同步存储器;根据读写速率分为 SDR(Single Data Rate)单倍速率、DDR(Dual Data Rate)双倍速率、QDR(Quad Data Rate)四倍速率等。

ROM 掉电不丢失数据、容量大、价格便宜。数据在正常应用时只能读、不能写,存储速度不如 RAM。ROM 分为 PROM、EPROM 和 EEPROM。PROM(Programmable ROM)可编程只读存储器,根据用户需求写入内容,但是只能写一次;EPROM(Erasable PROM)可擦除可编程只读存储器,可以多次编程更改,只能使用紫外线擦除;EEPROM(Electrically EPROM)电可擦除可编程只读存储器,可以多次编程更改,使用电擦除。

RAM 速度最快、掉电数据丢失、容量小、价格贵。RAM 分为 SRAM、DRAM。SRAM(Static RAM)静态随机存取存储器,不需刷新电路,数据不会丢失。SRAM 速度非常快,常用作高速缓存。DRAM(Dynamic RAM)动态随机存取存储器每隔一段时间需要刷新一次数据,才能保存数据,速度比 SRAM 慢。SDRAM(Synchronous DRAM)同步动态随机存取存储器工作需要同步时钟,命令的发送与数据的传输都以时钟为基准。DDR、DDR2、DDR3、DDR4 都属于 SDRAM,一代比一代速度更快、容量更大、功耗更小,常用作内存。

Flash 又称闪存,掉电不丢失数据、容量大、价格便宜。它结合了 ROM 和 RAM 的长处,不仅具备电子可擦除可编程(EEPROM)的性能,还断电不会丢失数据,同时可以快速读取数据。Flash 分为 NAND Flash 和 NOR Flash,NOR Flash 读取速度比 NAND Flash 快,但是容量不如 NAND Flash,价格也更高。应用程序可以直接在 NOR Flash 内运行,不必再把代码读到系统 RAM 中。NAND Flash 密度更大,可以作为文件存储设备。嵌入式设备文件存储系统通常采用 NAND Flash,计算机引导系统通常存储在 NOR Flash 中。

nvSRAM(nonvolatile SRAM)非易失静态随机存取存储器,采用 SRAM 加 EEPROM 方式实现了无须后备电池的非易失性存储,芯片接口、时序等与标准 SRAM 完全兼容。nvSRAM 操作通常都在 SRAM 中进行,只有当外界突然断电或者认为需要存储时才会把数据存储到 EEPROM 中去。当检测到系统上电后再把 EEPROM 中的数据复制到 SRAM 中,系统正常运行。它主要用于掉电时保存不能丢失的重要数据,应用领域广泛。

内存通常由并行存储器构成,串行存储器只能用作外部存储器,构成嵌入式计算机系统具有存储功能的外设。本章内容仅涉及并行存储器。

并行存储芯片从封装上看大都可以划分为地址线、数据线、片选线与控制线 4 个部分。

(1) 数据线的多少表征存储器的数据宽度,1 根只有 1 位宽,通常还有 4 位宽与 8 位宽等多种规格,通过多片组合就可以扩展数据位的宽度。在微型计算机中,总是以 8 位宽的字节作为存储器容量的基本单元,同时也是存储器寻址访问的基本单元。

(2) 地址线的多少表征存储器芯片的存储深度(字数)。但单一芯片的容量还同数据线的宽度有关,当芯片有 8 位数据线时,10 根地址线($A_9 \sim A_0$)表征它(ROM、SRAM)的总容量为 1 KB(1024 个字节),20 根表征 1 MB(1024 KB)。存储器地址线一般从最低位开始顺序连接总线的对应地址线,以寻址芯片内部存储单元。

(3) 片选线用于选中某一指定存储器芯片,它通常连接由总线上的高位地址线经译码后生成的控制信号。只有在芯片被选中的前提下,才能由低位地址线实现片内寻址。

(4) 控制线主要用于控制数据的传输方向,是读数据还是写数据,或者是输入数据还是输出数据。

6.2 典型存储芯片

不同类型半导体存储芯片对外接口不同。异步存储器接口类型是最常见的,相应的存储器有 SRAM、Flash、NvRAM 等;另外,许多以并行方式接口的模拟/数字 I/O 器件,如 A/D、D/A 等,也采用异步存储器接口形式实现。同步存储接口一般用于高档微处理器中,相应的存储器有同步静态存储器(SSRAM)和同步动态存储器(SDRAM)、同步

FIFO 等。

本节主要介绍几种常见并行存储器：异步 SRAM、NOR Flash、NAND Flash 以及同步 SSRAM、SDRAM、DDR2 SDRAM 等存储器的基本结构、接口、读写时序等。

6.2.1 异步 SRAM 存储芯片

异步 SRAM 的基本结构由存储矩阵、地址译码器和输入/输出控制电路三部分组成，结构框图如图 6-1 所示。其中 $A_0 \sim A_{n-1}$ 是 n 根地址线，$I/O_0 \sim I/O_{m-1}$ 是 m 根双向数据线，存储矩阵容量为 $2^n \times m$ 位。$\overline{OE}$ 为输出使能信号，$\overline{WE}$ 为写使能信号，$\overline{CE}$ 为片选信号。只有在 $\overline{CE}=0$ 时，SRAM 才能进行正常读写操作，否则，三态缓冲器均为高阻，SRAM 不工作。为降低功耗，一般 SRAM 中都设计有电源控制电路，当片选信号 $\overline{CE}$ 无效时，降低 SRAM 内部的工作电压，使其处于微功耗状态。输入/输出控制电路主要包含数据输入缓冲和输出放大电路，以使 SRAM 内外电平能更好地匹配。

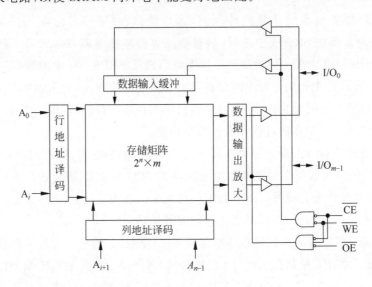

图 6-1 异步 SRAM 存储器结构框图

SRAM 存储芯片的工作模式如表 6-1 所示。

表 6-1 SRAM 的工作模式

工 作 模 式	$\overline{CE}$	$\overline{WE}$	$\overline{OE}$	$I/O_0 \sim I/O_m$
保持(微功耗)	1	x	x	高阻
读	0	1	0	数据输出
写	0	0	1	数据输入
输出无效	0	1	1	高阻

SRAM 工作时有读、写两种操作，它们分时进行。

读操作时，有效地址加到地址输入端，片选信号 $\overline{CE}$ 为低电平，写使能信号 $\overline{WE}$ 为高电平，输出使能信号 $\overline{OE}$ 为低电平，SRAM 中的数据被传输到数据线上。由于实际的逻辑电路都存在延时,所以从给定输入信号到数据输出需要一定的时间。SRAM 典型的读操作时序如图 6-2 所示。图 6-2(a)为当 $\overline{CE}=\overline{OE}=0$、$\overline{WE}=1$ 时的读操作,此时数据的输出只与地址的变化有关;图 6-2(b)为当 $\overline{WE}=1$,地址先有效或与 $\overline{CE}$ 同时有效的读操作,此时数据的输出由 $\overline{OE}$ 控制。

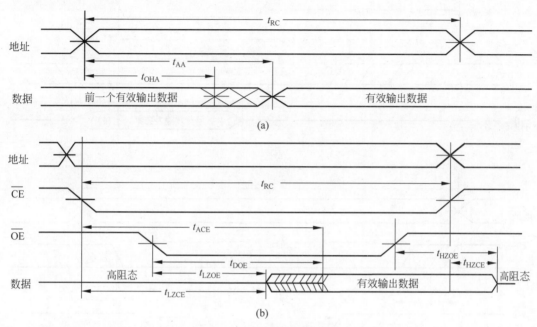

图 6-2 异步 SRAM 读操作时序

图 6-2 中参数含义如表 6-2 所示。

表 6-2 异步 SRAM 读操作时序参数含义

参数	含 义
t_{RC}	读周期
t_{AA}	新的地址到新的有效数据出现的时间
t_{OHA}	新的地址出现后上一个数据的有效维持时间
t_{ACE}	$\overline{CE}$ 下降沿到有效数据出现的时间
t_{DOE}	$\overline{OE}$ 下降沿到有效数据出现的时间
t_{LZOE}	$\overline{OE}$ 下降沿后数据线维持高阻态的时间,$t_{HZCE} < t_{LZCE}$
t_{LZCE}	$\overline{CE}$ 下降沿后数据线维持高阻态的时间,$t_{HZOE} < t_{LZOE}$
t_{HZCE}	$\overline{CE}$ 上升沿后数据线变为高阻态的时间,$t_{HZCE} < t_{LZCE}$
t_{HZOE}	$\overline{OE}$ 上升沿后数据线变为高阻态的时间,$t_{HZOE} < t_{LZOE}$

写操作时,有效地址加到地址输入端,片选信号 $\overline{CE}$ 有效,写使能信号 $\overline{WE}$ 有效时,数据线上的数据被写入 SRAM 中。SRAM 典型的写操作时序如图 6-3 所示。其中,图 6-3(a)为 $\overline{CE}$ 控制写入时的时序,图 6-3(b)为 $\overline{OE}$ 高电平时 $\overline{WE}$ 控制写入时的时序,图 6-3(c)为 $\overline{OE}$ 低电平时 $\overline{WE}$ 控制写入时的时序。

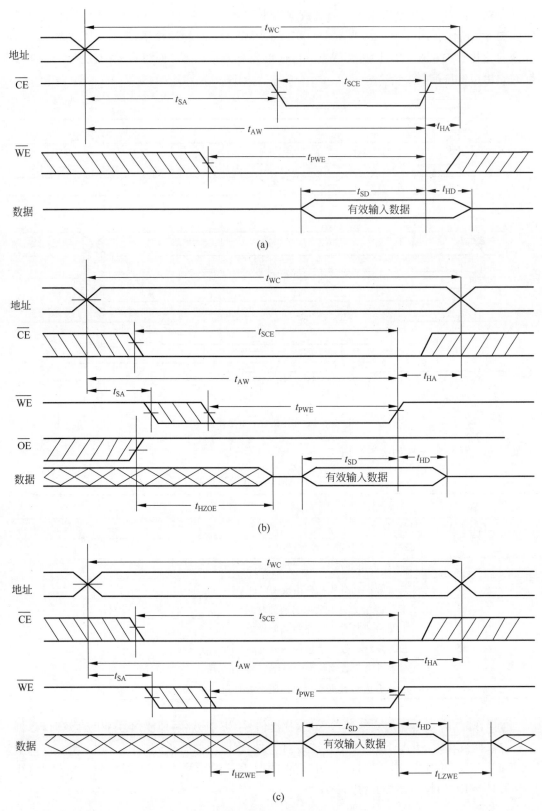

图 6-3　异步 SRAM 写操作时序

图 6-3 中参数含义如表 6-3 所示。

表 6-3　异步 SRAM 写操作时序参数含义

参数	含义
t_{WC}	写周期
t_{SA}	写操作控制信号下降沿前的地址建立时间
t_{AW}	写操作控制信号上升沿前的地址建立时间
t_{SCE}	$\overline{CE}$ 下降沿到写操作控制信号上升沿前的时间
t_{PWE}	$\overline{WE}$ 下降沿到写操作控制信号上升沿前的时间
t_{SD}	写操作控制信号上升沿前数据建立时间
t_{HA}	写操作控制信号上升沿后地址保持时间
t_{HD}	写操作控制信号上升沿后数据保持时间
t_{LZWE}	$\overline{WE}$ 下降沿后数据线维持高阻态的时间
t_{HZWE}	$\overline{WE}$ 上升沿后数据线变为高阻态的时间

大多数异步 SRAM 的读周期和写周期是相等的,一般为十几到几十纳秒。

6.2.2　NOR Flash 存储芯片

NOR Flash 根据数据访问的最小单位分为 8 位和 16 位两种。8 位(8 位模式)的 NOR Flash 芯片,一个地址对应一个字节。16 位(16 位模式)NOR Flash 芯片,一个地址对应一个半字。具体工作在哪种模式由信号 $\overline{BYTE}$ 控制。

NOR Flash 存储芯片内部逻辑框图如图 6-4 所示。

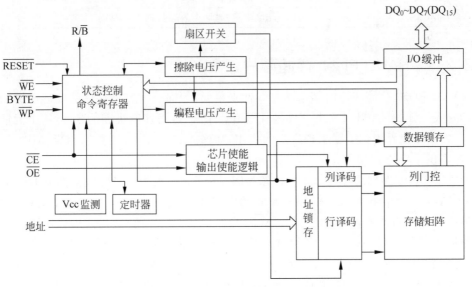

图 6-4　NOR Flash 存储芯片内部逻辑框图

NOR Flash 的读取和 SRAM 类似,只要能够提供数据的地址,数据总线就能够正确地输出数据,但不可以直接进行写操作。NOR Flash 的写操作需要遵循特定的命令序列,最终由芯片内部的控制单元完成写操作。NOR Flash 存储芯片读时序如图 6-5 所示。与普通的 SRAM 读时序类似,因此 NOR Flash 支持片内程序执行。NOR Flash 存储芯片读时序参数如表 6-4 所示。

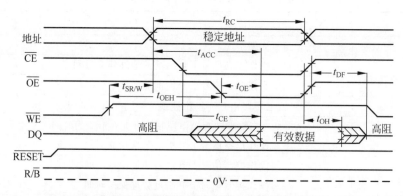

图 6-5 NOR Flash 存储芯片读时序

表 6-4 **NOR Flash 存储芯片读时序参数含义**

参数	含 义
t_{RC}	读周期
t_{ACC}	地址有效到有效数据输出之间的时延
t_{CE}	芯片使能有效到有效数据输出之间的时延
t_{OE}	输出使能有效到有效数据输出之间的时延
t_{DF}	芯片(输出)使能失效到数据线高阻的时延
$t_{SR/W}$	读、写操作之间的时间间隔
t_{OEH}	输出使能保存时间
t_{OH}	芯片(输出)使能、地址失效后数据保持时间

6.2.3 NAND Flash 存储芯片

NAND Flash 存储芯片内部采用非线性宏单元,为固态大容量存储的实现提供了廉价有效的解决方案。NAND Flash 存储芯片具有容量大、改写速度快等优点,适用于大量数据的存储,因而在业界得到了越来越广泛的应用,如嵌入式产品,包括数码相机、MP3 随身听记忆卡、体积小巧的 U 盘等。

NAND Flash 存储芯片内部逻辑框图如图 6-6 所示。命令、地址、数据都由 I/O 引脚输入,并由 ALE(Address Latch Enable,地址锁存使能)、CLE(Command Latch Enable,命令锁存使能)、$\overline{WE}$(写使能)、$\overline{RE}$(读使能)、$\overline{WP}$(写保护)、$\overline{CE}$(片选)等控制信号决定存储芯片的工作模式。NAND Flash 存储芯片工作模式与控制信号之间的关系如表 6-5 所示。

NAND Flash 采用区(block)、页(page)的方式组织。以 2Gb NAND 器件为例,它由 2048 个区组成,每个区有 64 个页。每一页均包含 2KB 数据区和 64B 空闲区,共 2112B。NAND 器件具有 8 位或 16 位 I/O 接口,通过 8 位或 16 位宽的双向数据总线连接到 NAND 存储器。在 16 位模式下,指令和地址仅仅利用低 8 位,而高 8 位仅仅在数据传输周期使用。

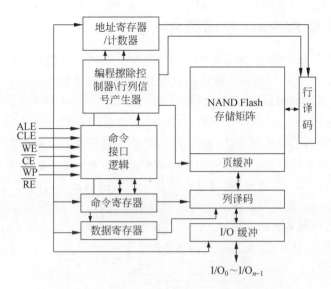

图 6-6 NAND Flash 存储芯片内部逻辑框图

表 6-5 **NAND Flash 存储芯片工作模式与控制信号之间的关系**

模 式		CLE	ALE	$\overline{CE}$	$\overline{WE}$	$\overline{RE}$	$\overline{WP}$
读	命令输入	1	0	0	↑	1	x
	地址输入	0	1	0	↑	1	x
编程或擦除	命令输入	1	0	0	↑	1	1
	地址输入	0	1	0	↑	1	1
数据输入		0	0	0	↑	1	1
数据输出		0	0	0	1	↓	x
数据输出暂停		x	x	x	1	1	x
读忙		x	x	x	1	1	x
编程忙		x	x	x	x	x	1
擦除忙		x	x	x	x	x	1
写保护		x	x	x	x	x	0
空闲		x	x	1	x	x	$0V/V_{CC}$

NAND Flash 基本操作包括复位、读 ID、读状态、编程、数据输入和输出等操作。NAND Flash 读写操作寻址方式与 NAND Flash 存储矩阵组织方式紧密相关，NAND Flash 擦除以区为单位，编程(写)、读取以页为单位，因此地址分为 3 部分：区地址(BA)、页地址(PA)、列地址(CA)。如 1GB 8 位 I/O 接口 NAND Flash 器件各部分地址与 I/O 信号之间的关系为：$A_{29} \sim A_{19}$(区地址)、A_{18}(层或区地址)、$A_{17} \sim A_{12}$(页地址)、$A_{11} \sim A_0$(列地址)。这 30 位地址通过 8 位 I/O 传输时，使用 5 个总线周期：$I/O_0 \sim I/O_7$ 在列地址周期 1 传输的地址为 $A_0 \sim A_7$；$I/O_0 \sim I/O_3$ 在列地址周期 2 传输的地址为 $A_8 \sim A_{11}$；$I/O_0 \sim I/O_7$ 在行地址周期 1 传输的地址为 $A_{12} \sim A_{19}$；$I/O_0 \sim I/O_7$ 在行地址周期 2 传输的地址为 $A_{20} \sim A_{27}$；$I/O_0 \sim I/O_1$ 在行地址周期 3 传输的地址为 $A_{28} \sim A_{29}$。

6.2.4 同步 SSRAM 存储芯片

同步静态随机存取存储器(SSRAM)是在 SRAM 基础上发展起来的一种高速 RAM。SSRAM 与 SRAM 最主要的差别是前者的读写操作是在时钟脉冲节拍控制下完成的。因此,SSRAM 最明显的标志是有时钟脉冲输入端。

SSRAM 的基本结构如图 6-7 所示。由图 6-7 可以看出,SSRAM 中除了具有与 SRAM 类似的电路外,还增加了地址寄存器、输入寄存器、读写控制逻辑电路和突发控制逻辑电路。其中,地址寄存器用来寄存地址线上的地址;输入寄存器用于寄存数据线上要写入的数据;读写控制逻辑电路内部也有寄存器,可以寄存各种使能控制信号,并将它们进行逻辑运算,生成最终的内部读写控制信号;突发控制逻辑电路中包含一个 2 位的二进制计数器(也称为突发计数器),地址码的最低 2 位 A_1A_0 经过该电路后再输出。除输出使能控制信号 $\overline{OE}$ 外,所有输入均在时钟脉冲 CLK 的上升沿被取样。

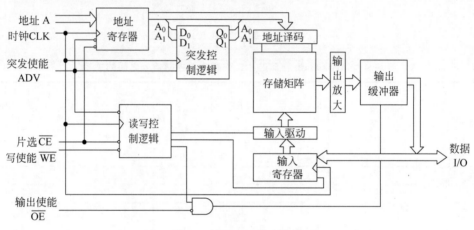

图 6-7   SSRAM 基本结构

SSRAM 存储芯片工作模式如表 6-6 所示。其中,$\overline{CE}$ 表示所有片选以及地址锁存使能信号的逻辑组合,$\overline{WE}$ 表示所有写信号的逻辑组合,ADV 是突发使能控制信号,低电平时为一般模式读写,反之则采用突发模式读写。$\overline{WE}$ 低电平为写操作,$\overline{WE}$ 高电平且 $\overline{OE}$ 低电平时为读操作。

表 6-6   SSRAM 存储芯片工作模式

工 作 模 式	存储单元地址	$\overline{CE}$	ADV	$\overline{WE}$	$\overline{OE}$	CLK	I/O
保持(微功耗)	x	1	x	x	x	↑	高阻态
突发读第一个数据	外部输入地址	0	x	1	0	↑	输出
突发写第一个数据	外部输入地址	0	x	0	x	↑	输入
突发读下一个数据	下一个地址	x	1	1	0	↑	输出
突发写下一个数据	下一个地址	x	1	0	x	↑	输入
突发读暂停	当前地址	x	0	1	0	↑	输出
突发写暂停	当前地址	x	0	0	x	↑	输入

当突发使能控制 ADV 为低电平时,$A_1 A_0$ 可直接穿过突发控制逻辑电路,按外部给定的地址进行读/写操作。读操作时,控制信号和地址输入在 CLK 的上升沿被取样,当突发使能控制 ADV 和片选 $\overline{CE}$ 为低电平时,地址线上的地址被锁存到地址寄存器中,高电平的 $\overline{WE}$ 也被寄存到读写控制逻辑电路中。此时,读写控制逻辑电路使数据选择器选择地址寄存器中的地址进行译码,在两个时钟周期之后的 CLK 有效沿到来前,存储阵列中的数据被送到数据线 I/O 上输出。写操作与读操作类似,只是被取样的 $\overline{WE}$ 为低电平。而输入的数据在接下来的 CLK 上升沿锁存到输入寄存器中。此时,读写控制逻辑电路使数据选择器选择地址寄存器中的地址进行译码,在输入驱动电路的作用下,将输入寄存器中的数据写入存储阵列。写操作时,读写控制逻辑电路自动屏蔽输出使能信号 $\overline{OE}$,使三态输出缓冲器呈现高阻态。

当突发使能控制 ADV 为高电平时,地址寄存器不接收外部新地址而保持上一个时钟周期输入的地址,在下一个 CLK 上升沿到来时,由突发计数器在上一个 $A_1 A_0$ 基础上,计数生成下一个地址的 $A_1 A_0$ 进行读/写操作。由于突发计数器是 2 位计数器,所以在 ADV 保持高电平时,可以连续生成 4 个不同的地址。SSRAM 的这种突发模式,在连续读/写多个数据时,可以减少外部地址总线的占用时间,提高读写效率。读/写时每 4 个数据一组,外部只需提供首地址,其余 3 个地址由 SSRAM 内部计数器产生。如果超过 4 个时钟周期仍保持突发模式(不读入新的外部地址),则按计数器循环产生的地址进行读/写操作。

SSRAM 读、写操作时序分别如图 6-8、图 6-9 所示。

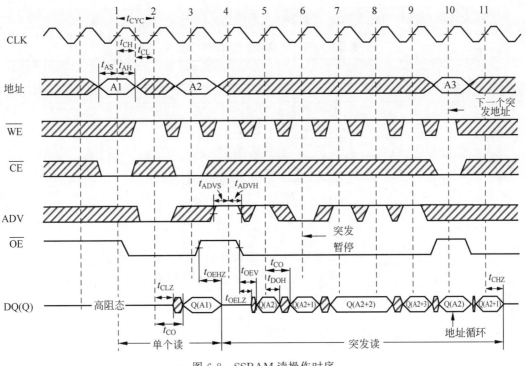

图 6-8 SSRAM 读操作时序

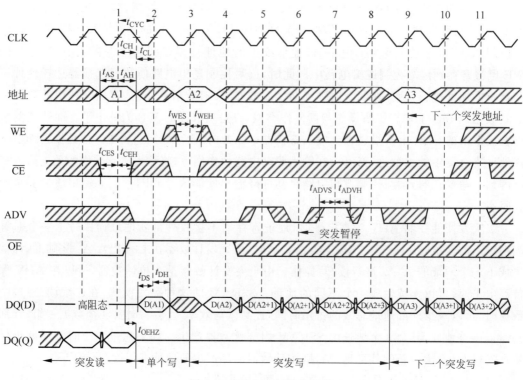

图 6-9　SSRAM 写操作时序

SSRAM 读写操作时序参数含义如表 6-7 所示。

表 6-7　SSRAM 读写操作时序参数含义

参　　数	含　　义
时钟	
t_{CYC}	时钟周期
t_{CK}	时钟高电平维持时间
t_{CL}	时钟低电平维持时间
输出时间	
t_{CO}	时钟上升沿后输出有效数据的时间
t_{DOH}	时钟上升沿后前一数据维持有效的时间
t_{CLZ}	时钟上升沿后输出数据线进入低阻态的时间
t_{CHZ}	时钟上升沿后输出数据线进入高阻态的时间
t_{OEV}	$\overline{OE}$ 低电平到输出有效数据的时间
t_{OELZ}	$\overline{OE}$ 低电平到输出数据线进入低阻态的时间
t_{OEHZ}	$\overline{OE}$ 高电平到输出数据线进入低阻态的时间
建立时间	
t_{AS}	时钟上升沿前地址信号建立时间
t_{ADVS}	时钟上升沿前突发使能信号建立时间
t_{WES}	时钟上升沿前写使能信号建立时间
t_{DS}	时钟上升沿前输入数据信号建立时间
t_{CES}	时钟上升沿前片选信号建立时间

续表

参　　数	含　　义
保持时间	
t_{AH}	时钟上升沿后地址信号保持时间
t_{ADVH}	时钟上升沿后突发使能信号保持时间
t_{WEH}	时钟上升沿后写使能信号保持时间
t_{DH}	时钟上升沿后输入数据信号保持时间
t_{CEH}	时钟上升沿后片选信号保持时间

由于时钟有效沿到来时，地址、数据、控制等信号被锁存到 SSRAM 内部寄存器中，因此读写过程的延时等待均在时钟作用下由 SSRAM 内部控制完成。此时，系统中的微处理器在读写 SSRAM 的同时，可以处理其他任务，从而提高了整个系统的工作速度。另外，由于SSRAM 采用与时钟同步的方式工作，因此可以将读写过程的各种延时进行优化设计，且限制在芯片内部，使得 SSRAM 的读写速度高于 SRAM。SSRAM 的这种同步工作方式也使其应用更简便。用户使用时，所有的输入信号只要围绕时钟的有效边沿设计即可。

6.2.5　SDRAM 存储芯片

SDRAM 是最熟知的同步动态随机存储器件，被广泛用作 PC 的内存。SDRAM 的存储容量比较大，一般都以存储块(BANK)组织，将存储器分成很多独立的小块。BANK 地址线 BA控制存储块的选择，行地址线和列地址线贯穿所有的存储块，每个存储块数据的宽度和整个存储器的宽度相同。同时，BA 还可使未被选中的存储块处于低功耗模式，从而降低器件的功耗。SDRAM 的行地址线和列地址线分时复用，即地址分两次送出，先送出行地址，再送出列地址。SDRAM 的行一旦激活，即可以访问该行中多个顺序的或不同的列地址。这样就提高了访问速度，降低了时延，因为在访问同一行中存储单元时，不必把行地址重新发送给 SDRAM。由于行地址和列地址在不同时间发送，因此行地址和列地址复用到相同的 DRAM 引脚上，降低了封装引脚数量、成本和尺寸。一般来说，DRAM 行地址引脚数量要大于列地址。

SDRAM 存储芯片内部逻辑框图如图 6-10 所示。SDRAM 存储芯片与 SSRAM 存储芯片结构上显著不同的地方表现在以下几个方面：①存储矩阵按照块(Bank)组织；②行、列地址复用，由控制信号 $\overline{CAS}$、$\overline{RAS}$ 区分是行地址还是列地址；③内部具有刷新计数器以支持以行为单位进行数据刷新；④地址信号不仅承载地址，还承载工作模式命令。

SDRAM 的基本信号可以分成以下几类：

(1) 控制信号，包括片选 $\overline{CS}$、时钟 CLK、时钟有效信号 CKE、写允许信号 $\overline{WE}$、数据输入/输出字节使能信号 $DM_{0\sim(i/8-1)}$。

(2) 地址选择信号，包括行地址选择 $\overline{RAS}$、列地址选择 $\overline{CAS}$、行/列地址线 $A_0\sim A_{n-1}$、BANK 地址线 $BA_0\sim BA_1$。

(3) 数据信号，包括双向数据端口 $DQ_0\sim DQ_{i-1}$。

SDRAM 存储芯片所有输入信号都在时钟信号上升沿锁存。对 SDRAM 进行操作，必须输入多种命令，包括设置模式寄存器、预充电、突发读、突发写、突发终止及空操作等。SDRAM 的命令信号由 $\overline{CS}$、$\overline{RAS}$、$\overline{CAS}$、$\overline{WE}$ 构成，命令含义如表 6-8 所示。

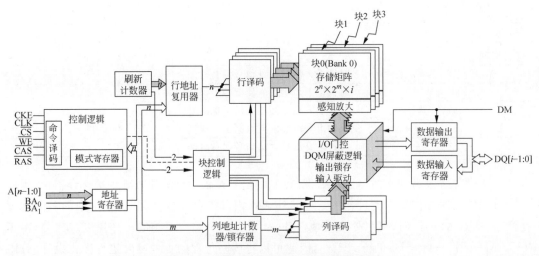

图 6-10　SDRAM 存储芯片内部逻辑框图

表 6-8　SDR SDRAM 存储芯片命令

命　令　名　称	$\overline{CS}$	$\overline{RAS}$	$\overline{CAS}$	$\overline{WE}$	DM	地址	DQ
禁止	1	x	x	x	x	x	x
空操作	0	1	1	1	x	x	x
激活(激活选中存储块中的行)	0	0	1	1	x	块/行	x
读(选择存储块和列、开始突发读)	0	1	0	1	0/1	块/列	x
写(选择存储块和列、开始突发写)	0	1	0	0	0/1	块/列	有效
突发终止	0	1	1	0	x	x	激活
预充电(使行失活)	0	0	1	0	x	编码	x
刷新	0	0	0	1	x	x	x
装载模式寄存器	0	0	0	0	x	模式码	x
写/读使能	x	x	x	x	0	x	激活
写/读禁止	x	x	x	x	1	x	高阻

SDRAM 存储芯片在各种命令控制下的状态转换关系如图 6-11 所示。图中没有命令的线表示自动转入下一状态,有命令的线表示通过输入命令引起状态转变。

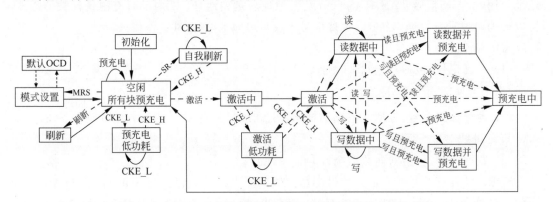

图 6-11　SDRAM 存储芯片在各种命令控制下的状态转换关系

设置模式寄存器通过装载模式寄存器命令进行,将地址引脚的信号写入模式寄存器,且一直保持在模式寄存器中,直到再次编程或者掉电为止。模式寄存器规定 SDRAM 的操作模式,包括突发长度、突发类型、CAS 延迟时间、运行模式及写突发模式,如表 6-9 所示。$M_0 \sim M_2$ 规定突发长度;M_3 规定突发类型 BT:0-连续突发,1-交错突发;$M_4 \sim M_6$ 规定 CAS 延迟时钟周期数;$M_7 \sim M_8$ 规定运行模式;M_9 规定写突发模式(WB):0-按编程的突发长度存取,1-按单个存取单元写入,但可按编程的突发长度读出;M_{10} 和 M_{11} 为保留位,可供未来使用。模式寄存器装载期间,地址 $A_{12}(M_{12})$ 必须为低电平。

表 6-9　模式寄存器各位含义

来源	A_{12}	A_{11}	A_{10}	A_9	A_8	A_7	A_6	A_5	A_4	A_3	A_2	A_1	A_0
位	M_{12}	M_{11}	M_{10}	M_9	M_8	M_7	M_6	M_5	M_4	M_3	M_2	M_1	M_0
含义	保留			WB	运行模式		CAS 延迟时间			BT	突发长度		

正常操作之前,SDRAM 存储芯片必须初始化。SDRAM 存储芯片的初始化过程如下:

(1) 上电后至少需要等待 $100 \sim 200\mu s$,等待时间结束后至少执行一条空操作命令。

(2) 执行一条预充电命令后,执行一条空操作命令,这两个操作会使所有存储单元进行一次预充电,从而使所有阵列中的器件处于待机状态。

(3) 执行两条刷新命令,每一条刷新命令之后,都需要执行一条空操作命令。这些操作会使 SDRAM 内部刷新及计数器进入正常运行状态,以便为 SDRAM 模式寄存器编程做好准备。

(4) 执行加载模式寄存器命令。

上述 4 步完成后,SDRAM 进入正常工作状态。

由于 SDRAM 存储块之间是相互独立的,因此在一个存储块进行正常读或写操作时,可以对另外几个存储块进行预充电或空操作;一个存储块进行预充电期间也可以直接访问另一个已预充电的存储块,而不需要等待。

6.2.6　DDR2 SDRAM 存储芯片

DDR2 SDRAM 通过提高时钟速率、突发数据及每个时钟周期传输两个数据,从而提高了数据传输速率。随着时钟速率提高,信号完整性对存储器的可靠运行变得越来越重要。随着时钟速率提高,电路板上的信号轨迹变成传输线,在信号线末端进行合理的布局和端接也变得更加重要。

DDR2 SDRAM 存储芯片内部逻辑框图如图 6-12 所示。DDR2 SDRAM 使用 8 个存储块,支持最多 8 个存储块的突发长度。DDR2 SDRAM 双数据传输速率体系结构本质上是一个 $4n$ 预取体系结构,以实现每个时钟周期传输两个数据。DDR2 SDRAM 一个有效的读或写操作包含两个时钟周期内内部 $4n$ 位数据传输以及 I/O 引脚上 1/2 个时钟周期内的 n 位数据传输。

DDR2 SDRAM 提供 ODT(On-Die Terminal,芯片内端接电阻)以及 ODT 控制信号,实现片内端接,并能编程片内端接阻值(50Ω、75Ω、150Ω 等),改善信号的完整性。片内端接阻值大小和操作由存储控制器控制,与 DDR2 SDRAM 存储器所处的位置及操作类型(读取

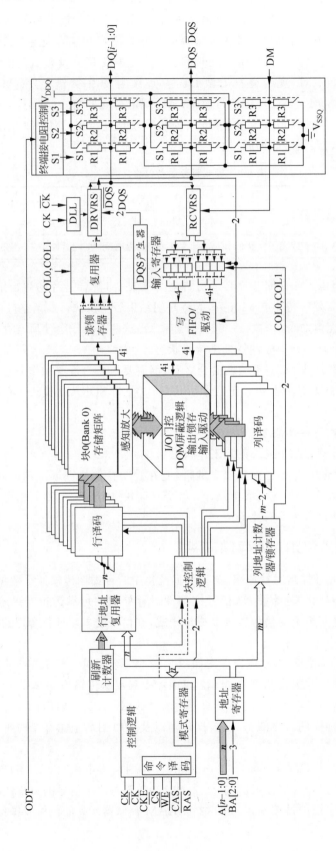

图 6-12　DDR2 SDRAM 存储芯片内部逻辑框图

或写入)有关。ODT 可为数据有效窗口创建更大的眼图,提高电压余量、转换速率,降低过冲、码间干扰等,改善信号完整性。

DDR2 SDRAM 采用差分时钟 CK、$\overline{\text{CK}}$,其中 CK 上升沿和 $\overline{\text{CK}}$ 下降沿称为 CK 的正边沿。双向数据选通(DQS、$\overline{\text{DQS}}$)与数据一起传输,用于接收方捕获数据。DDR2 SDRAM 命令在 CK 的每一个正边沿采样,输入数据在 DQS 的两个边沿采样,输出数据在 DQS 以及 CK 的两个边沿输出。读操作时 DQS 由 DDR2 SDRAM 产生,与输出数据边沿对齐;写操作时 DQS 由存储控制器产生,与写入数据中心对齐。16 位 DDR SDRAM 提供 2 对数据选通信号,一对用于低字节(LDQS、$\overline{\text{LDQS}}$),一对用于高字节(UDQS、$\overline{\text{UDQS}}$);32 位 DDR SDRAM 提供 4 对数据选通信号,依此类推。

6.3 存储器接口设计

从上一节介绍可知,存储芯片种类繁多,不同类型存储芯片具有不同的接口、不同的读写时序以及不同的时序参数。因此,由存储芯片设计存储系统,需考虑以下问题:

(1) 存储容量扩展。存储容量扩展包括字数扩展和字长扩展两部分。字数扩展为扩大存储器的寻址单元数,字长扩展为扩大存储单元存储的位数。

(2) 存储空间映射。计算机系统微处理器能访问的存储空间通常称为逻辑存储空间,如 32 位微处理器能访问的逻辑存储空间为 4GB。由存储芯片构成的存储空间称为物理存储空间,如一片 1GB 存储芯片物理存储空间仅为 1GB。计算机存储系统兼顾性能与价格等因素,物理存储空间不一定覆盖所有逻辑存储空间,因此需考虑如何将物理存储空间映射到合适的逻辑存储空间。

(3) 不同类型数据访问兼容。现代计算机系统大都前向兼容,支持多种不同类型的数据访问,存储芯片数据线存在不同宽度,因此需考虑如何通过具有不同宽度数据线的存储芯片构建统一的支持多种不同类型数据访问的存储器。

(4) 总线操作时序匹配。微处理器通过总线访问存储芯片以及其他外设接口,总线操作时序规范并不能满足各个不同类型存储芯片接口时序规范,因此设计存储器接口必须考虑如何匹配总线与存储芯片的操作时序。

总线操作时序匹配相比存储容量扩展、存储空间映射、不同类型数据访问兼容的接口设计更复杂,因此常采用专用接口芯片实现。本节存储器接口设计主要涉及存储容量扩展、存储空间映射以及不同类型数据访问兼容等问题,且以 SRAM 存储芯片为例讨论存储器接口设计。

6.3.1 存储容量扩展

存储容量扩展包含两个方面:字数扩展和字长扩展。

字数扩展即扩展存储器的可寻址单元数,表现在外部接口地址线的增加。

例 6.1 已知 Cypress 公司生产的容量为 2M×8b 的异步 SRAM 存储芯片 CY62168G 引脚如图 6-13 所示,要求基于该存储芯片设计一容量为 4M×8b 的存储器,试设

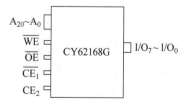

图 6-13　异步 SRAM 存储芯片 CY62168G 引脚逻辑

计该存储器接口电路。

解答：存储芯片 CY62168G 容量为 $2M \times 8b$，要求设计的存储器容量为 $4M \times 8b$，因此共需存储芯片数为：$\dfrac{4M \times 8b}{2M \times 8b} = 2$。

存储芯片 CY62168G 具有 21 位地址线 $A_{20} \sim A_0$。

容量为 $4M \times 8b$ 的存储器具有 22 位地址线，因此需增加一位地址线 A_{21} 用以区分两片不同的存储芯片，如图 6-14 所示。当 A_{21} 为 0 时选中 CY62168G(1)，当 A_{21} 为 1 时选中 CY62168G(2)。

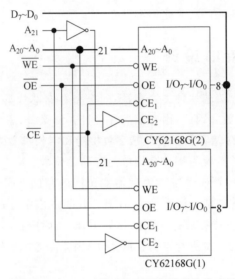

图 6-14　通过地址 A_{21} 区分两片不同存储芯片构成的存储器

存储器寻址虽然以字节为最小单位，但是现代计算机系统 CPU 处理数据的宽度都远远大于 8 位。为实现存储器与 CPU 之间的高效数据传输，要求存储器与总线之间的接口数据线宽度达到 CPU 可处理的最大数据宽度。当存储芯片数据线宽度小于总线数据线宽度时，需采用多片存储芯片并联，实现存储器字长与总线数据线位宽的匹配。

例 6.2　异步 SRAM IDT71V256SA 的引脚结构如图 6-15 所示，它的容量为 $32K \times 8b$，要求基于该存储芯片设计一个 $64K \times 32b$ 的存储器，试设计该存储器的接口电路。

解答：IDT71V256SA 存储芯片容量为 $32K \times 8b$，存储器容量为 $64K \times 32b$，因此共需存储芯片

$$\frac{64K \times 32b}{32K \times 8b} = \frac{64K}{32K} \times \frac{32b}{8b} = 2 \times 4 = 8$$

这表明扩展字长需采用 4 片芯片并联，即构成同一存储字的存储芯片片选信号一致；扩展字数需要采用两组芯片串联，即构成不同字的存储芯片组的片选信号不同，因此共两个不同的片选信号。IDT71V256SA 存储芯片具有 15 根地址线 $A_{14} \sim A_0$，因此通过地址线 A_{15} 区分两组不同的芯片。该存储器的接口电路如图 6-16 所示。

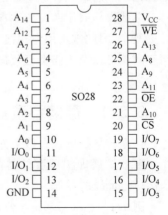

图 6-15　SRAM IDT71V256SA 引脚结构

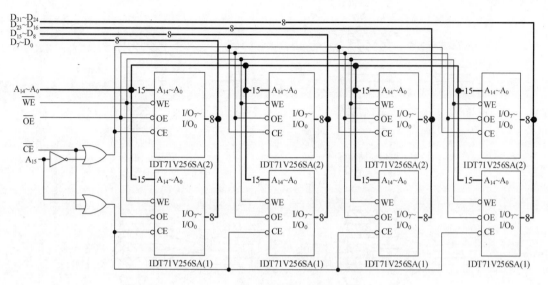

图 6-16　存储器字长扩展接口电路

6.3.2　存储空间映射

1. 存储空间映射原理

将存储芯片映射到计算机系统逻辑存储空间的可能方案存在如图 6-17 所示几种。这几种方案的特点分别为：一对一整体映射，芯片存储单元在逻辑存储空间中地址连续且唯一，如图 6-17(a)所示；一对多整体映射，芯片存储单元在逻辑存储空间中地址连续但不唯一，如图 6-17(b)所示；一对一随机映射，芯片存储单元在逻辑存储空间中地址不连续但唯一，如图 6-17(c)所示；一对多随机映射，芯片存储单元在逻辑存储空间中地址既不连续也不唯一，如图 6-17(d)所示。这些特点会带来什么问题呢？

一对多整体映射方式下物理存储地址不唯一，表示同一物理存储芯片占据了多段逻辑存储空间。如果操作系统将程序 A 调入存储芯片映射中的一段逻辑存储空间，然后再将程序 B 调入同一存储芯片映射的另一段逻辑存储空间，由于这两段逻辑存储空间实际为同一存储芯片的物理存储空间，这将导致程序 B 覆盖程序 A 的内容，从而导致严重的错误，给内存管理带来了困难。另外，由于同一芯片对应多段逻辑存储空间，使得实际可用的物理存储空间变少。

一对一随机映射方式下同一存储芯片对应的逻辑存储空间地址不连续，若仅采用少量存储芯片构建存储系统，将导致整个存储空间地址不连续。操作系统给程序分配内存时，按一定大小连续分配存储空间，这将导致程序的部分指令或数据没有对应实际的物理存储单元，造成数据丢失，同样给内存管理带来了很大困难。

一对多随机映射方式同时存在一对多整体映射方式、一对一随机映射方式的问题。

不管是一对一随机映射还是一对多随机映射，都给内存管理带来了较大困难，增加了软件管理难度，计算机存储系统设计不采用这两种方案。因此本书仅介绍一对一整体映射和一对多整体映射存储器接口设计原理。

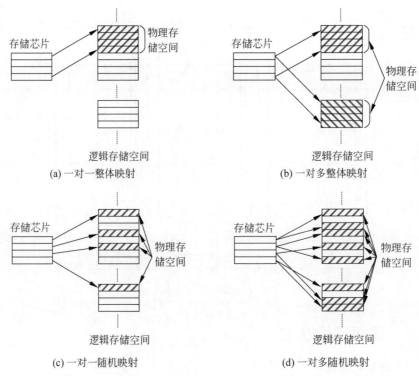

(a) 一对一整体映射   (b) 一对多整体映射

(c) 一对一随机映射   (d) 一对多随机映射

图 6-17 存储芯片映射到计算机系统逻辑存储空间的可能方案

1)一对一整体映射

整体映射,也就是说存储芯片映射到逻辑存储空间的低位地址是连续的,为简化设计通常将存储芯片的地址线对应连接到地址总线的低位地址。唯一映射表明存储芯片映射到逻辑存储空间的所有高位地址是唯一的。因此需将地址总线除去连接存储芯片地址线之外的所有剩余高位地址译码之后连接到存储芯片片选端,这种地址译码方式称为**全译码法**。

2)一对多整体映射

一对多整体映射,表明存储芯片映射到的逻辑地址空间是连续的,即存储芯片的地址线仍然对应连接到地址总线的低位地址线上。但是可以对应多段连续逻辑存储空间,这表明剩余高位地址线至少有一位不取唯一值。这些不取唯一值的高位地址线称为无关值,不参与译码,因此剩余高位地址线只有部分参与了译码形成存储芯片片选信号。这种不是全部剩余高位地址线参与译码的译码方法,就称为**部分译码法**。极端情况下,仅一位高位地址线参与译码的译码方法,就称为**线选法**。

2. 地址译码电路

地址译码电路为组合逻辑电路,常用译码方法有以下 3 种:①逻辑门电路译码;②专用译码器译码;③可编程逻辑器件硬件描述语言译码。

1)逻辑门电路译码

常用逻辑门电路为与非门、或非门、非门、或门、与门等。

例 6.3 某计算机系统总线地址线宽度为 8 位 $A_7 \sim A_0$,要求采用逻辑门电路产生一个地址为 0xfe 的低电平有效使能信号 $\overline{PS}$。

解答：地址 0xfe 对应地址线 $A_7 \sim A_0$ 的逻辑电平分别为 $(1111\ 1110)_2$，因此可采用 2 个 4 输入与非门、一个非门以及一个或门实现，如图 6-18 所示。

逻辑门构成的译码电路具有以下特征：①使用逻辑门芯片数量较多；②一组逻辑门电路仅能产生一个有效输出使能信号，即针对每一个特定地址都需要一组译码电路。因此当需产生多个不同地址使能信号时，需设计多组译码电路，这将造成计算机系统地址译码电路过多、过于复杂。因此仅由逻辑门电路构成译码电路并不实用。

2）专用译码器译码

常见译码器有 3 线-8 线译码器 74xx138 以及双 2 线-4 线译码器 74xx139 等。

74xx139 为两组独立的 2 线-4 线译码器，其引脚排列如图 6-19 所示，各组译码器逻辑功能如表 6-10 所示。

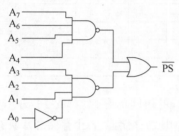

图 6-18　逻辑门构成的译码电路

```
1G̅   1 ┌──┐ 16  V_CC
1A   2 │  │ 15  2G̅
1B   3 │  │ 14  2A
1Y̅_0 4 │  │ 13  2B
1Y̅_1 5 │  │ 12  2Y̅_0
1Y̅_2 6 │  │ 11  2Y̅_1
1Y̅_3 7 │  │ 10  2Y̅_2
GND  8 └──┘ 9   2Y̅_3
```

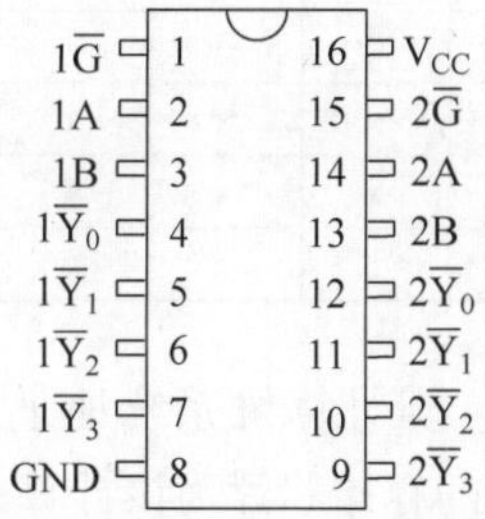

图 6-19　74xx139 的引脚排列

表 6-10　74xx139 逻辑功能

输　入			输　出			
使能端	选择端					
$\overline{G}$	A	B	$\overline{Y}_0$	$\overline{Y}_1$	$\overline{Y}_2$	$\overline{Y}_3$
1	X	X	1	1	1	1
0	0	0	0	1	1	1
0	1	0	1	0	1	1
0	0	1	1	1	0	1
0	1	1	1	1	1	0

74xx138 引脚排列如图 6-20 所示，逻辑功能如表 6-11 所示。

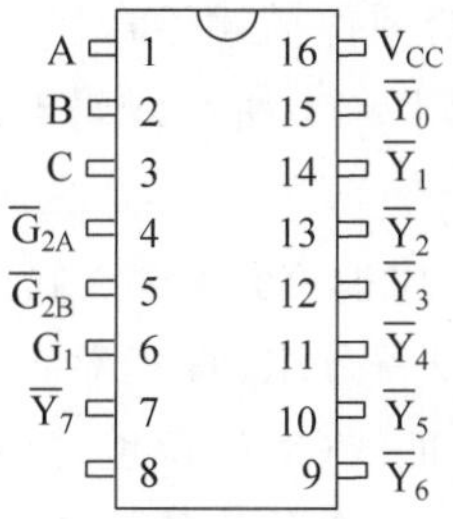

```
A     1 ┌──┐ 16  V_CC
B     2 │  │ 15  Y̅_0
C     3 │  │ 14  Y̅_1
G̅_2A  4 │  │ 13  Y̅_2
G̅_2B  5 │  │ 12  Y̅_3
G_1   6 │  │ 11  Y̅_4
Y̅_7   7 │  │ 10  Y̅_5
      8 └──┘ 9   Y̅_6
```

图 6-20　74xx138 引脚排列

表 6-11　74xx138 逻辑功能

| 输　　入 | | | | | | 输　　出 | | | | | | | |
| 使　能　端 | | | 选　择　端 | | | | | | | | | | |
G_1	$\overline{G_{2B}}$	$\overline{G_{2A}}$	C	B	A	$\overline{Y_7}$	$\overline{Y_6}$	$\overline{Y_5}$	$\overline{Y_4}$	$\overline{Y_3}$	$\overline{Y_2}$	$\overline{Y_1}$	$\overline{Y_0}$
1	0	0	1	1	1	0	1	1	1	1	1	1	1
1	0	0	1	1	0	1	0	1	1	1	1	1	1
1	0	0	1	0	1	1	1	0	1	1	1	1	1
1	0	0	1	0	0	1	1	1	0	1	1	1	1
1	0	0	0	1	1	1	1	1	1	0	1	1	1
1	0	0	0	1	0	1	1	1	1	1	0	1	1
1	0	0	0	0	1	1	1	1	1	1	1	0	1
1	0	0	0	0	0	1	1	1	1	1	1	1	0
0	x	x	x	x	x	1	1	1	1	1	1	1	1
x	1	x	x	x	x	1	1	1	1	1	1	1	1
x	x	1	x	x	x	1	1	1	1	1	1	1	1

例 6.4　某计算机系统地址总线宽度为 20 位,可访问的存储空间大小为 1MB,若采用 8 个 128KB 的存储芯片为该计算机系统构建一个 1MB 的存储器,各个存储芯片具有独立的片选使能信号 $\overline{CE_7}\sim\overline{CE_0}$,试设计译码电路产生这 8 个存储芯片的片选使能信号 $\overline{CE_7}\sim\overline{CE_0}$。

解答:128KB 的芯片本身具有 17 根地址总线 $A_{16}\sim A_0$。

计算机系统地址总线宽度为 20 位,剩余 3 根高位地址线 $A_{19}\sim A_{17}$。因此将剩余地址线的高 3 位译码分别产生 8 个存储芯片的片选端。若采用门电路译码,需使用 8 组门电路,此时可考虑采用 3-8 译码器 74xx138 译码产生这 8 个片选信号,地址译码电路逻辑如图 6-21 所示。

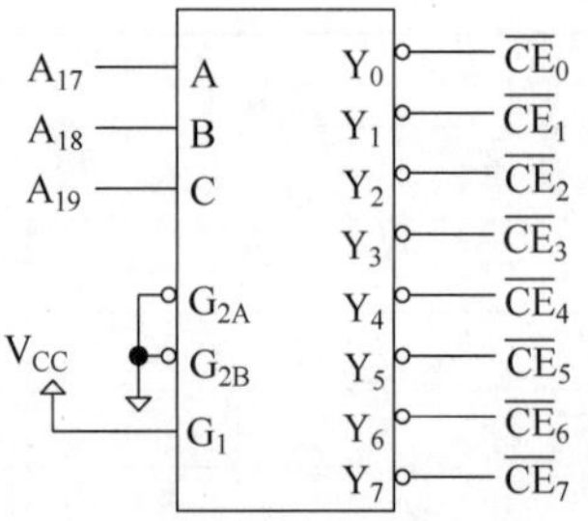

3) 可编程逻辑器件硬件描述语言译码

可编程逻辑器件有 PLD、CPLD、FPGA 等,相对而言,它们的集成度一个比一个高。采用可编程逻辑

图 6-21　74LS138 地址译码电路逻辑

器件实现译码,通常只需要利用硬件描述语言描述地址译码逻辑,然后再将软件生成的二进制比特流通过专用下载工具下载到可编程器件上,就可以实现地址译码。这种方式译码非常灵活,无须改变硬件电路,仅需改变硬件描述语言代码就可以实现不同的译码逻辑。

如采用 Verilog HDL 语言描述图 6-21 所示译码电路,仅需撰写图 6-22 所示语句。

4) 多级译码

以上三类地址译码电路,各个芯片独立译码,译码产生的片选信号直接与芯片片选相连。但是复杂的计算机系统往往将设备分组,首先对组选地址线(高位地址)译码产生组选信号,然后再将组选信号以及块选地址线(次高位地址)译码产生块选信号,再将块选信号以及片选地址线(次低位地址)译码产生各个芯片的片选,最后才是片选信号与片内地址线(低位地址)在芯片内部译码形成芯片片内各个存储单元的选通信号,如图 6-23 所示形成分级译码。这样便于计算机系统管理各类设备。其中片内地址线的位数与芯片存储容量相关,

```
module DECODER(
    input [19:17] A,              //输入地址信号
    output [7:0] CE               //输出片选信号
    );
reg [7:0] CE_In;                  //设置输出寄存器
assign CE[7:0] = CE_In[7:0];      //输出引脚与寄存器相连
always @ (A)
    begin
        case (A[15:13])
            3'b000: CE_In[7:0] <= 8'b11111110;
            3'b001: CE_In[7:0] <= 8'b11111101;
            3'b010: CE_In[7:0] <= 8'b11111011;
            3'b011: CE_In[7:0] <= 8'b11110111;
            3'b100: CE_In[7:0] <= 8'b11101111;
            3'b101: CE_In[7:0] <= 8'b11011111;
            3'b110: CE_In[7:0] <= 8'b10111111;
            3'b111: CE_In[7:0] <= 8'b01111111;
        endcase
    end
endmodule
```

图 6-22　Verilog HDL 语言描述图 6-21 所示译码电路

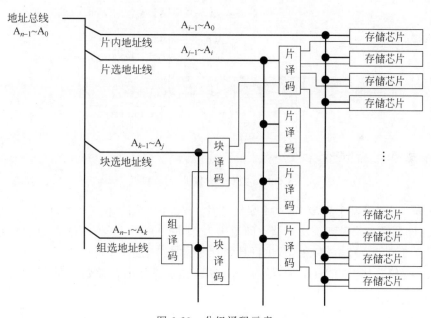

图 6-23　分级译码示意

片选地址线的位数与同一块内芯片个数相关,块选地址线的位数与同一组内分块数相关,组选地址线则为剩余高位地址线。

各级译码电路的具体实现方式,根据实际应用需求可采用前三种译码方式中的任意一种。

3. 存储空间映射示例

例 6.5 将容量为 $2M \times 8b$ 的异步 SRAM 存储芯片 CY62168G 唯一映射到逻辑存储空间范围为 0x00000000～0xffffffff 的计算机系统存储空间 0x10000000～0x101fffff,试设

计该存储器接口电路。

解答:计算机系统逻辑存储空间范围为 0x00000000～0xffffffff,表明具有 32 位地址线 $A_{31}\sim A_0$。

存储芯片 CY62168G 具有 21 位地址线 $A_{20}\sim A_0$。

映射的存储空间范围为 0x10000000～0x101fffff。对应 32 位地址线取值如表 6-12 所示。

表 6-12　存储空间对应 32 位地址线的取值

地　　址	$A_{31}\sim A_{21}$	$A_{20}\sim A_0$
0x10000000	$(0001\ 0000\ 000)_2$	$(0\ 0000\ 0000\ 0000\ 0000\ 0000)_2$
0x101fffff	$(0001\ 0000\ 000)_2$	$(1\ 1111\ 1111\ 1111\ 1111\ 1111)_2$

由此可知,这段逻辑存储空间内 $A_{31}\sim A_{21}$ 固定取值为$(0001\ 0000\ 000)_2$,也就是说只有当 CPU 输出这段存储空间内的地址时,存储芯片才能选中。因此若将高位地址译码之后连接存储芯片的片选端,则得到如图 6-24 所示接口电路。该存储器接口电路仅支持 8 位数据访问,且物理存储空间范围为 0x10000000～0x101fffff。

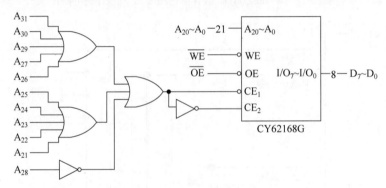

图 6-24　例 6.5 存储器接口电路

例 6.6　若要求基于异步 SRAM 存储芯片 CY62168G 设计一容量为 6M×8b 的存储器,且该存储器唯一映射到逻辑存储空间范围为 0x00000000～0xffffffff 的计算机系统物理存储空间 0x10000000～0x105fffff,试设计该存储器接口电路。

解答:存储芯片 CY62168G 容量为 2M×8b,要求设计的存储器容量为 6M×8b,因此共需存储芯片数为: $\dfrac{6M\times 8b}{2M\times 8b}=3$。

计算机系统逻辑存储空间范围为 0x00000000～0xffffffff,表明具有 32 位地址线 $A_{31}\sim A_0$。

存储芯片 CY62168G 具有 21 位地址线 $A_{20}\sim A_0$。

存储器映射的物理存储空间范围为 0x10000000～0x105fffff。这段物理存储空间需划分为 3 段,分别对应 3 个存储芯片。由于每个存储芯片的地址偏移范围为 0x000000～0x1fffff,因此存储空间 0x10000000～0x105fffff 划分三段,分别为 0x10000000～0x101fffff、0x10200000～0x103fffff、0x10400000～0x105fffff。这三段存储空间对应 32 位地址线取值如表 6-12 所示。

表 6-13　存储空间对应 32 位地址线的取值

地 址 范 围	$A_{31} \sim A_{21}$	$A_{20} \sim A_0$
0x10000000~0x101fffff	(0001 0000 000)$_2$	(x xxxx xxxx xxxx xxxx xxxx)$_2$
0x10200000~0x103fffff	(0001 0000 001)$_2$	(x xxxx xxxx xxxx xxxx xxxx)$_2$
0x10400000~0x105fffff	(0001 0000 010)$_2$	(x xxxx xxxx xxxx xxxx xxxx)$_2$

由此可知,这段存储空间内 $A_{31} \sim A_{23}$ 固定取值为 (0001 0000 0)$_2$,A_{22} A_{21} 取值为 (00)$_2$、(01)$_2$、(10)$_2$ 时分别选中一片 CY62168G 存储芯片。由于具有 3 片存储芯片,且每片存储芯片需提供一个片选信号,因此地址译码电路可采用专门的译码器(如 138 译码器)。3 个存储芯片选中时 $A_{31} \sim A_{23}$ 取值一致,因此可以采用分级译码:第一级译码电路将 $A_{31} \sim A_{23}$ 译码产生整个存储器的选通信号;第二级译码电路将存储器选通信号与中间两位地址 A_{22}、A_{21} 进一步译码产生各个芯片的片选信号,这样得到如图 6-25 所示接口电路。该存储器接口电路仍然仅支持 8 位数据访问,且物理存储空间范围为 0x10000000~0x105fffff。

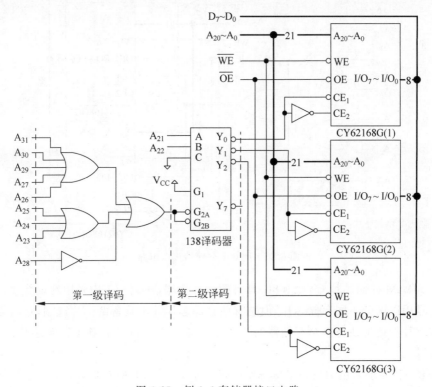

图 6-25　例 6.6 存储器接口电路

例 6.7　基于异步 SRAM 存储芯片 CY62168G 设计一容量为 4M×8b 的存储器,且该存储器映射到逻辑存储空间范围为 0x00000000~0xffffffff 的计算机系统物理存储空间 0x10000000~0x107fffff,试设计该存储器接口电路。

解答:容量为 2M×8b 的存储芯片 CY62168G 构建的容量为 4M×8b 的存储器接口电路如图 6-14 所示。

计算机系统逻辑存储空间范围为 0x00000000 ~ 0xffffffff,表明具有 32 位地址线 $A_{31} \sim A_0$。

存储器映射的存储空间范围为 0x10000000～0x107fffff,此存储空间对应的存储容量为 8M×8b。因此这段存储空间按照存储器容量可划分为 2 段:0x10000000～0x103fffff 和 0x10400000～0x107fffff,它们对应的 32 地址线取值如表 6-14 所示。由于这两段存储空间都表征了整个存储器的容量,由此可知 A_{22} 既可以为 1 也可以是 0,即为无关值,可不参与译码,仅 A_{31}～A_{23} 参与译码。使存储器映射到任意一段存储空间的存储器接口电路如图 6-26 所示。

表 6-14　存储空间对应的 32 位地址线取值

物理地址范围	A_{31}～A_{23}	A_{22}	A_{21}～A_0
0x10000000～0x103fffff	$(0001\ 0000\ 0)_2$	0	$(xx\ xxxx\ xxxx\ xxxx\ xxxx\ xxxx)_2$
0x10400000～0x107fffff	$(0001\ 0000\ 0)_2$	1	$(xx\ xxxx\ xxxx\ xxxx\ xxxx\ xxxx)_2$

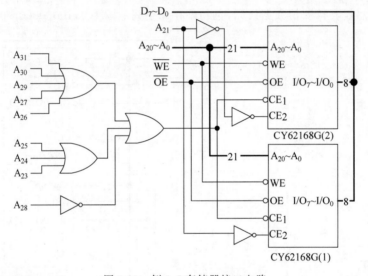

图 6-26　例 6.7 存储器接口电路

异步 SRAM 存储芯片 CY62168G 具有两个片选端,在例 6.7 中采用地址线 A_{21} 控制一个片选信号用以区分不同存储芯片,但是有些存储芯片并不具备两个片选端,这时需将区分不同存储芯片的地址线与整个存储器的片选信号译码之后再形成各个存储芯片的片选端,即两级译码。

例 6.8　若要求采用 IDT71V256SA 构建一个 64K×8b 的存储器,且该存储器映射到逻辑存储空间范围为 0x00000000～0xffffffff 的计算机系统物理存储空间 0x80000000～0x8000ffff 或 0x90000000～0x9000ffff,试设计该存储器接口电路。

解答:存储芯片 IDT71V256SA 容量为 32K×8b,要求设计的存储器容量为 64K×8b,因此共需存储芯片数为: $\dfrac{64k\times8b}{32k\times8b}=2$。

计算机系统逻辑存储空间范围为 0x00000000～0xffffffff,表明具有 32 位地址线 A_{31}～A_0。

存储芯片 IDT71V256SA 具有 15 位地址线 A_{14}～A_0。

容量为 64K×8b 的存储器具有 16 位地址线,因此需增加 A_{15} 用以区分两片不同的存储芯片,如图 6-27 所示。当 A_{15} 为 0 时选中 IDT71V256SA(1),当 A_{15} 为 1 时选中 IDT71V256SA(2)。

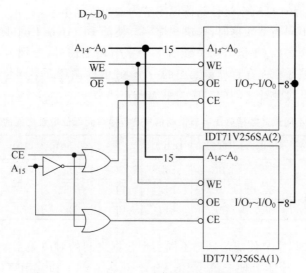

图 6-27　A_{15} 区分两片不同存储芯片的存储器接口

存储器映射到存储空间 0x80000000～0x8000ffff 或 0x90000000～0x9000ffff,这表明地址线 A_{28} 可为 0 或 1,为无关值,不参与译码。其余高位地址 $A_{31}～A_{29}$、$A_{27}～A_{16}$ 的值固定为 $(100)_2$、$(0000\ 0000\ 0000)_2$,需全部参与译码。由此得到该存储器映射到物理存储空间 0x80000000～0x8000ffff 或 0x90000000～0x9000ffff 的接口电路如图 6-28 所示。

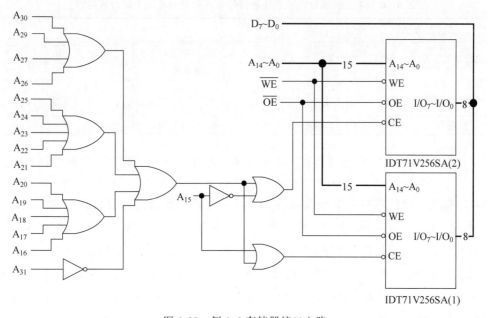

图 6-28　例 6.8 存储器接口电路

6.3.3 存储器组织结构

现代微处理器设计时支持前向兼容，即 64 位微处理器支持访问 8 位、16 位、32 位、64 位等不同类型数据，且计算机系统存储器以字节为最小存储单元。

微处理器访问不同类型数据时，提供相应字节使能 $\overline{BE}$(Byte Enable)控制信号，以便外部设备做出合理响应。如 64 位数据总线有 8 个字节使能信号，分别为 $\overline{BE_0} \sim \overline{BE_7}$，每个字节使能信号对应连续 8 个内存存储单元中的一个，并依此循环。不同位宽数据总线字节使能信号与存储单元低位地址之间的对应关系如表 6-15 所示。

表 6-15 不同位宽数据总线字节使能信号与存储单元低位地址之间的对应关系

地址低三位($A_2A_1A_0$)	$(000)_2$	$(001)_2$	$(010)_2$	$(011)_2$	$(100)_2$	$(101)_2$	$(110)_2$	$(111)_2$
64 位数据总线	$\overline{BE_0}$	$\overline{BE_1}$	$\overline{BE_2}$	$\overline{BE_3}$	$\overline{BE_4}$	$\overline{BE_5}$	$\overline{BE_6}$	$\overline{BE_7}$
32 位数据总线	$\overline{BE_0}$	$\overline{BE_1}$	$\overline{BE_2}$	$\overline{BE_3}$	$\overline{BE_0}$	$\overline{BE_1}$	$\overline{BE_2}$	$\overline{BE_3}$
16 位数据总线	$\overline{BE_0}$	$\overline{BE_1}$	$\overline{BE_0}$	$\overline{BE_1}$	$\overline{BE_0}$	$\overline{BE_1}$	$\overline{BE_0}$	$\overline{BE_1}$

64 位数据总线时，字节使能信号与不同类型数据之间的对应关系如表 6-16 所示，即访问字节数据时，只有一个字节使能信号 $\overline{BE_n}$ 有效，n 为 0~7；访问半字数据时，连续两个字节使能信号 $\overline{BE_n}$、$\overline{BE_{n+1}}$ 有效，且 n 必须为偶数；访问字数据时，连续 4 个字节使能信号 $\overline{BE_n}$、$\overline{BE_{n+1}}$、$\overline{BE_{n+2}}$、$\overline{BE_{n+3}}$ 有效，且 n 必须为 4 的整数倍；访问双字数据时，连续 8 个字节使能信号都有效，即 $\overline{BE_0} \sim \overline{BE_7}$ 全部有效。这种数据访问规则也称为规则访问或边界对齐访问，它与微处理器内部译码电路有关。

表 6-16 64 位数据总线字节使能信号与不同类型数据之间对应关系

地址低三位($A_2A_1A_0$)	$(000)_2$	$(001)_2$	$(010)_2$	$(011)_2$	$(100)_2$	$(101)_2$	$(110)_2$	$(111)_2$
数据总线 64 位	$\overline{BE_0}$	$\overline{BE_1}$	$\overline{BE_2}$	$\overline{BE_3}$	$\overline{BE_4}$	$\overline{BE_5}$	$\overline{BE_6}$	$\overline{BE_7}$
双字	同时有效							
字	同时有效				同时有效			
半字	同时有效		同时有效		同时有效		同时有效	
字节	唯一	唯一	唯一	唯一	唯一	唯一	唯一	唯一

下面以 32 位 MIPS 微处理器为例简要阐述微处理器访问不同类型数据的译码电路原理。由第 2 章可知，指令操作码决定访问的数据类型，操作数确定访问的数据地址。因此译码电路根据指令操作码确定哪些低位地址不参与译码。如访问的数据为字(如 lw、sw 指令)，那么存储地址低 2 位(A_1A_0)必须为$(00)_2$，所有 4 个字节使能信号($\overline{BE_0}$、$\overline{BE_1}$、$\overline{BE_2}$、$\overline{BE_3}$)都有效；访问的数据为半字(如 lh、lhu、sh 指令)，那么存储地址最低位(A_0)必须为 0，由 A_1 的值确定哪两个连续字节使能信号有效：A_1 为 0 时 $\overline{BE_0}$、$\overline{BE_1}$ 有效，A_1 为 1 时 $\overline{BE_2}$、$\overline{BE_3}$ 有效；访问的数据为字节(如 lb、lbu、sb 指令)，所有低位地址都参与译码，仅与该地址对应的字节使能信号有效。由此得到字节使能信号与指令操作码以及访问地址之间的译码逻辑如表 6-17 所示，且表中操作码阴影部分可忽略。若支持非边界对齐访问，如支持 lwl、swl、lwr、swr 等指令，译码逻辑需进一步完善，本书不作讨论。

表 6-17　32 位 MIPS 微处理器$\overline{\text{BE}}$信号译码逻辑

指令	Op[5:0]	A₁	A₀	$\overline{\text{BE}}_0$	$\overline{\text{BE}}_1$	$\overline{\text{BE}}_2$	$\overline{\text{BE}}_3$
		输　　入				输　　出	
lw	$(100011)_2$	0	0	0	0	0	0
sw	$(101011)_2$						
lh	$(100001)_2$	1	0	1	1	0	0
lhu	$(100101)_2$						
sh	$(101001)_2$						
lh	$(100001)_2$	0	0	0	0	1	1
lhu	$(100101)_2$						
sh	$(101001)_2$						
lb	$(100000)_2$	0	0	0	1	1	1
lbu	$(100100)_2$						
sb	$(101000)_2$						
lb	$(100000)_2$	0	1	1	0	1	1
lbu	$(100100)_2$						
sb	$(101000)_2$						
lb	$(100000)_2$	1	0	1	1	0	1
lbu	$(100100)_2$						
sb	$(101000)_2$						
lb	$(100000)_2$	1	1	1	1	1	0
lbu	$(100100)_2$						
sb	$(101000)_2$						

为支持不同类型数据访问,计算机系统把存储空间按照所归属的字节划分为不同的域(Bank),每个字节使能信号控制一个域,因此字节使能信号有时也称为域使能信号(Bank Enable)。如 64 位数据总线有 8 个字节,因此存储空间划分为 8 个域,分别为 Bank₀ ～ Bank₇。各个字节使能信号对应一个域,它们之间的关系如图 6-29 所示。由前面的分析可知,属于同一域的存储单元地址不连续,且地址低 3 位($A_2 A_1 A_0$)相同,即 Bank₀ 地址低 3 位为$(000)_2$,Bank₁ 地址低 3 位为$(001)_2$,Bank₂ 地址低 3 位为$(010)_2$,Bank₃ 地址低 3 位为$(011)_2$,Bank₄ 地址低 3 位为$(100)_2$,Bank₅ 地址低 3 位为$(101)_2$,Bank₆ 地址低 3 位为$(110)_2$,Bank₇ 地址低 3 位为$(111)_2$。

下面看一个具体的例子,说明微处理器访问边界对齐字以及非边界对齐字的过程。

例 6.9　已知某计算机系统具有 64 位数据总线,支持非规则字访问。试分别说明该计算机系统微处理器访问地址为 0x8004 以及 0x8013 字数据(32 位)的过程。

解答:由于计算机系统具有 64 位数据总线,因此内存结构如图 6-29 所示。

字数据地址为 0x8004,表明字数据的 4 个字节分别存储在地址 0x8004、0x8005、0x8006、0x8007 的存储单元。根据存储单元低 3 位地址取值可知,它们分别对应存储空间的 Bank₄ ～ Bank₇,如图 6-30 所示。由微处理器访问字数据规则可知,微处理器可使连续 4 个字节使能信号 $\overline{\text{BE}}_4$ ～ $\overline{\text{BE}}_7$ 同时有效,因此只需通过一次总线操作即可以访问地址为 0x8004 的规则字数据。

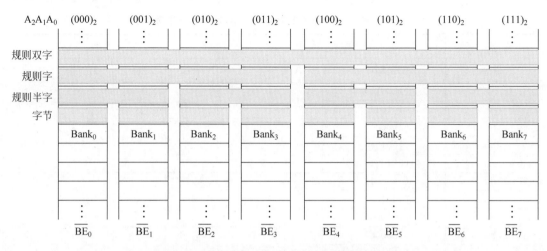

图 6-29　字节使能信号与存储域、低位地址的关系

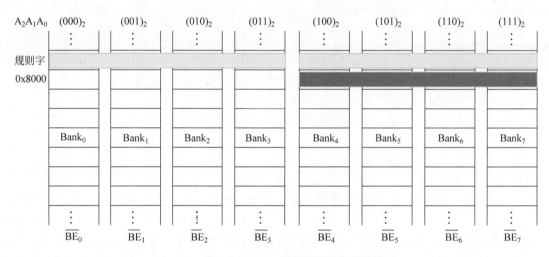

图 6-30　地址为 0x8004 的字数据对应存储单元

字数据地址为 0x8013，可知字数据的 4 个字节分别存储在地址 0x8013、0x8014、0x8015、0x8016 的存储单元。根据存储单元低 3 位地址取值可知，它们分别对应存储空间的 $Bank_3 \sim Bank_6$，如图 6-31 所示。由微处理器访问字数据规则可知，微处理器不能仅使连续 4 个字节使能信号 $\overline{BE_3} \sim \overline{BE_6}$ 同时有效。此时微处理器只能首先使 $\overline{BE_3}$ 有效，访问第一个字节，然后再使 $\overline{BE_4} \sim \overline{BE_6}$ 同时有效，访问后 3 个字节。通过两次总线操作实现地址为 0x8013 的非规则字数据访问。

由此可知，微处理器访问非规则数据时需要多次总线操作才能完成，因此若数据存储在非边界对齐地址，程序处理这些数据效率较低。这就要求程序设计人员设计程序时，合理规划数据的存储空间。

例 6.10　已知某 32 位计算机系统，程序员定义了如图 6-32 所示结构体，若该结构体存储的起始地址为 0x8000，回答以下问题：

(1) 若编译器采用边界对齐方式为数据分配存储空间，试说明该结构体占用的存储空间容量；

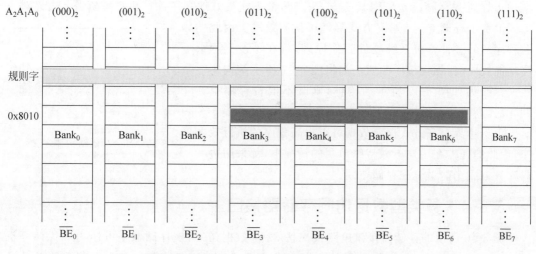

图 6-31　地址为 0x8013 的字数据对应存储单元

（2）若编译器采用紧凑方式为数据分配存储空间，即各个数据依次分配存储空间，不留空。试说明访问该结构体各个元素所需的总线操作数。

```
struct foo {
char sm;                    /*1字节*/
short med;                  /*2字节*/
char sm1;                   /*1字节*/
int lrg;                    /*4字节*/
}
```

图 6-32　foo 结构体定义

解答：（1）结构体 foo 具有 4 个元素，根据边界对齐规则，元素 sm、sm1 为字节，可以存储在任意地址；元素 med 为半字，需存储在偶数地址；元素 lrg 为字，需存储在 4 的整数倍地址。由此得到边界对齐存储时结构体 foo 的存储映像如图 6-33 所示。

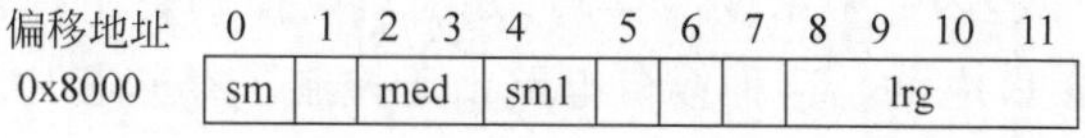

偏移地址　0　1　2　3　4　5　6　7　8　9　10　11
0x8000　| sm | med | sm1 | | | | lrg |

图 6-33　边界对齐存储时结构体 foo 的存储映像

地址为 0x8001、0x8005、0x8006、0x8007 的存储空间被浪费，该结构体共占用了 12 个字节的存储单元。

（2）若采用紧凑存储模式，结构体 foo 的存储映像如图 6-34 所示，仅占用 8 个字节。

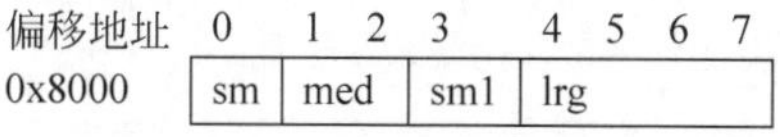

偏移地址　0　1　2　3　4　5　6　7
0x8000　| sm | med | sm1 | lrg |

图 6-34　结构体 foo 紧凑存储模式的存储映像

但是元素 med 的存储地址为 0x8001，不是偶数，因此为非边界对齐地址，访问该元素需两次总线操作。其余元素地址都为边界对齐地址，可以仅通过一次总线操作完成访问。

由以上分析可知，程序员定义的 foo 结构体编译器若不调整结构体元素存储顺序，无论采用边界对齐存储还是采用紧凑方式存储,都不能最好地利用计算机系统资源:边界对齐方式浪费了存储空间;紧凑方式降低了访问效率。因此若程序员熟悉计算机系统硬件工作原理,可在不改变程序功能的同时,优化程序性能。如将图 6-32 所示结构体定义修改为如图 6-35 所示结构体,则既不浪费存储空间,又提高了访存效率。

```
struct New_foo {
char sm;        /* 1 字节 */
char sm1;       /* 1 字节 */
short med;      /* 2 字节 */
int lrg;        /* 4 字节 */
}
```

图 6-35　New_foo 结构体定义

由于边界对齐方式存取数据可以提高程序的执行效率,因此编译器在用户不做特殊申明的情况下,都采用边界对齐方式为变量分配存储空间。

6.3.4　多类型数据访问存储器接口

图 6-16 所示的存储器接口电路仅支持 32 位数据访问,该存储器不可作为现代计算机系统的存储器使用。根据存储器接口前向兼容需求,32 位存储器的各个字节需能单独访问,即存储器接口必须支持多类型数据访问。存储器多类型数据访问接口设计有两种方法:①字节使能信号与高位地址总线译码产生各个并联存储芯片片选信号;②字节使能信号与存储器写控制信号译码产生各个并联存储芯片写控制信号。

例 6.11　基于异步 SRAM 存储芯片 IDT71V256SA 设计一个 64K×32b 的存储器,且支持 8 位、16 位、32 位不同位宽数据访问,试设计该存储器接口电路。

解答：由于需支持 8 位、16 位、32 位不同位宽数据访问,因此此存储器需在图 6-16 所示存储器接口电路基础上改进,即需对外提供 4 字节使能信号 $\overline{BE_0} \sim \overline{BE_3}$。

下面分别阐述支持多类型数据访问存储器接口电路的两种实现方案。

1. 字节使能信号与高位地址译码产生各个存储芯片片选信号

图 6-16 所示并联存储芯片片选信号来自高位地址译码电路或门的输出端,因此需将或门的输出端进一步和各个字节使能信号译码产生各个存储芯片的片选控制信号。由于 $\overline{BE_0}$ 对应 $D_7 \sim D_0$、$\overline{BE_1}$ 对应 $D_{15} \sim D_8$、$\overline{BE_2}$ 对应 $D_{23} \sim D_{16}$、$\overline{BE_3}$ 对应 $D_{31} \sim D_{24}$,且或门输出及字节使能信号都是低电平有效,因此采用或门译码,分别对应控制各个存储芯片的片选,得到如图 6-36 所示的存储器接口电路。这种接口电路由于控制了存储芯片的片选,因此没有选中的存储芯片工作在低功耗状态。

2. 字节使能信号与存储器写控制信号译码产生存储芯片写控制信号

字节使能信号与存储器写控制信号译码产生存储芯片写控制信号,由于这种方案与存储芯片地址无关,因此整个存储器仅需一套译码电路,实现存储芯片所处存储域控制。写使能信号与字节使能信号译码之后得到的信号也称为**限定字节写使能信号**(Qualified Write Enable,QWE),如图 6-37 所示。

限定字节使能信号控制存储芯片写信号的存储器接口电路如图 6-38 所示。对比图 6-38 和图 6-36,不难发现图 6-38 比图 6-36 译码电路更简单。但是读操作时,由于并联的同一组存储芯片片选以及读控制都连接在一起,如 IDT71V256SA(2,0～3)或 IDT71V256SA(1,0～3)的片选以及读控制都连接在一起,即使部分芯片不需访问也被选中,并可输出数据,因此这种接口电路功耗相对较高。

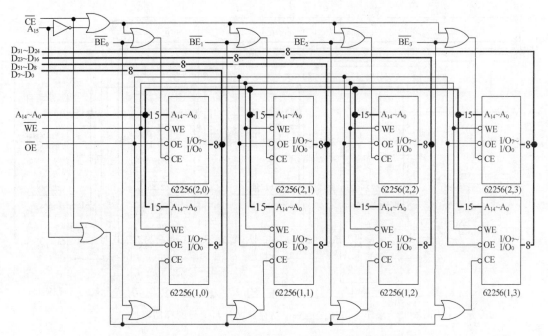

图 6-36 字节使能信号控制存储芯片片选信号的存储器接口

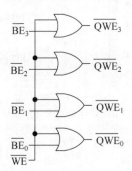

图 6-37 字节使能写信号电路

前面的存储器接口电路设计示例仅涉及了 8 位异步 SRAM 存储芯片。事实上市场上已存在 16 位、32 位甚至 64 位的存储芯片,这些存储芯片为支持多种类型数据访问,提供了字节使能信号。如 16 位存储芯片提供 $\overline{BHE}$、$\overline{BLE}$ 信号,32 位存储芯片提供 4 个字节使能信号,64 位存储芯片提供 8 个字节使能信号。这些芯片将字节使能信号在芯片内部译码形成存储芯片数据输入/输出接口的使能信号。若将这些芯片与总线连接扩展存储器,则只需将芯片字节使能信号与总线字节使能信号对应连接即可。

例 6.12 已知异步 SRAM 存储芯片 CY62147G 引脚结构如图 6-39 所示,$\overline{BLE}$ 控制 $I/O_7 \sim I/O_0$,$\overline{BHE}$ 控制 $I/O_{15} \sim I/O_8$,容量为 $256K \times 16b$。要求基于该存储芯片设计一个容量为 $256K \times 32b$ 的存储器,且支持字节、半字、字等不同类型的数据访问,试设计接口电路。

解答:存储芯片 CY62147G 容量为 $256K \times 16b$,存储器容量为 $256K \times 32b$,需使用 2 片芯片进行字长扩展,字数不变。其中 1 片构成数据线低 16 位,1 片构成数据线高 16 位。

存储器提供 4 个字节使能信号,$\overline{BE_1}$、$\overline{BE_0}$ 分别连接对应低 16 位数据线的存储芯片的

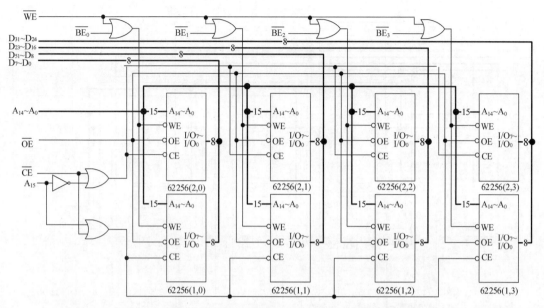

图 6-38　限定字节使能信号控制存储芯片写信号的存储器接口

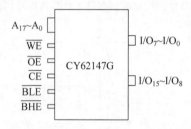

图 6-39　异步 SRAM 存储芯片 CY62147G 引脚逻辑

$\overline{BHE}$、$\overline{BLE}$、$\overline{BE_3}$、$\overline{BE_2}$ 分别连接对应高 16 位数据线的存储芯片的 $\overline{BHE}$、$\overline{BLE}$，接口电路如图 6-40 所示。

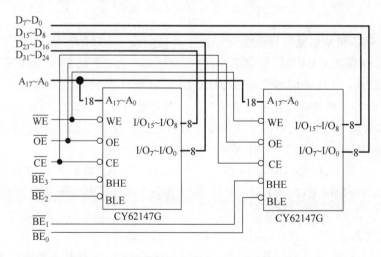

图 6-40　16 位存储芯片扩展为 32 位存储器接口

由于字节使能信号是微处理器通过译码指令的操作码以及低位地址形成的，因此参与译码形成字节使能信号的低位地址不再用来寻址存储单元，且字节使能信号的个数 n 与不再用来寻址的低位地址位数 m 之间存在以下关系：$m = \log_2 n$，也就是说存储芯片映射到存储空间时，不再是存储芯片的低位地址与地址总线低位地址之间直接对应连接，而必须偏移 m 位。

例 6.13　基于异步 SRAM 存储芯片 IDT71V256SA 设计一个 64K×32b 的存储器，且支持 8 位、16 位、32 位不同位宽的数据访问，并要求映射到逻辑存储空间范围为 0x00000000～0xffffffff 的计算机系统存储空间 0x80000000～0x8003ffff，试设计接口电路。

解答：64K×32b 的存储器以字节为最小寻址单位时，具有的存储单元数为 64K×32b÷8b=256K，因此需 18 位地址线 A_{17}～A_0 寻址各个存储单元。

存储器要求支持 8 位、16 位、32 位不同位宽的数据访问，表明具有 4 个字节使能信号 $\overline{BE_0}$～$\overline{BE_3}$，因此低 2 位地址线 A_1、A_0 不再用来寻址存储单元。

异步 SRAM 存储芯片 IDT71V256SA 构建 64K×32b 的存储器时，需要 8 片存储芯片，4 片并联为 1 组，共两组。即存储器地址线 A_{16}～A_2 对应连接存储芯片地址线 A_{14}～A_0，A_{17} 用来区分不同存储芯片组，字节使能信号选择同组内各个不同芯片。

计算机系统逻辑存储空间范围为 0x00000000～0xffffffff 表明具有 32 位地址，映射到的存储空间为 0x80000000～0x8003ffff，该段存储空间恰好 256KB，因此为一对一整体映射，剩余高位地址 A_{31}～A_{18} 固定为 $(1000\ 0000\ 0000\ 00)_2$。

由于支持多类型数据访问存储器接口有两种实现方案，因此该存储器的接口电路可如图 6-41 或图 6-42 所示。这两个接口电路分别在图 6-38、图 6-36 的基础上增加了 $\overline{CE}$ 信号的译码电路，以实现物理地址空间映射，并且将存储器低位地址总线偏移 2 位之后连接到存储芯片的地址线。由于地址线连接偏移，因此单个存储芯片的存储地址不再连续，且同一存储芯片相邻存储单元的地址之间间隔为 4。组内相邻存储芯片的地址是连续的，各个存储芯片映射的地址空间如图 6-43 所示。其中处于同一行的 4 个字节为一个边界对齐字，同一行中前 2 个字节或后 2 个字节为边界对齐半字，任何一个存储单元都是一个字节数据。

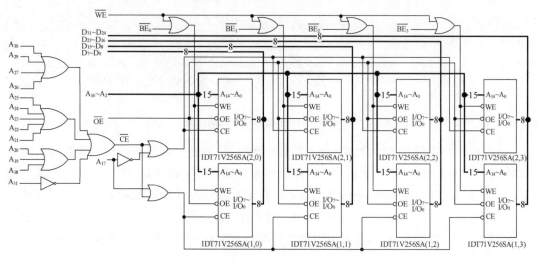

图 6-41　写字节使能信号控制的存储器物理空间映射

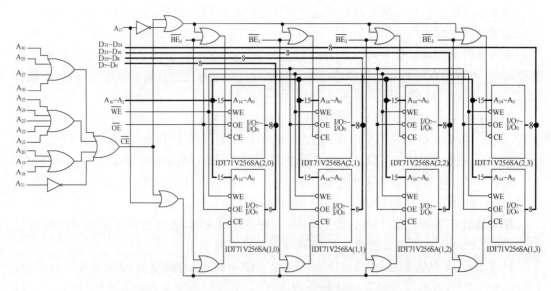

图 6-42　片选与字节使能信号译码控制的存储器物理空间映射

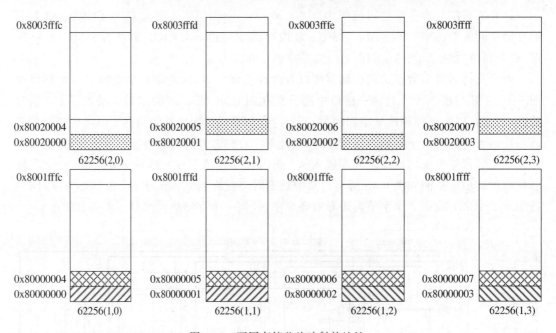

图 6-43　不同存储芯片映射的地址

本节介绍的存储器接口设计解决了存储空间映射、字长扩展以及不同位宽数据访问的问题,且仅以异步 SRAM 存储器为例。存储器与微处理器通信通过总线,且不同总线操作方式以及读写时序存在不同特点,因此还需在存储器接口设计逻辑基础上将特定总线操作时序转换为不同类型存储器读写操作时序。现代计算机系统一般都提供存储控制器实现存储芯片与总线之间的接口,且针对不同类型的存储芯片有不同的存储控制器。

6.4 存储控制器

存储控制器是一种将总线信号转换为存储器接口信号的控制电路。存储控制器在计算机系统中的位置如图 6-44 所示。

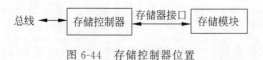

图 6-44 存储控制器位置

不同总线以及不同类型存储器,存储控制器内部逻辑功能不同,但基本结构都如图 6-45 所示。其中,总线接口实现与总线操作、时序匹配,将特定总线信号转换为内部总线,并实现地址译码;计数器为支持突发、页等访问方式产生存储器低位地址信号;地址/计数复用模块在不同访问模式下将来自总线接口的地址信号以及计数器产生的低位地址信号复用,产生存储器接口地址信号;存储访问状态机控制存储器访问引擎以及地址/计数复用模块的工作状态,实现存储器读写访问控制;存储器访问引擎实现存储器接口读写操作;参数设定模块根据存储器接口类型设定存储器访问引擎操作时序参数以及存储访问状态机参数;奇偶校验模块产生各个字节的奇偶校验位;输入/输出寄存器为满足总线与存储器接口之间的时序匹配起数据缓冲区的作用。

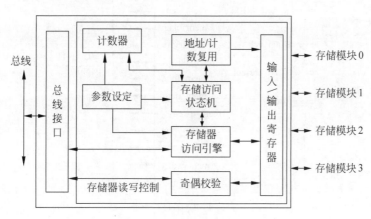

图 6-45 存储控制器基本结构

6.4.1 AXI EMC 存储控制器

AXI EMC(External Memory Controller)存储控制器是 Xilinx 提供的 AXI 总线存储控制器 IP 核,连接的总线为 AXI 总线,支持的存储器接口类型包括同步/异步 SRAM 存储器、行/页访问模式 Flash 存储器以及 PSRAM(Pseudo Static Random Access Memory,伪随机静态存储器)等,最多支持连接 4 个存储模块,同一存储模块内的存储芯片类型具有一定的限制,如表 6-18 所示,不同存储模块之间的存储芯片类型可以互不相同。

表 6-18 同一存储模块可支持的存储芯片组合

组合 1	组合 2	组合 3	组合 4
PSRAM(页模式)	异步 SRAM	行模式 Flash	异步 SRAM
PSRAM(异步)	页模式 Flash		
同步 SRAM	Micron Flash(异步)		

EMC 存储控制器即使连接同步存储器,也不提供时钟信号,时钟信号需由其他器件提供给 EMC 存储控制器以及存储芯片。

EMC 存储控制器根据不同类型的存储芯片提供相应的存储器接口,并且根据存储模块数据线位宽以及存储容量提供相应宽度的数据线、地址线。每个存储模块具有独立的片选信号,且一个模块一个片选信号,这表明处于同一存储模块的存储芯片整体映射到一段存储空间,不同存储模块可以分别映射到不同的存储空间。存储模块的存储芯片类型、容量、映射的存储空间范围以及读写时序参数等都可由用户通过 GUI(Graphic User Interface)配置参数设定。

EMC 存储控制器提供的接口信号如图 6-46 所示,各信号含义如表 6-19 所示。需要注意的是:存储芯片的类型以及存储模块的容量决定了需使用的信号以及信号的数量。

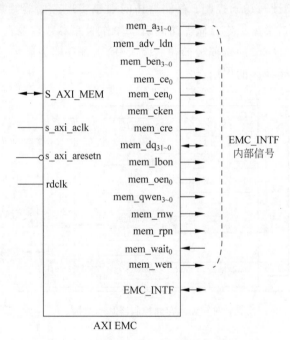

图 6-46 AXI EMC 存储控制器接口信号

表 6-19 AXI EMC 存储控制器接口信号含义

信 号 名 称	含　义
AXI 总线系统信号	
S_AXI_MEM	AXI 总线从设备接口信号
s_axi_aclk	AXI 总线时钟
s_axi_aresetn	AXI 总线复位信号,低电平有效
rdclk	系统读时钟

续表

信 号 名 称	含 义
存储器接口信号	
mem_dq_i	存储器数据线输入,可为 8 位、16 位、32 位宽
mem_dq_o	存储器数据线输出,可为 8 位、16 位、32 位宽
mem_dq_t	存储器数据线三态控制,可为 8 位、16 位、32 位宽
mem_a	存储器地址线
mem_rpn	存储器复位、休眠控制信号
mem_cen	存储器模块片选,低电平有效,数量与存储模块个数一致
mem_wen	存储器写使能信号
mem_qwen	存储器限定字节写使能信号,宽度与数据线的字节数一致
mem_ben	存储器字节使能信号,宽度与数据线的字节数一致
mem_ce	存储器模块片选,高电平有效,数量与存储模块个数一致
mem_adv_ldn	存储器突发模式使能控制信号
mem_lbon	存储器线性/交替突发模式控制信号
mem_cken	存储器时钟使能
mem_rnw	存储器读写信号,高电平读/低电平写
mem_cre	PSRAM 命令序列设置
mem_wait	来自 Micron Flash 的等待信号

即使同一类型的存储芯片,不同制造工艺、不同材料使得各个存储芯片读写时序参数可能不同,因此 AXI EMC 控制器为用户提供了 GUI 便于配置存储芯片时序参数。读者在了解了各个时序参数含义之后,可以根据芯片使用手册给出的时序参数值对 AXI EMC 存储控制器进行参数设定(这部分内容请参考本书配套实验教材)。本书仅介绍如何通过 AXI EMC 存储控制器实现存储器接口逻辑设计。

例 6.14 基于异步 SRAM 存储芯片 IDT71V256SA 设计一个 $64K \times 32b$ 的 AXI 总线接口存储器,要求支持 8 位、16 位、32 位不同位宽的数据访问,试设计该存储器的接口电路。

解答:例 6.2 已经实现了基于异步 SRAM 存储芯片 IDT71V256SA 设计 $64K \times 32b$ 的存储器,存储器接口电路如图 6-16 所示。该存储器具有 32 位数据线、16 位地址线、4 个字节使能信号、读、写信号以及片选信号等。此例要求将该存储器连接到 AXI 总线,因此可通过 AXI EMC 存储控制器实现 AXI 总线接口到异步 SRAM 存储器接口的转换。此时仅一个存储模块,存储芯片类型为异步 SRAM,容量为 256KB,数据线宽度为 32 位,地址线宽度为 18 位。

由此得到 AXI EMC 存储控制器与容量为 $64K \times 32b$ 基于异步 SRAM 存储芯片 IDT71V256SA 存储器之间的接口电路如图 6-47 所示。异步 SRAM 存储芯片 IDT71V256SA 芯片不具备字节使能信号,因此直接采用限定字节写使能信号控制各个存储芯片的写使能信号实现不同字节数据访问控制。由于存储器具有 32 位数据线,且存储器最小可访问的存储单元为字节,因此 AXI EMC 存储控制器提供的地址线需偏移 2 位。

例 6.15 基于异步 SRAM 存储芯片 CY62147G 设计一个容量为 $256K \times 32b$ 的 AXI 总线接口存储器,且要求支持字节、半字、字不同类型的数据访问,试设计该存储器的接口电路。

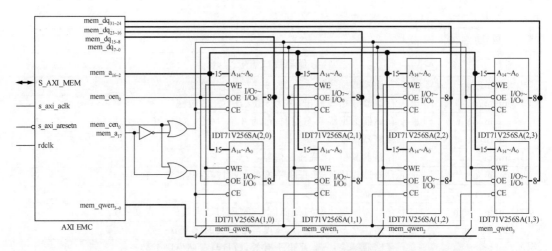

图 6-47　AXI EMC 存储控制器与 IDT71V256SA 存储器之间的接口电路

解答：例 6.12 已基于异步 SRAM 存储芯片 CY62147G 设计了一个容量为 256K×32b 的存储器，且支持字节、半字、字不同类型的数据访问，接口电路如图 6-40 所示。本例仅需 在此图基础上增加 AXI 总线接口，因此可通过 AXI EMC 存储控制器实现 AXI 总线接口到 异步 SRAM 存储器接口的转换。此时仅一个存储模块，存储芯片类型为异步 SRAM，容量 为 1MB，数据线宽度为 32 位，地址线宽度为 20。存储芯片 CY62147G 具备字节使能信号， 因此可将 AXI EMC 存储控制器提供的字节使能信号与存储芯片 CY62147G 的字节使能信 号对应连接，得到如图 6-48 所示基于存储芯片 CY62147G 的 AXI 总线接口存储器接口 电路。

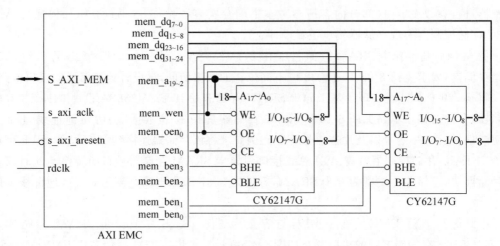

图 6-48　AXI EMC 存储控制器与存储芯片 CY62147G 之间的接口电路

AXI EMC 存储控制器仅能实现 SRAM 以及 Flash 存储芯片的控制，DRAM 存储芯片 需由另一种存储控制器实现接口控制。

6.4.2　DRAM 存储控制器

MIG(Memory Interface Generator)是 Xilinx 公司针对 7 系列 FPGA 芯片提供的存储

器接口生成器,支持 DDR3、DDR2 SDRAM、QDR Ⅱ＋ SRAM、RLDRAM Ⅱ、RLDRAM Ⅲ,以及 LPDDR2 SDRAM 等存储芯片的存储器接口。一个 MIG 可支持将以上多种存储芯片连接到系统中,最多支持 8 个存储控制器。其结构如图 6-49 所示,包含用户接口、存储控制器、物理层 3 个模块。用户接口一方面通过 GUI 接收用户对存储芯片参数的配置,另一方面实现总线读写时序匹配,将总线操作时序转换为存储控制器本地接口信号;存储控制器将本地接口传送来的操作转换为存储器读写操作命令序列,并传送给物理层;物理层将各个命令形成满足特定存储芯片时序要求的信号,以实现存储芯片读写操作控制。

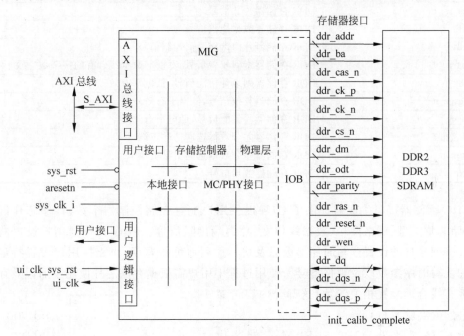

图 6-49 MIG 存储器接口生成器结构

MIG 存储器接口生成器引脚含义如表 6-20 所示。

表 6-20 MIG 存储器接口生成器引脚含义

名 称	含 义
AXI 总线	
S_AXI	AXI 总线从设备接口信号
系统相关	
sys_rst	系统复位信号
sys_clk_i	系统输入时钟
用户接口	
ui_clk_sys_rst	用户接口输入复位信号
ui_clk	用户接口输出时钟信号,存储器接口时钟信号的 2 分频或 4 分频
物理层接口	
init_calib_complete	初始化校准完成指示信号
ddr_addr	DDR 存储器地址信号,宽度与行地址一致

续表

名　　称	含　　义
物理层接口	
ddr_ba	DDR 存储器存储块选择信号
ddr_cas_n	DDR 存储器列地址使能信号,低电平有效
ddr_ck_p	DDR 存储器差分时钟正端
ddr_ck_n	DDR 存储器差分时钟负端
ddr_cs_n	DDR 存储器片选信号
ddr_dm	DDR 存储器数据掩模信号
ddr_odt	DDR 存储器片内端接阻值控制信号
ddr_parity	DDR 存储器奇偶校验信号,宽度与数据线含有的字节数一致
ddr_ras_n	DDR 存储器列地址使能信号,低电平有效
ddr_reset_n	DDR 存储器复位信号,低电平有效
ddr_wen	DDR 存储器写使能信号,低电平有效
ddr_dqs_p	DDR 存储器差分数据选通信号正端
ddr_dqs_n	DDR 存储器差分数据选通信号负端
ddr_dq	DDR 存储器数据信号

MIG 存储器接口生成器提供了 GUI 以供用户配置存储控制器个数、存储芯片读写时钟、存储芯片类型、规格型号、数据线位宽、片内端接阻值等。MIG 将根据用户设置的存储芯片规格型号自动设置读写时序参数以及块、行、列地址线宽度,也支持用户设置特定存储芯片的读写时序参数以及规格型号。使用过程中用户需根据存储芯片使用手册以及存储器印制板布线合理配置相关参数(这部分内容请参考本书配套实验教材)。

例 6.16 已知 DDR2 SDRAM 存储芯片 MT47H64M16 引脚结构如图 6-50 所示,它的容量为 128MB,存储结构为 $8M \times 16b \times 8$,即 8 个存储块,16 位数据线,每个存储块 8M 个存储单元。共 13 位行地址、10 位列地址,对外地址线 13 根。将该存储芯片通过 MIG 存储器接口生成器生成的 DDR2 SDRAM 存储控制器连接到 AXI 总线,试设计 MIG 与该存储器之间的接口电路。

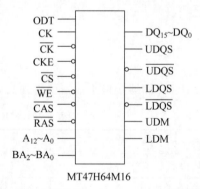

图 6-50　存储芯片 MT47H64M16 引脚结构

解答:MIG 存储器接口生成器 GUI 配置完之后,只需将 DDR2 SDRAM 存储芯片 MT47H64M16 的引脚与 MIG 存储控制器生成的 DDR2 SDRAM 存储控制器物理层接口引脚对应连接,连接电路如图 6-51 所示。

DDR2 SDRAM 存储控制器将 AXI 总线提供的扁平地址转变为 DDR2 SDRAM 存储芯片接口地址,转换关系如表 6-21 所示。

DDR2 SDRAM 存储芯片工作时钟频率较高,因此电路布线有严格的规范要求,本书不涉及此部分内容,读者可参考 MIG 使用手册。

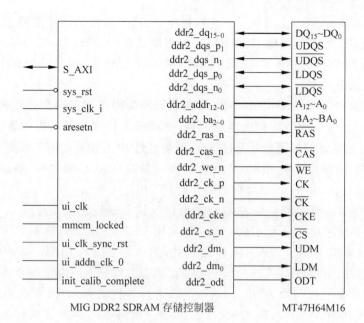

图 6-51　MT47H64M16 与 DDR2 SDRAM 存储控制器引脚连接电路

表 6-21　AXI 总线与 DDR2 SDRAM 存储芯片地址转换关系

AXI 总线地址	$A_{26} \sim A_{24}$	$A_{23} \sim A_{11}$	$A_{10} \sim A_1$	A_0
MT47H64M16 存储芯片接口地址	块地址($BA_2 \sim BA_0$)	行地址($A_{12} \sim A_0$)	列地址($A_9 \sim A_0$)	$DQS_1 \sim DQS_0$

6.5　内存条简介

使用多个相同芯片组装成的存储器模块称为内存条。内存条经历过 8 位、32 位到 64 位的发展过程。微机系统的内存通常不直接焊在主板上,而是在主板上制作安装内存条模块的插槽。内存条是一块焊接了多片存储器并带接口引脚的小型印制电路板(PCB),将其插入主板上的存储器插槽中即可,这样就使得主板具有配置不同容量与不同品质存储器模块的灵活性。

DIMM(Dual In-line Memory Modules)是一种 64 位数据宽度的内存条,微机主板上只要插上一条即可工作。DIMM 内存条按照是否带缓存或寄存以及外形尺寸分为以下几种类型:

(1) UDIMM(Unbuffered DIMM),无缓冲内存模组,即内存条 PCB 上没有缓存或寄存器。主要定位于桌面 PC 市场,所有信号都是从内存控制器直通到 DRAM 芯片上,信号传输延迟小,性能较高。但不如带寄存器的内存模组工作稳定,因而 UDIMM 一般不在服务器上应用,可以应用在要求不高的桌面 PC 上。

(2) SODIMM(Small Outline DIMM),小外形双列内存模组,为满足笔记本电脑等便携设备对内存尺寸的要求较高而开发出来的,它的尺寸比标准的 DIMM 要小,大约是标准 DIMM 的 1/2。

(3) FBDIMM(Fully Buffered DIMM),全缓存内存模组,与 UDIMM 不同的是,

FBDIMM 在标准内存 PCB 上增加了一片数据中转、读写控制的缓冲控制芯片。它采用了串行技术，数据以串行方式传输。FBDIMM 的引脚数减少，目前 DDR2 RegDIMM 的引脚数为 240 个，而 FBDIMM 还不到 DDR2 RegDIMM 的 1/3。FBDIMM 没有应用在个人 PC 上，主要应用在服务器中。

（4）RegDIMM(Registered DIMM)，带奇偶校验的同步动态内存的一种，在内存模组 PCB 上有提高电流驱动能力的集成电路芯片，能在较大程度上提高服务器支持的内存容量。RegDIMM 的地址和控制信号经过寄存，时钟经过 PLL 锁定。由于在高端设备中 ECC 基本都是必需的，因而目前 RegDIMM 内存模组一般都是 ECC 型模组，RegDIMM 模组主要应用于 IA(Intel Architecture)架构的服务器和工作站市场。

DIMM 内存条根据采用的存储芯片类型以及读写速度已发展了 4 代：第一代采用 DDR SDRAM 存储芯片，184 个引脚；第二代采用 DDR2 SDRAM 存储芯片，引脚增加到 240 个；第三代采用 DDR3 SDRAM 存储芯片，仍然是 240 个引脚；第四代采用 DDR4 SDRAM 存储芯片，引脚增加到 288 个。JEDEC 协会为区分不同内存条的型号采用了统一的命名规则，其中第一代名称为"PCxxxx"形式，之后各代名称为"PCx-xxxx"形式，其中 x 表示数字，如 PC1600、PC2100、PC2700、PC3200 等表示第一代 DIMM 内存条；之后各代名称中的"x-"表示第 x 代，如 PC2-3200、PC2-4200、PC2-5300、PC2-6400 表示第二代 DIMM 内存条，PC3-6400、PC3-8500、PC3-10600、PC3-12800 等表示第三代 DIMM 内存条，PC4-1600、PC4-1866、PC4-2133、PC4-2400、PC4-2666、PC4-3200 等表示第四代 DIMM 内存条。其中第一、二、三代"xxxx"表示传输带宽，单位为 MBps，即每秒传输的字节数；第四代"xxxx"表示传输速率，单位为 MTps(megatransfers per second)，即每秒传输的次数，由于每次都可以传输 8 个字节，因此第四代内存条的传输带宽为"xxxx"×8，如 PC4-2666 的传输带宽为 2666MT/s×8B/T=21.3GBps。内存条除了型号参数，还有容量、模组数、单芯片数据总线宽度等指标，这些指标的标注形式通常如"8GB 2R×8"等形式，其中"8GB"表示总容量，"2R"表示两个模组，"×8"表示每个存储芯片数据总线宽度为 8 位。如金士顿某内存条标注"8GB PC3-12800CL11 240-Pin DIMM"表示该内存条为容量为 8GB 的第三代 240 个引脚的 DIMM 内存条，传输带宽为 12800MBps，CL 延时为 11 个时钟周期。还有一些内存条不仅仅标注 CL 延时，同时标注 t_{RCD}、t_{RP} 的值，采用"CL-t_{RCD}-t_{RP}"或"CL t_{RCD} t_{RP}"的形式，如海力士某内存条标注"1GB 2R×8 PC2-5300S-555-12-E0"，其中"555"表示 CL、t_{RCD}、t_{RP} 的值都是 5。

大多数 DIMM 使用"×4"或"×8"内存芯片构建，每侧有 9 个芯片。在"×4"寄存 DIMM 的情况下，每边的数据宽度是 36 位(4×8 位数据＋4 位校验)，因此存储控制器需要 72 位同时寻址两侧以读取或写入所需的数据。"×8"寄存的 DIMM，每侧为 72 位宽(8×8 位数据＋8 位校验)，因此存储控制器一次仅对一侧进行寻址。SDRAM 存储芯片通常为 8 位或 16 位数据宽度，为构成 DIMM 的 64 位数据宽，采用多个存储芯片并联，这些并联的存储芯片构成 DIMM 的一个模组(rank)，而串联的存储芯片属于不同模组。

有的 DIMM 内存条还附有一块小芯片，这是一片串行接口的 EEPROM，称为串行在片检测(Serial Presence Detect)。芯片中存放着生产厂家写入的内存条结构与工作模式等技术参数，系统读出这些参数后即可准确识别此内存条并配以相应的驱动方式，使系统的性能得到优化。

由 DDR2 SDRAM 存储芯片 MT47H128M8 构成的 240 引脚 2GB DDR2 SDRAM UDIMM 内存条电路框图如图 6-52 所示,它含有 16 块 DDR2 SDRAM 存储芯片,一片 EEPROM。16 块 DDR2 SDRAM 存储芯片分为两个模组,信号 $\overline{S}_0$、$\overline{S}_1$ 作为模组选择信号,由高位地址译码产生,各个模组具有独立的时钟使能信号。模组内所有存储芯片的地址、控制信号都对应连接在一起,仅数据线以及数据线的控制信号不同。该内存条的外形如图 6-53 所示。

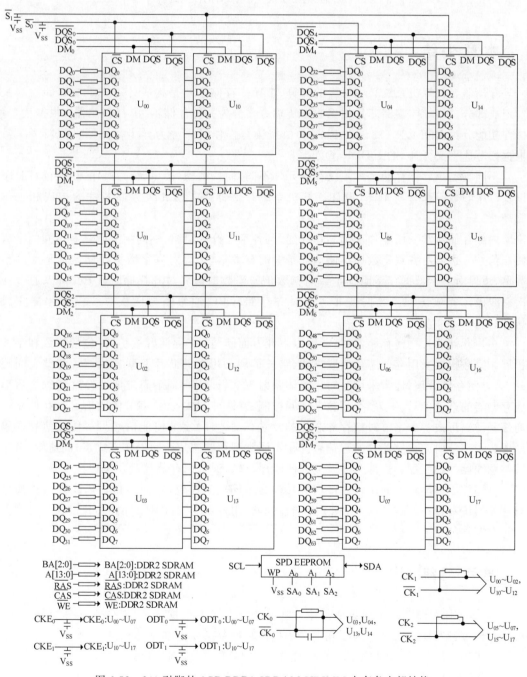

图 6-52 240 引脚的 2GB DDR2 SDRAM UDIMM 内存条内部结构

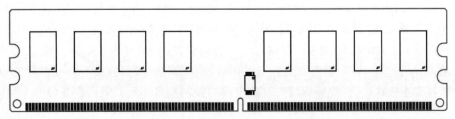

图 6-53　240 引脚的 2GB DDR2 SDRAM UDIMM 内存条外形

本章小结

存储器是计算机系统必不可少的部分,半导体存储芯片是构成计算机系统存储器的主要组成部分。半导体存储芯片根据数据传输方式分为并行存储器、串行存储器;根据读/写操作功能分为 ROM、RAM 以及 Flash;根据读写操作时序分为异步存储器、同步存储器;根据读写速率又分为 SDR、DDR、QDR 等。

不同类型半导体存储芯片不仅存储元件不同,而且结构、接口、读写操作方式、读写时序以及时序参数等都有所不同,设计计算机系统存储器需了解相关存储芯片的构成和工作原理。

内部存储器常采用多片存储芯片构建,且各字节分域组织,不同字节域具有不同的字节使能信号。边界对齐双字数据存储地址是 8 的整数倍,边界对齐字数据存储地址是 4 的整数倍,边界对齐字数据存储地址是 2 的整数倍。当数据边界对齐存储时,CPU 可以通过一次总线操作完成访问。数据若非边界对齐存储,CPU 通常需要两次总线操作才能完成访问。

多片存储芯片构建存储器,需考虑以下几方面问题:①存储容量扩展,包括字数和字长扩展。字数扩展采用存储芯片串联方式,字长扩展采用存储芯片并联方式。②存储空间映射,为方便存储管理,通常采用一对一整体映射方式,即所有剩余高位地址经过译码之后形成存储器的选通信号。③多类型数据访问控制,有两种方式:(a)字节使能信号与存储器选通信号译码形成各个字节对应存储芯片的片选信号;(b)字节使能信号与写使能信号译码形成各个字节对应存储芯片的写信号。④不同类型存储芯片读写操作方式、访问速度、时序等与总线操作的匹配。这部分涉及复杂的时序逻辑,通常由存储控制器实现。

存储控制器能将不同协议总线信号转换为不同类型存储芯片接口信号,实现总线操作与存储器读写操作匹配。因此,有了存储控制器,用户仅需掌握基于存储芯片设计同类型大容量存储器的相关知识。

思考与练习

1. 半导体存储芯片根据数据传输方式分为哪几类? 根据读/写操作方式分为哪几类? 根据存储器读写操作时序分为哪几类? 根据读写速率又分为哪几类?

2. PROM、EPROM 和 EEPROM 操作方式上的主要区别是什么?

3. SRAM、DRAM 操作方式上的主要区别是什么? DRAM 根据读写速率又分为哪几类？

4. Flash 分为哪几类？操作方式上的主要区别是什么？

5. 并行存储芯片从封装上看大都具有哪些信号线？分别表示什么含义？若某一 ROM 或 SRAM 存储芯片具有 16 位数据线、20 位地址线，该存储芯片的容量以字节为单位表示时是多大？

6. 异步 SRAM 的基本结构由哪三部分构成？引脚 $I/O_0 \sim I/O_{m-1}$、$A_0 \sim A_{n-1}$、$\overline{OE}$、$\overline{WE}$、$\overline{CE}$ 分别表示什么含义？该存储芯片的容量如何采用含有 m、n 的表达式表示？

7. 阅读 Cypress 公司生产的 16 位、32 位异步 SRAM 存储芯片手册，试分别说明这些存储芯片通过哪些控制信号支持不同宽度数据访问？各个控制信号与数据线之间的对应关系如何？

8. 异步 SRAM 的读写操作分别有哪几种时序？读时序参数中的 t_{RC}、t_{AA}、t_{ACE}、t_{DOE} 分别表示什么含义？写时序参数中的 t_{WC}、t_{SCE}、t_{PWE} 分别表示什么含义？

9. NOR Flash 存储芯片相对于异步 SRAM 存储芯片在结构上发生了哪些变化？数据访问的最小单位一般为多少？

10. 擦除整片 8 位 NOR Flash 存储芯片的命令序列是什么？执行时共包含几个总线周期？

11. NAND Flash 存储芯片读写操作时 I/O 引脚可承载哪些信息？ALE、CLE 信号的含义分别是什么？I/O 引脚宽度一般为多少？1GB 8 位 I/O 接口 NAND Flash 器件地址信号需通过多少个总线时钟周期才能传输完？

12. NAND Flash 存储芯片的存储体采用什么方式组织？地址由哪几部分构成？

13. 同步 SSRAM 存储芯片相对于异步 SRAM 存储芯片在结构上发生了哪些变化？ADV 引脚的含义是什么？

14. SSRAM 存储芯片 CY7C1327G 的引脚 $\overline{BWE}$、$\overline{BW_A}$、$\overline{BW_B}$、$\overline{GW}$ 的逻辑功能是什么？试画出其逻辑功能表。

15. SDRAM 存储芯片的存储体采用什么方式组织？地址由哪几部分构成？控制信号 $\overline{CAS}$、$\overline{RAS}$ 的含义分别是什么？

16. SDRAM 存储芯片从空闲状态到读写数据一般需经过哪些步骤？数据访问存在哪几种寻址情况？

17. DDR2 SDRAM 存储芯片相对于 SDRAM 存储芯片数据访问时序存在什么差别？DQS、$\overline{DQS}$ 信号的含义是什么，读、写操作时该信号如何产生？

18. 基于存储芯片设计存储器接口一般需考虑哪些问题？

19. 存储器接口设计时存储芯片地址映射存在哪些方案？考虑到存储器管理的便利性，一般应采用什么映射方案？该映射方案存在什么特点？

20. 某 32 位计算机系统通过提供 $\overline{BE_0} \sim \overline{BE_3}$ 支持 8、16、32 位不同数据访问，且支持非规则数访问，试说明该计算机系统 CPU 访问地址为 0x3ff3 的字数据以及地址为 0x3456 的半字数据时，CPU 与内存之间需经历几次总线操作，每次总线操作分别操作哪几个内存地址单元，并说明数据的各个字节分别来自内存的哪个域（Bank）？

21. 某 64 位计算机系统通过提供 $\overline{BE_0} \sim \overline{BE_7}$ 支持 8 位、16 位、32 位、64 位不同数据访问，且支持非规则数据访问，试说明该计算机系统 CPU 访问地址为 0x3ff3 的字数据以及地址为 0x3456 的双字数据时,CPU 与内存之间需经历几次总线操作,每次总线操作分别操作哪几个内存地址单元,并说明数据的各个字节分别来自内存的哪个域(Bank)?

22. 基于 Cypress 公司生产的容量为 2M×8b 的异步 SRAM 存储芯片 CY62168G,设计一个容量为 8M×8b 的存储器,若将该存储器映射到逻辑存储空间范围为 0x00000000～0xffffffff 的计算机系统物理存储空间 0xc0000000～0xc05fffff,试设计该存储器接口电路。

23. 由 8 位宽存储芯片设计通过一次总线操作支持多字节数据访问的存储器接口有哪些方法?

24. 基于异步 SRAM IDT71V256SA 存储芯片,设计一个容量为 32K×16b 的存储器,要求可支持 8 位、16 位数据访问,试设计该存储器接口电路。

25. 基于 Cypress 公司生产的容量为 2M×8b 的异步 SRAM 存储芯片 CY62168G,设计一个容量为 4M×16b 的存储器,且可支持 8 位、16 位数据访问,试设计该存储器接口电路。

26. 基于 Cypress 公司生产的容量为 2M×8b 的异步 SRAM 存储芯片 CY62168G,设计一个容量为 4M×32b 的存储器,且可支持 8 位、16 位、32 位数据访问,试设计该存储器接口电路。

27. 在题 26 基础上,将存储器映射到逻辑存储空间范围为 0x00000000～0xffffffff 的计算机系统物理存储空间 0xa0000000～0xa0ffffff,试设计该存储器接口电路。

28. 基于 Cypress 公司生产的容量为 2M×8b 的异步 SRAM 存储芯片 CY62168G 以及 AXI 总线存储控制器 EMC 为计算机系统设计一个 AXI 总线接口存储器,要求该存储器容量为 4M×32b,可支持 8 位、16 位、32 位数据访问,试设计存储控制器 EMC 与存储器之间的接口电路。

29. 基于 Cypress 公司生产的容量为 256K×16b 的异步 SRAM 存储芯片 CY62147G 以及 AXI 总线存储控制器 EMC 为计算机系统设计一个 AXI 总线接口存储器,要求该存储器容量为 1M×32b,可支持 8 位、16 位、32 位数据访问,试设计存储控制器 EMC 与存储器之间的接口电路。

30. 基于容量为 1Gb 的 DDR2 SDRAM 存储芯片 MT47H64M16(64M×16b)以及 MIG 生成的 DDR2 存储控制器为计算机系统设计一个 AXI 总线接口存储器,要求该存储器容量为 64M×32b,可支持 8 位、16 位、32 位数据访问,试设计 DDR2 存储控制器与存储器之间的接口电路。

## 第 7 章

I/O 接口

输入输出(I/O)是指计算机与外界的信息交换,即通信(Communication)。计算机与外界通信,通过 I/O 设备进行。通常一种 I/O 设备与计算机连接需要一个连接电路,该连接电路称为 I/O 接口。存储芯片也可以看作是一种标准化 I/O 设备。

计算机系统采用总线结构,因此 I/O 接口是实现总线与 I/O 设备之间数据交换和通信的硬件电路以及软件协议。计算机系统典型的总线主设备为微处理器,因此接口设计涉及的两个基本问题为:①如何寻址 I/O 设备,实现 I/O 设备识别;②如何与 I/O 设备建立连接,进行数据、状态和控制信号交换。本章基于总线结构讲解接口设计基本原理,并介绍几种常见并行 I/O 设备接口电路以及程序控制方式接口控制程序设计。

学完本章内容,要求掌握以下知识:

- I/O 接口功能、结构、数据传送方式以及控制方式;
- I/O 接口寻址方式及原理;
- I/O 接口地址译码原理及译码电路设计;
- 独立开关、发光二极管、七段数码管、矩阵键盘、LED 点阵等并行数字设备接口设计;
- 并行模数(A/D)转换器接口设计;
- GPIO(General Purpose I/O)、EPC(External Peripheral Controller)接口设计;
- 程序控制方式 I/O 接口程序设计。

7.1 接口基本概念

计算机系统中的设备通过总线实现互联互通,但计算机系统内各类设备存在电气特性、工作速度、信息表现形式等诸多差异。因此设备挂接到总线上,必须通过某种电路将设备特有的信号转换为适合在总线上传输的信号,并且实现两者之间的速度匹配,这类电路统称为接口。接口在计算机系统中的位置如图 7-1 所示,无论是总线主设备还是总线从设备,都需设计与总线连接匹配的接口电路。本章所指接口仅指总线从设备接口。由于存储器访问速度通常远远高于 I/O 设备,而且存储器管理方式与 I/O 设备不同,因此进一步区分为存储器接口和 I/O 接口。

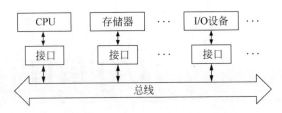

图 7-1　接口在计算机系统中的位置

7.1.1　接口功能

接口电路的作用是将来自从设备的数据信号经由总线传送给微处理器,微处理器对数据进行适当加工,再经由总线通过接口传回从设备。所以,接口的基本功能就是对数据传送实现控制。不同接口的功能各有特点,如并行接口不要求数据格式转换功能,来自总线的并行数据可直接传送到并行从设备;而串行通信接口必须具备将总线并行数据转换为串行数据的功能。

接口通常包括以下 5 种功能:

(1) 控制和定时;

(2) 通过总线与微处理器通信;

(3) 与从设备通信;

(4) 数据缓冲;

(5) 错误检测。

任何时钟周期,微处理器都可根据程序需要与外设通信,所以计算机系统内的资源,包括内存、总线都在各个 I/O 操作中共享。这就需要控制和定时功能模块实现计算机内部资源与外部设备之间的协调动作。

微处理器从外设读入一个数据一般需经过以下过程:

(1) 微处理器询问 I/O 接口获取 I/O 设备的状态。

(2) I/O 接口返回 I/O 设备状态。

(3) 如果设备准备好,那么微处理器向 I/O 接口发送命令请求传送数据。

(4) I/O 接口从 I/O 设备获取数据。

(5) I/O 接口把接收到的数据发送给微处理器。

在这个过程中,微处理器与 I/O 接口之间需多次通过总线进行通信,甚至可能涉及多次总线仲裁。

微处理器与 I/O 接口之间通信包括以下几个方面:

(1) 命令译码。I/O 接口接收微处理器的命令,译码产生控制外设的控制信号。如硬盘驱动器接口可能接收到的命令包括读扇区、写扇区、查找磁道号、搜索记录 ID 等。

(2) 数据缓冲。I/O 设备速度通常都远远低于微处理器和内存,因此微处理器与 I/O 设备或内存与 I/O 设备通信时,I/O 接口必须实现数据缓冲功能。如接收微处理器或内存快速传输的数据,缓存之后再慢速传到 I/O 设备;或接收 I/O 设备慢速发送的数据,在 I/O 接口内部缓存到一定程度之后再快速传输到微处理器或内存,以便尽可能减少占用总线和微处理器的时间。随着微处理器与内存之间速度差异的出现,微处理器与内存之间同样需要设置接口电路实现数据缓冲。

（3）状态反馈。I/O设备相对于微处理器而言，通常都是慢速设备，那么I/O设备与微处理器进行数据通信时，微处理器必须等到I/O设备准备好才能通信，因此I/O接口必须通过某种方式告诉微处理器I/O设备的状态，这些状态信息包括忙、就绪等。

（4）地址译码。I/O设备就像内存一样，每个I/O设备都具有确定的地址，I/O接口必须能够识别I/O设备的地址。

若考虑到总线数据传输的不可靠以及设备的不可靠，接口还需检测数据传输错误以及I/O设备错误，并将相关状态报告给微处理器。

因此，接口信号分为两类：总线信号和设备接口信号，如图7-2所示。总线信号包括数据总线、地址总线、控制总线等。设备接口信号形式比较复杂，不同设备不同，但同样可以分为数据线、控制线、状态线等。I/O接口通过总线与微处理器通信，通过设备接口与I/O设备通信。

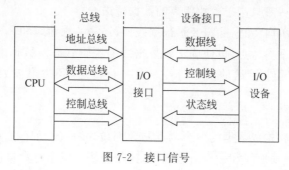

图 7-2　接口信号

7.1.2　接口构成

由接口功能需求可知，接口电路由总线控制逻辑、设备控制逻辑以及数据、状态、控制寄存器3部分组成，如图7-3所示。

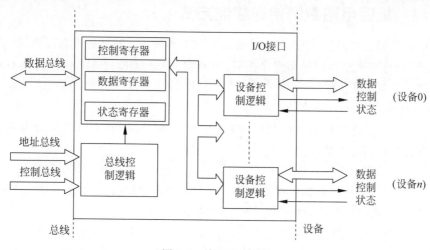

图 7-3　接口基本结构

总线控制逻辑由地址译码和控制执行逻辑组成，完成接口寻址和总线操作、定时控制等。

设备控制逻辑由状态编码、命令译码以及控制执行逻辑构成,完成接口与I/O设备的信息交互和定时控制。

数据、状态、控制寄存器暂存微处理器和I/O设备之间传送的数据、I/O设备的状态信息以及微处理器发送给从设备的命令等,以完成微处理器与I/O设备之间的速度匹配以及状态和控制信息的存储。

7.1.3 I/O接口数据传送方式

接口是用来传送数据的,无论是通用接口还是专用接口,设备接口的数据传送方式只有两种:并行数据传送和串行数据传送。

1. 并行数据传送

并行数据传送数据的每一位都对应一根独立的传输线路,但是线路多,随着通信速率的提高,容易产生串扰,一般只用于较短距离的数据传送。

如8位并行数据单向传送,除需8根数据线外,还需一根地线和一根数据准备就绪状态线。地线提供电路电平参考点,以便确定各数据线的逻辑状态。数据准备就绪状态线则是把数据送上数据线后请求传送的信号。若双向并行传送,还需附加表示传送方向的信号线等。

2. 串行数据传送

串行数据传送是将构成数据的各个二进制数据位,按一定顺序逐位传送。单向串行传送只需一根数据线、一根地线和一根应答线等,比较经济。但串行数据传送比并行数据传送控制复杂,原因是计算机内部总线大都采用并行方式,所以串行数据传送前后都要进行并/串或串/并转换。并且采用一根信号线串行传送每一位数据,需要定时电路协调收发设备,确保正确传送。串行数据传送所需信号线较少,信号线之间相互干扰较少,因此数据传输速率较高。串行数据传送已成为计算机系统外部接口电路的新趋势。

7.1.4 接口电路数据传送控制方式

接口电路数据信号的传送,是在主设备的监控下实现的。对微处理器而言,数据传送就是I/O操作,计算机系统可以采用程序控制、中断和DMA(Direct Memory Access)3种方式控制接口的数据传送。

1. 程序控制方式

程序控制方式是指接口数据传送完全在程序的控制下进行,它又可以分为两种方式:查询方式和无条件传送方式。

查询方式是指微处理器在数据传送之前,通过接口状态设置和存储电路询问外设,待外设允许传送数据后,才传送数据的操作方式。查询方式下,微处理器需要完成以下操作:

① 微处理器向接口发出数据传送——输入或输出数据命令。

② 微处理器查询外设是否允许传送(输出数据发送完或输入数据准备好)。若不允许传送,则继续查询外设,直至允许传送才传送数据。查询方式,微处理器需要花费较多的时间去不断地"询问"外设,外设接口电路处于被动状态。

有些输出设备可以随时接收数据,如发光二极管的亮或灭、电机的启动或停止;还有些输出设备在接收一个数据后,经过一段固定的时间就能接收下一个数据,如D/A转换器。

有些输入设备准备数据的时间也是已知的,如 A/D 转换器。这类设备可以简化接口电路,省去状态设置存储电路,直接传送数据或者延迟一定时间后再传送数据。这种传送方式就是"无条件"传送方式。

2. 中断方式

中断方式是指外设需与微处理器传送数据时,外设向微处理器发出请求,微处理器响应后再传送数据的操作方式。中断方式,微处理器不必查询外设,而由接口在向外设输出数据发送完毕或外设数据准备好时通知微处理器,微处理器再发送或接收数据。中断方式提高了微处理器的工作效率,但微处理器管理中断的接口电路比程序控制方式复杂。

3. DMA 方式

DMA 方式是指数据不经过微处理器,而是直接在存储器和外设之间进行传送的操作方式。DMA 方式是这 3 种方式中效率最高的一种传送方式,接口控制也最复杂,需要专用的 DMA 控制器。DMA 方式,需先由存储器或外设向 DMA 控制器发出 DMA 请求,DMA控制器响应后再向微处理器发出总线请求,微处理器响应后就让 DMA 控制器接管总线。总线在 DMA 控制器的管理下完成存储器和存储器之间或存储器和外设之间的数据传送。DMA 方式适合大量数据传送,如存储器与磁盘之间的数据传送。

无论采用哪种数据传送控制方式,电路实现上都是通过信号的交换来完成接口数据传送的控制。

7.2 I/O 寻址

半导体存储芯片通常具有与总线类似的地址、数据和读写控制信号,并且具有信息保持功能,因此存储器接口电路相对简单,仅需实现地址译码及时序匹配即可,微处理器可以利用地址总线访问存储芯片的各个存储单元。而 I/O 设备通常没有提供与总线类似的信号,因此 I/O 接口必须实现数据缓存、命令译码、状态保持等电路,并且为实现时序匹配还必须配合相应的寄存器。I/O 接口电路中的寄存器有一个专门的术语即端口(port)。从图 7-3 可知,I/O 接口具有三类寄存器,根据寄存器功能的不同,分别把这些寄存器称为控制端口、状态端口和数据端口。以记忆功能部件与非记忆功能部件划分,I/O 接口基本结构可以表示为如图 7-4 所示。

图 7-4　接口基本结构

接口通过译码控制端口的信息产生 I/O 设备控制信号,同时将 I/O 设备状态信号编码保存在状态端口中。因此 CPU 只需要向接口控制端口写入控制命令,接口就可以产生对应的 I/O 设备控制信号。另外,CPU 也只需要读取状态端口就可以了解 I/O 设备的状态。CPU 与 I/O 设备交换的数据通过数据端口实现缓存。也就是说微处理器对 I/O 设备的操作实际就是对 I/O 接口内的寄存器进行读写操作。因此对 CPU 而言,接口可以看作是具有少量存储单元的存储功能部件。那么计算机如何寻址 I/O 接口内的端口呢?

不同计算机系统 I/O 寻址方式不同,主要有两种方式:一种是独立 I/O 寻址(Standard I/O);另一种是存储器映像 I/O 寻址(Memory Mapped I/O)。

7.2.1　独立 I/O 寻址

独立 I/O 寻址是指将 I/O 接口看作计算机系统中不同于内存的一类专有设备,微处理器设计专门的控制信号区分 I/O 接口访问和内存访问。独立 I/O 寻址的计算机系统框图如图 7-5 所示。图 7-5 中微处理器提供一根专门的信号线,用它的不同状态区分是寻址内存还是寻址 I/O 接口。

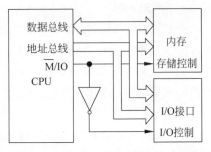

独立 I/O 寻址由于采用了专门的接口控制信号,因此存储空间与 I/O 空间互不影响。如 20 位地址总线的计算机系统,若采用 20 位地址总线访问内存,10 位地址总线访问 I/O 接口,那么存储空间范围为 0x00000～0xfffff,而接口空间范围为 0x000～0x3ff。

图 7-5　独立 I/O 寻址计算机系统框图

虽然存储空间和 I/O 空间都具有 0x000～0x3ff 这一段区域,但是可以通过控制信号区分是寻址内存还是寻址 I/O 接口,互不影响。

独立 I/O 接口寻址方式下,微处理器运行时,访问内存和访问 I/O 接口产生控制信号的不同状态,这表明微处理器访问内存和访问 I/O 接口运行了不同指令。

由此可知,独立 I/O 寻址方式有以下 3 个特点:

(1) I/O 接口空间和存储空间是独立的、分开的,即 I/O 接口地址不占用存储空间地址。

(2) 微处理器对 I/O 设备的管理利用专用的输入/输出(如 IN、OUT)指令实现数据传送。

(3) CPU 对 I/O 设备的读/写控制用专门的 I/O 读/写控制信号(如 $\overline{\text{IOR}}$、$\overline{\text{IOW}}$)。

微机系统的微处理器都采用独立 I/O 寻址方式。

应当指出,独立 I/O 寻址方式是以端口作为地址单元,由于一个 I/O 接口往往不仅有数据寄存器,还有状态寄存器和控制寄存器,通常它们各用一个端口,故一个 I/O 接口常有若干个端口地址。

7.2.2　存储器映像 I/O 寻址

存储器映像 I/O 寻址是指将 I/O 空间映像到部分存储空间中,因此微处理器不需要提供专门的接口控制信号,而是采用与访问内存同样的控制总线实现对内存和 I/O 接口的访问。存储器映像 I/O 寻址计算机系统结构框图如图 7-6 所示。

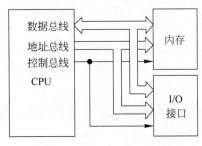

图 7-6　存储器映像 I/O 寻址
计算机系统结构框图

存储器映像 I/O 寻址,由于采用同样的控制总线实现对 I/O 接口和内存访问,因此接口占用一部分内存存储空间。如同样是 20 位地址总线的计算机系统,20 位地址总线访问内存,10 位地址总线访问 I/O 接口。如果将接口地址空间 0x000～0x3ff 映射到存储空间 0x40000～0x403ff,如图 7-7 所示,那么微处理器访问 0x40000～0x403ff 这个地址范围就是访问 I/O 接口,而不是访问内存。因此内存管理部件必须将 0x40000～0x403ff 这部分地址空间隔离出来,不能作为内存使用。

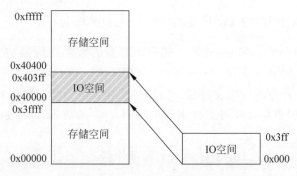

图 7-7 存储器映像 I/O 接口寻址存储空间映像示例

由此可知,存储器映像 I/O 寻址方式也有 3 个特点:

(1) I/O 接口与内存共用同一个地址空间。即在系统设计时指定存储空间内的一段区域供 I/O 设备使用,故 I/O 设备的每一个寄存器占用存储空间的一个地址。这时,内存与 I/O 设备之间的唯一区别是所占用的地址不同。

(2) CPU 利用内存操作指令实现 I/O 设备管理。

(3) CPU 利用存储器读/写控制信号($\overline{\mathrm{MEMR}}$、$\overline{\mathrm{MEMW}}$)对 I/O 设备进行读/写控制。

存储器映像 I/O 接口寻址方式的优点是:

(1) CPU 对外设的操作可使用全部存储器操作指令,因此对外设的操作指令多,使用方便,如可对外设中的数据(存于接口的寄存器中)进行算术和逻辑运算、循环或移位等。

(2) 存储器和外设的地址分布图是同一个。

(3) 不需要专门的输入/输出指令。

缺点是:

(1) 外设占用了存储单元,使存储容量减小。

(2) 存储器操作指令通常要比 I/O 指令字节多,因此加长了 I/O 操作时间。

大多数嵌入式微处理器采用存储器映像 I/O 寻址,MIPS 微处理器就属于这一类。采用独立 I/O 寻址方式的微处理器,也可以采用存储器映像 I/O 寻址方式。

不论采用哪种 I/O 寻址,微处理器访问 I/O 接口与存储器寻址相似,即必须完成两种选择:①选中某个 I/O 接口(片选);②选中该 I/O 接口中的某个端口(字选)。

由于嵌入式微处理器基本上都采用存储器映像 I/O 寻址方式,因此之后讲述的接口设计中默认为存储器映射 I/O 寻址。将存储器映像 I/O 寻址转换为独立 I/O 寻址非常简单:硬件方面,I/O 接口的读写控制信号修改为专门的 I/O 读写控制信号;软件方面,I/O 端口读写修改为专门的 I/O 读写指令。

7.3 端口读写指令及函数

7.3.1 端口读写汇编指令

计算机系统若采用存储器映像 I/O 寻址,那么 I/O 端口读写指令与存储器读写指令完全一致,如 MIPS 微处理器采用 lw、lh(u)、lb(u)、sw、sh、sb 等指令对 I/O 端口进行操作;

若计算机系统采用独立 I/O 寻址,那么 I/O 端口读写指令与存储器读写指令不同,如 Intel x86 微处理器 I/O 端口读写指令为 IN、OUT,而存储器读写指令为 MOV 等。

7.3.2 Standalone BSP C 语言端口读写函数

BSP(Board Support Package)是嵌入式系统开发的板级支持包,它为用户进行嵌入式系统开发提供最底层的软件支持。Standalone BSP 是 Xilinx 公司提供的基于 FPGA 平台进行嵌入式系统软件开发的板级支持包。它提供了微处理器基本操作函数,包括中断、高速缓存、异常控制和处理函数以及与主机交互的标准 I/O 函数等,同时也提供了硬件操作底层驱动函数。

本节仅介绍 Standalone BSP I/O 端口读写操作函数。它们的定义如表 7-1 所示,申明在 xil_io. h 头文件中。

表 7-1　Standalone BSP I/O 端口读写操作函数

I/O 函数名称	定　　义

Xil_In8(Addr)	static INLINE u8 Xil_In8(UINTPTR Addr)
	{
	　　return * (volatile u8 *) Addr;
	}

Xil_In16(Addr)	static INLINE u16 Xil_In16(UINTPTR Addr)
	{
	　　return * (volatile u16 *) Addr;
	}

Xil_In32(Addr)	static INLINE u32 Xil_In32(UINTPTR Addr)
	{
	　　return * (volatile u32 *) Addr;
	}

Xil_Out8(Addr, Value)	static INLINE void Xil_Out8(UINTPTR Addr, u8 Value)
	{
	　　volatile u8 * LocalAddr = (volatile u8 *)Addr;
	　　* LocalAddr = Value;
	}

Xil_Out16(Addr, Value)	static INLINE void Xil_Out16(UINTPTR Addr, u16 Value)
	{
	　　volatile u16 * LocalAddr = (volatile u16 *)Addr;
	　　* LocalAddr = Value;
	}

Xil_Out32(Addr, Value)	static INLINE void Xil_Out32(UINTPTR Addr, u32 Value)
	{
	　　volatile u32 * LocalAddr = (volatile u32 *)Addr;
	　　* LocalAddr = Value;
	}

其中,u32 为无符号整数(unsigned int),u16 为无符号半字(unsigned short),u8 为无符号字节(unsigned char),UINTPTR 为无符号整型指针。变量申明为 volatile 表示要求 C 语言编译器编译时每次数据访问都必须访问端口,而不是访问微处理器中的寄存器。

例 7.1　已知某计算机系统具有 8 位、16 位、32 位等不同端口,其中不同宽度 I/O 端口地址如表 7-2 所示。若要求基于 Xilinx Standalone BSP 端口读写函数分别将不同宽度输入端口中的数据读入之后输出到对应位宽的输出端口中,试编写控制程序段。

表 7-2　不同宽度 I/O 端口地址

端口类型	输入端口地址	输出端口地址
8 位	0x56	0x789
16 位	0xfe	0x345
32 位	0xcd	0x123

解答:不同宽度 I/O 端口数据需定义为相应的类型,如 8 位宽端口数据定义为 char 型,16 位宽端口数据定义为 short 型,32 位宽端口数据定义为 int 型。

先读入端口数据,然后再输出到同宽度输出端口的控制程序段如图 7-8 所示。

```
unsigned char byte;              //8 位端口
unsigned short hword;            //16 位端口
unsigned int word;               //32 位端口
byte = Xil_In8(0x56);            //读入 8 位输入端口数据
Xil_Out8(0x789,byte);            //输出数据到 8 位输出端口
hword = Xil_In16(0xfe);          //读入 16 位输入端口数据
Xil_Out16(0x345,hword);          //输出数据到 16 位输出端口
word = Xil_In32(0xcd);           //读入 32 位输入端口数据
Xil_Out32(0x123,word);           //输出数据到 32 位输出端口
```

图 7-8　Xilinx Standalone BSP 端口读写函数控制程序段示例

由于 C 语言函数的参数可以是函数,因此可以将图 7-8 所示程序段进一步简写为图 7-9 所示程度段。

```
Xil_Out8(0x789, Xil_In8(0x56));      // 读入 8 位输入端口数据输出到 8 位输出端口
Xil_Out16(0x345, Xil_In16(0xfe));    //读入 16 位输入端口数据输出到 16 位输出端口
Xil_Out32(0x123, Xil_In32(0xcd));    //读入 32 位输入端口数据输出到 32 位输出端口
```

图 7-9　Xilinx Standalone BSP 端口读写函数控制程序段简化

7.4　I/O 接口总线控制逻辑

计算机系统内所有部件都通过总线相互连接,因此任何接口都需要考虑如何与总线相连的问题。另外,由于 I/O 设备以及存储芯片工作速度往往都赶不上 CPU 的工作速度,因此,接口设计通常还需考虑准备就绪电路。准备就绪电路的基本原理是在接收到启动数据

传输信号之后,根据存储芯片或 I/O 设备的响应时间将 ready 信号在该段时间内置为低电平,等响应时间结束后置为高电平,从而完成插入等待。由此可见,在插入等待电路中需要一个定时电路和一个置位复位电路。本书不详述此部分电路实现方法。本节主要阐述接口与总线相连的一般原则。

7.4.1　地址总线

若接口电路中存在多个端口,且接口电路具有地址信号,那么地址总线中的低位地址线可与接口地址线直接对应连接(端口地址连续),也可选取部分低位地址与接口地址信号相连(端口地址不连续),剩余高位地址译码之后连接到接口的片选控制信号上。若接口电路中仅一个端口,即接口本身不存在地址线,此时所有地址线都可当作剩余地址线参与译码形成接口控制信号,根据参与译码的地址线位数的不同,接口中端口地址取值范围不同。接口地址译码电路实现方法与存储器接口地址译码基本一致,此处不再赘述。

直接将地址总线译码选中接口中的端口,这种 I/O 端口地址译码方式称为直接译码。当计算机系统 I/O 接口中的端口数大于计算机系统分配的 I/O 空间时,这时微处理器不能仅通过地址总线直接寻址到 I/O 接口中的所有端口。在这种情况下,必须复用部分数据线分时传输地址和数据信号,以实现 I/O 空间扩展。该类接口电路需设计一个地址端口,保存 I/O 接口中数据端口的地址信息。微处理器访问这类接口时,首先寻址 I/O 接口中的地址端口,写入需要访问的 I/O 数据端口地址,然后再寻址 I/O 接口中的数据端口实现指定 I/O 端口的数据传输和控制。这种利用专门的地址端口实现 I/O 端口地址译码的方式称为间接地址译码。

例 7.2　已知某计算机系统具有 7 位地址总线 $A_6 \sim A_0$、8 位数据总线 $D_7 \sim D_0$ 以及独立的读写控制信号 $\overline{WR}$、$\overline{RD}$。现需为该计算机系统扩展一片 IDT71V256SA SRAM 存储芯片,试设计该存储芯片的接口电路。

解答: 由于 SRAM 存储芯片 IDT71V256SA 具有 32K 个存储单元,15 根地址线 $A_{14} \sim A_0$。计算机系统总线仅提供 7 位地址总线,无法直接通过地址总线寻址 SRAM 存储芯片内所有存储单元。因此需通过数据总线扩展地址总线以寻址存储芯片片内存储单元。也就是说,微处理器需首先提供片内地址信息给存储芯片的地址引脚,以便实现存储芯片片内寻址,然后再选中存储芯片实现存储器的读、写操作。由此可知,CPU 访问该 SRAM 芯片存储单元时,数据总线需分时传送两类信息:①寻址片内存储单元的地址信息;②存储单元的数据信息。

因此,必须先锁存数据总线上传输的地址信号,然后才能传送数据信息。这个锁存数据总线上地址信息的端口,在接口电路中称为地址端口。若片内单元寻址全部采用数据线,则地址端口和存储芯片的片选信号分别为不同的端口地址。由于数据线仅 8 位,因此两次传送才能形成 15 位地址。采用 2 位地址线区分存储芯片高位、低位地址端口以及存储芯片数据端口,若 A_1A_0 为 $(11)_2$、$(10)_2$ 时表示传输存储芯片片内地址信号,A_1A_0 为 $(00)_2$ 时表示寻址存储芯片数据端口,则该间接端口地址译码电路如图 7-10 所示。

其中,74xx373 为具有三态输出的 8D 锁存器,结构框图如图 7-11 所示,功能表如表 7-3 所示。

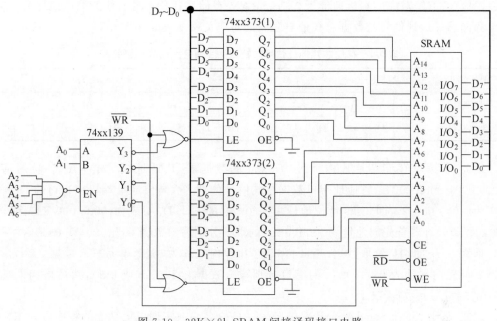

图 7-10　32K×8b SRAM 间接译码接口电路

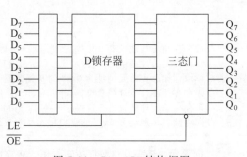

图 7-11　74xx373 结构框图

表 7-3　74xx373 功能表

工作模式	LE	$\overline{OE}$	D_n	内部锁存器状态	Q_n
透传模式	1	0	0	0	
			1	1	1
锁存输出	0	0	0	0	0
			1	1	1
输出禁止	x	1	x	x	z

　　微处理器访问间接译码接口的存储芯片,需要至少两步才能访问到存储芯片的各个存储单元:第一步,输出存储芯片片内地址到地址锁存器(74xx373)中,存储芯片片内地址信息保持在地址锁存器的输出端 $Q_7 \sim Q_0$ 上;第二步,访问存储芯片,使地址译码器的输出端 $\overline{Y_0}$ 有效,使能存储芯片片选端,数据就可在微处理器与存储芯片某个指定的存储单元之间传输。

　　图 7-10 中 SRAM 芯片高位地址 $A_{14} \sim A_7$ 由 74xx373(1)锁存,低位地址 $A_6 \sim A_0$ 由74xx373(2)锁存。由前一级 74xx139 译码电路逻辑可知,74xx373(1)对应的端口地址为

0x7f,74xx373(2)对应的端口地址为0x7e,SRAM存储芯片片选端对应的端口地址为0x7c。存储芯片地址信号与数据总线信号之间的对应关系如表7-4所示。

表7-4 存储芯片地址信号与数据总线信号之间的对应关系

地址端口	0x7f								0x7e						
芯片地址线	A_{14}	A_{13}	A_{12}	A_{11}	A_{10}	A_9	A_8	A_7	A_6	A_5	A_4	A_3	A_2	A_1	A_0
数据总线	D_7	D_6	D_5	D_4	D_3	D_2	D_1	D_0	D_7	D_6	D_5	D_4	D_3	D_2	D_1

因此,若读取存储芯片片内地址为0x80的数据,芯片地址线$A_{14} \sim A_0$各位对应为$(0000\ 0001\ 0000\ 000)_2$,各地址端口数据总线信号分别为:高位地址端口(0x7f)的$D_7 \sim D_0$对应为$(0000\ 0001)_2$,即0x1;低位地址端口(0x7e)的$D_7 \sim D_0$对应为$(0000\ 000\ X)_2$,即0x1或0x0。微处理器首先向地址为0x7f、0x7e的端口分别写入数据0x1、0x0(或0x1),然后再从地址为0x7c的端口读取数据。若向存储芯片片内地址为0x87单元写入数据0x7f,微处理器需首先向地址为0x7f、0x7e的端口分别写入数据0x1、0xe(或0xf),然后再向地址为0x7c的端口写入数据0x7f。

因此,基于 Xilinx Standalone BSP 端口读写 C 语言函数实现以上功能的程序段如图7-12所示。

```
unsigned char in_byte;
Xil_Out8(0x7f,0x1);      //锁存存储芯片地址高 8 位(A₁₄~A₇(D₇~D₀)依次修改为 0000 0001)
Xil_Out8(0x7e,0x0);      //锁存存储芯片地址低 7 位(A₆~A₀(D₇~D₁)依次修改为 0000 000)
in_byte = Xil_In8(0x7c); //读取存储芯片单元地址为 0x80 的 8 位数据
Xil_Out8(0x7f,0x1);      //锁存存储芯片地址高 8 位(A₁₄~A₇(D₇~D₀)依次修改为 0000 0001)
Xil_Out8(0x7e,0xe);      //锁存存储芯片地址低 7 位(A₆~A₀(D₇~D₁)依次修改为 0000 111)
Xil_Out8(0x7c,0x7f);     //向存储芯片地址为 0x87 的存储单元写入数据 0x7f
```

图7-12 间接端口译码电路数据访问 C 语言程序段

图7-12所示 C 语言程序段形成的读写操作时序如图7-13所示。

7.4.2 数据总线

当数据总线宽度大于或等于设备数据线宽度时,可选取数据总线中与接口同样宽度的连续多位数据线与接口数据线对应连接即可。也可以将多个同类型接口并联以节约 I/O 空间,方法与存储器字长扩展类似。若接口设计时考虑多字节端口数据访问的灵活性,可将总线提供的字节使能信号参与译码,形成端口内各个字节使能控制信号,接口字节使能信号译码原理与存储器多类型数据访问译码原理相同。

若 I/O 设备数据线宽度大于数据总线宽度,这表明微处理器不能通过一次总线读写操作读写 I/O 设备所有数据位。在这种情况下,需多次总线读、写操作才能传输多于数据总线宽度的数据位。此时,I/O 接口电路需采用多个端口传输设备的不同数据位。

例7.3 已知某计算机系统数据总线宽度仅为 8 位 $D_7 \sim D_0$,外设具有 12 位数据输出 $D_{11} \sim D_0$。若需将外设数据通过该总线读入计算机系统,试设计接口电路,并基于 Xilinx Standalone BSP 端口读写 C 语言函数编写程序段读入外设一个 12 位数据。

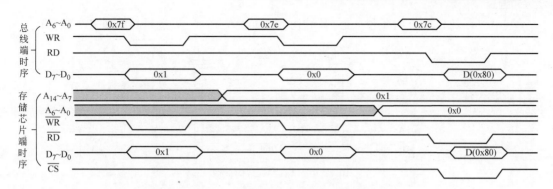

(a) 图7-12所示C语言程序段前三条语句形成的读写操作时序

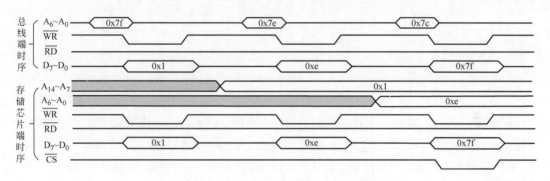

(b) 图7-12所示C语言程序段后三条语句形成的读写操作时序

图 7-13　图 7-12 所示 C 语言程序段形成的读写操作时序

解答: 由于计算机系统数据总线仅 8 位,外设数据线具有 12 位,因此外设 12 位数据线的某些部分必须通过数据总线分时传输。若将外设数据线 $D_{11}\sim D_8$、$D_7\sim D_4$ 通过数据总线 $D_7\sim D_4$ 分时传输,外设数据线 $D_3\sim D_0$ 通过数据总线 $D_3\sim D_0$ 传输,那么外设共需两个数据端口,其中一个端口缓存数据位 $D_{11}\sim D_8$,另一个端口缓存数据位 $D_7\sim D_0$。

两个数据端口可通过 1 位地址线区分,若采用 A_0 区分这两个端口,那么外设接口电路如图 7-14 所示。

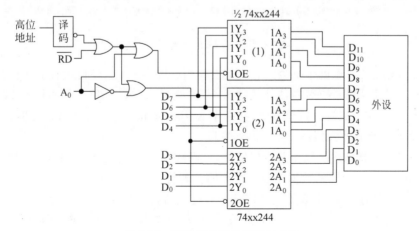

图 7-14　数据线复用外设接口电路

其中,74xx244 为 2 组 4 位三态门,结构框图如图 7-15 所示,逻辑功能如表 7-5 所示。

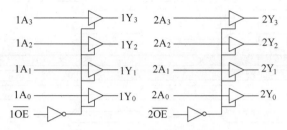

图 7-15 74xx244 结构框图

表 7-5 **74xx244 逻辑功能**

控制	输入	输出
$n\overline{\text{OE}}$	nA_n	nY_n
0	0	0
	1	1
1	x	Z

若地址为 0x378 或 0x379 时,图 7-14 中高位地址译码电路输出有效低电平。由接口端口地址译码电路可知,当地址总线 A_0 为低电平时,使能 74xx244(1) 的 OE 端,外设数据线 $D_{11} \sim D_8$ 经数据总线 $D_7 \sim D_4$ 传输;当地址总线 A_0 为高电平时,使能 74xx244(2) 的 OE 端,外设数据线 $D_7 \sim D_0$ 经数据总线 $D_7 \sim D_0$ 传输。由此可知,读地址 0x378 的端口输入外设高 4 位数据 $D_{11} \sim D_8$ 且保存在数据位 $D_7 \sim D_4$,读地址 0x379 的端口输入外设低 8 位数据 $D_7 \sim D_0$ 且保存在数据位 $D_7 \sim D_0$ 上。

因此,基于 Xilinx Standalone BSP 端口读写 C 语言函数读入外设一个 12 位数据的程序段如图 7-16 所示。

```
int port0 = 0x378, port1 = 0x379;
unsigned char byte0, byte1;
unsigned short Peri_data;
byte0 = Xil_In8(port1);                          //读地址 0x379 的端口
byte1 = Xil_In8(port0)&0xf0;                     //读地址 0x378 的端口且仅保留高 4 位 D₇~D₄
Peri_data = ((unsigned short)byte1 << 4)|byte0;  //高 4 位左移 4 位与低 8 位合并为 12 位
```

图 7-16 读入外设一个 12 位数据的 C 语言程序段

例 7.4 已知某计算机系统数据总线宽度仅为 8 位 $D_7 \sim D_0$,外设具有 16 位数据输入引脚 $D_{15} \sim D_0$。若计算机系统需向该外设写入 16 位数据,且这 16 位数据需同步到达外设数据输入引脚 $D_{15} \sim D_0$,试设计接口电路,并基于 Xilinx Standalone BSP 端口读写 C 语言函数编写向外设写一个 16 位数据 0x3456 的程序段。

解答:由于计算机系统数据总线仅 8 位,外设数据线具有 16 位,因此外设 16 位数据线的某些部分必须通过同样的数据总线分时传输。若将外设数据线 $D_{15} \sim D_8$、$D_7 \sim D_0$ 通过数据总线 $D_7 \sim D_0$ 分时传输,那么外设共需两个数据端口,其中一个端口锁存数据位 $D_{15} \sim D_8$,另一个端口锁存数据位 $D_7 \sim D_0$。并且外设 16 位输入数据信号要求同步到达,也就是说接口电路中与外设连接的信号必须同步,因此在分别锁存数据位 $D_{15} \sim D_8$、$D_7 \sim D_0$ 的基础上,必须再设计一个 16 位宽的数据端口,实现 16 位数据同步输出到外设数据线。由此可知,该接口电路共有 3 个端口。

3 个数据端口需通过 2 位地址线区分,若采用 A_1、A_0 区分这 3 个端口,那么 8 位数据总线同步输出 16 位数据的接口电路如图 7-17 所示。若高位地址译码输出的有效地址范围为 0x378～0x37b,那么图 7-17 中各个 74xx373 三态锁存器对应端口地址如表 7-6 所示。

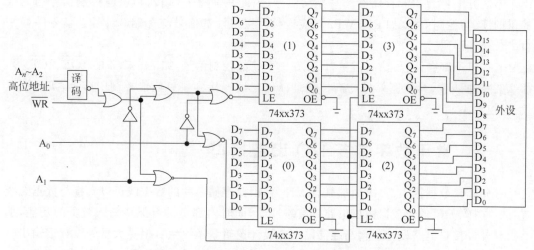

图 7-17　8 位数据总线同步输出 16 位数据的接口电路

表 7-6　图 7-17 中各个 74xx373 三态锁存器对应端口地址

373 锁存器编号	高位地址 A_n～A_2	A_1	A_0	端 口 地 址
(0)	$(0\cdots011011110)_2$	1	0	0x37a
(1)	$(0\cdots011011110)_2$	1	1	0x37b
(2)	$(0\cdots011011110)_2$	0	x	0x378 或 0x379
(3)	$(0\cdots011011110)_2$	0	x	0x378 或 0x379

计算机系统向外设写入 16 位数据,需分两步:①分两次把 16 位数据的低 8 位、高 8 位分别写入 74xx373(0) 和 74xx373(1);②将锁存在 74xx373(0) 和 74xx373(1)Q 端的 16 位数据通过 74xx373(2) 和 74xx373(3) 同步写入外设。

由此可知,基于 Xilinx Standalone BSP 端口读写 C 语言函数向外设写一个 16 位数据 0x3456 的程序段如图 7-18 所示。程序段中前两个 Xil_Out8 函数执行时三总线信号都有意义,最后一个 Xil_Out8 函数执行时仅地址、控制信号有意义,数据线无意义,可为任意值。

```
unsigned char byte0,byte1;
unsigned short Peri_data = 0x3456;
byte0 = (unsigned char)Peri_data;        //获取 16 位数据的低 8 位保存到 byte0
byte1 = (unsigned char)(Peri_data >> 8); //获取 16 位数据的高 8 位保存到 byte1
Xil_Out8(0x37a,byte0);                   //74xx373(0)输出低 8 位数据并锁存到输出端 Q
Xil_Out8(0x37b,byte1);                   //74xx373(1)输出高 8 位数据并锁存到输出端 Q
Xil_Out8(0x378,0x0);                     //74xx373(2)、(3)将 74xx373(0)、(1)锁存的数据输出到外设数据线
```

图 7-18　向外设写一个 16 位数据 0x3456 的程序段

7.4.3 控制总线

接口控制信号主要有读、写控制信号及片选信号等。

如果接口存在读、写控制信号，独立 I/O 寻址计算机系统将 I/O 接口读、写控制信号与总线提供的 I/O 读写控制信号(如 $\overline{\text{IOR}}$、$\overline{\text{IOW}}$)对应连接；存储器映像 I/O 寻址计算机系统由于不区分 I/O 接口和存储器读写控制信号，因此只需将 I/O 接口读、写控制信号与总线提供的读、写控制信号(如 $\overline{\text{RD}}$、$\overline{\text{WR}}$)对应连接。接口片选信号与存储芯片片选信号一样来自高位地址译码。

若接口不存在读、写控制信号，仅存在一个使能控制信号，如 74xx244 的 $\overline{\text{1OE}}$、$\overline{\text{2OE}}$ 等，那么需将总线读、写控制信号与高位地址译码之后连接到接口使能控制引脚上，实现端口读、写控制。

7.5 常用数字并行 I/O 设备接口

存储芯片数据输入、输出内部具有缓冲器，因此存储芯片的数据线可以直接与数据总线连接。同样，如果外设数据输出电路具有缓冲器，同时内部也具有保持输入数据的功能，那么这种外设接口电路设计逻辑与存储器接口设计逻辑基本一致。但是大量外设数据输出时不具有缓冲器，数据输入时不具有保存能力，如开关、发光二极管等，那么如何设计这类设备的接口电路呢？

7.5.1 独立开关接口

独立开关常作为嵌入式计算机系统的数字输入设备，具有按键消抖功能的开关状态检测电路如图 7-19 所示，其简化电路如图 7-20 所示。

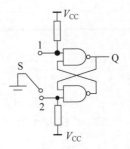

图 7-19 独立开关电路原理图

图 7-20 独立开关简化电路

当开关 S 连接到触点 2 时，Q 输出低电平；开关 S 连接到触点 1 时，Q 输出高电平。获取开关的状态只需读取 Q 点的电平。若将 Q 直接连接到计算机系统某位数据总线上，那么不管微处理器是否读取开关状态，该位数据总线上的信号都受到开关状态的影响，即影响了微处理器与其他设备的正常通信。因此这类设备连接到计算机系统的总线上需要设计一个接口电路：微处理器读取输入设备的状态时，设备的状态线与数据总线连通；微处理器与其他设备通信时，设备的状态线与数据总线断开。实现该功能的器件为三态门，如 74xx244 等。这就要求微处理器利用控制总线以及地址总线形成三态门的控制信号。

例 7.5 已知某计算机系统具有 8 位地址总线 $A_7 \sim A_0$、8 位数据总线 $D_7 \sim D_0$,采用存储器映像 I/O 寻址方式,要求为该计算机系统设计一个 8 位独立开关输入接口电路,且端口地址为 0xfe,并编写控制程序段读入 8 位开关的状态。

解答: 8 位独立开关输入接口电路要求采用三态缓冲器,且三态缓冲器的控制端由地址总线与控制总线译码形成。接口电路功能为输入开关状态,因此采用读控制信号与地址信号译码形成三态缓冲器的控制信号。端口地址为 0xfe,即 $A_7 \sim A_0$ 对应为 $(1111\ 1110)_2$ 时,使能该接口。由此得到采用 8 位缓冲器 74xx244 实现的 8 位独立开关输入接口电路如图 7-21 所示。8 个开关的不同状态经过编码可以表示 256 个不同的数据。

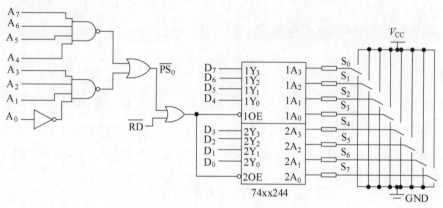

图 7-21 8 位独立开关接口电路

基于 Xilinx Standalone BSP 端口读写 C 语言函数读入一组开关状态的程序段如图 7-22 所示。

```
unsigned char Switch = Xil_In8(0xfe);        //8 位开关的状态保存在 Switch 中
```

图 7-22 读入一组开关状态的 C 语言程序段

7.5.2 独立发光二极管接口

发光二极管常作为嵌入式计算机系统的输出设备,以指示状态。发光二极管根据连接电路的不同,控制亮、灭的输出数据要求不同。发光二极管的常见连接电路如图 7-23 所示,若要使发光二极管点亮,其中电路(a)要求控制信号为高电平,电路(b)要求控制信号为低电平。

由于总线上的信号仅在总线操作期间存在,总线空闲期间总线处于悬空状态。若需控制发光二极管保持亮、灭的状态,不能将发光二极管的控制端直接连接到总线上,而需通过具有数据保存功能的器件如锁存器、触发器等保存控制发光二极

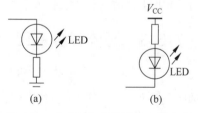

图 7-23 发光二极管的常见连接电路

管亮、灭的数据,且仅当微处理器通过总线输出控制发光二极管的数据时,锁存器或触发器的输出信号才与输入数据一致,即锁存器、触发器的控制端需由地址总线与写控制总线译码

形成。

例 7.6 已知某计算机系统具有 8 位地址总线 $A_7 \sim A_0$、8 位数据总线 $D_7 \sim D_0$,采用存储器映像 I/O 寻址方式,要求为该计算机系统设计一个 8 位发光二极管输出接口电路,且端口地址为 0xff,并编写控制程序段将 8 个发光二极管点亮。已知发光二极管的连接电路如图 7-23(a)所示。

解: 8 位发光二极管输出接口电路要求采用锁存器或触发器,且锁存器或触发器的控制端由地址总线与控制总线译码形成。接口电路功能为输出发光二极管控制信息,因此采用写控制信号与地址信号译码形成锁存器或触发器的输入控制信号。端口地址为 0xff,即 $A_7 \sim A_0$ 对应为 $(1111\ 1111)_2$ 时,使能该接口。由此得到采用三态输出 D 触发器 74xx373 实现的 8 位发光二极管输出接口电路如图 7-24 所示。

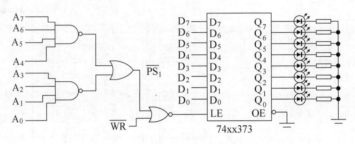

图 7-24　发光二极管接口电路

基于 Xilinx Standalone BSP 端口读写 C 语言函数控制所有发光二极管全亮的程序段如图 7-25 所示。

```
Xil_Out8( 0xff,0xff);        //前一个 0xff 为发光二极管的端口地址
                             //后一个 0xff 控制发光二极管全亮
```

图 7-25　控制所有发光二极管全亮的 C 语言程序段

独立式开关、发光二极管这些外设不需要状态检测就可以直接与微处理器通信,因此接口电路中只有数据端口,没有控制端口和状态端口,也没有复杂的控制逻辑电路。并且以上示例都只采用了有限的几个独立开关或发光二极管,无需对这些外设的各个独立元件进行编址,因此也没有地址端口。

7.5.3　矩阵键盘接口

若要检测大量的开关状态,如 64 个开关,所有开关状态检测仍然按照图 7-21 设计接口电路,那么接口需提供 64 根数据输入线,并配置 8 个 8 位缓冲器。若计算机系统数据总线宽度只有 8 位,那么需要为该接口分配 8 个不同的数据端口。这种接口电路一方面浪费存储资源(I/O 端口数量增多),另一方面浪费接口芯片。因此通常将多个开关按照一定方式组合,采用尽量少的数据输入、输出线。矩阵开关就是开关状态检测电路的一种优化连接方式。如将 16 个开关分为 4 组,每组 4 个,形成一个 4×4 的矩阵键盘,内部电路连接如图 7-26 所示。4×4 矩阵键盘外形如图 7-27 所示。

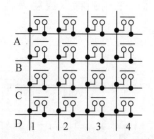

图 7-26   4×4 矩阵键盘内部电路

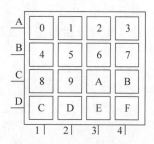

图 7-27   4×4 矩阵键盘外形

由图 7-26 可知,矩阵键盘必须提供电源电路才能正常工作,并且引线 A~D 与引线 1~4 完全对称。若将引线 A~D 经电阻上拉连接到 V_{CC},引线 1~4 连接到低电平(地),那么 A~D 中任意一行有键按下,相应行引线输出低电平,没有按键按下的行引线输出高电平。但是若同一行中有多个按键同时按下,此时无法识别同一行中各个按键的状态。因此需控制引线 1~4 中仅一条为低电平,其余为高电平,这样仅当引线 1~4 中连接低电平的引线所在列的按键按下时,引线 A~D 中才会有某条引线出现低电平。即当且仅当引线 1~4 中某条引线为低电平时,若引线 A~D 中某条引线也为低电平,表明这两条低电平引线相交位置处的按键被按下。

矩阵键盘作为外设的一种连接电路如图 7-28 所示。检测按键的状态,需提供一个输出端口和一个输入端口,输出端口控制引线 1~4 的电平,输入端口检测引线 A~D 的状态。由于矩阵键盘引线 1~4 不能保存信息,引线 A~D 不具备三态输出,因此矩阵键盘接口电路需提供三态缓冲器作为输入端口,锁存器或触发器作为输出端口。

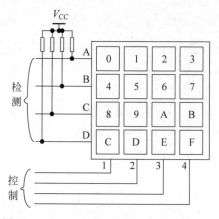

图 7-28   4×4 矩阵键盘作为外设时的电路

例 7.7   已知某计算机系统具有 8 位地址总线 $A_7 \sim A_0$、8 位数据总线 $D_7 \sim D_0$,采用存储器映像 I/O 寻址方式,要求为该计算机系统设计一个如图 7-28 所示 4×4 矩阵键盘输入设备接口电路,且仅具有一个端口地址 0xfe。编写控制程序识别按键并输出各个按键所表示的字符。

解答:根据前面的分析可知,矩阵键盘需一个输入端口、一个输出端口。应用要求这两个端口共用同一个端口地址,这表明输入端口和输出端口的控制信号通过读、写控制信号区分。其中输入端口采用三态缓冲器如74xx244,输出端口采用锁存器或触发器如74xx373等,由此得到4×4矩阵键盘的接口电路如图7-29所示。

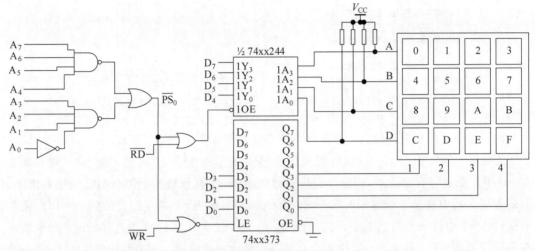

图 7-29 4×4 矩阵键盘输入设备接口电路

微处理器获取4×4矩阵键盘按键编码采用如图7-30所示流程。

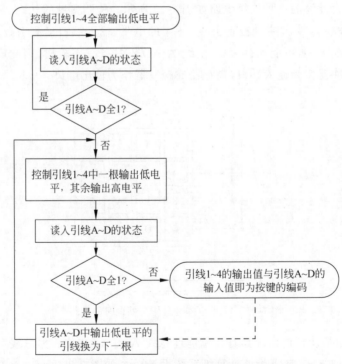

图 7-30 4×4 矩阵键盘按键编码获取流程

基于 Xilinx Standalone BSP 端口读写 C 语言函数获取矩阵键盘按键编码的程序段如图 7-31 所示。

```
unsigned char KeyScancode;
char Row,Col = 0xf7;
Xil_Out8(0xfe,0x00);                               //引线 1～4 全部输出低电平
while ((Row = Xil_In8(0xfe)&0xf0) == 0xf0);         //循环读入引线 A～D 的值,直到不是全 1
Xil_Out8 (0xfe,Col);                               //引线 1 输出低电平
while ((Row = Xil_In8 (0xfe)&0xf0) == 0xf0)         //读入引线 A～D 的值,全 1 循环; 否则退出
    {
      Col = Col >> 1;                              //左移一根引线输出低电平
      Xil_Out8 (0xfe,Col);
    }
KeyScancode = Row|(Col&0xf);
```

图 7-31 获取矩阵键盘按键编码的 C 语言程序段

按键编码保存在变量 KeyScancode 内,由于引线 A～D 的值保存在高 4 位,引线 1～3 的值保存在低 4 位,因此各个按键的编码如表 7-7 所示。

表 7-7 4×4 矩阵键盘按键编码

按键	引线 A (D_7)	引线 B (D_6)	引线 C (D_5)	引线 D (D_4)	引线 1 (D_3)	引线 2 (D_2)	引线 3 (D_1)	引线 4 (D_0)	编码
0	0	1	1	1	0	1	1	1	0x77
1	0	1	1	1	1	0	1	1	0x7b
2	0	1	1	1	1	1	0	1	0x7d
3	0	1	1	1	1	1	1	0	0x7e
4	1	0	1	1	0	1	1	1	0xb7
5	1	0	1	1	1	0	1	1	0xbb
6	1	0	1	1	1	1	0	1	0xbd
7	1	0	1	1	1	1	1	0	0xbe
8	1	1	0	1	0	1	1	1	0xd7
9	1	1	0	1	1	0	1	1	0xdb
A	1	1	0	1	1	1	0	1	0xdd
B	1	1	0	1	1	1	1	0	0xde
C	1	1	1	0	0	1	1	1	0xe7
D	1	1	1	0	1	0	1	1	0xeb
E	1	1	1	0	1	1	0	1	0xed
F	1	1	1	0	1	1	1	0	0xee

若将各个按键的键值定义为相应的十六进制数字,则需在按键编码与键值之间建立一个关系表。获得按键编码之后,查找关系表就可以获得各个按键的键值。由于按键表示的十六进制数字有规律可循,因此只需将各个按键的编码按照这个规律保存为一个数组,如图 7-32 所示,数组中按键编码所在的索引序号即为按键代表的十六进制数字。

```
unsigned char hex_table[16] = {0x77,0x7b,0x7d,0x7e,0xb7,0xbb,0xbd,0xbe,
                               0xd7,0xdb,0xdd,0xde,0xe7,0xeb,0xed,0xee};
```

图 7-32 按键十六进制值编码表

若将各个按键键值定义为相应十六进制数字的 ASCII 字符,将按键编码转换为 ASCII 字符有以下方案:①首先根据按键编码查找按键的十六进制值编码表,得到按键的十六进制数字之后再转换为十六进制数字对应的 ASCII 字符;②直接建立一个二维数组,如图 7-33 所示,该二维数组第一列表示按键的编码,第二列为相应按键的 ASCII 字符。

```
unsigned char ascii_table[16][2] = {{0x77,0x30},{0x7b,0x31},{0x7d,0x32},{0x7e,0x33},
                                    {0xb7,0x34},{0xbb,0x35},{0xbd,0x36},{0xbe,0x37},
                                    {0xd7,0x38},{0xdb,0x39},{0xdd,0x41},{0xde,0x42},
                                    {0xe7,0x43},{0xeb,0x44},{0xed,0x45},{0xee,0x46}};
```

图 7-33　按键 ASCII 字符编码二维表

根据按键编码获取按键十六进制键值以及 ASCII 字符的程序段如图 7-34 所示。

```
unsigned char Key_Hex, Key_Ascii;
for(int i = 0; i < 16; i++)                    // 获取按键十六进制键值
{
    if (hex_table[i] == KeyScancode)
        {
          Key_Hex = i;
          break;
        }
}
for(int i = 0; i < 16; i++)                    // 获取按键 ASCII 字符
{
    if (ascii_table[i][0] == KeyScancode)
        {
          Key_Ascii = ascii_table[i][1];
          break;
        }
}
```

图 7-34　获取按键十六进制键值以及 ASCII 字符的程序段

7.5.4　七段数码管接口

数码管是由发光二极管组成的一种常见显示输出设备,用来显示数字和少数字符,根据条形发光二极管的数目和组合形式,常见数码管有 7 段、9 段、14 段、16 段等,如图 7-35 所示。

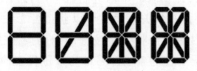

图 7-35　7 段、9 段、14 段、16 段数码管显示器

七段数码管内部由 7 个条形发光二极管和一个圆点发光二极管组成。由发光二极管的亮、暗组合显示十六进制数字、小数点和少数字符。七段数码管引脚排列如图 7-36 所示,其中引脚 com 为 8 个发光二极管的公共连接端。七段数码管根据公共端的极性分成共阳极

型和共阴极型,内部连接电路如图 7-37 所示。共阴极型七段数码管的逻辑符号如图 7-38 所示。

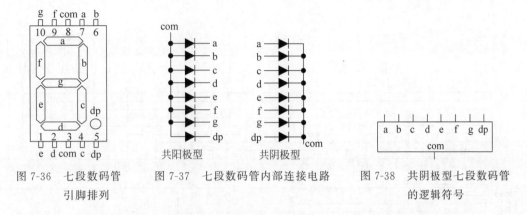

图 7-36 七段数码管
引脚排列

图 7-37 七段数码管内部连接电路

图 7-38 共阴极型七段数码管
的逻辑符号

为避免七段数码管显示字符的歧义,规定七段数码管十六进制数字字符的字型如图 7-39 所示。

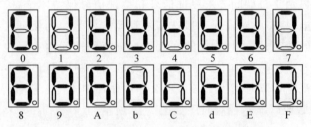

图 7-39 七段数码管十六进制数字字符的字型

七段数码管显示接口分为静态和动态两种。静态显示接口是指公共端连接固定电平,通过控制各个七段数码管各段输入电平,独立控制各个七段数码管显示相应信息。4 位数字共阴极型七段数码管静态显示接口电路如图 7-40 所示。若控制 4 个七段数码管同时显示不同数字,接口共需提供 32 根数据线。若采用 74xx373 控制各个七段数码管,共需 4 个芯片,这种接口电路比较浪费资源。

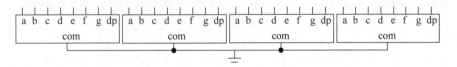

图 7-40 4 位数字共阴极型七段数码管静态显示接口电路

由于人眼具有"视觉暂留"效应,即人眼在观察景物时,光信号传入大脑神经,需经过一段短暂的时间,光的作用结束后,视觉形象并不立即消失,要延续 0.1～0.4s 的时间。因此可以控制各个七段数码管逐个点亮的时间,使人眼以为多个数码管在同时显示。也就是说,控制多个七段数码管的公共端,使各个七段数码管逐个显示,显示数据分时通过同一组信号线传输。4 位数字共阴极型七段数码管动态显示接口电路如图 7-41 所示,其中控制数据管各段显示的信号称为段选信号,控制各个数据管公共端的信号称为位选信号。不难发现,七段数码管动态显示接口电路相比七段数码管静态显示接口电路数据线明显减少,若采用

74xx373 控制这 4 个七段数码管动态显示 4 个不同的数字,仅需两片芯片,而且这两个芯片可以使用同一个端口地址,也可以使用不同的端口地址,因此较大程度节约了资源。

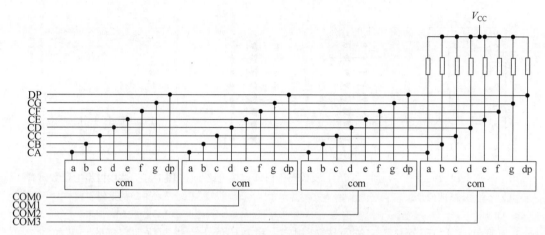

图 7-41　4 位数字共阴极型七段数码管动态显示接口电路

七段数码管在显示字符期间要求段选信号和位选信号保持不变,因此七段数码管连接到计算机系统总线上,接口电路需保存段选信号和位选信号。为保证人眼看到所有七段数码管同时显示不同的数字,要求控制电路在人眼视觉暂留期间内重复控制同一位七段数码管显示相同的信息。也就是说,4 位七段数码管的显示控制周期必须小于或等于人眼视觉暂留时间。若人眼视觉暂留时间为 16ms,那么一次循环中 4 位七段数码管每一位显示时间最多 4ms,4 位七段数码管显示控制时序如图 7-42 所示。

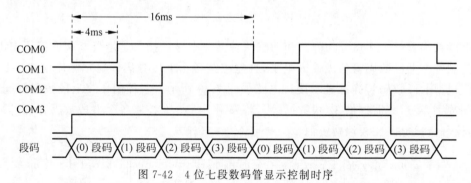

图 7-42　4 位七段数码管显示控制时序

例 7.8　已知某计算机系统具有 8 位地址总线 $A_7 \sim A_0$、8 位数据总线 $D_7 \sim D_0$,采用存储器映像 I/O 寻址方式,要求为该计算机系统设计一个如图 7-41 所示 4 位七段数码管动态显示接口电路,且端口地址为 0xfe、0xff。并编写控制程序控制 4 位七段数码管同时分别显示数字 5、6、7、8。

解答:根据前面的分析可知,4 位七段数码管动态显示接口具有 8 位段选信号和 4 位位选信号,由于计算机系统数据总线仅 8 位,因此需通过两个数据端口分别锁存段选信号和位选信号。若 74xx373 作为输出端口,且端口地址为 0xfe、0xff,由于 4 位七段数码管动态显示接口所有信号都来自总线,因此 74xx373 的控制端由地址总线与写控制信号译码而来。8 位数据总线的 4 位七段数码管动态显示接口电路如图 7-43 所示。

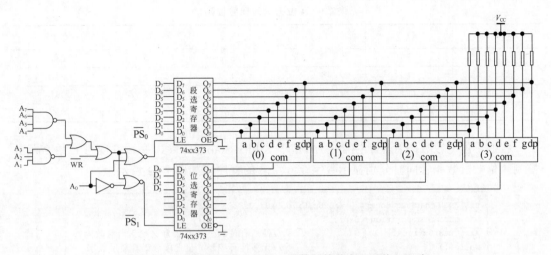

图7-43 8位数据总线的4位七段数码管动态显示接口电路

根据图7-43的电路连接可知,若七段数码管的某一段亮,则应使段选寄存器该段相连的Q端输出1,同时使段选寄存器其他段相连的Q端输出0。例如,要显示数字5,由图7-39可知,应使段选寄存器输出$(01101101)_2$,即0x6d。同样原理,可以得到16个十六进制数字的字形代码(段码)如表7-8所示。要使4位七段数码管中的某一位亮,其他3位灭,则应使位选寄存器与该位相连的Q端输出0,其他各位输出1,由此得到4位七段数码管各位的位选代码(位码)如表7-9所示。

表7-8 十六进制数字的段码

数字	Q_7(dp)	Q_6(g)	Q_5(f)	Q_4(e)	Q_3(d)	Q_2(c)	Q_1(b)	Q_0(a)	段码
0	0	0	1	1	1	1	1	1	0x3f
1	0	0	0	0	0	1	1	0	0x06
2	0	1	0	1	1	0	1	1	0x5b
3	0	1	0	0	1	1	1	1	0x4f
4	0	1	1	0	0	1	1	0	0x66
5	0	1	1	0	1	1	0	1	0x6d
6	0	1	1	1	1	1	0	1	0x7d
7	0	0	0	0	0	1	1	1	0x07
8	0	1	1	1	1	1	1	1	0x7f
9	0	1	1	0	1	1	1	1	0x6f
A	0	1	1	1	0	1	1	1	0x77
b	0	1	1	1	1	1	0	0	0x7c
C	0	0	1	1	1	0	0	1	0x39
d	0	1	0	1	1	1	1	0	0x5e
E	0	1	1	1	1	0	0	1	0x79
F	0	1	1	1	0	0	0	1	0x71

表 7-9　4 位七段数码管位码

数码管	D_3	D_2	D_1	D_0	位码
(0)	1	1	1	0	0xe
(1)	1	1	0	1	0xd
(2)	1	0	1	1	0xb
(3)	0	1	1	1	0x7

根据 4 位七段数码管显示控制时序,基于 Xilinx Standalone BSP 端口读写 C 语言函数控制 4 位七段数码管同时分别显示数字 5、6、7、8 的程序段如图 7-44 所示。

```
unsigned char seg_code[4] = { 0x6d,0x7d,0x07,0x7f};
unsigned char position = 0x01;
Xil_Out8(0xff,0xf);              //使所有位的公共端都为1,熄灭所有数码管
while(1)                         //无限循环控制4位七段数码管显示数字
{    position = 0x01;
     for(int i = 0;i < 4;i++)
     {
         Xil_Out8(0xfe, seg_code[i]);  //输出第 i 位的段码
         Xil_Out8(0xff,～position);     //输出第 i 位的位码
         delay_ms( );                   //延时
         position = position << 1;      //位码指向下一个七段数码管
     }
}
```

图 7-44　控制 4 位七段数码管依次显示数字 5、6、7、8 的程序段

其中,delay_ms( )为延时函数,该函数让微处理器执行一些无关指令实现软件延时,如让微处理器执行没有意义的运算、空操作等。软件延时函数示例如图 7-45 所示。软件延时时间长短与微处理器执行 delay_ms 函数中每条指令所需时间及指令条数相关。由于人眼视觉暂留时间为 $0.1\sim0.4s$,因此延时时间需控制在合适的时间范围,使图 7-44 中 for 循环执行一遍的时间小于人眼视觉暂留时间,这样人就认为所

```
void delay_ms()
{
for(int i = 0;i < 0x10000;i++);
}
```

图 7-45　软件延时函数

有七段数码管都在同时显示。但是不同微处理器时钟周期不同,而且各类指令的指令周期也有差别,因此软件延时函数运行在不同计算机系统中实际产生的延时时间不尽相同。用户需视计算机具体情况调整循环次数实现特定延时时间控制。

若计算机系统数据总线宽度不止 8 位,如 16 位或更宽,七段数码管动态显示接口电路中的段选寄存器和位选寄存器可以共用一个端口地址。

例 7.9　已知某计算机系统具有 8 位地址总线 $A_7\sim A_0$、16 位数据总线 $D_{15}\sim D_0$,采用存储器映像 I/O 寻址方式,要求为该计算机系统设计一个如图 7-41 所示 4 位七段数码管动态显示接口电路,且端口地址仅为 0xff。并编写控制程序控制 4 位七段数码管依次显示字母 A、b、C、d。

解答:由于计算机系统具有 16 位数据总线,4 位七段数码管动态显示接口仅需 12 位控制信号,因此可以将图 7-43 中的段选寄存器与位选寄存器共用同一个端口地址,即两个

74xx373 的控制信号来自同一个译码电路的输出,且位选寄存器的位选输入信号来自数据总线的高位。16 位数据总线的 4 位七段数码管动态显示接口电路如图 7-46 所示。

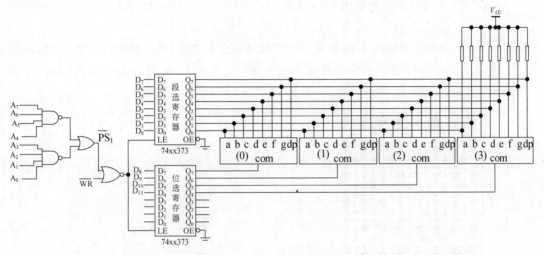

图 7-46　16 位数据总线的 4 位七段数码管动态显示接口电路

由于位选与段选共用同一个端口地址,因此段码和位码需先合并为一个数据之后再同步输出。基于 Xilinx Standalone BSP 端口读写 C 语言函数控制 4 位七段数码管依次显示字母 A、b、C、d 的程序段如图 7-47 所示。

```
unsigned char seg_code[4] = { 0x77,0x7c,0x39,0x5e};
unsigned char pos_code[4] = {0x0e,0x0d,0x0b,0x07};
unsigned short code;
Xil_Out8(0xff,0xf);          //使所有位的公共端都为1,熄灭所有数码管
while(1)                     //无限循环控制 4 位七段数码管显示数字
{
    for(int i = 0;i < 4;i++)
    {
        code = ((unsigned short) pos_code[i]<< 8)| seg_code[i];
        Xil_Out16(0xff,code);  //输出第 i 位的位码和段码
        delay_ms( );           //延时
    }
}
```

图 7-47　控制 4 位七段数码管依次显示字母 A、b、C、d 的程序段

7.5.5　LED 点阵接口

LED(Light Emitting Diode)点阵有 4×4、4×8、5×7、5×8、8×8、16×16、24×24、40×40 等多种规格。根据每个 LED 图素的数目分为单色、双原色、三原色等,图素颜色不同,所显示的文字、图像等内容的颜色也不同。单原色 LED 点阵只能显示固定色彩如红、绿、黄等单色,双原色和三原色点阵显示内容的颜色由图素内不同颜色发光二极管点亮组合方式决定,如红绿都亮时可显示黄色,若采用脉冲方式控制二极管的点亮时间,则可实现 256 或更高灰度级显示,即可实现真彩色显示。大屏幕 LED 显示系统一般是由多个 LED 点阵小模

块组合而成,每一个小模块都有独立的控制系统,组合在一起通过一个总控制器控制各模块。本节简要介绍单个 LED 点阵显示控制原理。

8×8 LED 点阵内部结构如图 7-48 所示。共具有 64 个 LED 灯,分为 8 行、8 列,同一行 LED 一种极性引脚连接在一起,同一列 LED 另一种极性引脚连接在一起。8×8 LED 点阵模块 F1588BS 引脚排列如图 7-49 所示。如要将第一个点点亮,则 9 脚接高电平、13 脚接低电平;如果要将第一行点亮,则第 9 脚接高电平,而 13、3、4、10、6、11、15、16 脚接低电平;如要将第一列点亮,则第 13 脚接低电平,而 9、14、8、12、1、7、2、5 脚接高电平。

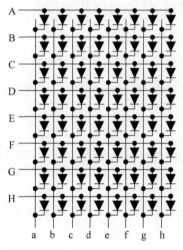

图 7-48　8×8 LED 点阵内部结构

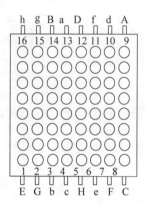

图 7-49　8×8 LED 点阵模块 F1588BS 引脚排列

LED 点阵一般采用动态显示控制方式,即扫描方式,利用人的视觉暂留效应,使人看到一个完整的图案。既可以从上到下扫描,也可以从左到右扫描。若采用从上到下扫描,则从上到下不断逐次选通点阵的各行,同时又向各列送出表示图形或文字信息的脉冲信号,反复循环以上操作,就可显示各种图形或文字信息。8×8 LED 点阵接口需提供 8 个行和 8 个列信号,且都为输出信号。

例 7.10　已知某计算机系统具有 8 位地址总线 $A_7 \sim A_0$、16 位数据总线 $D_{15} \sim D_0$,采用存储器映像 I/O 寻址方式,要求为该计算机系统设计一个如图 7-49 所示 8×8 LED 点阵动态显示接口电路,且端口地址仅为 0xff。并编写控制程序控制 8×8 LED 点阵显示如图 7-50 所示图案。

解答:8×8 LED 点阵接口电路仅需提供 16 位外设信号线,仅需具有保存功能,因此可通过两片 74xx373 芯片实现 16 位信号的保持。由于接口仅使用一个端口地址 0xff,因此两片 74xx373 的使能端都由相同的地址信号与写控制信号译码控制。

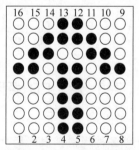

图 7-50　8×8 LED 点阵
　　　　显示图案

8×8 LED 点阵动态显示接口电路如图 7-51 所示。

若采用行扫描方式,则行选寄存器依次输出的值如表 7-10 所示。

LED 点阵各行的 LED 灯点亮,要求列输出低电平,反之列输出高电平。由此得到行扫描时,显示如图 7-50 所示图案时各行对应的列编码如表 7-11 所示。

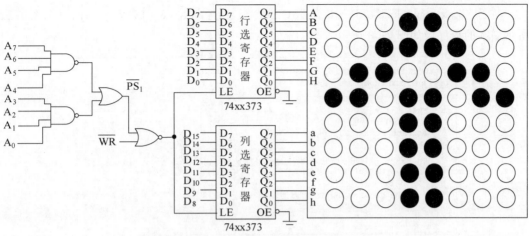

图 7-51　8×8 LED点阵动态显示接口电路

表 7-10　8×8 LED点阵行选编码

行号	D_7	D_6	D_5	D_4	D_3	D_2	D_1	D_0	编码
A	1	0	0	0	0	0	0	0	0x80
B	0	1	0	0	0	0	0	0	0x40
C	0	0	1	0	0	0	0	0	0x20
D	0	0	0	1	0	0	0	0	0x10
E	0	0	0	0	1	0	0	0	0x08
F	0	0	0	0	0	1	0	0	0x04
G	0	0	0	0	0	0	1	0	0x02
H	0	0	0	0	0	0	0	1	0x01

表 7-11　显示如图7-50所示图案时各行对应的列编码

行号	a	b	c	d	e	f	g	h	列编码
A	1	1	1	0	0	1	1	1	0xe7
B	1	1	0	0	0	0	1	1	0xc3
C	1	0	0	1	1	0	0	1	0x99
D	0	0	1	1	1	1	0	0	0x24
E	1	1	1	0	0	1	1	1	0xe7
F	1	1	1	0	0	1	1	1	0xe7
G	1	1	1	0	0	1	1	1	0xe7
H	1	1	1	0	0	1	1	1	0xe7

　　C语言程序控制输出列编码时,按照行扫描顺序形成一个8×8 LED点阵列编码数组,如图7-52所示。

```
unsigned char Col_Code[8] = {0xe7,0xc3,0x99,0x24,0xe7,0xe7,0xe7,0xe7};
```

图 7-52　8×8 LED点阵列编码数组

　　程序控制时行编码具有规律:第一行编码为0x80,以后各行编码为将0x80逐次右移而来。由于列选信号在接口电路中处于数据线 $D_{15} \sim D_8$,行选信号在接口电路中处于数据线 $D_7 \sim D_0$,因此数据输出前,需将两个字符类型数据合并为一个半字数据之后再输出。

基于 Xilinx Standalone BSP 端口读写 C 语言函数,控制 8×8 LED 点阵列的显示图 7-50 所示图案的程序段如图 7-53 所示。

```
unsigned char Col_Code[8] = {0xe7,0xc3,0x99,0x24,0xe7,0xe7,0xe7,0xe7};
unsigned char Row_Code = 0x80;
unsigned short code;
while(1)                              //无限循环控制 8×8 LED 点阵显示图案
{   Row_Code = 0x80;
    for(int i = 0;i < 8;i++)
    {
        code = ((unsigned short) Col_Code [i]<< 8)| Row_Code;
        Xil_Out16(0xff,code);        //输出第 i 行的行选和列编码
        delay_ms( );                 //延时
        Row_Code = Row_Code >> 1;
    }
}
```

图 7-53   控制 8×8 LED 点阵列以显示图 7-50 所示图案的程序段

其中,函数 delay_ms()的延时时间与人眼视觉暂留效应时间以及点阵行数相关,点阵行数越多,延时间隔越短。

若采用逐列扫描方式,列编码以及行编码值与行扫描方式不同,读者可按照以上原理自行完成编码值的计算。

LED 点阵显示汉字常采用 16×16 的点阵宋体字库,即每一个汉字在行、列各 16 点区域内显示,此时需 4 个 8×8 点阵组合成一个 16×16 的点阵,电路连接如图 7-54 所示。同样原理,可以基于小 LED 点阵构建大 LED 点阵,并实现显示控制。

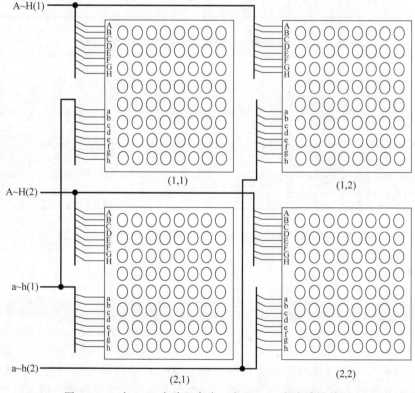

图 7-54   4 个 8×8 点阵组合成一个 16×16 的点阵连接图

7.6 模拟设备并行 I/O 接口

简单数字设备接口控制方式都采用无条件传送方式,即无须检测外设状态就直接与外设进行通信。然而计算机系统中很多外设由于工作速度慢,响应微处理器的读写操作并不像简单数字外设那么快,微处理器与这类设备进行通信时,需先了解外设的状态,然后再进行通信。如 A/D 转换器就是这样一类外设,微处理器启动 A/D 转换到 A/D 转换结束的时间远远大于微处理器一次写操作到一次读操作之间的时间间隔,那么微处理器如何知道何时才能读取到正确的 A/D 转换结果呢? 通常,A/D 转换芯片都提供一个状态指示信号,以指示 A/D 转换所处的状态。下面以并行接口 A/D 转换器 ADC1210 为例讲解查询方式并行 I/O 接口设计。

7.6.1 ADC1210 简介

ADC1210 是一个低功耗、中等速度、12 位精度逐次逼近型 A/D 转换器。时钟信号 CLK 最高频率可达 260kHz,转换时间约 100μs。ADC1210 内部结构如图 7-55 所示,引脚排列如图 7-56 所示,各引脚含义如表 7-12 所示。

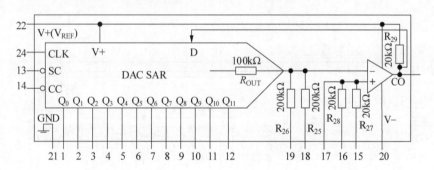

图 7-55 ADC1210 内部框图

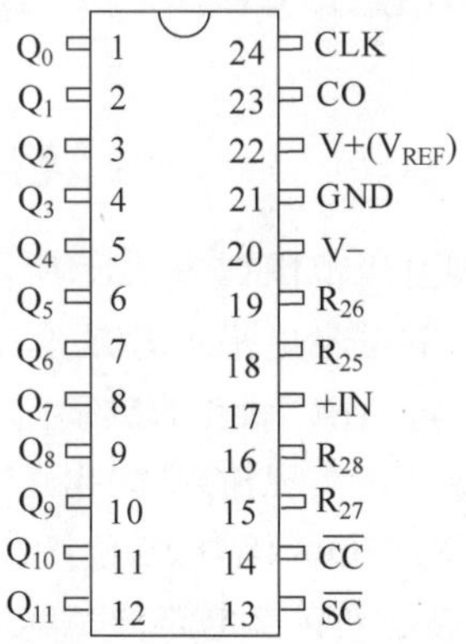

图 7-56 ADC1210 引脚排列

表 7-12   ADC1210 引脚含义

引 脚 名 称	含　　义
$Q_{11} \sim Q_0$	A/D 转换 12 位并行数据锁存输出
CLK	转换时钟输入
CO	比较器输出
$V+(V_{REF})$	满量程最大输入电压、参考电压输入、输入、输出逻辑高电平参考电位
GND	模拟和数字信号地
$V-$	比较器的负电源输入,可以为地或 $-20V$
R_{25}, R_{26}	内部 $200k\Omega$ 梯形电阻网输入,连接到比较器反相端
$+IN$	比较器同相端输入,根据不同应用场景配置以及补偿
R_{27}, R_{28}	内部 $20k\Omega$ 电阻输入,连接到比较器同相端,设置不同工作模式
$\overline{SC}$	启动转换输入,输入一个时钟周期的负脉冲启动 A/D 转换
$\overline{CC}$	转换结束输出,转换期间高电平,转换结束低电平

ADC1210 具有 4 种工作模式：①负逻辑、单极性负向模拟信号输入；②正逻辑、单极性正向模拟信号输入；③负逻辑、双极性模拟信号输入；④正逻辑、双极性模拟信号输入。其中,正逻辑、单极性正向模拟信号输入电路连接如图 7-57 所示。模拟信号由 V_{IN} 输入,参考电压由 V_{REF} 输入,正电源由 $V+$ 提供,负电源由 $V-$ 提供。

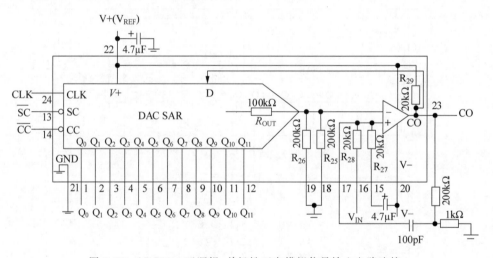

图 7-57   ADC1210 正逻辑、单极性正向模拟信号输入电路连接

ADC1210 不同工作模式各引脚电压范围如表 7-13 所示。由于 V_{REF} 的范围可在 $+5V \sim +15V$ 变化,且数字输入、输出引脚的逻辑电平不管是正逻辑还是负逻辑,都有一个逻辑电平的电压与 V_{REF} 基本一致。因此,将 ADC1210 的数字信号引脚与数字电路连接时,需根据数字电路的逻辑电平设计电平转换电路实现输入、输出逻辑电平转换。ADC1210 数字接口部分接口信号包括 CLK、$\overline{SC}$、$\overline{CC}$、$Q_{11} \sim Q_0$,其中 CLK、$\overline{SC}$ 为数字输入信号,$\overline{CC}$、$Q_{11} \sim Q_0$ 为数字输出信号。由此可知,包含逻辑电平转换电路的 ADC1210 数字信号接口电路如图 7-58 所示。

表 7-13 ADC1210 正逻辑、单极性正向模拟信号输入各引脚电压范围

$V+(V_{REF})$	$+5\sim+15V$
$V-$	$-2\sim-15V$
V_{IN}	$0\sim V_{REF}$
CLK、$\overline{SC}$、$\overline{CC}$、CO、$Q_{11}\sim Q_0$	逻辑 $1\approx V_{REF}$；逻辑 $0\leqslant 0.5V$

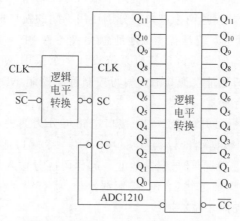

图 7-58 ADC1210 数字信号接口电路

ADC1210 数字接口工作时序如图 7-59 所示。启动 A/D 转换 $\overline{SC}$ 需维持至少 1 个时钟周期的负脉冲，A/D 转换期间 $\overline{CC}$ 为高电平，转换结束后 $\overline{CC}$ 变为低电平。A/D 转换期间数据线 $Q_{11}\sim Q_0$ 上数据无效，转换结束后 $Q_{11}\sim Q_0$ 上才是有效的 A/D 转换结果。

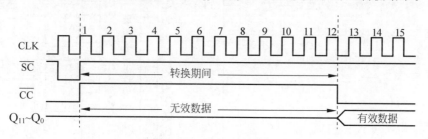

图 7-59 ADC1210 时序

7.6.2 ADC1210 接口

ADC1210 可作为计算机系统采样外部模拟信号的输入设备，它的数字接口信号包含 12 位 A/D 转换数据输入信号 $Q_{11}\sim Q_0$、一位转换状态指示信号 $\overline{CC}$、一位启动转换控制信号 $\overline{SC}$。当 ADC1210 输入时钟 CLK 频率一定时，它完成一次 A/D 转换的时间也是确定的——12 个时钟周期。由此可知，ADC1210 与计算机系统总线的接口电路存在三种方式：延时方式、查询方式和中断方式，本节仅阐述前两种接口电路的设计。

延时方式是指计算机通过指令启动 ADC1210 转换之后，等待 12 个时钟周期或更长的时间之后，可以直接读取 ADC1210 转换结果。该工作方式接口电路除了提供一个数据输入端口之外，仅需再提供一个控制端口。

查询方式是指计算机通过指令启动 ADC1210 转换之后，不停查询 ADC1210 转换状

态,当发现转换状态指示信号 $\overline{CC}$ 变为低电平之后,再读取 ADC1210 转换结果。该工作方式的接口电路除了提供一个数据输入端口之外,还需提供一个控制端口和一个状态端口。

数据端口和状态端口分别缓冲 ADC1210 的数据信号 $Q_{11} \sim Q_0$ 和转换状态指示信号 $\overline{CC}$,都为输入。控制端口则用来形成启动转换信号 $\overline{SC}$,为输出。因此数据端口和状态端口由缓冲器实现,控制端口由寄存器实现。由于数据端口和状态端口都为输入端口,因此当计算机系统数据总线宽度大于等于 13 位时,这两个端口可以共用一个端口地址;当计算机系统数据总线宽度小于 13 位时,这两个端口需分别使用不同的端口地址。

例 7.11 已知某计算机系统具有 8 位地址总线 $A_7 \sim A_0$、16 位数据总线 $D_{15} \sim D_0$,采用存储器映像 I/O 寻址方式,要求为该计算机系统设计一个采用 ADC1210 实现的模拟信号采样转换接口电路,且端口地址仅为 0xff。编写控制程序控制 ADC1210 连续采集 12 个数据,并将这些数据保存到存储器。

解答: 根据前面的分析可知,ADC1210 接口电路可分为两种:延时方式和查询方式。数据总线宽度为 16 位时,数据端口与状态端口可共用一个端口地址,都为输入;控制端口为输出,因此可通过读、写控制信号与端口地址一起译码区分输入端口和输出端口,即 3 个端口共用同一个端口地址。数据线 12 位、控制线 1 位、状态线 1 位,因此输入端口使用 13 位数据线,输出端口仅需使用 1 位数据线。

ADC1210 延时方式接口电路如图 7-60 所示。

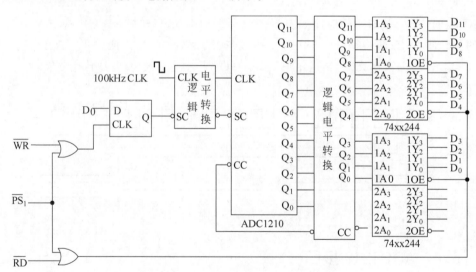

图 7-60　ADC1210 延时方式接口电路

ADC1210 查询方式接口电路如图 7-61 所示。

图 7-60、图 7-61 ADC1210 模拟信号输入电路没有画出,且图中 $\overline{PS_1}$ 来自对地址 0xff 的译码输出。

ADC1210 启动转换信号 $\overline{SC}$ 要求输入一个时钟周期的负脉冲,因此微处理器需首先向控制端口写入 1,然后写入 0,延时一个时钟周期之后再写入 1,从而产生启动 A/D 转换信号 $\overline{SC}$ 负脉冲。若采用延时方式读取转换结果,则微处理器延时 12 个时钟周期之后,再从数据端口读入转换结果。由此得到延时方式采样一个数据的流程如图 7-62 所示。若采样多个数据,这个过程需重复多次。

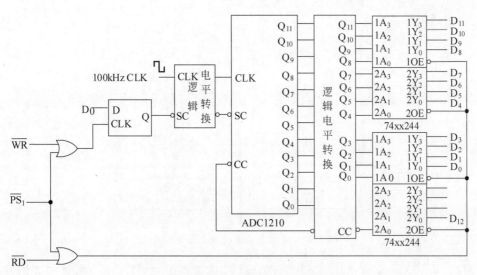

图 7-61　ADC1210 查询方式接口电路

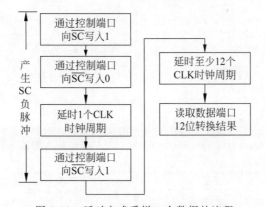

图 7-62　延时方式采样一个数据的流程

因此,基于 Xilinx Standalone BSP 端口读写 C 语言函数采样 12 个数据的延时方式程序段如图 7-63 所示。

```
unsigned short volt[12];
for(int i = 0;i < 12;i++)            //循环采样 12 个数据
{
    Xil_Out8(0xff,0x1);             //产生启动转换负脉冲
    Xil_Out8(0xff,0x0);
    delay_10us();                   //延时一个时钟周期
    Xil_Out8(0xff,0x1);
    delay_120us();                  //延时等待转换结束
    volt[i] = Xil_In16(0xff)&0xfff; //读取转换结果,仅保留低 12 位,高 4 位清 0
}
```

图 7-63　采样 12 个数据的延时方式程序段

若采用查询方式读取转换结果,则微处理器产生启动 A/D 转换信号之后,需不断读取状态端口,并比较 $\overline{CC}$ 连接的数据位是否为 0。若为 0,则表示 A/D 转换结束,可从数据端口读入转换结果。由此得到查询方式采样一个数据的流程如图 7-64 所示。若采样多个数

据,这个过程同样需重复多次。

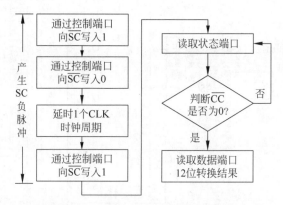

图 7-64　查询方式采样一个数据的流程

因此,基于 Xilinx Standalone BSP 端口读写 C 语言函数采样 12 个数据的查询方式程序段如图 7-65 所示。

```
unsigned short volt[12];
for(int i = 0;i < 12;i++)              //循环采样 12 个数据
{
    Xil_Out8(0xff,0x1);                //产生启动转换负脉冲
    Xil_Out8(0xff,0x0);
    delay_10us();                      //延时一个时钟周期
    Xil_Out8(0xff,0x1);
    while((Xil_In16(0xff)&0x1000)!= 0); //读取状态端口,并判断是否转换结束
    volt[i] = Xil_In16(0xff)&0xfff;    //读取转换结果,仅保留低 12 位,高 4 位清 0
}
```

图 7-65　采样 12 个数据的查询方式程序段

图 7-65 程序段中,若 ADC1210 没有转换结束,那么 while 语句不停地重复执行。也就是说,在这段时间内,CPU 不能执行任何其他操作,因此计算机系统实际很少使用这种查询方式 I/O 接口。计算机系统往往要求当外设需要和微处理器进行通信时,由外设中断微处理器正在执行的程序,然后微处理器再执行 I/O 接口读、写操作,这种方式就是中断方式 I/O 接口。虽然如此,由于计算机系统支持的外设往往较多,微处理器能够接收的中断源数目有限,因此状态端口仍然在接口电路中保留,以便微处理器在接收到外设中断信号之后,可以通过查询状态端口了解到具体是哪种原因产生了中断,以便针对具体的中断原因做进一步处理。

7.7　通用并行 I/O 接口

简单并行 I/O 设备连接到计算机系统上的总线时,输入设备接口需使用缓冲器,输出设备接口需使用寄存器,由此可知缓冲器和寄存器是并行 I/O 设备接口电路中的通用器件。因此,嵌入式计算机系统为实现与并行 I/O 设备的通信,集成了这种通用接口电路,即通用并行 I/O 接口(General Purpose I/O,GPIO)。它可根据需要将 I/O 引脚配置为输入或输出,且输入带缓冲、输出带锁存功能。

GPIO 是通用并行 I/O 接口的简称。它将总线信号转换为 I/O 设备要求的并行信号,同时实现接口地址译码、输出数据锁存、输入数据缓冲功能。GPIO 接口基本结构如图 7-66 所示。

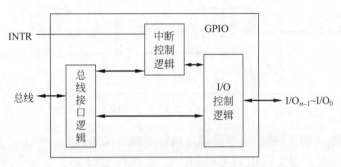

图 7-66　GPIO 接口基本结构

总线接口逻辑实现地址译码,并将特定总线时序转换为内部总线时序;中断逻辑根据中断控制以及中断产生条件产生中断请求信号;I/O 控制逻辑将内部总线信号转换为 I/O 信号,并实现输入缓冲、输出锁存功能。

I/O 控制逻辑模块结构如图 7-67 所示,包含控制逻辑、I/O 方向控制寄存器、数据输出寄存器、数据输入寄存器。当 I/O 方向控制寄存器为 0 时,数据输出寄存器的数据可输出到外部 I/O 引脚上。若需输入外部 I/O 引脚的数据,I/O 方向控制寄存器相应位需为 1,同时使能数据输入寄存器。

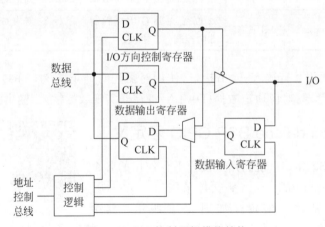

图 7-67　I/O 控制逻辑模块结构

7.7.1　GPIO IP 核

Xilinx AXI 总线 GPIO IP 核是采用硬件描述语言实现的 GPIO 接口 IP 核。该 GPIO IP 核支持两个独立的 I/O 通道,每个通道都支持 1~32 位数据输入、输出,由控制寄存器将 I/O 引脚配置为输入或输出。Xilinx AXI 总线 GPIO IP 核内部框图如图 7-68 所示。其中总线接口逻辑部分完成 AXI 总线从设备接口(S_AXI)逻辑匹配以及 GPIO IP 核接口地址译码,形成接口译码输出;I/O 控制逻辑完成图 7-67 所示 I/O 控制逻辑;中断控制逻辑实现中断信号产生以及使能控制。

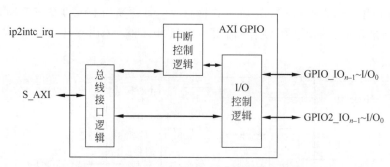

图 7-68　Xilinx AXI 总线 GPI/O IP 核内部框图

GPIO IP 核数据输入、输出寄存器端口地址以及含义如表 7-14 所示。IP 核高位地址译码由总线接口逻辑完成，应用时各个 IP 核的高位地址不同，本书统一采用基地址 (BASEADDR) 表示接口 IP 核的首地址。各接口 IP 核内部寄存器的偏移地址是确定的，程序寻址 IP 核内寄存器时采用接口基地址加偏移地址形成。

表 7-14　GPIO IP 核数据输入、输出相关寄存器端口地址以及含义

寄存器名称	偏移地址	初始值	含　　义
GPIO_DATA	0x0	0	32 位宽，通道 GPIO 数据寄存器，b_i 对应 GPIO_I/O_i
GPIO_TRI	0x4	0xffffffff	32 位宽，通道 GPIO 控制寄存器，b_i 对应 GPIO_I/O_i 的传输方向控制。1-输入；0-输出
GPIO2_DATA	0x8	0	32 位宽，通道 GPIO2 数据寄存器，b_i 对应 GPIO2_I/O_i
GPIO2_TRI	0xc	0xffffffff	32 位宽，通道 GPIO2 控制寄存器，b_i 对应 GPIO2_I/O_i 的传输方向控制。1-输入；0-输出

GPI/O 作为通用并行输入、输出接口，使用时需先写通道控制(TRI)寄存器设置通道传输方向，然后再读、写对应通道数据(DATA)寄存器实现数据输入、输出。

7.7.2　Standalone BSP GPIO 宏定义

Standalone BSP 操作系统将用户硬件平台使用的各个 IP 核的基地址在 xparameters.h 头文件采用宏定义申明，如 GPIO IP 核的基地址宏定义如图 7-69 所示。其中 XPAR 为 IP 核前缀，GPIO 为 IP 核类型，数字 0~3 为 IP 核序号，按类型编号，每个类型的 IP 核都从 0 开始编号，BASEADDR 表示基地址，后面的数字为硬件实际对应的基地址。因此用户可以根据硬件平台的 IP 核类型以及 IP 核编号，使用这些宏寻址 IP 核基地址。

实践视频

实践视频

实践视频

```
#define XPAR_GPIO_0_BASEADDR 0x40000000
#define XPAR_GPIO_1_BASEADDR 0x40010000
#define XPAR_GPIO_2_BASEADDR 0x40020000
```

图 7-69　GPI/O IP 核的基地址宏定义

同样,Standalone BSP 操作系统为 GPIO IP 核也提供了驱动,为方便读者了解硬件工作原理和控制程序原理,本书不使用 IP 核驱动直接编写应用程序,而全部统一采用端口读写函数 Xil_In、Xil_Out 操作各个寄存器实现 I/O 接口控制。若寄存器偏移地址以及寄存器取值都采用数字表示,不便于读者直观了解控制程序每个语句的含义,因此本书采用 Standalone BSP 操作系统为 IP 核申明的寄存器偏移地址宏以及寄存器取值宏。GPIO IP 核输入、输出寄存器偏移地址宏声明在 xgpio_l.h 头文件中,如图 7-70 所示。

```
# define XGPIO_DATA_OFFSET   0x0     /* 通道 GPIO_IO 数据寄存器偏移地址 */
# define XGPIO_TRI_OFFSET    0x4     /* 通道 GPIO_IO 传输方向控制寄存器偏移地址 */
# define XGPIO_DATA2_OFFSET  0x8     /* 通道 GPIO2_IO 数据寄存器偏移地址 */
# define XGPIO_TRI2_OFFSET   0xC     /* 通道 GPIO2_IO 传输方向控制寄存器偏移地址 */
```

图 7-70　GPIO IP 核输入、输出寄存器偏移地址宏声明

如用户配置编号为 0 的 GPIO IP 核通道 GPIO 的 32 位引脚都为输出,可通过图 7-71 所示语句实现。

```
Xil_Out32(XPAR_GPIO_0_BASEADDR + XGPIO_TRI_OFFSET, 0xffffffff);
```

图 7-71　配置编号为 0 的 GPIO IP 核通道 GPIO 32 位引脚都为输出的语句

7.7.3　GPIO 应用示例

1. 简单并行数字 I/O 设备应用示例

由于 GPIO 各个通道 I/O 引脚与总线之间具有缓冲和锁存功能,因此 GPIO I/O 引脚可直接与简单并行数字 I/O 设备的输入、输出信号连接。

AXI 总线支持 32 位数据总线宽度,因此 GPIO 各个通道输入、输出引脚宽度也可达 32 位。并且 GPIO IP 核各通道 I/O 引脚数可根据用户需求灵活配置。若通道配置为 n 位,那么该通道有效 I/O 引脚为 $I/O_{n-1} \sim I/O_0$,对应寄存器的有效位为 $b_{n-1} \sim b_0$。

例 7.12　已知某 32 位 Microblaze 微处理器计算机系统采用 AXI 总线,现有如图 7-72 所示 16 位独立开关、16 位独立 LED 以及 4 位七段数码管等 I/O 设备。要求采用 GPIO IP 核为该计算机系统设计这些外设接口电路,并编写控制程序实现这些外设的 I/O 控制。

解答:GPIO IP 核有两个通道,且每个通道都可以达到 32 位,各个引脚可分别独立控制在输入或输出工作状态,因此 16 位独立开关以及 16 位 LED 灯可以通过 GPIO IP 核同一个通道、不同 I/O 引脚控制,也可以通过两个不同通道单独控制。

4 位七段数码管共 4 位位选信号以及 8 位段选信号,共 12 位输出,可采用 GPIO IP 核同一个通道控制,也可以通过两个不同通道单独控制位选和段选信号。

若采用不同 GPIO 通道分别控制 16 位独立开关输入、16 位独立 LED 输出、4 位七段数码管位选以及 8 位七段数码管段选,共需两个 GPIO IP 核,接口电路如图 7-73 所示。其中 AXI_GPIO_0 每个通道 16 位,通道 GPIO 输入、通道 GPIO2 输出;AXI_GPIO_2 两个通道都为输出,通道 GPIO 宽度为 8 位、通道 GPIO2 宽度为 4 位。

GPIO IP 核通道数据输入、输出都必须先写传输方向控制寄存器,然后再读、写数据寄

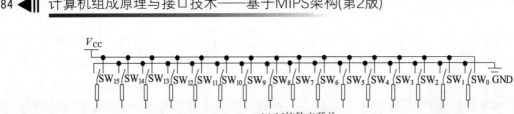

(a) 16位独立开关

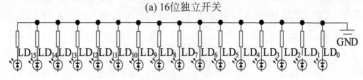

(b) 16位独立LED

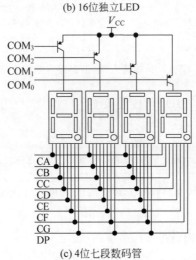

(c) 4位七段数码管

图 7-72　16 位独立开关、16 位独立 LED 以及 4 位七段数码管 I/O 设备

实践视频

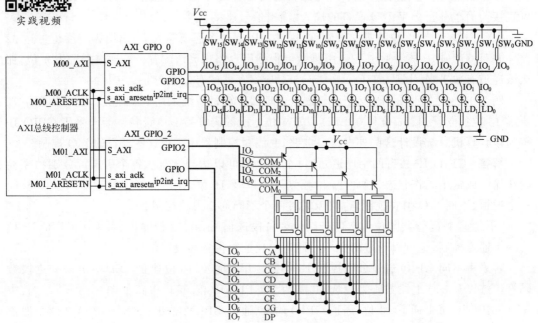

图 7-73　16 位独立开关、16 位独立 LED、4 位七段数码管 GPIO 接口电路

存储器,因此基于 Xilinx Standalone BSP 端口读写 C 语言函数读入 16 位开关状态的程序段如图 7-74 所示。

```
unsigned short key;
Xil_Out16(XPAR_GPIO_0_BASEADDR + XGPIO_TRI_OFFSET,0xffff);
key = Xil_In16(XPAR_GPIO_0_BASEADDR + XGPIO_DATA_OFFSET);
```

图 7-74 端口读写 C 语言函数读入 16 位开关状态的程序段

基于 Xilinx Standalone BSP 端口读写 C 语言函数将 16 个 LED 间隔点亮的程序段如图 7-75 所示。

```
Xil_Out16(XPAR_GPIO_0_BASEADDR + XGPIO_TRI2_OFFSET,0x0);
Xil_Out16(XPAR_GPIO_0_BASEADDR + XGPIO_DATA2_OFFSET,0x5555);
```

图 7-75 端口读写 C 语言函数将 16 个 LED 间隔点亮的程序段

若要求将各个独立开关状态实时反应到对应 LED 上,由于图 7-73 所示接口电路未使用 GPIO 中断,因此开关状态是否发生改变,需要程序不断查询。也就是说,程序需不停循环读取开关的状态,并输出到 LED 上。由于图 7-73 所示接口电路独立开关以及独立 LED 各位与 GPIO I/O 引脚对应关系一致,因此可以直接将读入的开关数据输出到 LED。由此得到基于 Xilinx Standalone BSP 端口读写 C 语言函数将各个独立开关状态实时反应到对应 LED 上的程序段如图 7-76 所示。

```
Xil_Out16(XPAR_GPIO_0_BASEADDR + XGPIO_TRI_OFFSET,0xffff);
Xil_Out16(XPAR_GPIO_0_BASEADDR + XGPIO_TRI2_OFFSET,0x0);
while (1)
Xil_Out16(XPAR_GPIO_0_BASEADDR + XGPIO_DATA2_OFFSET,
        Xil_In16(XPAR_GPIO_0_BASEADDR + XGPIO_DATA1_OFFSET));
```

图 7-76 端口读写 C 语言函数将各个独立开关状态实时反应到对应 LED 上的程序段

图 7-73 中七段数码管为共阳极型,公共端通过 PNP 三极管上拉到电源,以增强 GPIO 驱动多位七段数码管的负载能力。若仅使某个七段数码管点亮,该数码管对应的 COM 控制信号需为低电平,其余数码管对应的 COM 控制信号为高电平;若仅使七段数码管某段点亮,该段对应的信号需为低电平,其余段对应的信号为高电平。由此得到十六进制数字段码和 4 位七段数码管各位位码分别如表 7-15、表 7-16 所示。

实践视频

表 7-15 十六进制数字对应的段码

数字	I/O$_7$ (DP)	I/O$_6$ (CG)	I/O$_5$ (CF)	I/O$_4$ (CE)	I/O$_3$ (CD)	I/O$_2$ (CC)	I/O$_1$ (CB)	I/O$_0$ (CA)	段码
0	1	1	0	0	0	0	0	0	0xc0
1	1	1	1	1	1	0	0	1	0xf9
2	1	0	1	0	0	1	0	0	0xa4
3	1	0	1	1	0	0	0	0	0xb0
4	1	0	0	1	1	0	0	1	0x99

续表

数字	I/O_7 (DP)	I/O_6 (CG)	I/O_5 (CF)	I/O_4 (CE)	I/O_3 (CD)	I/O_2 (CC)	I/O_1 (CB)	I/O_0 (CA)	段码
5	1	0	0	1	0	0	1	0	0x92
6	1	0	0	0	0	0	1	0	0x82
7	1	1	1	1	1	0	0	0	0xf8
8	1	0	0	0	0	0	0	0	0x80
9	1	0	0	1	0	0	0	0	0x90
A	1	0	0	0	1	0	0	0	0x88
b	1	0	0	0	0	0	1	1	0x83
C	1	1	0	0	0	1	1	0	0xc6
d	1	0	0	0	0	0	0	1	0xa1
E	1	0	0	0	0	1	1	0	0x86
F	1	0	0	0	1	1	1	0	0x8e

表 7-16　4 位七段数码管对应的位码

数码管控制信号	I/O_3 (COM_3)	I/O_2 (COM_2)	I/O_1 (COM_1)	I/O_0 (COM_0)	位码
COM_3	0	1	1	1	0x7
COM_2	1	0	1	1	0xb
COM_1	1	1	0	1	0xd
COM_0	1	1	1	0	0xe

若控制 4 位七段数码管固定显示 4 位不同数字,如 $COM_3 \sim COM_0$ 控制的 4 位七段数码管依次显示数字 0~3,由于图 7-73 为七段数码管动态显示接口,且接口工作在程序控制方式下,因此程序需不停循环扫描 4 位七段数码管,才能让人眼感觉 4 位七段数码管分别同时显示不同的数字。由此得到基于 Xilinx Standalone BSP 端口读写 C 语言函数控制 4 位七段数码管显示数字 0~3 的程序段如图 7-77 所示。

```
unsigned char segcode[8] = {0xc0,0xf9,0xa4,0xb0};        //段码显示缓冲区
unsigned char pos = 0xf7;                                //为确保右移时移入1,高4位直接填充1
Xil_Out8(XPAR_GPIO_2_BASEADDR + XGPIO_TRI_OFFSET,0x0);
Xil_Out8(XPAR_GPIO_2_BASEADDR + XGPIO_TRI2_OFFSET,0x0);
while(1){                                                //不停循环扫描
    for(i = 0;i < 4;i++)                                 //4 位扫描一遍
    {
        Xil_Out8(XPAR_GPIO_2_BASEADDR + XGPIO_DATA_OFFSET,segcode[i]);
        Xil_Out8(XPAR_GPIO_2_BASEADDR + XGPIO_DATA2_OFFSET,pos);
        for(j = 0;j < 10000;j++);                        //延时时间控制
        pos = pos >> 1;                                  //更新为下一位数码管的位码
    }
    pos = 0xf7;                                          //再次更新为 COM₃ 对应数码管的位码
}
```

图 7-77　端口读写 C 语言函数控制 4 位七段数码管显示数字 0~3 的程序段

若采用同一控制程序将各个独立开关 $SW_{15} \sim SW_0$ 状态实时反应到对应 LED $LD_{15} \sim LD_0$ 上,同时将 16 位独立开关 $SW_{15} \sim SW_0$ 表示的二进制数以十六进制形式显示在 4 位七

段数码管上。这就要求将图 7-76、图 7-77 程序段合并,并且需将读入的开关值转换为各个十六进制数字对应的段码,并依次填入图 7-77 中的 segcode 数组。由图 7-77 程序段可知,七段数码管动态显示接口显示数字,控制程序需无限循环,图 7-76 所示程序段实时读取开关状态也需无限循环,这两个无限循环需合并。这两个无限循环占用时间最长的语句为图 7-77 所示程序段中的延时控制语句"for(j=0;j<10000;j++);",因此可以将实时获取开关状态并更新 LED 状态以及更新段码显示缓冲区的程序段写在这个 for 循环之后。实时获取开关状态并更新 LED 以及 4 位七段数码管数字的程序流程如图 7-78 所示。

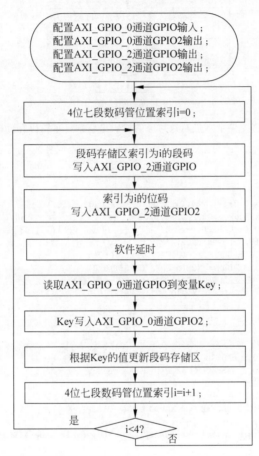

图 7-78 实时获取开关状态并更新 LED 以及 4 位七段数码管字符的程序流程

根据 16 位开关状态更新段码存储区需将 16 位开关从低位到高位 4 位一组,逐个获取十六进制数字,然后查找十六进制数字对应段码表,并将段码更新到段码显示缓冲区相应位置。由于低位显示在七段数码管的低位,显示时保存到段码显示缓冲区的后部。若将 16 位开关对应的 4 位十六进制数各个数字所处数位分别表示为 H_3、H_2、H_1、H_0,段码显示缓冲区索引分别为 I_0、I_1、I_2、I_3,那么数位 H_3 对应数字的段码需存储到段码显示缓冲区索引为 I_0 的位置,也就是说十六进制数各个数字所处数位 H 与段码存储区存储位置 I 存在以下关系:$H+I=3$。由此得到将 4 位十六进制数段码更新到段码存储区的流程,如图 7-79 所示。

因此,基于 Xilinx Standalone BSP 端口读写 C 语言函数实时获取开关状态并更新 LED 以及 4 位七段数码管字符的完整程序如图 7-80 所示。

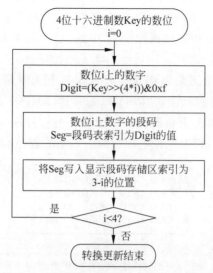

图 7-79　将 4 位十六进制数对应的段码更新到显示段码存储区的流程

```
# include "xil_io.h"                                        //Xil_In、Xil_Out 端口读写函数头文件
int main()
{
    char segtable[16] = {0xc0,0xf9,0xa4,0xb0,0x99,0x92,0x82,0xf8,\
        0x80,0x90,0x88,0x83,0xc6,0xa1,0x86,0x8e,};    //七段数码管十六进制数字段码表
    char segcode[4] = {0xc0,0xc0,0xc0,0xc0};           //显示段码存储区初始化为 0
    short poscode[4] = {0xf7,0xfb,0xfd,0xfe};           //4 位七段数码管位码
    Xil_Out8(XPAR_GPIO_2_BASEADDR + XGPIO_TRI_OFFSET,0x0);
    Xil_Out8(XPAR_GPIO_2_BASEADDR + XGPIO_TRI2_OFFSET,0x0);
    Xil_Out16(XPAR_GPIO_0_BASEADDR + XGPIO_TRI_OFFSET,0xffff);
    Xil_Out16(XPAR_GPIO_0_BASEADDR + XGPIO_TRI2_OFFSET,0x0);
    while(1)
    {
    for(int i = 0;i < 4;i++)
        {
        Xil_Out8(XPAR_GPIO_2_BASEADDR + XGPIO_DATA_OFFSET,segcode[i]);
        Xil_Out8(XPAR_GPIO_2_BASEADDR + XGPIO_DATA2_OFFSET,poscode[i]);
        for(int j = 0;j < 10000;j++);
        short Key = Xil_In16(XPAR_GPIO_0_BASEADDR + XGPIO_DATA_OFFSET);
        Xil_Out16(XPAR_GPIO_0_BASEADDR + XGPIO_DATA2_OFFSET, Key);
        for(int digit_index = 0;digit_index < 4;digit_index++)        //更新显示段码存储区
            segcode[3 - digit_index] = segtable[(Key >>(4 * digit_index))&0xf];
         }
     }
    return 0;
}
```

图 7-80　实时获取开关状态并更新 LED 以及 4 位七段数码管字符的完整程序

2. 模拟设备并行 I/O 接口应用示例

例 7.13　已知某 32 位 Microblaze 微处理器计算机系统采用 AXI 总线,要求采用 GPIO IP 核为该计算机系统设计一个基于 ADC1210 实现的模拟信号采样转换接口电路。编写控制程序控制 ADC1210 连续采集 12 个数据,并将这些数据保存到存储器。

实践视频

解答：ADC1210 数字信号接口如图 7-58 所示,包含 $\overline{SC}$、$\overline{CC}$ 以及 12 位转换结果 $Q_{11}\sim$

Q_0,时钟信号 CLK 由外部时钟产生模块提供。采用 GPIO 作为该器件的接口电路时,仅需提供 14 位信号。由于 GPIO IP 核一个通道可以提供 32 位 I/O 引脚,且各个 I/O 引脚可独立工作在输入、输出模式。因此既可以采用 GPIO 一个通道实现 ADC1210 接口,也可以采用两个通道分别控制输入、输出端口。

采用 GPIO IP 核一个通道实现的 ADC1210 接口电路如图 7-81 所示,其中 $Q_{11} \sim Q_0$ 对应引脚 $I/O_{11} \sim I/O_0$、$\overline{CC}$ 对应引脚 I/O_{12}、$\overline{SC}$ 对应引脚 I/O_{13}。

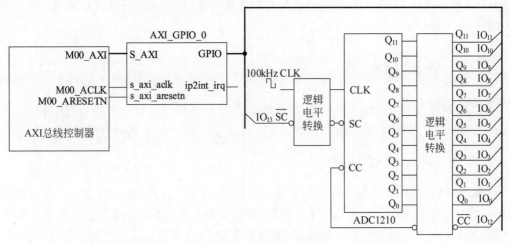

图 7-81 采用 GPIO 一个通道实现的 ADC1210 接口电路

由电路连接可知,GPIO IP 核通道 GPIO $IO_{12} \sim IO_0$ 为输入,IO_{13} 为输出,因此通道 GPIO 传输方向控制寄存器需设置为 0x1fff。基于 Xilinx Standalone BSP 端口读写 C 语言函数通过 GPIO IP 核控制 ADC1210 采集 12 个数据的程序如图 7-82 所示。

```
# include "xil_io.h"
void delay_10us();
int main(void)
{
    unsigned short volt[12];
    Xil_Out16(XPAR_GPIO_0_BASEADDR + XGPIO_TRI_OFFSET,0x1fff);
    for(int i = 0;i < 12;i++)              //循环采样 12 个数据
    {
        Xil_Out16(XPAR_GPIO_0_BASEADDR + XGPIO_DATA_OFFSET,0x2000);
        //产生启动转换负脉冲
        Xil_Out16(XPAR_GPIO_0_BASEADDR + XGPIO_DATA_OFFSET,0x0);
        delay_10us();                      //延时一个时钟周期
        Xil_Out16(XPAR_GPIO_0_BASEADDR + XGPIO_DATA_OFFSET,0x2000);
        while((Xil_In16(XPAR_GPIO_0_BASEADDR + XGPIO_DATA_OFFSET)&0x1000) == 0x1000);
                                           //查询转换结束否
        volt[i] = Xil_In16(XPAR_GPIO_0_BASEADDR + XGPIO_DATA_OFFSET)&0xfff;
        //读取转换结果,保留低 12 位,高 4 位清 0
    }
    return 0;
}
void delay_10us()
{
    for(int i = 0;i < 1000;i++);
}
```

图 7-82 GPIO IP 核控制 ADC1210 采集 12 个数据的程序

GPIO 可以实现独立开关、独立发光二极管、矩阵式键盘、7 段数码管以及 ADC1210 与微处理器之间的通信。这些设备内部没有寄存器,不需要读、写控制信号,数据、控制以及状态信息相对独立,完全可以通过 GPIO 通道的 I/O 引脚进行通信。但是还存在另一类外设,如网卡、USB 协议转换器等,这些外设接口信号不仅具有数据线,还具有地址、读写控制线,相当于小容量存储芯片。若这些外设直接利用 GPIO 控制,要求程序控制 GPIO 模拟产生读、写控制时序,对程序设计人员要求较高。因此常采用另一类接口——外设控制器(External Periphral Controller,EPC)产生并行外设总线,以实现并行外设总线与 AXI 总线的互通。

7.8 外设控制器

外设控制器(EPC)是将片内 AXI 总线转换为并行外设总线的一种接口控制器。它一方面实现总线信号时序转换;另一方面实现接口地址译码,产生外设片选信号。

7.8.1 AXI 总线 EPC

Xilinx AXI 总线 EPC 外设控制器内部结构如图 7-83 所示,包括 AXI 总线接口、内部总线译码(IPIC IF 译码)、同步控制、异步控制、数据驱动引擎、地址生成及信号复用等模块。最多可支持 4 种不同外设并行总线接口,采用大字节位序,即信号的最高位为第 0 位。

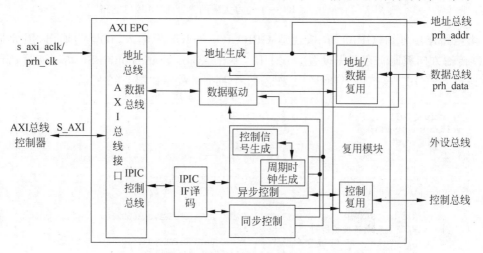

图 7-83 Xilinx AXI 总线 EPC 外设控制器内部结构

EPC 内部各个模块的主要功能如下:

(1) AXI 总线接口模块实现 AXI 总线从设备接口,将 AXI 总线信号转换为内部总线。

(2) IPIC IF(IP Interface Controller Interface,IP 核接口控制器接口)译码模块将内部控制信号译码形成同步控制或异步控制模块的控制信号。

(3) 地址生成模块将 AXI 总线地址转换为外设总线地址信号。

(4) 同步控制模块产生同步读、写时序控制信号,如 prh_rnw。

(5) 异步控制模块产生异步读、写时序控制信号,如 prh_rdn、prh_wrn。

(6) 数据驱动模块主要负责数据双向传输和驱动。

(7) 复用模块实现地址、数据总线复用以及同步、异步控制信号复用。

需要指出的是,并不是每一个 EPC 需要包含以上所有模块,外设总线时序决定 EPC 内部模块构成。若外设总线为同步时序,则 EPC 不需包含异步控制模块;若外设总线要求地址、数据信号分离,则 EPC 不需包含地址/数据复用模块。

EPC 输入输出引脚如图 7-84 所示。EPC 各类引脚含义如表 7-17 所示,其中 m、n、x 根据用户设置的外设接口实际情况取值。不同外设接口需要使用的并行外设总线信号、时序不同,用户需根据外设总线信号类型、时序,选择连接 EPC 相应引脚。若外设采用同步读写方式,则外设读写控制信号连接 EPC 的 prh_rnw;若外设采用异步读写方式,则外设读写控制信号需分别连接 EPC 的 prh_rd_n、prh_wr_n。若外设地址线、数据线分离,则外设地址线、数据线分别连接 EPC 的 prh_addr、prh_data;若外设地址线、数据线分离,则仅需将外设复用地址数据信号与 EPC 的 prh_data 相连。

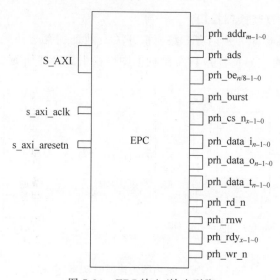

图 7-84　EPC 输入/输出引脚

表 7-17　EPC 各类引脚含义

名　　称	含　　义	信号传输方向	有效电平
AXI 总线接口			
S_AXI	AXI 从设备接口	双向	—
s_axi_aclk	AXI 总线时钟	输入	—
s_axi_aresetn	AXI 总线复位	输入	低电平
并行外设总线			
prh_addr$_{m-1\sim0}$	并行外设地址总线,m 为外设地址线宽度	输出	—
prh_ads	地址锁存使能,地址、数据线复用时采用	输出	高电平
prh_be$_{n/8-1\sim0}$	外设数据线字节使能,信号线宽度与外设数据线宽度 n 相关	输出	高电平
prh_burst	突发使能	输出	高电平
prh_cs_n$_{x-1\sim0}$	外设片选信号,x 为外设个数,取值可为 1~4	输出	低电平
prh_data_i$_{n-1\sim0}$	外设数据总线输入	输入	—

续表

名　　称	含　　义	信号传输方向	有效电平
并行外设总线			
prh_data_o$_{n-1\sim0}$	外设数据(地址/数据复用)总线输出	输出	—
prh_data_t$_{n-1\sim0}$	外设数据总线控制	输出	—
prh_rd_n	异步读控制信号	输出	低电平
prh_wr_n	异步写控制信号	输出	低电平
prh_rnw_n	同步读、写控制信号,1-读,0-写	输出	—
prh_rdy_n$_{x-1\sim0}$	外设就绪信号	输入	低电平

7.8.2　EPC 应用示例

1. 多通道并行 A/D 转换器接口

A/D 转换芯片 ADC0809 片内有 8 路模拟开关及地址锁存与译码电路、8 位 A/D 转换和三态输出锁存缓冲器。ADC0809 内部结构框图以及引脚排列如图 7-85 所示。

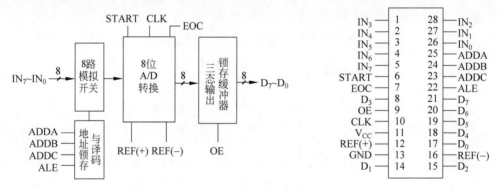

图 7-85　ADC0809 内部结构框图以及引脚排列

ADC0809 各引脚信号含义如表 7-18 所示。

表 7-18　ADC0809 各引脚信号含义

引 脚 名 称	含　　义	有效电平
ADDA、ADDB、ADDC	模拟通道选择信号	—
IN$_7$～IN$_0$	8 路模拟通道输入,由 ADDA、ADDB 和 ADDC 选择模拟通道。ADDA、ADDB 和 ADDC 取值与模拟通道之间的对应关系如表 7-19 所示	—
D$_7$～D$_0$	8 位数据线,三态输出	—
OE	输出使能	高电平
ALE	通道地址锁存使能	上升沿
START	启动转换信号	上升沿
EOC	转换结束信号	高电平
REF(＋)	模拟正向参考电压	—
REF(－)	模拟负向参考电压	—
CLOCK	时钟输入,时钟频率一般为 640kHz	—

表 7-19　ADDA、ADDB 和 ADDC 取值与模拟通道之间的对应关系

ADDC	ADDB	ADDA	ALE	模拟通道
0	0	0	↑	IN$_0$
0	0	1	↑	IN1
0	1	0	↑	IN2
0	1	1	↑	IN3
1	0	0	↑	IN4
1	0	1	↑	IN5
1	1	0	↑	IN6
1	1	1	↑	IN7

ADC0809 工作时序如图 7-86 所示。首先由 ALE 上升沿锁存 ADDA～ADDC 上的模拟通道选择信号,然后再由 START 上升沿启动 A/D 转换。A/D 转换期间 EOC 一直为低电平,转换结束后,EOC 变为高电平,转换时间约为 100μs。A/D 转换结束后若将 OE 置为高电平,则转换结果通过 D$_7$～D$_0$ 输出。

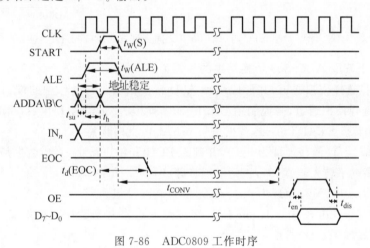

图 7-86　ADC0809 工作时序

例 7.14　采用外设控制器 EPC 设计 ADC0809 接口电路,要求采用查询方式接口电路,并编程控制通道 IN$_1$ 采样一个数据。

解答: 查询方式接口电路即启动转换之后需查询 EOC 的状态,直到 EOC 为高电平才读取转换结果。因此接口电路需一个数据输入端口、一个状态端口以及地址锁存和启动转换电路。由于 ADC0809 数据输出内部具有缓冲器,因此数据输出线可与 EPC 并行外设数据线直连。EOC 输出不具有缓冲功能,因此需设计缓冲电路才能连接到 EPC 某根并行外设数据线上。启动转换信号以及 ALE 信号可以通过 EPC 并行外设总线的控制信号产生,ADDA/B/C 由 EPC 并行外设地址线控制。由于 ADC0809 采用独立的地址线以及数据信号线,且仅具有读控制信号,因此 EPC 需工作在地址/数据总线分离、3 位地址总线、8 位数据总线的异步外设总线工作方式。

EPC 与 ADC0809 之间查询方式接口电路如图 7-87 所示。接口中两个输入端口:数据

输入和状态输入通过地址译码区分,这里采用地址总线最低位 prh_addr_2 区分两个不同的输入端口。由译码电路可知 $prh\_addr_2 = 1$ 时 OE 使能,$prh\_addr_2 = 0$ 时 EOC 输出到 $prh\_data\_i_0$,即数据总线最高位。若 EPC 接口基地址为 0x43e0 0000,那么数据输入端口地址为 0x43e0 0001,状态输入端口地址为 0x43e0 0000。ADC0809 为 5V CMOS 器件,输入、输出都为 5V CMOS 逻辑电平,若 EPC 工作在 3.3V CMOS 逻辑电平,那么所有数字输入、输出信号都需进行逻辑电平转换,图 7-87 中逻辑电平转换电路没有画出。

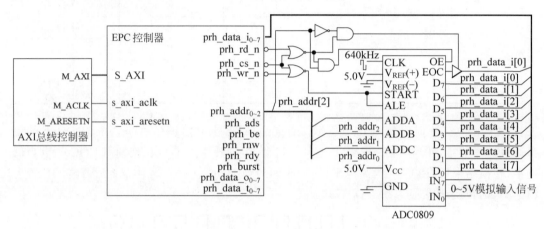

图 7-87 EPC 与 ADC0809 之间查询方式接口电路

查询方式下读取 ADC0809 转换结果的步骤为:

(1) 写操作选择模拟通道,并形成启动 A/D 转换信号。写操作中的端口地址(偏移地址)prh_addr 选择模拟通道,写控制信号 prh_wr_n 以及片选信号 prh_cs_n 形成通道锁存 ALE 以及启动转换 START 信号,数据信号 prh_data 此时无意义。

(2) 读状态端口(偏移地址为 0x0),并判断 EOC($prh\_data\_i_0$,对应数据最高位)是否为高电平,若为高电平转入步骤(3),否则继续步骤(2)。

(3) 读数据端口(偏移地址为 0x1)获取 A/D 转换结果。

由此得到基于 Xilinx Standalone BSP 端口读写 C 语言函数控制模拟通道 IN_1 采样一个数据的程序段如图 7-88 所示。

```
unsigned char data;
Xil_Out8(0x43e00000 + 0x1,0x0);                     //偏移地址 0x1 选择通道 IN1,数据 0x0 可为任意值
while((Xil_In8(0x43e00000 + 0x0)&0x80) == 0x0);     //偏移地址 0x0 表示读状态端口
data = Xil_In8(0x43e00000 + 0x1);                   // 偏移地址 0x1 表示读数据端口
```

图 7-88 控制模拟通道 IN_1 采样一个数据的程序段

若外设控制器 EPC 控制 ADC0809 8 个通道,每个通道采样一个数据,此时需循环改变启动转换的通道地址;若多个通道采样多个数据则需双重循环。基于 Xilinx Standalone BSP 端口读写 C 语言函数查询方式控制 8 个模拟通道依次采集 100 个数据的程序段如图 7-89 所示。

由于 ADC0809 A/D 转换时间约为 $100\mu s$,因此也可以采用延时方式读取 A/D 转换结果。

```
unsigned char data[8][100];                              //各个通道数据连续存放
for(int i = 0;i < 100;i++)                               //循环 100 个数据
{
    for(int j = 0;j < 8;j++)                             //循环 8 个通道
    {
        Xil_Out8(0x43e00000 + j,0x0);
        while((Xil_In8(0x43e00000 + 0x0)&0x80) == 0x0);  //偏移地址 0x0 表示读状态端口
        data[j][i] = Xil_In8(0x43e00000 + 0x1);          //偏移地址 0x1 表示读数据端口
    }
}
```

图 7-89　查询方式控制 8 个模拟通道依次采集 100 个数据的程序段

　　基于 Xilinx Standalone BSP 端口读写 C 语言函数延时方式控制 8 个模拟通道依次采集 100 个数据的程序段如图 7-90 所示。

```
unsigned char data[8][100];                              //各个通道数据连续存放
for(int i = 0;i < 100;i++)                               //循环 100 个数据
{
    for(int j = 0;j < 8;j++)                             //循环 8 个通道
    {
        Xil_Out8(0x43e00000 + j,0x0);
        for(int iw = 0;iw < 20000;iw++);                 //延时 100μs 以上
        data[j][i] = Xil_In8(0x43e00000 + 0x1);          //偏移地址 0x1 表示读数据端口
    }
}
```

图 7-90　延时方式控制 8 个模拟通道依次采集 100 个数据的程序段

2. 并行 DA 转换器接口

　　DAC7641 是一个单通道数模转换器，具有 16 位并行数据输入接口，内部具有可单独控制的输入寄存器和 DAC 寄存器，输出模拟电压范围受输入参考模拟电压 V_{REFL}、V_{REFH} 影响。DAC7641 引脚排列如图 7-91 所示，内部结构框图如图 7-92 所示。若采用单电源参考电压，DAC7641 电源以及模拟信号输出电路如图 7-93 所示，其余引脚为数字接口信号。DAC7641 数字接口信号含义如表 7-20 所示，数字接口读写时序如图 7-94 所示。

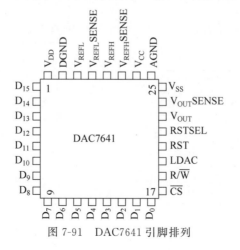

图 7-91　DAC7641 引脚排列

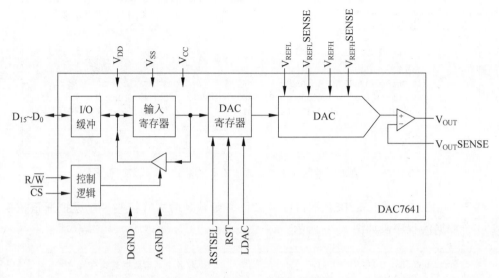

图 7-92　DAC7641 内部结构框图

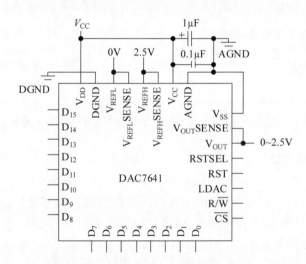

图 7-93　DAC7641 单电源参考电压时电源以及模拟信号输出电路

表 7-20　DAC7641 数字接口信号含义

名　　称	含　　义
$D_{15} \sim D_0$	16 位三态并行数据输入、输出
RSTSEL	复位值选择,1-复位时 DAC 寄存器为 0x8000；0-复位时 DAC 寄存器为 0x0
RST	复位,上升沿有效
LDAC	装载 DAC 寄存器,上升沿有效
$R/\overline{W}$	读写控制,1-读；0-写
$\overline{CS}$	片选,低电平有效

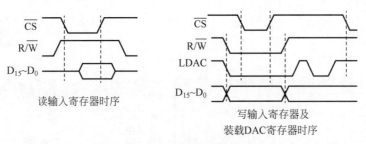

图 7-94　DAC7641 数字接口读写时序

例 7.15　采用外设控制器 EPC 设计 DAC7461 接口电路,并编程控制 V_{OUT} 输出满量程三角波。

解答:DAC7461 具有 16 位数据接口,且读写共一个控制信号,因此 EPC 需设置在同步工作方式,由 prh_cs_n 以及 prh_rnw 控制 DAC7461 的读写。由于 DAC7461 内部具有两级寄存器,因此可以工作在单缓冲方式、双缓冲方式。单缓冲方式时,LDAC 与 R/W 连接在一起,受同一个信号控制;双缓冲方式时,LDAC 与 R/W 分别控制。由此可知单缓冲方式时,DAC7461 数字接口仅需一个端口;双缓冲方式时,DAC7461 数字接口需两个端口。

DAC7461 单缓冲方式与外设控制器 EPC 接口电路如图 7-95 所示。

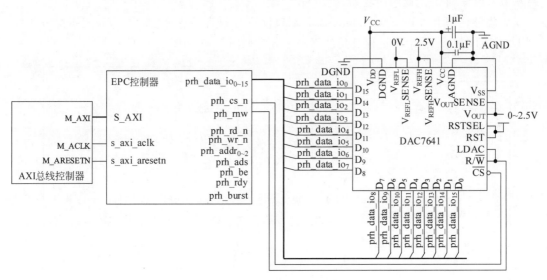

图 7-95　DAC7461 单缓冲方式与外设控制器 EPC 接口电路

DAC7461 双缓冲方式与外设控制器 EPC 接口电路如图 7-96 所示。双缓冲方式下,外设控制器 EPC 输出 3 位地址信号 $prh\_addr_{2\sim0}$,当 prh_addr_0 为 0 时,写输入寄存器;当 prh_addr_0 为 1,且执行写操作时,将输入寄存器数据装载到 DAC 寄存器。由此可知输入寄存器端口偏移地址为 0,而 DAC 寄存器端口偏移地址为 4。

若外设控制器 EPC 接口基地址为 0x43e10000,那么单缓冲方式下,DAC7641 输入寄存器以及 DAC 寄存器的端口地址可为 0x43e10000～0x43e10007 中任意一个;双缓冲方式下,DAC7641 输入寄存器和 DAC 寄存器的端口地址不同,分别是 0x43e10000、0x43e10004。控

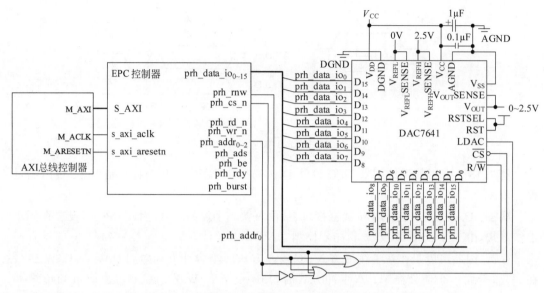

图 7-96 DAC7461 双缓冲方式与外设控制器 EPC 接口电路

制 DAC7641 V_{OUT} 输出满量程三角波即向 DAC7641 输出的数据需先从 0 变到最大值,然后再从最大值变到 0,依此周而复始。

由此得到基于 Xilinx Stanalone BSP 端口读写 C 语言函数单缓冲方式和双缓冲方式控制 DAC7641 V_{OUT} 输出满量程三角波程序段分为如图 7-97 和图 7-98 所示。

```
unsigned short dac_volt;
int inc = 1;
while(1)
{
    if(inc == 1)
        dac_volt++;
    else dac_volt--;
    Xil_Out16(0x43e10000,dac_volt);
    if(dac_volt == 0xffff)
        inc = 0;
    else if(dac_volt == 0x0)
        inc = 1;
}
```

图 7-97 单缓冲方式控制 DAC7641 V_{OUT} 输出满量程三角波程序段

```
unsigned short dac_volt;
int inc = 1;
while(1)
{
    if(inc == 1)
        dac_volt++;
    else dac_volt--;
    Xil_Out8(0x43e10000,dac_volt);
    Xil_Out8(0x43e10004,0x0);
    if(dac_volt == 0xffff)
        inc = 0;
    else if(dac_volt == 0x0)
        inc = 1;
}
```

图 7-98 双缓冲方式控制 DAC7641 V_{OUT} 输出满量程三角波程序段

3. LCD1602A 液晶字符显示模块接口

LCD1602A 液晶字符显示模块通过液晶点阵显示字符,共 2 行,每行 16 个字符。内含控制器,外部接口如图 7-99 所示,引脚含义如表 7-21 所示。读写操作时序如图 7-100 所示,时序参数如表 7-22 所示。常用操作命令格式及含义如表 7-23 所示。

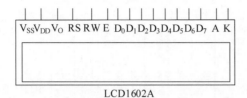

图 7-99　LCD1602A 液晶字符显示模块外部接口

表 7-21　LCD1602A 液晶字符显示模块引脚含义

名　　称	含　　义
V_{SS}	负电源,通常接地
V_{DD}	正电源,通常接+5V
V_O	液晶显示偏压,接正电源最暗、接负电源最亮
RS	数据/命令选择,1-数据；0-命令
RW	读写选择,1-读；0-写
E	使能信号：下降沿-使能写操作；高电平-使能读操作
$D_7 \sim D_0$	8 位双向数据线
A	背光源正极
K	背光源负极

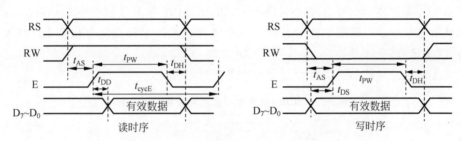

图 7-100　LCD1602A 液晶字符显示模块读写操作时序

表 7-22　LCD1602A 液晶字符显示模块时序参数

符号	含　　义	最大值	最小值	单位
t_{cycE}	使能信号 E 的周期		500	ns
t_{PW}	使能信号 E 的高电平脉宽		230	ns
t_{AS}	地址建立时间(RS、RW 相对于 E 上升沿)		40	ns
t_{AH}	地址保持时间(RS、RW 相对于 E 下降沿)		10	ns
t_{DD}	读数据响应延迟	100		ns
t_{DS}	写数据建立时间		80	ns
t_{DH}	数据保持时间		5	ns

表 7-23　LCD1602A 液晶字符显示模块常用操作命令格式及含义

命　　令	RS	RW	D_7	D_6	D_5	D_4	D_3	D_2	D_1	D_0	含　　义	执行时间
清屏	0	0	0	0	0	0	0	0	0	1		1.53ms
光标复位	0	0	0	0	0	0	0	0	1	x		1.53ms

续表

命　　令	RS	RW	D_7	D_6	D_5	D_4	D_3	D_2	D_1	D_0	含　　义	执行时间
入口模式控制	0	0	0	0	0	0	0	1	I/D	SH	I/D：1-光标右移,0-光标左移 SH：1-整屏移动,0-不移	39μs
显示开、关控制	0	0	0	0	0	0	1	D	C	B	D：屏幕 1-开；0-关 C：光标 1-开；0-关 B：闪烁 1-开；0-关	39μs
光标、文字移位	0	0	0	0	0	1	S/C	R/L	x	x	S/C：光标文字移位 0-移光标；1-移文字 R/L：方向 0-左；1-右	39μs
模式控制	0	0	0	0	1	DL	N	F	x	x	DL：总线位数；N：显示行数；F：点阵尺寸	39μs
设置 CGRAM 地址	0	0	0	1	CGRAM 地址							39μs
设置 DDRAM 地址	0	0	1	DDRAM 地址								39μs
读状态	0	1	BF	光标地址计数器							BF：1-忙,0-闲	0μs
写数据	1	0	写入 DDRAM 或 CGRAM 的数据									43μs
读数据	1	1	从 DDRAM 或 CGROM 读出的数据									43μs

DDRAM 保存显示到液晶屏的字符点阵,CGROM 保存可显示的字符点阵库,液晶屏接收到显示字符命令时根据字符索引从 CGROM 读出相应字符点阵存储到 DDRAM 指定地址处,以便显示。

DDRAM 地址与液晶屏位置对应关系如表 7-24 所示。

表 7-24　DDRAM 地址与液晶屏位置对应关系

行\列地址	1	2	3	4	5	6	7	…	16
1	0x0	0x1	0x2	0x3	0x4	0x5	0x6	…	0xf
2	0x40	0x41	0x42	0x43	0x44	0x45	0x46	…	0xdf

CGROM 存储了 160 个不同的点阵字符图形,包括数字、英文字符、常用符号、日文等,字符索引与字符之间关系如表 7-25 所示。

表 7-25　CGROM 字符索引与字符之间关系

存 储 介 质	字 符 索 引	点 阵 字 符
CGRAM	0x0～0xf	用户自定义
CGROM	0x20～0x7f	标准 ASCII 码
	0xa0～0xff	日文字符和希腊字符
	0x10～0x1f 及 0x80～0x9f	无定义

例 7.16　试基于外设控制器 EPC 为 LCD1602A 液晶字符显示模块设计接口电路,并编写控制程序控制 LCD1602A 液晶显示屏第一行显示文字"Have a nice day!",第二行显示文字"Hello World!"。

解答：由于 LCD1602A 读写操作要求 RW 先于 E 有效，因此不能将 LCD1602 的 RW 连接到 EPC 同步输出的 rnw 信号，而是连接到某地址信号，且 LCD1602 的 RS 也连接到地址信号。LCD1602 的 E 操作控制使能信号高电平有效，无论读操作还是写操作都需维持一段时间高电平，因此 EPC 与 LCD1602A 接口电路如图 7-101 所示。

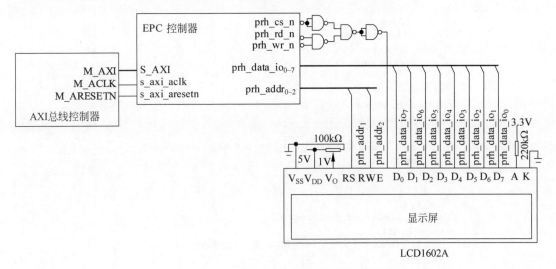

图 7-101　EPC 与 LCD1602A 接口电路

由表 7-23 以及图 7-101 可知，LCD1602A 命令与 EPC 偏移地址、操作类型之间关系如表 7-26 所示。

表 7-26　LCD1602A 命令与 EPC 偏移地址、操作类型之间关系

命令	偏移地址	EPC 操作
写命令	0x0	写
写数据	0x2	写
读状态	0x1	读

由于 LCD1602A 执行各类型命令所需时间不同，因此通常写入命令之后等待相应时间，并检测 BF 位是否空闲，然后再执行下一条命令，由此得到基于 Xilinx Standalone BSP 端口读写函数实现的 LCD1602A 字符串显示控制程序如图 7-102 所示。

```
# include "xil_io.h"
# include "xparameters.h"
# define WRITECOMMAND 0x0
# define WRITEDATA 0x2
# define READSTATUS 0x1
void check_busy(void);
void write_command(unsigned char com);
void write_data(unsigned char data);
void LCD_init(void);
void string(unsigned char ad ,unsigned char * s);
void lcd_test(void);
```

图 7-102　LCD1602A 字符串显示控制程序

```
void delay(unsigned int);
void main(void)
  { LCD_init();
    string(0x80,"Have a nice day!");
    string(0xC0,"  Hello World!");
  }
// 延时 j*39us
void delay(unsigned int j)
  { for(; j > 0; j-- )
       for(int i = 0;i < 13000;i++);
  }
// 检测 BF 状态
void check_busy(void)
  { unsigned char dt;
    do
    { dt = Xil_In8(XPAR_AXI_EPC_0_PRH0_BASEADDR + READSTATUS);
      delay(1);
    } while(dt & 0x80);
  }
//写命令
void write_command(unsigned char com)
  { check_busy();
    Xil_Out8(XPAR_AXI_EPC_0_PRH0_BASEADDR + WRITECOMMAND,com);
    delay(1);
  }
//写数据
void write_data(unsigned char data)
  { check_busy();
    Xil_Out8(XPAR_AXI_EPC_0_PRH0_BASEADDR + WRITEDATA,data);
    delay(1);
  }
// 初始化 LCD1602A 工作模式
void LCD_init(void)
  { write_command(0x38);                    //8 位总线, 2 行, 7×5 点阵
    write_command(0x0C);                     //无光标、不闪烁、显示
    write_command(0x06);                     //地址自动增
    write_command(0x01);                     //清屏
    delay(50);
  }
//显示字符串
void string(unsigned char ad,unsigned char * s)
  { write_command(ad);
    while( * s > 0)
    { write_data( * s++);
      delay(1);
    }
  }
```

图 7-102 （续）

读者可基于图 7-102 中 chech_busy、write_command、write_data、delay 等函数控制 LCD1602A 显示其他信息。

外设控制器 EPC 也可作为片内 AXI 总线与片外存储芯片并行总线桥接器,如访问 SRAM 存储芯片 HM6116 等。

本章小结

I/O 接口是将 I/O 设备连接到总线的一种接口电路。根据 I/O 接口功能需求，I/O 接口通常包含数据端口、控制端口、状态端口以及总线控制逻辑和设备控制逻辑电路等。I/O 设备虽然读写速度以及管理方式与存储器不同，但是由于 I/O 接口的存在，I/O 寻址可以采用独立 I/O 寻址也可以采用存储器映像 I/O 寻址。这两种寻址方式主要差别体现在是否占用存储空间、是否需要采用独立的控制信号以及是否需要采用独立的读写指令。由于存储器映像 I/O 寻址，微处理器设计简单，因此大多数嵌入式微处理器都采用此寻址方式。MIPS 微处理器就是一个典型的例子，因此 MIPS 微处理器读写 I/O 端口，仍然是采用 lw、sw 等指令。C 语言编译器根据微处理器 I/O 寻址方式自动将 C 语言 I/O 读写函数翻译为对应的汇编指令。为区分 I/O 读写和存储器读写，Standalone BSP 专门提供了端口读写 C 语言函数 Xil_In、Xil_Out 等。

I/O 接口电路设计原则包括三总线连接原则以及输入缓冲、输出锁存电路设计原则。存储器映像 I/O 接口电路设计与存储器接口电路设计方式基本一致，通常将 I/O 接口当作存储容量很少的存储器。不同之处在于 I/O 接口中的端口地址可以不连续、也可以采用间接端口地址译码方法。采用间接端口地址译码的接口中存在地址端口，读写数据时需先写地址端口，然后再读写数据。

简单 I/O 设备若输入、输出数据线不具备锁存、缓冲功能，那么该类设备接口电路必须提供锁存器或缓冲器，只有通过锁存器或缓冲器才能将 I/O 设备输入、输出数据线连接到数据总线上。

开关、按键、LED 灯、矩阵式键盘、七段数码管以及 LED 点阵等接口电路仅具有数据端口，其中矩阵式键盘、七段数码管以及 LED 点阵工作时都采用动态扫描控制方式。A/D 转换器接口电路需具备控制端口、数据端口以及状态端口。

GPIO 是嵌入式计算机系统的一种常用输入、输出接口。它能锁存输出信号、缓冲输入信号，且可以通过传输方向控制寄存器，使 I/O 引脚工作在不同传输方向，也可以通过软件控制 GPIO 各位引脚模拟产生不同总线时序。因此 GPIO 可以作为大多数 I/O 设备的接口。

EPC 是一种将计算机系统内部总线转换为并行外设总线的接口控制器。若 I/O 设备接口信号为并行三总线信号，常基于 EPC 产生的并行外设三总线设计接口电路实现与 I/O 设备并行三总线互联，以降低软、硬件设计难度。

无论是延时还是查询方式 I/O 接口控制程序，CPU 与接口通信期间，即使外设没有准备就绪，也无法处理其他事务，这浪费了大量的处理器时间。

思考与练习

1. 接口通常包含哪些功能？微处理器与 I/O 接口之间通信包含哪些内容？
2. I/O 接口基本结构包括哪些部分？各部分分别具有什么功能？
3. I/O 接口数据通信方式分为几类？各有什么优缺点？各自主要的应用场景有哪些？

4. I/O 接口通信控制有哪些方式? 分别具有什么特点?

5. I/O 接口中的寄存器叫什么名称? 按照功能一般分为哪几类?

6. I/O 寻址方式分为几类? 各有什么优缺点?

7. 若某计算机针对 I/O 设备接口、存储器读写操作分别提供独立的读、写控制信号,如 I/O 读写控制信号分别为 $\overline{IOR}$、$\overline{IOW}$,存储器读写控制信号分别为 $\overline{MEMR}$、$\overline{MEMW}$,那么该计算机系统采用什么方式的 I/O 寻址方式?

8. MIPS 微处理器采用什么汇编指令寻址 8 位 I/O 端口?

9. Xilinx Standalone BSP 访问 8 位、16 位、32 位 I/O 端口的 C 语言函数名称分别是什么? 各个函数参数的含义是什么? 哪个头文件申明了这些函数?

10. 已知某 I/O 接口状态端口地址为 0x80,宽度 8 位,且 b_0 表示设备是否准备就绪,有效电平为高电平;数据端口地址为 0x90,宽度 16 位。试基于 Xilinx Standalone BSP 端口读写函数编写查询方式读入一个数据的程序段。

11. I/O 接口有哪些地址译码方式? 与存储器接口地址译码存在哪些差别?

12. 已知某计算机系统具有 10 位地址总线 $A_9 \sim A_0$,要求基于该总线设计一个接口地址译码电路,接口具有 32 个 I/O 端口且端口地址范围为 0x2a0~0x2bf。试仅用 138 译码器设计接口各个端口译码电路,并写出 138 译码器各输出端所指示的端口地址。

13. 已知某计算机系统具有 10 位地址总线 $A_9 \sim A_0$,8 位数据总线 $D_7 \sim D_0$,采用存储器映像 I/O 寻址方式,读、写控制信号分别为 $\overline{RD}$、$\overline{WR}$,要求为该计算机系统设计一个具有 16 位并行数据信号 $Q_{15} \sim Q_0$ 的输入设备接口电路,且接口地址范围仅为 0x80~0x81。基于 Xilinx Standalone BSP 端口读函数编写输入一个 16 位数据的控制程序段,且 16 位数据的数据位 $D_{15} \sim D_0$ 与设备并行数据信号 $Q_{15} \sim Q_0$ 一一对应。

14. 已知某计算机系统具有 10 位地址总线 $A_9 \sim A_0$,32 位数据总线 $D_{31} \sim D_0$,且通过字节使能信号 $\overline{BE_3} \sim \overline{BE_0}$ 可实现 8 位、16 位、32 位数据输入、输出,采用存储器映像 I/O 寻址方式,读、写控制信号分别为 $\overline{RD}$、$\overline{WR}$。试为该计算机系统设计一个 32 位阴极下拉接地的独立发光二极管 $LD_{31} \sim LD_0$ 接口电路,接口地址范围为 0x2a0~2a3,且该接口电路可支持仅通过输出操作指令实现以下功能:①同时修改 $LD_{31} \sim LD_0$ 的状态;②仅修改 $LD_{31} \sim LD_{16}$ 或 $LD_{15} \sim LD_0$ 的状态;③仅修改 $LD_{31} \sim LD_{24}$ 或 $LD_{23} \sim LD_{16}$ 或 $LD_{15} \sim LD_8$ 或 $LD_7 \sim LD_0$。并基于 Xilinx Standalone BSP 端口写函数编写控制程序依次实现以下功能:①使用函数 Xil_Out32 将 $LD_{31} \sim LD_0$ 的状态设置为 $LD_{31} \sim LD_{16}$ 全亮,$LD_{15} \sim LD_0$ 全灭;②使用函数 Xil_Out16 将 $LD_{15} \sim LD_0$ 状态设置为高 8 位全亮,低 8 位依次间隔亮、灭,$LD_{31} \sim LD_{16}$ 状态不变;③使用函数 Xil_Out8 将 $LD_{23} \sim LD_{16}$ 状态设置为全灭,其余 LED 状态不变。

15. 基于题 13 所示计算机系统,设计一个 32K × 8b 异步 SRAM 存储芯片 IDT71V256SA 的接口电路,且该存储芯片接口电路仅占用 3 个端口地址 0x2a0~0x2a2,通过接口电路中的 3 个端口实现 SRAM 存储芯片任意一个存储单元的访问。并基于 Xilinx Standalone BSP 端口读写函数编写控制程序实现以下功能:将 SRAM 存储芯片的所有存储单元填充数据 0x5a,读出并检验写入的数据是否正确。

16. 基于题 13 所示计算机系统,设计一个 8 位独立开关输入设备和一个 8 位 LED 输出设备接口电路,且输入、输出共用一个端口地址 0x2a0。端口译码采用 138 译码器以及基本门电路实现,输入采用 244 缓冲器,输出采用 373 三态锁存器。并基于 Xilinx Standalone BSP 端口读写函数编写控制程序实现以下功能:读入 8 位独立开关状态当作 8 位符号数原码,将其反码输出到 8 位独立 LED,且开关状态一旦发生改变立即反应到 LED 上。

17. 基于题 13 所示计算机系统,设计一个如题图 7-1 所示简易计算器键盘接口电路,要求该接口电路仅占用端口地址 0x2a1。并基于 Xilinx Standalone BSP 端口读写函数编写控制程序实现以下功能:当按下某个按键时,程序将该按键所示字符的 ASCII 码保存在字符变量 byte 中。

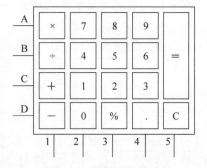

题图 7-1　简易计算器键盘

18. 基于题 13 所示计算机系统,设计一个如题图 7-2 所示共阳极型 8 位七段数码管接口电路,要求该接口电路仅占用端口地址 0x380、0x381。并基于 Xilinx Standalone BSP 端口读写函数编写控制程序实现以下功能:8 位七段数码管同时显示数字串 1～8,并且每隔 1s 数字串循环左移一位,即数字串 1～8 在 8 位七段数码管上滚动显示。

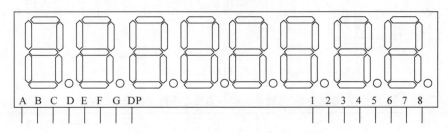

题图 7-2　共阳极型 8 位七段数码管

19. 基于题 13 所示计算机系统,设计一个由 2 块行共阳极、列共阴极的 8×8 LED 点阵构成的 16×8 LED 点阵接口电路,要求该接口电路仅占用端口地址 0x390、0x391、0x392。并基于 Xilinx Standalone BSP 端口读写函数编写控制程序实现以下功能:控制 16×8 LED 点阵显示题图 7-3 所示字符串。

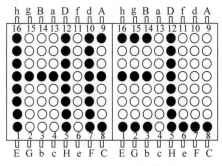

题图 7-3　16×8 LED 点阵显示字符串

20. 已知 DAC 转换芯片 TLC7226 内部结构、引脚排列如题图 7-4 所示,它具有 4 个 D/A 转换通道,通过地址 $A_1 A_0$ 以及 $\overline{WR}$ 控制信号选择将数据 $DB_7 \sim DB_0$ 写入各个通道 DAC 寄存器,地址线 A_1、A_0 与通道之间的对应关系如题表 7-1 所示。基于题 13 所示计算机系统为该 D/A 转换芯片设计数字部分接口电路,端口地址范围为 0x280～0x284。并基于 Xilinx Standalone BSP 端口读写函数编写控制程序实现以下功能:通道 A 输出锯齿波,通道 B 输出三角波,通道 C 输出方波,通道 D 输出正弦波,且所有通道输出信号同频率(50kHz)、同峰-峰值(满量程)。

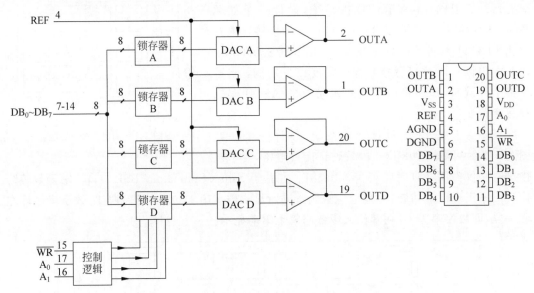

题图 7-4　DAC 转换芯片 TLC7226 内部结构、引脚排列

题表 7-1　地址 A_1、A_0 与通道之间的对应关系

WR	A_1	A_0	通 道 状 态
1	x	x	无操作
0	0	0	DAC A 直通
↑	0	0	DAC A 锁存
0	0	1	DAC B 直通
↑	0	1	DAC B 锁存
0	1	0	DAC C 直通
↑	1	0	DAC C 锁存
0	1	1	DAC D 直通
↑	1	1	DAC D 锁存

21. 基于题 16 设计的 8 位独立开关接口电路以及题 18 设计的 8 位七段数码管接口电路,基于 Xilinx Standalone BSP 端口读写函数编写控制程序实现以下功能:将 8 位独立开关的电平状态分别显示在 8 位七段数码管上。

22. 基于题 16 设计的 8 位独立开关接口电路以及题 18 设计的 8 位七段数码管接口电路,利用 Xilinx Standalone BSP 端口读写函数编写控制程序实现以下功能:将 8 位独立开关构成的 2 位十六进制数字从高到低依次分别显示在 8 位七段数码管的位 7、位 8 上,其余数码管灭。

23. 基于 Xilinx AXI GPIO IP 核设计 16 位独立开关、16 位独立 LED 以及 8 位共阳极型七段数码管接口电路,要求仅采用一个 GPIO IP 核,其中 16 位独立开关、16 位 LED 共用通道 GPIO,8 位七段数码管的位选和段选信号共用通道 GPIO2。若该 GPIO 接口基地址为 0x40000000,试基于 Xilinx Standalone BSP 端口读写函数编写控制程序分别实现以下功能:

(1) 实时获取 16 位开关的状态,并及时反应在 16 位 LED 对应位上,同时将 16 位开关对应的 4 位十六进制数字从高到低依次显示在 8 位七段数码管的位 5~位 8 上,其余数码管灭。

(2) 实时获取 16 位开关的状态,并将 16 位开关分为高 8 位、低 8 位,分别当作 2 个 8 位符号数,将它们的和、差二进制数分别输出到 16 位 LED 的高 8 位、低 8 位,同时将和、差对应的 2 位十六进制数字分别输出到 8 位七段数码管的位 3、位 4 及位 7、位 8 上,其余数码管灭。

(3) 实时获取 16 位开关的状态,并将 16 位开关分为高 13 位($SW_{15} \sim SW_3$)、低 3 位($SW_2 \sim SW_0$)两部分,要求将 $SW_{15} \sim SW_3$ 13 位无符号二进制数($b_{12} \sim b_0$)表示的十进制数显示在 8 位七段数码管上,且最高位从 $SW_2 \sim SW_0$($1 \leqslant SW_2 \sim SW_0 \leqslant 5$)所指示位置开始显示,无数据数码管灭。即若 $SW_{15} \sim SW_0 = 0xfff9$,那么 8 位七段数码管显示结果如题图 7-5 所示。

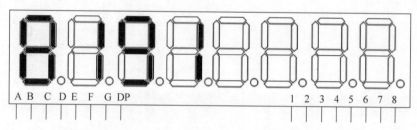

题图 7-5 $SW_{15} \sim SW_0 = 0xfff9$ 时 8 位七段数码管显示结果

24. 试基于 Xilinx Standalone BSP 端口读写函数编程控制 GPIO IP 核通道 GPIO 两个引脚 I/O_1、I/O_0 产生如题图 7-6 所示 I^2C 串行总线时序,即 I^2C 主设备发送数据 0xc5 到从设备,时钟频率为 500kHz。

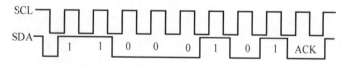

题图 7-6 I^2C 主设备发送数据 0xc5 到从设备总线时序

25. 试采用 GPIO IP 核设计 LCD1602A 接口电路,并基于 Standalone BSP 端口读写函数编写控制程序,控制 LCD1602A 在第一行显示字符串"Have a nice day!"第二行显示字符串"Hello World!"。

26. 题 13 所示总线可通过外设控制器 EPC 实现,此时 EPC 需工作在什么模式? 多少位地址线、多少位数据线? 试指出 EPC 外设总线端有用的引脚信号以及与题 13 所示总线信号之间的对应关系。

27. SRAM 存储芯片 HM6116 引脚分布如题图 7-7 所示。查阅 SRAM 存储芯片 HM6116 数据手册,不增加任何其他芯片,采用 EPC 为该 SRAM 存储芯片设计接口电路,并编写控制程序实现 SRAM 存储芯片 6116 2KB 数据写入和读出检测。如以 256B 为一页写入数据,每页各个字节存储的数据与页内偏移地址一致。此时 EPC 需工作在什么模式? 地址线、数据线分别为多少位? 如何设置 EPC 时序参数? 需要注意的是:访问 6116 片内各个存储单元,需勾选 EPC 外设数据总线位宽匹配(Enable Data Width Matching)选项。

题图 7-7　SRAM 存储芯片 HM6116 引脚分布

## 第 8 章

中 断 技 术

    若 CPU 和外设之间交换信息采用程序控制方式,CPU 的大部分时间都浪费在反复查询设备状态或延时上,妨碍了计算机高速性能的充分发挥。为解决这个问题,计算机系统引入了中断技术。中断技术使外部设备与 CPU 不再串行工作,而是分时操作,从而大大提高了计算机的效率。随着计算机技术的发展,中断被不断赋予新的功能。例如,计算机故障检测与自动处理、人机联系、多机系统、多道程序分时操作和实时信息处理等。这些功能均要求 CPU 具有中断功能,能够立即响应并加以处理。

    计算机所具有的上述功能,称为中断功能。为实现中断功能而设置的各种硬件和软件,统称为中断系统。高效率的中断系统,能以最少的响应时间和内部操作去处理所有外部设备的服务请求,使整个计算机系统性能达到最佳。

    学完本章内容,要求掌握以下知识:
- 中断控制器结构;
- AXI INTC 中断控制器工作原理及编程控制;
- MicroBlaze 微处理器中断处理过程;
- 中断方式接口电路设计;
- 中断方式控制程序构成及功能;
- GPIO 中断方式接口电路及控制程序设计;
- 定时器工作原理、应用场景、中断方式接口电路及控制程序设计;
- SPI 串行总线接口工作原理、中断方式接口电路及控制程序设计。

8.1 中断控制器构成

    计算机系统 CPU 一般仅提供有限的几个中断请求引脚接收来自外设的中断请求信号,但是计算机系统往往具有很多外设,并且多个外设还可能同时产生中断请求。另外,CPU 没有接收到中断请求时一直执行指令,如果外设在指令执行过程中产生了中断请求,这个中断请求信号必须等到 CPU 执行完现行指令之后才会被 CPU 接受。因此计算机系统中断控制器应具有以下功能:中断请求信号保持与清除、中断源识别、中断使能控制、中断优先级设置。

8.1.1 中断请求信号保持与清除

引起中断的原因或发出中断请求的来源,称为**中断源**。当外部设备要求 CPU 为它服务时,就输出一个中断请求信号加载到 CPU 的中断请求输入端,这就是对 CPU 的中断申请信号。

每个中断源向 CPU 发出中断请求信号的时间随机,CPU 都是在现行指令周期结束时才检测有无中断请求信号发生。故在现行指令执行期间,必须把随机输入的中断请求信号锁存起来,并保持至 CPU 响应后才可以清除。因此,每一个中断源都设置有一个中断请求寄存器用来保存它的中断申请信号。当 CPU 响应了这个中断请求后,该寄存器保存的中断请求信号才能被清除。

中断请求信号保持与清除电路示例如图 8-1 所示。图 8-1 中外设准备好时(READY 出现上升沿)产生中断请求 intr(interrupt request),并由中断状态寄存器(D 触发器)保持该信号即维持 intr 高电平。且仅当微处理器向中断响应寄存器(反向三态门)写 1 之后,才将中断请求信号 intr 重置为低电平,即清除中断请求状态。

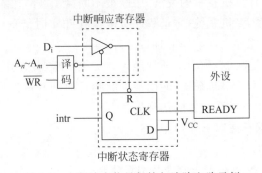

图 8-1 中断请求信号保持与清除电路示例

图 8-1 中 intr 高电平表示外设产生了中断请求,即微处理器中断触发方式为高电平。外部设备 READY 信号由低电平跳变为高电平时表示产生中断请求,即外设中断请求信号触发方式为上升沿。这两种中断触发方式分别属于电平触发和边沿触发,现代计算机系统中这两种触发方式都存在。其中,电平触发可为高电平触发或低电平触发;边沿触发也可为上升沿触发或下降沿触发。需要注意的是,中断控制器产生的中断请求信号触发方式与微处理器接收的中断请求信号触发方式必须一致,中断系统才能正常工作。

8.1.2 中断源识别

计算机系统有多个外部中断源,一旦发生中断,CPU 必须确定是哪个中断源提出中断请求,以便进行相应处理,这个过程称为**中断源识别**。识别中断源的方式有:①CPU 为不同中断源提供不同中断请求信号线,根据各条中断请求信号线的状态,确定对应中断源是否产生了中断请求;②CPU 仅提供一条中断请求信号线,接收到中断请求时,CPU 再通过某种方式读取中断状态寄存器,以便确定中断源。方式①CPU 需为各个中断源提供相应引脚,这样势必造成 CPU 外部引脚数大增。因此,实际计算机系统通常不直接采用这种方式,而是对中断源分类,分别为各类中断源提供中断请求输入引脚,通过中断引脚可以确定中断源所属类别,然后再读取中断状态寄存器确定具体中断源。如 Intel x86 微处理器为硬件中断提供了两个中断请求输入引脚,分别为可屏蔽中断(INT)和不可屏蔽中断(Non-Mask Interrupt,NMI)。不可屏蔽中断处理硬件紧急异常事件,可屏蔽中断处理外部设备通信中断请求。由此可知,CPU确定哪个外部设备产生中断请求,必须依赖中断控制器解决两个问题:①将所有外设中断请求信号合成为一个中断请求信号;②提供某种机制供CPU识别中断源。

中断请求信号合成电路示例如图8-2所示,CPU以及中断状态寄存器的中断信号都为高电平有效。电路中共8个外设,只要任意一个外设$intr_i$产生了有效中断请求信号,那么电路就输出有效中断请求信号irq给CPU。

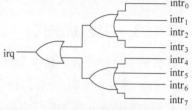

图 8-2　中断请求信号合成电路示例

但是CPU仅通过图8-2所示电路无法判断是哪个外设产生了中断请求,因此必须通过某种机制获取各个外设对应中断状态寄存器的值才能得知具体的中断源。CPU识别中断源有两种方式:状态位法和中断类型码法。状态位法是指每个中断源对应中断状态寄存器的一位,直接读取中断状态寄存器就可以识别中断源。读取中断状态寄存器值的电路示例如图8-3所示。图中虚线含义为:若CPU具有中断响应(Interrupt Acknowledge)引脚$\overline{INTA}$,则可通过$\overline{INTA}$中断响应周期读入中断状态寄存器的值;若CPU不具有中断响应引脚$\overline{INTA}$,则需通过读指令读入中断状态寄存器的值。若计算机系统任一时刻仅一个外设产生中断请求,那么中断状态寄存器的值可以作为中断源的中断类型码。中断源与中断类型码的关系如表8-1所示。

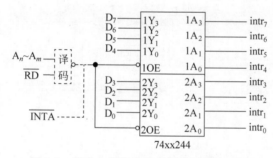

图 8-3　获取中断状态寄存器值的电路示例

表 8-1　任一时刻仅一个外设产生中断请求时中断源与中断类型码之间的关系

中断源	中断类型码								
	D_7	D_6	D_5	D_4	D_3	D_2	D_1	D_0	值
$intr_0$	0	0	0	0	0	0	0	1	0x1
$intr_1$	0	0	0	0	0	0	1	0	0x2
$intr_2$	0	0	0	0	0	1	0	0	0x4
$intr_3$	0	0	0	0	1	0	0	0	0x8
$intr_4$	0	0	0	1	0	0	0	0	0x10
$intr_5$	0	0	1	0	0	0	0	0	0x20
$intr_6$	0	1	0	0	0	0	0	0	0x40
$intr_7$	1	0	0	0	0	0	0	0	0x80

若同一时刻有多个中断源产生中断请求,这时中断状态寄存器的值就不再只包含表 8-1 中的值。8 个中断源可以产生 2^8 个不同的中断类型码,微处理器不便直接确定中断源,软件需进一步处理读取的数据。若计算机系统采用中断类型码识别中断源,不能直接采用图 8-3 所示电路,需由外部电路将中断状态寄存器的值编码之后再由 CPU 读入。

8.1.3 中断优先级

计算机系统设计者必须事先根据轻重缓急给每个中断源确定一个中断级别,即优先权 (priority)。当多个中断源同时发出中断请求时,CPU 能识别优先权级别最高的中断源,并响应它的中断请求;当优先权级别高的中断源处理完以后,再响应级别低的中断源。

采用状态位法识别中断源,中断源优先级的高低由软件识别中断源的顺序决定,即首先判断优先级最高的中断源是否产生中断,最后判断优先级最低的中断源是否产生中断。软件根据中断源优先级的高低识别中断源的示例如图 8-4 所示,此示例中 $intr_0$ 优先级最高, $intr_7$ 优先级最低。

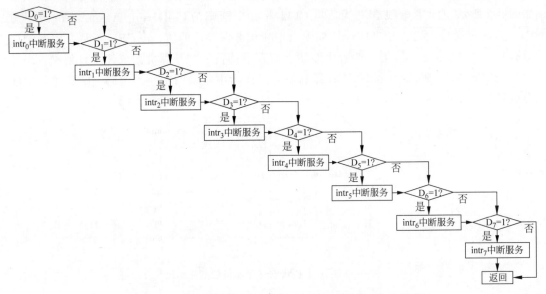

图 8-4 软件根据中断源优先级高低识别中断源的流程示例

软件根据中断源优先级高低顺序识别中断源,实现方式虽然简单,但是当高优先级的中断源没有中断请求时,仍然需要逐次比较判断高优先级的中断源是否产生了中断请求,这样增大了低优先级中断源的中断响应时间。因此,高效计算机系统通常不采用这种方式,而是由外部硬件电路实现优先级判断,并直接生成高优先级中断源的中断类型码。CPU 接收到中断请求时,可直接获取高优先级中断源的中断类型码。采用优先编码器 CD4532 实现的中断源优先识别电路示例如图 8-5 所示。中断源 $intr_7 \sim intr_0$ 的中断类型码对应为 0xff~ 0xf8,且多个外设产生中断请求时,只有优先级较高中断源的中断类型码才会送入微处理器。仅当微处理器将高优先级中断源的中断请求清除之后,CPU 才能接收到低优先级中断源的中断类型码。

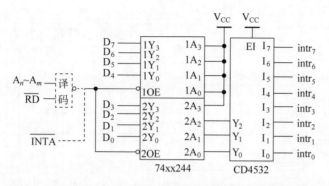

图 8-5 优先编码器 CD4532 实现的中断源优先识别电路示例

8.1.4 中断控制

中断系统为增加中断控制灵活性,通常每个中断源的中断请求电路都增加一个中断使能(Interrupt Enable)寄存器。中断状态寄存器的输出与中断使能寄存器的输出相与后再形成中断请求信号。只有当中断使能寄存器为"1"时,外部中断源的中断请求才能被送出至CPU。中断控制电路示例如图 8-6 所示。CPU 通过向中断使能寄存器写入不同数据控制中断使能寄存器的状态,从而控制是否接受某个中断源的中断请求。

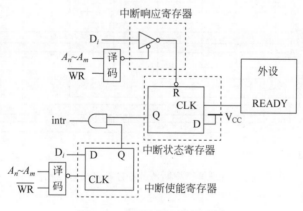

图 8-6 中断控制电路原理图

微处理器内部也有一个中断使能位(IE),只有当该位为"1"(即使能中断)时,CPU 才能响应外部中断;若为"0"(即屏蔽中断),则即使 CPU 的中断请求输入线上有中断请求,CPU也不响应外部中断。

将中断状态保持与清除电路、中断源识别电路、优先级判断电路以及中断使能控制电路等各个部分组合起来就构成了计算机系统的中断控制器。管理 8 个中断源的中断控制器电路示例如图 8-7 所示。

现代计算机系统都具有中断控制器,大都集成在微控制器芯片内部,且功能更加完善。

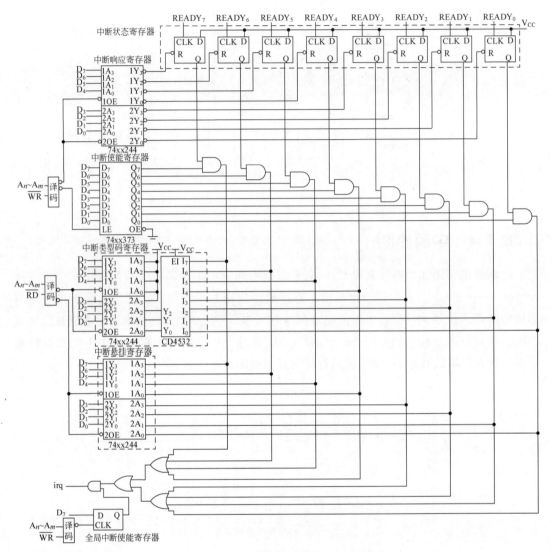

图 8-7 管理 8 个中断源的中断控制器电路示例

8.2 中断控制器 AXI INTC

AXI INTC 是基于 AXI 总线的中断控制器,微处理器通过它管理可屏蔽中断。它支持 32 个外设中断源,每一个中断源都可以单独控制。中断请求输入信号和中断请求输出信号可设置为不同触发方式。具有 32 级优先权,$intr_0$ 优先级最高,$intr_{31}$ 优先级最低。INTC 可提供中断类型码或中断状态,以便微处理器识别中断源,也可提供中断向量,通过硬件识别中断源并跳转到相应中断服务程序。INTC 可单模块工作,也可级联工作,既支持快速中断模式,也支持普通中断模式。

普通中断模式是指由微处理器利用软件维护中断向量表,软件读取中断状态寄存器识别中断源,之后跳转到相应中断服务程序的工作方式。**快速中断模式**是指 INTC 硬件提供中断向量表,中断产生后 INTC 识别中断源,并将中断向量表中相应中断向量送给微处理器的工作方式。

8.2.1 基本结构

AXI INTC 的基本结构如图 8-8 所示,包括 AXI 从设备接口逻辑以及中断控制逻辑。

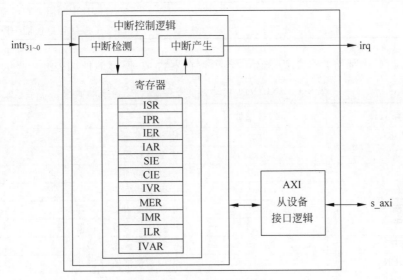

图 8-8 AXI INTC 基本结构

AXI 从设备接口模块将 AXI 总线信号转换为模块内部总线,实现中断控制器与微处理器之间的数据通信,并将中断控制逻辑模块中的寄存器字节边界对齐映射到微处理器 I/O 地址空间。

中断控制逻辑模块包含三个部分:中断检测、中断产生以及相关寄存器。中断检测模块监测 intr 引脚输入的中断信号,并将中断状态保存到中断状态寄存器(ISR)。中断产生模块根据中断控制逻辑形成中断请求信号。寄存器实现中断状态反馈以及中断控制等功能。

AXI INTC 中断控制器输入/输出引脚如图 8-9 所示,其中中断级联引脚仅在级联时才有效,快速中断引脚仅在快速中断模式才有效。中断级联引脚 irq_in($intr_{31}$)来自下一级 INTC 的中断请求 irq。快速中断引脚 interrupt_address$_{31\sim0}$ 为中断向量,interrupt_address_in$_{31\sim0}$ 来自下一级 INTC 的中断向量 interrupt_address$_{31\sim0}$。processor_ack$_{1\sim0}$ 为中断响应状态指示信号,由微处理器提供,并且可通过 processor_ack_out$_{1\sim0}$ 传达到下一级 INTC 的 processor_ack$_{1\sim0}$。

图 8-9 AXI INTC 中断控制器输入/输出引脚

processor_ack$_{1\sim0}$ 与微处理器中断响应状态的关系如表 8-2 所示。

表 8-2   processor_ack$_{1\sim0}$ 与微处理器中断响应状态的关系

processor_ack$_1$	processor_ack$_0$	中断处理状态
0	0	未接收到中断
0	1	转入中断服务程序
1	0	从中断服务程序返回
1	1	微处理器使能中断

AXI INTC 内部寄存器都为 32 位,各个寄存器含义、偏移地址如表 8-3 所示。

表 8-3   AXI INTC 内部各个寄存器含义、偏移地址

寄存器名称	偏移地址	含　　义
ISR	0x0	中断状态寄存器
IPR*	0x4	中断悬挂寄存器
IER	0x8	中断使能寄存器
IAR	0xC	中断响应寄存器
SIE*	0x10	中断使能设置寄存器
CIE*	0x14	中断使能清除寄存器
IVR*	0x18	中断类型码寄存器
MER	0x1C	主中断使能寄存器
IMR*	0x20	中断模式寄存器
ILR*	0x24	中断级别寄存器
IVAR*	0x100~0x170	中断向量表寄存器

注：带"＊"寄存器由用户对 AXI INTC 的设置决定是否存在。

各个寄存器功能如下：

1. 中断状态寄存器(ISR)

中断状态寄存器(ISR)保存中断输入线 intr$_{31\sim0}$ 上的中断请求,共 32 位。ISR 的 b$_i$ 为 1 时,表示中断请求引脚 intr$_i$ 上有中断请求,否则没有中断请求。微处理器读取 ISR 便可获知哪些中断源产生了中断请求。同时,AXI INTC 支持微处理器向寄存器 ISR 的 b$_i$ 写 1, 软件模拟中断源 intr$_i$ 产生中断请求,测试中断系统是否工作正常。

2. 中断使能寄存器(IER)

中断使能寄存器 b$_i$ 与中断状态寄存器 b$_i$ 对应,1 表示使能,0 表示屏蔽。没有使能的中断请求不送入优先权判定电路,也不会通过 irq 产生中断请求。

3. 中断悬挂寄存器(IPR)

中断悬挂寄存器为可配置寄存器,中断悬挂寄存器 b$_i$ 的值为中断状态寄存器 b$_i$ 与中断使能寄存器 b$_i$ 逻辑与的结果。

4. 中断响应寄存器(IAR)

中断响应寄存器为只写寄存器,向该寄存器 b$_i$ 写 1,清除中断状态寄存器 b$_i$ 位；写 0, 没有任何效果。

5. 设置中断使能寄存器(SIE)和清除中断使能寄存器(CIE)

SIE、CIE 分别用来设置或清除中断使能寄存器的某些位。向 SIE 的 b$_i$ 写 1,则 IER 的

b_i 为 1;向 CIE 的 b_i 写 1,则 IER 的 b_i 为 0。向 SIE、CIE 的 b_i 写 0,不改变 IER b_i 的值。这两个寄存器用来修改 IER 特定位的值。若不使用这两个寄存器,且需修改 IER 特定位的值,则需先读出 IER 修改之后再写入 IER。

6. 中断类型码寄存器(IVR)

IVR 保存有效中断源中优先级最高中断源 $intr[i]$ 的二进制编码 i。若没有任何中断请求则所有位都为 1,即为 0xffffffff。若所有中断源使能,且中断请求输入引脚 $intr_0$、$intr_1$、$intr_2$ 都没有产生中断请求,$intr_3$ 产生了中断请求,此时 IVR 的值为 0x3;如果之后 $intr_0$ 产生中断请求,那么 IVR 的值变为 0x0。

7. 总中断使能寄存器(MER)

MER 仅两位有效,HIE(b_1) 为 1 表示使能硬件中断,否则只能通过写 ISR 产生中断请求。ME(b_0) 为 1 表示允许 irq 产生中断请求信号。

8. 中断模式寄存器(IMR)

IMR 设置各个中断源 $intr_{31\sim0}$ 的中断模式:普通中断模式或快速中断模式。b_i 为 1 表示 $intr_i$ 工作在快速中断模式;b_i 为 0 表示 $intr_i$ 工作在普通中断模式。

9. 中断级别寄存器(ILR)

ILR 设置被阻止的中断源的最高优先级,以实现中断源优先级嵌套控制。若 ILR 所有位都为 1,即 0xffffffff,表示所有中断源都未被阻止;若 ILR 为 0x0,则阻止所有中断源;若 ILR 为 3,则表示阻止中断源 $intr_{31\sim3}$,允许中断源 $intr_{2\sim0}$。

10. 中断向量表寄存器(IVAR)

IVAR 为中断向量表,保存各个中断源的中断向量,仅当采用快速中断模式时才存在,共 32 个 32 位寄存器。因此中断向量表共占用 128 个 I/O 地址空间,偏移地址范围为 0x100~0x170。IVAR 由软件初始化中断控制器时设置各个中断源的中断向量。快速中断模式时中断请求引脚 $intr_i$ 与 IVAR 偏移地址 EA 之间关系为:$EA = 0x100 + 4 \times i$。

快速中断模式时,AXI INTC 将最高优先级中断源的中断向量通过 interrupt_address$_{31\sim0}$ 与中断请求 irq 同步送入微处理器。

8.2.2 中断处理流程

AXI INTC 中断处理流程如下:

(1) 中断请求输入引脚 $intr_{31\sim0}$ 接收到中断请求。

(2) 中断状态保存在 ISR 中,并与 IER 相"与"。

(3) 根据 MER 设置值,中断控制逻辑产生 irq 信号。

(4) 若工作在快速中断模式,中断控制器通过引脚 interrupt_address$_{31\sim0}$ 送出最高优先级中断源的中断向量,微处理器根据中断向量进入相应中断服务,同时根据微处理器发出的 interrupt_ack$_{1\sim0}$ 使 ISR b_i 复位为 0,从而结束中断。若工作在普通中断模式,进入步骤(5)。

(5) 若使用优先级判断电路,则优先级判定电路检出最高优先级中断源,并将 IVR 设置为最高优先级中断源的中断类型码。

(6) 若使用优先级判断电路,微处理器读取 IVR 获取当前最高优先级中断源的中断类型码。若不使用优先级判断电路,微处理器读取 ISR,软件识别中断源。

(7) 微处理器根据识别的中断源,从软件维护的中断向量表获取相应中断源的中断向量,进入中断服务。

(8) 微处理器结束中断服务之后,根据识别的中断源 $intr_i$ 向 IAR b_i 写入 1,使 ISR b_i 复位为 0,从而结束中断。

由以上中断处理流程可知,AXI INTC 工作模式灵活,可配合微处理器实现不同形式的中断处理过程。

需要注意的是,如果某个中断源 $intr_i$ 初始化时被屏蔽,但是外设产生了中断请求,此时中断控制器不会向微处理器发生中断请求。若之后又需使能 $intr_i$,如果没有向 IAR b_i 写 1 清除 ISR 的 b_i,一旦 IER 的 b_i 为 1,中断控制器会立即向微处理器发出中断请求。因此使能中断源 $intr_i$ 应遵循以下步骤:先向 IAR b_i 写 1 清除 ISR 的 b_i,然后再向 IER b_i 写 1 使能中断源 $intr_i$。

8.2.3 中断信号时序

AXI INTC 中断请求输入 $intr_i$ 以及中断请求输出 irq 都可配置为 4 种中断请求触发信号中的任意一种:高电平、低电平、上升沿、下降沿,因此 INTC 可工作在 16 种不同中断触发模式。不同中断触发模式时序除了中断信号触发类型不同之外,基本都遵循同样的时钟节拍。下面列举普通中断模式下两种中断信号触发时序。

$intr_0$、irq 都为低电平触发中断的时序示例如图 8-10 所示,共 9 个时钟周期。时钟周期 2 上升沿,外设发出中断请求使 $intr_0$ 为低电平;时钟周期 3 上升沿 ISR_0 被置 1;时钟周期 4 上升沿 irq 变为低电平,之后保持低电平直到微处理器响应中断请求;若微处理器在时钟周期 9 上升沿向 IAR_0 写 1,则时钟周期 10 上升沿 ISR_0 恢复为 0;时钟周期 11 上升沿 irq 恢复高电平,中断结束。

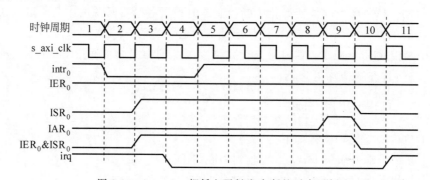

图 8-10　$intr_0$、irq 都低电平触发中断的时序示例

$intr_0$、irq 都为上升沿触发中断的时序示例如图 8-11 所示,共 9 个时钟周期,时钟周期 2 上升沿,外设发出中断请求使 $Intr_0$ 产生上升沿;时钟周期 3 上升沿 ISR_0 被置 1;时钟周期 4 上升沿 irq 产生 1 个上升沿,时钟周期 5 恢复低电平,微处理器捕获该上升沿之后响应中断请求。若微处理器在时钟周期 9 上升沿向 IAR_0 写 1,则时钟周期 10 上升沿 ISR[0] 恢复为 0,中断结束。

快速中断模式下,INTC 处理微处理器的中断响应 $processor\_ack_{1\sim0}$。当中断响应 $processor\_ack_{1\sim0}$ 为 $(01)_2$ 时,自动清除 ISR,从而撤销 irq 的中断请求信号。

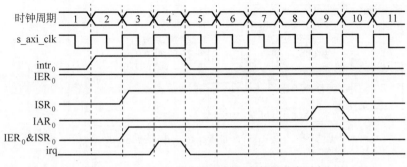

图 8-11　$intr_0$、irq 都上升沿触发中断的时序示例

8.2.4　应用电路

AXI INTC 可单模块工作,最多支持 32 个中断源。若计算机系统超过 32 个中断源,可以将 AXI INTC 级联使用。级联时,主 INTC 的 $intr_{31}$ 变为中断级联输入信号 irq_in,连接从 INTC 的中断请求输出 irq。AXI INTC 无论工作在级联模式还是单模块模式,都可以支持普通中断模式或快速中断模式。

AXI INTC 单模块普通中断模式连接电路如图 8-12 所示。此时所有寄存器都通过 AXI 总线从设备接口 s_axi 读写,INTC 不提供中断向量,由软件维护中断向量表。

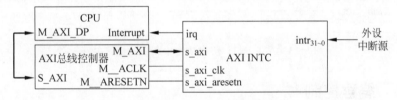

图 8-12　AXI INTC 单模块普通中断模式连接电路

AXI INTC 级联普通中断模式连接电路如图 8-13 所示,从 INTC 的 irq 连接到主 INTC 的 irq_in,两片 INTC 最多可支持 63 个中断源。

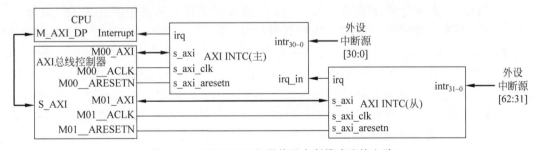

图 8-13　AXI INTC 级联普通中断模式连接电路

AXI INTC 单模块快速中断模式连接电路如图 8-14 所示,此时中断向量由 INTC 硬件提供。CPU 在接收到中断请求时,通过 INTC 输出的 $interrupt\_address_{31\sim0}$ 读入中断向量,直接进入中断服务。同时,CPU 通过 $interrupt\_ack_{1\sim0}$ 向 INTC 发出中断响应,清除 INTC 的 ISR 中断请求状态。

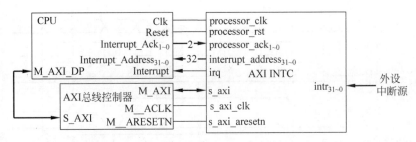

图 8-14　AXI INTC 单模块快速中断模式连接电路

AXI INTC 级联快速中断模式连接电路如图 8-15 所示,与级联普通中断模式不同之处在于 INTC 主模块与 INTC 从模块之间多了微处理器中断响应 processor_ack$_{1\sim0}$ 以及中断向量 interrupt_address$_{31\sim0}$ 之间的级联。

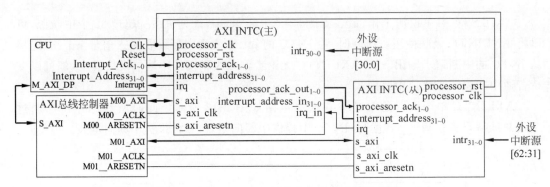

图 8-15　AXI INTC 级联快速中断模式连接电路

8.2.5　编程控制

AXI INTC 的编程控制分为两个方面。

1. 初始化编程

初始化编程一般包括中断模式设置以及硬件中断使能设置等。

中断模式设置即设置 IMR 寄存器,b_i 位为 0,intr$_i$ 工作在普通中断模式;b_i 位为 1,intr$_i$ 工作在快速中断模式。上电时,IMR 所有位都为 0。

使能硬件中断,包括使能中断请求输入以及使能中断请求输出。使能中断请求输入为设置 IER 寄存器,b_i 位为 1,使能 intr$_i$ 中断请求输入;否则,屏蔽中断请求输入。上电时,IER 所有位都为 0。使能中断请求输出为设置 MER 寄存器,MER 寄存器仅两位有效——HIE(b_1)和 ME(b_0)。若 MER 寄存器 $b_1\sim b_0$ 为 $(11)_2$,使能硬件中断请求输出;若 MER 寄存器 $b_1\sim b_0$ 为 $(01)_2$,则使能软件中断请求输出;若 MER 寄存器 b_0 为 0,则屏蔽中断请求输出。

若 INTC 工作在快速中断模式,除了使能硬件中断之外,还需设置 INTC 中断向量表 IVAR,即将中断请求 intr$_i$ 对应的中断服务程序入口地址填入中断向量表偏移地址 0x100+4×i 处。

2. 操作编程

INTC 操作编程需区分中断模式,普通中断模式中断处理过程需软件操作 INTC,快速中断模式中断处理过程无须软件操作 INTC。

即 INTC 工作在普通中断模式时,微处理器在接收到 INTC 的中断请求之后,需读取 ISR 寄存器或 IVR 寄存器,以便识别中断源,进入相应中断服务;并且中断服务结束之后,微处理器还需写 IAR 寄存器,清除中断状态。

若 INTC 工作在快速中断模式,INTC 在接收到微处理器发出的 processor_ack$_{1\sim0}$ 信号之后,自动清除中断状态,因此中断处理过程无须软件操作控制。

由此可知,无论是普通中断模式还是快速中断模式,都需要对 INTC 初始化编程。

例 8.1 某计算机系统采用如图 8-12 所示的中断系统,INTC 基地址为 0x41200000,若 INTC 中断请求输入引脚 intr$_{1\sim0}$ 连接了中断源,试基于 Standalone BSP 端口读写函数完成 INTC 初始化控制,要求连接了中断源的中断请求引脚使能中断,其余引脚屏蔽中断。

解答:如图 8-12 所示中断系统 INTC 工作在普通中断模式,初始化编程时仅需使能硬件中断,包括使能中断请求输入 intr$_{1\sim0}$ 以及中断请求输出 irq。

IER 的偏移地址为 0x8,MER 的偏移地址为 0x1c,INTC 的基地址为 0x41200000,因此 IER 的地址为 0x41200008,MER 的地址为 0x4120001c。

intr$_{1\sim0}$ 连接了中断源,因此 IER 的值为 0x00000003,MER 的值为 0x00000003。基于 Standalone BSP 端口读写函数控制 intr$_{1\sim0}$ 普通中断模式初始化程序段如图 8-16 所示。

```
Xil_Out32(0x41200008, 0x3);      //写 IER 使能 intr₁~₀ 中断请求输入
Xil_Out32(0x4120001c, 0x3);      //写 MER 使能硬件中断请求输出
```

图 8-16　intr$_{1\sim0}$ 普通中断模式初始化程序段

INTC 普通中断模式时,ISR 寄存器的状态一直保持直到微处理器通过软件向 IAR 寄存器 b$_i$ 写 1,才能清除 ISR 的 b$_i$。若软件在服务了所有中断源的中断请求之后,再清除 ISR 的中断状态,则可以先读取 ISR 寄存器的值然后写入 IAR 寄存器。基于 Standalone BSP 端口读写函数实现中断状态清除的程序段如图 8-17 所示。

```
Xil_Out32(0x4120000c, Xil_In32(0x41200000));      //将 ISR 的值写入 IAR 并清除 ISR
```

图 8-17　实现中断状态清除的程序段

若计算机系统采用图 8-14 所示中断系统,由于 INTC 工作在快速中断模式,此时初始化编程时需将 IMR 的 b$_1$、b$_0$ 设置为 $(11)_2$,并且还需填写 IVAR。因此 intr$_{1\sim0}$ 快速中断模式初始化程序段如图 8-18 所示,其中 ISR0、ISR1 分别为 intr$_0$、intr$_1$ 的中断服务程序入口地址。

```
Xil_Out32(0x41200020, 0x3);      //写 IMR 设置为 intr₁~₀ 快速中断模式
Xil_Out32(0x41200008, 0x3);      //写 IER 使能 intr₁~₀ 中断请求输入
Xil_Out32(0x4120001c, 0x3);      //写 MER 使能硬件中断请求输出
Xil_Out32(0x41200100, ISR0);     //填写 ISR0 到 IVAR 偏移地址 0 处
Xil_Out32(0x41200104, ISR1);     //填写 ISR1 到 IVAR 偏移地址 4 处
```

图 8-18　intr$_{1\sim0}$ 快速中断模式初始化程序段

8.3 微处理器中断响应过程

8.3.1 微处理器中断响应一般过程

微处理器在接收到中断请求信号之后,首先必须运行完现行指令,即在现行指令结束后才响应中断。若指令结束时有中断请求且微处理器开中断,就响应中断,转入中断响应周期。微处理器中断响应及中断处理过程如下。

(1) 关中断。微处理器响应中断后,发出中断响应信号的同时,内部自动关中断。因为微处理器刚进入中断服务要保护现场,涉及栈操作,此时不再响应中断,否则系统容易混乱。

(2) 保护断点。微处理器响应中断后把被中断程序下一条指令地址即寄存器 PC 保存起来——栈或者某个特殊寄存器保存,以备中断处理完毕后,返回到被中断程序断点处。

(3) 识别中断源并转入相应中断服务程序。

(4) 保护现场。为使中断服务程序不影响被中断程序的运行,要把断点处寄存器的值推入栈保护起来。

(5) 中断服务。中断服务是中断服务程序的主体。

(6) 恢复现场。把所保存寄存器的值从栈中弹出。

(7) 中断返回。中断服务程序的最后一条指令为中断返回指令,将保存的断点地址取回寄存器 PC,恢复到被中断程序断点处运行指令。

中断响应一般过程如图 8-19 所示。

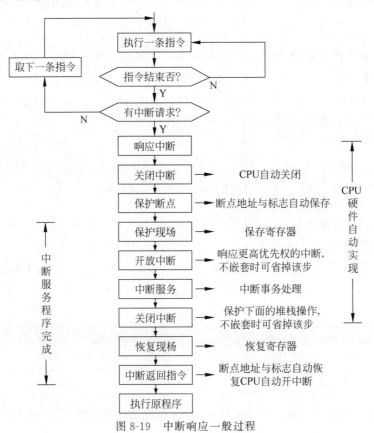

图 8-19 中断响应一般过程

8.3.2 MicroBlaze 中断响应过程

MicroBlaze 微处理器将异常事件分为复位（reset）、用户异常（user exception）、可屏蔽中断（interrupt）、不可屏蔽硬件打断（Break：Non-maskable Hardware）、硬件打断（Break：Hardware Break）、软件打断（Break：Software Break）、硬件异常（Hardware Exception）等类型。各类异常事件响应优先级从高到低依次为复位、硬件异常、不可屏蔽硬件打断、打断（硬件、软件）、可屏蔽中断、用户异常。

MicroBlaze 微处理器采用向量中断，以上各种异常事件服务程序的中断向量都为固定值，无须查找中断向量表，可直接根据异常事件类型进入异常事件服务程序。MicroBlaze 微处理器利用寄存器保存断点，且不同异常事件断点保存寄存器不同。MicroBlaze 异常事件中断向量以及断点保存寄存器如表 8-4 所示，其中 C_BASE_VECTORS 的取值可由软件设定，默认值为 0。

表 8-4　MicroBlaze 异常事件中断向量以及断点保存寄存器

异 常 事 件	中 断 向 量	断点保存寄存器
复位	C_BASE_VECTORS+0x00000000	—
用户异常	C_BASE_VECTORS+0x00000008	Rx
可屏蔽中断	C_BASE_VECTORS+0x00000010 或 INTC 提供的中断向量	R14
打断：不可屏蔽中断、硬件打断、软件打断	C_BASE_VECTORS+0x00000018	R16
硬件异常	C_BASE_VECTORS+0x00000020	R17

从表 8-4 可知，各类异常事件中断向量处仅预留 8 个字节，这部分存储空间不足以保存异常事件服务程序。因此真正的异常事件服务程序并不是保存在中断向量处，而是保存在内存中其他位置，中断向量处通过跳转控制指令转入真正的异常事件服务程序。为实现任意目标地址跳转，中断向量处 8 个字节保存两条 MicroBlaze 指令，其中一条为将立即数赋值到临时寄存器的指令（imm 指令），另一条为立即数跳转指令（brai 指令）。这是由于每条指令都只能包含一个 16 位的立即数，因此两条指令实现一个 32 位目标地址立即数跳转。由此可知，MicroBlaze 微处理器处理各大类异常直接根据异常事件所属大类获取特定中断向量，然后再通过跳转指令跳转到异常事件处理程序，这样就简化了微处理器硬件设计。但是各大类异常事件（如可屏蔽中断）有多个中断源，因此还需软件或中断控制器配合才能实现多个中断源的不同中断服务，这也是大多数嵌入式微处理器采取的方式。

MicroBlaze 微处理器针对可屏蔽中断仅提供一个中断请求输入引脚 Interrupt。计算机系统外设中断一般都作为可屏蔽中断源，因此为支持多个外设中断，需利用中断控制器如 AXI INTC 实现多中断源管理。

MicroBlaze 微处理器的机器状态寄存器（Machine Status Register，MSR）位 IE（b_1）实现可屏蔽中断使能控制。当 IE 为 1 时，MicroBlaze 微处理器响应可屏蔽中断；否则不响应可屏蔽中断。MicroBlaze 响应可屏蔽中断时，断点保存在寄存器 R14 中，并且使 IE 为 0 关闭中断响应。然后再跳转到中断响应周期内获取的中断向量处执行指令，从而进入中断服务程序。若需实现中断嵌套,则中断服务程序必须再次将 IE 置为 1。

MicroBlaze 微处理器中断响应周期时序如图 8-20 所示。MicroBlaze 在 irq 上升沿检测中断请求,并锁存 $interrupt\_address_{31\sim0}$ 到寄存器 PC,之后跳转到中断服务程序,同时使 $processor\_ack_{1\sim0}$ 为 $(01)_2$,中断服务程序返回时,使 $processor\_ack_{1\sim0}$ 为 $(10)_2$,微处理器再次开放中断时,使 $processor\_ack_{1\sim0}$ 为 $(11)_2$。图中有效中断向量为 0x00000010 或由软件填入 INTC IVAR 中的值。

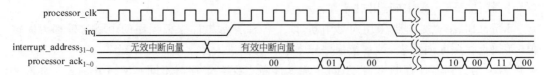

图 8-20　MicroBlaze 微处理器中断响应周期时序

MicroBlaze 响应可屏蔽中断过程如下。

(1) 中断请求信号到来前,微处理器正常执行程序,如图 8-21 所示。

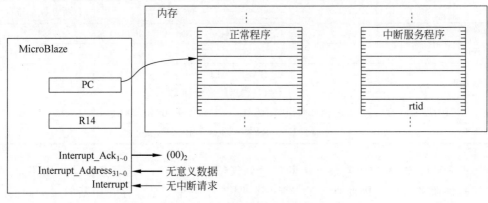

图 8-21　微处理器正常执行程序

(2) Interrupt 引脚出现中断请求且 IE 为 1 时,微处理器进入中断响应周期,使 IE 为 0 关闭中断,首先保存正常程序断点即寄存器 PC 的值到寄存器 R14,然后再从 $Interrupt\_Address_{31\sim0}$ 获取中断向量,并保存到寄存器 PC,从而进入中断服务程序,如图 8-22 所示。

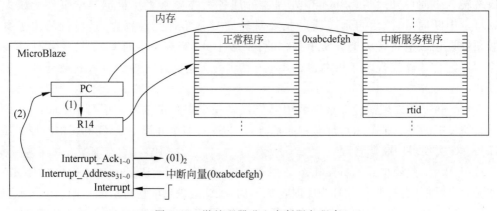

图 8-22　微处理器进入中断服务程序

（3）执行中断服务程序。

（4）中断服务程序最后一条指令为中断返回指令 rtid，该指令使寄存器 R14 的值恢复到寄存器 PC，且使 IE 为 1 再次使能可屏蔽中断。之后微处理器从断点处继续执行正常程序，如图 8-23 所示。

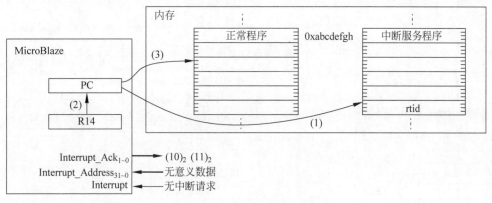

图 8-23　微处理器中断返回

8.3.3　中断控制程序

计算机系统通常存在多个中断源，用户针对某个中断源撰写中断控制程序，需处理以下问题。

（1）计算机系统通常将没有使用的中断源屏蔽，因此用户若需使用某个中断源，应修改中断使能寄存器使能中断请求，不用时再屏蔽该中断请求。若系统没有预先设定中断请求优先级，还需要设定中断优先级。

（2）微处理器根据中断系统提供的中断类型码或中断状态寄存器取值获取中断服务程序入口地址。也就是说，用户除了撰写某个特定中断源的中断服务程序之外，还需将中断服务程序装载到内存中，同时将中断向量正确地填写到中断向量表或注册中断服务程序。

（3）中断控制器利用中断状态寄存器保存中断源的中断状态，若中断控制器不能根据微处理器提供的中断响应信号自动清除中断状态寄存器，那么中断服务程序返回之前需要控制中断控制器清除中断状态。

（4）微处理器进入中断服务程序前通常都屏蔽了可屏蔽中断，直到中断服务返回之后才再次使能可屏蔽中断。若要实现中断嵌套，需要在中断服务程序中使能微处理器的可屏蔽中断。

其中，（1）、（2）必须在中断请求产生之前操作，（3）、（4）在中断响应过程中操作。由此得到中断控制程序构成如图 8-24 所示，分为两部分：中断系统初始化程序和中断服务程序。这两个程序互不相关，即不存在主、子程序关系。中断系统初始化程序主要实现以下功能：使能中断控制器中断源输入、中断请求输出；使能微处理器可屏蔽中断；将中断向量填入中断向量表；装载中断服务程序到中断向量处；初始化 I/O 设备等。中断服务程序主要完成中断事务处理、中断状态清除、中断返回以及中断响应过程中的现场保护、现场恢复等功能。

中断系统初始化程序在启用设备时执行，中断服务程序在设备产生中断时执行。不同微处理器、不同编程语言、不同操作系统，中断控制程序实现方式略有不同。

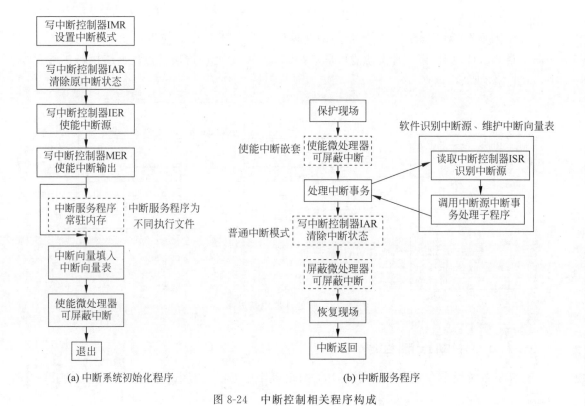

(a) 中断系统初始化程序　　　　　　　　(b) 中断服务程序

图 8-24　中断控制相关程序构成

8.4　中断控制相关 C 语言程序设计基础

8.4.1　mb-gcc 编译器中断服务程序定义

中断服务程序不同于普通程序,通常都需具备保护现场、恢复现场以及中断返回等功能。C 语言编译器为程序实现例行功能提供了便利,如 mb-gcc 编译器为中断服务程序提供了中断服务程序属性定义,关键字为 interrupt_handler(普通中断服务程序)和 fast_interrupt(快速中断服务程序)。当用户将程序属性定义为 interrupt_handler 或 fast_interrupt 时,mb-gcc 编译器在编译该类程序时自动在程序代码中插入保护现场、恢复现场以及中断返回指令。中断服务程序属性定义格式如图 8-25 所示。

```
void function_name() __attribute__((interrupt_handler));        //普通中断模式函数
void interrupt_handler_name() __attribute__((fast_interrupt));  //快速中断模式函数
```

图 8-25　中断服务程序属性定义格式

若程序属性定义为 interrupt_handler,mb-gcc 编译器编译 C 语言代码时,将该函数入口地址作为跳转指令的跳转目标地址填入中断向量 C_BASE_VECTORS＋0x00000010 处。因此普通中断模式下,微处理器接收到中断请求后,转入属性为 interrupt_handler 的函数执行中断服务。

若程序属性定义为 fast_handler,该类程序入口地址需由用户程序装载到中断控制器 INTC 中断向量表 IVAR 中相应的 I/O 空间。

属性声明为中断服务程序的程序由硬件中断调用,因此该类程序不允许带任何参数。

8.4.2 Standalone BSP MicroBlaze 中断相关 API 函数

MicroBlaze 微处理器与中断相关的函数都声明在 xil_exception.h 头文件中。

使能微处理器可屏蔽中断的函数原型以及对应的汇编代码如表 8-5 所示。从汇编代码可知它将 MSR 寄存器的 IE(b_1)修改为 1,从而使能微处理器可屏蔽中断。

表 8-5 使能微处理器可屏蔽的中断函数原型及汇编代码

函 数 原 型	汇 编 代 码
void microblaze_enable_interrupts(void)	mfs r12, rmsr ori r12, r12, 2 mts rmsr, r12 rtsd r15, 8 or r0, r0, r0

注册微处理器可屏蔽中断函数的原型及函数体如表 8-6 所示。其中,Handler 为中断处理函数,* DataPtr 为中断处理函数 Handler 的参数。它将中断处理函数及其参数注册到 Standalone BSP 软件维护的中断向量表 MB_InterruptVectorTable[0]。此时注册的中断处理函数并非真正的中断服务程序,而是作为微处理器中断服务程序的子函数被调用。

表 8-6 注册微处理器可屏蔽的中断函数的原型及函数体

函数原型	void microblaze_register_handler(XInterruptHandler Handler, void * DataPtr);
函数体	MB_InterruptVectorTable[0].Handler = Handler; MB_InterruptVectorTable[0].CallBackRef = DataPtr;

Standalone BSP 软件维护的中断向量表 MB_InterruptVectorTable 定义如表 8-7 所示,初始时中断处理函数为中断控制器的中断服务函数 XIntc_DeviceInterruptHandler。

表 8-7 Standalone BSP 软件维护的中断向量表 MB_InterruptVectorTable 定义

MB_InterruptVectorTableEntry MB_InterruptVectorTable[] =
{
{   XIntc_DeviceInterruptHandler,
 (void *) XPAR_MICROBLAZE_0_AXI_INTC_DEVICE_ID}
};
	typedef struct
	{
	    XInterruptHandler Handler;
	    void * CallBackRef;
	} MB_InterruptVectorTableEntry;

若用户在程序执行过程中需屏蔽可屏蔽中断,Standalone BSP 也提供了相应的函数,函数原型如表 8-8 所示。

表 8-8 屏蔽可屏蔽中断函数原型

函 数 功 能	函 数 原 型
屏蔽可屏蔽中断	void microblaze_disable_interrupts(void)

8.4.3 Standalone BSP INTC 相关宏定义

Standalone BSP 中 INTC 的基地址宏定义如图 8-26 所示,声明在 xparameters. h 头文件中。

```
#define XPAR_INTC_0_BASEADDR 0x41200000U
```

图 8-26　Standalone BSP 中 INTC 的基地址宏定义

Standalone BSP INTC 驱动中寄存器偏移地址以及中断使能掩码宏定义如图 8-27 所示,定义在 xintc_l. h 头文件中。

```
#define XIN_ISR_OFFSET          0
#define XIN_IPR_OFFSET          4
#define XIN_IER_OFFSET          8
#define XIN_IAR_OFFSET          12
#define XIN_SIE_OFFSET          16
#define XIN_CIE_OFFSET          20
#define XIN_IVR_OFFSET          24
#define XIN_MER_OFFSET          28
#define XIN_IMR_OFFSET          32
#define XIN_ILR_OFFSET          36
#define XIN_IVAR_OFFSET         0x100
#define XIN_INT_MASTER_ENABLE_MASK      0x1UL
#define XIN_INT_HARDWARE_ENABLE_MASK    0x2UL
```

图 8-27　Standalone BSP INTC 驱动中寄存器偏移地址以及中断使能掩码宏定义

8.4.4　AXI INTC 普通中断模式中断控制程序设计

AXI INTC 普通中断模式由软件维护中断向量表,若仅一个中断源,可以将中断服务程序属性定义为 interrupt_handler;若存在多个中断源,则仅能将 INTC 的总中断服务程序属性定义为 interrupt_handler,并且 INTC 的总中断服务程序查询 INTC 的 ISR 寄存器识别中断源,然后再调用各个中断源对应的中断事务处理函数。

AXI INTC 普通中断模式要求软件写 INTC 的 IAR 寄存器清除 ISR 中断状态,该部分功能需在中断服务程序中实现。

例 8.2　MicroBlaze 最小计算机系统增加如图 8-28 所示中断系统电路,且 INTC 工作在普通中断模式,按键按下或释放都可产生中断请求。试编程实现以下功能:①中断请求产生前通过 stdio 输出提示信息"waiting for interrupt";②进入中断服务时通过 stdio 输出提示信息"interrupt X is processing",其中 X 为中断源编号;③中断返回时通过 stdio 输出提示信息"returned from interrupt"。

解答:根据图 8-24 中断控制相关程序构成可知,中断控制程序分为两个部分:中断系统初始化程序和中断服务程序。由于在中断产生前、中断服务中、中断返回后都要输出提示信息,因此中断系统初始化程序除了完成图 8-24(a)所示功能之外,不能直接退出,还需输出

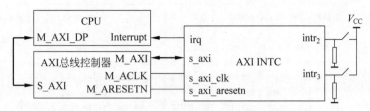

图 8-28 MicroBlaze 计算机系统普通中断系统电路

中断产生前、中断返回后提示信息。中断服务程序完成图 8-24(b)所示功能之外，还需输出中断服务中提示信息。

根据图 8-28 所示电路，Standalone BSP xparameter.h 头文件定义的中断源引脚及掩码宏如图 8-29 所示。

```
#define XPAR_SYSTEM_IN2_0_MASK 0X000004U
#define XPAR_MICROBLAZE_0_AXI_INTC_SYSTEM_IN2_0_INTR 2U
#define XPAR_SYSTEM_IN3_0_MASK 0X000008U
#define XPAR_MICROBLAZE_0_AXI_INTC_SYSTEM_IN3_0_INTR 3U
```

图 8-29 Standalone BSP xparameter.h 头文件定义的中断源引脚及掩码宏

采用 Standalone BSP 端口读写函数实现的普通中断模式控制程序如图 8-30 所示。

```
#include"xil_io.h"
#include"xil_exception.h"
#include"xintc_l.h"
int interrupt = 0;
void interrupt_hub(void) __attribute__((interrupt_handler));      //总中断服务程序
void interrupt_intr2(void);
void interrupt_intr3(void);
int main(void)
{
    Xil_Out32(XPAR_INTC_0_BASEADDR + XIN_IAR_OFFSET,
            XPAR_SYSTEM_IN2_0_MASK|XPAR_SYSTEM_IN3_0_MASK);
    Xil_Out32(XPAR_INTC_0_BASEADDR + XIN_IER_OFFSET,
            XPAR_SYSTEM_IN2_0_MASK|XPAR_SYSTEM_IN3_0_MASK);
    Xil_Out32(XPAR_INTC_0_BASEADDR + XIN_MER_OFFSET,
    XIN_INT_MASTER_ENABLE_MASK|XIN_INT_HARDWARE_ENABLE_MASK);
    microblaze_enable_interrupts();
    while(1)
    {
    xil_printf("waiting for interrupt\n");
    while(!interrupt);
    interrupt = 0;
    xil_printf("returned from interrupt\n");
    }
    return 0;
}
```

图 8-30 采用 Standalone BSP 端口读写函数实现的普通中断模式控制程序

```
void interrupt_hub(void)
{
    int status;
    status = Xil_In32(XPAR_INTC_0_BASEADDR + XIN_ISR_OFFSET);
    if((status&XPAR_SYSTEM_IN2_0_MASK) == XPAR_SYSTEM_IN2_0_MASK)
        interrupt_intr2();
    if((status&XPAR_SYSTEM_IN3_0_MASK) == XPAR_SYSTEM_IN3_0_MASK)
        interrupt_intr3();
    Xil_Out32(XPAR_INTC_0_BASEADDR + XIN_IAR_OFFSET,status);
    interrupt = 1;              //中断处理结束标志
}
void interrupt_intr2(void)      //intr₂ 中断事务处理函数
{
    xil_printf("interrupt 2 is processing\n");
}
void interrupt_intr3(void)      //intr₃ 中断事务处理函数
{
    xil_printf("interrupt 3 is processing\n");
}
```

图 8-30 （续）

8.4.5 AXI INTC 快速中断模式中断控制程序设计

例 8.3 MicroBlaze 最小计算机系统增加如图 8-31 所示中断系统电路,且 INTC 工作在快速中断模式,按键按下或释放都产生中断请求,试编程实现以下功能:①中断请求产生前通过 stdio 输出提示信息"waiting for interrupt";②进入中断服务时通过 stdio 输出提示信息"interrupt X is processing",其中 X 为中断源编号;③中断返回时通过 stdio 输出提示信息"returned from interrupt"。

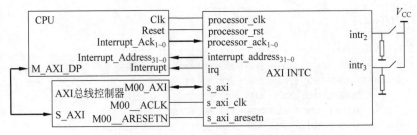

图 8-31 MicroBlaze 计算机系统快速中断系统电路

解答:快速中断模式 INTC 具有硬件中断向量表,产生中断请求输出时,同时送出高优先级中断源的中断向量,微处理器根据中断向量进入相应中断服务。此时中断服务程序属性需定义为 fast_interrupt。

采用 Standalone BSP 端口读写函数实现的快速中断模式控制程序示例如图 8-32 所示。对比图 8-30 所示代码可以发现,图 8-32 代码不存在 INTC 的中断服务程序,且中断源 $intr_{3\sim2}$ 的中断服务程序由微处理器根据 INTC 送出的中断向量直接转入,不存在函数调用。

```
# include"xil_io. h"
# include"xil_exception. h"
# include"xintc_l. h"
int interrupt = 0;
void interrupt_intr2(void)__attribute__((fast_interrupt));
void interrupt_intr3(void)__attribute__((fast_interrupt));
int main(void)
{
    Xil_Out32(XPAR_INC_0_BASEADDR + XIN_IAR_OFFSET,
            XPAR_SYSTEM_IN2_0_MASK|XPAR_SYSTEM_IN3_0_MASK);
    Xil_Out32(XPAR_INTC_0_BASEADDR + XIN_IMR_OFFSET,
            XPAR_SYSTEM_IN2_0_MASK|XPAR_SYSTEM_IN3_0_MASK);
    Xil_Out32(XPAR_INTC_0_BASEADDR + XIN_IER_OFFSET,
            XPAR_SYSTEM_IN2_0_MASK|XPAR_SYSTEM_IN3_0_MASK);
    Xil_Out32(XPAR_INTC_0_BASEADDR + XIN_MER_OFFSET,
    XIN_INT_MASTER_ENABLE_MASK|XIN_INT_HARDWARE_ENABLE_MASK);
    Xil_Out32(XPAR_INTC_0_BASEADDR + XIN_IVAR_OFFSET +
            XPAR_MICROBLAZE_0_AXI_INTC_SYSTEM_IN2_0_INTR * 4,
            (int)interrupt_intr2);
    Xil_Out32(XPAR_INTC_0_BASEADDR + XIN_IVAR_OFFSET +
            XPAR_MICROBLAZE_0_AXI_INTC_SYSTEM_IN3_0_INTR * 4,
            (int)interrupt_intr3);
    microblaze_enable_interrupts();
    while(1)
    {
    xil_printf("waiting for interrupt\n");
    while(! interrupt);
    interrupt = 0;
    xil_printf("returned from interrupt\n");
    }
    return 0;
}
void interrupt_intr2(void)          //intr2 中断服务程序
{
    xil_printf("interrupt 2 is processing\n");
    interrupt = 1;
}
void interrupt_intr3(void)          //intr3 中断服务程序
{
    xil_printf("interrupt 3 is processing\n");
    interrupt = 1;
}
```

图 8-32 采用 Standalone BSP 端口读写函数实现的快速中断模式控制程序

8.5 中断应用示例

8.5.1 GPIO 中断

1. GPIO 中断方式工作原理

GPIO IP 核内部具有中断控制模块,当通道 GPIO 或 GPIO2 任意引脚输入信号发生变化,GPIO 中断状态寄存器 IPISR 相应位置 1,若 GPIO 中断使能寄存器 IPIER 相应位为 1 且 GIER 寄存器 b_{31} 为 1,则 GPIO IP 核引脚 ip2intc_irpt 输出中断请求信号,否则不输出中断请求信号。由于不管是否使能通道中断,只要输入引脚信号发生变化,IPISR 相应位都将置1,因此也可查询 GPIO IP 核的 IPISR 了解 GPIO IP 核各个通道输入数据是否发生改变。

GPIO IP 核中断相关寄存器偏移地址、各位含义如表 8-9 所示。

表 8-9　GPIO IP 核中断相关寄存器偏移地址、各位含义

名　　称	偏移地址	含　　义
GIER	0x11c	全局中断使能寄存器,$b_{31}=1$ 使能中断信号 ip2intc_irpt 输出,其余位无意义
IPIER	0x128	中断使能寄存器,控制各个通道是否允许产生中断 $b_0=1$ 使能通道 GPIO 中断;$b_1=1$ 使能通道 GPIO2 中断,其余位无意义
IPISR	0x120	中断状态寄存器,读:获取通道中断状态,写:清除中断状态 读:$b_0=1$ 通道 GPIO 产生了中断;$b_1=1$ 通道 GPIO2 产生了中断 写:$b_0=1$ 清除通道 GPIO 中断状态;$b_1=1$ 清除通道 GPIO2 中断状态

GPIO IP 核中断控制模块没有优先级判断电路,仅 2 个中断源。中断服务程序需查询 IPISR 确定产生中断请求的通道。

2. Standalone BSP GPIO 中断相关寄存器宏定义

Standalone BSP GPIO 中断相关寄存器宏定义如图 8-33 所示,声明在 xgpio_l.h 头文件中。

```
#define XGPIO_GIE_OFFSET        0x11C
#define XGPIO_ISR_OFFSET        0x120
#define XGPIO_IER_OFFSET        0x128
#define XGPIO_IR_MASK           0x3
#define XGPIO_IR_CH1_MASK       0x1
#define XGPIO_IR_CH2_MASK       0x2
#define XGPIO_GIE_GINTR_ENABLE_MASK   0x80000000
```

图 8-33　Standalone BSP GPIO 中断相关寄存器宏定义

3. GPIO 中断应用示例

例 8.4　若 GPIO 接口电路中的 AXI_GPIO_0 采用中断方式读取开关状态并控制对应 LED 灯的亮灭,试设计中断方式接口电路和控制程序。

实践视频

解答:按照题意要求,计算机系统仅有一个中断源,但是为便于中断源扩展,计算机系统采用中断控制器 INTC 实现 AXI_GPIO_0 中断源到 MicroBlaze 可屏蔽中断请求输入接口之间的连接。由于中断控制器 INTC 快速中断模式连接电路也支持普通中断模式,电路设计时可直接采用快速中断模式连接电路。若将 AXI_GPIO_0 的中断请求 ip2intc_irpt 连接到 INTC 的 $intr_0$,则得到如图 8-34 所示 GPIO 中断方式接口电路。

为减少中断服务程序处理时延,这里采用 INTC 快速中断模式编写控制程序。根据 INTC 快速中断模式控制需求,要求将 GPIO IP 核中断处理函数填入 INTC IVAR 偏移地址为 0x100 处,且 INTC 仅需使能中断源 $intr_0$,中断系统初始化程序还需使能 GPIO IP 核通道 GPIO 的中断请求以及 ip2intc_irpt 中断请求输出。GPIO IP 核的中断事务为读取通道 GPIO 的数据输出到通道 GPIO2,由于 GPIO IP 核不能自动清除中断状态,因此在 GPIO IP 核中断服务程序中需写 IPISR 清除中断状态。

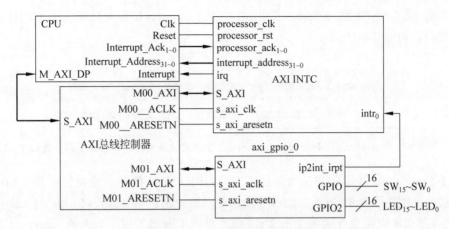

图 8-34　GPIO 中断方式接口电路

由此得到支持 GPIO IP 核中断的中断系统初始化程序流程如图 8-35 所示,GPIO IP 核中断服务程序流程如图 8-36 所示。图 8-36 所示流程相比图 8-24(b)所示中断服务程序结构中没有保护现场、恢复现场以及中断返回等操作,这是由于 GPIO IP 核中断服务程序属性声明为 fast_interrupt,mb-gcc 编译器编译该中断服务程序时自动插入相关指令实现这些功能。

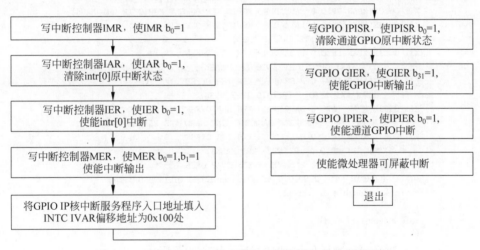

图 8-35　支持 GPIO IP 核中断的中断系统初始化程序流程

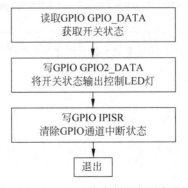

图 8-36　GPIO IP 核中断服务程序流程

根据图 8-34 所示电路,Standalone BSP 中 xparameter.h 头文件定义的 GPIO 中断源引脚及掩码宏如图 8-37 所示。

```
#define XPAR_AXI_GPIO_0_IP2INTC_IRPT_MASK 0X000001U
#define XPAR_MICROBLAZE_0_AXI_INTC_AXI_GPIO_0_IP2INTC_IRPT_INTR 0U
#define XPAR_INTC_0_GPIO_0_VEC_ID
        XPAR_MICROBLAZE_0_AXI_INTC_AXI_GPIO_0_IP2INTC_IRPT_INTR
```

图 8-37   Standalone BSP 中 xparameter.h 头文件定义的 GPIO 中断源引脚及掩码宏

基于 Standalone BSP 端口读写函数实现的 GPIO IP 核中断系统初始化程序和中断服务程序代码示例如图 8-38 所示。此示例使用的函数分别声明在 xil_io.h 和 xil_exception.h 头文件中,源文件中需包含这两个头文件,由此得到中断相关程序头文件 interrupt.h 代码如图 8-39 所示。中断系统初始化程序由主函数调用,中断服务程序由硬件中断请求调用。因此仅需增加如图 8-40 所示 GPIO 中断主函数代码即可实现相应功能。

```
#include "interrupt.h"
void setup_gpio_interrupt(void)
{
Xil_Out32(XPAR_GPIO_0_BASEADDR + XGPIO_ISR_OFFSET,XGPIO_IR_CH1_MASK);
Xil_Out32(XPAR_GPIO_0_BASEADDR + XGPIO_IER_OFFSET,XGPIO_IR_CH1_MASK);
Xil_Out32(XPAR_GPIO_0_BASEADDR + XGPIO_GIE_OFFSET,
        XGPIO_GIE_GINTR_ENABLE_MASK);
Xil_Out32(XPAR_INTC_0_BASEADDR + XIN_IAR_OFFSET,
        XPAR_AXI_GPIO_0_IP2INTC_IRPT_MASK);
Xil_Out32(XPAR_INTC_0_BASEADDR + XIN_IER_OFFSET,
        XPAR_AXI_GPIO_0_IP2INTC_IRPT_MASK);
Xil_Out32(XPAR_INTC_0_BASEADDR + XIN_MER_OFFSET,
      XIN_INT_MASTER_ENABLE_MASK|XIN_INT_HARDWARE_ENABLE_MASK);
Xil_Out32(XPAR_INTC_0_BASEADDR + XIN_IMR_OFFSET,
      XPAR_AXI_GPIO_0_IP2INTC_IRPT_MASK);
Xil_Out32(XPAR_INTC_0_BASEADDR + XIN_IVAR_OFFSET +
      4 * XPAR_INTC_0_GPIO_0_VEC_ID,(unsigned int)swHandler);
microblaze_enable_interrupts();
}
void swHandler(void)
{
Xil_Out32(XPAR_GPIO_0_BASEADDR + XGPIO_DATA2_OFFSET,
      Xil_In32(XPAR_GPIO_0_BASEADDR + XGPIO_DATA_OFFSET));
Xil_Out32(XPAR_GPIO_0_BASEADDR + XGPIO_ISR_OFFSET,XGPIO_IR_CH1_MASK);
}
```

图 8-38   GPIO IP 核中断系统初始化程序和中断服务程序代码示例

```
#include "xil_exception.h"
#include "xil_io.h"
#include "xgpio_l.h"
#include "xintc_l.h"
void swHandler(void) __attribute__((fast_interrupt));      //声明为快速中断模式服务程序
void setup_gpio_interrupt(void);
```

图 8-39   中断相关程序头文件 interrupt.h 代码

```
# include "interrupt.h"
int main(void)
{
    Xil_Out32(XPAR_GPIO_0_BASEADDR + XGPIO_TRI_OFFSET,0xffff);
    Xil_Out32(XPAR_GPIO_0_BASEADDR + XGPIO_TRI2_OFFSET,0x0);
    setup_gpio_interrupt();
    return 0;
}
```

图 8-40　GPIO 中断示例主函数代码

8.5.2　定时器中断

定时器是计算机系统非常重要的一种外设,定时器可以实现软件运行时间控制、延时控制、定时复位、看门狗等功能,也可以输出脉宽调制 PWM(Pulse Width Modulation)信号。下面介绍 AXI 总线 Timer 定时器应用。

1. AXI Timer 结构及工作原理

AXI Timer 是 Xilinx 公司提供的一个可编程 AXI 总线接口定时器 IP 核,其内部结构及输入/输出引脚如图 8-41 所示。内部具有两个独立的计数器 T0、T1,都可设置为 8 位、16位、32 位、64 位模式,T0、T1 也可以级联构成更高位宽计数器。

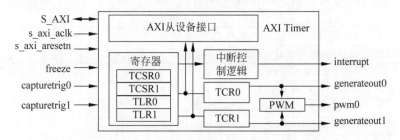

图 8-41　AXI Timer 内部结构以及输入输出引脚

T0、T1 都可工作在定时或捕获模式,也可以组合工作在脉宽调制或级联模式,由控制状态寄存器 TCSRx 编程控制。

定时模式是指 AXI Timer 设置计数初值 TLRx、装载计数初值到 TCRx 并启动计数之后,若允许 generateout$x$ 输出且使能中断,则当 TCRx 计数值达到最大值(加计数)或达到最小值(减计数)时,generateout$x$ 产生一个时钟周期的脉冲信号,同时 interrupt 输出中断请求信号。也就是说 AXI Timer 在定时模式下脉冲信号输出时间间隔可由用户设定。定时间隔计算式如图 8-42 所示。

$$
\begin{aligned}
&\text{加计数:} \quad T = (TCRmax - TLR + 2) * \text{AXI\_CLK\_PERIOD} \\
&\text{减计数:} \quad T = (TLR + 2) * \text{AXI\_CLK\_PERIOD}
\end{aligned}
$$

图 8-42　定时间隔计算式

捕获模式是指 AXI Timer 启动计数之后,若 capturetrig$x$ 引脚输入信号有效,则计数器将当前计数值 TCRx 装入 TLRx 寄存器;如果中断使能,则 interrupt 同时输出中断请求信号。此时可读取 TLRx 获取当前计数值,并计算两次计数值之间的差,就可以得到 capturetrig$x$ 信号的周期。

脉宽调制模式是指两个计数器协同,其中 T0 计数器控制 PWM 信号的周期,T1 计数器控制 PWM 信号正脉冲宽度的工作方式。

级联模式则是将 T0、T1 合并为更高位宽的一个计数器,由 TCSR0 编程控制工作模式。

AXI Timer 内部寄存器偏移地址及含义如表 8-10 所示。

表 8-10 AXI Timer 内部寄存器偏移地址及含义

名称	偏移地址	功能描述	名称	偏移地址	功能描述
TCSR0	0x00	T0 控制状态寄存器	TCSR1	0x10	T1 控制状态寄存器
TLR0	0x04	T0 装载寄存器	TLR1	0x14	T1 装载寄存器
TCR0	0x08	T0 计数寄存器	TCR1	0x18	T1 计数寄存器

TLRx 寄存装载值,TCRx 寄存计数值。TCSRx 寄存器各位含义如表 8-11 所示。

表 8-11 TCSRx 寄存器各位含义

位	名 称	含 义
0	MDTx	工作模式:0-定时,1-捕获
1	UDTx	计数方式:0-加计数,1-减计数
2	GENTx	generateout 输出使能:0-禁止,1-使能
3	CAPTx	capturetrig 触发使能:0-禁止,1-使能
4	ARHTx	自动重复装载:0-禁止,1-使能
5	LOADx	装载:0-不装载,1-装载
6	ENITx	中断使能:0-屏蔽,1-使能
7	ENTx	计数器运行使能:0-停止,1-启动
8	TxINT	计数器中断状态,读:0-无中断,1-有中断 写:0-无意义,1-清除中断状态
9	PWMAx	脉宽调制使能:0-无效,1 且 MDTx=0,GENTx=1-脉宽输出
10	ENALL	所有计数器使能:0-清除 ENALL 位,对 ENTx 无影响 1-使能所有计数器
11	CASC	级联模式,1-级联,0-独立,仅 TCSR0 此位有意义

AXI Timer 定时模式初始化控制流程如图 8-43 所示。若启用中断,则在启动计数器工作前,需先写 TCSRx 使 TxINT=1,清除原来的中断状态。

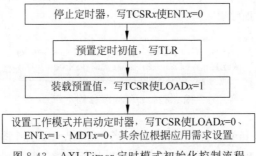

图 8-43 AXI Timer 定时模式初始化控制流程

AXI Timer 捕获模式初始化控制则需写 TCSRx 使 MDT$x=1$、CAPT$x=1$、ENT$x=1$、LOAD$x=0$，其余位根据应用需求设置，完成工作模式设置后再启动计数器工作。

AXI Timer 脉宽调制模式同时使用两个计数器 T0、T1，因此初始化流程要求设置 T0、T1，基本流程如图 8-44 所示。

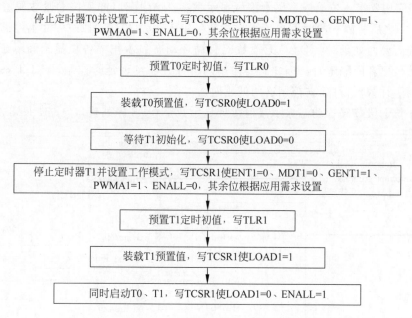

图 8-44 AXI Timer 脉宽调制模式初始化控制基本流程

2. Standalone BSP Timer 寄存器以及控制位掩码宏定义

Standalone BSP Timer 寄存器以及控制位掩码宏定义如图 8-45 所示，声明在 xtmrctr_l. h 头文件中。

```
#define XTC_TIMER_COUNTER_OFFSET   16
#define XTC_TCSR_OFFSET            0
#define XTC_TLR_OFFSET             4
#define XTC_TCR_OFFSET             8
#define XTC_CSR_CASC_MASK          0x00000800
#define XTC_CSR_ENABLE_ALL_MASK    0x00000400
#define XTC_CSR_ENABLE_PWM_MASK    0x00000200
#define XTC_CSR_INT_OCCURED_MASK   0x00000100
#define XTC_CSR_ENABLE_TMR_MASK    0x00000080
#define XTC_CSR_ENABLE_INT_MASK    0x00000040
#define XTC_CSR_LOAD_MASK          0x00000020
#define XTC_CSR_AUTO_RELOAD_MASK   0x00000010
#define XTC_CSR_EXT_CAPTURE_MASK   0x00000008
#define XTC_CSR_EXT_GENERATE_MASK  0x00000004
#define XTC_CSR_DOWN_COUNT_MASK    0x00000002
#define XTC_CSR_CAPTURE_MODE_MASK  0x00000001
```

图 8-45 Standalone BSP Timer 寄存器以及控制位掩码宏定义

3. Timer 应用示例

例 8.5　Microblaze 微处理器计算机系统采用 AXI 总线控制 4 位七段数码管动态显示接口滚屏显示数字 0～3 序列,要求动态显示延时采用 AXI Timer 定时中断实现,试设计接口电路和控制程序。

解答: 应用要求 4 位七段数码管滚屏显示数字 0123 序列,即 4 位七段数码管首次显示数字串 0～3,之后每隔一段时间再依次显示数字串 1230、2301、3012……并不停循环。这表明控制系统需要两处延时: ①4 位七段数码管循环动态显示扫描各位显示间隔延时; ②显示数字串移位更新间隔延时。因此需要使用两个计数器实现延时控制,AXI Timer 定时器内部具有两个计数器,可独立控制这两处延时。

控制 4 位七段数码管动态显示接口滚屏显示数字 0～3 序列接口电路如图 8-46 所示。

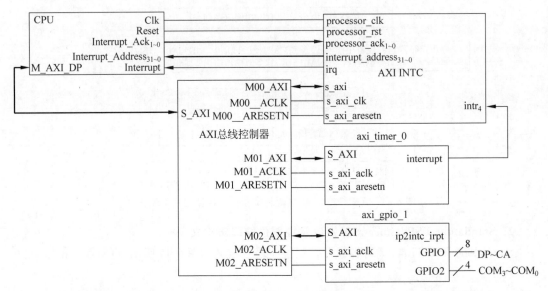

图 8-46　控制 4 位七段数码管动态显示接口滚屏显示数字 0～3 序列接口电路

根据图 8-46 所示电路,Standalone BSP 中 xparameter. h 头文件中定义的 Timer 基地址、中断源引脚及掩码宏如图 8-47 所示。

```
# define XPAR_AXI_TIMER_0_BASEADDR 0x41C00000U
# define XPAR_AXI_TIMER_0_INTERRUPT_MASK 0X000010U
# define XPAR_MICROBLAZE_0_AXI_INTC_AXI_TIMER_0_INTERRUPT_INTR 4U
# define XPAR_INTC_0_TMRCTR_0_VEC_ID
          XPAR_MICROBLAZE_0_AXI_INTC_AXI_TIMER_0_INTERRUPT_INTR
```

图 8-47　Standalone BSP 中 xparameter. h 头文件定义的 Timer 基地址、中断源引脚及掩码宏

中断方式控制程序分为两部分: 中断系统初始化控制程序和中断服务程序。其中中断系统初始化程序包括中断控制器初始化以及定时器中断初始化,中断服务程序程序包含两个计数器的中断服务程序。若 Timer 定时器的计数器 T0 控制扫描延时,计数器 T1 控制滚屏速度,那么计数器 T0 的中断事务就是输出一位七段数码管段码和对应位码到 GPIO IP 核两个通道,并修改被点亮七段数码管索引,指向下一位; 计数器 T1 的中断事务为更新

4 位七段数码管数字串 0～3 的显示顺序,并修改显示顺序更新次数,指向下一次。由于 Timer 定时器仅一个中断请求输出信号 interrupt,因此 INTC 无法区分计数器 T0、T1 的中断,需由软件读取各个计数器的 TCSRx,并判断 TxINT 的取值,才能识别 Timer 的中断源。也就是说,计数器 T0、T1 的中断事务处理函数可作为 Timer 中断服务函数的子函数。

根据以上分析,中断系统初始化控制程序流程如图 8-48 所示,定时器中断服务程序流程如图 8-49 所示,计数器 T0、T1 的中断事务处理程序流程如图 8-50 所示。

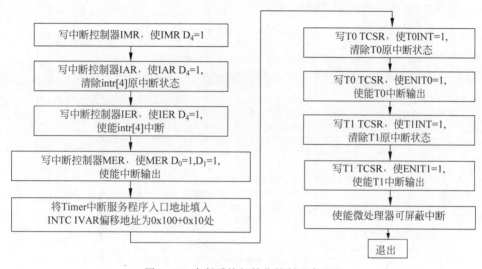

图 8-48 中断系统初始化控制程序流程

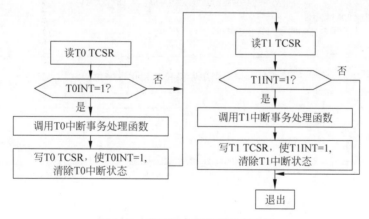

图 8-49 定时器中断服务程序流程

图 8-50 计数器 T0、T1 的中断事务处理程序流程

　　由于七段数码管动态显示电路需要不停循环扫描,并且显示数字串需循环移动,因此计数器 T0、T1 都工作在自动装载、中断使能模式,同时为便于设定定时时间,采用减计数方式。若 s_axi_clk 时钟频率为 100MHz,七段数码管动态扫描时间间隔为 0.001s,数字串滚动时间间隔为 1s,那么 T0 的预置值为 100000-2,T1 的预置值为 100000000-2。由此得到采用 Standalone BSP 端口读写函数实现的控制程序代码如图 8-51～图 8-53 所示。

```
void setup_interrupt_system(void)
{
    Xil_Out32(XPAR_INTC_0_BASEADDR + XIN_IAR_OFFSET,
                XPAR_AXI_TIMER_0_INTERRUPT_MASK);              //清除 Timer 中断
    Xil_Out32(XPAR_INTC_0_BASEADDR + XIN_IER_OFFSET,
                XPAR_AXI_TIMER_0_INTERRUPT_MASK);              //使能 Timer 中断
    Xil_Out32(XPAR_INTC_0_BASEADDR + XIN_IMR_OFFSET,
                    XPAR_AXI_TIMER_0_INTERRUPT_MASK);          //快速中断模式
    Xil_Out32(XPAR_INTC_0_BASEADDR + XIN_MER_OFFSET,
        XIN_INT_MASTER_ENABLE_MASK|XIN_INT_HARDWARE_ENABLE_MASK);
    Xil_Out32(XPAR_INTC_0_BASEADDR + XIN_IVAR_OFFSET +
                    4 * XPAR_INTC_0_TMRCTR_0_VEC_ID,(int)Timerhandler);
//填写 INTC 中断向量表
    Xil_Out32(XPAR_TMRCTR_0_BASEADDR + XTC_TCSR_OFFSET,
                    XTC_CSR_INT_OCCURED_MASK);
    Xil_Out32(XPAR_TMRCTR_0_BASEADDR + XTC_TCSR_OFFSET,
                    XTC_CSR_ENABLE_INT_MASK);
//清除 T0\T1 中断状态
    Xil_Out32(XPAR_TMRCTR_0_BASEADDR + XTC_TIMER_COUNTER_OFFSET
                + XTC_TCSR_OFFSET,XTC_CSR_INT_OCCURED_MASK);
    Xil_Out32(XPAR_TMRCTR_0_BASEADDR + XTC_TIMER_COUNTER_OFFSET
                + XTC_TCSR_OFFSET,XTC_CSR_ENABLE_INT_MASK);
//使能 T0\T1 中断
    microblaze_enable_interrupts();
}
```

图 8-51　定时器中断系统初始化程序代码

```
void Timerhandler(void)
{
    int tcsr;
    tcsr = Xil_In32(XPAR_TMRCTR_0_BASEADDR + XTC_TCSR_OFFSET);
    if((tcsr&XTC_CSR_INT_OCCURED_MASK) == XTC_CSR_INT_OCCURED_MASK)
    {
        T0handler();
        Xil_Out32(XPAR_TMRCTR_0_BASEADDR + XTC_TCSR_OFFSET,
                        tcsr|XTC_CSR_INT_OCCURED_MASK);
    }
    tcsr = Xil_In32(XPAR_TMRCTR_0_BASEADDR + XTC_TIMER_COUNTER_OFFSET
                            + XTC_TCSR_OFFSET);
    if((tcsr&XTC_CSR_INT_OCCURED_MASK) == XTC_CSR_INT_OCCURED_MASK)
    {
        T1handler();
        Xil_Out32(XPAR_TMRCTR_0_BASEADDR + XTC_TIMER_COUNTER_OFFSET
                    + XTC_TCSR_OFFSET,tcsr|XTC_CSR_INT_OCCURED_MASK);
    }
}
```

图 8-52　定时器中断服务程序代码

```
void T0handler(void)
{
    Xil_Out32(XPAR_GPIO_1_BASEADDR + XGPIO_DATA_OFFSET,
                                   segcode[(loop + pos) % 4]);
    Xil_Out32(XPAR_GPIO_1_BASEADDR + XGPIO_DATA2_OFFSET, poscode[pos]);
    pos++;
    if(pos == 4)
        pos = 0;
}
void T1handler(void)
{
    loop++;
    if(loop == 4)
        loop = 0;
}
```

图 8-53　T0、T1 中断事务处理程序

主程序除了调用中断系统初始化程序启用中断系统之外，还必须设置 axi_gpio_1 各通道工作方式，axi_tmrctr_0 计数器 T0、T1 预置值、装载预置值以及设置工作模式等，由此得到七段数码管滚动显示数字串的主程序代码如图 8-54 所示。

```
# include "xintc_l.h"
# include "xtmrctr_l.h"
# include "xgpio_l.h"
# include "xparameters.h"
# include "xio.h"
# include "xil_exception.h"
# define T0_RESET_VALUE 100000 - 2 //0.001s
# define T1_RESET_VALUE 100000000 - 2 //1s
void T0handler(void);
void T1handler(void);
void Timerhandler(void) __attribute__ ((fast_interrupt));
void setup_interrupt_system(void);
char segcode[4] = {0xc0, 0xf9, 0xa4, 0xb0};
char poscode[4] = {0xf7, 0xfb, 0xfd, 0xfe};
int loop = 0, pos = 0;
int main(void)
{
    int tcsr0, tcsr1;
    //设置 GPIO_1 双通道输出
    Xil_Out32(XPAR_GPIO_1_BASEADDR + XGPIO_TRI_OFFSET, 0x0);
    Xil_Out32(XPAR_GPIO_1_BASEADDR + XGPIO_TRI2_OFFSET, 0x0);
    //设置 T0、T1 预置值
    Xil_Out32(XPAR_TMRCTR_0_BASEADDR + XTC_TLR_OFFSET, T0_RESET_VALUE);
    Xil_Out32(XPAR_TMRCTR_0_BASEADDR + XTC_TIMER_COUNTER_OFFSET
            + XTC_TLR_OFFSET, T1_RESET_VALUE);
    //装载 T0 预置值
    tcsr0 = Xil_In32(XPAR_TMRCTR_0_BASEADDR + XTC_TCSR_OFFSET);
    Xil_Out32(XPAR_TMRCTR_0_BASEADDR + XTC_TCSR_OFFSET, tcsr0 | XTC_CSR_LOAD_MASK);
    //装载 T1 预置值
    tcsr1 = Xil_In32(XPAR_TMRCTR_0_BASEADDR + XTC_TIMER_COUNTER_OFFSET
                    + XTC_TCSR_OFFSET);
    Xil_Out32(XPAR_TMRCTR_0_BASEADDR + XTC_TIMER_COUNTER_OFFSET
                    + XTC_TCSR_OFFSET, tcsr1 | XTC_CSR_LOAD_MASK);
```

图 8-54　七段数码管滚动显示数字串的主程序代码

```
        //设置 T0 工作模式(减计数、脉冲输出、自动装载)并启动计数器,其余位不变
        Xil_Out32(XPAR_TMRCTR_0_BASEADDR + XTC_TCSR_OFFSET,
            tcsr0|XTC_CSR_ENABLE_TMR_MASK|XTC_CSR_DOWN_COUNT_MASK
            |XTC_CSR_AUTO_RELOAD_MASK|XTC_CSR_EXT_GENERATE_MASK);
        //设置 T1 工作模式(减计数、脉冲输出、自动装载)并启动计数器,其余位不变
        Xil_Out32(XPAR_TMRCTR_0_BASEADDR + XTC_TIMER_COUNTER_OFFSET
                + XTC_TCSR_OFFSET,tcsr1|XTC_CSR_ENABLE_TMR_MASK
                |XTC_CSR_DOWN_COUNT_MASK|XTC_CSR_AUTO_RELOAD_MASK
                |XTC_CSR_EXT_GENERATE_MASK);
                setup_interrupt_system();
        return 0;
}
```

图 8-54 (续)

程序运行时,Timer 输出信号时序如图 8-55 所示。这是由于 T0、T1 都允许 generateout 输出,因此计数到 0 时,generateout 都输出一个正脉冲,同时输出有效的中断请求信号 interrupt。

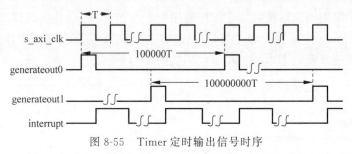

图 8-55 Timer 定时输出信号时序

例 8.6 基于 MicroBlaze 微处理器以及 AXI Timer 设计一个频率测量仪,输入信号为正方波,频率范围为 1Hz～500kHz,峰-峰值为 3.3V,且要求将被测信号频率以 Hz 为单位显示在 6 位七段数码管上。试设计接口电路与控制程序。

解答: AXI Timer 测量频率时工作时序如图 8-56 所示。当计数器工作在计数且中断使能模式时,一旦在 capturetrig$x$ 输入引脚得到有效触发信号,计数器 Tx 将 TCRx 装载到 TLRx,并且输出中断请求,因此记录相邻两次中断时 TLRx 的取值 TLR_last、TLR_cur,并计算它们之间的差值 TLR_diff,就可得到 capturetrig$x$ 输入信号的周期为 TLR_diff÷ $f_{\text{s\_axi\_clk}}$,频率则为 $f_{\text{s\_axi\_clk}}$÷TLR_diff。

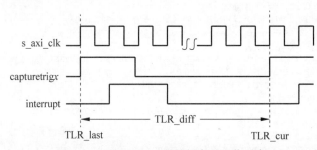

图 8-56 AXI Timer 测量频率时工作时序

定时器测量正方波频率并通过七段数码管显示方波频率数值的接口电路如图 8-57 所示。以 Hz 为单位完整显示频率达 500kHz 信号的频率值共需 6 个七段数码管。

T0 测量正方波频率需工作在捕获模式,七段数码管动态显示采用 T1 延时控制。中断

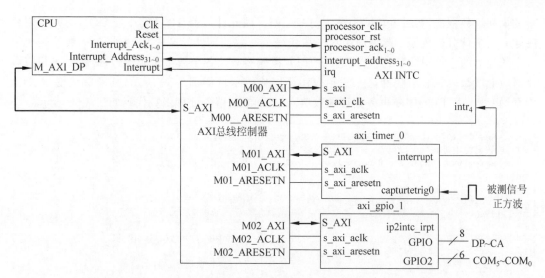

图 8-57 T0 测量正方波频率并通过七段数码管显示频率数值的接口电路

系统初始化控制流程、Timer 中断服务程序流程分别与图 8-48、图 8-49 一致。

T1 的中断事务处理流程与图 8-50 中 T0 的中断事务处理流程基本一致，不同之处在于：由于使用 6 个七段数码管，因此需将图 8-53 所示代码中 pos 的最大值设置为 6，当 pos 等于 6 时，重置为 0，且端口读写函数操作的寄存器地址需修改为 T1 对应的寄存器地址。

T0 产生中断时，中断事务处理函数仅需将当前计数值 TLR0 读出。计算两次中断之间差值 TLR_diff 由应用程序完成，这样可以降低中断事务处理时延，从而可以测量较高频率的被测信号。这是因为若中断事务处理函数执行时间过长，由于此段时间内微处理器屏蔽中断，易导致新的 capturetrig0 有效信号到来时，还未退出中断事务处理程序从而错失中断信号，造成较大测量误差。

设备初始化程序段需将 axi_gpio_1 两个通道都初始化为输出，axi_timer_0 的 T0 初始化工作在捕获模式、T1 初始化工作在定时模式，并启动 T0、T1。需要注意的是，捕获模式测量频率不能采用自动装载模式，因为外部信号触发时，捕获模式是将 $TCRx$ 装载到 $TLRx$，初始化时用户设置的 $TLRx$ 已经被替换。由此可知设备初始化程序段相对图 8-54 所示代码仅需修改 T0 的初始化代码，如图 8-58 所示。

```
//设置 T0 预置值
Xil_Out32(XPAR_TMRCTR_0_BASEADDR + XTC_TLR_OFFSET,0);
//装载预置值、设置工作模式并启动计数器,其余位不变
tcsr0 = Xil_In32(XPAR_TMRCTR_0_BASEADDR + XTC_TCSR_OFFSET);
Xil_Out32(XPAR_TMRCTR_0_BASEADDR + XTC_TCSR_OFFSET,tcsr0|XTC_CSR_LOAD_MASK);
//设置 T0 工作模式(中断使能、外部信号触发、捕获模式)并启动计数器
Xil_Out32(XPAR_TMRCTR_0_BASEADDR + XTC_TCSR_OFFSET,
        tcsr0|XTC_CSR_ENABLE_TMR_MASK|XTC_CSR_EXT_CAPTURE_MASK
            |XTC_CSR_CAPTURE_MODE_MASK);
```

图 8-58 T0 的初始化代码

为减少测频误差，测频应用程序需统计多次测量结果，然后根据某种策略选取有效测量数据，且一旦获得新的有效测频结果立即更新七段数码管显示缓冲区数据。本示例为减少测频误差统计 4 个计数数值，若相邻周期计数数值误差小于 2，则将其中一个计数数值作为被测信

号的周期计数数值,然后再转换为被测信号频率。因此计数器 T0 连续中断 5 次,测频应用程序才开始统计分析数据。测频应用程序在获得了有效的测频结果之后,先将频率数值转换为各个数位上的十进制数字,再查找七段数码管段码表获取各个数字对应段码,最后存入相应数位对应七段数码管显示缓冲区。测频应用程序代码示例如图 8-59 所示,其中数组变量 TLR 为全局变量,由 T0 的中断事务处理函数填入。T0 中断事务处理函数代码如图 8-60 所示。

```c
char segtable[10] = {0xc0,0xf9,0xa4,0xb0,0x99,0x92,0x82,0xf8,0x80,0x90};
//七段数码管十进制数字段码表
char segcode[6] = {0xc0,0xc0,0xc0,0xc0,0xc0,0xc0};        //6 位七段数码管显示缓冲区
void display_frequency()
{
    int TLR_diff_avg_last,TLR_diff_avg_cur,fre_avg,i,diff_0;
    while(1)
    {
        if(loop == 5)                               //T0 中断 5 次之后,分析数据
        {
            for(i = 0;i < 4;i++)                     //计算每个周期的计数值
            {
                if(TLR[i]< TLR[i + 1])
                    TLR_diff[i] = TLR[i + 1] - TLR[i];
                else
                    TLR_diff[i] = 0xffffffff - TLR[i] + 1 + TLR[i + 1];    //计数器 T0 计数值溢出
            }
            for(i = 1;i < 4;i++)                         //查找相邻两个周期误差绝对值小于 2 的计数值
            {
                diff_0 = TLR_diff[i - 1] - TLR_diff[i];
                if((diff_0 < 2)&&(diff_0 > -2))
                {
                    TLR_diff_avg_cur = TLR_diff[i];
                    //取其中一个作为一个周期的计数值
                    break;
                }
            }
            /ᐟ若本轮测量计数值与上轮测量计数值之间误差绝对值大于 1,
            使用新的计数值,并更新显示缓冲区 ᐟ/
            if(((TLR_diff_avg_cur - TLR_diff_avg_last)>1)||
                    ((TLR_diff_avg_cur - TLR_diff_avg_last)< -1))
            {
            fre_avg = 100000000/TLR_diff_avg_cur;
            for(i = 0;i < 6;i++)
            {
                //获取有效数字的段码,并写入显示缓冲区
                segcode[5 - i] = segtable[fre_avg % 10];
                fre_avg = fre_avg/10;
                if((fre_avg == 0)&&(fre_avg % 10 == 0))
                    break;
                //若高位数字都为 0 退出
            }
            i++;
            //若高位数字都为 0,高位不显示
            for(;i < 6;i++)
                segcode[5 - i] = 0xff;
            TLR_diff_avg_last = TLR_diff_avg_cur;
            }
            loop = 0;
        }
    }
}
```

图 8-59　测频应用程序代码示例

```
void T0handler(void)
{
    TLR[loop] = Xil_In32(XPAR_TMRCTR_0_BASEADDR + XTC_TLR_OFFSET);
    loop++;    //loop 全局变量
}
```

图 8-60　计数器 T0 中断事务处理函数

定时器除了具有延时控制、测量信号频率等功能之外，还可以产生脉宽调制 PWM 信号。PWM 信号应用广泛，如作为直流电机驱动控制信号控制直流电机转速；驱动三基色 LED 灯，控制三基色 LED 灯的亮度和颜色等。

例 8.7　某三基色 LED 灯接口电路如图 8-61 所示，其中 R、G、B 分别表示红、绿、蓝三个颜色的 LED 灯，它们组合在一起基于三基色原理可以产生多种不同颜色的光。若光的颜色以及亮度通过 12 位独立开关控制，如每种颜色 LED 灯由 4 位开关控制，一个三基色 LED 灯就可以产生 2^{12} 种不同颜色、不同亮度的光。若计算机系统采用 Timer 输出 PWM 信号控制各个颜色 LED 灯，软件调节 PWM 信号占空比即可控制三基色 LED 灯输出不同颜色、不同亮度的光。试设计由 12 位独立开关控制的

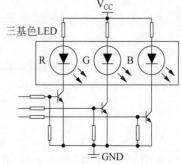

图 8-61　三基色 LED 灯接口电路

三基色 LED 灯颜色及亮度的计算机系统接口电路以及控制程序，要求中断方式读入开关状态。

解答：由于一个 Timer 仅能通过 pwm0 输出一个 PWM 信号，因此控制三基色 LED 灯，需使用 3 个 Timer，且各个 Timer 的 pwm0 分别连接到 R、G、B 三色 LED 的控制端。由此得到三基色 LED 灯接口控制电路如图 8-62 所示。

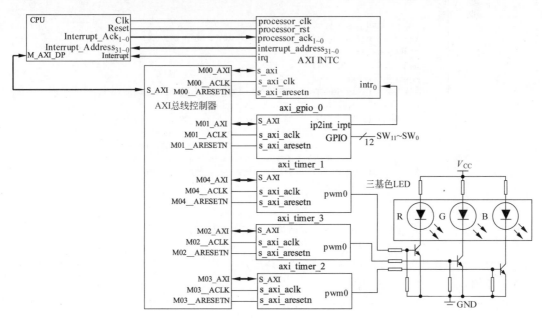

图 8-62　三基色 LED 灯接口控制电路

Timer 输出信号 pwm0 与 generateout$x$ 之间时序关系如图 8-63 所示,pwm0 在 generateout0 下降沿输出高电平,pwm0 在 generateout1 下降沿输出低电平。使能 pwm0 输出时要求计数器 T0、T1 都工作在计时、自动装载、使能 generateout$x$ 输出、使能 PWM 输出模式。Timer 通过引脚 pwm0 输出 PWM 波属于硬件电路行为,信号输出过程无须软件干预。因此控制程序只需对 Timer 的计数器 T0、T1 设置正确的工作模式、计数初值并启动计数器工作。若需改变 PWM 波的周期以及占空比,只需在计数器运行过程中写 TLRx 修改计数器 T0、T1 的计数初值。

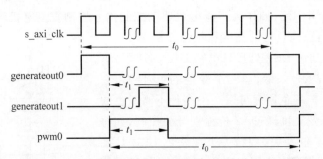

图 8-63 Timer 定时器 pwm0 与 generateout$x$ 之间时序关系

由图 8-62 可知仅 axi_gpio_0 通道 0 作为中断源,因此中断系统初始化控制程序代码与图 8-38 完全一致,但是中断事务处理函数功能不同。本示例要求独立开关控制 Timer 输出的 PWM 波占空比,因此开关产生中断时,需读取开关的值,并根据各组开关取值设置对应计数器 T1 的计数初值。若开关 SW$_3$~SW$_0$ 控制 axi_timer_1 计数器 T1 的计数初值,开关 SW$_7$~SW$_4$ 控制 axi_timer_3 计数器 T1 的计数初值,开关 SW$_{11}$~SW$_8$ 控制 axi_timer_2 计数器 T1 的计数初值,则 axi_gpio_0 通道 0 中断事务处理函数代码如图 8-64 所示。

```
void swHandler(void)
{
    int sw,rduty,gduty,bduty;
    sw = Xil_In32(XPAR_GPIO_0_BASEADDR + XGPIO_DATA_OFFSET);
    rduty = sw&0xf;
    gduty = (sw&0xf0)>> 4;
    bduty = (sw&0xf00)>> 8;
    Xil_Out32(XPAR_TMRCTR_1_BASEADDR + XTC_TIMER_COUNTER_OFFSET +
                XTC_TLR_OFFSET,(T1ResetValue) << rduty);
    Xil_Out32(XPAR_TMRCTR_2_BASEADDR + XTC_TIMER_COUNTER_OFFSET +
                XTC_TLR_OFFSET,(T1ResetValue) << bduty);
    Xil_Out32(XPAR_TMRCTR_3_BASEADDR + XTC_TIMER_COUNTER_OFFSET +
                XTC_TLR_OFFSET,(T1ResetValue) << gduty);
    Xil_Out32(XPAR_GPIO_0_BASEADDR + XGPIO_ISR_OFFSET,
        XGPIO_IR_CH1_MASK);
}
```

图 8-64 axi_gpio_0 通道 0 中断事务处理函数代码

Timer 初始化控制代码如图 8-65 所示。其中,0x10000 为各个不同序号 Timer 基地址之间的差值,id 为各个 Timer 的序号。

PWM 波产生示例主程序仅初始化 GPIO、初始化中断系统以及初始化 3 个 Timer 即可退出,代码如图 8-66 所示。

```
void initial_tmrctr(int id)
{
    int tcsr0,tcsr1;
    Xil_Out32(XPAR_TMRCTR_0_BASEADDR + XTC_TLR_OFFSET + id * 0x10000,T0ResetValue);
    Xil_Out32(XPAR_TMRCTR_0_BASEADDR + XTC_TIMER_COUNTER_OFFSET +
            XTC_TLR_OFFSET + id * 0x10000,T1ResetValue);
    //装载预置值、设置工作模式并启动计数器
    tcsr0 = Xil_In32(XPAR_TMRCTR_0_BASEADDR + XTC_TCSR_OFFSET + id * 0x10000);
    Xil_Out32(XPAR_TMRCTR_0_BASEADDR + XTC_TCSR_OFFSET + id * 0x10000,
            tcsr0|XTC_CSR_LOAD_MASK);
    tcsr1 = Xil_In32(XPAR_TMRCTR_0_BASEADDR + XTC_TIMER_COUNTER_OFFSET +
        XTC_TCSR_OFFSET + id * 0x10000);
    Xil_Out32(XPAR_TMRCTR_0_BASEADDR + XTC_TIMER_COUNTER_OFFSET +
            XTC_TCSR_OFFSET + id * 0x10000,tcsr1|XTC_CSR_LOAD_MASK);
    Xil_Out32(XPAR_TMRCTR_0_BASEADDR + XTC_TCSR_OFFSET + id * 0x10000,
            tcsr0|XTC_CSR_ENABLE_TMR_MASK|XTC_CSR_DOWN_COUNT_MASK|
            XTC_CSR_AUTO_RELOAD_MASK|XTC_CSR_EXT_GENERATE_MASK|
            XTC_CSR_ENABLE_PWM_MASK);
    Xil_Out32(XPAR_TMRCTR_0_BASEADDR + XTC_TIMER_COUNTER_OFFSET +
            XTC_TCSR_OFFSET + id * 0x10000,tcsr1|XTC_CSR_ENABLE_TMR_MASK|
            XTC_CSR_DOWN_COUNT_MASK|XTC_CSR_AUTO_RELOAD_MASK|
            XTC_CSR_EXT_GENERATE_MASK|XTC_CSR_ENABLE_PWM_MASK);
}
```

图 8-65　Timer 初始化控制代码

```
# include "xil_exception.h"
# include "xil_io.h"
# include "xintc_l.h"
# include "xgpio_l.h"
# include "xtmrctr_l.h"
void swHandler(void) __attribute__((fast_interrupt));    //快速中断服务程序
# define T1ResetValue 3 - 2
# define T0ResetValue 32771 - 2
int main()
{
    Xil_Out32(XPAR_GPIO_0_BASEADDR + XGPIO_TRI_OFFSET,0xfff);
    Xil_Out32(XPAR_GPIO_0_BASEADDR + XGPIO_ISR_OFFSET,
            XGPIO_IR_CH1_MASK);
    Xil_Out32(XPAR_GPIO_0_BASEADDR + XGPIO_IER_OFFSET,
            XGPIO_IR_CH1_MASK);
    Xil_Out32(XPAR_GPIO_0_BASEADDR + XGPIO_GIE_OFFSET,
            XGPIO_GIE_GINTR_ENABLE_MASK);
    Xil_Out32(XPAR_INTC_0_BASEADDR + XIN_IAR_OFFSET,
            XPAR_AXI_GPIO_0_IP2INTC_IRPT_MASK);
    Xil_Out32(XPAR_INTC_0_BASEADDR + XIN_IER_OFFSET,
            XPAR_AXI_GPIO_0_IP2INTC_IRPT_MASK);
    Xil_Out32(XPAR_INTC_0_BASEADDR + XIN_MER_OFFSET,
        XIN_INT_MASTER_ENABLE_MASK|XIN_INT_HARDWARE_ENABLE_MASK);
    Xil_Out32(XPAR_INTC_0_BASEADDR + XIN_IMR_OFFSET,
            XPAR_AXI_GPIO_0_IP2INTC_IRPT_MASK);
    Xil_Out32(XPAR_INTC_0_BASEADDR + XIN_IVAR_OFFSET +
            4 * XPAR_INTC_0_GPIO_0_VEC_ID,(unsigned int)swHandler);
    microblaze_enable_interrupts();
    for(int i = 1;i < 4;i++)
            initial_tmrctr(i);
    return 0;
}
```

图 8-66　PWM 波产生示例主程序代码

8.5.3 SPI 总线接口中断

嵌入式计算机系统为减少 I/O 引脚,与外设通信大都采用串行总线,SPI 总线是一种常用同步串行外设通信总线。若计算机系统内部总线采用并行总线(如 AXI 总线),必须通过接口电路将内部并行总线转换为外部串行总线。AXI Quad SPI IP 核是将 AXI 并行总线转换为 SPI 串行总线的接口电路。

1. AXI Quad SPI IP 核结构

AXI Quad SPI IP 核内部结构如图 8-67 所示,包含 AXI 总线接口、寄存器组、SPI 总线逻辑、中断逻辑、FIFO 等模块。AXI Quad SPI IP 核支持 3 种 SPI 通信模式:标准 SPI(模式 0)、DSPI(Dual SPI,模式 1)、QSPI(Qaud SPI,模式 2),由硬件配置决定工作在哪种模式。标准 SPI 模式时一帧 SPI 数据可配置为 8 位、16 位、32 位等不同长度,也可硬件配置是否使用 FIFO; DSPI 以及 QSPI 模式时,一帧 SPI 数据固定为 8 位;若启用 FIFO,FIFO 深度可硬件配置为 16 或 256。该 IP 核在标准 SPI 模式时既可配置为 SPI 主设备接口,也可配置为 SPI 从设备接口。作为 SPI 主设备接口时,由 $\overline{\text{SS}}_{n\sim1:0}$ 输出从设备选择信号选中 SPI 从设备。作为 SPI 从设备接口时,由 SPISEL 输入有效信号选中该 SPI 从设备接口。ext_spi_clk 为 SPI 模块的外部时钟源,分频之后产生 SCLK 时钟信号,分频比系数由硬件配置。AXI Quad SPI IP 核工作在 DSPI、QSPI 模式时,只能作为 SPI 主设备接口,通常用来作为串行 SPI 接口 Flash 存储芯片的接口电路。

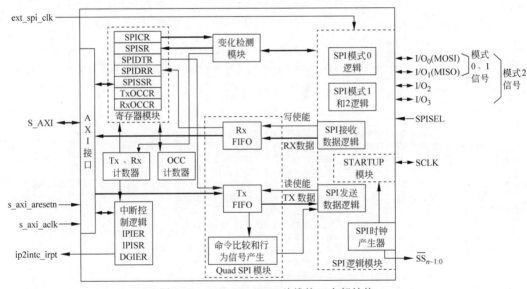

图 8-67　AXI Quad SPI 总线接口内部结构

AXI Quad SPI IP 核内部寄存器含义及偏移地址如表 8-12 所示。

表 8-12　AXI Quad SPI IP 核内部寄存器含义及偏移地址

寄 存 器	偏 移 地 址	含 义
SRR	0x40	软件复位寄存器,写 0x0000000A 复位接口
SPICR	0x60	控制寄存器,设定 AXI Quad SPI IP 核工作方式
SPISR	0x64	状态寄存器,指示 AXI Quad SPI IP 核工作状态

续表

寄 存 器	偏移地址	含　　义
SPIDTR	0x68	发送数据寄存器或发送数据 FIFO
SPIDRR	0x6C	接收数据寄存器或接收数据 FIFO
SPISSR	0x70	从设备选择寄存器
TxOCCR	0x74	发送 FIFO 占用长度指示,值＋1 表示发送 FIFO 有效数据的长度
RxOCCR	0x78	接收 FIFO 占用长度指示,值＋1 表示接收 FIFO 有效数据的长度
DGIER	0x1C	设备总中断使能寄存器,仅最高位有效,$b_{31}=1$ 使能接口中断请求输出
IPISR	0x20	中断状态寄存器
IPIER	0x28	中断使能寄存器

SPICR 控制寄存器各位含义如表 8-13 所示。

表 8-13　SPICR 寄存器各位含义

位	含　　义	写 1	写 0
0	回环	SPI 发送端(MOSI)与接收端(MISO)内部连通形成环路	SPI 发送端(MOSI)与接收端(MISO)独立工作
1	启用接口	启用 SPI 接口(与 SPI 总线连接)	禁用 SPI 接口(与 SPI 总线断开、高阻态)
2	主设备	SPI 主设备接口	SPI 从设备接口
3	CPOL	空闲时时钟为高电平	空闲时时钟为低电平
4	CPHA	数据信号在时钟第二个边沿(相位 180°)稳定有效	数据信号在时钟第一个边沿(相位 0°)稳定有效
5	Tx 复位	复位发送 FIFO 指针	无意义
6	Rx 复位	复位接收 FIFO 指针	无意义
7	程序控制从设备选择	程序控制从设备选择 SS 输出,即写 SPISSR 立即反映到 $\overline{SS}_{n\sim1,0}$	协议逻辑控制 SPISSR 输出到 $\overline{SS}_{n\sim1,0}$
8	禁止主设备事务	禁止主设备事务;若为从设备则无意义	使能主设备事务
9	低位优先	低位优先传送	高位优先传送
10～31	保留,无意义		

SPISR 状态寄存器各位含义如表 8-14 所示。

表 8-14　SPISR 寄存器各位含义

位	含　　义	读 0	读 1
0	接收寄存器/FIFO 空否	非空	空
1	接收寄存器/FIFO 满否	未满	满
2	发送寄存器/FIFO 空否	非空	空
3	发送寄存器/FIFO 满否	未满	满
4	模式错误否	无错误	错误。主设备接口时,$\overline{SS}$ 输入低电平有效信号则置位
5	从设备选中否	选中	未选中
6	CPOL_CPHA 错误否	无	错误。DSPI 或 QSPI 模式时,CPOL、CPHA 仅支持配置为 00 或 11,若配置为 10 或 01 则置位
7	从设备模式错误否	无	错误。DSPI 或 QSPI 模式时,仅支持主设备模式,若配置为从设备模式则置位

位	含　义	0	1
8	高位优先错误否	无	错误。DSPI 或 QSPI 模式时,仅支持高位优先传送,若配置为低位优先传送则置位
9	回环错误否	无	错误。DSPI 或 QSPI 模式时,不支持回环,若配置为回环则置位
10	命令错误否	无	错误。DSPI 或 QSPI 模式时,若复位后发送 FIFO 中的第一个数据不是支持的命令则置位
11~31	保留,无意义		

SPIDTR、SPIDRR 以及发送、接收 FIFO 有效数据位长度与 SPI 一帧数据位数 n 一致,它们的结构都如图 8-68 所示,其中 n 在标准 SPI 模式时可为 8、16、32,其余模式时仅可为 8。

SPISSR 寄存器控制从设备选择 $\overline{SS}_{n-1:0}$ 信号的输出电平。当 SPI 接口配置为主设备接口时,若 SPI 总线上连接 n 个从设备,那么 SPISSR 寄存器 $b_{n-1\sim0}$ 对应控制 $\overline{SS}_{n-1:0}$,即 $\overline{SS}_{n-1:0} = $ SPISSR$_{n\sim1:0}$。

$TxOCCR$、$RxOCCR$ 有效数据位的长度 n 与发送、接收 FIFO 深度 m 有关,它们之间满足关系:$n = \log_2 m$,其中 m 取值可为 16 或 256。TxOCCR、RxOCCR 有效数据位的值加 1 分别表示发送、接收 FIFO 中有效数据的个数。若不使用 FIFO,则不存在这两个寄存器。TxOCCR、RxOCCR 结构如图 8-69 所示。

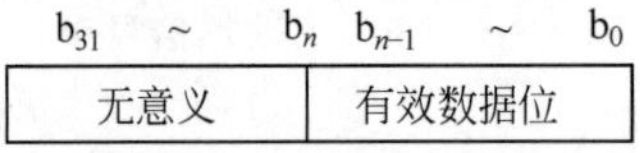

图 8-68　SPIDTR、SPIDRR 以及发送、接收 FIFO 数据结构 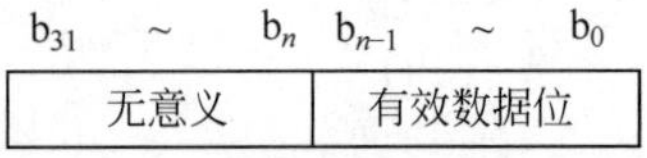　　图 8-69　TxOCCR、RxOCCR 结构

IPISR 中断状态寄存器各位含义如表 8-15 所示。当各位对应中断事件发生时,该位被置 1,否则为 0;若向某位写 1,则清除该位中断状态。其中发送寄存器欠载表示发送寄存器空继续发送数据的状态;接收寄存器过载表示接收寄存器已满接收到新数据的状态。

表 8-15　IPISR 中断状态寄存器各位含义

位	含　义
31:14	保留,无意义
13	1-命令错误,DSPI 或 QSPI 模式时,复位后发送 FIFO 中的第一个数据不是支持的命令;0-标准 SPI 或无错误
12	1-回环错误,DSPI 或 QSPI 模式时,配置为回环;0-标准 SPI 或无回环错误
11	1-DSPI 或 QSPI 模式时,配置为低位优先传送;0-标准 SPI 或无低位优先设置错误
10	1-DSPI 或 QSPI 模式时,配置为从设备模式;0-标准 SPI 或为主设备模式
9	1-DSPI 或 QSPI 模式时,CPOL、CPHA 配置为 10 或 01 0-标准 SPI 或 CPOL、CPHA 为 00 或 11
8	1-数据接收 FIFO 非空,采用 FIFO 且从设备模式时有效;0-空或其他模式
7	1-从设备被选中,工作在从设备模式时有效;0-未被选中或其他模式
6	1-TX FIFO 半空,FIFO 深度为 16 时 TxOCCR 寄存器的值从 8 变为 7 或 FIFO 深度为 256 时 TxOCCR 寄存器的值从 128 变为 127;0-其他情况
5	1-数据接收寄存器/FIFO 过载(满接收);0-未过载

续表

位	含　义
4	1-数据接收寄存器/FIFO 满；0-未满
3	1-数据发送寄存器/FIFO 欠载(空发送)；0-未欠载
2	1-数据发送寄存器/FIFO 空；0-非空
1	1-从设备模式错误,配置为从设备但未启动 SPI 接口时, $\overline{SS}$ 引脚输入低电平；0-无错
0	1-模式错误,配置为主设备但 $\overline{SS}$ 引脚输入低电平；0-未错

IPIER 寄存器各位与 IPISR 各位中断事件一一对应,不同的是：IPIER 控制各中断事件发生时是否使能中断请求,1-使能,0-禁止；IPISR 记录各中断事件是否发生。

2. Standalone BSP SPI 寄存器偏移地址及掩码宏定义

Standalone BSP SPI 寄存器偏移地址及掩码宏定义如图 8-70 所示,声明在 xspi_l.h 头文件中。

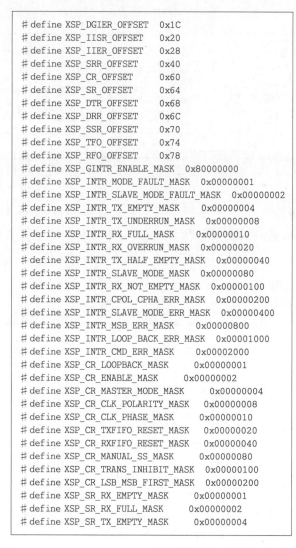

```
# define XSP_DGIER_OFFSET         0x1C
# define XSP_IISR_OFFSET          0x20
# define XSP_IIER_OFFSET          0x28
# define XSP_SRR_OFFSET           0x40
# define XSP_CR_OFFSET            0x60
# define XSP_SR_OFFSET            0x64
# define XSP_DTR_OFFSET           0x68
# define XSP_DRR_OFFSET           0x6C
# define XSP_SSR_OFFSET           0x70
# define XSP_TFO_OFFSET           0x74
# define XSP_RFO_OFFSET           0x78
# define XSP_GINTR_ENABLE_MASK         0x80000000
# define XSP_INTR_MODE_FAULT_MASK      0x00000001
# define XSP_INTR_SLAVE_MODE_FAULT_MASK   0x00000002
# define XSP_INTR_TX_EMPTY_MASK        0x00000004
# define XSP_INTR_TX_UNDERRUN_MASK     0x00000008
# define XSP_INTR_RX_FULL_MASK         0x00000010
# define XSP_INTR_RX_OVERRUN_MASK      0x00000020
# define XSP_INTR_TX_HALF_EMPTY_MASK   0x00000040
# define XSP_INTR_SLAVE_MODE_MASK      0x00000080
# define XSP_INTR_RX_NOT_EMPTY_MASK    0x00000100
# define XSP_INTR_CPOL_CPHA_ERR_MASK   0x00000200
# define XSP_INTR_SLAVE_MODE_ERR_MASK   0x00000400
# define XSP_INTR_MSB_ERR_MASK        0x00000800
# define XSP_INTR_LOOP_BACK_ERR_MASK   0x00001000
# define XSP_INTR_CMD_ERR_MASK        0x00002000
# define XSP_CR_LOOPBACK_MASK         0x00000001
# define XSP_CR_ENABLE_MASK          0x00000002
# define XSP_CR_MASTER_MODE_MASK        0x00000004
# define XSP_CR_CLK_POLARITY_MASK      0x00000008
# define XSP_CR_CLK_PHASE_MASK        0x00000010
# define XSP_CR_TXFIFO_RESET_MASK      0x00000020
# define XSP_CR_RXFIFO_RESET_MASK      0x00000040
# define XSP_CR_MANUAL_SS_MASK        0x00000080
# define XSP_CR_TRANS_INHIBIT_MASK     0x00000100
# define XSP_CR_LSB_MSB_FIRST_MASK     0x00000200
# define XSP_SR_RX_EMPTY_MASK         0x00000001
# define XSP_SR_RX_FULL_MASK         0x00000002
# define XSP_SR_TX_EMPTY_MASK         0x00000004
```

图 8-70　Standalone BSP SPI 寄存器偏移地址及掩码宏定义

```
#define XSP_SR_TX_FULL_MASK            0x00000008
#define XSP_SR_MODE_FAULT_MASK         0x00000010
#define XSP_SR_SLAVE_MODE_MASK         0x00000020
#define XSP_SR_CPOL_CPHA_ERR_MASK      0x00000040
#define XSP_SR_SLAVE_MODE_ERR_MASK     0x00000080
#define XSP_SR_MSB_ERR_MASK            0x00000100
#define XSP_SR_LOOP_BACK_ERR_MASK      0x00000200
#define XSP_SR_CMD_ERR_MASK            0x00000400
```

图 8-70 （续）

3. AXI Quad SPI IP 核应用示例

1）12 位串行 D/A 转换芯片 DAC121S101

DAC121S101 是 TI 公司生产的 12 位 D/A 转换芯片,数据输入采用 SPI 接口。DAC121S101 内部结构及引脚排列如图 8-71 所示。

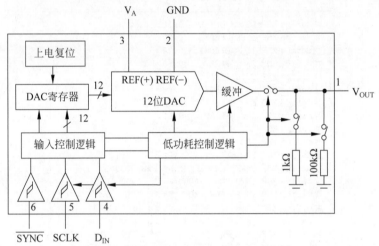

图 8-71　DAC121S101 内部结构及引脚排列

DAC121S101 各引脚含义如表 8-16 所示。

表 8-16　DAC121S101 引脚含义

引　　脚	含　　义
V_{OUT}	模拟电压输出
GND	地
V_A	模拟参考电压
$\overline{SYNC}$	数据帧同步,当该引脚为低电平时,数据在 SCLK 下降沿输入,并且 16 个时钟周期之后,移位寄存器的数据进入 DAC 寄存器,开始 D/A 转换;若该引脚在 16 个时钟周期之前变为高电平,那么之前输入的数据都忽略
SCLK	SPI 总线时钟,数据在该时钟下降沿采样。时钟频率最高为 30MHz
D_{IN}	SPI 总线从设备数据输入线,相当于 MOSI

V_{OUT} 输出模拟电压范围为 $0 \sim V_A$。V_{OUT} 与输入数据 D 之间满足关系：$V_{OUT} = V_A \times (D \div 4095)$,$D$ 为 12 位输入数字量,取值范围为 $0 \sim 4095$。

DAC121S101 要求每次传输 16 位串行数据,经输入控制逻辑转换为 12 并行数据送入

DAC 寄存器，2 位数据送入低功耗控制逻辑。16 位串行数据含义如图 8-72 所示，其中 $D_{11} \sim D_0$ 为 12 位 D/A 转换数字量，PD_1、PD_0 含义如表 8-17 所示。

b_{15}	b_{14}	b_{13}	b_{12}	b_{11}	$\sim$	b_0
无意义		PD_1	PD_0	D_{11}	$\sim$	D_0

图 8-72　16 位串行数据含义

表 8-17　PD_1、PD_0 含义

PD_1	PD_0	V_{OUT} 输出方式
0	0	V_{OUT} 正常输出（不下拉）
0	1	V_{OUT} 通过 $1k\Omega$ 电阻下拉
1	0	V_{OUT} 通过 $100k\Omega$ 电阻下拉
1	1	V_{OUT} 高阻（无输出）

DAC121S101 串行接口时序如图 8-73 所示。任何两次数据传输之间必须使 $\overline{\text{SYNC}}$ 维持 t_{SYNC} 时间的高电平，以便启动下一次数据传输。

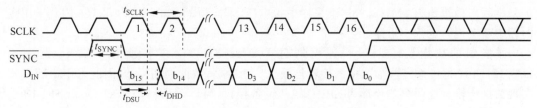

图 8-73　DAC121S101 串行接口时序

2）12 位串行 A/D 转换芯片 ADCS7476

ADCS7476 是美国国家半导体公司生产的串行接口逐次逼近型 A/D 转换芯片，其内部结构及引脚排列如图 8-74 所示。

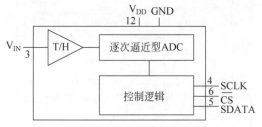

图 8-74　ADCS7476 内部结构及引脚排列

ADCS7476 各引脚含义如表 8-18 所示。

表 8-18　ADCS7476 各引脚含义

名　　称	含　　义
V_{IN}	输入模拟电压信号，范围为 $0 \sim V_{DD}$
V_{DD}	电源以及参考电压，范围为 $2.7 \sim 5.25V$
GND	地
SCLK	串行接口输入时钟，频率范围为 $10kHz \sim 20MHz$，控制转换速度以及数据读出
$\overline{\text{CS}}$	片选，下降沿启动 A/D 转换
SDATA	串行数据输出

ADCS7476 串行接口时序如图 8-75 所示。

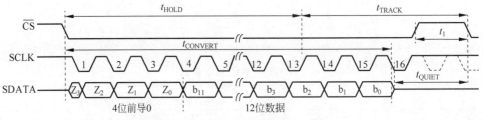

图 8-75　ADCS7476 串行接口时序

例 8.8　某计算机系统要求利用 ADCS7476 采集某电路输出电压(范围为 0~3.3V),采样频率为 5kHz,连续采集 100 个数据,然后再利用 DAC121S101 D/A 转换芯片将采集到的 100 个数据作为一个周期的数据样本以最快速度转换为模拟电压信号输出。试设计该数据采集及转换系统接口电路和控制程序。

实践视频

解答:ADCS7476 串行通信时钟 SCLK 频率范围为 10kHz~20MHz,数据采样频率最快约为 1MHz,若连续采样模拟电压,采样频率不能确保为 5kHz,因此采用定时器中断实现固定频率采样。

采集到的数据要求以最快速度通过 DAC121S101 D/A 转换芯片输出,这表明 DAC121S101 每传输完一个数据需接着传输下一个数据,依此周而复始,因此采用中断方式实现数据传输。这两个芯片都为 SPI 总线从设备接口,可以采用一个 AXI Quad SPI IP 核实现微处理器与这两个芯片之间的通信,接口电路如图 8-76 所示。

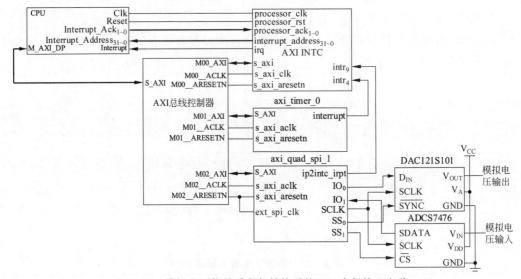

图 8-76　模拟电压信号采集与转换系统 SPI 串行接口电路

根据图 8-76 所示电路,Standalone BSP 中 xparameter.h 头文件定义的 Quad SPI 基地址、中断源引脚及掩码宏如图 8-77 所示。

由图 8-73 和图 8-75,可知这两个芯片 SPI 总线时序要求为:①高位优先;②一帧 16 位数据;③CPOL 及 CPHA 可为 01 或 10 组合;④自动从设备选择。AXI Quad SPI IP 核工作模式为标准 SPI 总线、主设备、数据宽度 16 位、不启用 FIFO、时钟分频系数为 8。当 ext_spi_clk 时钟频率为 100MHz 时,SCLK 时钟频率为 12.5MHz。

```
# define XPAR_SPI_1_BASEADDR 0x44A10000U
# define XPAR_AXI_QUAD_SPI_1_IP2INTC_IRPT_MASK 0X000200U
# define XPAR_MICROBLAZE_0_AXI_INTC_AXI_QUAD_SPI_1_IP2INTC_IRPT_INTR \
                                                                  9U
# define XPAR_INTC_0_SPI_1_VEC_ID \
    XPAR_MICROBLAZE_0_AXI_INTC_AXI_QUAD_SPI_1_IP2INTC_IRPT_INTR
```

图 8-77　Standalone BSP 中 xparameter.h 头文件定义的 SPI 接口基地址、中断源引脚及掩码宏

控制程序要求采用中断方式采集数据及输出数据,由于仅需采集 100 个数据样本,因此定时器每中断一次通过 SPI 总线控制 ADCS7476 采集一个数据,并在主程序中统计是否采集了 100 个样本。若采集完毕,则关闭定时器中断。之后通过 SPI 总线控制 DAC121S101 周期性输出 100 个数据样本,由于 AXI Quad SPI IP 核不采用 FIFO,因此, 每发送一个数据,需等待发送数据寄存器空中断。中断服务程序将下一个 数据送入发送数据寄存器。由此得到模拟电压信号采集与转换系统主控制 程序流程如图 8-78 所示,定时器中断服务程序流程如图 8-79 所示,AXI Quad SPI IP 核中断服务程序流程如图 8-80 所示。

实践视频

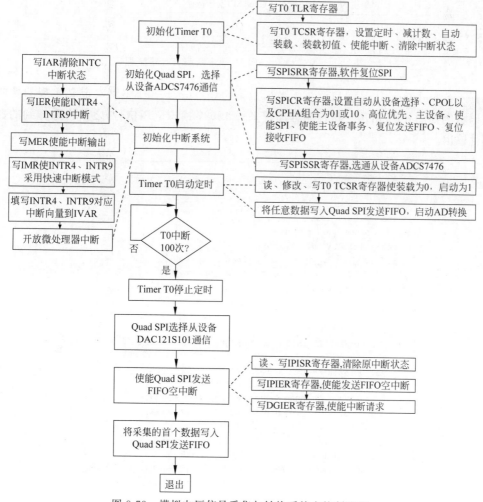

图 8-78　模拟电压信号采集与转换系统主控制流程

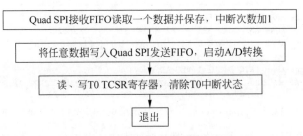

图 8-79 定时器中断服务程序流程

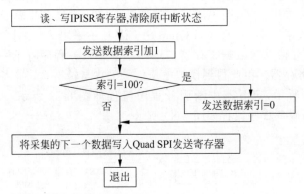

图 8-80   AXI Quad SPI IP 核中断服务程序流程

基于 Standalone BSP 端口读写函数以及 INTC、Timer、SPI 驱动宏定义实现的控制程序代码示例如图 8-81 所示。该控制程序仅采样 100 个模拟电压信号,之后将采样到的数据周期性输出。

```
# include "xtmrctr_l.h"
# include "xspi_l.h"
# include "xintc_l.h"
# include "xil_io.h"
# include "xil_exception.h"
# define RESET_VALUE 2000 - 2
void T0Handler() __attribute__((fast_interrupt));
void SPIHandler() __attribute__((fast_interrupt));
short samples[100];
int int_times;
int main()
{   int status;
    Xil_Out32(XPAR_INTC_0_BASEADDR + XIN_IAR_OFFSET,
            Xil_In32(XPAR_INTC_0_BASEADDR + XIN_ISR_OFFSET));
    Xil_Out32(XPAR_INTC_0_BASEADDR + XIN_IER_OFFSET,
        XPAR_AXI_TIMER_0_INTERRUPT_MASK|
        XPAR_AXI_QUAD_SPI_1_IP2INTC_IRPT_MASK);
    Xil_Out32(XPAR_INTC_0_BASEADDR + XIN_IMR_OFFSET,
        XPAR_AXI_TIMER_0_INTERRUPT_MASK|
        XPAR_AXI_QUAD_SPI_1_IP2INTC_IRPT_MASK);
    Xil_Out32(XPAR_INTC_0_BASEADDR + XIN_MER_OFFSET,
      XIN_INT_MASTER_ENABLE_MASK|XIN_INT_HARDWARE_ENABLE_MASK);
```

图 8-81   端口读写函数实现的控制程序代码

```
    Xil_Out32(XPAR_INTC_0_BASEADDR + XIN_IVAR_OFFSET +
            4 * XPAR_INTC_0_TMRCTR_0_VEC_ID,(int)T0Handler);
    Xil_Out32(XPAR_INTC_0_BASEADDR + XIN_IVAR_OFFSET +
            4 * XPAR_INTC_0_SPI_1_VEC_ID,(int)SPIHandler);
    microblaze_enable_interrupts();

    Xil_Out32(XPAR_TMRCTR_0_BASEADDR + XTC_TLR_OFFSET,RESET_VALUE);
    Xil_Out32(XPAR_TMRCTR_0_BASEADDR + XTC_TCSR_OFFSET,
            XTC_CSR_INT_OCCURED_MASK|XTC_CSR_AUTO_RELOAD_MASK|
            XTC_CSR_DOWN_COUNT_MASK|XTC_CSR_LOAD_MASK|
            XTC_CSR_ENABLE_INT_MASK);
    status = Xil_In32(XPAR_TMRCTR_0_BASEADDR + XTC_TCSR_OFFSET);
    status = (status&(~XTC_CSR_LOAD_MASK))|XTC_CSR_ENABLE_TMR_MASK;
    Xil_Out32(XPAR_TMRCTR_0_BASEADDR + XTC_TCSR_OFFSET,status);
    Xil_Out32(XPAR_SPI_1_BASEADDR + XSP_SRR_OFFSET,XSP_SRR_RESET_MASK);
    Xil_Out32(XPAR_SPI_1_BASEADDR + XSP_CR_OFFSET,XSP_CR_ENABLE_MASK|
                XSP_CR_MASTER_MODE_MASK|XSP_CR_CLK_POLARITY_MASK
                |XSP_CR_TXFIFO_RESET_MASK|XSP_CR_RXFIFO_RESET_MASK);
    Xil_Out32(XPAR_SPI_1_BASEADDR + XSP_SSR_OFFSET,0x1);
    Xil_Out32(XPAR_SPI_1_BASEADDR + XSP_DTR_OFFSET,0x0);
    while(int_times < 100);
    status = Xil_In32(XPAR_TMRCTR_0_BASEADDR + XTC_TCSR_OFFSET);
    status = status&(~XTC_CSR_ENABLE_TMR_MASK);
    Xil_Out32(XPAR_TMRCTR_0_BASEADDR + XTC_TCSR_OFFSET,status);
    Xil_Out32(XPAR_SPI_1_BASEADDR + XSP_SSR_OFFSET,0x2);
    Xil_Out32(XPAR_SPI_1_BASEADDR + XSP_IISR_OFFSET,
                Xil_In32(XPAR_SPI_1_BASEADDR + XSP_IISR_OFFSET));
    Xil_Out32(XPAR_SPI_1_BASEADDR + XSP_IIER_OFFSET,
                XSP_INTR_TX_EMPTY_MASK);
    Xil_Out32(XPAR_SPI_1_BASEADDR + XSP_DGIER_OFFSET,
                XSP_GINTR_ENABLE_MASK);
    int_times = 0;
    Xil_Out32(XPAR_SPI_1_BASEADDR + XSP_DTR_OFFSET,samples[int_times]);
    return 0;
}
void T0Handler()
{
samples[int_times] = (short)(Xil_In32(XPAR_SPI_1_BASEADDR + XSP_DRR_OFFSET)&0xfff);
int_times++;
Xil_Out32(XPAR_SPI_1_BASEADDR + XSP_DTR_OFFSET,0x0);
Xil_Out32(XPAR_TMRCTR_0_BASEADDR + XTC_TCSR_OFFSET,
            Xil_In32(XPAR_TMRCTR_0_BASEADDR + XTC_TCSR_OFFSET));
}
void SPIHandler()
{
    Xil_Out32(XPAR_SPI_1_BASEADDR + XSP_IISR_OFFSET,
            Xil_In32(XPAR_SPI_1_BASEADDR + XSP_IISR_OFFSET));
    int_times++;
    if(int_times == 100)
        int_times = 0;
    Xil_Out32(XPAR_SPI_1_BASEADDR + XSP_DTR_OFFSET,samples[int_times]);
}
```

图 8-81 （续）

8.5.4 多中断源应用示例

例8.9 已知 MicroBlaze 计算机系统 I/O 接口电路如图 8-82 所示,要求编写中断方式控制程序实现以下功能:①16 个 LED 流水灯轮流循环亮灭,且循环速度可通过两个独立按键步进控制,其中一个按键每按一次步进增速,另一个按键每按一次步进减速;②4 个七段数码管实时显示 16 位独立开关表示的十六进制数。

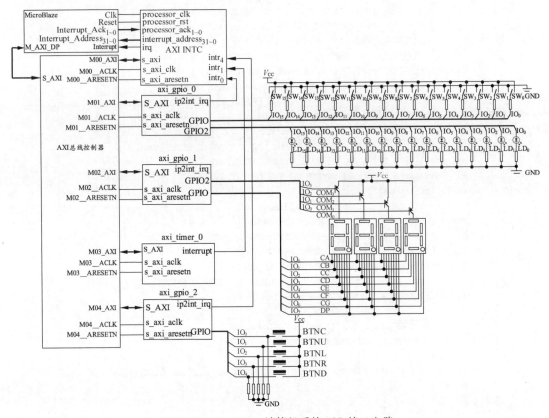

图 8-82　MicroBlaze 计算机系统 I/O 接口电路

解答:LED 流水灯以及七段数码管动态显示电路都需要硬件定时中断,由于流水灯定时时间间隔要求可调,且可长可短,而七段数码管显示利用视觉暂留效应,定时间隔不能被人察觉,因此这两处硬件定时不能采用同一个计数器,可分别采用计数器 T0、T1 实现定时控制。

若计数器 T0 实现流水灯控制,T1 实现七段数码管动态显示控制,那么 T0 中断时,中断事务处理为点亮当前位置的 LED 灯,并且将 LED 灯点亮位置修改为下一位。T0 的定时间隔由按键步进调节,初始时设定为默认值。T1 中断时,中断事务处理为点亮当前位置的七段数码管,即输出当前位置的七段数码管段码和位码,并且将七段数码管点亮位置修改为下一位。T1 的定时间隔需满足视觉暂留效应要求。

开关状态输入以及按键状态输入都由 GPIO 中断事务处理实现。其中开关对应的 GPIO 中断事务处理除了读入开关状态,还需根据开关状态更新七段数码管显示缓冲区。按键对应的 GPIO 中断事务处理除了读入按键状态,还需根据所按按键修改 T0 的预置值,即写 TLR0 寄存器,以调节 T0 的定时间隔。

由此可知,该应用示例共 4 个中断源,其中 T0、T1 由于共用一个 Timer IP 核,因此从 INTC 的角度来看仅 3 个中断源。若采用快速中断方式,控制程序需编写 3 个中断服务程序,并向 INTC 的中断向量表填写这 3 个中断服务程序的中断向量。Timer 的中断服务程序需进一步查询判断是 T0 还是 T1 产生的中断,并调用相应的中断事务处理函数。

由于中断服务程序不能带参数,因此中断服务程序需操作的所有变量都声明为全局变量。

根据图 8-82 所示电路,Standalone BSP 中 xparameters.h 头文件中定义的各个 I/O 接口 IP 核基地址、中断类型码、中断掩码宏如图 8-83 所示。

```
# define XPAR_AXI_GPIO_0_BASEADDR 0x40000000
# define XPAR_AXI_GPIO_1_BASEADDR 0x40010000
# define XPAR_AXI_GPIO_2_BASEADDR 0x40020000
# define XPAR_AXI_TIMER_0_BASEADDR 0x41C00000U
# define XPAR_INTC_0_BASEADDR 0x41200000U
# define XPAR_AXI_GPIO_0_IP2INTC_IRPT_MASK 0X000001U
# define XPAR_MICROBLAZE_0_AXI_INTC_AXI_GPIO_0_IP2INTC_IRPT_INTR 0U
# define XPAR_AXI_GPIO_2_IP2INTC_IRPT_MASK 0X000002U
# define XPAR_MICROBLAZE_0_AXI_INTC_AXI_GPIO_2_IP2INTC_IRPT_INTR 1U
# define XPAR_AXI_TIMER_0_INTERRUPT_MASK 0X000010U
# define XPAR_MICROBLAZE_0_AXI_INTC_AXI_TIMER_0_INTERRUPT_INTR 4U
# define XPAR_INTC_0_GPIO_0_VEC_ID\
 XPAR_MICROBLAZE_0_AXI_INTC_AXI_GPIO_0_IP2INTC_IRPT_INTR
# define XPAR_INTC_0_GPIO_2_VEC_ID\
 XPAR_MICROBLAZE_0_AXI_INTC_AXI_GPIO_2_IP2INTC_IRPT_INTR
# define XPAR_INTC_0_TMRCTR_0_VEC_ID\
 XPAR_MICROBLAZE_0_AXI_INTC_AXI_TIMER_0_INTERRUPT_INTR
```

图 8-83 IP 核基地址、中断类型码、中断掩码宏定义

多中断源快速中断方式控制程序代码示例如图 8-84 所示。

```
# include "xil_io.h"
# include "stdio.h"
# include "xintc_l.h"
# include "xtmrctr_l.h"
# include "xgpio_l.h"
# define RESET_VALUE0    100000000 - 2
# define RESET_VALUE1    100000 - 2
# define STEP_PACE 10000000
void switch_handle() __attribute__ ((fast_interrupt));
void button_handle() __attribute__ ((fast_interrupt));
void timer_handle() __attribute__ ((fast_interrupt));
void timer0_handle();
void timer1_handle();
char segtable[16] = {0xc0,0xf9,0xa4,0xb0,0x99,0x92,0x82,0xf8,0x80,0x98,\
            0x88,0x83,0xc6,0xa1,0x86,0x8e};
char segcode[4] = {0xc0,0xc0,0xc0,0xc0};
short poscode[4] = {0xf7,0xfb,0xfd,0xfe};
int ledbits = 0;
int pos = 0;
```

图 8-84 多中断源快速中断方式控制程序代码示例

```
int main()
{//GPIO 输入输出配置
Xil_Out16(XPAR_AXI_GPIO_0_BASEADDR + XGPIO_TRI_OFFSET,0xffff);
Xil_Out16(XPAR_AXI_GPIO_0_BASEADDR + XGPIO_TRI2_OFFSET,0x0);
Xil_Out16(XPAR_AXI_GPIO_0_BASEADDR + XGPIO_DATA2_OFFSET,0x1);
Xil_Out8(XPAR_AXI_GPIO_1_BASEADDR + XGPIO_TRI_OFFSET,0x0);
Xil_Out8(XPAR_AXI_GPIO_1_BASEADDR + XGPIO_TRI2_OFFSET,0x0);
Xil_Out8(XPAR_AXI_GPIO_2_BASEADDR + XGPIO_TRI_OFFSET,0x1f);
//GPIO 中断使能
Xil_Out32(XPAR_AXI_GPIO_2_BASEADDR + XGPIO_ISR_OFFSET,\
Xil_Out32(XPAR_AXI_GPIO_2_BASEADDR + XGPIO_IER_OFFSET,\
        XGPIO_IR_CH1_MASK);
Xil_Out32(XPAR_AXI_GPIO_2_BASEADDR + XGPIO_GIE_OFFSET,\
        XGPIO_GIE_GINTR_ENABLE_MASK);
Xil_Out32(XPAR_AXI_GPIO_0_BASEADDR + XGPIO_ISR_OFFSET,\
Xil_Out32(XPAR_AXI_GPIO_0_BASEADDR + XGPIO_IER_OFFSET,\
        XGPIO_IR_CH1_MASK);
Xil_Out32(XPAR_AXI_GPIO_0_BASEADDR + XGPIO_GIE_OFFSET,
        XGPIO_GIE_GINTR_ENABLE_MASK);
//初始化 T0
Xil_Out32(XPAR_AXI_TIMER_0_BASEADDR + XTC_TCSR_OFFSET,\
        Xil_In32(XPAR_AXI_TIMER_0_BASEADDR + XTC_TCSR_OFFSET)&\
        ~XTC_CSR_ENABLE_TMR_MASK);
Xil_Out32(XPAR_AXI_TIMER_0_BASEADDR + XTC_TLR_OFFSET,RESET_VALUE0);
Xil_Out32(XPAR_AXI_TIMER_0_BASEADDR + XTC_TCSR_OFFSET,\
        Xil_In32(XPAR_AXI_TIMER_0_BASEADDR + XTC_TCSR_OFFSET)|\
        XTC_CSR_LOAD_MASK);
Xil_Out32(XPAR_AXI_TIMER_0_BASEADDR + XTC_TCSR_OFFSET,\
        (Xil_In32(XPAR_AXI_TIMER_0_BASEADDR + XTC_TCSR_OFFSET)&\
        ~XTC_CSR_LOAD_MASK)|XTC_CSR_ENABLE_TMR_MASK|\
        XTC_CSR_AUTO_RELOAD_MASK|XTC_CSR_ENABLE_INT_MASK|\
        XTC_CSR_DOWN_COUNT_MASK|XTC_CSR_INT_DCCURED_MASK);
//初始化 T1
Xil_Out32(XPAR_AXI_TIMER_0_BASEADDR + XTC_TIMER_COUNTER_OFFSET + \
        XTC_TCSR_OFFSET,Xil_In32(XPAR_AXI_TIMER_0_BASEADDR + \
        XTC_TIMER_COUNTER_OFFSET + XTC_TCSR_OFFSET)&\
        ~XTC_CSR_ENABLE_TMR_MASK);
Xil_Out32(XPAR_AXI_TIMER_0_BASEADDR + XTC_TIMER_COUNTER_OFFSET + \
        XTC_TLR_OFFSET,RESET_VALUE1);
Xil_Out32(XPAR_AXI_TIMER_0_BASEADDR + XTC_TIMER_COUNTER_OFFSET + \
        XTC_TCSR_OFFSET,Xil_In32(XPAR_AXI_TIMER_0_BASEADDR + \
        XTC_TIMER_COUNTER_OFFSET + XTC_TCSR_OFFSET)|\
        XTC_CSR_LOAD_MASK);
Xil_Out32(XPAR_AXI_TIMER_0_BASEADDR + XTC_TIMER_COUNTER_OFFSET + \
        XTC_TCSR_OFFSET,(Xil_In32(XPAR_AXI_TIMER_0_BASEADDR + \
        XTC_TIMER_COUNTER_OFFSET + XTC_TCSR_OFFSET)&\
        ~XTC_CSR_LOAD_MASK)|XTC_CSR_ENABLE_TMR_MASK|\
        XTC_CSR_AUTO_RELOAD_MASK|XTC_CSR_ENABLE_INT_MASK|\
        XTC_CSR_DOWN_COUNT_MASK|XTC_CSR_INT_DCCURED_MASK);
//初始化 INTC、使能中断
Xil_Out32(XPAR_INTC_0_BASEADDR + XIN_IAR_OFFSET,\
Xil_Out32(XPAR_INTC_0_BASEADDR + XIN_IMR_OFFSET,\
        XPAR_AXI_GPIO_0_IP2INTC_IRPT_MASK|\
        XPAR_AXI_GPIO_2_IP2INTC_IRPT_MASK|\
        XPAR_AXI_TIMER_0_INTERRUPT_MASK);
```

图 8-84 （续）

```
Xil_Out32(XPAR_INTC_0_BASEADDR + XIN_IER_OFFSET,\
        XPAR_AXI_GPIO_0_IP2INTC_IRPT_MASK|\
        XPAR_AXI_GPIO_2_IP2INTC_IRPT_MASK|\
        XPAR_AXI_TIMER_0_INTERRUPT_MASK);
Xil_Out32(XPAR_INTC_0_BASEADDR + XIN_MER_OFFSET,\
    XIN_INT_MASTER_ENABLE_MASK|XIN_INT_HARDWARE_ENABLE_MASK);
Xil_Out32(XPAR_INTC_0_BASEADDR + XIN_IVAR_OFFSET + \
        4 * XPAR_INTC_0_GPIO_0_VEC_ID,(int)switch_handle);
Xil_Out32(XPAR_INTC_0_BASEADDR + XIN_IVAR_OFFSET + \
        4 * XPAR_INTC_0_GPIO_2_VEC_ID,(int)button_handle);
Xil_Out32(XPAR_INTC_0_BASEADDR + XIN_IVAR_OFFSET + \
        4 * XPAR_INTC_0_TMRCTR_0_VEC_ID,(int)timer_handle);
microblaze_enable_interrupts();
return 0;
}
void switch_handle()                //开关中断服务程序
{
    short hex = Xil_In16(XPAR_AXI_GPIO_0_BASEADDR + XGPIO_DATA_OFFSET);
    int segcode_index = 3;
    for(int digit_index = 0;digit_index < 4;digit_index++)
    {
        segcode[segcode_index] = segtable[(hex >> (4 * digit_index))&0xf];
        segcode_index -- ;
    }
    Xil_Out32(XPAR_AXI_GPIO_0_BASEADDR + XGPIO_ISR_OFFSET,\
        Xil_In32(XPAR_AXI_GPIO_0_BASEADDR + XGPIO_ISR_OFFSET));
}
void button_handle()                //按键中断服务程序
{
    char button;
    button = Xil_In8(XPAR_AXI_GPIO_2_BASEADDR + XGPIO_DATA_OFFSET)&0x1f;
    if(button == 0x2)               //BTNU 键
    Xil_Out32(XPAR_AXI_TIMER_0_BASEADDR + XTC_TLR_OFFSET,\
            Xil_In32(XPAR_AXI_TIMER_0_BASEADDR + XTC_TLR_OFFSET) - STEP_PACE);
    if (button == 0x10)             //BTND 键
    Xil_Out32(XPAR_AXI_TIMER_0_BASEADDR + XTC_TLR_OFFSET,\
            Xil_In32(XPAR_AXI_TIMER_0_BASEADDR + XTC_TLR_OFFSET) + STEP_PACE);
    Xil_Out32(XPAR_AXI_GPIO_2_BASEADDR + XGPIO_ISR_OFFSET,\
            Xil_In32(XPAR_AXI_GPIO_2_BASEADDR + XGPIO_ISR_OFFSET));
}
void timer_handle()                 //定时器中断服务程序
{
    int status;
//判断是否 T0 中断
    status = Xil_In32(XPAR_AXI_TIMER_0_BASEADDR + XTC_TCSR_OFFSET);
    if((status&XTC_CSR_INT_OCCURED_MASK) == \
            XTC_CSR_INT_OCCURED_MASK)
    timer0_handle();
    Xil_Out32(XPAR_AXI_TIMER_0_BASEADDR + XTC_TCSR_OFFSET,\
            STATUS));
//判断是否 T1 中断
    status = Xil_In32(XPAR_AXI_TIMER_0_BASEADDR + \
            XTC_TIMER_COUNTER_OFFSET + XTC_TCSR_OFFSET);
    if((status&XTC_CSR_INT_OCCURED_MASK) == \
            XTC_CSR_INT_OCCURED_MASK)
    timer1_handle();
```

图 8-84 (续)

```
        Xil_Out32(XPAR_AXI_TIMER_0_BASEADDR + XTC_TIMER_COUNTER_OFFSET + \
                  XTC_TCSR_OFFSET, STATUS);
}
void timer0_handle() //T0 中断事务处理
{
    ledbits++;
    if(ledbits == 16)
        ledbits = 0;
    Xil_Out16(XPAR_AXI_GPIO_0_BASEADDR + XGPIO_DATA2_OFFSET, 1 << ledbits);
}
void timer1_handle() //T1 中断事务处理
{
    Xil_Out16(XPAR_AXI_GPIO_1_BASEADDR + XGPIO_DATA_OFFSET, segcode[pos]);
    Xil_Out16(XPAR_AXI_GPIO_1_BASEADDR + XGPIO_DATA2_OFFSET, poscode[pos]);
    pos++;
    if(pos == 4)
        pos = 0;
}
```

图 8-84 (续)

若采用普通中断方式,控制程序中仅一个中断服务程序,该中断服务程序需查询 INTC 的中断状态寄存器,识别各个中断源,再调用相应中断事务处理函数。多中断源普通中断方式控制程序代码示例如图 8-85 所示。与快速中断方式控制程序设计不同之处在于:①中断系统初始化程序不需要填写 INTC 中断向量表,不需配置 INTC 工作在快速中断方式;②仅声明一个中断服务程序 My_ISR,由 My_ISR 调用各个中断源的中断事务处理函数;③中断服务程序返回前,写 INTC IAR 寄存器清除 INTC 的 ISR 中断请求状态。

```
# include "xil_io.h"
# include "stdio.h"
# include "xintc_l.h"
# include "xtmrctr_l.h"
# include "xgpio_l.h"
# define RESET_VALUE0    100000000 - 2
# define RESET_VALUE1    100000 - 2
# define STEP_PACE 10000000
void My_ISR()__attribute__ ((interrupt_handler));
void switch_handle();
void button_handle();
void timer_handle();
void timer0_handle();
void timer1_handle();
char segtable[16] = {0xc0,0xf9,0xa4,0xb0,0x99,0x92,0x82,0xf8,0x80,0x98,\
0x88,0x83,0xc6,0xa1,0x86,0x8e};
char segcode[4] = {0xc0,0xc0,0xc0,0xc0};
short poscode[4] = {0xf7,0xfb,0xfd,0xfe};
int ledbits = 0;
int pos = 0;
int main()
{//GPIO 输入/输出配置
Xil_Out16(XPAR_AXI_GPIO_0_BASEADDR + XGPIO_TRI_OFFSET, 0xffff);
Xil_Out16(XPAR_AXI_GPIO_0_BASEADDR + XGPIO_TRI2_OFFSET, 0x0);
```

图 8-85 多中断源普通中断方式控制程序代码示例

```
Xil_Out16(XPAR_AXI_GPIO_0_BASEADDR + XGPIO_DATA2_OFFSET,0x1);
Xil_Out8(XPAR_AXI_GPIO_1_BASEADDR + XGPIO_TRI_OFFSET,0x0);
Xil_Out8(XPAR_AXI_GPIO_1_BASEADDR + XGPIO_TRI2_OFFSET,0x0);
Xil_Out8(XPAR_AXI_GPIO_2_BASEADDR + XGPIO_TRI_OFFSET,0x1f);
//GPIO 中断使能
Xil_Out32(XPAR_AXI_GPIO_2_BASEADDR + XGPIO_ISR_OFFSET;
Xil_Out32(XPAR_AXI_GPIO_2_BASEADDR + XGPIO_IER_OFFSET,\
          XGPIO_IR_CH1_MASK);
Xil_Out32(XPAR_AXI_GPIO_2_BASEADDR + XGPIO_GIE_OFFSET,\
          XGPIO_GIE_GINTR_ENABLE_MASK);
Xil_Out32(XPAR_AXI_GPIO_0_BASEADDR + XGPIO_ISR_OFFSET;
Xil_Out32(XPAR_AXI_GPIO_0_BASEADDR + XGPIO_IER_OFFSET,\
          XGPIO_IR_CH1_MASK);
Xil_Out32(XPAR_AXI_GPIO_0_BASEADDR + XGPIO_GIE_OFFSET,
          XGPIO_GIE_GINTR_ENABLE_MASK);
//初始化 T0
Xil_Out32(XPAR_AXI_TIMER_0_BASEADDR + XTC_TCSR_OFFSET,\
Xil_In32(XPAR_AXI_TIMER_0_BASEADDR + XTC_TCSR_OFFSET)&\
          ~XTC_CSR_ENABLE_TMR_MASK);
Xil_Out32(XPAR_AXI_TIMER_0_BASEADDR + XTC_TLR_OFFSET,RESET_VALUE0);
Xil_Out32(XPAR_AXI_TIMER_0_BASEADDR + XTC_TCSR_OFFSET,\
          Xil_In32(XPAR_AXI_TIMER_0_BASEADDR + XTC_TCSR_OFFSET)|\
          XTC_CSR_LOAD_MASK);
Xil_Out32(XPAR_AXI_TIMER_0_BASEADDR + XTC_TCSR_OFFSET,\
          (Xil_In32(XPAR_AXI_TIMER_0_BASEADDR + XTC_TCSR_OFFSET)&\
          ~XTC_CSR_LOAD_MASK)|XTC_CSR_ENABLE_TMR_MASK|\
          XTC_CSR_AUTO_RELOAD_MASK|XTC_CSR_ENABLE_INT_MASK|\
          XTC_CSR_DOWN_COUNT_MASK|XTC_CSR_INT_OCCURED_MASK);
//初始化 T1
Xil_Out32(XPAR_AXI_TIMER_0_BASEADDR + XTC_TIMER_COUNTER_OFFSET + \
          XTC_TCSR_OFFSET,Xil_In32(XPAR_AXI_TIMER_0_BASEADDR + \
          XTC_TIMER_COUNTER_OFFSET + XTC_TCSR_OFFSET)&\
          ~XTC_CSR_ENABLE_TMR_MASK);
Xil_Out32(XPAR_AXI_TIMER_0_BASEADDR + XTC_TIMER_COUNTER_OFFSET + \
          XTC_TLR_OFFSET,RESET_VALUE1);
Xil_Out32(XPAR_AXI_TIMER_0_BASEADDR + XTC_TIMER_COUNTER_OFFSET + \
          XTC_TCSR_OFFSET,Xil_In32(XPAR_AXI_TIMER_0_BASEADDR + \
          XTC_TIMER_COUNTER_OFFSET + XTC_TCSR_OFFSET)|\
          XTC_CSR_LOAD_MASK);
Xil_Out32(XPAR_AXI_TIMER_0_BASEADDR + XTC_TIMER_COUNTER_OFFSET + \
          XTC_TCSR_OFFSET,(Xil_In32(XPAR_AXI_TIMER_0_BASEADDR + \
          XTC_TIMER_COUNTER_OFFSET + XTC_TCSR_OFFSET)&\
          ~XTC_CSR_LOAD_MASK)|XTC_CSR_ENABLE_TMR_MASK|\
          XTC_CSR_AUTO_RELOAD_MASK|XTC_CSR_ENABLE_INT_MASK|\
          XTC_CSR_DOWN_COUNT_MASK|XTC_CSR_INT_OCCURED_MASK);
//初始化 INTC、开中断
Xil_Out32(XPAR_INTC_0_BASEADDR + XIN_IAR_OFFSET;
Xil_Out32(XPAR_INTC_0_BASEADDR + XIN_IER_OFFSET,\
          XPAR_AXI_GPIO_0_IP2INTC_IRPT_MASK|\
          XPAR_AXI_GPIO_2_IP2INTC_IRPT_MASK|\
          XPAR_AXI_TIMER_0_INTERRUPT_MASK);
Xil_Out32(XPAR_INTC_0_BASEADDR + XIN_MER_OFFSET,\
    XIN_INT_MASTER_ENABLE_MASK|XIN_INT_HARDWARE_ENABLE_MASK);
microblaze_enable_interrupts();
return 0;
}
```

图 8-85　（续）

```c
void My_ISR()
{
int status;
status = Xil_In32(XPAR_INTC_0_BASEADDR + XIN_ISR_OFFSET);
if((status&XPAR_AXI_GPIO_0_IP2INTC_IRPT_MASK) == \
        XPAR_AXI_GPIO_0_IP2INTC_IRPT_MASK)
    switch_handle();
if((status&XPAR_AXI_GPIO_2_IP2INTC_IRPT_MASK) == \
        XPAR_AXI_GPIO_2_IP2INTC_IRPT_MASK)
    button_handle();
if ((status&XPAR_AXI_TIMER_0_INTERRUPT_MASK) == \
        XPAR_AXI_TIMER_0_INTERRUPT_MASK)
    timer_handle();
Xil_Out32(XPAR_INTC_0_BASEADDR + XIN_IAR_OFFSET, status);
}
void switch_handle()          //开关中断服务程序
{
    short hex = Xil_In16(XPAR_AXI_GPIO_0_BASEADDR + XGPIO_DATA_OFFSET);
    int segcode_index = 3;
    for(int digit_index = 0; digit_index < 4; digit_index++)
    {
        segcode[segcode_index] = segtable[(hex >> (4 * digit_index))&0xf];
        segcode_index -- ;
    }
    Xil_Out32(XPAR_AXI_GPIO_0_BASEADDR + XGPIO_ISR_OFFSET, \
        Xil_In32(XPAR_AXI_GPIO_0_BASEADDR + XGPIO_ISR_OFFSET));
}
void button_handle()          //按键中断服务程序
{
    char button;
    button = Xil_In8(XPAR_AXI_GPIO_2_BASEADDR + XGPIO_DATA_OFFSET)&0x1f;
    xil_printf("button % x\n", button);
    if(button == 0x2)          //BTNU 键
    Xil_Out32(XPAR_AXI_TIMER_0_BASEADDR + XTC_TLR_OFFSET, \
    Xil_In32(XPAR_AXI_TIMER_0_BASEADDR + XTC_TLR_OFFSET) - STEP_PACE);
    if (button == 0x10)          //BTND 键
    Xil_Out32(XPAR_AXI_TIMER_0_BASEADDR + XTC_TLR_OFFSET, \
        Xil_In32(XPAR_AXI_TIMER_0_BASEADDR + XTC_TLR_OFFSET) + STEP_PACE);
    Xil_Out32(XPAR_AXI_GPIO_2_BASEADDR + XGPIO_ISR_OFFSET, \
        Xil_In32(XPAR_AXI_GPIO_2_BASEADDR + XGPIO_ISR_OFFSET));
}
void timer_handle()                //定时器中断服务程序
{
    int status;
//判断是否 T0 中断
    status = Xil_In32(XPAR_AXI_TIMER_0_BASEADDR + XTC_TCSR_OFFSET);
    if((status&XTC_CSR_INT_OCCURED_MASK) == \
            XTC_CSR_INT_OCCURED_MASK)
    timer0_handle();
    Xil_Out32(XPAR_AXI_TIMER_0_BASEADDR + XTC_TCSR_OFFSET, \
            STATUS);
//判断是否 T1 中断
    status = Xil_In32(XPAR_AXI_TIMER_0_BASEADDR + \
            XTC_TIMER_COUNTER_OFFSET + XTC_TCSR_OFFSET);
```

图 8-85 （续）

```
        if((status&XTC_CSR_INT_OCCURED_MASK) == \
                XTC_CSR_INT_OCCURED_MASK)
        timer1_handle();
        Xil_Out32(XPAR_AXI_TIMER_0_BASEADDR + XTC_TIMER_COUNTER_OFFSET + \
                XTC_TCSR_OFFSET, STATUS);
    }
    void timer0_handle()                    //T0 中断事务处理
    {
        ledbits++;
        if(ledbits == 16)
            ledbits = 0;
        Xil_Out16(XPAR_AXI_GPIO_0_BASEADDR + XGPIO_DATA2_OFFSET,1 << ledbits);
    }
    void timer1_handle()                    //T1 中断事务处理
    {
    Xil_Out16(XPAR_AXI_GPIO_1_BASEADDR + XGPIO_DATA_OFFSET,segcode[pos]);
    Xil_Out16(XPAR_AXI_GPIO_1_BASEADDR + XGPIO_DATA2_OFFSET,poscode[pos]);
        pos++;
        if(pos == 4)
            pos = 0;
    }
```

图 8-85　（续）

本章小结

中断控制器是计算机系统实现中断管理的一个重要部件，它实现中断请求信号保持与清除、中断源识别、中断使能控制、中断优先级设置等功能，配合微处理器实现多中断源管理。中断控制器由寄存器以及中断控制逻辑电路构成，寄存器按照功能分为中断状态寄存器、中断使能寄存器、中断响应寄存器等。

AXI INTC 中断控制器是基于 AXI 总线的可编程中断控制器软核，它支持单片、级联、快速中断、普通中断等不同工作模式。级联还是单片由硬件设定，普通中断还是快速中断可由软件设定。快速中断模式时，INTC 提供硬件中断向量表，在中断响应周期向微处理器提供中断向量，根据微处理器中断响应周期提供的中断响应信号自动清除中断状态；普通中断模式时，由软件维护中断向量表以及读取中断状态寄存器识别中断源，并且需在中断服务程序中写中断响应寄存器清除 INTC 的中断状态寄存器。

微处理器只有在执行完现行指令且开中断时才检测是否存在中断。若有中断，则进入中断响应周期：①关中断、保护断点；②读取中断向量、转入中断服务程序；③中断服务；④中断返回、开中断。MicroBlaze 微处理器在一段特定存储空间保存异常处理程序跳转控制指令，且每类异常事件在这段存储空间中仅存储两条指令实现直接跳转。其中外部硬件中断跳转指令保存在 C_BASE_VECTORS＋0x10 处，即普通中断模式下，INTC 在中断响应周期送出该中断向量给 MicroBlaze 微处理器。

中断方式控制程序一般包含两个程序：中断系统初始化程序和中断服务程序。中断系统初始化程序主要完成设备初始化、中断系统初始化（使能中断、填写中断向量表）等功能；中断服务程序主要完成中断事务处理以及清除中断状态等。中断服务程序由硬件中断源调用,因此不带参数。若设备中断服务程序由总中断服务程序调用,则可以带参数,此时设备中断服务程序并非真正意义上的中断服务程序,而是总中断服务程序的子函数。

mb-gcc 编译器为中断服务程序定义了两个函数属性参数：interrupt_handler 和 fast_interrupt。当函数声明为这两种类型时,mb-gcc 编译器自动在函数入口处添加保护现场指令、函数返回之前添加恢复现场指令以及将函数返回指令编译为中断返回指令。这两种属性的函数都不能带参数。若函数声明为 interrupt_handler,mb-gcc 编译时将函数入口地址作为跳转控制指令操作数合成跳转控制指令机器码填入 C_BASE_VECTORS+0x10 处,且系统中仅允许一个函数声明为该属性。若函数属性声明为"fast_interrupt",由软件将函数入口地址填入 INTC 维护的硬件中断向量表。

I/O 中断方式通信是计算机系统应用最为广泛的接口通信方式。当计算机系统运行复杂软件系统时,中断方式也是软件各模块之间通信方式之一。由于中断服务程序相互之间不存在主、子程序关系,因此中断服务程序常通过全局变量实现不同程序之间的信息互传。由于篇幅有限,本章仅介绍了 GPIO、定时器以及 SPI 总线接口等有限的几个中断应用示例,读者需结合不同外设工作原理进一步实践中断方式接口电路和控制程序设计。

思考与练习题

1. 计算机系统中断控制器一般应具有哪些功能？各个功能的具体含义是什么？

2. 什么是中断源？计算机系统采用哪些方法识别中断源？中断请求信号可以是哪些类型的信号？

3. 什么是中断类型码？什么是中断向量？计算机系统有哪些方式获取中断类型码？

4. 中断优先级的含义是什么？中断嵌套采用什么规则？计算机系统可以采用哪些方法实现中断优先级管理？

5. 中断系统的中断使能控制体现在哪些方面？如何实现？

6. 假设图 8-7 中中断响应寄存器地址为 0x80,中断使能寄存器地址为 0x81,中断状态寄存器地址为 0x82,全局中断寄存器地址为 0x83,中断类型码寄存器地址为 0x85。若使能中断源 $READY_4 \sim READY_0$ 的中断请求输出,屏蔽其余中断源,如何基于 Xilinx 端口读写函数编程控制该中断控制器？当 $READY_4$ 和 $READY_0$ 同时产生中断请求时,中断状态寄存器和中断类型码寄存器的值分别是多少？若中断服务之后,要求清除这两个中断源的中断请求状态,应该如何控制？

7. 中断控制器 AXI INTC 普通中断模式与快速中断模式的差别是什么？INTC 维护的中断向量表首地址由哪个寄存器指示？各个中断向量占用多大 I/O 空间？中断向量表共占用多大 I/O 空间？

8. 中断控制器 AXI INTC 级联模式时,从中断控制器 AXI INTC 与主中断控制器 AXI INTC 之间如何连接,最多可以管理多少个中断源？哪个中断请求输入引脚中断优先级最高？

9. 简述中断控制器 AXI INTC 快速中断模式下中断处理过程。

10. 简述如何编程控制中断控制器 AXI INTC 实现软件中断。

11. 简述微处理器响应中断的一般处理过程。

12. MicroBlaze 微处理器响应可屏蔽中断时,中断响应周期的状态由哪些信号指示,各个状态的值和含义分别是什么？

13. MicroBlaze 微处理器如何维护硬件中断向量？各个中断向量入口处存放哪些指令？MicroBlaze 微处理器为各类中断源的中断服务程序预分配多大存储空间？可屏蔽中断采用哪个寄存器保护断点？

14. 中断方式 IO 控制程序分为哪几部分？各个部分主要实现什么功能？它们分别何时被微处理器执行？

15. mb-gcc 编译器如何将 C 语言函数申明为中断服务程序？若函数申明为中断服务程序，编译器编译时如何处理该函数？该类函数具有什么特点？为什么？

16. Standalone BSP 提供的 MicroBlaze 微处理器中断 API 函数有哪些？它们分别实现什么功能？使用时需包含哪个头文件？MicroBlaze 微处理器中断向量表的结构是什么？存储哪些信息？通过哪个 API 函数将用户中断处理函数填入 MicroBlaze 微处理器中断向量表？

17. 已知 Standalone BSP 的 xparameters.h 文件中关于 INTC 的一段宏定义如题图 8-1 所示，试指出该计算机系统 INTC 共连接了多少个中断源，其中 AXI_GPIO_0、AXI_GPIO_2、AXI_TIMER_3 分别连接到 INTC 的哪个 intr 引脚上？若需使能这 3 个中断源，屏蔽其余中断源，应向 INTC IER 寄存器写入的值是多少？

```
# define XPAR_MICROBLAZE_0_AXI_INTC_DEVICE_ID 0
# define XPAR_MICROBLAZE_0_AXI_INTC_BASEADDR 0x41200000
# define XPAR_MICROBLAZE_0_AXI_INTC_HIGHADDR 0x4120FFFF
# define XPAR_MICROBLAZE_0_AXI_INTC_KIND_OF_INTR 0xFFFFFF0C
# define XPAR_MICROBLAZE_0_AXI_INTC_HAS_FAST 1
# define XPAR_MICROBLAZE_0_AXI_INTC_IVAR_RESET_VALUE 0x00000010
# define XPAR_MICROBLAZE_0_AXI_INTC_NUM_INTR_INPUTS 10
# define XPAR_INTC_SINGLE_BASEADDR 0x41200000
# define XPAR_INTC_SINGLE_HIGHADDR 0x4120FFFF
# define XPAR_INTC_SINGLE_DEVICE_ID XPAR_MICROBLAZE_0_AXI_INTC_DEVICE_ID
# define XPAR_MICROBLAZE_0_AXI_INTC_TYPE 0U
# define XPAR_AXI_GPIO_0_IP2INTC_IRPT_MASK 0X000001U
# define XPAR_MICROBLAZE_0_AXI_INTC_AXI_GPIO_0_IP2INTC_IRPT_INTR 0U
# define XPAR_AXI_GPIO_2_IP2INTC_IRPT_MASK 0X000002U
# define XPAR_MICROBLAZE_0_AXI_INTC_AXI_GPIO_2_IP2INTC_IRPT_INTR 1U
# define XPAR_SYSTEM_IN2_0_MASK 0X000004U
# define XPAR_MICROBLAZE_0_AXI_INTC_SYSTEM_IN2_0_INTR 2U
# define XPAR_SYSTEM_IN3_0_MASK 0X000008U
# define XPAR_MICROBLAZE_0_AXI_INTC_SYSTEM_IN3_0_INTR 3U
# define XPAR_AXI_TIMER_0_INTERRUPT_MASK 0X000010U
# define XPAR_MICROBLAZE_0_AXI_INTC_AXI_TIMER_0_INTERRUPT_INTR 4U
# define XPAR_AXI_TIMER_1_INTERRUPT_MASK 0X000020U
# define XPAR_MICROBLAZE_0_AXI_INTC_AXI_TIMER_1_INTERRUPT_INTR 5U
# define XPAR_AXI_TIMER_2_INTERRUPT_MASK 0X000040U
# define XPAR_MICROBLAZE_0_AXI_INTC_AXI_TIMER_2_INTERRUPT_INTR 6U
# define XPAR_AXI_TIMER_3_INTERRUPT_MASK 0X000080U
# define XPAR_MICROBLAZE_0_AXI_INTC_AXI_TIMER_3_INTERRUPT_INTR 7U
# define XPAR_AXI_QUAD_SPI_0_IP2INTC_IRPT_MASK 0X000100U
# define XPAR_MICROBLAZE_0_AXI_INTC_AXI_QUAD_SPI_0_IP2INTC_IRPT_INTR 8U
# define XPAR_AXI_QUAD_SPI_1_IP2INTC_IRPT_MASK 0X000200U
# define XPAR_MICROBLAZE_0_AXI_INTC_AXI_QUAD_SPI_1_IP2INTC_IRPT_INTR 9U
```

题图 8-1 Standalone BSP 的 xparameters.h 文件中关于 INTC 的一段宏定义

18. 对比图 8-30 与图 8-32,说明 INTC 普通中断模式与快速中断模式端口读写函数实现的控制程序的差别。

19. 基于图 7-73 所示接口电路设计 GPIO 中断方式读取 16 位开关状态的接口电路,并编写控制程序实现以下功能:将 16 位开关对应的 4 位十六进制数字实时显示在 4 位七段数码管上。要求 4 位七段数码管动态显示延时控制采用软件延时实现,控制程序采用端口读写函数实现。

20. 设计图 7-28 所示矩阵键盘通过 GPIO 中断方式获取按键编码并显示在 4 位七段数码管上的接口电路及控制程序。要求将最近按下的 4 个按键依次显示在 4 位七段数码管上且最后按下的按键显示在最右边,每按一个按键其余按键字符依次向左移一位,数码管动态显示延时采用定时器中断实现,控制程序采用端口读写函数实现。

21. 已知某按键电路如题图 8-2 所示,试利用 GPIO 为该按键以及图 7-72 所示 16 位 LED 设计中断方式接口电路并编写控制程序。要求初始时 16 位 LED 灯奇数位亮、偶数位灭;若 BTNL 键按下,LED 灯逐个从低位到高位循环点亮,且每秒改变一位;若 BTNR 键按下,LED 灯逐个从高位到低位循环点亮,且每秒改变一位;若 BTNU 键按下,则每按一次 LED 循环点亮速度提高,每次改变灯点亮位置的时间缩短 0.1s,最短时间为 0.1s;若 BTND 键按下,则每按一次 LED 循环点亮速度降低,每次改变灯点亮位置的时间增长 0.1s,最长时间为 2s;若 BTNC 键

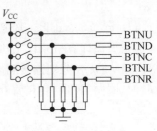

题图 8-2 按键电路

按下,则 LED 灯循环点亮速度复位为每秒改变 1 位。延时时间控制由定时器实现,控制程序采用端口读写函数编写。

22. 红外遥控系统采用红外发射管以及红外接收管实现红外无线通信,其电路结构如题图 8-3 所示。为增强抗干扰能力,Tx 发射端采用 38kHz 载波调制方式。红外收、发表示逻辑 0、1 的波形如题图 8-4 所示。试设计红外通信接口电路,并编写控制程序分别实现逻辑 1、逻辑 0 的发送和接收。

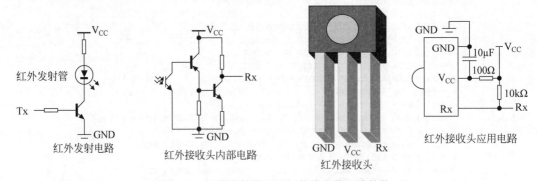

题图 8-3 红外发射管以及红外接收管电路结构

23. 设计 DAC121S101 接口控制电路,编写控制程序输出频率、幅度可调三角波、方波、锯齿波等。控制信号来自题图 8-2 所示按键,其中按键 BTNC 控制波形选择,每按一次切换一个波形;按键 BTNR、BTNL 控制输出波形幅度,BTNR 键每按一次幅度增倍,达到最大幅度停止增加;BTNL 键每按一次幅度缩小至原来的 1/2,达到最小幅度(满量程的 1/32)

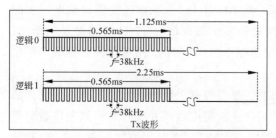
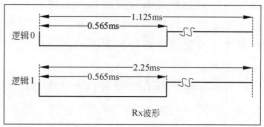

题图 8-4 红外收发波形

停止缩小；按键 BTNU、BTND 控制输出波形周期,BTNU 键每按一次周期增倍,达到最长周期停止增加；BTND 键每按一次周期缩短至原来的 1/2,达到最短周期停止缩短。

24. 设计控制 ADCS7476 采样外部模拟三角波信号 100 个数据的接口电路,数据采样频率可由题图 8-2 所示按键控制,其中 BTNU 键每按一次采样周期增倍,达到最长周期停止增加；BTND 键每按一次采样周期缩短至 1/2,达到最短周期停止缩短。

25. 已知某光电容积法脉搏测量心率传感器模块接口如题图 8-5 所示,试基于 ADCS7476 设计心率测量系统接口电路和控制程序实现以下功能：统计心率数据并显示在 3 位七段数码管上,单位为 bpm(beat per minute)。

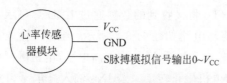

题图 8-5 心率传感器模块接口

26. HC-SR04＋超声波测距模块接口电路及工作原理如题图 8-6 所示,V_{CC} 为＋5V,若 Trig 引脚输入一个宽度为 10μs 以上的高电平,模块自动发送 8 个 40kHz 的方波,并检测是否有信号返回；若有信号返回,通过 Echo 引脚输出高电平,高电平持续时间为超声波从发射到返回的时间。探测距离＝(Echo 高电平时间×声速(340m/s))÷2。距离测量范围为 2～400cm,精度可达 0.2cm。试基于该超声波测距模块以及 4 位七段数码管动态显示接口电路设计一个超声波测距并显示的接口电路和控制程序实现以下功能：测距时间间隔为 0.1s,测量结果实时显示在 4 位七段数码管,单位为 mm。

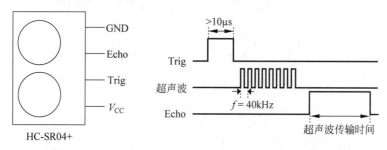

题图 8-6 HC-SR04＋超声波测距模块接口电路及工作原理

27. 三轴加速度传感器 ADXL362 能够测量动态加速度(由运动或冲击导致)和静态加速度(即重力)以及温度信息,查阅 ADXL362 数据手册,设计三轴加速度以及温度数据采集及显示接口电路并编写控制程序实现以下功能：将 ADXL362 三轴加速度以及温度值实时显示在 8 位七段数码管上；由 BTNC 按键轮流切换显示数据源,BTNU 键切换显示精度；最低 2 位开关设置测量范围；ADXL362 数据输出频率为 12.5Hz。所有外设数据输出都采用中断方式。

28. 查阅 AXI I²C IP 核以及 ADT7420 温度传感器数据手册,设计 ADT7420 温度传感器接口电路及控制程序实现以下功能：①每秒采样一次温度数据并实时显示到七段数码管上；②BTNU 键按一次显示高温阈值,按两次设定高温阈值,高温阈值数据来自 16 位开关的输入,若开关无输入,则不改变高温阈值；③BTND 键按一次显示低温阈值,按两次设定低温阈值,低温阈值数据来自 16 位开关的输入,若开关无输入,则不改变低温阈值；④BTNL 键按一次显示延迟温度值,按两次设定延迟温度值,延迟温度值数据来自 16 位开关的输入,若开关无输入,则不改变延迟温度值；⑤BTNR 按一次显示临界温度阈值,按两次设定临界温度阈值,临界温度值数据来自 16 位开关的输入,若开关无输入,则不改变临界温度阈值；⑥过温、欠温、超过临界状态实时显示在 16 位 LED 灯的低 3 位上。

29. 查阅 AXI UART Lite IP 核数据手册,设计两个 UART IP 核中断方式串行通信接口电路以及控制程序实现以下功能：①中断方式读取按键值,并将按键值同时写入两个 UART 的发送 FIFO；②UART 中断时,判断是否接收到按键数据；③UART1 将接收到的数据通过数码管显示,UART2 将接收到的数据通过 LED 灯显示。

30. 已知某直流电机驱动电路如题图 8-7 所示,当 IN1 输入高电平,IN2 输入低电平,电机逆时针旋转；当 IN1 输入低电平,IN2 输入高电平,电机顺时针旋转。IN1 以及 IN2 同时输入高电平或低电平时,电机停止转动。若 IN1 输入高电平,IN2 输入占空比可调 PWM 波,则可控制电机逆时针转速；若 IN2 输入高电平,IN1 输入占空比可调 PWM 波,则可控制电机顺时针转速。试设计采用题图 8-2 所示 5 个按键控制电机转速和转向的接口控制电路并编写控制程序实现以下功能：①BTNC 键每按一次改变一种运动模式,可在正转、停止、反转等模式之间循环切换；②BTNU 键实现 10 挡增速调速,达到最快速度不再增速；③BTND 键实现 10 挡减速调速,达到最慢速度不再减速。

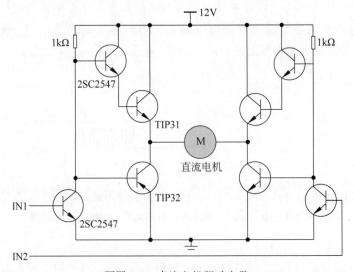

题图 8-7　直流电机驱动电路

31. L298N 是专用驱动集成电路,属于 H 桥集成电路,输出电流为 2A,最高电流 4A,最高工作电压 46V,可以驱动感性负载,如大功率直流电机、步进电机、电磁阀等,输入端可以与 GPIO 直接相连。当驱动直流电机时,可以实现电机正转与反转,并控制转速。L298N 驱动模块输入输出引脚如题图 8-8 所示。其中 VMS 为电机驱动电源输入,模块内部形成芯片 5V 电源,也可以输出 5V 电源,若 OUT1、OUT2 控制一个直流电机,OUT3、OUT4 控制一个直流电机,则该模块可以驱动二驱三轮小车运动。L298N 驱动逻辑如题表 8-1 所示。试设计采用题图 8-2 所示 5 个按键控制二驱三轮小车运动的接口控制电路并编写控制程序实现以下功能:①BTNC 键每按一次改变一种运动模式,可在前进、后退、左转、右转等模式之间循环切换;②BTNU 键实现 10 挡前进调速;③BTND 键实现 10 挡后退调速;④BTNL 键实现 10 挡左转调速;⑤BTNR 键实现 10 挡右转调速。

题图 8-8　L298N 驱动模块输入/输出引脚

题表 8-1　L298N 驱动逻辑

ENA	IN1	IN2	ENB	IN3	IN4	OUT1,OUT2	OUT3,OUT4
0	x	x	0	x	x	0	0
1	1	1	1	1	1	0	0
1	0	0	1	0	0	0	0
1	1	0	1	1	0	VMS	VMS
1	0	1	1	0	1	−VMS	−VMS

## 第 9 章

DMA 技术

计算机系统从外设获取数据,很多情况下并不需要立即处理,而只需存储到存储器中,因此外设数据没有必要传输到微处理器。另外,有些外设一次向计算机系统传输的数据量比较大,如果都由微处理器一个一个地把数据读入寄存器,然后再存入存储器,这样不但降低了数据传输速度,而且浪费了大量微处理器时间。为解决这个问题,出现了直接存储器访问(DMA)技术。DMA 技术是存储器与外设、存储器与存储器之间直接进行数据传输的技术。在这种方式下,微处理器不参与数据传输控制,但是必须让出总线。DMA 数据传输由 DMA 控制器控制完成,DMA 控制器可以看作一个实现数据传输的专用微控制器。

学完本章内容,要求掌握以下知识:

- DMA 传输基本原理;
- DMA 传输流程;
- DMA 控制器结构;
- DMA 传输初始化编程。

9.1 DMA 传输基本原理

DMA 传输是指不由微处理器控制,而由 DMA 控制器(Direct Memory Access Controller,DMAC)控制总线实现的数据传输。由此可知,DMAC 在 DMA 数据传输时为总线主设备。

9.1.1 DMA 传输系统

单一总线 DMA 传输系统构成如图 9-1 所示,任何设备之间数据传输都通过同一总线。总线上存在 DMAC 以及 CPU 两类主设备,因此必须由总线仲裁器裁决总线控制权。计算机系统中 CPU 具有最高优先级的总线控制权,因此可将总线仲裁器集成在 CPU 内部,由 DMAC 直接向 CPU 申请总线控制权。由于总线上存在多个总线主设备,因此 CPU、DMAC 与总线之间都存在缓冲器。若 CPU 释放总线,则 CPU 与总线隔离,DMAC 与总线连通;若 CPU 占有总线,则 CPU 与总线连通,DMAC 与总线隔离。

如图 9-1 所示计算机系统若 I/O 接口采用存储器映像方式寻址,那么无论哪种 DMA 传输都需要两个总线周期,效率不高。因此 DMA 传输系统存在以下两种改进方式:①将

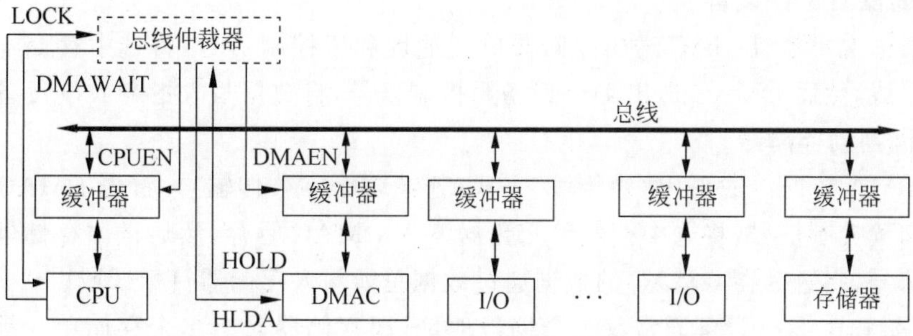

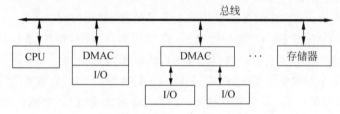

图 9-1　单一总线 DMA 传输系统构成

DMAC 与 I/O 接口集成在一起,由 DMAC 为 I/O 设备提供专门接口进行数据传输,如图 9-2 所示;②DMAC 为 I/O 设备提供 DMA I/O 总线,这些 I/O 设备不与存储器共享总线,如图 9-3 所示。

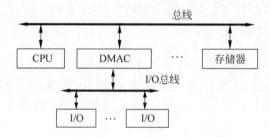

图 9-2　I/O 接口集成 DMAC

图 9-3　专门 I/O 总线 DMA 传输系统

图 9-2 所示 I/O 接口集成 DMAC,硬件成本较高,但 I/O 设备与存储器之间 DMA 方式传输一个数据只需一个总线周期,提高了效率。如果大量 I/O 设备需采用 DMA 传输数据,且各个设备传输数据无须并行,常采用图 9-3 所示方案,即由一个 DMAC 控制所有 I/O 设备 DMA 数据传输,I/O 设备通过同一 I/O 总线与 DMAC 相连。

9.1.2　DMA 传输方向

DMA 数据传输方向分为 3 种:I/O 设备到存储器、存储器到 I/O 设备、存储器到存储器。

1. I/O 设备到存储器

当数据由 I/O 设备传送到存储器时,DMAC 送出 I/O 设备读控制信号,I/O 设备将数据输送到数据总线上,同时 DMAC 送出存储器单元地址及写控制信号,将数据总线上的数据写入选中存储单元,这样就完成了一个数据从 I/O 设备到存储器的 DMA 传送。

2. 存储器到 I/O 设备

与上面情况类似,DMAC 送出存储器单元地址和读控制信号,将选中存储器单元内容读入数据总线,然后 DMAC 送出 I/O 设备写控制信号,将数据写入指定 I/O 设备端口。

3. 存储器到存储器

这种 DMA 数据传输采用"块传输"方式(连续多个字节传输)。首先 DMAC 送出存储器源地址和读控制信号,将选中存储单元数据读入 DMAC 暂存,然后送出存储器目标地址和写控制信号,将暂存在 DMAC 的数据通过数据总线写入存储器目标区域。

DMA 传输中 I/O 设备通常仅一个端口地址,而存储器具有多个存储单元地址。若计算机系统 I/O 接口采用存储器映像方式寻址,那么存储器到存储器与存储器到 I/O 设备之间 DMA 传输不同之处在于:DMA 数据传输过程中 I/O 设备端口地址不发生改变。

9.1.3 DMA 传输模式

DMA 数据传输模式分为以下几种。

(1) 单字节传输:每次 DMA 操作传输 1 字节后接着释放总线。

(2) 块传输:DMAC 获得总线控制权后,连续传输多字节,每传输 1 字节,字节计数器减 1,直到所有数据传输完(字节计数器减至 0),然后释放总线。

(3) 请求传输:DMA 传输过程中,DMAC 检测外设 DMA 请求信号(DREQ)。当 DREQ 为无效时,暂停传输(不释放总线);当 DREQ 再次有效后,继续传输。

(4) 级联传输:多片 DMAC 级联时,构成主从式 DMA 传输系统。主 DMAC 需设置为级联传输模式,从 DMAC 设置为其他三种模式之一。

9.1.4 DMA 传输流程

DMA 数据传输需要事先设置存储器存储区域首地址和数据块大小,因此在进行 DMA 传输之前,需要首先初始化这些参数,然后才能启动 DMA 传输。DMA 传输无须 CPU 参与,因此启动 DMA 传输之后,CPU 可以执行无须总线操作的任务。

DMA 传输分为以下几个阶段。

(1) 初始化阶段:初始化 DMAC,如配置数据传输模式、数据传输方向、存储器存储区域首地址、存储地址是递增还是递减、传送字节数等。

(2) DMA 请求阶段:外设产生 DREQ 信号或者 CPU 向 DMAC 写入启动 DMA 传输控制字,DMAC 向 CPU 发出总线请求信号(HOLD)。

(3) DMA 响应阶段:若 CPU 接收到总线请求信号(HOLD),并且可以释放总线,则发出 HLDA 信号。此时,CPU 放弃对总线的控制权,DMAC 获得总线控制权。

(4) DMA 传输阶段:独立 I/O 寻址方式下,DMAC 获得总线控制权后,向地址总线发出地址信号,指出传输过程需使用的存储单元地址,向 I/O 设备发出 DMA 应答信号(DACK),同时发出存储器和 I/O 设备读/写信号,实现 I/O 设备与存储器之间的 DMA 传输,如图 9-4 所示;存储器映像 I/O 寻址方式下,由于存储器和 I/O 设备采用同样的控制信号,DMAC 获得总线控制权后,首先发出源地址以及读控制信号,将 DMA 传输源的数据读入 DMAC 内部的数据缓冲区 FIFO 之后,再发出目的地址以及写控制信号,将 DMAC 内部缓冲的数据写入目的地址,实现 I/O 设备与存储器之间的 DMA 传输,如图 9-5 所示。

DMA 传输过程中,每传送一个字节,字节计数器减 1,减为 0 时,DMA 传输结束。

（5）DMA 传输结束阶段：当 DMA 传输的总字节达到初始化时的字节数或者达到某种终止 DMA 传输的条件时,DMAC 向 CPU 发出 DMA 传输结束中断信号 INT,同时撤销 HOLD 请求,将总线控制权交还 CPU。

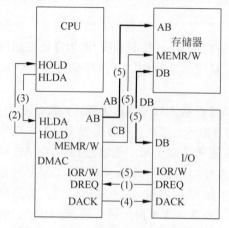

图 9-4 独立 I/O 寻址 DMA 传输流程

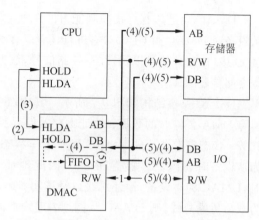

图 9-5 存储器映像 I/O 寻址 DMA 传输流程

从以上流程可知,DMA 传输 CPU 只须向 DMAC 写配置参数,由 DMAC 执行数据传输。DMA 传输完毕再把信息反馈给 CPU,这样很大程度上减轻了 CPU 资源的占有率。

9.1.5 DMA 响应条件

计算机系统 DMA 数据传输优先级高于中断,两者的区别主要表现在对 CPU 的干扰程度不同。中断请求不但使 CPU 停下来,而且要 CPU 执行中断服务程序。中断响应过程包括对断点和现场的处理以及 CPU 与外设之间的数据传输,所以中断方式数据传输 CPU 付出了很多代价。DMA 数据传输仅仅使 CPU 暂停一下,不需要对断点和现场处理,由 DMAC 控制外设与存储器之间的数据传输,无须 CPU 干预。由此可知,DMAC 只是借用 CPU 的时间。

CPU 对 DMA 请求的响应时间与对中断请求的响应时间不同：中断请求一般都在执行完一条指令的时钟周期末尾响应；DMA 请求考虑到它的高效性,CPU 在执行指令的各个阶段都可以将总线让给 DMA 使用,是立即响应。图 9-6 展示了 CPU 在指令周期中响应 DMA 请求与响应中断请求时间点的不同。

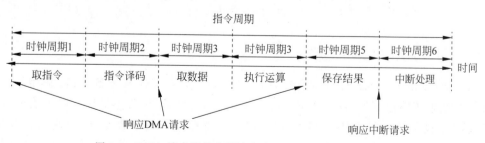

图 9-6 DMA 请求以及中断请求在指令周期中的响应时间

DMA 传输由硬件实现,此时高速外设和存储器之间进行数据交换不通过 CPU,而是利用总线。因此用户仅需设计 DMA 传输初始化控制程序。

9.2 DMA 控制器

DMAC 既是具有总线控制能力的总线主设备,又是受 CPU 控制的总线从设备。作为从设备时 DMAC 由 CPU 对它进行设置。作为主设备时 DMAC 控制总线,产生寻址存储器 (I/O 接口)地址信号以及读、写控制信号,数据在读、写控制信号作用下在存储器与 I/O 设备之间传输。

DMAC 基本结构如图 9-7 所示。其中,字节计数器计数 DMA 传输字节数;数据 FIFO 暂存 DMA 传输时的数据;地址寄存器保存源、目的首地址;控制寄存器设置 DMA 传输模式等;状态寄存器反映 DMAC 当前工作状态;控制逻辑控制 DMA 传输过程。DMAC 作为从设备时,由 CPU 配置 DMAC,因此地址总线、读写控制信号为输入信号;DMA 传输时,DMAC 为主设备,地址总线以及读写控制信号由 DMAC 提供,成为输出信号。若总线为双向传输总线,则 DMAC 为图 9-7 虚线框内结构;若总线为单向传输总线,则 DMAC 为图 9-7 实线框内结构。DREQ 与 DACK 用来接收 I/O 设备发出的 DMA 传输请求,并对 I/O 设备发送 DMA 响应。HOLD 与 HLDA 用来向总线仲裁器发出总线请求以及接收总线仲裁器的总线响应。INTR 在 DMA 传输结束时向 CPU 发出中断请求。若计算机系统采用存储器映像 I/O 寻址且总线仲裁器集成在 CPU 内部,则 DMAC 不需提供 DREQ、DACK、HOLD 以及 HLDA 信号,DMA 传输由 CPU 启动。

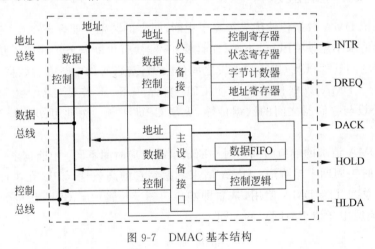

图 9-7   DMAC 基本结构

9.2.1 AXI CDMA 结构

CDMA(Central DMA)内部结构如图 9-8 所示,包含 AXI 从设备接口、寄存器模块、AXI 总线数据传输控制器、简单 DMA 控制器、可选的分散/聚集 DMA 数据传输控制器、AXI 总线主设备接口等模块。AXI 从设备接口、寄存器模块接收 CPU 控制信息并反馈 CDMA 状态信息;简单 DMA 控制器实现 DMA 数据传输控制逻辑,控制 AXI 总线数据传输控制器实现 DMA 数据传输;分散/聚集 DMA 数据传输控制器控制连续多个 DMA 数据传输。分散/聚集 DMA 数据传输与普通 DMA 传输的差别在于：普通 DMA 每完成一个 DMA 数据传输立即产生中断；而分散/聚集 DMA 用一个链表描述多个 DMA 数据传输设定，用户只需把链表首地址、尾地址告诉 DMAC，DMAC 自动连续执行多个 DMA 数据传输。这种方式主要应用在多个 I/O 设备都有大量数据采用同一 DMA 传输方向进行 DMA 传输的场景，CDMA 处理完一个 I/O 设备的 DMA 传输，再继续处理下一个 I/O 设备的 DMA 传输，这个过程无须中断 CPU，因此可以更大程度降低 CPU 对数据传输的参与度。

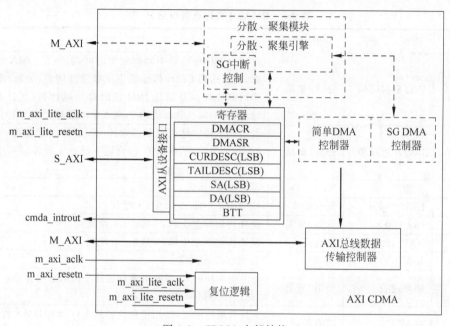

图 9-8　CDMA 内部结构

CDMA 内部各寄存器偏移地址及含义如表 9-1 所示。所有寄存器都是 32 位，且所有高 32 位寄存器仅当计算机系统地址总线宽度大于 32 位时才存在。

表 9-1　CDMA 内部各寄存器偏移地址及含义

寄存器名称	偏移地址	含　义
DMACR	0x0	控制寄存器
DMASR	0x4	状态寄存器
CURDESC(LSB)	0x8	链表当前指针(低 32 位)
CURDESC(MSB)	0xc	链表当前指针(高 32 位)
TAILDESC(LSB)	0x10	链表尾指针(低 32 位)
TAILDESC(LSB)	0x14	链表尾指针(高 32 位)
SA(LSB)	0x18	源地址(低 32 位)
SA(MSB)	0x1c	源地址(高 32 位)
DA(LSB)	0x20	目标地址(低 32 位)
DA(MSB)	0x24	目标地址(高 32 位)
BTT	0x28	字节计数器

DMACR 寄存器各位含义如表 9-2 所示，其中 CDMA 工作模式表示仅在相应工作模式下，该位才有意义。由于分散/聚集 DMA，启动 DMA 传输时，处理链表描述的多个 DMA

传输,因此何时产生 DMA 传输结束中断,可通过 DMACR 寄存器的 $b_{31} \sim b_{24}$ 以及 $b_{23} \sim b_{16}$ 设置。其中 $b_{23} \sim b_{16}$ 设定链表中 DMA 传输完成个数,当 DMA 传输完成数达到相应值,CDMA 产生 DMA 传输完成中断;$b_{31} \sim b_{24}$ 表示若链表中所有 DMA 传输已经处理完毕,但 DMA 传输完成个数未达到 $b_{23} \sim b_{16}$ 的设定值,且在 $b_{31} \sim b_{24}$ 设定值时间内又没有再次启动 DMA 传输,CDMA 产生延时中断。b_5(孔洞写)、b_4(孔洞读)分别表示存储器到 I/O 设备、I/O 设备到存储器 DMA 传输,两位不能同时有效。

表 9-2 DMACR 寄存器各位含义

位	名　称	工作模式	含　义
31~24	IRQ 延时时间	分散/聚集	设定产生传输结束中断的延时时间,若所有 DMA 传输结束,但未到达 DMA 传输结束次数中断阈值,分散/聚集模块内部计时器开始从 IRQ 延时时间减计数,当计数到 0 时,产生中断。若该值为 0,则表示不延时直接产生中断
23~16	IRQ 次数阈值	分散/聚集	设定产生传输结束中断请求的 DMA 传输完成数,每一个 DMA 传输完成,该值减 1,到达 0 时产生传输结束中断请求,要求最小设定值为 0x1
15	保留	N/A	写无意义,读为 0
14	ERR_IrqEn	所有模式	使能出错中断,0-禁止;1-使能
13	Dly_IrqEn	分散/聚集	使能传输延时中断,0-禁止;1-使能
12	IOC_ IrqEn	所有模式	使能传输结束中断,0-禁止;1-使能
11~7	保留	N/A	写无意义,读为 0
6	循环链表	分散/聚集	1-采用循环链表,忽略链表描述符中的结束位标志;0-链表描述符结束位有效
5	孔洞写	所有模式	1-目的地址固定,适用于存储器到 I/O 设备 DMA 传输;0-目的地址递增
4	孔洞读	所有模式	1-源地址固定,适用于 I/O 设备到存储器 DMA 传输;0-源地址递增
3	分散/聚集模式	所有模式	1-分散/聚集 DMA 模式;0-简单 DMA 模式
2	复位	所有模式	1-软件复位 CDMA;0-正常工作
1	使能尾指针	分散/聚集	该位只读,1-包含分散/聚集引擎;0-不包含
0	保留	N/A	写无意义,读为 0

DMASR 寄存器各位含义如表 9-3 所示。

表 9-3 DMASR 寄存器各位含义

位	名　称	工作模式	含　义
31~24	IRQ Delay	分散/聚集	DMA 传输结束中断延时计数器当前计数值
23~16	IRQThreshold	分散/聚集	DMA 传输结束中断次数计数器当前计数值
15	保留	N/A	写无意义,读为 0
14	ERR_Irq	所有模式	出错中断状态,0-无,1-有;写 1 清除中断状态
13	Dly_Irq	分散/聚集	传输延时中断状态,0-无,1-有;写 1 清除中断状态
12	IOC_ IrqEn	所有模式	传输结束中断,0-无,1-有;写 1 清除中断状态
11	保留	N/A	写无意义,读为 0
10	SGDecErr	分散/聚集	分散/聚集译码错误,0-无,1-有

续表

位	名 称	工 作 模 式	含 义
9	SGSlvErr	分散/聚集	分散/聚集从设备错误,0-无,1-有
8	SGIntErr	分散/聚集	分散/聚集内部错误,0-无,1-有
7	保留	N/A	写无意义,读为0
6	DMADecErr	所有模式	DMA译码错误,0-无,1-有
5	DMASlvErr	所有模式	DMA从设备错误,0-无,1-有
4	DMAIntErr	所有模式	DMA内部错误,0-无,1-有
3	SGIncld	所有模式	1-包含分散/聚集模块,0-不包含
2	保留	N/A	写无意义,读为0
1	IDLE	所有模式	1-空闲;0-忙
0	保留	N/A	写无意义,读为0

CURDESC(LSB)寄存器各位含义如图9-9所示。该寄存器仅在使用分散/聚集DMA控制器时有意义。若CDMA空闲时,该寄存器的值表示链表头指针;若CDMA传输中,该寄存器的值表示链表当前指针。由于链表指针要求64字节边界对齐,因此仅保存链表指针高26位,低6位恒为0。

TAILDESC(LSB)寄存器各位含义与CURDESC(LSB)寄存器各位含义类似,不同的是指示链表尾指针高26位。

TAILDESC(MSB)寄存器与CURDESC(MSB)寄存器分别存储各自指针多于32位的高32位。SA、DA寄存器分别存储DMA传输源和目的地址。

BTT寄存器各位含义如图9-10所示,仅低26位有效,即简单DMA传输数据块的最大字节数为67108863。若采用AXI_Lite总线,BTT的最大值受限于总线突发传输数据大小以及总线宽度。需要注意的是,简单DMA传输模式时,只要向BTT寄存器写入值,立即启动DMA传输。

图9-9 CURDESC寄存器各位含义   图9-10 BTT寄存器各位含义

分散/聚集DMA传输链表描述符结构如表9-4所示,共32字节。其中SR字段各位含义如表9-5所示。每个描述符都具有同样的结构。

表9-4 分散/聚集DMA描述符结构

偏 移 地 址	名 称	含 义
0x0	下一描述符指针(LSB)	各位含义与CURDESC(LSB)寄存器一致
0x4	下一描述符指针(MSB)	各位含义与CURDESC(MSB)寄存器一致
0x8	SA(LSB)	各位含义与SA(LSB)寄存器一致
0xc	SA(MSB)	各位含义与SA(MSB)寄存器一致
0x10	DA(LSB)	各位含义与DA(LSB)寄存器一致
0x14	DA(MSB)	各位含义与DA(MSB)寄存器一致
0x18	BTT	各位含义与BTT寄存器一致
0x1c	SR	传输状态,由CDMA填入

表 9-5 SR 字段各位含义

位	名 称	含 义
31	Cmplt	DMA 传输结束状态,0-未完;1-完成
30	DMADecErr	DMA 译码错误状态,0-无错;1-错误
29	DMASlvErr	DMA 从设备错误,0-无错;1-错误
28	DMAIntErr	DMA 内部错误,0-无错;1-错误
27~0	保留	全 0

9.2.2 AXI CDMA 控制流程

1. 简单 DMA 传输控制流程

简单 DMA 传输控制流程图 9-11 所示。首先检测 CDMA 是否空闲,若空闲则继续写 DMACR 寄存器设置 CDMA 工作模式,即简单 DMA 模式、DMA 传输方式、是否使能中断 等;然后再写源地址 SA、目的地址 DA;最后写传输字节计数器 BTT,从而启动 DMA 传输。数据传输过程由 CDMA 控制完成。DMA 传输完成与否可以查询 DMASR 寄存器,检测 b_1 位,若 b_1(IDLE)=1,表明传输结束;若开启了中断,DMA 传输结束自动进入中断服务程序,中断服务程序检测 DMASR 的 b_{12}(IOC_Irq)位,若 $b_{12}=1$,则表明传输结束中断;之后写 DMASR 使 $b_{12}=1$ 清除该位中断请求状态。DMA 传输结束之后,可以准备下一次 DMA 传输。

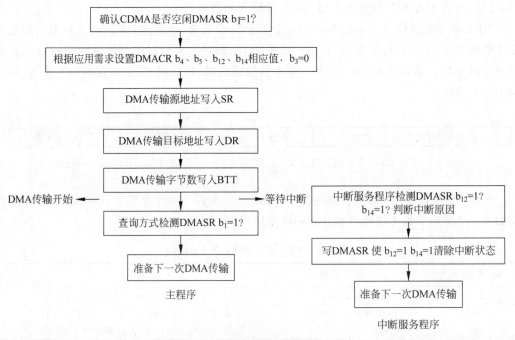

图 9-11 简单 DMA 传输控制流程

2. 分散/聚集 DMA 传输控制流程

分散/聚集 DMA 传输是指启动 DMA 传输时,可以实现连续多个不同的 DMA 传输。这就要求执行分散/聚集 DMA 传输前填写各个 DMA 传输描述符,形成描述符表,并保存在存储器中。要求存储描述符表的存储器可被 CDMA 访问,即连接在同一总线上。若描述符表已准备就绪,则分散/聚集 DMA 传输控制流程如图 9-12 所示。将描述符表尾指针写入 TAILDESC 寄存器即启动分散/聚集 DMA 传输,CDMA 从头指针开始逐个将链表中的描述符读入分散/聚集 DMA 引擎,并执行相应 DMA 传输。每处理完一个 DMA 传输,即将 DMA 处理状态写入相应描述符对应的 SR 字段。若出错,则 DMA 传输挂起;无错误则继续处理下一个描述符,直到尾指针所指示描述符处理完毕。

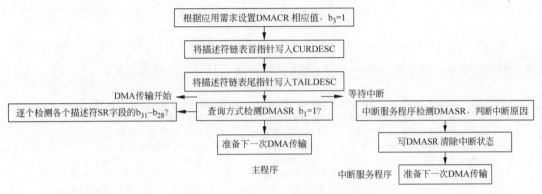

图 9-12 分散/聚集 DMA 传输控制流程

3. 循环 DMA 传输控制流程

循环 DMA 传输是分散/聚集 DMA 传输的一种特例,它是指分散/聚集 DMA 引擎处理完链表尾指针描述符之后继续从链表头指针循环处理。该处理方式除了设置 DMACR 寄存器的位 Cyclic BD 为 1 之外,还需将链表尾指针描述符中的下一描述符指针指向链表头指针。循环 DMA 传输描述符表结构如图 9-13 所示。其控制流程与分散/聚集 DMA 传输控制流程基本一致。

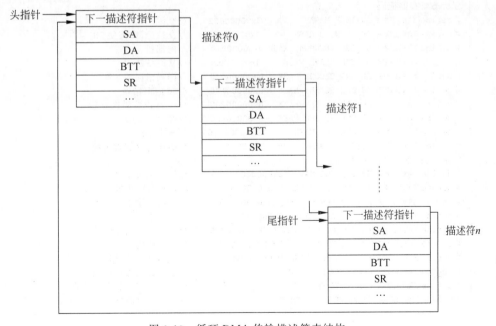

图 9-13 循环 DMA 传输描述符表结构

9.2.3 Standalone BSP CDMA 宏定义

Standalone BSP 中的 xparameters.h 头文件中对 CDMA IP 核基地址的宏定义如图 9-14 所示。

```
#define XPAR_AXI_CDMA_0_BASEADDR 0x44A00000
```

图 9-14 CDMA IP 核基地址的宏定义

Standalone BSP 包含的 CDMA 寄存器偏移地址以及寄存器位掩码宏定义如图 9-15 所示,声明在 xaxicdma_hw.h 头文件中,使用这些宏定义时需包含该头文件。

```
#define XAXICDMA_BD_MINIMUM_ALIGNMENT 0x40        //描述符缓冲区地址边界
#define XAXICDMA_MAX_TRANSFER_LEN   0x7FFFFF       //DMA 传输最大字节数
#define XAXICDMA_CR_OFFSET          0x00000000     //控制寄存器偏移地址
#define XAXICDMA_SR_OFFSET          0x00000004     //状态寄存器偏移地址
#define XAXICDMA_CDESC_OFFSET       0x00000008     //头指针(LSB)寄存器偏移地址
#define XAXICDMA_CDESC_MSB_OFFSET   x0000000C      //头指针(MSB)寄存器偏移地址
#define XAXICDMA_TDESC_OFFSET       0x00000010     //尾指针(LSB)寄存器偏移地址
#define XAXICDMA_TDESC_MSB_OFFSET   x00000014      //尾指针(MSB)寄存器偏移地址
#define XAXICDMA_SRCADDR_OFFSET 0x00000018         //源地址(LSB)寄存器偏移地址
#define XAXICDMA_SRCADDR_MSB_OFFSET 0x0000001C     //源地址(MSB)寄存器偏移地址
#define XAXICDMA_DSTADDR_OFFSET 0x00000020         //目的地址(LSB)寄存器偏移地址
#define XAXICDMA_DSTADDR_MSB_OFFSET  0x00000024    //目的地址(MSB)寄存器偏移地址
#define XAXICDMA_BTT_OFFSET         0x00000028     //传输长度寄存器偏移地址
//控制寄存器掩码
#define XAXICDMA_CR_RESET_MASK      0x00000004     //复位
#define XAXICDMA_CR_SGMODE_MASK     0x00000008     //分散/聚集模式
#define XAXICDMA_CR_KHOLE_RD_MASK   0x00000010     .//孔洞读
#define XAXICDMA_CR_KHOLE_WR_MASK   0x00000020     //孔洞写
//状态寄存器掩码
#define XAXICDMA_SR_IDLE_MASK          0x00000002  //空闲
#define XAXICDMA_SR_SGINCLD_MASK       0x00000008  //支持分散/聚集 DMA
#define XAXICDMA_SR_ERR_INTERNAL_MASK 0x00000010   //内部错误
#define XAXICDMA_SR_ERR_SLAVE_MASK     0x00000020  //从设备错误
#define XAXICDMA_SR_ERR_DECODE_MASK    0x00000040  //译码错误
#define XAXICDMA_SR_ERR_SG_INT_MASK    0x00000100  //SG 内部错误
#define XAXICDMA_SR_ERR_SG_SLV_MASK    0x00000200  //SG 从设备错误
#define XAXICDMA_SR_ERR_SG_DEC_MASK    0x00000400  //SG 译码错误
#define XAXICDMA_SR_ERR_ALL_MASK       0x00000770  //所有错误
#define XAXICDMA_DESC_LSB_MASK   (0xFFFFFFC0U)     //描述符存储地址掩码
//控制、状态寄存器掩码
#define XAXICDMA_XR_IRQ_IOC_MASK    0x00001000     //传输结束中断
#define XAXICDMA_XR_IRQ_DELAY_MASK   0x00002000    //传输延时中断
#define XAXICDMA_XR_IRQ_ERROR_MASK   0x00004000    //传输出错中断
#define XAXICDMA_XR_IRQ_ALL_MASK   0x00007000      //所有中断
#define XAXICDMA_XR_IRQ_SIMPLE_ALL_MASK   0x00005000 //简单 DMA 所有中断
#define XAXICDMA_XR_DELAY_MASK      0xFF000000      //延时掩码
#define XAXICDMA_XR_COALESCE_MASK 0x00FF0000        //传输结束统计掩码
#define XAXICDMA_DELAY_SHIFT     24                //延时数据移位位数
#define XAXICDMA_COALESCE_SHIFT 16                 //传输结束个数移位位数
#define XAXICDMA_DELAY_MAX       0xFF              //最大延时时间
```

图 9-15 CDMA 寄存器偏移地址以及寄存器位掩码宏定义

```
# define XAXICDMA_COALESCE_MAX   0xFF                        //最大传输结束个数
//描述符结构偏移地址
# define XAXICDMA_BD_NDESC_OFFSET       0x00                 //下一描述符指针(LSB)
# define XAXICDMA_BD_NDESC_MSB_OFFSET   0x04                 //下一描述符指针(MSB)
# define XAXICDMA_BD_BUFSRC_OFFSET      0x08                 //源地址 (LSB)
# define XAXICDMA_BD_BUFSRC_MSB_OFFSET  0x0C                 //源地址 (MSB)
# define XAXICDMA_BD_BUFDST_OFFSET      0x10                 //目的地址 (LSB)
# define XAXICDMA_BD_BUFDST_MSB_OFFSET 0x14                  //目的地址 (MSB)
# define XAXICDMA_BD_CTRL_LEN_OFFSET  0x18                   //传输长度
# define XAXICDMA_BD_STS_OFFSET       0x1C                   //传输状态
# define XAXICDMA_BD_PHYS_ADDR_OFFSET 0x20                   //描述符物理地址(LSB)
# define XAXICDMA_BD_PHYS_ADDR_MSB_OFFSET 0x24               //描述符物理地址(MSB)
# define XAXICDMA_BD_ISLITE_OFFSET      0x28                 //AXI 总线类型是否 AXI_LITE 总线
# define XAXICDMA_BD_HASDRE_OFFSET      0x2C                 //AXI 总线地址支持非边界对齐否
# define XAXICDMA_BD_WORDLEN_OFFSET     0x30                 //字长度,以字节为单位
# define XAXICDMA_BD_MAX_LEN_OFFSET   0x34                   //最大传输长度,以字节为单位
# define XAXICDMA_BD_ADDRLEN_OFFSET   0x38                   //地址长度,以字节为单位
# define XAXICDMA_BD_START_CLEAR        8                    //描述符清除首地址
# define XAXICDMA_BD_TO_CLEAR           24                   //清除的字节数
# define XAXICDMA_BD_NUM_WORDS          16U                  //一个描述符包含的字节数
# define XAXICDMA_BD_HW_NUM_BYTES       32                   //硬件使用的字节数
//描述符中 DMA 传输状态掩码
# define XAXICDMA_BD_STS_COMPLETE_MASK   0x80000000          //传输结束
# define XAXICDMA_BD_STS_DEC_ERR_MASK    0x40000000          //译码出错
# define XAXICDMA_BD_STS_SLV_ERR_MASK    0x20000000          //从设备出错
# define XAXICDMA_BD_STS_INT_ERR_MASK    0x10000000          //内部错误
# define XAXICDMA_BD_STS_ALL_ERR_MASK    0x70000000          //所有错误
# define XAXICDMA_BD_STS_ALL_MASK        0xF0000000          //所有掩码
```

图 9-15 （续）

9.3 CDMA 应用示例

I/O 设备支持 DMA 传输要求 I/O 设备接口采用 FIFO 作为数据收发端口。大多数串行 I/O 设备接口都具有数据收发 FIFO,如 UARTLite、Quad SPI、I^{2}C 等。

9.3.1 UARTLite IP 核简介

UARTLite IP 核结构如图 9-16 所示,它主要包含两个模块：UART 数据收/发控制逻辑以及寄存器模块。UART 数据收/发控制逻辑实现 UART 异步串行数据收/发与并行数据的转换以及中断控制逻辑。寄存器模块缓存接收、发送数据以及接收控制命令、反馈工作状态等。

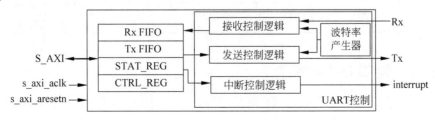

图 9-16 UARTLite IP 核结构

UARTLite IP 核内部寄存器名称、偏移地址以及含义如表 9-6 所示。

表 9-6　UARTLite IP 核内部寄存器名称、偏移地址以及含义

名　称	偏移地址	含　义
Rx FIFO	0x0	接收数据 FIFO
Tx FIFO	0x4	发送数据 FIFO
STAT_REG	0x8	状态寄存器
CTRL_REG	0xc	控制寄存器

UARTLite IP 核数据收/发端口采用 FIFO，FIFO 深度都为 16，FIFO 中每个数据结构如图 9-17 所示，有效数据位为低 8 位。

$$b_{31} \quad \sim \quad b_8 \quad b_7 \quad \sim \quad b_0$$

无效	$D_7 \sim D_0$

图 9-17　UARTLite IP 核 FIFO 中每个数据的结构

STAT_REG 寄存器各位含义如表 9-7 所示。

表 9-7　STAT_REG 寄存器各位含义

位	名　称	含　义
31～8	保留	无意义，全 0
7	奇偶校验错	奇偶校验出错，0-无错；1-错
6	帧错误	停止位非 0 出错，0-无错；1-错
5	溢出错误	接收 FIFO 溢出，0-无溢出；1-溢出
4	中断使能状态	0-禁止；1-使能
3	Tx FIFO 满	0-未满；1-满
2	Tx FIFO 空	0-非空；1-空
1	Rx FIFO 满	0-未满；1-满
0	Rx FIFO 数据有效	0-空；1-有数据

CTRL_REG 寄存器各位含义如表 9-8 所示。

表 9-8　CTRL_REG 寄存器各位含义

位	名　称	含　义
31～5	保留	无意义
4	使能中断	0-禁止中断；1-使能中断
3～2	保留	无意义
1	Rst Rx FIFO	复位接收 FIFO，0-不复位；1-复位
0	Rst Tx FIFO	复位发送 FIFO，0-不复位；1-复位

9.3.2　简单 DMA 传输

例 9.1　已知某具有 CDMA 控制器的计算机系统如图 9-18 所示，包含 CDMA 控制器（axi_cdma_0）、MIG 连接的 DDR2 SDRAM（MT47HC64M16）、UARTLite（axi_uartlite_0）、

SPI(axi_quad_spi_1)、INTC(microblaze_0_axi_intc)以及 CPU(microblaze_0),它们都通过 AXI 总线互联。CDMA 控制器、DDR2 SDRAM、UARTLite、SPI、INTC 都作为 AXI 总线从设备受 CPU 控制,同时 DDR2 SDRAM、UARTLite、SPI 也作为 AXI 总线从设备受 CDMA 控制,即可通过 CDMA 实现数据互传。试编写控制程序分别实现以下功能:①将 DDR2 SDRAM 存储器内两块存储区域以 DMA 传输方式实现数据复制;②将 DDR2 SDRAM 存储器内一块 64 字节大小的数据以 DMA 传输方式发送到 UARTLite 发送 FIFO;③将 UARTLite 接收 FIFO 中的 16 个字以 DMA 传输方式读入到 DDR2 SDRAM 存储器内一块 64 字节大小的数据区。

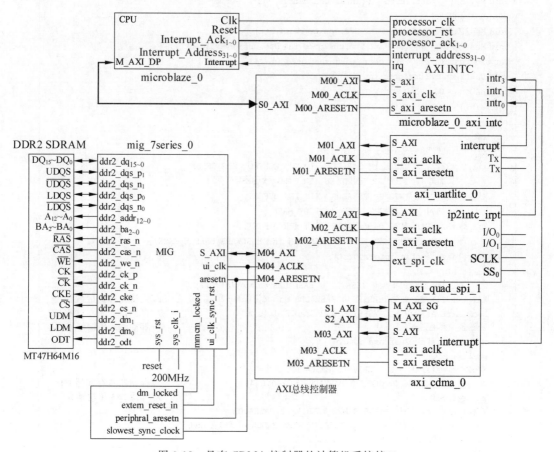

图 9-18 具有 CDMA 控制器的计算机系统接口

解答:简单 DMA 传输配置 CDMA 包含 4 步:①设置工作方式;②设置源地址;③设置目的地址;④写传输字节数。

DMA 传输结束中断 CPU,因此需开放 CDMA 中断请求,包括:①开放 INTC 连接 CDMA 中断请求输入引脚的中断 $intr_1$;②开放 CDMA 传输结束中断;③开放 CPU 中断。

考虑到 UARTLite FIFO 深度以及 FIFO 数据结构,因此存储器与 UART I/O 设备之间的数据传输最大值只能设置为 64 字节,且每个数据的有效位仅为最低字节。为方便观察实验现象,需将 UARTLite 的 Tx、Rx 与另一计算机交叉互联,并开启另一计算机的 UART 通信程序,如使用主机 Console。

　　实现三种简单 DMA 数据传输的控制程序示例如图 9-19 所示,该程序首先执行存储器到 UART DMA 传输,然后执行存储器到存储器 DMA 传输,最后再执行 UART 到存储器 DMA 传输。每次执行完 DMA 传输都打印消息到 STDIO。

```
# include "xil_io.h"
# include "xparameters.h"
# include "xaxicdma_hw.h"
# include "xuartlite_l.h"
# include "xintc_l.h"
void My_ISR() __attribute__ ((interrupt_handler));
void DMAHandler();
void Mem2UartDma(unsigned int Src,unsigned int btt);
void Mem2MemDma(unsigned int Src,unsigned int Dst,unsigned int btt);
int checkdata(char * Src,char * Dst,unsigned int btt);
void Uart2MemDma(unsigned int Dst);
int DMADone = 0;
int main()
{
    int i;
    xil_printf("simple dma test\n");
    Xil_Out32(XPAR_UARTLITE_0_BASEADDR + XUL_CONTROL_REG_OFFSET,
            XUL_CR_FIFO_RX_RESET|XUL_CR_FIFO_TX_RESET);
    Xil_Out32(XPAR_INTC_0_BASEADDR + XIN_IER_OFFSET,
            XPAR_AXI_CDMA_0_CDMA_INTROUT_MASK);
    Xil_Out32(XPAR_INTC_0_BASEADDR + XIN_MER_OFFSET,
            XIN_INT_MASTER_ENABLE_MASK|XIN_INT_HARDWARE_ENABLE_MASK);
    microblaze_enable_interrupts();
    for(i = 0;i < 15;i++)
        Xil_Out32(XPAR_MIG_7SERIES_0_BASEADDR + i * 4,'a' + i);
    Xil_Out32(XPAR_MIG_7SERIES_0_BASEADDR + i * 4,'\n');            //初始化存储区数据
    Mem2UartDma(XPAR_MIG_7SERIES_0_BASEADDR,0x40);                  //存储器到 I/O 设备 DMA
    while(!DMADone);                                                //等待 DMA 传输结束
    xil_printf("mem2uartdma done\n");
    DMADone = 0;
    Mem2MemDma(XPAR_MIG_7SERIES_0_BASEADDR,
            XPAR_MIG_7SERIES_0_BASEADDR + 0x40,0x40);               //存储器到存储器 DMA
    while(!DMADone);                                                //等待 DMA 传输结束
    if(checkdata((char *)XPAR_MIG_7SERIES_0_BASEADDR,
            (char *)(XPAR_MIG_7SERIES_0_BASEADDR + 0x40),0x40))
        xil_printf("mem2memdma failed\n");
    else
        xil_printf("mem2memdma done\n");
    DMADone = 0;
    Uart2MemDma(XPAR_MIG_7SERIES_0_BASEADDR);                       //I/O 设备到存储器 DMA
    while(!DMADone);                                                //等待 DMA 传输结束
    xil_printf("uart2memdma done\n");
}
void My_ISR(){
    int status;
    status = Xil_In32(XPAR_INTC_0_BASEADDR + XIN_ISR_OFFSET);
    if((status&XPAR_AXI_CDMA_0_CDMA_INTROUT_MASK) ==
            XPAR_AXI_CDMA_0_CDMA_INTROUT_MASK)
```

图 9-19　实现三种简单 DMA 数据传输的控制程序示例

```
        DMAHandler();
    Xil_Out32(XPAR_INTC_0_BASEADDR + XIN_IAR_OFFSET,status);
}
void DMAHandler()
{
    int status;
    status = Xil_In32(XPAR_AXI_CDMA_0_BASEADDR + XAXICDMA_SR_OFFSET);
    Xil_Out32(XPAR_AXI_CDMA_0_BASEADDR + XAXICDMA_SR_OFFSET,status);
    if((status&XAXICDMA_XR_IRQ_IOC_MASK) == XAXICDMA_XR_IRQ_IOC_MASK)
        DMADone = 1;
}
void Mem2UartDma(unsigned int Src,unsigned int btt)
{
    Xil_Out32(XPAR_AXI_CDMA_0_BASEADDR + XAXICDMA_CR_OFFSET,
            XAXICDMA_CR_KHOLE_WR_MASK|XAXICDMA_XR_IRQ_IOC_MASK
            |XAXICDMA_XR_IRQ_ERROR_MASK);
    Xil_Out32(XPAR_AXI_CDMA_0_BASEADDR + XAXICDMA_SRCADDR_OFFSET,Src);
    Xil_Out32(XPAR_AXI_CDMA_0_BASEADDR + XAXICDMA_DSTADDR_OFFSET,
            XPAR_UARTLITE_0_BASEADDR + XUL_TX_FIFO_OFFSET);
    Xil_Out32(XPAR_AXI_CDMA_0_BASEADDR + XAXICDMA_BTT_OFFSET,btt);
}
void Mem2MemDma(unsigned int Src,unsigned int Dst,unsigned int btt)
{
    Xil_Out32(XPAR_AXI_CDMA_0_BASEADDR + XAXICDMA_CR_OFFSET,
        XAXICDMA_XR_IRQ_IOC_MASK|XAXICDMA_XR_IRQ_ERROR_MASK);
    Xil_Out32(XPAR_AXI_CDMA_0_BASEADDR + XAXICDMA_SRCADDR_OFFSET,Src);
    Xil_Out32(XPAR_AXI_CDMA_0_BASEADDR + XAXICDMA_DSTADDR_OFFSET,Dst);
    Xil_Out32(XPAR_AXI_CDMA_0_BASEADDR + XAXICDMA_BTT_OFFSET,btt);
}
int checkdata(char * Src,char * Dst,unsigned int btt)
{
    for(int i = 0;i < btt;i++)
    {
        if( * (Src + i)!= * (Dst + i))
            return 1;
    }
    return 0;
}
void Uart2MemDma(unsigned int Dst)
{
    Xil_Out32(XPAR_AXI_CDMA_0_BASEADDR + XAXICDMA_CR_OFFSET,
            XAXICDMA_CR_KHOLE_RD_MASK|XAXICDMA_XR_IRQ_IOC_MASK
            |XAXICDMA_XR_IRQ_ERROR_MASK);
Xil_Out32(XPAR_AXI_CDMA_0_BASEADDR + XAXICDMA_DSTADDR_OFFSET,Dst);
Xil_Out32(XPAR_AXI_CDMA_0_BASEADDR + XAXICDMA_SRCADDR_OFFSET,
            XPAR_UARTLITE_0_BASEADDR);
    while((Xil_In32(XPAR_UARTLITE_0_BASEADDR + XUL_STATUS_REG_OFFSET)
            &XUL_SR_RX_FIFO_FULL)!= XUL_SR_RX_FIFO_FULL);
    Xil_Out32(XPAR_AXI_CDMA_0_BASEADDR + XAXICDMA_BTT_OFFSET,0x40);
}
```

图 9-19 （续）

9.3.3 分散/聚集 DMA 传输

分散/聚集 DMA 传输适用于多个设备按照一定顺序执行同一类型 DMA 传输的应用场景。使用这种 DMA 传输,需首先在存储器中建立 DMA 传输描述符表,然后再将描述符表头指针和尾指针分别写入 CDMA CURDESC 以及 TAILDESC 寄存器,分散/聚集 DMA 传输随即开始。DMA 传输描述符结构如表 9-4 所示,包含源地址、目标地址、传输长度以及传输状态等字段,DMA 传输类型由寄存器 DMACR 统一管理。由此可知,一次分散/聚集 DMA 传输只能实现同一方向的 DMA 传输。

例 9.2 图 9-18 所示计算机系统中 UARTLite 以及 SPI 接口都采用 FIFO,FIFO 深度都为 16 个字。试编写控制程序实现以下功能:将 DDR2 SDRAM 存储器内一块 64 字节大小的数据采用分散/聚集 DMA 传输分别发送到 UARTLite 发送 FIFO 和 SPI 发送 FIFO。

解答:本系统要求采用分散/聚集 DMA 传输方式实现两个外设接口数据传输,因此需首先建立分散/聚集 DMA 传输描述符表。CDMA 分散/聚集 DMA 传输描述符要求以 64 字节边界对齐,因此描述符表首地址必须 64 字节边界对齐。

分散/聚集 DMA 传输控制程序流程如图 9-20 所示。

```
                    ┌ 1.1 UART 设备初始化:复位发送 FIFO
                    │                      ┌ 1.2.1 软件复位
                    │ 1.2 SPI设备初始化    ┤ 1.2.2 设置SPI接口工作模式
   1. 数据传输准备 ─┤                      └ 1.2.3 设置从设备选择
                    │                      ┌ 1.3.1 建立分散/聚集DMA传输描述符表,并初始化
                    └ 1.3 DMA 传输初始化 ──┤
                                           └ 1.3.2 初始化存储器存储区数据
                    ┌ 2.1 使能CDMA传输结束中断
                    │ 2.2 使能CDMA连接的INTC引脚中断
   2. 中断系统初始化┤ 2.3 使能CPU中断
                    │ 2.4 设置INTC中断处理函数
                    └ 2.5 设置CDMA中断处理函数
                          ┌ 3.1 设置CDMA工作模式:分散/聚集模式
   3. 启动分散/聚集DMA传输┤ 3.2 设置CDMA头指针
                          └ 3.3 设置CDMA尾指针
                    ┌ 4.1 链表描述符状态读取
   4. 中断事务处理 ─┤ 4.2 DMA传输结束个数统计
```

图 9-20　分散/聚集 DMA 传输控制程序流程

由此得到基于 StandAlone BSP 端口读写函数实现的分散/聚集 DMA 传输控制程序示例如图 9-21 所示。

```
# include "xil_exception.h"
# include "xspi_l.h"
# include "xil_io.h"
# include "xuartlite_l.h"
# include "xintc.h"
# include "xaxicdma_hw.h"
```

图 9-21　基于端口读写函数实现的分散/聚集 DMA 传输控制程序示例

```
#define BD_SPACE_BASE    (XPAR_MIG_7SERIES_0_BASEADDR + 0x03000000)
#define MAX_PKT_LEN      0x40                    //DMA 传输字节数
#define NUMBER_OF_BDS_TO_TRANSFER  2            //DMA 描述符个数
#define COALESCING_COUNT   2                    //DMA 传输结束阈值
#define DELAY_COUNT        5                    //DMA 传输结束延时
int SetupSgTransfer();
void Example_SgCallBack();
int SubmitSgTransfer();
int DoSgTransfer();
int SetupIntrSystem();
void My_ISR() __attribute__ ((interrupt_handler));
int XAxiCdma_SGIntrExample();
volatile static int Done = 0;                   //DMA 传输结束个数计数
volatile static int Error = 0;                  //DMA 出错标志
int main(void)
{
    Xil_Out32(XPAR_AXI_CDMA_0_BASEADDR + XAXICDMA_CR_OFFSET,
            XAXICDMA_CR_RESET_MASK);            //复位 CDMA
    //初始化 SPI 以及 UART 接口
    Xil_Out32(XPAR_SPI_1_BASEADDR + XSP_SRR_OFFSET,XSP_SRR_RESET_MASK);
    Xil_Out32(XPAR_SPI_1_BASEADDR + XSP_CR_OFFSET,
            XSP_CR_MASTER_MODE_MASK|XSP_CR_CLK_POLARITY_MASK
            |XSP_CR_ENABLE_MASK|XSP_CR_TXFIFO_RESET_MASK|
            XSP_CR_RXFIFO_RESET_MASK);
    Xil_Out32(XPAR_SPI_1_BASEADDR + XSP_SSR_OFFSET,0x0);
    Xil_Out32(XPAR_UARTLITE_0_BASEADDR + XUL_CONTROL_REG_OFFSET,
            XUL_CR_FIFO_RX_RESET|XUL_CR_FIFO_TX_RESET);
    //启动 SG 传输示例
    XAxiCdma_SGIntrExample();
    return XST_SUCCESS;
}
/* 初始化存储区数据块以及 SG 描述符 */
int SetupSgTransfer()
{
    u32 * SrcBufferPtr;
    int Index;
        //初始化输出存储区数据块
    SrcBufferPtr = (u32 *)XPAR_MIG_7SERIES_0_BASEADDR;
    for(Index = 0; Index < MAX_PKT_LEN/4 - 1;Index++)
    {
        SrcBufferPtr[Index] = Index + 'a';
    }
    SrcBufferPtr[Index] = '\n';
    //设置第一个描述符
    Xil_Out32(BD_SPACE_BASE + XAXICDMA_BD_NDESC_OFFSET,
            BD_SPACE_BASE + XAXICDMA_BD_MINIMUM_ALIGNMENT);
    Xil_Out32(BD_SPACE_BASE + XAXICDMA_BD_BUFSRC_OFFSET,
            XPAR_MIG_7SERIES_0_BASEADDR);
    Xil_Out32(BD_SPACE_BASE + XAXICDMA_BD_BUFDST_OFFSET,
            XPAR_UARTLITE_0_BASEADDR + XUL_TX_FIFO_OFFSET);
    Xil_Out32(BD_SPACE_BASE + XAXICDMA_BD_CTRL_LEN_OFFSET,
            MAX_PKT_LEN);
    Xil_Out32(BD_SPACE_BASE + XAXICDMA_BD_STS_OFFSET, 0x0);
    //设置第二个描述符
```

图 9-21 （续）

```
    Xil_Out32(BD_SPACE_BASE + XAXICDMA_BD_MINIMUM_ALIGNMENT +
            XAXICDMA_BD_NDESC_OFFSET, BD_SPACE_BASE +
            XAXICDMA_BD_MINIMUM_ALIGNMENT * 2);
    Xil_Out32(BD_SPACE_BASE + XAXICDMA_BD_MINIMUM_ALIGNMENT +
            XAXICDMA_BD_BUFSRC_OFFSET,
            XPAR_MIG_7SERIES_0_BASEADDR);
    Xil_Out32(BD_SPACE_BASE + XAXICDMA_BD_MINIMUM_ALIGNMENT +
            XAXICDMA_BD_BUFDST_OFFSET, XPAR_SPI_1_BASEADDR +
            XSP_DTR_OFFSET);
    Xil_Out32(BD_SPACE_BASE + XAXICDMA_BD_MINIMUM_ALIGNMENT +
            XAXICDMA_BD_CTRL_LEN_OFFSET, MAX_PKT_LEN);
    Xil_Out32(BD_SPACE_BASE + XAXICDMA_BD_MINIMUM_ALIGNMENT +
            XAXICDMA_BD_STS_OFFSET, 0x0);
    return XST_SUCCESS;
}
/ * CDMA 中断事务处理函数 * /
void Example_SgCallBack()
{
    int status;
    status = Xil_In32(XPAR_AXI_CDMA_0_BASEADDR + XAXICDMA_SR_OFFSET);
    if (status & XAXICDMA_XR_IRQ_ERROR_MASK)
        Error = 1;                //错误统计
    //DMA 传输结束处理
    if (status & XAXICDMA_XR_IRQ_IOC_MASK) {
        for( int i = 0; i < NUMBER_OF_BDS_TO_TRANSFER; i++)
        {
            if(Xil_In32(BD_SPACE_BASE +
                    XAXICDMA_BD_MINIMUM_ALIGNMENT * i +
                    XAXICDMA_BD_STS_OFFSET)&
                    XAXICDMA_BD_STS_COMPLETE_MASK)
                Done += 1;
        }
        xil_printf("cdma done numbers is % d\n", Done);
    }
    Xil_Out32(XPAR_AXI_CDMA_0_BASEADDR + XAXICDMA_SR_OFFSET, status);
}
//普通中断方式总中断服务程序
void My_ISR()
{
    int status;
    status = Xil_In32(XPAR_INTC_0_BASEADDR + XIN_ISR_OFFSET);
    if((status&XPAR_AXI_CDMA_0_CDMA_INTROUT_MASK) ==
            XPAR_AXI_CDMA_0_CDMA_INTROUT_MASK)
        Example_SgCallBack();
    Xil_Out32(XPAR_INTC_0_BASEADDR + XIN_IAR_OFFSET, status);
}
/ * 使能中断系统 * /
int SetupIntrSystem()
{
    Xil_Out32(XPAR_INTC_0_BASEADDR + XIN_IER_OFFSET,
            XPAR_AXI_CDMA_0_CDMA_INTROUT_MASK);
    Xil_Out32(XPAR_INTC_0_BASEADDR + XIN_MER_OFFSET,
            XIN_INT_MASTER_ENABLE_MASK|
            XIN_INT_HARDWARE_ENABLE_MASK);
    microblaze_enable_interrupts();
```

图 9-21 (续)

```
    return XST_SUCCESS;
}
/* 配置分散/聚集 DMA 传输 */
int SubmitSgTransfer()
{
    Xil_Out32(XPAR_AXI_CDMA_0_BASEADDR + XAXICDMA_CR_OFFSET,
            (DELAY_COUNT << 24)|(COALESCING_COUNT << 16)
            |XAXICDMA_CR_SGMODE_MASK|XAXICDMA_CR_KHOLE_WR_MASK
            |XAXICDMA_XR_IRQ_ALL_MASK);
    Xil_Out32(XPAR_AXI_CDMA_0_BASEADDR + XAXICDMA_CDESC_OFFSET,
            BD_SPACE_BASE);
    Xil_Out32(XPAR_AXI_CDMA_0_BASEADDR + XAXICDMA_TDESC_OFFSET,
            BD_SPACE_BASE + XAXICDMA_BD_MINIMUM_ALIGNMENT);
    return XST_SUCCESS;
}
/* 分散/聚集 DMA 传输应用 */
int DoSgTransfer()
{
    SetupSgTransfer();
    SubmitSgTransfer();
    while ((Done < NUMBER_OF_BDS_TO_TRANSFER) && !Error);      //等待传输结束
    if(Error) {
        xil_printf( "SG transfer has error \n");
        return XST_FAILURE;
    }
    return XST_SUCCESS;
}
/* 中断方式分散/聚集 DMA 传输示例 */
int XAxiCdma_SGIntrExample()
{
    SetupIntrSystem();
    DoSgTransfer();
    return XST_SUCCESS;
}
```

图 9-21 （续）

本章小结

DMA 传输系统架构包括集中式、集成式及独立总线式等；DMA 数据传输方向包括存储器到存储器、存储器到 I/O 及 I/O 到存储器；DMA 传输模式包括单字节、块传输、请求式及级联模式；DMA 传输流程包括 DMA 初始化、DMA 请求、DMA 响应、DMA 传输及 DMA 传输结束中断等阶段；DMA 响应为立即响应方式。

DMA 控制器作为数据传输控制器，是总线主设备；但是又受 CPU 控制，因此也是总线从设备。DMA 控制器既具有总线从设备接口，也具有总线主设备接口。从设备时接收 DMA 传输初始化配置信息，包括源地址、目标地址、传输模式、传输字节数等。主设备时发出源地址、目的地址及读写控制信号控制数据传输，并计数传输字节数，传输结束时发出 DMA 传输结束中断。

AXI CDMA 是基于 AXI 总线的集中式 DMA 控制器，该控制器既可以支持简单 DMA

传输,也可以支持分散/聚集 DMA 传输。应用时,DMA 数据传输源和目的地址都必须处于 CDMA 可访问的地址范围内。

思考与练习题

1. DMA 传输系统存在哪几种架构? 分别适应于哪些应用场景?

2. DMA 控制器与总线仲裁器之间可能具有哪些联络信号? 分别代表什么含义?

3. DMA 传输基本流程分为几个阶段? 各个阶段分别执行什么任务?

4. DMA 数据传输方向有哪几种形式? 分别具有什么特点?

5. DMA 数据传输有哪几种方式? 分别具有什么特点?

6. CPU 何时响应 DMA 请求?

7. DMA 数据传输与中断数据传输存在哪些差别?

8. AXI CDMA 内部具有哪些寄存器? 它们分别起什么作用? 简单 DMA 传输时,需使用哪些寄存器? 如何启动简单 DMA 传输? 分散/聚集 DMA 传输时又需要使用哪些寄存器? 如何启动分散/聚集 DMA 传输?

9. AXI CDMA 分散/聚集 DMA 传输描述符需由控制程序填入哪些信息? 描述符表如何构建?

10. 针对如图 9-18 所示计算机系统,采用 I/O 端口读写函数编程控制 CDMA 实现以下功能:首先将 DDR2 SDRAM 存储器内一个 64 字节的数据块(首地址偏移为 0x100) DMA 传输到 SPI 发送 FIFO,然后再将 SPI 接收 FIFO 中的 64 字节数据 DMA 传输到 DDR2 SDRAM 存储器内一个 64 字节的数据块(首地址偏移为 0x200)。

11. 针对图 9-18 所示计算机系统,基于 I/O 端口读写函数编写控制程序实现以下功能:采用分散/聚集 DMA 传输方式将 UARTLite 以及 SPI 接收 FIFO 中的 64 字节数据分别读入 DDR2 SDRAM 数据存储区首地址偏移地址为 0x100 及 0x200 的数据存储器。 DMA 数据传输开始前必须检测 UARTLite 及 SPI 接口接收 FIFO 数据是否满,只有两个 FIFO 都为满时才启动分散/聚集 DMA 数据传输。

## 第 10 章

人 机 接 口

计算机系统常用人机接口设备包括显示器、鼠标和键盘。显示器作为输出设备,将计算机数据处理的结果以图形、图像或文字的方式显示给用户;鼠标和键盘作为输入设备,利用鼠标和键盘,用户可以输入计算机要处理的数据,也可以输入控制命令。本章阐述这些设备的工作原理及计算机如何通过这些设备进行信息的输入和输出。

学完本章内容,要求掌握以下知识:

- 显示器、键盘、鼠标的工作原理;
- VGA 接口工作原理及接口设计;
- PS/2 接口工作原理及接口设计;
- 图形、图像、字符显示控制程序设计;
- 键盘输入控制程序设计;
- 鼠标输入控制程序设计。

10.1 图形显示输出设备

10.1.1 液晶显示器

1. 液晶显示器结构

液晶显示器(Liquid Crystal Display,LCD)是在两片平行的玻璃基板当中放置液晶盒,下基板玻璃上设置薄膜晶体管(Thin Film Transistor,TFT),上基板玻璃上设置彩色滤光片,通过 TFT 上信号与电压改变控制液晶分子的转动方向,从而达到控制每个像素点偏振光出射与否而达到显示目的。液晶显示器结构如图 10-1 所示。

在彩色 LCD 面板中,每一个像素都由三个液晶单元格构成,其中每一个单元格前面都分别有红色、绿色或蓝色过滤器。这样,通过不同单元格的光线就可以在屏幕上显示出不同的颜色。

2. 液晶显示器成像原理

液晶显示器屏显示图像的方式不同于显像管,采用矩阵控制图像显示。这是由于液晶分子有惰性,要在液晶屏上完成由左到右一行信号的高速扫描极为困难,所以一次同时显示一行信号。LCD 显示控制原理与 LED 点阵显示控制原理类似,不同之处在于液晶本身不发光,而是控制光的穿透性。

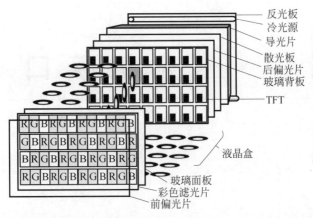

图 10-1　液晶显示器结构

　　TFT-LCD 显示控制电路结构如图 10-2 所示。LCD 显示器利用 MOS 场效应管作为开关器件,MOS 场效应管的栅极接扫描电极的母线,形成水平方向寻址开关信号电极;源极接信号电极母线,形成垂直方向激励信号输入端;漏极通过存储电容接地。当 MOS 场效应管的栅极加入开关信号时,水平方向排列的所有晶体管栅极均加入开关信号,但由于源极未加信号,MOS 晶体管并不导通。只有当垂直排列的源极信号线上加入激励信号时,与其相交的 MOS 场效应管才会导通,导通电流对被寻址像素的存储电容充电,电压的大小与输入的代表图像信号大小的激励电压成正比。电视图像信号通过源极母线依次激励(接通)MOS 场效应管,存储电容依次被充电。存储电容上的信号将保持一帧时间,并通过液晶像素的电阻逐渐放电。与此同时液晶将出现动态散射,并呈现出与存储电容上信号电压相对应的图像灰度。

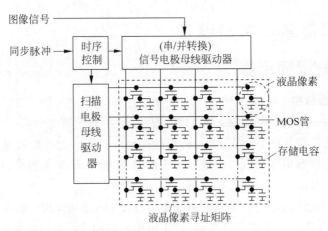

图 10-2　TFT-LCD 显示控制电路结构

　　液晶显示器的分辨率表示液晶显示器水平和垂直方向上的像素数,当图像分辨率与液晶显示器分辨率一致时,图像显示最清晰。如某液晶显示器分辨率为 1920×1080,表示该液晶屏水平方向具有 1920 个像素,垂直方向具有 1080 个像素。

　　液晶显示器每个像素由 RGB 三基色组成,每个基色可以表现多种层级亮度,构成液晶显示器的色彩表现能力。低端液晶显示器各个基色只能表现 6 位色,每个独立像素可以表

现的最大颜色数为 $64 \times 64 \times 64 = 262\,144$ 种颜色。高端液晶显示每个基色可以表现 8 位色,像素能表现的最大颜色数为 $256 \times 256 \times 256 = 16\,777\,216$ 种颜色。

液晶显示器刷新频率指 1s 之内刷新整个显示器图像的频率,通常为 60Hz。若已知液晶显示屏的分辨率以及刷新频率则可以计算出各行显示时间。如液晶显示器分辨率为 1920×1080、刷新频率为 60Hz,则行刷新频率为 60×1080,行显示时间为 $15.4\mu s$,该时间也称为水平扫描时间。若同一行各个像素串行输入,则像素时钟频率为 $60 \times 1080 \times 1920$。完成整屏显示扫描的时间称为垂直扫描时间,刷新频率 60Hz 时,垂直扫描时间为 16.7ms。

10.1.2 液晶显示屏接口

TFT-LCD 液晶显示屏常用接口有 TTL(RGB)、LVDS、eDP、MIPI 等。

1. TTL(RGB)接口

TTL 接口是并行方式传输数据,采用这种接口时,液晶显示器的驱动板和液晶面板端无须使用专用接口电路,而是由驱动板主控芯片输出的 TTL 数据信号经电缆线直接传送到液晶面板的输入接口。由于 TTL 接口信号电压高、连线多,因此,电路的抗干扰能力比较差,容易产生电磁干扰(EMI)。在实际应用中,TTL 接口多用来驱动小尺寸或低分辨率的液晶面板。TTL 接口像素时钟最高只有 28MHz。TTL 接口具有单通道 6b、单通道 8b、双通道 6b、双通道 8b 等几种类型,其中 6b、8b 分别表示像素单基色的位数为 6 位、8 位。液晶显示屏 TTL 接口信号如图 10-3 所示,包含每个通道 R、G、B 三基色各 6b 或 8b,像素时钟 CLK、数据有效 DE、水平同步 HSync 和垂直同步 VSync,其中 O 表示奇通道、E 表示偶通道,有的接口两个通道共一个时钟,也有的分开。

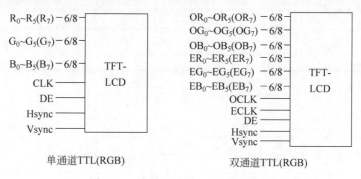

图 10-3 液晶显示屏 TTL 接口信号

2. LVDS 接口

LVDS(Low Voltage Differential Signaling)是一种低压差分信号接口,克服了 TTL 方式传输宽带高码率数据时功耗大、电磁干扰大等缺点。LVDS 输出接口利用非常低的电压摆幅(约 350mV)在两条 PCB 走线或一对平衡电缆上通过差分进行数据传输,即低压差分信号传输。采用 LVDS 输出接口,可以使得信号在差分 PCB 线或平衡电缆上以几百 Mbps 的速率传输。由于采用低压和低电流驱动方式,因此实现了低噪声和低功耗。

LVDS 接口电路包括两部分,即主板侧的 LVDS 输出接口电路(LVDS 发送端)和液晶面板侧的 LVDS 输入接口电路(LVDS 接收端)。LVDS 发送端将 TTL 信号转换成 LVDS 信号,然后通过驱动板与液晶面板之间的柔性电缆(排线)将信号传送到液晶面板侧的

LVDS 接收端的 LVDS 解码 IC 中,LVDS 接收器再将串行信号转换为 TTL 电平的并行信号,送往液晶屏时序控制与行列驱动电路。LVDS 接口同样分为单通道 6b、单通道 8b、双通道 6b、双通道 8b 等几种类型。

液晶显示屏 LVDS 接口信号如图 10-4 所示,每个通道通过 4/5 组差分信号串行传输 TTL 信号,LVDS 串行信号与 TTL 信号之间存在两种映射关系:一种为 VESA/SPWG/PSWG 映射,如表 10-1 所示;另一种为 JEIDA 映射,如表 10-2 所示。

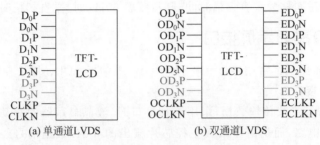

图 10-4　液晶显示屏 LVDS 接口信号

表 10-1　LVDS 串行信号与 TTL 信号 VESA/SPWG/PSWG 映射

通　道	时　钟						
	T_0	T_1	T_2	T_3	T_4	T_5	T_6
D_0	G_0	R_5	R_4	R_3	R_2	R_1	R_0
D_1	B_1	B_0	G_5	G_4	G_3	G_2	G_1
D_2	DE	VS	HS	B_5	B_4	B_3	B_2
D_3 (8b)	CTL	B_7	B_6	G_7	G_6	R_7	R_6

表 10-2　LVDS 串行信号与 TTL 信号 JEIDA 映射(8b)

通　道	时　钟						
	T_0	T_1	T_2	T_3	T_4	T_5	T_6
D_0	G_2	R_7	R_6	R_5	R_4	R_3	R_2
D_1	B_3	B_2	G_7	G_6	G_5	G_4	G_3
D_2	DE	VS	HS	B_7	B_6	B_5	B_4
D_3	CTL	B_1	B_0	G_1	G_0	R_1	R_0

eDP 以及 MIPI 接口主要针对平板电脑以及手机应用,协议较为复杂。限于篇幅,本书不再讨论。

10.1.3　液晶显示器接口标准

液晶显示器是计算机系统常见的输出设备,内部具有独立的控制器。控制器一方面通过显示器标准接口与计算机系统相连,另一方面通过液晶屏标准接口与液晶显示屏相连。显示器标准接口存在 4 种规范,分别为 VGA、DVI、HDMI、DP 接口。

1. VGA 接口

VGA 接口是常见的一种显示器接口,也称为 D-Sub 接口,从 CRT 显示器时代到现在,一直都在被采用。它是一种色差模拟传输接口,D 型口,上面有 15 个孔,如图 10-5 所示,分别传输不同信号,如表 10-3 所示。

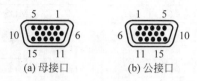

(a) 母接口   (b) 公接口

图 10-5   VGA 接口

表 10-3   VGA 接口信号定义

引脚	1	2	3	4	5	6	7	8
信号	红色	绿色	蓝色	地址码(ID2)	自测试	红地	绿地	蓝地
引脚	9	10	11	12	13	14	15	
信号	保留	数字地	地址码(ID0)	地址码(ID1)	水平同步	垂直同步	地址码(ID3)	

VGA 接口理论上能够支持 2048×1536 分辨率画面传输。由于传输模拟信号,容易受干扰,信号转换容易带来信号的损失。在 1080P 分辨率下,用户可以通过肉眼明显感受到画面的损失,建议 1080P 分辨率以下显示器采用。

几乎绝大部分低端显示器均带有 VGA 接口,但由于它的缺点比较明显,即高分辨率无法达到应有刷新率及只有图像输入没有声音输入,因此很难在中高端显示器中有发挥的余地。

2. DVI 接口

DVI(Digital Visual Interface,数字视频接口),是 1999 年由 Silicon Image、Intel(英特尔)、Compaq(康柏)、IBM、HP(惠普)、NEC、Fujitsu(富士通)等公司共同组成的数字显示工作组(Digital Display Working Group,DDWG)推出的接口标准。

DVI 接口比较复杂,主要分为 3 种:DVI-A(仅模拟信号)、DVI-D(仅数字信号)以及 DVI-I(模拟与数字信号混合)。DVI-D 和 DVI-I 又有单通道和双通道之分,DVI 接口结构及信号含义如图 10-6 所示,各引脚含义如表 10-4 所示。其中 TMDS(Transition Minimized Differential Signaling,最小化差分传输技术)是一种利用 2 个引脚间电压差来传送信号的技术,TMDS 具备 4 对线缆,前 3 对线缆分别是 Y、U(Pb)、V(Pr)的传输线,或 R、G、B 的传输线,第 4 对是时钟传输线,以保证数据传输时所需的统一时序。4 对线缆总称为 1 个通道。

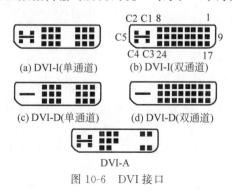

(a) DVI-I(单通道)   (b) DVI-I(双通道)

(c) DVI-D(单通道)   (d) DVI-D(双通道)

DVI-A

图 10-6   DVI 接口

表 10-4　DVI-I 双通道接口信号含义

引脚	含　义	引脚	含　义
1	TMDS 数据 2−(通道 1 数字红−)	13	TMDS 数据 3+(通道 2 数字蓝+)
2	TMDS 数据 2+(通道 1 数字红+)	14	电源+5V
3	2/4 屏蔽	15	地
4	TMDS 数据 4−(通道 2 数字绿−)	16	热插拔检测
5	TMDS 数据 4+(通道 2 数字绿+)	17	TMDS 数据 0−(通道 1 数字蓝−)
6	DDC(Display Digital Channel)时钟	18	TMDS 数据 0+(通道 1 数字蓝+)
7	DDC(Display Digital Channel)数据	19	0/5 屏蔽
8	模拟垂直同步信号	20	TMDS 数据 5−(通道 2 数字红−)
9	TMDS 数据 1−(通道 1 数字绿−)	21	TMDS 数据 5+(通道 2 数字红+)
10	TMDS 数据 1+(通道 1 数字绿+)	22	TMDS 时钟屏蔽
11	1/3 屏蔽	23	TMDS 时钟+(通道 1、2 数字时钟+)
12	TMDS 数据 3−(通道 2 数字蓝−)	24	TMDS 时钟−(通道 1、2 数字时钟−)
C1	模拟红	C3	模拟蓝
C2	模拟绿	C4	模拟水平同步信号
C5	模拟地		

　　DVI 接口可传输数字信号,数字图像信息不需经过任何变换,就直接传送到显示设备,因而减少了数字到模拟、再到数字的烦琐变换进程,它的速度更快,能有效消除拖影现象。

　　DVI 单通道时支持分辨率可达 2560×1600,双通道时支持分辨率可达 3840×2400,且各基色都固定采用 8b 表示,因此画面色彩更丰富,更清晰。DVI 接口各数据线每个时钟周期传输 10b 数据位,因此接收端需重建时钟信号采样数据。

3. HDMI 接口

　　高清晰度多媒体接口(High Definition Multimedia Interface,HDMI)是一种数字化视频/音频接口,是适合影像传输的专用型数字化接口,可同时传送音频和影像信号,最高数据传输速度为 2.25GBps,支持 RGB 与 YCbCr 色彩空间。

　　HDMI 接口如图 10-7 所示,各引脚含义如表 10-5 所示。

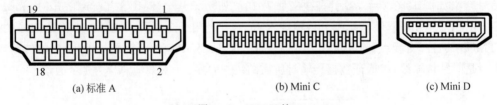

(a) 标准 A　　　　　　(b) Mini C　　　　　　(c) Mini D

图 10-7　HDMI 接口

　　HDMI 接口能够支持 4K×2K 分辨率的传输,拥有以太网通道、音频回传通道、支持 3D 功能等;支持 4K 分辨率的输出,为 4K 电视和显示器的支持提供了基础;还能够支持 30 位以上的色域空间,在各种标准下,都能够展示最为逼真鲜艳的色彩。

4. DP 接口

　　DP 接口(DisplayPort)是一种高清数字显示接口标准,可以连接电脑和显示器,也可以连接电脑和家庭影院,支持 RGB 与 YCbCr 色彩空间。

表 10-5 HDMI 接口信号含义

引脚	含 义	引脚	含 义
1	TMDS 数据 2＋	10	TMDS 时钟＋
2	TMDS 数据 2 屏蔽	11	TMDS 时钟屏蔽
3	TMDS 数据 2－	12	TMDS 时钟－
4	TMDS 数据 1＋	13	CEC
5	TMDS 数据 1 屏蔽	14	HEAC＋(以太网和音频回传通道)
6	TMDS 数据 1－	15	SCL(DDC 通道 IIC 串行时钟)
7	TMDS 数据 0＋	16	SDA(DDC 通道 IIC 串行数据)
8	TMDS 数据 0 屏蔽	17	地
9	TMDS 数据 0－	18	电源＋5V
19	热插拔检测 HEAC－(以太网和音频回传通道)		

DP 接口如图 10-8 所示,各引脚含义如表 10-6 所示。

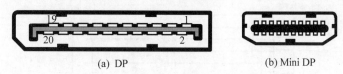

(a) DP　　　　　　　(b) Mini DP

图 10-8 DP 接口

表 10-6 DP 接口各引脚含义

引脚	含 义	引脚	含 义
1	通道 0＋	11	地
2	地	12	通道 3－
3	通道 0－	13	地
4	通道 1＋	14	地
5	地	15	辅助通道＋
6	通道 1－	16	地
7	通道 2＋	17	辅助通道－
8	地	18	热插拔检测
9	通道 2－	19	电源回路
10	通道 3＋	20	电源＋3.3V

DP 接口最长外接距离能够达到 15m,速率能够达到 32.4Gbps,能够支持 4K(3840×2160)、5K(5120×2880)、8K(7680×4320)分辨率以及 30/36b 的色深。允许音频和视频信号共用一条线缆传输,支持多种高质量数字音频。除了 4 条主传输通道外,还提供了一条功能强大的辅助通道,带宽为 1Mbps,最高延迟仅为 $500\mu s$,可实现多种功能。

10.1.4 显示设备标准

视频电子标准协会(Video Electronics Standards Association,VESA)制定了计算机和小型工作站视频设备标准。计算机显示设备标准规定了各种不同显示分辨率以及刷新频率下的显示控制时序。

计算机显示设备控制时序如图 10-9 所示,包含水平同步信号、垂直同步信号以及视频数据信号。

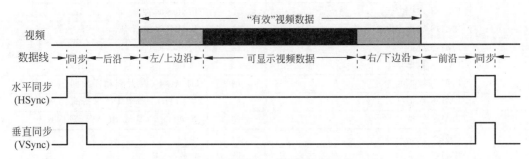

图 10-9　计算机显示设备控制时序

由此可知,水平、垂直同步信号与显示器显示区域之间关系如图 10-10 所示。

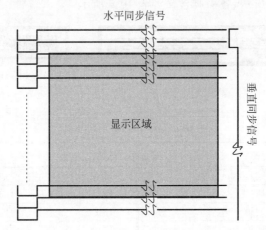

图 10-10　水平、垂直同步信号与显示器显示区域之间关系

不同分辨率以及不同刷新频率的显示器,显示控制时序各段参数不同。如分辨率为 800×600 以及 640×480,刷新频率为 60Hz 的显示控制时序各段参数如表 10-7 所示。

表 10-7　刷新频率为 60Hz 的显示控制时序各段参数

分辨率@刷新率	信　　号	同步	后沿	左/上边沿	视频	右/下边沿	前沿	单位
$800\times600@60\text{Hz}$	水平(1056)	128	88	0	800	0	40	像素
	垂直(628)	4	23	0	600	0	1	行
$640\times480@60\text{Hz}$	水平(800)	96	40	8	640	8	8	像素
	垂直(525)	2	25	8	480	8	2	行

由表 10-7 可知,显示器显示模式为 $640\times480@60\text{Hz}$ 时,每个像素显示时间约为 $T_{\text{clk}}=\dfrac{1}{60\times800\times525}=0.04\mu\text{s}$,像素时钟频率 f_{clk} 约为 25MHz。显示器显示模式为 $800\times600@$ 60Hz 的时,每个像素显示时间约为 $T_{\text{clk}}=\dfrac{1}{60\times1056\times628}=0.025\mu\text{s}$,像素时钟频率 f_{clk} 约为 40MHz。若每个像素各基色采用 8b 表示,则显示控制器与显示存储器之间带宽至少需

为 $f_{clk} \times 8 \times 3$bps。

10.2 VGA 接口控制器

10.2.1 VGA 时序

VGA 工业标准规定水平同步、垂直同步信号都为负脉冲。水平同步脉冲是行的结束标志,同时也是下一行的开始标志;垂直同步脉冲是数据帧的开始标志。水平、垂直同为显示时段时显示器亮,RGB 视频线根据像素时钟信号逐个驱动屏幕上每一个像素。有效显示时段之外,视频线插入消隐信号,没有图像投射到屏幕。由此可知图10-9所示计算机显示设备控制时序中同步、后沿、前沿、左/上边沿、右/下边沿都在消隐期内。消隐期内,R、G、B信号线电压都为 0,屏幕不显示数据。由此可知 VGA 控制时序如图 10-11 所示。

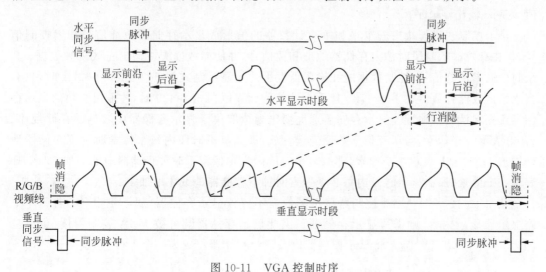

图 10-11 VGA 控制时序

10.2.2 VGA 控制器

VGA 控制器是微处理器通过 VGA 接口控制显示器显示图像的接口电路。它将微处理器存储在显示存储区的图像数据,读取并转换为有效的 VGA 接口控制信号,控制 VGA 接口显示器显示图像。

VGA 控制器基本结构如图 10-12 所示。时钟分频模块产生不同显示制式要求的像素时钟,如显示制式为 640×480@60Hz,像素时钟频率为 25MHz;显示制式为 800×600@60Hz,像素时钟频率为 40MHz。

水平计数器和垂直计数器根据显示制式分别对像素时钟和水平计数器进位信号计数。如显示制式为 640×480@60Hz,水平计数器每计数 800 个像素时钟脉冲复位,并同时产生一个进位脉冲给垂直计数器;垂直计数器每计数 521 个水平计数器送来的进位脉冲复位。水平计数器和垂直计数器同时将计数值输出给显示控制逻辑模块和同步控制逻辑模块。

同步控制逻辑模块根据水平和垂直计数器的值输出水平同步和垂直同步负脉冲。如显示制式为 640×480@60Hz 时,水平计数器的计数值在 0～95 时,HSync 输出低电平,其余

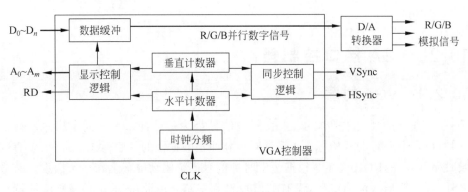

图 10-12　VGA 控制器基本结构

计数值 HSync 输出高电平;垂直计数器的计数值在 $0 \sim 1$ 时,VSync 输出低电平,其余计数值 VSync 输出高电平。

　　显示控制逻辑模块根据水平和垂直计数器的值形成显示存储器地址信号和读控制信号,仅在有效显示时段时输出存储器地址和读信号,并使能数据缓冲输出有效视频数据;其余时段输出消隐信号,控制数据缓冲输出低电平。如显示制式为 $640 \times 480@60Hz$ 时,只有当水平计数器计数值在 $144 \sim 783$ 且垂直计数器计数值在 $30 \sim 429$ 时,才输出有效的显示存储器读控制信号和地址。显示存储器地址变化规律取决于显示存储器中数据的存储规律。若 8b 表示一个像素,且所有像素数据连续存放,那么显示时段内每个像素时钟下存储器地址增加 1;若 16b 表示一个像素,那么显示时段内每个像素下时钟存储器地址增加 2;若 4b 表示一个像素,那么显示时段内每 2 个像素时钟下存储器地址才增加 1。

　　从图 10-12 可知,VGA 控制器显示图像需不停读显示存储器,属于主设备;若程序更新显示器显示内容,则需写显示存储器。因此显示存储器既可被 VGA 控制器读,也可被 CPU 写。计算机系统通常将显示控制器以及显示存储器集成为一个 I/O 模块——显卡。

10.2.3　VGA 控制器设计

　　例 10.1　已知某液晶显示器显示制式为 $640 \times 480@60Hz$,采用 VGA 接口,且计算机系统 VGA 模拟接口电路如图 10-13 所示,试采用 Verilog 硬件描述语言为计算机系统设计该液晶显示器 VGA 接口控制器,要求每个像素颜色信息为 8 位,其中红色 $R_{3:1}$ 对应 $b_{7:5}$,绿色 $G_{3:1}$ 对应 $b_{4:2}$,蓝色 $B_{3:2}$ 对应 $b_{1:0}$。

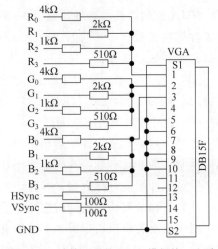

　　解答:显示分辨率为 640×480,每像素颜色信息为 8 位,因此若一个存储单元代表一个像素,则显示存储器存储空间大小至少需为 $640 \times 480B$ 即 0x4B000(307200)字节。CPU 寻址显示存储器需 19 位地址,8 位数据,仅写入。若采用同步存储器,写入时钟频率与总线时钟频率一致。VGA 控制器读显示存储器同样需 19 位地址,8 位数据,若采用同步存储器,读数据时钟频率与像素时钟频

图 10-13　计算机系统 VGA 模拟接口电路

率一致。

显示分辨率为 640×480,水平计数器以及垂直计数器的计数最大值分别为 800 和 525。因此两个计数器的位宽都至少为 10 位。

由此得到包含显示存储器且显示制式为 $640 \times 480@60\text{Hz}$ 的简单 VGA 显示控制器结构如图 10-14 所示。

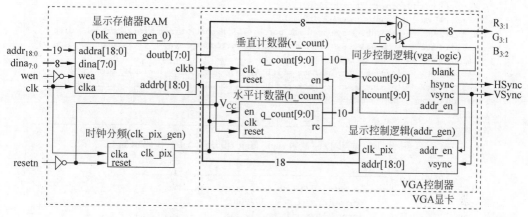

图 10-14　简单 VGA 显示控制器结构

图 10-14 所示 VGA 显示控制器可作为计算机系统的显示输出接口,微处理器只需向显示存储器写入数据,立即更新显示器显示信息。

图 10-14 所示 VGA 显示控制器各模块除显示存储器 RAM 采用 IP 核——块存储生成器(Block Memory Generator)产生简单双端口 RAM 外,其余各模块采用 Verilog HDL 语言描述实现,Verilog 代码示例如图 10-15～图 10-20 所示。该示例假定外部时钟 clk 频率为 100MHz,水平计数器以及垂直计数器都采用计数器实现。

```verilog
module clk_pix_gen(
    input clk,
    input reset,
    output clk_pix
    );
    reg [1:0] count;
    assign clk_pix = (count == 2'b11)?1:0;
    always @ (posedge clk)
    begin
        if (reset)
            count <= 0;
            else count <= count + 1;
    end
endmodule
```

图 10-15　时钟分频(clk_pix_gen)模块
　　　　　Verilog 代码示例

```verilog
module counter(reset,clk,en,q_count,rc);
    parameter max_n = 800;
    input reset,clk,en;
    output reg [9:0] q_count;
    output rc;
    assign rc = (q_count == max_n - 1)?1'b1:1'b0;
    always @ ( posedge clk or posedge reset)
    begin
        if(reset)
            q_count <= 0;
        else if (en)
            begin
                if (q_count == max_n - 1)
                q_count <= 0;
                else q_count <= q_count + 1'b1;
            end
    end
endmodule
```

图 10-16　计数器(counter)模块 Verilog 代码示例

```
module vga_logic( hcount, vcount, HSync, VSync, addr_en, blank);
    parameter syn_h = 96, back_porch_h = 48, disp_h = 640, forth_porch_h = 16;
    parameter syn_v = 2, back_porch_v = 33, disp_v = 480, forth_porch_v = 10;
    input [9:0] hcount;
    input [9:0] vcount;
    wire ht1, ht2, bt1, bt2;
    output HSync, VSync, addr_en, blank;
    assign HSync = (hcount < syn_h)?1'b0:1'b1;
    assign VSync = (vcount < syn_v)?1'b0:1'b1;
    assign  ht1 = (hcount >= syn_h + back_porch_h)&&(hcount < syn_h + back_porch_h + disp_h);
    assign  ht2 = (vcount >= syn_v + back_porch_v)&&(vcount < syn_v + back_porch_v + disp_v);
    assign addr_en = ht1 && ht2;
    assign  bt1 = (hcount < syn_h + back_porch_h)||(hcount >= syn_h + back_porch_h + disp_h);
    assign  bt2 = (vcount < syn_v + back_porch_v)||(vcount >= syn_v + back_porch_v + disp_v);
    assign blank = bt1 || bt2;
endmodule
```

图 10-17   同步控制逻辑(vga_logic)模块 Verilog 代码示例

```
module addr_gen(VSync, addr_en, clk_pix, addr);
    parameter max_mem = 307200;
    input VSync, addr_en, clk_pix;
    output reg [18:0] addr;
    always @ (posedge clk_pix or negedge VSync)
    begin
        if (!VSync)
            addr <= 0;
        else if (addr_en)
                if (addr == max_mem - 1)
                    addr <= 0;
                else
                    addr <= addr + 1;
    end
endmodule
```

图 10-18   显示控制逻辑(addr_gen)模块 Verilog 代码示例

```
module vga_ctr(clk_pix, reset, addr, memData, HSync, VSync, VideoData );
    input clk_pix, reset;
    output [18:0] addr;
    input [7:0] memData;
    output HSync, VSync;
    output [7:0] VideoData;
    wire h_rc, v_rc, addr_en, blank;
    wire [9:0] h_count;
    wire [9:0] v_count;
    counter h_count_u(reset, clk_pix, 1, h_count, h_rc);
    defparam h_count_u. max_n = 800;
    counter v_count_u(reset, clk_pix, h_rc, v_count, v_rc);
    defparam v_count_u. max_n = 525;
    vga_logic u_vga_logic(h_count, v_count, HSync, VSync, addr_en, blank);
    addr_gen u_addr_gen(VSync, addr_en, clk_pix, addr);
    assign VideoData = blank?8'h0:memData[7:0];
endmodule
```

图 10-19   VGA 控制器(vga_ctr)模块 Verilog 代码示例

```
module vga_top( input clk, input resetn, input [7:0]dina, input wen,
    input [31:0]addr, output HSync, output VSync,
    output [3:0] R, output [3:0] G, output [3:0] B
    );
    wire reset;
    assign reset = ~resetn;
    wire wea;
    assign wea = ~wen;
    wire clk_pix;
    clk_pix_gen u1(clk, reset, clk_pix);
    wire [7:0] memData;
    wire [18:0] memaddr;
    wire [7:0] VideoData;
    assign R = {VideoData[7:5], 1'b0};
    assign G = {VideoData[4:2], 1'b0};
    assign B = {VideoData[1:0], 2'b00};
    vga_ctr u2(clk_pix, reset, memaddr, memData, HSync, VSync, VideoData);
    blk_mem_gen_0 u3(clk, wea, addr[18:0], dina[7:0], clk_pix, memaddr, memData[7:0]);
endmodule
```

图 10-20　VGA 显卡（vga_top）Verilog 代码示例

以上代码封装为 VGA 控制器 IP 核,外部引脚如图 10-21 所示。计算机系统可将此 IP 核当作存储容量为 307200×8b 的 SRAM 存储器,且可通过 AXI EMC 控制器连接到 AXI 总线,以便微处理器访问。VGA 控制器 IP 核通过 AXI EMC 连接到 AXI 总线的电路结构如图 10-22 所示。

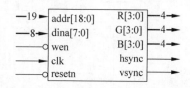

图 10-21　VGA 控制器 IP 核引脚结构

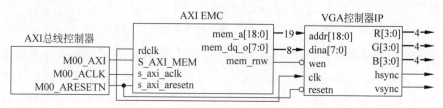

图 10-22　VGA 控制器 IP 核通过 AXI EMC 连接到 AXI 总线的电路结构

基于 Standalone BSP 端口读写函数控制显示器显示 256 色渐变竖条纹程序示例如图 10-23 所示。其中 i 表示显示器像素列号, j 表示显示器像素行号。同一行各列像素颜色渐变,同一列各行像素颜色一致。

```
# include "xil_io.h"
# include "xparameters.h"
int main()
{int i, j;
    for(j = 0; j < 480; j++)
        for(i = 0; i < 640; i++)
            Xil_Out8(XPAR_EMC_0_S_AXI_MEM0_BASEADDR + 640 * j + i, i % 256);
    return 0;
}
```

图 10-23　控制显示器显示 256 色渐变竖条纹程序示例

10.2.4 AXI TFT 控制器

1. AXI TFT 控制器结构

AXI TFT 控制器是 Xilinx 公司提供的基于 AXI 总线的 TFT 液晶显示控制器 IP 核，它支持 VGA 输出接口和 DVI 输出接口，显示制式为 $640 \times 480@60\text{Hz}$，其内部结构及引脚如图 10-24 所示。它既是 AXI 总线主设备，也是 AXI 总线从设备。主设备接口读取 AXI 总线显示存储器中的数据，从设备接口接收微处理器控制信息。TFT 接口逻辑支持两种视频输出接口：VGA 接口或 DVI 接口，两种接口选择其一输出。若采用 DVI 接口，它支持通过 I^2C 总线编程控制 DVI 接口接收芯片 CH-7301。TFT_DPS 引脚为扫描控制方式输出：0-正常扫描；1-反向扫描，反向扫描使画面水平旋转 $180°$。sys_tft_clock 为像素时钟输入，VGA 接口输出时要求频率为 25MHz。TFT_VGA_CLK 为像素时钟输出。

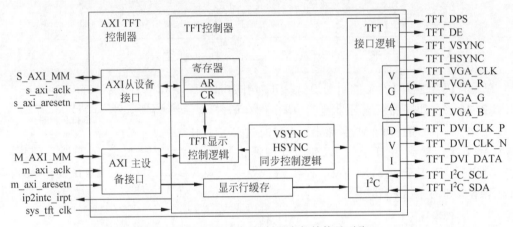

图 10-24　AXI TFT 控制器内部结构及引脚

AXI TFT 控制器内部具有显示行缓存，可以以 AXI 总线时钟频率连续读取一行像素的数据，然后再以像素时钟频率逐个同步输出到 TFT 接口。AXI TFT 控制器支持的像素颜色信息位数为 18 位，R、G、B 三基色各 6 位，采用一个字（32 位）表示一个像素。像素颜色信息与显示存储器中数据对应关系如表 10-8 所示。

表 10-8　AXI TFT 控制器像素颜色与显示存储器中数据对应关系

液晶显示屏像素坐标	显示存储器偏移地址	数据位	含义
		$31 \sim 24$	未定义
		$23 \sim 18$	红色
		$17 \sim 16$	未定义
	$(i \times 1024 + j) \times 4$	$15 \sim 10$	绿色
		$9 \sim 8$	未定义
		$7 \sim 2$	蓝色
		$1 \sim 0$	未定义

AXI TFT 显示存储器采用 1024 列 $\times$ 512 行组织，当采用 VGA 接口时，仅前 640 列和 480 行有效，VGA 接口有效显示存储区在 AXI TFT 显示存储区中的位置如图 10-25 所示。

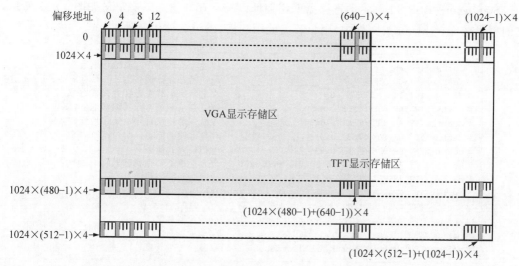

图 10-25 VGA 接口有效显示存储区在 AXI TFT 显示存储区中的位置

AXI TFT 控制器的寄存器包括显示存储器基地址寄存器 AR、显示属性控制寄存器 CR 以及中断控制状态寄存器 IESR。AXI TFT 控制器的寄存器偏移地址及含义如表 10-9 所示。

表 10-9　AXI TFT 控制器的寄存器偏移地址及含义

寄存器	偏移地址	含　义
AR	0	$b_{31} \sim b_{21}$ 存储显示存储器基地址高 11 位，其余位无意义。即显示存储器基地址低 21 位须全为 0
CR	4	b_0：TDE，显示使能控制位，0-不显示；1-显示 b_1：DPS，扫描控制位，0-正常扫描，正常显示；1-反扫描，屏幕水平旋转 180°。其余位无意义
IESR	8	b_3：VSync 中断使能，1-使能；0-屏蔽 b_0：VSync 以及显存基地址锁存状态，1-VSync 有效；0-地址锁存。该标志为 1 表示当前显示一帧数据已经输出完毕。若采用多显存方式，为 1 时可改写寄存器 AR 的值，更换显存基地址，从而切换显存

2. AXI TFT 控制器控制程序

TFT 控制器控制程序分为初始化程序和显示控制程序两部分。初始化程序主要设置显示存储器基地址、显示控制方式以及是否使能中断等，这些操作通过写 TFT 的寄存器实现。显示控制程序则是控制显示器各个像素的颜色编码信息，通过写显示存储器实现。需要注意的是，若寄存器 IESR 的 b_0 为 0，表示寄存器 AR 处于锁定状态，此时不能改写 AR 寄存器的值。因此改写寄存器 AR 的值之前，需查询寄存器 IESR b_0 的状态。

3. Standaaone BSP TFT 宏定义

Standaaone BSP 的 xparameters.h 头文件中 TFT IP 核基地址宏定义如图 10-26 所示。

```
#define XPAR_AXI_TFT_0_BASEADDR 0x44A00000
```

图 10-26　TFT IP 核基地址宏定义

Standaaone BSP TFT 驱动寄存器偏移地址以及寄存器位掩码宏定义如图 10-27 所示，它们声明在 xtft_hw.h 头文件中，用户若需使用它们，需包含该头文件。

```
# define XTFT_AR_OFFSET        0          //显存基地址寄存器偏移地址
# define XTFT_CR_OFFSET        4          //控制寄存器偏移地址
# define XTFT_IESR_OFFSET      8          //中断使能状态寄存器偏移地址
# define XTFT_AR_LSB_OFFSET    0x10       //显存基地址寄存器偏移地址(LSB)
# define XTFT_AR_MSB_OFFSET    0x14       //显存基地址寄存器偏移地址(MSB)
# define XTFT_CR_TDE_MASK      0x01       //显示使能掩码
# define XTFT_CR_DPS_MASK      0x02       //扫描方式掩码
# define XTFT_IESR_VADDRLATCH_STATUS_MASK 0x01  //显存地址锁存状态掩码
# define XTFT_IESR_IE_MASK     0x08       //中断使能掩码
# define XTFT_CHAR_WIDTH       8          //ASCII 字符宽度
# define XTFT_CHAR_HEIGHT      12         //ASCII 字符高度
# define XTFT_DISPLAY_WIDTH    640        //显示器宽度
# define XTFT_DISPLAY_HEIGHT   480        //显示器高度
# define XTFT_DISPLAY_BUFFER_WIDTH  1024  //显存一行长度
```

图 10-27   TFT 驱动寄存器偏移地址以及寄存器位掩码宏定义

10.2.5   显示应用示例

AXI TFT 控制器要求显示存储器必须连接在 AXI 总线上，因此计算机系统使用 AXI TFT 控制器必须配备 AXI 总线存储器作为显示存储器。由此得到基于 AXI TFT 控制器的计算机显示系统接口电路如图 10-28 所示。

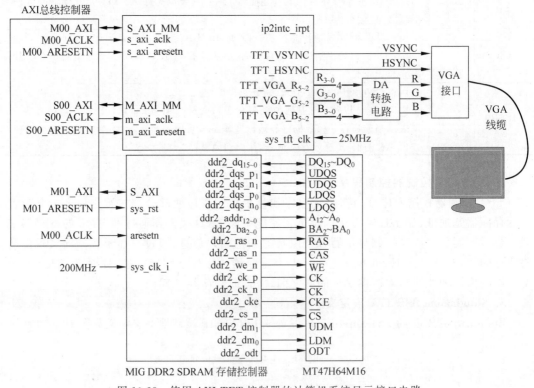

图 10-28   使用 AXI TFT 控制器的计算机系统显示接口电路

1. 图形显示

例 10.2 已知嵌入式计算机显示控制系统接口如图 10-28 所示,其中 TFT 控制器采用 VGA 接口输出,VGA 接口中的 TFT_VGA_R[5:0]、TFT_VGA_G[5:0]、TFT_VGA_B[5:0] 仅使用高 4 位,即仅 TFT_VGA_R[5:2]、TFT_VGA_G[5:2]、TFT_VGA_B[5:2] 有效。试编写控制程序实现以下功能:①显示器第 2 行、第 4 行、第 6 行分别显示红、绿、蓝色水平直线;②显示器从坐标(120, 60)显示一个长 120 个像素、高 60 个像素的蓝色矩形;之后矩形在显示器第 60 行以下区域不断水平、垂直循环扫描。

解答:由 TFT 控制流程可知,初始化控制程序首先查询寄存器 IESR b_0 的状态,若 b_0 为 1,则写寄存器 AR 设置 TFT 显存基地址以及写寄存器 CR 使能显示。TFT 初始化控制程序段示例如图 10-29 所示。该程序除了设置 AR 以及 CR,同时还将显示存储器清 0,显示器初始显示为黑屏。

```
void initial_tft(u32 FrameBaseAddr)
{
    while ((Xil_In32(XPAR_AXI_TFT_0_BASEADDR + XTFT_IESR_OFFSET)&
            XTFT_IESR_VADDRLATCH_STATUS_MASK)!=
                        XTFT_IESR_VADDRLATCH_STATUS_MASK);
    //等待帧同步脉冲到来,非显示期间才更新显存地址
    Xil_Out32(XPAR_AXI_TFT_0_BASEADDR + XTFT_AR_OFFSET,FrameBaseAddr);
    for(int i = 0;i < 480;i++)
        for(int j = 0;j < 640;j++)
        Xil_Out32(FrameBaseAddr + (i * XTFT_DISPLAY_BUFFER_WIDTH + j) * 4,BGCOLOR);
    Xil_Out32(XPAR_AXI_TFT_0_BASEADDR + XTFT_CR_OFFSET,XTFT_CR_TDE_MASK);
}
```

图 10-29 TFT 初始化控制程序段示例

画水平直线需向显示存储器中水平直线对应存储单元输出直线各个像素对应的颜色值,水平直线仅需修改列地址索引。画水平直线程序段示例如图 10-30 所示。

```
int TftDrawHLine(u32 FrameBaseAddr,u32 Row, u32 PixelVal)
{
    if(Row > 479)
        return 1;
    else
    {
        for(int i = 0;i < 640;i++)
        Xil_Out32(FrameBaseAddr + (Row * XTFT_DISPLAY_BUFFER_WIDTH + i) * 4,PixelVal);
        return 0;
    }
}
```

图 10-30 画水平直线程序段示例

画矩形需向显示存储器矩形覆盖区域对应存储单元输出矩形各个像素对应的颜色值,矩形既需修改列地址索引,也需修改行地址索引。画矩形程序段示例如图 10-31 所示。

```
int TftDrawRect(u32 FrameBaseAddr,u32 Row_Start,
        u32 Col_Start,u32 width,u32 height,u32 PixelVal)
{
    if((Row_Start + height > 479)||(Col_Start + width > 639))
        return 1;
    else
        {
        for(int Rowindex = Row_Start;Rowindex < Row_Start + height;Rowindex++)
            for(int Colindex = Col_Start;Colindex < Col_Start + width;Colindex++)
                Xil_Out32(FrameBaseAddr + (Rowindex * 1024 + Colindex) * 4,PixelVal);
        return 0;
        }
}
```

图 10-31　画矩形程序段示例

实现例 10.2 所示功能的主程序示例如图 10-32 所示。

```
# include "xtft_hw. h"
# include "xparameters. h"
# define VideoBaseAddr XPAR_MIG_7SERIES_0_HIGHADDR - 0x1fffff
# define BGCOLOR 0x0                                              //黑色
# define RED 0xFF0000
# define GREEN 0x00FF00
# define BLUE 0x0000FF
void initial_tft(u32 FrameBaseAddr);
int TftDrawHLine(u32 FrameBaseAddr,u32 Row, u32 PixelVal);
int TftDrawRect(u32 FrameBaseAddr,u32 Row_Start,
        u32 Col_Start,u32 width,u32 height,u32 PixelVal);
int main()
{
    u16 last_row,last_col,cur_row,cur_col;
    initial_tft(VideoBaseAddr);
    TftDrawHLine(VideoBaseAddr,2,RED);
    TftDrawHLine(VideoBaseAddr,4,GREEN);
    TftDrawHLine(VideoBaseAddr,6,BLUE);
    TftDrawRect(VideoBaseAddr,60,120,120,60,BLUE);
    last_row = 60;
    last_col = 120;
    for(int i = 0;i < 500000;i++);                               //矩形显示延时
    while(1)
    {
        cur_col = last_col + 120;                                //形成下一个列号
        cur_row = last_row;                                      //行不变
        if(cur_col > = (XTFT_DISPLAY_WIDTH - 120))               //行尾部
        {
            cur_col = 0;                                         //行首
            cur_row = last_row + 60;                             //下一行
            if(cur_row > = (XTFT_DISPLAY_HEIGHT - 60))           //底部
                cur_row = 60;                                    //恢复到行 60
        }
        TftDrawRect(VideoBaseAddr,last_row,last_col,120,60,BGCOLOR);  //矩形擦除
        TftDrawRect(VideoBaseAddr,cur_row,cur_col,120,60,BLUE);      //新位置显示矩形
        for(int i = 0;i < 500000;i++);                          //矩形显示延时
        last_row = cur_row;
        last_col = cur_col;
    }
    return 0;
}
```

图 10-32　实现例 10.2 所示功能的主程序示例

2. 图像显示

计算机系统存储的图像分为很多类型，编码方式也多样，这里仅介绍 24 位色的位图显示。本书不涉及文件系统相关内容，因此位图文件需首先转换为数组数据，然后才能将位图对应的数据写入显示存储器。

例 10.3 已知某分辨率为 300×300 的位图，采用字节数组 gImage_cantoons[360000] 表示各个像素的颜色信息。且每个像素采用 4 个字节表示，其中字节 3 恒为 0，字节 0～2 分别表示像素的 B、G、R 三基色信息，如图 10-33 所示。试编写控制程序实现以下功能：将 300×300 的位图显示在显示器屏幕左上角。

字节0	字节1	字节2	字节3
B	G	R	0x0

图 10-33 位图每个像素的颜色信息存储映像

解答：每个像素采用 4 字节(一个字)，且 AXI 总线是小字节序，因此图 10-33 所示像素数据的存储映像与 TFT 像素数据存储映像一致。即可一次读取一个字数据，然后直接将该字写入显示存储器对应像素存储位置。位图像素(j,i)在数组中的偏移地址为 $4 \times (j + i \times$ 位图宽度)，若位图显示在屏幕左上角，则对应的显示存储器偏移地址为 $4 \times (j + i \times$ 显存一行宽度)；若位图左上角坐标为(x, y)，则对应的显示存储器偏移地址为 $4 \times (j + x + (i + y) \times$ 显存一行宽度)。由此得到在显示器任意位置显示一幅位图的控制程序段示例如图 10-34 所示，其中 RowStart 表示坐标 y，ColStart 表示坐标 x，width 以及 height 分别表示位图的宽度和高度，$*$pic 表示位图数组首地址，FrameBaseAddr 表示显示存储器基地址。

```
int TftDrawPic(u32 FrameBaseAddr,u32 RowStart, u32 ColStart, u32 width,u32 height,u32 * pic)
{
    u32 Rowindex,ColIndex;
    for(Rowindex = RowStart;Rowindex < RowStart + height;Rowindex++)
        for(ColIndex = ColStart;ColIndex < ColStart + width;ColIndex++)
            Xil_Out32(FrameBaseAddr + (Rowindex * XTFT_DISPLAY_BUFFER_WIDTH + ColIndex) * 4,
                pic[(Rowindex - RowStart) * width + (ColIndex - ColStart)]);
    return 0;
}
```

图 10-34 在显示器任意位置显示一幅位图的控制程序段示例

分辨率为 300×300 的位图 gImage_cantoons[360000]显示在屏幕左上角的控制程序段如图 10-35 所示。

```
TftDrawPic(VideoBaseAddr,0,0,300,300,(u32 * )gImage_cantoons);
```

图 10-35 将 300×300 的位图显示在屏幕左上角的控制程序段示例

3. ASCII 字符显示

例 10.4 试编写控制程序实现以下功能：显示器从坐标$(48, 12)$开始显示字符串"Hello World!"，且字符串背景色为白色，字符为绿色。

解答：液晶显示器上显示字符，需首先获取字符的点阵，然后将字符点阵分别以前景色和背景色输出到显示存储器相应位置。

C语言常采用数组描述字符点阵。由于字符点阵各个像素仅需以前景色或背景色区分,因此只需一位二进制数字就可以表示。如 ASCII 字符采用 8×12 的点阵表示,若前景色用 1 表示,背景色用 0 表示,那么字符一行各个像素的取值只需 1 字节,整个字符只需 12 个字节即可表示。如字符"H"的点阵如图 10-36 所示,每个方框表示一个像素,其中黑框表示前景色,白框表示背景色。若点阵同一行从左到右各个像素分别对应字节数据的 $b_7 \sim b_0$,那么描述该点阵的 12 字节从上到下依次为 0x82、0x82、0x82、0x82、0x82、0xfe、0x82、0x82、0x82、0x82、0x0、0x0。

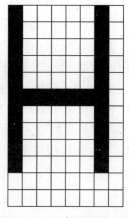

图 10-36 字符"H"的点阵

为了直观地描述字符点阵,常采用位宏定义表示点阵一行的 1 字节。点阵一行对应字节的宏定义 GenPixels 如图 10-37 所示,因此字符"H"的点阵采用数组表示如图 10-38 所示。

```
#define GenPixels(a7, a6, a5, a4, a3, a2, a1, a0) (   ((a7) << 7) |   \
    ((a6) << 6) | ((a5) << 5) | ((a4) << 4) | ((a3) << 3) | \
    ((a2) << 2) | ((a1) << 1) | (a0)   )
```

图 10-37 GenPixels 宏定义

```
{
/* Line  0 */  GenPixels( 1, 0, 0, 0, 0, 0, 1, 0),
/* Line  1 */  GenPixels( 1, 0, 0, 0, 0, 0, 1, 0),
/* Line  2 */  GenPixels( 1, 0, 0, 0, 0, 0, 1, 0),
/* Line  3 */  GenPixels( 1, 0, 0, 0, 0, 0, 1, 0),
/* Line  4 */  GenPixels( 1, 0, 0, 0, 0, 0, 1, 0),
/* Line  5 */  GenPixels( 1, 1, 1, 1, 1, 1, 1, 0),
/* Line  6 */  GenPixels( 1, 0, 0, 0, 0, 0, 1, 0),
/* Line  7 */  GenPixels( 1, 0, 0, 0, 0, 0, 1, 0),
/* Line  8 */  GenPixels( 1, 0, 0, 0, 0, 0, 1, 0),
/* Line  9 */  GenPixels( 1, 0, 0, 0, 0, 0, 1, 0),
/* Line 10 */  GenPixels( 0, 0, 0, 0, 0, 0, 0, 0),
/* Line 11 */  GenPixels( 0, 0, 0, 0, 0, 0, 0, 0)
},
```

图 10-38 字符"H"的点阵数组表示

Standslone BSP 的 xtft_charcode.h 头文件中提供了 96 个常用 ASCII 字符(ASCII 码为 0x20~0x7f)的点阵描述数组,如图 10-39 所示。

将 ASCII 字符输出到显示存储器,只需将点阵数组中位为 1 的像素输出前景色到相应的显示存储空间,位为 0 的像素输出背景色到相应的显示存储空间即可。由此得到将一个 ASCII 字符输出到指定位置的程序段如图 10-40 所示。其中 XTFT_DISPLAY_WIDTH、XTFT_CHAR_WIDTH、XTFT_CHAR_HEIGHT、XTFT_ASCIICHAR_OFFSET 都是宏定义,分别表示显示存储器有效显示宽度(640)、字符点阵宽度(8)、字符点阵高度(12)以及字符 ASCII 码与字符的点阵描述数组索引之间的偏差(0x20)。

```
u8 XTft_VidChars[96][12] =
    {
    /* ASCII 0x20 0d032 ' ' */
        {
        /* Line  0 */  GenPixels( 0, 0, 0, 0, 0, 0, 0, 0, 0),
        /* Line  1 */  GenPixels( 0, 0, 0, 0, 0, 0, 0, 0, 0),
        /* Line  2 */  GenPixels( 0, 0, 0, 0, 0, 0, 0, 0, 0),
        /* Line  3 */  GenPixels( 0, 0, 0, 0, 0, 0, 0, 0, 0),
        /* Line  4 */  GenPixels( 0, 0, 0, 0, 0, 0, 0, 0, 0),
        /* Line  5 */  GenPixels( 0, 0, 0, 0, 0, 0, 0, 0, 0),
        /* Line  6 */  GenPixels( 0, 0, 0, 0, 0, 0, 0, 0, 0),
        /* Line  7 */  GenPixels( 0, 0, 0, 0, 0, 0, 0, 0, 0),
        /* Line  8 */  GenPixels( 0, 0, 0, 0, 0, 0, 0, 0, 0),
        /* Line  9 */  GenPixels( 0, 0, 0, 0, 0, 0, 0, 0, 0),
        /* Line 10 */  GenPixels( 0, 0, 0, 0, 0, 0, 0, 0, 0),
        /* Line 11 */  GenPixels( 0, 0, 0, 0, 0, 0, 0, 0, 0)
        },
   ...
    /* ASCII 0x7f 0d127 ' ' */
        {
        /* Line  0 */  GenPixels( 0, 0, 0, 0, 0, 0, 0, 0, 0),
        /* Line  1 */  GenPixels( 0, 0, 0, 0, 0, 0, 0, 0, 0),
        /* Line  2 */  GenPixels( 0, 0, 0, 0, 0, 0, 0, 0, 0),
        /* Line  3 */  GenPixels( 0, 0, 0, 0, 0, 0, 0, 0, 0),
        /* Line  4 */  GenPixels( 0, 0, 0, 0, 0, 0, 0, 0, 0),
        /* Line  5 */  GenPixels( 0, 0, 0, 0, 0, 0, 0, 0, 0),
        /* Line  6 */  GenPixels( 0, 0, 0, 0, 0, 0, 0, 0, 0),
        /* Line  7 */  GenPixels( 0, 0, 0, 0, 0, 0, 0, 0, 0),
        /* Line  8 */  GenPixels( 0, 0, 0, 0, 0, 0, 0, 0, 0),
        /* Line  9 */  GenPixels( 0, 0, 0, 0, 0, 0, 0, 0, 0),
        /* Line 10 */  GenPixels( 0, 0, 0, 0, 0, 0, 0, 0, 0),
        /* Line 11 */  GenPixels( 0, 0, 0, 0, 0, 0, 0, 0, 0)
        }
    };
```

图 10-39 96 个常用 ASCII 字符的点阵描述数组

```
static void WriteASCIIChar(u32 FrameBaseAddr,u8 Charindex,
            u32 ColStartVal,u32 RowStartVal,u32 FgColor,u32 BgColor)
{
    u32 StartCol,StartRow,RowIndex,ColIndex,PixelVal;
    u8 BitMapVal;
    //判断指定位置是否可以输出一个字符,否则调整到下一行输出
    if(ColStartVal >(XTFT_DISPLAY_WIDTH - 1) - XTFT_CHAR_WIDTH)
    {
        StartCol = ColStartVal % XTFT_DISPLAY_WIDTH;
        StartRow = RowStartVal + XTFT_CHAR_HEIGHT;
    }
    else
    {
        StartCol = ColStartVal;
        StartRow = RowStartVal;
    }
```

图 10-40 将一个 ASCII 字符输出到指定位置的程序段

```
//逐行输出字符点阵
  for (RowIndex = 0; RowIndex < XTFT_CHAR_HEIGHT; RowIndex++)
  {
      BitMapVal = XTft_VidChars[Charindex - XTFT_ASCIICHAR_OFFSET][RowIndex];
      for (ColIndex = 0; ColIndex < XTFT_CHAR_WIDTH; ColIndex++)
      {
          if (BitMapVal &  (1 << (XTFT_CHAR_WIDTH - ColIndex - 1)))
              PixelVal = FgColor;
           else
              PixelVal = BgColor;
          Xil_Out32(FrameBaseAddr + ((StartRow + RowIndex) *
              XTFT_DISPLAY_BUFFER_WIDTH + (StartCol + ColIndex)) * 4, PixelVal);
      }
  }
}
```

图 10-40 （续）

输出字符串到指定位置的控制程序段如图 10-41 所示。每输出一个字符,显示位置的列坐标调整一个字符宽度。

```
void WriteAsciiStr(u32 FrameBaseAddr,u8 * Str,
            u32 ColStartVal,u32 RowStartVal,u32 FgColor,u32 BgColor)
{
    for(int i = 0;Str[i]!= '\n';i++)      //逐个输出字符串中的字符,直到字符串结束
        WriteASCIIChar(FrameBaseAddr,Str[i],
                    ColStartVal + i * 8,RowStartVal,FgColor,BgColor);
}
```

图 10-41 输出字符串到指定位置的控制程序段

将"Hello World!"输出到显示器坐标(48,12)处的程序段如图 10-42 所示。

```
char str[ ] = "Hello World!\n";
WriteAsciiStr(VideoBaseAddr,(u8 * )str,48,12,GREEN,RED|GREEN|BLUE);
```

图 10-42 将"Hello World!"输出到显示器坐标(48,12)处的程序段

4. 中文字符显示

中文字符与 ASCII 字符不同,结构更复杂,常采用 16×16 或 24×24 点阵表示。HZK16 字库是符合 GB 2312 国家标准的 16×16 点阵字库,HZK16 支持的 GB 2312—1980 汉字有 6763 个,符号 682 个。每个汉字采用 32 个字节表示,两个字节为一组构成汉字字符一行的点阵描述,共 16 行。GB 2312 汉字编码为两个字节,范围为 0xA1A1～0xFEFE,前一个字节为区码,后一个字节为位码。其中 0xA1～0xA9 为符号区,0xB0～0xF7 为汉字区,每一个区 94 个字符。且每一个区中 0xA0、0xFF 的位码都没有对应的汉字,即每个区仅定义 94 个字符。其中汉字字库 HZK16 第 16、17 区汉字与 GB 2312 编码对应关系如表 10-10 所示。

表 10-10 第 16、17 区汉字与 GB 2312 编码对应关系

第 16 区	+0	+1	+2	+3	+4	+5	+6	+7	+8	+9	+A	+B	+C	+D	+E	+F
B0A0		啊	阿	埃	挨	哎	唉	哀	皑	癌	蔼	矮	艾	碍	爱	隘
B0B0	鞍	氨	安	俺	按	暗	岸	胺	案	肮	昂	盎	凹	敖	熬	翱
B0C0	袄	傲	奥	懊	澳	芭	捌	扒	叭	吧	笆	八	疤	巴	拔	跋
B0D0	靶	把	耙	坝	霸	罢	爸	白	柏	百	摆	佰	败	拜	稗	斑
B0E0	班	搬	扳	般	颁	板	版	扮	拌	伴	瓣	半	办	绊	邦	帮
B0F0	梆	榜	膀	绑	棒	磅	蚌	镑	傍	谤	苞	胞	包	褒	剥	
第 17 区	+0	+1	+2	+3	+4	+5	+6	+7	+8	+9	+A	+B	+C	+D	+E	+F
B1A0		薄	雹	保	堡	饱	宝	抱	报	暴	豹	鲍	爆	杯	碑	悲
B1B0	卑	北	辈	背	贝	钡	倍	狈	备	惫	焙	被	奔	苯	本	笨
B1C0	崩	绷	甭	泵	蹦	迸	逼	鼻	比	鄙	笔	彼	碧	蓖	蔽	毕
B1D0	毙	毖	币	庇	痹	闭	敝	弊	必	辟	壁	臂	避	陛	鞭	边
B1E0	编	贬	扁	便	变	卞	辨	辩	辫	遍	标	彪	膘	表	鳖	憋
B1F0	别	瘪	彬	斌	濒	滨	宾	摈	兵	冰	柄	丙	秉	饼	炳	

GB 2312 字符在 HZK16 的排列分布情况如表 10-11 所示。如汉字"啊"的 GB 2312 编码为 0xB0A1,在汉字字库 HZK16 出现在第 16 区的第 1 位,区位码为 1601,区位码与 GB 2312 编码之间的换算关系为:区位码(1601)= GB 2312 编码(0xB0A1)−0xA0A0,即表 10-11 中区位码无论是区码还是位码都需在表 10-10 GB 2312 编码基础上减去 0xA0。

表 10-11 GB 2312 字符在 HZK16 的排列分布情况

分 区 范 围	符 号 类 型
第 01 区	中文标点、数学符号以及一些特殊字符
第 02 区	各种各样的数学序号
第 03 区	全角西文字符
第 04 区	日文平假名
第 05 区	日文片假名
第 06 区	希腊字母表
第 07 区	俄文字母表
第 08 区	中文拼音字母表
第 09 区	制表符号
第 10～15 区	无字符
第 16～55 区	一级汉字(以拼音字母排序)
第 56～87 区	二级汉字(以部首笔画排序)
第 88～94 区	无字符

HZK16 字库按照表 10-11 汉字对应的区和位存储汉字点阵数据,且连续存储。如汉字"啊"GB 2312 编码为 0xB0A1,点阵描述在 HZK16 字库文件中位于((16−1)×94＋(1−1))×32 处。其中(16−1)表示汉字"啊"所在区第 16 区减去起始编码区 1;94 表示每个区的字符数;(1-1)表示汉字"啊"所在位第 1 位减去各区起始位 1;32 表示每个字符采用 32 字节存储。由此可知任意中文字符点阵在 HZK16 字库文件中存储位置与汉字 GB 2312 编码之间关系为:存储位置＝((区号−0xA0−1)×94＋(位号−0xA0−1))×32。因此若

已知任意汉字的 GB 2312 编码,则可计算出该汉字点阵描述在 HZK16 中的起始存储位置,并在 HZK16 字库文件中从该起始位置处连续读取 32 个字节,得到该汉字的点阵描述。由于本书内容不涉及文件系统,因此需先将汉字字库转换为 C 语言数组。汉字点阵描述数组如图 10-43 所示,其中第 1~9 区符号存储在数组的第 0~845 个字符点阵,第 10~15 区没有存储,第 16~55 区汉字存储在数组的第 846~4605 个字符点阵中,每个字符点阵为 32 字节。

```c
u8 Chinese_Code[4606][32] = {
{
/* Line  0 */
 GenPixels(0,0,0,0,0,0,0,0),GenPixels(0,0,0,0,0,0,0,0),
/* Line  1 */
 GenPixels(0,0,0,0,0,0,0,0),GenPixels(0,0,0,0,0,0,0,0),
/* Line  2 */
 GenPixels(0,0,0,0,0,0,0,0),GenPixels(0,0,0,0,0,0,0,0),
/* Line  3 */
 GenPixels(0,0,0,0,0,0,0,0),GenPixels(0,0,0,0,0,0,0,0),
/* Line  4 */
 GenPixels(0,0,0,0,0,0,0,0),GenPixels(0,0,0,0,0,0,0,0),
/* Line  5 */
 GenPixels(0,0,0,0,0,0,0,0),GenPixels(0,0,0,0,0,0,0,0),
/* Line  6 */
 GenPixels(0,0,0,0,0,0,0,0),GenPixels(0,0,0,0,0,0,0,0),
/* Line  7 */
 GenPixels(0,0,0,0,0,0,0,0),GenPixels(0,0,0,0,0,0,0,0),
/* Line  8 */
 GenPixels(0,0,0,0,0,0,0,0),GenPixels(0,0,0,0,0,0,0,0),
/* Line  9 */
 GenPixels(0,0,0,0,0,0,0,0),GenPixels(0,0,0,0,0,0,0,0),
/* Line  10 */
 GenPixels(0,0,0,0,0,0,0,0),GenPixels(0,0,0,0,0,0,0,0),
/* Line  11 */
 GenPixels(0,0,0,0,0,0,0,0),GenPixels(0,0,0,0,0,0,0,0),
/* Line  12 */
 GenPixels(0,0,0,0,0,0,0,0),GenPixels(0,0,0,0,0,0,0,0),
/* Line  13 */
 GenPixels(0,0,0,0,0,0,0,0),GenPixels(0,0,0,0,0,0,0,0),
/* Line  14 */
 GenPixels(0,0,0,0,0,0,0,0),GenPixels(0,0,0,0,0,0,0,0),
/* Line  15 */
 GenPixels(0,0,0,0,0,0,0,0),GenPixels(0,0,0,0,0,0,0,0)},
…
{
/* Line  0 */
 GenPixels(0,0,0,0,0,0,0,1),GenPixels(0,0,0,0,0,0,0,0),
/* Line  1 */
 GenPixels(0,0,0,0,0,0,0,0),GenPixels(1,0,0,0,0,1,0,0),
/* Line  2 */
 GenPixels(0,0,1,1,1,1,1,1),GenPixels(1,1,1,1,1,1,1,0),
/* Line  3 */
 GenPixels(0,0,1,0,0,0,0,0),GenPixels(1,0,0,0,0,0,0,0),
/* Line  4 */
 GenPixels(0,0,1,0,0,1,0,0),GenPixels(1,0,0,1,0,0,0,0),
/* Line  5 */
```

图 10-43　汉字点阵描述数组

```
 GenPixels(0,0,1,0,0,1,0,0),GenPixels(1,0,0,1,0,0,0,0),
/* Line  6 */
 GenPixels(0,0,1,0,0,1,0,0),GenPixels(1,0,0,1,0,0,0,0),
/* Line  7 */
 GenPixels(0,0,1,0,1,0,1,0),GenPixels(1,0,1,0,1,0,0,0),
/* Line  8 */
 GenPixels(0,0,1,0,1,0,0,1),GenPixels(1,0,1,0,0,1,0,0),
/* Line  9 */
 GenPixels(0,0,1,1,0,0,0,1),GenPixels(1,1,0,0,0,1,0,0),
/* Line  10 */
 GenPixels(0,0,1,0,0,0,0,0),GenPixels(1,0,0,1,0,0,0,0),
/* Line  11 */
 GenPixels(0,0,1,0,1,1,1,1),GenPixels(1,1,1,1,1,0,0,0),
/* Line  12 */
 GenPixels(0,1,0,0,0,0,0,0),GenPixels(1,0,0,0,0,0,0,0),
/* Line  13 */
 GenPixels(0,1,0,0,0,0,0,0),GenPixels(1,0,0,0,0,1,0,0),
/* Line  14 */
 GenPixels(1,0,1,1,1,1,1,1),GenPixels(1,1,1,1,1,1,1,0),
/* Line  15 */
 GenPixels(0,0,0,0,0,0,0,0),GenPixels(0,0,0,0,0,0,0,0)},
…
};
```

图 10-43 （续）

例 10.5 试编写控制程序实现以下功能：显示器从坐标(48,12)开始显示中文字符串“您好啊,欢迎来到汉字显示世界!”,且字符串背景色为白色,字符为绿色。

解答：中文字符显示基本原理与 ASCII 字符显示一致,不同之处在于：①输入字符的编码为两个字节 GB 2312 编码；②中文字符点阵为 16×16,一行采用两个字节表示；③中文字符点阵数组没有连续存储 GB 2312 编码的所有无字符区域,因此从 GB 2312 编码到字符点阵索引转换时需分区间处理。

显示一个中文字符的控制程序段如图 10-44 所示。

```
# define ChineseCHAR_HEIGHT 16              //中文字符高度
# define ChineseWord_OFFSET 16             //中文字符首区区号
# define ChineseSymbol_ZONE_LEN 9          //中文、西文字母、符号区数
# define ChineseCHAR_OFFSET 0xA0           //GB2312 编码与区位码之间的偏差
void WriteChineseChar(u32 FrameBaseAddr,u8 * Charindex,
          u32 ColStartVal,u32 RowStartVal,u32 FgColor,u32 BgColor)
{
    u32 StartCol,StartRow,RowIndex,ColIndex,PixelVal;
    u8 BitMapVal;
    if(ColStartVal>(XTFT_DISPLAY_WIDTH - 1) - XTFT_CHAR_WIDTH * 2)
    {
        StartCol = ColStartVal % XTFT_DISPLAY_WIDTH;
        StartRow = RowStartVal + ChineseCHAR_HEIGHT;
    }
    else
    {
        StartCol = ColStartVal;
```

图 10-44　显示一个中文字符的控制程序段

```
            StartRow = RowStartVal;
        }
    for (RowIndex = 0; RowIndex < ChineseCHAR_HEIGHT; RowIndex++)
    {
        for(int byte = 0;byte < 2;byte++)
        {
            if(Charindex[0]< 0xb0)//第 1~9 区符号
                BitMapVal = Chinese_Code[94 * (Charindex[0] − ChineseCHAR_OFFSET − 1)
                        + (Charindex[1] − ChineseCHAR_OFFSET − 1)][RowIndex * 2 + byte];
            else //第 16~55 区汉字
                BitMapVal = Chinese_Code[94 * (Charindex[0] − ChineseCHAR_OFFSET −
                    ChineseWord_OFFSET + ChineseSymbol_ZONE_LEN) +
                (Charindex[1] − ChineseCHAR_OFFSET − 1)][RowIndex * 2 + byte];
            for (ColIndex = 0; ColIndex < XTFT_CHAR_WIDTH; ColIndex++)
            {
                if (BitMapVal &  (1 << (XTFT_CHAR_WIDTH − ColIndex − 1)))
                    PixelVal = FgColor;
                else
                    PixelVal = BgColor;
            Xil_Out32(FrameBaseAddr + ((StartRow + RowIndex) *
        XTFT_DISPLAY_BUFFER_WIDTH + (StartCol + ColIndex + byte * 8)) * 4, PixelVal);
            }
        }
    }
}
```

图 10-44 （续）

显示中文字符串的程序段如图 10-45 所示。

```
void WriteChineseStr(u32 FrameBaseAddr,u8 * Str,
        u32 ColStartVal,u32 RowStartVal,u32 FgColor,u32 BgColor)
{
    for(int i = 0;Str[i]!= '\n';i += 2)
        WriteChineseChar(FrameBaseAddr,Str + i,
            ColStartVal + i * XTFT_CHAR_WIDTH,RowStartVal,FgColor,BgColor);
}
```

图 10-45　显示中文字符串的程序段

显示器从坐标(48，12)开始显示中文字符串"您好啊，欢迎来到汉字显示世界!"的控制程序段如图 10-46 所示。

```
char str[] = "您好啊,欢迎来到汉字显示世界!\n";
WriteChineseStr(VideoBaseAddr,(u8 * )str,48,12,GREEN,RED|GREEN|BLUE);
```

图 10-46　显示指定中文字符串的控制程序

5. OSD

OSD(On Screen Display)是指在显示的图像上叠加显示文字,且文字显示区域以图像作为背景色。这表明输出文字时,若字符点阵描述中的像素为背景色,不能输出某特定背景色信息,而是不输出从而达到不改变当前像素颜色信息,即以图像作为背景色。

例 10.6 在例 10.3 输出图像的底部以 OSD 方式输出蓝色文字"I'm a littile happy girl!"。

解答：根据 OSD 输出要求，ASCII 字符输出程序修改为图 10-47 所示，此程序不包含背景色参数。当字符点阵为 1 时，输出前景色，否则不输出。

```
void WriteOSDASCIIChar(u32 FrameBaseAddr,u8 Charindex,
            u32 ColStartVal,u32 RowStartVal,u32 FgColor)
{
    u32 StartCol,StartRow,RowIndex,ColIndex;
    u8 BitMapVal;
    if(ColStartVal >(XTFT_DISPLAY_WIDTH - 1) - XTFT_CHAR_WIDTH)
    {
        StartCol = ColStartVal % XTFT_DISPLAY_WIDTH;
        StartRow = RowStartVal + XTFT_CHAR_HEIGHT;
    }
    else
    {
        StartCol = ColStartVal;
        StartRow = RowStartVal;
    }
    for (RowIndex = 0; RowIndex < XTFT_CHAR_HEIGHT; RowIndex++)
    {
        BitMapVal = XTft_VidChars[Charindex - XTFT_ASCIICHAR_OFFSET][RowIndex];
        for (ColIndex = 0; ColIndex < XTFT_CHAR_WIDTH; ColIndex++)
        {
            if (BitMapVal & (1 << (XTFT_CHAR_WIDTH - ColIndex - 1)))
                    Xil_Out32(FrameBaseAddr + ((StartRow + RowIndex) *
                    XTFT_DISPLAY_BUFFER_WIDTH + (StartCol + ColIndex)) * 4, FgColor);
        }
    }
}
```

图 10-47 输出 OSD 字符程序段

输出 OSD 字符串的程序段如图 10-48 所示。

```
void WriteOSDAsciiStr(u32 FrameBaseAddr,u8 * Str,
            u32 ColStartVal,u32 RowStartVal,u32 FgColor)
{
    for(int i = 0;Str[i]!= '\n';i++)
        WriteOSDASCIIChar(FrameBaseAddr,Str[i],
                ColStartVal + i * 8,RowStartVal,FgColor);
}
```

图 10-48 输出 OSD 字符串的程序段

输出蓝色 OSD 文字"I'm a littile happy girl!"的程序段如图 10-49 所示。其中 TftDrawPic 程序段如图 10-34 所示。

```
TftDrawPic(VideoBaseAddr,0,0,300,300,(u32 * )gImage_cantoons);
char str[ ] = "I'm a littile happy girl!\n";
WriteOSDAsciiStr(VideoBaseAddr,(u8 * )str,48,300 - 12,BLUE);
```

图 10-49 输出蓝色 OSD 文字"I'm a littile happy girl!"的程序段

10.3　键盘及鼠标输入设备

键盘和鼠标是计算机系统常用的人机接口输入设备。

10.3.1　键盘

键盘主要实现各种不同字符的输入,同时也可以通过方向键控制光标的位置。随着计算机的发展,键盘接口分为 XT、AT、PS/2 以及 USB。键盘是由一组排列成矩阵方式的键盘按键开关组成。微机键盘主要由单片机、译码器和键开关矩阵三大部分组成。键盘内部单片机通过译码器实现键盘按键识别和产生行列位置扫描码。当有键按下时,键盘分两次将扫描码发送给键盘接口:按下时发送接通扫描码(通码);释放时发送断开码(断码)。键盘各个键盘按键通、断码的组合就构成了键盘的扫描码集。PS/2 键盘扫描码集共 3 套,常用第二套。

扫描码表示键盘上的一个键盘按键,它不表示印刷在键盘按键上的那个字符。键盘扫描码和字符 ASCII 码有已定义的关联,由计算机驱动程序把扫描码翻译成一个字符或命令。每个键都有唯一的扫描码。第二套扫描码规定断码为两个字节:第一个字节为"0xF0",第二个字节为扫描码。键盘常用按键扫描码如图 10-50 所示,图中各按键上方文字为按键对应的字符,下方文字为按键对应的扫描码。如按下并释放按键 T,计算机得到以下数据序列:0x2C、0xF0、0x2C。扩展键盘按键扫描码有两个字节,第一个字节都为 0xE0。如按下并释放扩展键盘按键 Alt(右下角),计算机得到以下数据序列:0xE0、0x11、0xE0、0xF0、0x11。

图 10-50　键盘常用键盘按键通码

通过扩展键与常用键的组合可以实现字符大、小写输入以及一键多功能。例如,字符"G"出现在字符处理软件里,键盘需顺序发生以下事件:按下 Shift 键,按下 G 键,释放 G 键,释放 Shift 键。与这些事件相关的扫描码为:Shift 键的通码 0x12、G 键的通码 0x34,G 键的断码 0xF0、0x34,Shift 键的断码 0xF0、0x12。因此键盘发送到计算机的数据序列是 0x12、0x34、0xF0、0x34、0xF0、0x12。

当按下并按住这个键,键盘将一直发送这个键的扫描码,直到它被释放或者其他键被按下。这里有两个重要的参数:①机打延时,即第一个扫描码和第二个扫描码之间的延迟;②机打速率,即在机打延时后每秒发送多少个扫描码。机打延时范围可以为 0.25~1.00s,

机打速率范围可以为 2.0 字符/s(cps：character per second)～30.0 字符/s。机打速率和机打延时可以用命令 0xF3 改变。

10.3.2　鼠标

鼠标可以分为机械式、光机式、光电式和光学式。任何鼠标都可以表示位移量和移动方向。

标准 PS/2 鼠标以固定频率读取 X(左、右)位移、Y(上、下)位移、左键、中键和右键状态，并更新不同计数器，然后标记出位移量和按键状态。每个计数器都有溢出标志，它们连同 3 个鼠标按键状态一起以三字节数据包的形式发送给计算机。位移计数值表示从最后一次位移数据包送往计算机后发生的位移量。鼠标记录按键当前状态，然后检查位移，如果位移发生它就增加(正位移)或减少(负位移)X 和/或 Y 位移计数器的值。如果有一个计数器溢出了就设置相应的溢出标志。标准 PS/2 鼠标发送给计算机的位移数据包格式如表 10-12 所示，它包含 3 个字节，其中中键、右键、左键，1 表示键被按下；0 表示键没有按下。$XD_8 \sim XD_0$、$YD_8 \sim YD_0$ 是 9 位二进制的补码整数，表示的位移范围为 $-256 \sim +255$。它的最高位作为符号位出现在位移数据包的第一个字节里。位移值是自最后一次发送位移数据包给计算机后位移的累计量(由于最后一次数据包发给计算机后位移计数器被复位)。如果超过了此范围，相应的溢出位就被置位，并且在复位前计数器不会增、减。一旦位移数据包成功地发送给计算机，位移计数器就会复位；鼠标在收到计算机不是"Resend" 0xFE 命令外的其他命令时计数器也会复位。

含有滚轮的鼠标位移数据包常为 4 个字节，前 3 个字节格式与标准 PS/2 鼠标位移数据包格式一致，第 4 个字节表示滚轮位移($-8 \sim +7$)，采用 4 位二进制补码 $ZD_3 \sim ZD_0$ 表示，格式如表 10-13 所示。

表 10-12　标准 PS/2 鼠标位移数据包

	b_7	b_6	b_5	b_4	b_3	b_2	b_1	b_0
字节 1	Y 溢出标志	X 溢出标志	YD_8	XD_8	1	中键	右键	左键
字节 2	$XD_7 \sim XD_0$							
字节 3	$YD_7 \sim YD_0$							

表 10-13　带滚轮鼠标第 4 字节格式

b_7	b_6	b_5	b_4	b_3	b_2	b_1	b_0
ZD_3	ZD_3	ZD_3	ZD_3	ZD_3	ZD_2	ZD_1	ZD_0

鼠标移动位移计数器坐标轴如图 10-51 所示，即鼠标向上移动 Y 位移量为正；鼠标向下移动 Y 位移量为负；鼠标向右移动 X 位移量为正；鼠标向左移动 X 位移量为负。滚轮上滚 Z 位移量为负，滚轮下滚 Z 位移量为正。

决定位移计数器增减数量的参数称为分辨率，默认分辨率为 4 个计数单位/毫米。计算机可以用设

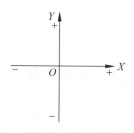

图 10-51　鼠标移动位移计数器坐标轴

置分辨率命令 0xE8 改变这个值。

例 10.7 若鼠标一个计数单位表示显示器一个像素,且初始时鼠标位于显示器中心,显示器分辨率为 640×480。鼠标在缺省 4 个计数单位/mm 的分辨率下,实际上下、左右移动范围分别为多少毫米时,可覆盖整个显示器?

解答:由于鼠标移动范围的中心位置为显示器中心,鼠标左、右分别移动 320 个计数单位就表示了整个显示器的水平范围,320 个计数单位在缺省分辨率 4 个计数单位/mm,仅需移动 80mm,即左右各 8cm。

同样,鼠标上、下各移动 240 个计数单位就表示了整个显示器的垂直范围,240 个计数单位在缺省分辨率 4 个计数单位/mm,需移动 60mm,即上、下各 6cm。

因此鼠标的实际移动范围上下、左右分别为 60mm、80mm 就覆盖了分辨率为 640×480 显示器的整个范围。

缩放比例表示鼠标移动范围对应描述的移动范围的比例,它不影响位移计数器的值,但是影响这些计数器报告的值。默认情况下鼠标使用 1:1 比例,因此对鼠标的位移报告没有影响。如果采用了 2:1 的缩放比例,那么对例 10.7 所示系统,鼠标的实际移动范围上下、左右分别缩小为 30mm、40mm。

鼠标有 4 种标准工作模式:复位(reset)、流(stream)、应答(remote)、回声(wrap)。通常鼠标上电复位之后,自动进入流模式。流模式是指鼠标根据设定采样率连续发送位移数据报告包。但是需要注意的是,鼠标复位的缺省值是禁止数据报告,这意味着鼠标在没收到"使能数据报告"(0xF4)命令之前不发送任何位移数据包给计算机。

计算机初始化 PS/2 鼠标通常采用如图 10-52 所示流程,分为三大步:①复位鼠标;②检测鼠标是否带滚轮;③设置鼠标工作参数并使能数据报告。之后即可接收鼠标位移数据报告并处理。

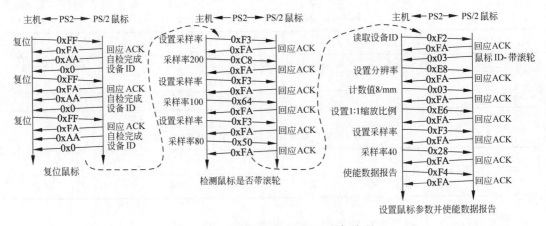

图 10-52 计算机初始化 PS/2 鼠标流程

10.4 PS/2 协议

PS/2 协议是一种双向同步串行通信协议,共两根有效信号线,分别为时钟线(ps2_clk)和数据线(ps2_data)。通信的主、从设备通过 ps2_clk 同步,并通过 ps2_data 交换数据。任何一方如果想抑制另外一方通信,只需要把 ps2_clk 拉到低电平。PS/2 协议传输数据的最大时钟频率是 33kHz,大多数 PS/2 设备工作在 10~20kHz,推荐值在 15kHz 左右。也就是说,ps2_clk 高、低电平的持续时间都约为 40μs。PS/2 通信每一帧数据包含 11~12 位,各位具体含义如表 10-14 所示。如果数据位中 1 的个数为偶数,校验位为 1;如果数据位中 1 的个数为奇数,校验位为 0。总之,数据位中 1 的个数加上校验位中 1 的个数总为奇数。

表 10-14　PS/2 通信数据帧格式

1 个起始位	逻辑 0
8 个数据位	低位在前
1 个校验位	奇校验
1 个停止位	逻辑 1
1 个应答位	仅用在计算机对设备的通信中(逻辑 0)

10.4.1　PS/2 设备到计算机的通信

PS/2 设备向计算机发送一个字节按照下面的步骤进行。

(1)检测时钟线电平,如果时钟线为低,则延时 50μs。

(2)检测判断时钟信号是否为高,如果为高,则向下执行;为低,则转到步骤(1)。

(3)检测数据线是否为高,如果为高则继续执行;如果为低,则放弃发送(此时计算机在向 PS/2 设备发送数据,所以 PS/2 设备要转移到接收程序处接收数据)。

(4)输出起始位到数据线上。需要注意的是,在送出每一位数据后都要检测时钟线,以确保计算机没有抑制 PS/2 设备,如果有则中止发送。

(5)输出 8 个数据位到数据线上。

(6)输出校验位。

(7)输出停止位。

(8)延时 30μs,如果在发送停止位时释放时钟信号则应延时 50μs。

其中,发送单个数据位的过程为:

(1)设置/复位数据。

(2)延迟 20μs,把时钟拉低。

(3)延迟 40μs,释放时钟。

(4)延迟 20μs。

PS/2 设备到计算机的通信时序如图 10-53 所示。其中 T 表示时钟周期,t_L 表示低电平维持时间,t_H 表示高电平维持时间。t_L、t_H 通常都为 40μs。

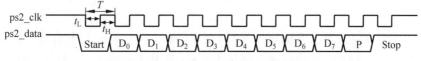

图 10-53　PS/2 设备到计算机的通信时序

10.4.2 计算机到 PS/2 设备的通信

计算机向 PS/2 设备发送一个字节按照下面的步骤进行:

(1) 把时钟线拉低至少 $100\mu s$;

(2) 把数据线拉低至少 $20\mu s$;

(3) 释放时钟线;

(4) 等待设备把时钟线拉低;

(5) 设置/复位数据线,发送第一个数据位;

(6) 等待设备把时钟拉高;

(7) 等待设备把时钟拉低;

(8) 重复步骤(5)~(7)发送剩下的 7 个数据位和校验位;

(9) 释放数据线;

(10) 等待设备把数据线拉低;

(11) 等待设备把时钟线拉低;

(12) 等待设备释放数据线和时钟线。

计算机到 PS/2 设备通信时序如图 10-54 所示,其中 a 表示在计算机最初把数据线拉低后,设备开始产生时钟脉冲的时间,必须不大于 15ms; b 表示数据包的发送时间,必须不大于 2ms。如果这两个条件不满足,PS/2 控制器就产生一个错误。

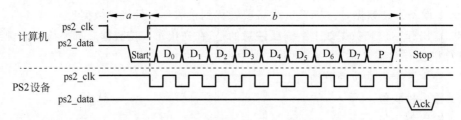

图 10-54 计算机到 PS/2 设备通信时序

10.4.3 PS/2 控制器

PS/2 控制器是计算机系统控制 PS/2 接口与 PS/2 设备通信的控制电路。由 PS/2 通信协议可知,它必须实现 PS/2 发送和接收控制时序。PS/2 控制器结构框图如图 10-55 所示,包括串并/并串转换移位寄存器、PS/2 发送逻辑、PS/2 接收逻辑。其中 rst、clk 为系统复位和时钟信号,write_data 为发送控制信号,tx_data 为待发送的数据,rx_data 为接收到的数据,read_data 为数据接收结束状态标志,busy 为 PS/2 控制器忙、闲状态标志,err 为出错标志。

PS/2 控制器发送逻辑状态机如图 10-56 所示。由 write_data 控制信号启动发送流程,首先拉低 ps2_clk,延时 $100\mu s$ 后,再拉低 ps2_data;紧接着延时 $20\mu s$,释放时钟线 ps2_clk,等待 63 个时钟周期后,检测 ps2_clk 输入是否为低;若 ps2_clk 为低,则开始发送数据,并将移位寄存器右移一位,tx_clk_l 状态仅维持一个时钟周期,之后进入等待 ps2_clk 时钟上

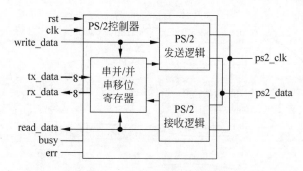

图 10-55　PS/2 控制器结构框图

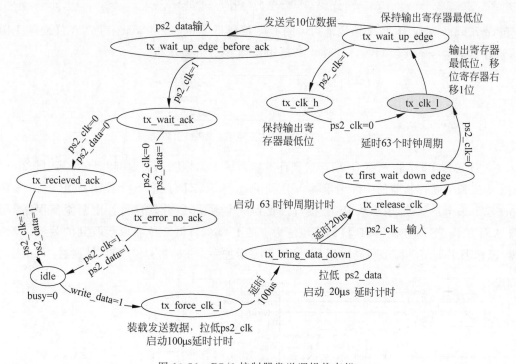

图 10-56　PS/2 控制器发送逻辑状态机

升沿状态。当处于等待 ps2_clk 时钟上升沿状态并且 ps2_clk 时钟高电平状态时,维持发送数据位不变。若发送完 10 位数据,释放 ps2_data,等待 PS/2 设备发送响应。若接收到响应位,且之后 ps2_clk 以及 ps2_data 都为高电平,则发送正常结束;否则出错,输出 err=1。

　　PS/2 控制器接收逻辑状态机如图 10-57 所示。由 ps2_clk 下降沿启动接收流程,当 ps2_clk 出现下降沿时,进入 rx_down_edge 状态,该状态仅维持一个时钟周期,此时移位寄存器右移一位,并将 ps2_data 的值移入寄存器最高位;之后进入 rx_clk_l 低电平状态,若 ps2_clk 输入高电平,则检测输入数据是否接收完成,并判断校验位是否正确。若接收完成且校验位正确,则输出 read_data 就绪状态有效,并将 8 位数据输出到 rx_data;否则出错指示 err=1。

　　AXI 总线 PS/2 控制器 IP 核引脚结构如图 10-58 所示,图 10-55 中 read_data 作为中断请求信号 ip2intc_irpt,rx_data 以及 tx_data 分别对应 IP 核偏移地址为 0 的 I/O 端口低

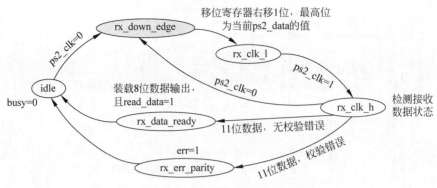

图 10-57　PS/2 控制器接收逻辑状态机

8 位,err、busy 对应 IP 核偏移地址为 4 的 I/O 端口低 2 位,write_data 对应 AXI 总线 IPIC 写寄存器信号 slv_reg_wren,ps2_clk、ps2_data 直接引出到外部。

图 10-58　AXI 总线 PS/2 控制器 IP 核引脚结构

AXI 总线 PS/2 控制器 IP 核连接到计算机系统电路框图如图 10-59 所示,其中 ip2intc_irpt 连接到中断控制器的中断请求输入引脚 intr[0]。AXI 总线 PS/2 控制器 IP 核 ip2intc_iprt 输出一个正脉冲,表示从 PS/2 接口接收到一个数据,因此软件可在中断服务程序中读取 AXI 总线 PS/2 控制器 IP 核偏移地址为 0 的 I/O 端口低 8 位获取接收到的数据。若键盘/鼠标采用 USB 接口,则连接到 PS/2 接口需增加一个 PS/2/USB 接口转换器。

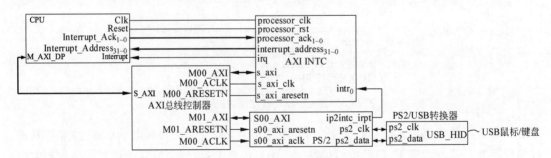

图 10-59　AXI 总线 PS/2 控制器 IP 核连接到计算机系统电路框图

10.4.4　键盘控制程序示例

例 10.8　已知某 PS/2 接口键盘如图 10-50 所示,采用第二套编码,通过 PS/2 接口连接到图 10-59 所示计算机系统。试编写键盘控制程序实现以下功能:①将键盘按键扫描码转换为键盘按键对应字符,输出到 UART 标准输出接口;②按键字符由是否按住 Shift 键区分大小写输入,按住 Shift 键后再按下其他字符按键,表示输入大写字符;否则输入小写字符。③连续按住键盘某字符按键时,连续输出该按键对应字符。

解答:键盘不需要初始化,按下任意按键,键盘发送按键通码到 PS/2 接口;释放任意键盘按键,键盘发送键盘按键断码到 PS/2 接口。键盘无论是发送通码还是发送断码,图 10-59 中 PS/2 IP 核接收到任意一个字符都产生中断请求,因此 PS/2 接口中断服务程序的中断事务处理仅读取 PS/2 接口输入的键盘按键通码或断码并保存,代码示例如图 10-60所示。

```
void interrupt_hub(void)
{
    scancode[write_index] = (u8)(Xil_In32(XPAR_PS2_0_S00_AXI_BASEADDR)&0xff);
    write_index++;
    if(write_index == 256)
        write_index = 0;
    Xil_Out32(XPAR_INTC_0_BASEADDR + XIN_IAR_OFFSET,
            Xil_In32(XPAR_INTC_0_BASEADDR + XIN_ISR_OFFSET));
}
```

图 10-60　PS/2 接口中断服务程序代码示例

为方便处理各个按键扫描码,中断服务程序与按键扫描码处理程序之间通过数组进行数据共享,如分配一个 256 个字节的全局数组 scancode[256]。中断服务程序写数组元素采用一个索引 write_index,按键扫描码处理程序读数组元素采用另一个索引 read_index,每处理一个元素,索引都加 1。当索引增加到 256 时,复位为 0。当两个索引 read_index 与write_index 一致时,表示数组中没有待处理的扫描码。

按键扫描码处理程序需实现以下功能:①识别扫描码是否断码标志 0xf0,若为断码标志,则标志处于按键释放状态;②若扫描码非断码标志 0xf0,则判断是否特殊按键 Shift(0x12—左 Shift,0x59—右 Shift)。若为 Shift 按键扫描码,处理又分为两种情况:a)处于按键释放状态,标志 Shift 按键释放,并清除按键释放状态;b)非按键释放状态,标志 Shift 按键按下。若非 Shift 按键扫描码,处理也分为两种情况:a)处于按键释放状态,清除按键释放状态;b)非按键释放状态,将扫描码转换为 ASCII 码。③扫描码转换为 ASCII 码,同样分为两种情况:若处于 Shift 按键释放状态,则将扫描码转换为小写字符 ASCII 码;若处于Shift 按键按下状态,则将扫描码转换为大写字符 ASCII 码。键盘按键状态转换流程如图 10-61 所示。

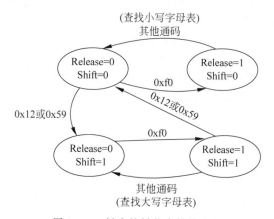

图 10-61　键盘按键状态转换流程

扫描码转换为 ASCII 码通过查找表实现,小写字符 ASCII 查找表以及大写字符 ASCII 查找表示例分别如图 10-62、图 10-63 所示。

```
const unsigned char unshifted[ ][2] =
{
    0x76,200,//ESC
    …
    0x15,'q',
    0x1d,'w',
    …
};
```

图 10-62 小写字符 ASCII 查找表示例

```
const unsigned char shifted[ ][2] =
{
    0x76,200,//ESC
    …
    0x15,'Q',
    0x1d,'W',
    …
};
```

图 10-63 大写字符 ASCII 查找表示例

键盘按键扫描码处理程序代码示例如图 10-64 所示。

```
void Scancode_Ascii(void)
{
    int read_index = 0;
    int release = 0;
    int shift = 0;
    while(1)
    {
        if(read_index!= write_index)
        {
            switch(scancode[read_index])
            {
            case 0xf0: release = 1;break;
            case 0x12://左 shift
                if(release == 1)
                {
                    shift = 0;
                    release = 0;
                }
                else
                    shift = 1;
                break;
            case 0x59://右 shift
                if(release == 1)
                {
                    shift = 0;
                    release = 0;
                }
                else
                    shift = 1;
                break;
            default:
                if(release == 0)
                {
                    if(shift == 1)
                    {
                        for(int i = 0;i < 73;i++)
                        if(scancode[read_index] == shifted[i][0])
```

图 10-64 键盘按键扫描码处理程序代码示例

```
                        {
                            xil_printf("%c\n",shifted[i][1]);
                            break;
                        }
                    }
                    else
                    {
                        for(int i = 0;i < 73;i++)
                        if(scancode[read_index] == unshifted[i][0])
                        {
                            xil_printf("%c\n",unshifted[i][1]);
                            break;
                        }
                    }
                }
                else
                    release = 0;
            }
            read_index++;
            if(read_index == 256)
                read_index = 0;
        }
    }
}
```

图 10-64　（续）

　　启用 PS/2 接口接收按键扫描码，必须首先开放中断系统，并注册中断服务程序。开放中断系统之后，仅需调用按键扫描码处理程序不停处理扫描码数组元素。按键字符识别主程序代码示例如图 10-65 所示。

```
u8 scancode[256];
void Scancode_Ascii(void);
void interrupt_hub(void) __attribute__ ((interrupt_handler));
int write_index = 0;
int main(void)
{
    Xil_Out32(XPAR_INTC_0_BASEADDR + XIN_IMR_OFFSET,0x0);
    Xil_Out32(XPAR_INTC_0_BASEADDR + XIN_IAR_OFFSET,
            XPAR_PS2_0_IP2INTC_IPRT_MASK);
    Xil_Out32(XPAR_INTC_0_BASEADDR + XIN_IER_OFFSET,
            XPAR_PS2_0_IP2INTC_IPRT_MASK);
    Xil_Out32(XPAR_INTC_0_BASEADDR + XIN_MER_OFFSET,
            XIN_INT_MASTER_ENABLE_MASK|XIN_INT_HARDWARE_ENABLE_MASK);
    microblaze_enable_interrupts();
    Scancode_Ascii();
}
```

图 10-65　键盘按键字符识别主程序代码示例

10.4.5　鼠标控制程序示例

　　PS/2 鼠标不同于 PS/2 键盘，PS/2 鼠标上电复位之后，需要计算机发送使能数据报告

(0xF4),才能接收到 PS/2 鼠标发送过来的位移数据包。

例 10.9 已知某带滚轮三键鼠标通过如图 10-59 所示 PS2 接口连接到计算机系统,试编写控制程序实现以下功能:①初始化鼠标,并启用 4 字节位移数据报告;②循环读取位移数据报告,并根据位移数据报告,识别按键状态以及计算 X、Y、Z 轴位移增量,并将结果输出到 UART 标准输出接口。

解答:带滚轮三键鼠标输出 4 字节位移报告,要求计算机按照图 10-52 所示流程初始化鼠标。初始化过程中鼠标回应数据由图 10-60 所示中断服务程序读取。若正确连接带滚轮三键鼠标,则鼠标初始化控制程序段代码示例如图 10-66 所示。

```
void init_mouse()
{
    //第一次复位鼠标
    write_index = 0;
    Xil_Out32(XPAR_PS2_0_S00_AXI_BASEADDR,0xff);
    while(write_index!= 3);
    //第二次复位鼠标
    write_index = 0;
    Xil_Out32(XPAR_PS2_0_S00_AXI_BASEADDR,0xff);
    while(write_index!= 3);
    //第三次复位鼠标
    write_index = 0;
    Xil_Out32(XPAR_PS2_0_S00_AXI_BASEADDR,0xff);
    while(write_index!= 3);
    //设置采样率
    write_index = 0;
    Xil_Out32(XPAR_PS2_0_S00_AXI_BASEADDR,0xf3);
    while(write_index == 0);
    //采样率设置为 200sps
    write_index = 0;
    Xil_Out32(XPAR_PS2_0_S00_AXI_BASEADDR,0xc8);
    while(write_index == 0);
    //设置采样率
    write_index = 0;
    Xil_Out32(XPAR_PS2_0_S00_AXI_BASEADDR,0xf3);
    while(write_index == 0);
    //采样率设置为 100sps
    write_index = 0;
    Xil_Out32(XPAR_PS2_0_S00_AXI_BASEADDR,0x64);
    while(write_index == 0);
    //设置采样率
    write_index = 0;
    Xil_Out32(XPAR_PS2_0_S00_AXI_BASEADDR,0xf3);
    while(write_index == 0);
    //采样率设置为 80sps
    write_index = 0;
    Xil_Out32(XPAR_PS2_0_S00_AXI_BASEADDR,0x50);
    while(write_index == 0);
    //读取鼠标 ID
    write_index = 0;
```

图 10-66 鼠标初始化控制程序段代码示例

```
Xil_Out32(XPAR_PS2_0_S00_AXI_BASEADDR,0xf2);
while(write_index!= 2);
//设置分辨率
write_index = 0;
Xil_Out32(XPAR_PS2_0_S00_AXI_BASEADDR,0xe8);
while(write_index == 0);
//分辨率设置 8 计数/mm
write_index = 0;
Xil_Out32(XPAR_PS2_0_S00_AXI_BASEADDR,0x03);
while(write_index == 0);
//设置比例为 1:1
write_index = 0;
Xil_Out32(XPAR_PS2_0_S00_AXI_BASEADDR,0xe6);
while(write_index == 0);
//设置采样率命令 0xf3
write_index = 0;
Xil_Out32(XPAR_PS2_0_S00_AXI_BASEADDR,0xf3);
while(write_index == 0);
//采样率设置为 40sps
write_index = 0;
Xil_Out32(XPAR_PS2_0_S00_AXI_BASEADDR,0x28);
while(write_index == 0);
//使能数据报告
write_index = 0;
Xil_Out32(XPAR_PS2_0_S00_AXI_BASEADDR,0xf4);
while(write_index == 0);
}
```

图 10-66　（续）

　　带滚轮鼠标正确初始化之后,鼠标移动或按下、释放任意鼠标按键,鼠标都通过 PS/2
接口发送 4 字节数据报告给计算机。因此计算机在完成鼠标初始化之后,需不断读取鼠标
位移报告并处理。鼠标应用程序与中断服务程序之间仍然按照键盘应用程序与中断服务程
序之间同样方式取、存数据。由于计算机每次接收到的鼠标位移数据报告都为 4 字节,因此
鼠标应用程序以 4 字节为单位处理数据。鼠标位移数据报告处理流程如下。①读取字节
0,获取鼠标按键状态,以及 X、Y 位移溢出标志和符号标志。②读取字节 1,若 X 溢出,则
将 X 位移增量置 0;否则若 X 符号位为 1,则将字节 1 数据和符号位扩展之后的数据合并
为一个 16 位数据,作为 X 位移增量;若 X 符号位为 0,则直接将字节 1 数据作为 X 位移增
量。③读取字节 2,处理方式与字节 1 基本相同,此时得到 Y 位移增量。④读取字节 3,获取
Z 位移增量,之后打印数据分析报告。鼠标位移数据报告处理程序段代码示例如图 10-67
所示。

　　启用 PS/2 接口接收鼠标初始化过程中的响应数据以及工作状态下的位移数据报
告,同样必须首先开放中断系统,并注册中断服务程序。开放中断系统之后,首先调用鼠
标初始化控制程序,然后再调用位移数据报告处理程序不停处理鼠标位移数据报告。鼠
标控制主程序代码示例如图 10-68 所示。其中,中断服务程序 interrupt_hub 如图 10-60
所示。

```
void read_mouse(int index)
{
    int   read_index;
    int right_key,left_key,middle_key,yovfl,xovfl,ysign,xsign;
    short xinc,yinc;
    char zinc;
    short int extend;
    for(read_index = index;read_index < index + 4;read_index++)
    {
        while(read_index == write_index);
        switch(read_index % 4)
        {
        case 0://处理字节 0
            if ((scancode[read_index]&0x4) == 0x4) middle_key = 1;
            else middle_key = 0;
            if ((scancode[read_index]&0x2) == 0x2) right_key = 1;
            else right_key = 0;
            if ((scancode[read_index]&0x1) == 0x1) left_key = 1;
            else left_key = 0;
            if ((scancode[read_index]&0x80) == 0x80) yovfl = 1;
            else yovfl = 0;
            if ((scancode[read_index]&0x40) == 0x40) xovfl = 1;
            else xovfl = 0;
            if ((scancode[read_index]&0x20) == 0x20) ysign = 1;
            else ysign = 0;
            if ((scancode[read_index]&0x10) == 0x10) xsign = 1;
            else xsign = 0;
            break;
        case 1://处理字节 1
            if(xovfl == 0)
            {
                if(xsign == 1)
                {
                    extend = 0xff00;
                    extend = extend|scancode[read_index];
                    xinc = extend;
                }
                else xinc = scancode[read_index];
            }
            else xinc = 0;
            break;
        case 2://处理字节 2
            if(yovfl == 0)
            {
                if(ysign == 1)
                {
                    extend = 0xff00;
                    extend = extend|scancode[read_index];
                    yinc = extend;
                }
                else yinc = scancode[read_index];
            }
            else yinc = 0;
            break;
        case 3://处理字节 3
            zinc = scancode[read_index];
            xil_printf("mid_key % d, right_key % d,left_key % d, xinc % d,"
                    "yinc % d,zinc % d\n",middle_key,right_key,left_key,xinc,yinc,zinc);
        }
    }
}
```

图 10-67　鼠标位移数据报告处理程序段代码示例

```
# include "xparameters.h"
# include "xil_types.h"
# include "math.h"
# include"xil_io.h"
# include"xil_exception.h"
# include "xintc.h"
int write_index = 0;
u8 scancode[256];
int interrupt = 0;
void interrupt_hub(void) __attribute__ ((interrupt_handler));
void read_mouse();
void init_mouse();
int main(void)
{
    Xil_Out32(XPAR_INTC_0_BASEADDR + XIN_IMR_OFFSET,0x0);
    Xil_Out32(XPAR_INTC_0_BASEADDR + XIN_IAR_OFFSET,
            XPAR_PS2_0_IP2INTC_IPRT_MASK);
    Xil_Out32(XPAR_INTC_0_BASEADDR + XIN_IER_OFFSET,
            XPAR_PS2_0_IP2INTC_IPRT_MASK);
    Xil_Out32(XPAR_INTC_0_BASEADDR + XIN_MER_OFFSET,
            XIN_INT_MASTER_ENABLE_MASK|XIN_INT_HARDWARE_ENABLE_MASK);
    microblaze_enable_interrupts();
    init_mouse();
    int read_index = 0;
    write_index = 0;
    while(1)
    {
        read_mouse(read_index);
        read_index += 4;
        if(read_index == 256)           //到达缓冲区尾部,从头读取
            read_index = 0;
    }
}
```

图 10-68　鼠标控制主程序代码示例

本章小结

微机系统常用人机接口设备包括显示器、键盘和鼠标。显示器、键盘、鼠标都是独立于计算机系统的 I/O 设备,它们内部都有各自相应的控制器,并通过标准接口与计算机系统连接。

现代计算机显示系统大都采用 LCD 液晶显示器,LCD 液晶显示屏为数字接口,具有多种接口规范,如 TTL、LVDS 等。液晶显示器为前向兼容,显示器接口包含 VGA、DVI、HDMI、DP 等,其中 VGA 接口为模拟接口,在液晶显示器内部需模/数转换,而在计算机主机端需数/模转换,因此支持的显示分辨率不太高。虽然 VGA 接口已趋淘汰,但是基本显示控制原理仍然是一致的。因此本书以 VGA 接口为例,介绍了显示控制器设计原理以及应用实例。显示控制器由显示存储器和显示控制逻辑两部分构成。控制显示器显示不同内容,应用程序仅需改写显示存储器相应区域存储的信息。

键盘、鼠标是输入设备,虽然现代大都数鼠标和键盘都采用 USB 接口,但是可以通过

USB/PS/2 接口转换器将 USB 接口转换为 PS/2 接口。本书以 PS/2 接口为例,介绍了 PS/2 接口控制器原理和设计示例。

键盘常采用第二套扫描码,即一个按键按下和释放分别发送通码和断码。按键扫描码转换为按键字符,需由键盘驱动程序完成。由于键盘和鼠标都是与人交互的输入设备,工作速度较慢且数据量不大,因此采用中断方式与微处理器通信。键盘驱动程序包含一个按键扫描码到字符转换的应用程序以及一个按键扫描码读取中断服务程序,它们之间通过全局变量共享信息。鼠标驱动程序也采用同样的方式处理鼠标位移报告,值得注意的是:①鼠标需接收到使能位移报告命令之后才会发送位移报告给主机;②鼠标位移报告一次发送3~4个字节,且相互关联,因此处理时需以一个位移数据报告包为单位。

显示器、鼠标、键盘是计算机系统图形化人机交互(Graphic User Interface,GUI)的 3 个常用设备,基于这三者的协调控制,可实现计算机系统复杂、便利的图形化人机交互。

思考与练习

1. TFT 液晶显示器由哪几部分构成? 分别起什么作用? 通过哪个部分控制液晶显示器显示不同内容?

2. 液晶显示器的最大分辨率、刷新频率分别表示什么含义? 液晶显示器的刷新频率一般是多少?

3、液晶显示屏常采用哪些接口标准? 各有什么特点?

4. 液晶显示器常采用哪些接口标准? 各有什么特点?

5. VESA 标准规定计算机显示设备控制时序由哪几部分构成? 分别表示什么含义?

6. 已知 VESA 显示设备控制时序如题表 10-1 所示,试指出各种不同分辨率下 VGA 控制器的像素时钟频率、水平计数器最大计数值、垂直计数器最大计数值。水平计数器的计数值在哪段范围时水平同步信号输出低电平? 垂直计数器的计数值在哪段取值时垂直同步信号输出低电平? 水平计数器以及垂直计数器的计数值满足什么条件时视频线输出有效视频数据,否则输出低电平?

题表 10-1 刷新频率为 60Hz 的显示控制时序

分辨率@刷新率	信 号	同步	后沿	左/上边沿	视频	右/下边沿	前沿	单位
1024×768@60Hz	水平(1344)	136	160	0	1024	0	24	像素
	垂直(806)	6	29	0	768	0	3	行
1280×960@60Hz	水平(1800)	112	312	0	1280	0	96	像素
	垂直(1000)	3	36	0	960	0	1	行

7. 已知 VESA 显示设备控制时序如题表 10-1 所示,试计算不同分辨率下显示器分别采用 8 位(R3、G3、B2)、16 位(R5、G6、B5)、24 位(R8、G8、B8)色时显示存储器容量的最小值(24 位色时,计算机采用 32 位存储)以及 VGA 控制器显示控制逻辑模块在显示时段内寻址显示存储器的地址变化规律。

8. 若例 10.1 液晶显示器显示制式为 1280×960@60Hz,试采用 Verilog 硬件描述语言描述该液晶显示器的 VGA 接口控制逻辑。

9. AXI TFT 控制器支持的 VGA 接口液晶显示器分辨率为多少？若需控制液晶显示器坐标为(10,5)的像素显示红色,该像素对应的 AXI TFT 控制器显示存储器偏移地址是多少？写入该显示存储位置的值应为多少？

10. 三基色原理指出：红色叠加绿色为黄色、绿色叠加蓝色为青色、红色叠加蓝色为品红、红色叠加绿色以及蓝色则为白色,若要求基于 AXI TFT 控制器控制液晶显示器在黄屏、青屏、品红屏、白屏之间每隔 1s 切换一次,试设计计算机显示系统接口电路,并基于 Xilinx 端口读写函数编写控制程序实现功能需求。

11. 基于题 10 设计的计算机显示系统接口电路,编写控制程序实现以下功能：液晶显示器分别从位置(40,60)、(140,160)、(240,260)开始显示长度为 200 个像素的红色、绿色、蓝色水平直线,屏幕背景为黑色。

12. 基于题 10 设计的计算机显示系统接口电路,设计接口电路并编写控制程序实现以下功能：液晶显示器屏幕从位置(100,200)开始显示蓝色字符串"Welcome to My World!",并在字符串尾部显示一个与字符同等大小的白色闪烁光标。

13. 基于题 10 设计的计算机显示系统接口电路,设计接口电路并编写控制程序实现以下功能：液晶显示器屏幕从位置(100,100)开始显示黄色中文字符串"欢迎来到我的世界!",并在字符串尾部显示一个与字符同等大小的白色闪烁光标。

14. 基于题 10 设计的计算机显示系统接口电路,设计接口电路并编写控制程序实现以下功能：鼠标箭头光标在显示器上从显示器左上角以先水平、后垂直的方式扫描到显示器右下角,并不停循环。

15. 基于题 10 设计的计算机显示系统接口电路,设计接口电路并编写控制程序实现以下功能：液晶显示器屏幕中心位置显示一个大小为 100×100 的任意位图图像,且每隔 1s 更换该位图图像的随机显示位置,实现液晶显示器屏保功能。

16. 某采用第二套编码集的 PS/2 键盘发送给计算机的数据序列为 0x12、0x34、0xF0、0x34、0xF0、0x12、0x66、0xF0、0x66,试说明用户在 PS/2 键盘上依次执行了哪些操作？

17. 若带滚轮三键 PS/2 鼠标的缩放比例为 1∶1,发送给计算机的 4 字节数据报告依次为 0x3A、0x56、0x78、0x0,试指出此时鼠标按键状态以及鼠标在水平、垂直方向上的移动方向和位移增量。

18. PS/2 协议规定 PS/2 接口时钟信号 ps2_clk 由哪个设备提供？PS/2 协议一帧数据包含哪几部分？采用哪种类型的校验方式？

19. PS/2 协议如何定义计算机到 PS/2 设备和 PS/2 设备到计算机的通信起始？

20. 采用 Verilog 硬件描述语言实现图 10-54 所示 PS/2 控制器。

21. 基于图 10-58 所示 AXI 总线 PS/2 控制器 IP 核引脚结构,试编写控制程序实现以下功能：计算机系统上电复位后,PS/2 键盘输入小写字符；Caps Lock 键按下奇数次,输入字符为大写字符；Caps Lock 键按下偶数次,输入字符为小写字符,并将识别出的字符通过 UART 接口输出到控制台。

22. 基于图 10-57 所示 AXI 总线 PS/2 控制器以及 AXI TFT 控制器,设计计算机系统接口电路并编写控制程序实现以下功能：从液晶显示器的左上角开始依次显示键盘键入的 ASCII 字符,且背景为白色、字符为黑色。

23. 基于图 10-57 所示 AXI 总线 PS/2 控制器以及 AXI TFT 控制器,设计计算机系统接口电路并编写控制程序实现以下功能：计算机系统上电复位时，液晶显示器中心位置显示一个白色鼠标箭头指示符，当接收到带滚轮三键鼠标位移数据报告时，白色鼠标箭头指示符随着鼠标在液晶显示器上移动。

24. 基于图 10-57 所示 AXI 总线 PS/2 控制器以及 AXI TFT 控制器，设计计算机系统接口电路并编写控制程序实现以下功能：计算机系统上电复位时，液晶显示器中心位置显示一个黑色鼠标箭头指示符，同时显示器被划分为 320×240 个小方格，每个小方格初始时都为白色；当接收到带滚轮三键鼠标位移数据报告时，黑色鼠标箭头指示符随着鼠标在液晶显示器上移动；鼠标移动过程中按下左键，对应位置小方格变为红色；鼠标移动过程中按下右键，对应位置小方格变为绿色；鼠标移动过程中按下中键，对应位置小方格变为蓝色。

常用 MIPS 整数指令编码

符号	功 能	操作码	Rs	Rt	Rd	Imm	功能码
add	加	000000	s s s s s	t t t t t	d d d d d	00000	100000
addi	立即数加	001000	s s s s s	t t t t t	i i i i i i i i i i i i i i i i		
addiu	无符号立即数加	001001	s s s s s	t t t t t	i i i i i i i i i i i i i i i i		
addu	无符号数加	000000	s s s s s	t t t t t	d d d d d	00000	100001
and	与	000000	s s s s s	t t t t t	d d d d d	00000	100100
andi	立即数与	001100	s s s s s	t t t t t	i i i i i i i i i i i i i i i i		
beq	相等跳转	000100	s s s s s	t t t t t	i i i i i i i i i i i i i i i i		
bgez	大于等于 0 跳转	000001	s s s s s	00001	i i i i i i i i i i i i i i i i		
bgezal	大于等于 0 跳转并链接	000001	s s s s s	10001	i i i i i i i i i i i i i i i i		
bgtz	大于 0 跳转	000111	s s s s s	00000	i i i i i i i i i i i i i i i i		
blez	小于等于 0 跳转	000110	s s s s s	00000	i i i i i i i i i i i i i i i i		
blezal	小于等于 0 跳转并链接	000001	s s s s s	10000	i i i i i i i i i i i i i i i i		
bltz	小于 0 跳转	000001	s s s s s	00000	i i i i i i i i i i i i i i i i		
bne	不相等跳转	000101	s s s s s	t t t t t	i i i i i i i i i i i i i i i i		
div	除	000000	s s s s s	t t t t t	00000	00000	011010
divu	无符号除	000000	s s s s s	t t t t t	00000	00000	011011
j	伪直接跳转	000010	i i i i i i i i i i i i i i i i i i i i i i i i i i				
jal	伪直接跳转并链接	000011	i i i i i i i i i i i i i i i i i i i i i i i i i i				
jalr	寄存器间接跳转并链接	000000	s s s s s	00000	d d d d d	00000	001001
jr	寄存器间接跳转	000000	s s s s s	00000	00000	00000	001000
lb	从内存读字节	100000	s s s s s	t t t t t	i i i i i i i i i i i i i i i i		
lbu	从内存读无符号字节	100100	s s s s s	t t t t t	i i i i i i i i i i i i i i i i		
lh	从内存读半字	100001	s s s s s	t t t t t	i i i i i i i i i i i i i i i i		
lhu	从内存读无符号半字	100101	s s s s s	t t t t t	i i i i i i i i i i i i i i i i		
lui	装载立即数到高位	001111	00000	t t t t t	i i i i i i i i i i i i i i i i		
lw	从内存读字	100011	s s s s s	t t t t t	i i i i i i i i i i i i i i i i		
lwl	从内存左对齐读字	100010	s s s s s	t t t t t	i i i i i i i i i i i i i i i i		
lwr	从内存右对齐读字	100110	s s s s s	t t t t t	i i i i i i i i i i i i i i i i		
mfhi	读 high 寄存器	000000	00000	00000	d d d d d	00000	010000

续表

符号	功　能	操作码	Rs	Rt	Rd	Imm	功能码
mflo	读 low 寄存器	000000	00000	00000	d d d d d	00000	010010
mthi	写 high 寄存器	000000	s s s s s	00000	00000	00000	010001
mtlo	写 low 寄存器	000000	s s s s s	00000	00000	00000	010011
mult	乘	000000	s s s s s	t t t t t	00000	00000	011000
multu	无符号乘	000000	s s s s s	t t t t t	00000	00000	011001
nor	或非	000000	s s s s s	t t t t t	d d d d d	00000	100111
or	或	000000	s s s s s	t t t t t	d d d d d	00000	100101
ori	或立即数	001101	s s s s s	t t t t t	i i i i i i i i i i i i i i i i		
sb	写字节到内存	101000	s s s s s	t t t t t	i i i i i i i i i i i i i i i i		
sh	写半字到内存	101001	s s s s s	t t t t t	i i i i i i i i i i i i i i i i		
sll	逻辑左移常数位	000000	00000	t t t t t	d d d d d	i i i i i	000000
sllv	逻辑左移变量位	000000	s s s s s	t t t t t	d d d d d	00000	000100
slt	小于设置1	000000	s s s s s	t t t t t	d d d d d	00000	101010
slti	小于立即数设置1	001010	s s s s s	t t t t t	i i i i i i i i i i i i i i i i		
sltiu	小于无符号立即数置1	001011	s s s s s	t t t t t	i i i i i i i i i i i i i i i i		
sltu	无符号数小于设置1	000000	s s s s s	t t t t t	d d d d d	00000	101011
sra	算术右移常数位	000000	00000	t t t t t	d d d d d	i i i i i	000011
srav	算术右移变量位	000000	s s s s s	t t t t t	d d d d d	00000	000111
srl	逻辑右移常数位	000000	00000	t t t t t	d d d d d	i i i i i	000010
srlv	逻辑右移变量位	000000	s s s s s	t t t t t	d d d d d	00000	000110
sub	减	000000	s s s s s	t t t t t	d d d d d	00000	100010
subu	无符号减	000000	s s s s s	t t t t t	d d d d d	00000	100011
sw	写字到内存	101011	s s s s s	t t t t t	i i i i i i i i i i i i i i i i		
swl	左对齐写字到内存	101010	s s s s s	t t t t t	i i i i i i i i i i i i i i i i		
swr	右对齐写字到内存	101110	s s s s s	t t t t t	i i i i i i i i i i i i i i i i		
xor	异或	000000	s s s s s	t t t t t	d d d d d	00000	100110
xori	异或立即数	001110	s s s s s	t t t t t	i i i i i i i i i i i i i i i i		

参 考 文 献

［1］ Patterson D A，Hennessy J L. Computer Organization and Design：the hardware/ software interface ［M］. 4th Edition. Elsevier，2008.

［2］ Stallings W. Computer Organization and Architecture Designing for Performance ［M］. 8th Edition. Pearson Prentice Hall，2006.

［3］ Bryant R E，O'Hallaron D R. Computer Systems-A Programmer's Perspective［M］. New Jersey：Pearson Prentice Hall，2003.

［4］ Brey B B. The Intel Microprocessors 8086/8088，80186/80188，80286，80386，80486，Pentium，Pentium Pro Processor，Pentium H，Pentium m and Pentium 4 Architecture，Programming，and Interfacing［M］. 7th Edition. New Jersey：Pearson Prentice Hall，2006.

［5］ 谢瑞和. 微机原理与接口技术［M］. 2 版. 北京：高等教育出版社，2007.

［6］ 朱定华. 微机原理、汇编与接口技术［M］. 2 版. 北京：清华大学出版社，2010.

［7］ 康华光. 电子技术基础. 数字部分［M］. 5 版. 北京：高等教育出版社，2008.

图书资源支持

感谢您一直以来对清华大学出版社图书的支持和爱护。为了配合本书的使用，本书提供配套的资源，有需求的读者请扫描下方的"书圈"微信公众号二维码，在图书专区下载，也可以拨打电话或发送电子邮件咨询。

如果您在使用本书的过程中遇到了什么问题，或者有相关图书出版计划，也请您发邮件告诉我们，以便我们更好地为您服务。

我们的联系方式：

地　　址：北京市海淀区双清路学研大厦 A 座 701

邮　　编：100084

电　　话：010-83470236　010-83470237

资源下载：http://www.tup.com.cn

客服邮箱：2301891038@qq.com

QQ：2301891038（请写明您的单位和姓名）

用微信扫一扫右边的二维码,即可关注清华大学出版社公众号。

科技传播·新书资讯

电子电气科技荟

资料下载·样书申请

书圈